Ingrid Stephan

Unser Büro
heute und morgen

– Modernes Büromanagement –

16. Auflage

Arbeitswelt »Büro«	1
Umweltschutz	2
Zeit- und Selbstmanagement	3
Zentrale Postbearbeitung im Unternehmen	4
Berufliche und schriftliche Kommunikation	5
Drucken, Kopieren, Scannen und Fotografieren	6
Informationen beschaffen, bewerten, aufbereiten, präsentieren und ordnen	7
Informationen verwalten	8
Telekommunikation	9
Veranstaltungen	10
Geschäftsreisen	11
Protokolle	12

Bestellnummer 0249

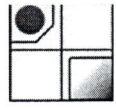

Berufliches Schulzentrum
für Technik und Wirtschaft,
Freital

Unser Büro heute und
morgen
-041352
Berufliches Schulzentrum für Technik u. Wirtschaft

Haben Sie Anregungen oder Kritikpunkte zu diesem Produkt?
Dann senden Sie eine E-Mail an 0249_016@bv-1.de
Autoren und Verlag freuen sich auf Ihre Rückmeldung.

Erklärung der Symbole

 Zu den nebenstehenden Sachinformationen finden Sie im zugehörigen Arbeitsbuch ein oder mehrere Arbeitsblätter.

 Unter den angegebenen Internetadressen finden Sie nützliche Informationen zum Thema.

 Die Q-Tipps helfen, die Qualität der Büroarbeit zu verbessern.

 Zur Vertiefung der nebenstehenden Sachinformationen finden Sie unter BuchPlus-Web Prozesse, Teilprozesse, Arbeitsabläufe und komplexe Handlungssituationen.

Die in diesem Werk aufgeführten Internetadressen sind auf dem Stand der Drucklegung Ende 2010. Die ständige Aktualität der Adressen kann vonseiten des Verlags nicht gewährleistet werden. Darüber hinaus übernimmt der Verlag keine Verantwortung für die Inhalte dieser Seiten.

www.bildungsverlag1.de

Bildungsverlag EINS GmbH
Hansestraße 115, 51149 Köln

ISBN 978–3–8237–**0249**–8

© Copyright 2011: Bildungsverlag EINS GmbH, Köln
Das Werk und seine Teile sind urheberrechtlich geschützt. Jede Nutzung in anderen als den gesetzlich zugelassenen Fällen bedarf der vorherigen schriftlichen Einwilligung des Verlages.
Hinweis zu § 52a UrhG: Weder das Werk noch seine Teile dürfen ohne eine solche Einwilligung eingescannt und in ein Netzwerk eingestellt werden. Dies gilt auch für Intranets von Schulen und sonstigen Bildungseinrichtungen.

Vorwort

Die umfassende Neubearbeitung dieses Buches auch in der 16. Auflage wurde durch zahlreiche Neuerungen in vielen Bereichen des Büromanagements erforderlich. Neu sind z. B.:
- durchgängige Fallbeispiele anhand des Modellunternehmens ModelIdee GmbH im Buch und WBT,
- Umsetzung der neuen DIN 5008:2011,
- Einarbeitung von Neuerungen wie z. B. der rechtssichere elektronische Brief wie E-Postbrief und DeMail oder Einsatz des QR-Codes zur Informformationsbeschaffung,
- Anpassung der Ökotipps an die Veränderungen der Arbeitswelt,
- übersichtliche Tabellen mit Gegenüberstellung von Vor- und Nachteilen,
- Überarbeitung der Kapitel „Geschäftsreisen" und „Protokolle".

Zeitgemäße Büroarbeitsplätze verlangen hohe Maßstäbe in Ergonomie, Funktionalität, Qualität und Komfort. Zum einen ist die gesundheits- und leistungsfördernde Gestaltung des Arbeitsplatzes Voraussetzung für eine erfolgreiche Büroarbeit, zum anderen ist eine moderne technische Einrichtung unverzichtbar. Dabei werden die Kommunikationsmittel vielfach an erster Stelle genannt. Die weltweite Vernetzung nimmt einen sehr hohen Stellenwert in den Geschäftsabläufen und in der Gesellschaft ein. Jeder kann sich durch einen Zugang zum Internet zu jeder Zeit die vielfältigsten Informationen holen, austauschen sowie mit Partnern auf der ganzen Welt kommunizieren und Geschäfte tätigen. Die technischen Voraussetzungen sind auf einem hohen Stand und durch Standards gesichert.

Inzwischen haben viele Unternehmen Maßnahmen getroffen, um **die Qualität der Büroarbeit zu sichern und ständig zu verbessern.** Das Ergebnis ist eindrucksvoll: Die Zufriedenheit der Mitarbeiter und damit die Produktivität steigen. Dennoch ist offenkundig: Der Aufwand für bestimmte Tätigkeiten durch Verschwendung, Unstetigkeit und Überbelastung ist oft unerwartet hoch. Schon kleine Veränderungen führen zu einer erheblichen **Qualitätsverbesserung**. Dem wurde durch die Aufnahme der **Q-Tipps (Qualitäts-Tipps)** in das Lehrbuch Rechnung getragen. Die Schülerinnen und Schüler werden so für einen kontinuierlichen Verbesserungsprozess im Büro sensibilisiert. Sie bekommen Einblick in die Verzahnung der **Organisationsprozesse** mit den **Geschäftsprozessen**, die es laufend zu verbessern gilt. Alle Neuerungen und Entwicklungen in der Arbeitswelt wirken zurück auf die Schule und haben Konsequenzen für den Unterricht. **„Just Click"** bereichert sowohl die eigenen **Lernarrangements** als auch das Lehrbuch. Dabei handelt es sich um **multimediales Unterrichtsmaterial** – Videos, Animationen und Präsentationen –, das zu einem nachhaltigen Lernerfolg beiträgt.

Darüber hinaus befinden sich durchgängig in allen Kapiteln methodische Elemente zum Themeneinstieg. Projektvorschläge mit den entsprechenden Methodenbeschreibungen runden das Angebot ab. Diese Vorüberlegungen verringern den Zeitaufwand für die Unterrichtsvorbereitungen deutlich.

Die Verweise in der Randspalte beziehen sich auf Fundorte mit zusätzlichen Informationen im Internet. Weitere Daten werden unter ***www.bildungsverlag1.de/buchplus/0249*** zum Herunterladen bereitgestellt.

Die meisten Kapitel haben den folgenden Aufbau:
- Organizer als Einstiegsseite,
- Lernziele,
- motivierende Fallbeispiele,
- Lerninhalte,
- Verweise auf das Arbeitsheft,
- Verweise auf zusätzliche Informationen im Internet,
- Q-Tipps,
- Zusammenfassung,
- Aufgaben,
- Öko-Tipps,
- Methodenbeschreibungen.

Vorwort

Die multimediale Ergänzung zum Lehrbuch:
- **Just Click** mit zusätzlichen Unterrichtsmaterialien für Lehrkräfte und
- **BuchPlusWeb**, ein interaktives Lernprogramm für Schülerinnen und Schüler.

Zusätzliche **multimediale Materialien** für den **Lehrer**.

Lehrbuch

NEU!
E-Learning-Programm:
Prozessorientierte **Vertiefung und Festigung in typischen Handlungssituationen** für die angehenden Bürofachkräfte.

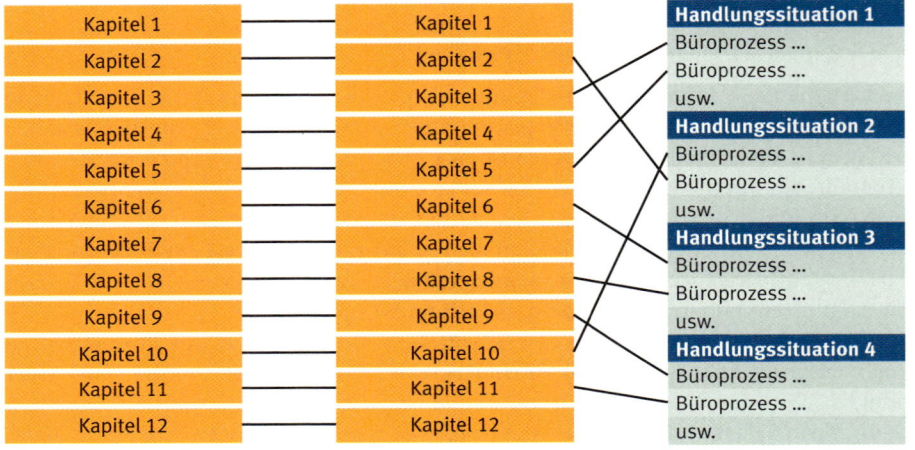

Im Gegensatz zum Lehrbuch und zu **„Just Click"**, in denen die Inhalte linear strukturiert dargestellt sind, werden die Lerninhalte in **„BuchPlusWeb"** dynamisch miteinander vernetzt.

Web-based Training – „BuchPlusWeb"

Die Arbeit im Büro ist stark geprägt durch Büroprozesse. Diese internen Prozesse unterstützen die Geschäftsprozesse. Dabei sind Anfang und Ende klar definiert. Der jeweilige Büroprozess läuft nach bestimmten Mustern oder Regeln ab (standardisierte Arbeitsabläufe). Diese werden den Veränderungen im Arbeitsprozess ständig angepasst, sodass ein kontinuierlicher Verbesserungsprozess entsteht.

Die Tätigkeiten im Büro- und Verwaltungsbereich fordern von den zukünftigen Mitarbeiterinnen und Mitarbeitern ein hohes Maß an Selbstständigkeit und eigenverantwortlichem Handeln. Im buchbegleitenden Web-based Training (WBT) – folgend als „BuchPlusWeb" bezeichnet – werden die angehenden Bürofachkräfte prozessorientiert auf ihre zukünftigen Aufgaben vorbereitet.

Die Inhalte des „BuchPlusWeb" sind integrativer Bestandteil dieses Lehrbuches. Die Schülerinnen und Schüler lernen anhand eines Modellunternehmens in typischen Handlungssituationen die grundlegenden Büroprozesse in einem Unternehmen kennen. In komplexen Aufgabenstellungen setzen sie sich mit den typischen Arbeitsabläufen auseinander und verbreitern und festigen ihr Fachwissen. Sie entwickeln selbstständig und mithilfe von multimedialen Methoden (z. B. Wikis, Bürotagebuch) Lösungsmöglichkeiten und vertiefen ihr Wissen.

Im Lehrbuch finden Sie in jedem Kapitel beispielhafte Teilprozesse mit Hinweisen auf „BuchPlusWeb", wo sie ausführlich zusammenhängend dargestellt werden.

Ich wünsche allen Kolleginnen und Kollegen sowie Schülerinnen und Schülern mit der 16. überarbeiteten Auflage von „Unser Büro heute und morgen" viel Freude und Erfolg.

Ingrid Stephan

Inhalt

Vorwort / 3

1	Arbeitswelt »Büro« / 14	1.1	Unternehmensidentität / 15
		1.2	Anforderungen an den Menschen im Büro / 16
		1.2.1	Personale Anforderungen / 17
		1.2.2	Äußeres Erscheinungsbild / 20
		1.2.2.1	Umgangsformen / 20
		1.2.2.2	Typ- und anlassgerechte Kleidung / 24
		1.2.2.3	Körperpflege und -hygiene / 25
		1.3	Büroarbeitsplatz / 25
		1.3.1	Gesetzliche Grundlagen / 25
		1.3.2	Büroraumformen / 27
		1.3.3	Büroausstattung / 30
		1.3.4	Arbeitsumgebung / 39
		1.3.4.1	Raumluft und -klima / 39
		1.3.4.2	Licht und Arbeitsplatzbeleuchtung / 40
		1.3.4.3	Lärm / 41
		1.3.4.4	Farbgestaltung / 42
		1.3.4.5	Pflanzen / 42
		1.3.4.6	Feng-Shui / 43
		1.3.4.7	Strahlungen / 43
		1.4	Flexible Arbeits- und Raumformen / 44
		1.4.1	Telearbeit / 45
		1.4.1.1	Telearbeitsformen / 45
		1.4.1.2	Telearbeitsplatz / 46
		1.4.1.3	Kosten eines Telearbeitsplatzes / 47
		1.4.1.4	Vor- und Nachteile der Telearbeit / 47
		1.4.2	Interne Mobilität mit Laptop und Rollcontainer / 48
		1.4.3	Desksharing / 48
		1.4.4	Bench-Büroarbeitsplatz / 49
		1.4.5	Business-Center / 49
		1.4.6	Callcenter / 50
		1.5	Arbeitszeitmodelle / 52
		1.5.1	Teilzeit / 52
		1.5.2	Gleitzeit / 53
		1.6	Belastungen am Arbeitsplatz / 54
		1.6.1	Physische Belastungen / 54
		1.6.2	Psychische Belastungen / 55
		1.6.3	Soziale Belastungen / 57
		1.6.4	Stress und Stressbewältigung / 57
		1.7	Gesundheitsvorsorge durch ausgewogene Ernährung und richtige Pausengestaltung / 59
			Öko-Tipps / 67
			Mindmapping / 67

2	Umweltschutz / 69	2.1	Woran erkennt man ein umweltfreundliches Produkt? / 71
		2.2	Umweltfreundliche Büromaterialien / 73
		2.3	Drucken und Kopieren / 74
		2.3.1	Kopiergeräte / 74
		2.3.2	EDV-Geräte / 75
		2.4	Abfallbehandlung / 77
		2.5	Raum- und Büroausstattung / 79
		2.5.1	Büromöbel / 79
		2.5.2	Beleuchtung / 80
		2.6	Elektrosmog und Mobilfunk / 80
			Öko-Tipps / 82
			Projektmethode / 83
3	Zeit- und Selbstmanagement / 85	3.1	Effektives Zeit- und Selbstmanagement / 86
		3.1.1	Regeln / 86
		3.1.2	Störungen / 88
		3.1.3	Methoden / 88
		3.1.3.1	Pareto-Prinzip / 88
		3.1.3.2	ABC-Analyse / 89
		3.1.3.3	ALPEN-Methode / 90
		3.1.3.4	Eisenhower-Prinzip / 91
		3.2	Terminplanung / 92
		3.2.1	Terminarten / 94
		3.2.2	Hilfsmittel zur Terminüberwachung / 94
		3.2.3	Allgemeine Tipps zur Terminplanung und -überwachung / 97
		3.2.4	Terminplanung und -überwachung am PC / 98
		3.2.5	Terminverwaltung mithilfe eines elektronischen Organizers / 100
			Öko-Tipps / 104
			Brainstorming / 104
4	Zentrale Postbearbeitung im Unternehmen / 106	4.1	Arbeitsabläufe beim Posteingang / 109
		4.1.1	Postempfang / 109
		4.1.1.1	Zustellung und Abholung / 109
		4.1.1.2	Aussortieren / 110
		4.1.2	Öffnen / 111
		4.1.3	Digitale Archivierung der Eingangspost / 111
		4.1.4	Kontrollieren / 112
		4.1.5	Stempeln / 112
		4.1.6	Verteilen / 113
		4.1.7	Posteingangssysteme / 114
		4.2	Arbeitsabläufe beim Postausgang / 114
		4.2.1	Adressieren / 115
		4.2.2	Zusammentragen / 117
		4.2.3	Falten, Kuvertieren und Schließen / 118
		4.2.4	Wiegen / 120

		4.2.5	Frankieren / 120
		4.2.6	Poststraße / 125
		4.3	Postversand / 128
		4.3.1	Briefe / 129
		4.3.1.1	Briefbeförderung durch Postdienstleister / 130
		4.3.1.2	Briefbeförderung durch die Deutsche Post AG / 133
		4.3.2	Päckchen und Pakete / 136
		4.3.2.1	Beförderung durch Paketdienstleister / 136
		4.3.2.2	Beförderung mit der Deutschen Post DHL / 137
		4.4	Schnelle und sichere Beförderung von Sendungen / 139
		4.4.1	Express-Dienst / 139
		4.4.2	Einschreiben, Eigenhändig, Rückschein, Nachnahme / 140
		4.4.3	Postzustellungsauftrag (PZA) / 142
		4.4.4	Vorausverfügungen / 143
			Öko-Tipps / 147
			Methode 6-3-5 / 147
5	Berufliche und schriftliche Kommunikation / 149	5.1	Aufbau einer EDV-Anlage / 150
		5.1.1	Zentraleinheit / 151
		5.1.2	Software (Programme) / 153
		5.1.3	Elemente eines PCs / 153
		5.1.4	Eingabegeräte / 156
		5.1.5	Ausgabegeräte / 156
		5.1.6	Laptops, Notebooks und Netbooks / 157
		5.1.7	Computernetzwerk / 157
		5.2	Geschäftliche Korrespondenz / 159
		5.2.1	Papiernormung / 160
		5.2.1.1	Grundsätze der Normung / 160
		5.2.1.2	Papierformate / 161
		5.2.2	Corporate Design / 163
		5.2.2.1	Das Firmenlogo / 164
		5.2.2.2	Typografie / 164
		5.2.2.3	Farbe / 164
		5.2.2.4	Gestaltungsrichtlinien / 165
		5.2.3	Formulargestaltung / 165
		5.2.3.1	Formulararten / 165
		5.2.3.2	Gestaltungsgrundsätze / 166
		5.2.3.3	Formularbeispiel / 168
		5.2.4	Geschäftsbrief / 169
		5.2.5	Faxmitteilung / 174
		5.2.6	E-Mail / 176
		5.2.7	Schemabriefe / 181
		5.2.8	Serienbriefe / 183
		5.2.9	Bausteinverarbeitung / 187
		5.3	Möglichkeiten der Textaufnahme / 196
		5.3.1	Sprachaufzeichnung (Phonodiktat) / 196
		5.3.1.1	Regeln für das Phonodiktat / 196

	5.3.1.2	Anweisungen / 196
	5.3.1.3	Konstanten / 197
	5.3.1.4	Diktatablauf eines Geschäftsbriefes / 197
	5.3.2	Diktiergeräte / 200
	5.3.2.1	Büro- und Handdiktiergeräte / 200
	5.3.2.2	Geräte für Aufnahme und Wiedergabe / 200
	5.3.2.3	Analoge und digitale Diktiergeräte / 201
	5.3.2.4	Tonträger / 203
	5.3.2.5	Leistungsmerkmale / 204
	5.3.2.6	PC-Diktat / 204
	5.3.3	Spracherkennungssysteme / 205
		Öko-Tipps / 208
		Gruppenpuzzle / 209

6 Drucken, Kopieren, Scannen und Fotografieren / 211

	6.1	PC-Drucker / 212
	6.1.1	Nadel- bzw. Matrixdrucker / 212
	6.1.2	Tintenstrahldrucker / 213
	6.1.3	Laserdrucker / 214
	6.1.4	Thermosublimationsdrucker / 216
	6.1.5	PC-Drucker im Überblick / 216
	6.1.6	Folgekosten / 217
	6.1.7	Software und Drucker / 218
	6.1.8	Drucker-Lexikon / 218
	6.1.9	Druckerkauf / 219
	6.1.10	Druckoptionen / 219
	6.2	Scanner / 220
	6.2.1	Scannertypen / 220
	6.2.2	Leistungsmerkmale / 221
	6.3	Kopierer / 223
	6.3.1	Digitale Kopiergeräte / 223
	6.3.2	Leistungsmerkmale / 226
	6.3.3	Farbkopierer / 229
	6.3.4	Standort der Kopiergeräte / 229
	6.4	Multifunktionale Geräte / 229
	6.5	Digitale Kamera / 231
	6.6	Druckpapier / 232
	6.7	Selbstdurchschreibende Papiere / 234
	6.8	Urheberrechtsgesetz / 235
		Öko-Tipps / 237
		Kreuzworträtsel / 238

7 Informationen beschaffen, bewerten, aufbereiten, präsentieren und ordnen / 240

	7.1	Informationen beschaffen / 241
	7.2	Informationen bewerten / 244
	7.2.1	Datenschutz und Datensicherheit / 244
	7.2.2	Urheberrecht / 245
	7.3	Informationen aufbereiten / 246
	7.3.1	Lesen / 246
	7.3.2	Datenübernahme / 246
	7.3.3	Datenweitergabe und -austausch / 248

7.4	Informationen präsentieren	/ 249
7.4.1	Präsentationsformen	/ 249
7.4.2	Faktoren des Präsentationserfolgs	/ 249
7.4.3	Gestaltungsregeln	/ 251
7.4.4	Körpersprache und Rhetorik	/ 252
7.5	Informationen ordnen	/ 253
7.5.1	Alphabetische Ordnung	/ 254
7.5.2	Numerische Ordnung	/ 257
7.5.2.1	Fortlaufende Nummerierung	/ 258
7.5.2.2	Dekadische Ordnung	/ 258
7.5.3	Alphanumerische Ordnung	/ 260
7.5.4	Chronologische Ordnung	/ 261
7.5.5	Ordnen nach Stichwörtern	/ 261
7.5.6	Ordnen nach Farben und Symbolen	/ 261
	Informationen beschaffen, bewerten und benutzen	/ 266

8 Informationen verwalten / 267

8.1	Registratur	/ 268
8.1.1	Arbeitsplatzorganisation und Wiedervorlagesysteme	/ 268
8.1.2	Aktenplan/Informationsstrukturplan	/ 273
8.1.3	Notwendigkeit der Schriftgutablage	/ 275
8.1.4	Wertstufen	/ 275
8.1.5	Ablagearten	/ 277
8.1.6	Aktenführung	/ 278
8.1.7	Registraturformen	/ 279
8.1.8	Standorte	/ 281
8.1.9	Datenschutz durch professionelle Aktenvernichtung	/ 283
8.1.10	Registraturkosten	/ 284
8.2	Speichermedien	/ 286
8.2.1	Papier	/ 287
8.2.2	Magnetspeicher	/ 287
8.2.3	Optische Speicher	/ 288
8.2.3.1	CD-ROM	/ 288
8.2.3.2	CD-R (compact disc recordable)	/ 288
8.2.3.3	CD-RW (compact disc rewritable)	/ 289
8.2.3.4	DVD (digital versatile disc)	/ 289
8.2.4	Digitale Speichermedien	/ 289
8.2.4.1	Mobile Speicherkarten	/ 289
8.2.4.2	USB-Stick	/ 290
8.2.5	Mikrofilm	/ 291
8.2.5.1	Mikrofilmformen	/ 291
8.2.5.2	Vorteile der Mikroverfilmung	/ 292
8.3	Dokumentenmanagementsysteme	/ 294
8.3.1	Aufgaben	/ 295
8.3.2	Arbeitsweise	/ 296
8.3.2.1	Dokumentenerfassung	/ 296
8.3.2.2	Indizieren	/ 296

	8.3.2.3	Ablegen und Archivieren / 297
	8.3.2.4	Dokumente suchen / 298
	8.3.3	Leistungsmerkmale / 299
	8.3.4	Vorteile / 299
	8.4	Datensicherheit / 300
		Öko-Tipps / 301
		Lernzirkel / 302

9 Telekommunikation / 303

9.1	Telekommunikationsnetze / 307	
9.1.1	Analoges Netz / 307	
9.1.2	ISDN (Dienste integrierendes digitales Netz) / 307	
9.1.2.1	ISDN-Anschluss / 309	
9.1.2.2	ISDN-Anlagenanschluss / 310	
9.1.2.3	ISDN-Leistungsmerkmale / 311	
9.1.2.4	DSL (Digital Subscriber Line) / 312	
9.1.2.5	Web-Zugang über Fernsehkabel / 313	
9.1.3	Mobilfunknetze / 313	
9.1.4	WLAN (Wireless Local Area Network) / 315	
9.1.5	Satellitentechnik / 316	
9.2	Telefonieren im analogen und digitalen Festnetz / 316	
9.2.1	Telefonbücher / 316	
9.2.2	Kosten für die Wählverbindungen / 318	
9.2.3	Auslandsgespräche / 320	
9.2.4	Besondere Dienste im Telefonnetz / 321	
9.2.5	Rechnung der Deutschen Telekom AG / 323	
9.2.6	Telefonapparate / 323	
9.2.7	Telekommunikationsanlagen / 324	
9.2.8	Leistungsmerkmale / 325	
9.2.8.1	Gleichzeitige, unabhängige Nutzung zweier Geräte / 325	
9.2.8.2	Rufnummernübermittlung/-anzeige / 326	
9.2.8.3	Rückruf bei Besetzt/Nichtmelden / 326	
9.2.8.4	SMS/MMS im Festnetz / 327	
9.2.8.5	Anrufweiterschaltung / 327	
9.2.8.6	Dreierkonferenz / 327	
9.2.8.7	Makeln / 328	
9.2.8.8	Anklopfen / 329	
9.2.8.9	Verbindung parken und Endgeräte umstecken / 329	
9.2.8.10	Anschlusssperre / 330	
9.2.8.11	Rufnummernsperre / 330	
9.2.8.12	Abweisen unerwünschter Anrufe / 331	
9.2.8.13	Annahme erwünschter Anrufe / 331	
9.2.8.14	Parallelruf / 332	
9.2.8.15	Weitere Leistungsmerkmale / 332	
9.2.9	Telefonkonferenzen / 332	
9.2.10	Anrufbeantworter und Sprachbox / 334	
9.3	Mobilfunk / 335	
9.3.1	Netzbetreiber / 336	

9.3.2	Serviceprovider	/ 336
9.3.3	Handy	/ 337
9.3.3.1	SIM-Karte	/ 337
9.3.3.2	Bedienelemente	/ 338
9.3.3.3	Leistungsmerkmale	/ 338
9.3.3.4	SMS (Short Message Service)	/ 339
9.3.3.5	MMS (Multimedia Messaging Service)	/ 339
9.3.3.6	i-mode	/ 340
9.3.3.7	Mit dem Handy Informationen über den QR-Code beschaffen	/ 340
9.3.3.8	E-Mail-Push-Dienst	/ 340
9.3.4	Mobilfunkgeräte	/ 341
9.3.5	Mobilfunkvertrag	/ 343
9.3.6	Das Handy im Auto	/ 346
9.3.7	Mobil ins Ausland telefonieren	/ 347
9.3.8	Die Handy-Etikette	/ 348
9.4	Internettelefonie (VoIP)	/ 349
9.5	Vorbereiten und Führen von Telefongesprächen	/ 352
9.5.1	Gesprächsvorbereitung	/ 352
9.5.2	Gesprächsführung	/ 354
9.5.3	Telefonnotiz	/ 357
9.6	Telefax	/ 357
9.6.1	Faxgeräte	/ 358
9.6.2	PC-Fax	/ 359
9.6.3	Internet-Fax	/ 359
9.6.4	Arbeitsablauf und Funktionsweise	/ 359
9.6.5	Leistungsmerkmale	/ 360
9.6.6	Kosten	/ 361
9.6.7	Vorteile	/ 361
	Fragerunde	/ 366
9.7	Internet	/ 368
9.7.1	Zugang und Kosten	/ 369
9.7.1.1	Mögliche Internetzugänge	/ 369
9.7.1.2	Onlinedienste und Internet-Serviceprovider	/ 370
9.7.1.3	Kosten	/ 371
9.7.2	World Wide Web	/ 372
9.7.2.1	Internetadresse	/ 373
9.7.2.2	Top-Level-Domains und ihre Bedeutung	/ 373
9.7.3	Suchen und Finden im Internet	/ 374
9.7.3.1	Suchprinzipien	/ 374
9.7.3.2	Arbeiten mit Suchmaschinen	/ 375
9.7.3.3	Mit Suchoptionen gezielt recherchieren	/ 376
9.7.4	Google-Anwendungen	/ 378
9.7.5	Informationsservice aus dem Internet	/ 380
9.7.5.1	Elektronische Newsletter	/ 380
9.7.5.2	RSS (Really Simple Syndication)	/ 380
9.7.6	Internet zum Mitmachen	/ 381
9.7.6.1	Communities und Newsgroups	/ 381

9.7.6.2	Blogs	/ 382
9.7.6.3	Wikis	/ 382
9.7.6.4	Podcasts	/ 383
9.7.6.5	Eine Homepage einrichten	/ 384
9.7.6.6	Chatten	/ 384
9.7.6.7	Instant Messaging (IM)	/ 385
9.8	E-Mail	/ 385
9.8.1	E-Mail-Adresse	/ 385
9.8.2	Mailboxen und Free-Mail-Anbieter	/ 386
9.8.3	Der elektronische Brief	/ 386
9.8.3.1	E-Postbrief	/ 387
9.8.3.2	De-Mail	/ 387
9.9	Onlinebanking	/ 390
9.10	E-Commerce	/ 391
9.10.1	Kriterien für benutzerfreundliche Webshops und Shoppingportale	/ 391
9.10.2	Fernabsatzgesetz	/ 391
9.10.3	Zahlungsmöglichkeiten beim Onlineshopping	/ 392
9.11	E-Learning	/ 393
9.12	Sicherheit im Internet	/ 394
9.12.1	Digitale Signatur	/ 394
9.12.2	Digitales Wasserzeichen	/ 395
9.12.3	Sicherheit in der E-Mail-Korrespondenz	/ 395
9.12.4	Unverlangte Werbepost	/ 396
9.12.5	Dialerschutz	/ 396
9.12.6	Virenschutz	/ 397
9.12.7	Phishing	/ 398
9.13	Multimedia	/ 400
9.13.1	Gesetzliche Grundlagen	/ 401
9.13.2	Medienkompetenz	/ 401
	Öko-Tipps	/ 406
	Kurzreferat	/ 407

10 Veranstaltungen / 410

10.1	Veranstaltungsarten	/ 411
10.1.1	Kongress	/ 412
10.1.2	Seminar, Tagung, Lehrgang und Kommission	/ 412
10.1.3	Besprechung, Meeting und Sitzung	/ 412
10.1.4	Konferenz	/ 415
10.1.5	Workshop	/ 416
10.1.6	Videokonferenz	/ 416
10.1.7	Roadshow	/ 417
10.1.8	Messe	/ 417
10.1.9	Hausmesse	/ 417
10.1.10	Tag der offenen Tür	/ 418
10.2	Vorbereitung von Veranstaltungen	/ 418
10.2.1	Termin und Teilnehmer	/ 420
10.2.2	Einladungsschreiben	/ 420
10.2.3	Programm	/ 422
10.2.4	Rahmenprogramm	/ 423

	10.2.5	Veranstaltungsraum / 424
	10.2.6	Geräteausstattung / 425
	10.3	Durchführung / 425
	10.4	Nachbereitung / 426
		Öko-Tipps / 429
		Moderationsmethode / 429

11 Geschäftsreisen / 431

	11.1	Allgemeines zur Reiseplanung / 432
	11.1.1	Reiseplan / 436
	11.1.2	Hotelbuchung / 437
	11.1.3	Reiseunterlagen / 437
	11.1.4	Wahl des geeigneten Verkehrsmittels / 438
	11.1.5	Online-Buchungssysteme (Online Booking Engine = OEG) / 439
	11.2	Reisen mit dem Pkw / 441
	11.3	Reisen mit der Bahn / 442
	11.3.1	Zugarten / 442
	11.3.2	Besondere Angebote / 442
	11.3.3	Reservierungen / 443
	11.3.4	Vergünstigungen / 443
	11.3.5	Online-Ticket / 444
	11.3.6	Bahnticket per Handy / 444
	11.3.7	eTicketing-System „Touch&Travel" für das Handy / 444
	11.3.8	Buchungsmöglichkeiten für Geschäftskunden / 445
	11.4	Reisen mit dem Flugzeug / 445
	11.5	Auslandsreisen / 446
	11.6	Reisekostenabrechnung / 449
	11.7	Abschlussarbeiten / 450
		Öko-Tipps / 455
		Netzwerk / 456

12 Protokolle / 458

	12.1	Aktennotizen / 459
	12.2	Grundsätzliches zum Protokoll / 460
	12.3	Protokollarten / 462
	12.4	Aufnahme- und Arbeitstechnik / 464
	12.5	Protokollrahmen / 465
	12.6	Sprachliche Gestaltung / 467
	12.7	Nachbereitung des Protokolls / 469

Bildquellenverzeichnis / 472

Fremdwörter und Fachbezeichnungen / 474

Sachwortverzeichnis / 485

1 Arbeitswelt »Büro«

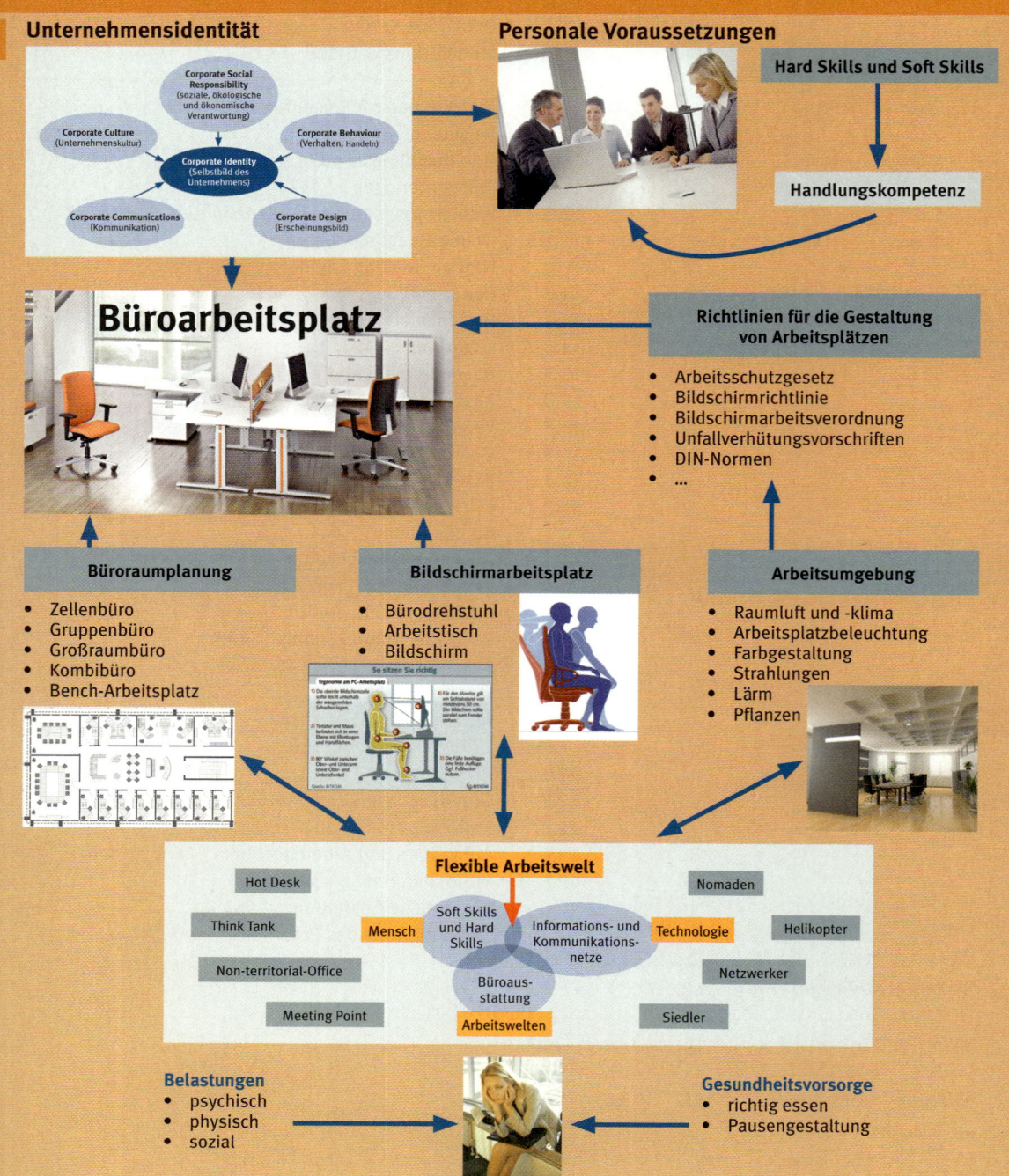

Lernziele

- Die Bedeutung der Corporate Identity für das Unternehmen und seine Mitarbeiter verstehen.
- Sich den Anforderungen im Büro bewusst sein und sich entsprechende Verhaltensweisen aneignen.
- Die Bedeutung der Ergonomie und Anthropometrie für die Gestaltung des Büroarbeitsplatzes verstehen.
- Die Voraussetzungen für Gesundheit und Sicherheit am Bildschirmarbeitsplatz kennen.
- Die vorhandene Büroausstattung ergonomisch und flexibel zur Bewältigung konkreter beruflicher Aufgaben nutzen.
- Einflüsse der Arbeitsumgebung auf den Menschen bewerten.
- Belastungen am Arbeitsplatz erkennen und richtig damit umgehen.
- Gesundheitsvorsorge am Arbeitsplatz praktizieren.
- Die Bedeutung der Flexibilisierung der Büroarbeit begründen.
- Büroprozesse erkennen, verstehen und weiterentwickeln.
- Über aktuelle Entwicklungen und Visionen Bescheid wissen.

1.1 Unternehmensidentität

Fallbeispiel

Zu Beginn ihrer Ausbildung in der ModelIdee GmbH machen sich die Auszubildenden mit dem Leitbild des Unternehmens vertraut und analysieren gemeinsam mit ihrer Ausbildungsleiterin die einzelnen Aspekte der Unternehmensidentität. Ihnen wird bewusst, wie wichtig es ist, die Werte, Praktiken und Besonderheiten des Unternehmens im eigenen Handeln widerzuspiegeln.

Die Unternehmensidentität (Corporate Identity) zählt zu den am häufigsten genannten Begriffen in der Arbeitswelt. Damit ist das Eigenbild eines Unternehmens gemeint. Es umfasst die gesamte Selbstdarstellung nach außen und innen. Das Erscheinungsbild, das Verhalten und die Kommunikation gegenüber der Öffentlichkeit sind formal und inhaltlich so abzustimmen, dass das Unternehmen möglichst klar, einheitlich und sympathisch dargestellt wird. Die Bekanntheit und Akzeptanz einer Firma und ihrer Produkte soll dadurch erhöht werden.

Teilbereiche der Corporate Identity

- **Corporate Social Responsibility**

Unter dem Begriff „Corporate Social Responsibility" ist die soziale, ökologische und ökonomische Verantwortung eines Unternehmen zu verstehen. Das bedeutet, dass alle Geschäfts- und Büroprozesse auf ihre Umwelt- und Sozialverträglichkeit überprüft und ständig weiterentwickelt werden. Die Tätigkeiten werden verantwortungsbewusst geplant, begleitet und optimiert. Dadurch ergeben sich Vorteile für die Gesellschaft – also für die Verbraucher, die Mitarbeiter des Betriebes und deren Familien, die Umwelt sowie für das Unternehmen selbst.

- **Corporate Culture**

Unter Unternehmenskultur ist die Art der internen und externen Kommunikation zu verstehen. Sie besteht aus Werten, Normen und Verhaltensweisen, die auf ver-

1 Arbeitswelt »Büro«

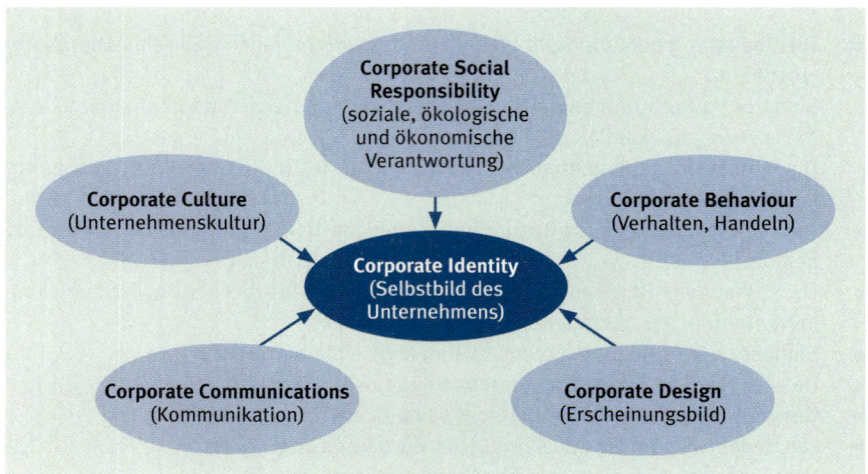

schiedene Arten ausgedrückt werden: Beziehungen, Kommunikation, einheitliches Auftreten.

- **Corporate Behaviour**

Corporate Behaviour ist die Arbeitsweise und das Verhalten eines Unternehmens nach innen (gegenüber Mitarbeitern) und außen (gegenüber Kunden und der Öffentlichkeit). Dazu gehören auch ethische Regeln des Verhaltens.

- **Corporate Communications**

Corporate Communications ist die Zusammenfassung aller Kommunikationsbereiche. Mithilfe der Kommunikationsstrategie werden Inhalte von Identität, Kultur, Sprache und Design gebündelt und aufeinander abgestimmt. Zu den Kommunikationsmitteln zählen beispielsweise alle Printmedien und audiovisuelle Medien sowie der gezielte Einsatz von Kleidung und Werbung.

- **Corporate Design**

Mit dem Corporate Design ist der sichtbare Teil eines Unternehmens als Ausdruck und Bestandteil der Corporate Identity gemeint. Es ist das visuelle Erscheinungsbild, das auch sinnlich (Sehen, Hören, Fühlen usw.) wahrgenommen wird. Die Verwendung formaler Gestaltungskonstanten (z. B. Logo, Typografie, Farbe) auf Briefbögen, bei Produktgestaltung und Verpackung erzeugt ein einprägsames Bild.

Durch das Corporate Design gewinnt ein Unternehmen ein klares Profil nach außen.

Fallbeispiel

1.2 Anforderungen an den Menschen im Büro

Arbeitsblatt 1

Kathrin Müller hat es geschafft: Sie ist eine von drei Auszubildenden, die in diesem Jahr die Ausbildung bei der Mode|Idee GmbH beginnen. Im Vorfeld hatte sie sich durch viele Gespräche mit ihren Eltern, Lehrern und Bürokaufleuten über den Beruf der Bürokauffrau informiert und fand schnell heraus, dass es der richtige Beruf für sie ist.

Sie wurde durch eine Stellenanzeige auf das Unternehmen aufmerksam. Im Vergleich mit anderen Annoncen fielen ihr Formulierungen auf wie z. B. „Sie möchten gerne im Team arbeiten und sind bereit, ein hohes Maß an Engagement zu zeigen und Verantwortung zu übernehmen …" oder „In diesem Beruf kommt es auf schnelle Auffassungsgabe, sicheres Zahlenverständnis, Kontaktfreude und Organisationstalent an." Deshalb ist Kathrin bewusst, dass die zukünftigen Arbeitgeber von ihr mehr als nur die fachliche Qualifikation erwarten!

www.arbeitsagentur.de
www.bewerben.de
www.bibb.de
www.jobpilot.de

1.2.1 Personale Anforderungen

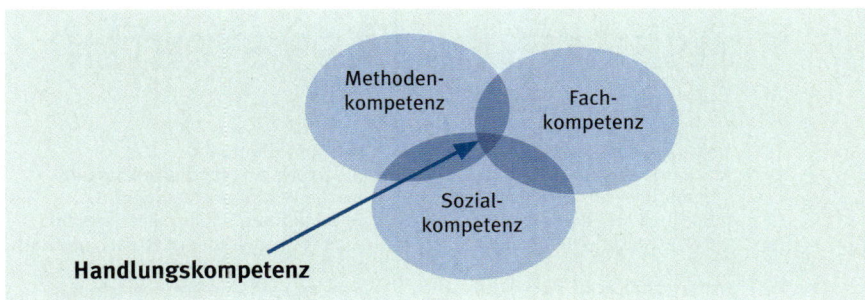

Die rasante Zunahme und der schnelle Wandel des Wissens in allen Bereichen von Gesellschaft, Wissenschaft und Technik machen die Fähigkeit des problemlösenden und vernetzten Denkens sowie wertbezogene Einstellungen und Haltungen unverzichtbar. Neben der Fachkompetenz gewinnen deshalb die Methoden- und Sozialkompetenz – auch Soft Skills genannt – zunehmend an Bedeutung. Diese drei Elemente ergänzen und bedingen sich zu umfassender Handlungskompetenz. Durch eine entsprechende Schulbildung, aber auch durch ständige Fortbildung im späteren Berufsleben wird die Handlungskompetenz des Einzelnen gefördert und gefestigt.

Arbeitsblatt 2

Fachkompetenz	Methodenkompetenz	Sozialkompetenz
= Hard Skills Fachkenntnisse, die während eines Studiums oder einer beruflichen Ausbildung erworben und in der Regel durch Prüfungen nachgewiesen werden.	Fähigkeiten wie selbstständiges Lernen, selbstständiges Planen und Beherrschung von Methoden zur Problemlösung u. Ä. m.	In einer Gruppe arbeiten und dabei seine Persönlichkeit entfalten. Sich einordnen können, Anerkennung der Leistung anderer u. Ä. m.
	= Soft Skills alle Eigenschaften, die über die fachliche Qualifikation hinausgehen und die Persönlichkeit prägen, z. B.	
• Fachwissen • Sprachkenntnisse • Auslandserfahrung • Praxiserfahrung • PC-Kenntnisse	• Leistungsbereitschaft • Ausdauer • Konzentrationsfähigkeit • Konfliktfähigkeit • Kritikfähigkeit	• Teamfähigkeit • Kreativität • Kontaktstärke • Lernbereitschaft • Reflexionsbereitschaft

Stellenanzeige

In vielen Stellenanzeigen wird die geforderte Handlungskompetenz beispielsweise wie folgt formuliert:

BEISPIEL:
Herr Dahlmann formuliert in der Stellenanzeige für die Assistentin/den Assistenten der Geschäftsleitung die geforderten Handlungskompetenzen wie folgt:

Mode|Idee GmbH
Stuttgart

Wir suchen die/den

ASSISTENTIN/ASSISTENTEN

für unseren Geschäftsführer

Unser Unternehmen
Mode|Idee GmbH – ein mittelständisches, seit Jahren auf dem deutschen Markt erfolgreich agierendes Unternehmen.

Mode|Idee GmbH – ein unabhängiges Unternehmen mit Stammsitz in Stuttgart.

Mode|Idee GmbH – ein weltweit führender Versandhandel.

Mode|Idee GmbH – unsere Handelsprodukte genießen einen ausgezeichneten Ruf.

Unser Angebot
Eine **selbstständige** mit viel **Eigenverantwortung** ausgestattete Funktion.

Neben den üblichen Sekretariatsaufgaben bearbeiten Sie **eigenverantwortlich** sachbezogene Aufgaben.

Aufgabenfeld (Tätigkeit) mit viel **gestalterischem Spielraum**.

Die Anforderungen
Sie haben eine **fundierte kaufmännische Berufsausbildung** (z. B. Bürokauffrau/-mann), eine einschlägige Weiterbildung (z. B. Fachkauffrau für Büromanagement) und verfügen über ausreichend **Berufserfahrung**.

Sie sind mit allen in einem Sekretariat anfallenden Arbeiten vertraut und besitzen gute **PC-Kenntnisse** (Word, Excel, PowerPoint).

Sie verfügen **über gute englische und französische Sprachkenntnisse**.

Sie zeigen großes **persönliches Engagement** und ein hohes Maß an **Eigeninitiative** und Vertrauenswürdigkeit.

Sie besitzen **Organisationstalent** und **Verantwortungsbewusstsein** und stellen sich der Herausforderung, gemeinsam mit uns zu wachsen.

Sie können sich mit unseren Zielen und unserem kooperativen Führungsstil **identifizieren**.

Ihre Antwort
Interessenten senden ihre aussagefähige Bewerbung bitte an Frau Marianne Freund.

Mode|Idee GmbH
Calwer Straße 118, 70173 Stuttgart, Telefon 0711 123-4053

Eine Stellenanzeige beschreibt genau die Aufgaben, die ein Bewerber erfüllen muss. Auch **firmenintern** wird festgelegt, welche Aufgaben von dem jeweiligen Stelleninhaber zu erledigen sind und welche Kompetenzen er hat. Dies wird in einer **Stellenbeschreibung** global zusammengefasst.

Stellenbeschreibung

BEISPIEL:

Mode|Idee GmbH
Stuttgart

Stellenbeschreibung der Assistentin der Geschäftsleitung

Stelleninhaberin	Fachbereich	Personal-Nr. 3848/Eink/49
Veronika Schmidt	**Geschäftsleitung**	

Vorgesetzte/r der Stelleninhaberin	Unterstellte Mitarbeiterinnen
Geschäftsführer	Jutta Mallmann, Bürokauffrau Max Sauter, Industriekaufmann

Stellvertretung:

Die Stelleninhaberin wird vertreten von

Jutta Mallmann ☐ uneingeschränkt ☒ eingeschränkt

Ziele der Stelle z. B.

- Die Stelleninhaberin hat ihre Aufgaben so wahrzunehmen, dass der Geschäftsführer bei der Erfüllung seiner Aufgaben wirkungsvoll entlastet und unterstützt wird.
- Die Zusammenarbeit mit anderen Stellen ist so zu gestalten, dass ein möglichst störungsfreier Arbeitsablauf gewährleistet ist.

Aufgaben und Kompetenzen z. B.

- Erstellung des Ablageplans für das Sekretariat
- Terminplanung und -abstimmung
- Dienstaufsichtspflichten
- Planung und Vorbereitung von Geschäftsreisen
- Erledigung der Reisekostenabrechnungen
- Organisation aller Besprechungen und Konferenzen der Einkaufsabteilung
- Verteilung und Erledigung von Schreibarbeiten durch andere Personen
- Verwaltung von Büromaterial
- Empfang und Betreuung von Besuchern
- Postbearbeitung

Besondere Befugnisse z. B.

- Zugang zu vertraulichen Unterlagen
- Berechtigung zur Unterschrift mit dem Zusatz i. V.

Anforderungen an die Stelleninhaberin z. B.

- Vertrauenswürdigkeit, Souveränität und Glaubwürdigkeit
- Loyalität zum Vorgesetzten
- Selbstständigkeit und ein hohes Maß an Eigeninitiative
- sicheres, sympathisches und überzeugendes Auftreten
- Belastbarkeit und Kritikfähigkeit
- Fähigkeit zur Kommunikation und Kooperation
- Bereitschaft zur Weiterbildung
- Identifikation mit dem Unternehmen

Stelleninhaberin   Vorgesetzte/r

Datum, Unterschrift   Datum, Unterschrift

Eine Stellenbeschreibung kann demgemäß folgende Punkte beinhalten:

- Stellenbezeichnung,
- Hierarchiestufe (Überstellung, Unterstellung),
- Verantwortungsbereich,
- Aufgaben,
- Dienstsitz,
- Dienstrang,
- Dienstweg,
- Kompetenzen,
- Stellvertretung,
- Zeichnungsbefugnisse.

Ziele und Zielvereinbarungen

Die ModelIdee GmbH trifft mit ihren Mitarbeiterinnen und Mitarbeitern Zielvereinbarungen. Dabei geht sie in der Regel wie folgt vor:

1. **Zielplanung.** Vorgesetzte und Mitarbeiterinnen/Mitarbeiter sammeln getrennt voneinander Ideen für die zu erreichenden Ziele.
2. **Zielvereinbarungsgespräch.** In diesem Gespräch werden die Ziele abgestimmt, schriftlich dokumentiert und in der Personalabteilung hinterlegt. Weiterhin wird vereinbart, welche Prämie je nach Zielerreichungsgrad ausgezahlt wird.
3. **Zwischenbilanzgespräch.** Gemeinsam wird entschieden, welche Ziele erreicht wurden und ob weitere Maßnahmen notwendig sind.
4. **Zielerreichungsgespräch.** Die erreichten Ziele und Ergebnisse werden gemessen und die Vergütung festgelegt.

Setzen Sie sich selbst Ziele, um Ihre Hard Skills und Soft Skills zu verbessern. Formulieren Sie Ihre Ziele schriftlich und planen Sie einen realistischen Zeitraum für die Zielerreichung ein.

Mögliche Ziele:
- Regelmäßiger Besuch von Fortbildungsveranstaltungen.
- Absolvieren von zertifizierten Seminaren.
- Die Prüfungen mit mindestens Note 2 absolvieren.
- Besuch von Sprachkursen.
- Auslandsaufenthalt.
- usw.

1.2.2 Äußeres Erscheinungsbild

Die Wirkung auf die Mitmenschen wird durch folgende Faktoren beeinflusst:

Arbeitsblatt 3

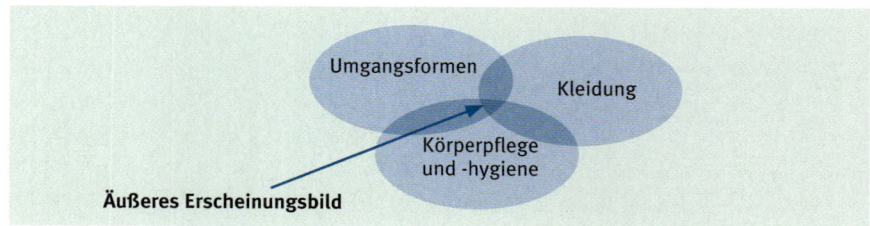

1.2.2.1 Umgangsformen

Begrüßung – Bekanntmachung – Empfang – Verabschiedung

- **Wer reicht wem die Hand?**

Wer in der Betriebshierarchie den höheren Rang einnimmt, reicht – unabhängig von Geschlecht und Alter – als Erster die Hand. Ein Auszubildender sollte *nicht* dem Chef als Erster die Hand hinstrecken, sondern abwarten, ob der Chef einen Handschlag überhaupt wünscht. Der Händedruck darf *nicht* zu **stark** und *nicht* zu **schlaff** sein.

- **Wie wird bekannt gemacht?**

Stellt sich jemand selbst vor, so kann er dazu verschiedene Formen benutzen:

BEISPIEL:

Falsch	Richtig
Eine Frau/ein Mann stellt sich vor	
Guten Tag, ich bin **Frau/Herr Schmidt**. Ich heiße **Frau/Herr Schmidt**. Ich bin **Frau/Herr Schmidt**.	Guten Tag, mein Name ist **Julian(e) Schmidt**. Mein Name ist **Julian(e) Schmidt**. Ich bin **Julian(e) Schmidt**.

Sie wollen eine andere Person jemandem vorstellen:
Ich möchte Sie mit Juliane Schmidt bekannt machen.

Die korrekte Antwort ist:
Guten Tag, Frau Schmidt. Oder:
Guten Tag, Frau Schmidt. Schön, dass wir uns jetzt auch persönlich kennenlernen.

Bei Namensgleichheit in einer Abteilung oder Firma ist es zweckmäßig, sich immer mit **Vor- und Zunamen** vorzustellen. Titel werden bei der Selbstvorstellung üblicherweise nicht genannt.

BEISPIEL:
„Ich bin Juliane Hofmann, die Stellvertreterin von Frank Maier-Schulze."

Beim Bekanntmachen durch Dritte ist im Berufsleben die Hierarchiestufe entscheidend. So wird immer derjenige, der auf der Betriebsleiter eine Stufe höher steht, der anderen Person vorgestellt. Titel oder kurze Zusatzinformationen zum Namen, die sich auf die berufliche Position beziehen, werden mitgenannt. Doppelnamen dürfen nicht abgekürzt werden.

- **Wie hält man es mit dem Aufstehen bei der Begrüßung?**

Wenn eine moderne Frau zur Begrüßung einer Person aufstehen möchte, so bekundet sie damit Respekt. Die althergebrachte Regel, dass eine Frau bei einer Begrüßung grundsätzlich sitzen bleibt, hat heute keinen Bestand mehr – zeitgemäßer ist es, zur Begrüßung immer aufzustehen.

- **Wie wird gegrüßt?**

Grundsätzlich grüßt immer derjenige zuerst, der einen Raum betritt. Ob aus dem Gruß eine Begrüßung mit Handschlag wird, hängt oft von den Gepflogenheiten am jeweiligen Arbeitsplatz ab. In einem Großraumbüro kann eine allmorgendliche Begrüßung mit Handschlag durchaus unangebracht sein. Hat man dagegen einen Mitarbeiter längere Zeit nicht gesehen oder verabschiedet sich ein Mitarbeiter für längere Zeit, weil er Urlaub macht, dann kann die Begrüßung oder Verabschiedung auch mit Handschlag erfolgen.

- **Wie wird ein Gast richtig empfangen?**

Der Empfang eines Besuchers beginnt nicht im Büro oder Vorzimmer, sondern schon beim Pförtner oder bei der Anmeldung. Der Pförtner sollte die Termine kennen, damit er ohne große Irrwege die zuständigen Personen über die Ankunft des Gastes informieren kann. Eine freundliche Geste ist es, wenn der Gast am Empfang abgeholt und ihm der Weg gezeigt wird.

- **Wer hilft wem aus der Garderobe?**

Heute ist es üblich, dass sowohl von einer **Frau** als auch von einem **Mann** in den Mantel oder aus dem Mantel geholfen werden darf. Dies wird meist als höfliche Geste aufgenommen.

- **Wie bewirtet man einen Gast?**

Die Bewirtung eines Gastes gehört zum Aufgabenbereich einer Büroangestellten. Die Büroangestellte ist als Gastgeberin, aber auf keinen Fall als „Bedienung" anzusehen, die ihren Teil zum Wohlbefinden des Besuchers beiträgt. Je nach Jahreszeit oder Klimalage kann einem Gast ein entsprechendes Getränk angeboten werden: Kaffee, Tee, Saft, Mineralwasser usw. Fragen Sie höflich: „Möchten Sie einen Kaffee oder lieber ein anderes Getränk?"

- **Wie verabschiedet man richtig?**

Nicht nur der **erste,** sondern auch der **letzte Eindruck** hinterlässt seine positiven bzw. negativen Erinnerungen. Deshalb sollten Besucher nicht hinauskomplimentiert werden. Nehmen Sie bei der Verabschiedung Bezug auf das Gespräch und wünschen Sie z. B. eine gute Fahrt, einen schönen Urlaub, einen angenehmen Verlauf der Tagung usw. Als besondere Aufmerksamkeit kann man Gästen aus dem Ausland oder Gästen, die nicht so häufig die Firma besuchen, ein kleines Firmengeschenk überreichen.

Gespräche

- **Distanzzonen**

Im Gespräch mit dem Chef, Arbeitskollegen und Kunden wird unbewusst ein mehr oder weniger großer Abstand eingehalten. Die Verhaltenswissenschaftler sprechen von Distanzzonen, die in vier Kategorien eingeteilt werden:

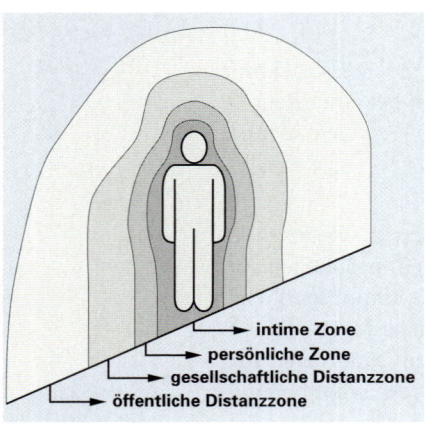

1. **Intime Zone:** Sie reicht vom direkten Körperkontakt bis hin zu 50 cm Abstand. Diese Distanzzone bleibt nur sehr vertrauten Personen vorbehalten, sie ist im Berufsleben mit größter Vorsicht zu behandeln.
2. **Persönliche Zone:** Sie reicht von 50 cm bis zu 1 m und ist der Abstand, der bei einer Begrüßung eingehalten wird (2-mal die Armlänge).
3. **Gesellschaftliche Distanzzone:** Die dritte Zone reicht von etwa ein bis zwei Metern oder etwas mehr. Dieser Abstand kann durch einen Tresen oder Schreibtisch verstärkt werden. Man bezeichnet sie deshalb auch als Distanzvergrößerer. Will man seinem Gesprächspartner näherkommen, steht man zur Begrüßung auf und geht um den Schreibtisch herum. Dies hilft, eine entspannte Gesprächsatmosphäre vorzubereiten.
4. **Öffentliche Distanzzone:** In dieser Zone wird kein persönlicher Kontakt hergestellt. Auch der direkte Blickkontakt unterbleibt (z. B. Redner, der in mehreren Metern Entfernung zum Publikum spricht).

- **Blickkontakt**

Schaut ein Gesprächspartner seinem Gegenüber während eines Gesprächs in die Augen, gilt er als offen, selbstsicher und ehrlich. Schaut er aber am anderen vorbei, so wird ein Gefühl von Unsicherheit und Desinteresse geweckt. Wie lange ein Blickkontakt dauern darf, ohne dass der Angeschaute irritiert oder gar verärgert wird, ist von Situation zu Situation verschieden.

Tipp: Falls es Ihnen schwerfällt, Blickkontakt zu halten, schauen Sie Ihrem Gesprächspartner einfach auf die Nasenwurzel – er wird keinen Unterschied merken.

- **Zuhören**

Während eines Gesprächs sollte keiner der Gesprächspartner in Unterlagen blättern oder aus dem Fenster schauen. Ein solches Verhalten signalisiert Desinteresse. Zeigen Sie Ihrem Gesprächspartner, dass Sie ihm aktiv zuhören, indem Sie ihn ausreden lassen, ihn durch „Ja" oder „Genau" oder durch kleine Gesten positiv verstärken.

- **Hände in den Taschen**

In einer entspannten Gesprächsatmosphäre ist es durchaus erlaubt, die Hände in den Taschen des Sakkos bzw. Damenblazers zu deponieren. Dies signalisiert Entspanntheit und Lässigkeit.

- **Körpersprache**

Ein wichtiges Hilfsmittel, seinem Gesprächspartner eindeutig etwas mitzuteilen, ist der richtige Einsatz von **Mimik** und **Gestik.**

dominierend   *unterwürfig*   *feindselig*   *freundlich*

Mimik heißt, mit dem Gesicht zu sprechen. Dabei ist besonders auf die Kopfhaltung, Stirn, Augenbrauen, Augen und Mund zu achten. Beobachten und analysieren Sie Ihre Gesichtszüge im Spiegel. Ein guter Beobachter kann einem Mienenspiel sehr viel entnehmen. Vermeiden Sie bei dieser **nonverbalen** Kommunikation starke Übertreibungen.

Gesten können etwas über Ihre Einstellung oder Gefühle verraten. So bedeutet Achselzucken eine Aussage, die etwas infrage stellt. Vor der Brust verschränkte Arme können unter Umständen Barrieren zum Gesprächspartner aufbauen. Hastige und unruhige Bewegungen signalisieren Unsicherheit.

Ein weiteres wichtiges Element der Körpersprache ist die **Körperhaltung**. Stehen Sie vor einem Publikum, dann lassen Sie die Hände locker an der Seite herunterhängen oder halten Sie beide Hände locker vor dem Bauch. Auf keinen Fall sollten die Hände hinter dem Rücken verborgen werden.

- **„Small Talk" richtig gemacht**

Der „Small Talk" hat einen negativen Touch bekommen. Das kommt daher, dass abgedroschene Themen wie z. B. „das Wetter" Gesprächsinhalt sind. Richtiger „Small Talk" befasst sich mit Themen wie Tagesgeschehen, Gespräche über Kunst, Sehenswürdigkeiten, Hobbys oder Sport, Konzerte, Literatur usw. Der „Small Talk" ist im Berufsleben ein Anfang der Kommunikation zwischen Fremden. Fremde brauchen zunächst ein leichtes Gesprächsthema, um sich nicht zu nahe zu treten und sich so besser kennenzulernen.

Höflichkeit am Arbeitsplatz

Neben der **Höflichkeit** sind **Selbstbeherrschung, Hilfsbereitschaft** und **Toleranz** wünschenswerte Eigenschaften, die zu einem möglichst reibungslosen Miteinander beitragen.

Folgende Regeln helfen, dem Ziel – optimales Verhalten am Arbeitsplatz – näherzukommen:

- Zeigen Sie **Hilfsbereitschaft** und lassen Sie sich nicht um jede Gefälligkeit bitten!
- Seien Sie **pünktlich** und **zuverlässig!**
- Bringen Sie Ihren Kollegen und Mitmenschen **Toleranz** entgegen!
- Zeigen Sie Ihren Kollegen gegenüber **Kooperationsbereitschaft!**
- Vermeiden Sie es, mit Ihren Kenntnissen **zu prahlen!**
- Spielen Sie sich **nicht** in den Vordergrund!
- Machen Sie **keine sarkastischen Bemerkungen!**
- Tratschen Sie **nicht** über andere!
- Versuchen Sie immer das Positive hervorzuheben und **Negatives** aufzufangen!
- Machen Sie sich **nicht** über andere lustig!

Rauchen im Büro

In fast allen Bundesländern gelten die neuen Nichtraucherschutzgesetze. In öffentlichen Einrichtungen wie Behörden und Schulen darf nicht mehr geraucht werden. Auch in vielen Unternehmen besteht bereits **Rauchverbot.** Es darf nur während der Pausen und in den dafür vorgesehenen Räumlichkeiten geraucht werden.

Rauchertreffpunkt

1.2.2.2 Typ- und anlassgerechte Kleidung

In puncto Kleidung herrschen in vielen Betrieben ungeschriebene Gesetze, von denen man annimmt, dass sie von den Mitarbeiterinnen und Mitarbeitern beachtet werden. So wird z. B. bei Banken auf die typische **Businesskleidung** Wert gelegt. Die Businesskleidung schließt alles aus, was unter Freizeitmode fällt. Eine Krawatte ist Pflicht für den Herrn. Mit Schmuck und Accessoires sollte sparsam umgegangen werden. Wie man sich kleidet, hängt in erster Linie von der ausgeübten Tätigkeit und der Position im Betrieb ab. Der Nadelstreifenanzug ist auf der Baustelle, der schicke Jogginganzug in der Bankfiliale fehl am Platz.

Das Angebot an Kleidungsstücken ist heute so vielseitig, dass es für jeden „Typ" das richtige Kleidungsstück in der passenden Farbe zu kaufen gibt. Deshalb sollten Sie herausfinden, was Ihren Typ am besten verstärkt, um beim Kauf die richtige Entscheidung zu treffen. Denn nicht immer ist die Beratung vom Verkaufspersonal fachkundig.

1.2.2.3 Körperpflege und -hygiene

Zu einem gepflegten Aussehen gehören z. B. ein einwandfreies Make-up, gepflegte und gut geschnittene Haare, ein leichtes Parfum und gepflegte Hände. Die regelmäßige Pflege des Körpers ist unverzichtbar.

1.3 Büroarbeitsplatz

Fallbeispiel

Das Unternehmen ModeIdee GmbH verbessert ständig seine Büro- und Bildschirmarbeitsplätze. Dadurch hat sich auch der Gesundheitszustand von Frau Sanders deutlich verbessert. Ihr Bildschirmarbeitsplatz erfüllt alle gesetzlichen Anforderungen und befindet sich außerdem in einer schönen, angenehmen Arbeitsumgebung. Umso erstaunter ist Frau Sanders, als sie in der Mittagspause in einer Fachzeitschrift der Berufsgenossenschaft einen Bericht über die Richtlinien zum Arbeitsschutz und zur Einrichtung ergonomischer Büroarbeitsplätze liest. In einer Befragung wurde festgestellt, dass

- viele der Unternehmen noch keine **Arbeitsplatzanalyse** vorgenommen haben,
- sich die meisten **Bildschirmgeräte** als mangelhaft erwiesen haben,
- Tische und Stühle zu wünschen übrig lassen,
- die gesamte Büroausstattung mangelhaft ist,
- Klagen über das Raumklima zu verzeichnen sind.

Arbeitsblatt 4

Achtzig Prozent aller Kosten in der Verwaltung sind Aufwendungen für das Personal. Wenn man weiter berücksichtigt, dass der größte Teil der arbeitenden Menschen seinen Arbeitsplatz in einem Büro hat, dann ist offensichtlich, dass es einer sorgfältigen Planung und Gestaltung jedes Arbeitsplatzes bedarf. Zumal Arbeitsmediziner und -organisatoren festgestellt haben, dass sich ungünstige Arbeitsverhältnisse negativ auf die Arbeitsleistung auswirken.

Die Grundlage zu dieser Erkenntnis wurde durch die Ergonomie gelegt. Die **Ergonomie** ist die Wissenschaft vom Menschen in seiner Arbeitswelt. Im Einzelnen ist damit die Anpassung der Arbeitsmittel und Arbeitsbedingungen im Büro an die gesundheitlichen und physischen Bedürfnisse des Menschen gemeint. Dabei werden die wissenschaftlichen Ergebnisse der Medizin, der Psychologie, der Physiologie sowie soziale und ökologische Aspekte berücksichtigt. Die Ergonomie hat aber auch die Erkenntnisse der **Anthropometrie** zu berücksichtigen. Darunter ist die Lehre von den Maßverhältnissen des menschlichen Körpers zu verstehen, die bei der Gestaltung der Arbeitsplätze und der Arbeitsmittel zu berücksichtigen sind.

1.3.1 Gesetzliche Grundlagen

Richtlinien für die Gestaltung der Arbeitsplätze findet man in Gesetzen, Bestimmungen und Verordnungen. Die wichtigsten Fundstellen zum Thema „Büro" sind:

- Arbeitsschutzrahmenrichtlinie,
- Arbeitsschutzgesetz (**ArbSchG**),

www.bmas.de
www.dguv.de
www.juris.de
www.vbg.de
www.baua.de

- Arbeitssicherheitsgesetz (**ASiG**),
- Bildschirmrichtlinie,
- Bildschirmarbeitsverordnung (**BildscharbV**),
- Arbeitsstättenverordnung (**ArbStättV**),
- Arbeitsstättenrichtlinien (**ASR**),
- Betriebssicherheitsverordnung (**BetrSichV**),
- Produktsicherheitsrichtlinie,
- Geräte- und Produktsicherheitsgesetz (**GPSG**),
- Bau- und Gewerbeordnung,
- Unfallverhütungsvorschriften (**VBG 104** „Arbeit an Bildschirmgeräten"),
- Umweltschutzbestimmungen (z. B. Umgang mit gefährlichen Arbeitsmitteln),
- DIN-Normen (**DIN** = Deutsches Institut für Normung e. V.),
- **DIN EN** = die Norm entspricht der EU-Norm,
- **ISO** = International Organization for Standardization (internationale Norm).

früher *heute*

Die meisten Büroarbeitsplätze sind mit Bildschirmgeräten ausgestattet. Da Bildschirmarbeitsplätze gesundheitliche Beeinträchtigungen für den Beschäftigten mit sich bringen können, wurden von der EU die **„Richtlinie über Mindestvorschriften bezüglich der Sicherheit und des Gesundheitsschutzes bei der Arbeit an Bildschirmgeräten"** und die **„Rahmenrichtlinie des Rates der EU über die Durchführung von Maßnahmen zur Verbesserung der Sicherheit und des Gesundheitsschutzes der Arbeitnehmer bei der Arbeit"** erlassen.

Seit dem 20. Dezember 1996 müssen neue Bildschirmarbeitsplätze den Bestimmungen der **BildscharbV** entsprechen. Zahlreiche deutsche Arbeitssicherheitsgesetze wurden in die BildscharbV eingebaut. Die EU-Richtlinie wurde somit in **nationales Gesetz** umgewandelt oder in eine Unfallverhütungsvorschrift (**UVV**) der Berufsgenossenschaft übernommen. Für bestehende Anlagen gibt es Übergangsregelungen.

Jeder Arbeitgeber ist verpflichtet, für jeden Bildschirmarbeitsplatz eine **Arbeitsplatzanalyse** durchzuführen und sie zu dokumentieren, um mögliche Gefährdungen und Belastungen frühzeitig zu erkennen. Die Arbeitsplatzanalyse soll neben der ergonomisch richtigen Möblierung und der Bildschirmaufstellung auch organisatorische Aspekte bis hin zur Software-Ergonomie und den gesamten Arbeitsab-

www.ergonetz.de
www.vbg.de

lauf einbeziehen. Sie muss durch entsprechend qualifizierte Fachkräfte durchgeführt werden. Viele Büromöbelhersteller stellen ihren Kunden zur Büroarbeitsplatzbeurteilung Beurteilungs-Checklisten nach den Anforderungen des neuen Arbeitsschutzgesetzes – teils auf CD-ROM – zur Verfügung.

Der Arbeitgeber ist weiterhin verpflichtet, seine Mitarbeiter im **richtigen Verhalten am Bildschirmarbeitsplatz** zu unterweisen, zu kontrollieren und gegebenenfalls die Unterweisung mehrmals zu wiederholen. So soll ein Fehlverhalten vermieden werden, das zur Erkrankung der Augen, des Stützapparates oder zur übermäßigen Belastung des Betroffenen führen kann.

1.3.2 Büroraumformen

Die Planung der Büroräume sollte von der **organisatorischen Aufgabenstellung** und den **gewählten Arbeitsformen** (Einzel- oder Gruppenarbeit) ausgehen. Deshalb schreibt die Norm DIN 4543 „Flächen für die Aufstellung und Benutzung von Büromöbeln" keine festen Quadratmeterangaben vor. Unter Einbeziehung der Möbel sollten je Person 15 bis 20 m² veranschlagt werden; für Bildschirmarbeitsplätze je nach Art der Tätigkeit mindestens 8 bis 10 m².

www.koenig-neurath.de

Empfohlene Aufteilung der Bürofläche:
- **Arbeitsfläche:** im Zentrum sollte der Arbeitstisch stehen
- **Stellfläche:** Platz für Schränke, Regale usw.
- **Möbelfunktionsfläche:** z. B. Schubladenöffnung
- **Bewegungsfläche am Arbeitsplatz**
- **Verkehrs- und Durchgangswege**

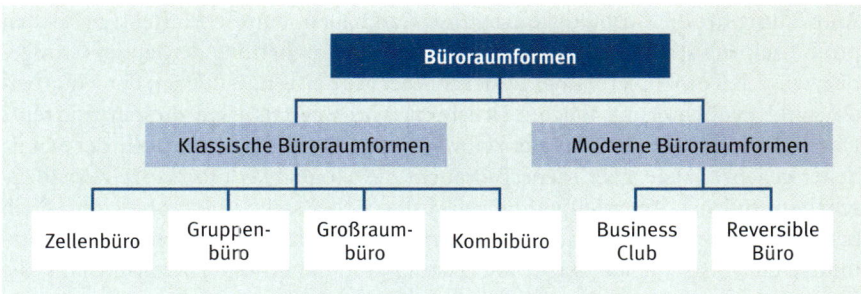

Klassische Büroraumformen

- **Zellenbüro**

Das Zellenbüro ist meist den Vorgesetzten vorbehalten. Es können vertrauliche Gespräche mit Mitarbeitern oder Geschäftspartnern geführt werden. Andere Mitarbeiter werden durch die Besucher nicht gestört. Der Einpersonenraum gewährleistet eine individuelle Arbeitsweise und garantiert die größte Ruhe bei der Arbeit. Die Isolation wirkt sich nachteilig auf die Kommunikation mit den anderen Mitarbeitern aus.

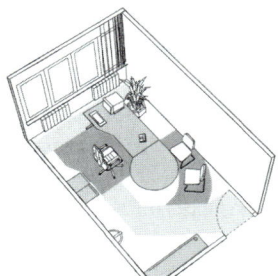

Die Arbeitsmittel müssen dabei alle im gleichen Raum untergebracht sein; denn Registratur oder Akteien sollen sich am Arbeitsplatz befinden, um unnötige Wegzeiten zu vermeiden.

- **Gruppenbüro**

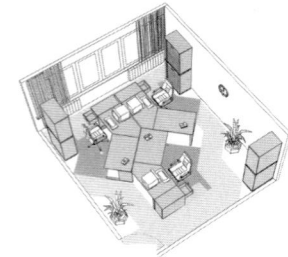

Ein Gruppenbüro besteht aus zwei bis vier Arbeitsplätzen. Diese Gruppe gehört vom Arbeitsablauf organisatorisch zusammen. Die Raumausnutzung ist besser als beim Einpersonenraum. Das Gruppenbüro hat den Vorteil, dass die Mitarbeiter eng zusammenarbeiten. Akten können von Tisch zu Tisch gereicht werden. Teure Arbeitsmittel werden gemeinsam benutzt und müssen daher nur einmal angeschafft werden. Auch Ablagen werden von mehreren Mitarbeitern benutzt. Aber: Besucher oder Telefongespräche stören die ganze Gruppe. Sehr störend wirkt sich die Summation der Arbeitsgeräusche aus, die der Einzelne an Maschinen und Geräten macht und die dann häufig die Grenze zur Lärmbelästigung überschreitet.

- **Großraumbüro**
Das Großraumbüro gibt es in unterschiedlichen Formen:

- ungegliederter Großraum
- Bürosaal
- Bürolandschaft
- Raum-in-Raum-System (Open-Space-Büro)

Als das Großraumbüro eingeführt wurde, glaubte man, die wirtschaftlichste Anordnung für die Bürotätigkeit gefunden zu haben. Für die Einrichtungskosten pro Einzelplatz stimmte dies genauso wie für die Anschaffung der teuren Großgeräte, wie z. B. Fotokopierer oder Drucker. Aber die Leistungsfähigkeit der Mitarbeiter sank! Ernüchterung machte sich breit. Was war falsch an diesem Konzept? Durch die Sichtnähe des Vorgesetzten war zwar eine 100%ige Kontrolle der Mitarbeiter gegeben, aber jeder Mensch braucht die Möglichkeit, für kurze Zeit abzuschalten und sich innerlich auf den nächsten Arbeitsschritt vorzubereiten. Auch benötigt jeder einen kleinen persönlichen Bereich. Fehlt dieser, dann sind Arbeitsunlust, ein Zurückgehen der Arbeitsleistung und ein erhöhter Krankenstand die Folgen.

Abhilfe brachte die Schaffung von **Bürolandschaften und Raum-in-Raum-Systemen (Open-Space-Büro)**. Das Open-Space-Büro zeichnet sich vor allem dadurch aus, dass die Arbeitsplätze ganz ohne Wände, zumindest aber ohne raumhohe Wände auskommen. Durch gestalterische Elemente, sog. Raumteiler wie Regalwände, Kübelpflanzen und geschickte Anordnung der Gruppen- und Einzelarbeitsplätze, wird das Großraumbüro optisch wieder in kleinere Einheiten zerlegt. Dadurch bekommt der Einzelne das Gefühl, in einem überschaubaren Umfeld – ohne permanente Überwachung – zu arbeiten. Ein willkommener Effekt ist auch, dass die unvermeidbaren Arbeitsgeräusche teilweise durch die Einrichtungsgegenstände gedämpft werden.

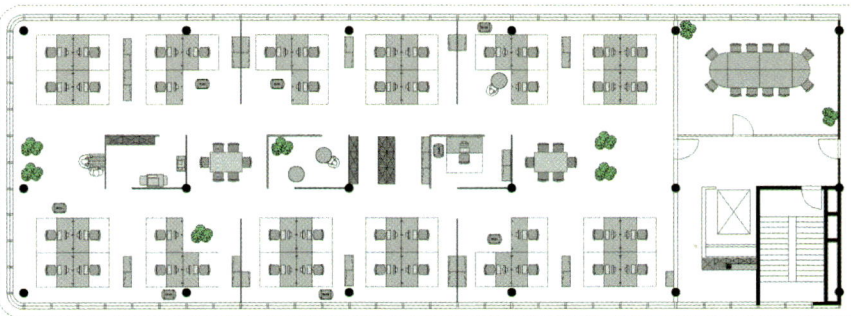

Open-Space-Büro für 43 Mitarbeiter mit einer Fläche von 11 m² pro Mitarbeiter (HNF gesamt 477 m²)

- **Kombibüro**

Eine Mischform vorhandener Konzepte findet man im Kombibüro. Diese Raumform vereint die Vorteile des Großraumbüros mit denen des Einpersonenbüros. In einem großen Gemeinschaftsraum befinden sich viele kleine individuell gestaltete Arbeitsräume. Dadurch bleibt die Verbindung zu den anderen Mitarbeitern erhalten und man hat gleichzeitig einen persönlichen Arbeitsbereich, der besonders für kreative Tätigkeiten wichtig ist.

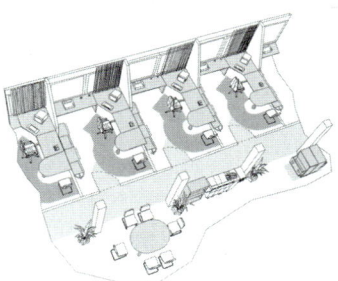

Moderne Büroraumformen

- **Business Club**

Eine Weiterentwicklung des Kombibüros ist der „Business Club". Die Mittelzone dieser offenen Raumform bietet genug Platz für Sonderflächen, vor allem für zufällige oder verabredete Begegnungen. Die Arbeitsplätze enthalten Zonen sowohl für konzentriertes als auch für kommunikatives Arbeiten. Neben den persönlichen Arbeitsplätzen bieten Business Clubs eine Vielfalt von Arbeitsorten, die je nach Tätigkeiten und Arbeitsstil zeitweise genutzt werden können.

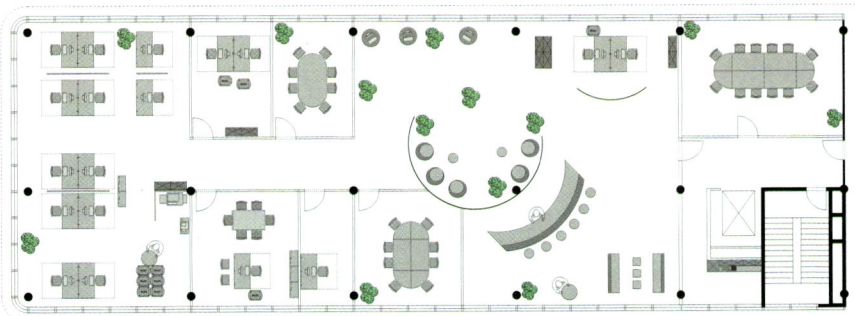

Business Club für 18 Mitarbeiter mit einer Fläche von 26,5 m² pro Mitarbeiter (insgesamt 477 m²)

- **Reversibles Büro**

  Das reversible Büro ist ein flexibles Büroraumkonzept, bei dem verschiedene Büroraumformen auf einer Etage gleichberechtigt nebeneinander existieren und genutzt werden.

Büroraumform	Klassische Büroraumformen				Moderne Büroraumformen	
	Zellenbüro	Gruppenbüro	Großraumbüro	Kombibüro	Business Club	Reversibles Büro
Vorteile	• ungestörtes, kreatives und konzentriertes Arbeiten • laute Tätigkeiten stören niemanden • individuelle Regelung der Beleuchtung und des Raumklimas • individuelle Raumgestaltung • gut geeignet für Beratungsgespräche • Statussymbol • Privatsphäre	• kommunikative Teamarbeit • prozessorientierte Gruppenarbeit • kurze Wege zu Technik-, Besprechungs- und Regenerationsbereichen • fördert Teamgeist • schnelle und gezielte Kommunikation	• gute Voraussetzungen für Teamgeist und Teamarbeit • schnelle Kommunikation • fließende Arbeitsabläufe • gleichwertige Arbeitsplätze • flexible Organisations- und Kommunikationsstrukturen • kurze Wege • höchstmögliche Flächennutzung	• Zufriedenheit der Mitarbeiter nimmt zu • Arbeitsklima, Stil der Zusammen-arbeit u. Ä. lassen sich individuell beeinflussen • Wechsel zwischen konzentrierter Einzelarbeit und kommunikativer Teamarbeit • Gliederung in Organisationseinheiten • gemeinsame Nutzung der Arbeitsmittel	• geeignet für Projektarbeit • fördert Kommunikation • unterstützt eigenverantwortlich handelnde Mitarbeiter • bietet räumliche Umgebung für Desksharing	• anpassungsfähiges, ökonomisches Raumkonzept (z. B. bei schwankender Mitarbeiterzahl) • geeignet für wechselnde Unternehmensstrukturen • verschiedene Raumformen möglich • flexible und gleichzeitig effektive Flächennutzung
Nachteile	• weniger geeignet für prozessorientierte Teamarbeit • geringer Kontakt zu den Mitarbeitern – Gefahr der Isolierung • hoher Raumbedarf	• wechselseitige Störungen • eingeschränkte Privatsphäre • geringere Konzentrationsmöglichkeit	• mehr Lärm • mangelnde Vertraulichkeit • Klima und Beleuchtung nicht individuell regulierbar • wenig Rückzugsmöglichkeiten	• Störungen in den Durchgangsbereichen • wenig Platz für die individuelle Ablage	• eingeschränkte Privatsphäre • Gefahr der Überbelegung • wenig Rückzugsmöglichkeiten für konzentriertes Arbeiten	• hohe Investitionskosten • großer Raumbedarf auf einer Ebene

1.3.3 Büroausstattung

Arbeitsblatt 5
Arbeitsblatt 6

Die Arbeit am Bildschirm stellt sowohl in **physischer** (körperlicher) als auch in **psychischer** (geistiger) Hinsicht besonders hohe Anforderungen. Die Verbesserung der Sicherheit am Arbeitsplatz und die Vermeidung von arbeitsplatzbedingten Erkrankungen stellen deshalb eine ständige Herausforderung für den Arbeitgeber dar. Sowohl Bildschirmarbeitsplätze als auch Arbeitsplätze, an denen kein Bildschirmgerät steht, sind nach ergonomischen Gesichtspunkten zu prüfen und zu gestalten.

Sitzkonzepte

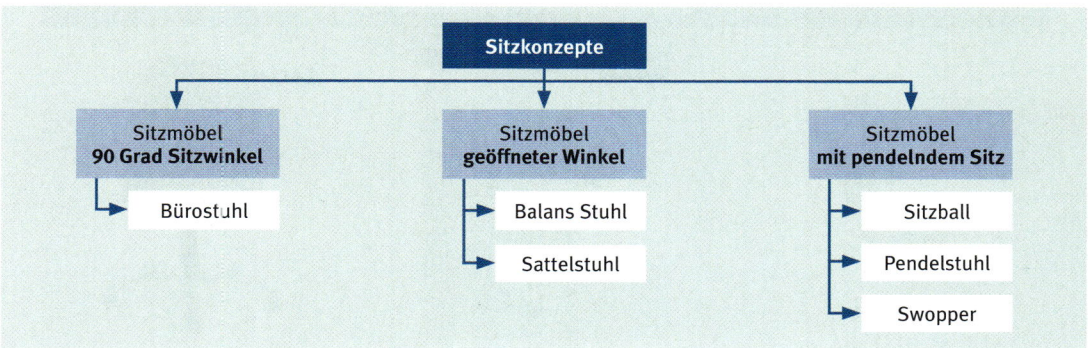

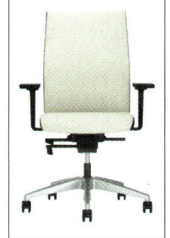 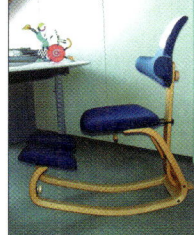 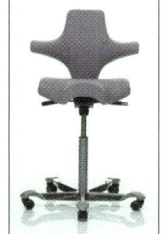  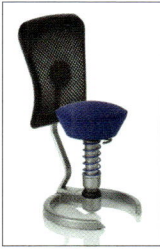 

Bürostuhl *Balans Stuhl* *Sattelstuhl* *Pendelstuhl* *Swopper* *Sitzball*

Untersuchungen haben ergeben, dass alternative Sitzgelegenheiten (z. B. Sitzball und Pendelstuhl) im Vergleich zum Bürodrehstuhl die Belastung nicht generell günstig beeinflussen.

- **Bürostuhl**

Die meisten Büroangestellten verbringen fast 75 % ihrer Arbeitszeit im Sitzen. Zwei Faktoren können dabei zu Erkrankungen führen: Der Bürodrehstuhl entspricht nicht den ergonomischen Anforderungen oder der Mensch verhält sich falsch beim Sitzen. Häufig sind Fehler in beiden Bereichen festzustellen. Die Folgen sind verschiedenartige Erkrankungen der Rückenmuskulatur und/oder der Wirbelsäule. Das Sitzen bei der Arbeit ist deshalb im Zusammenhang von Belastung und Beanspruchung und persönlichem Verhalten zu sehen. Von Mensch zu Mensch bestehen aber erhebliche Unterschiede in den Körpermaßen, Proportionen und im Gewicht. Deshalb muss ein Bürodrehstuhl so konstruiert sein, dass er sich allen Anforderungen anpassen lässt.

Standard: Bürostuhl individuell einstellen

www.sedus.de
www.wagner-wellness.de
www.dauphin.de
www.karlsruher-rueckenschule.de
www.pending.de
www.swopper.de

Die Sitzuhr

Wenn wir nicht gerade schlafen, sitzen wir buchstäblich rund um die Uhr. Im Büro, im Auto, in unserer Freizeit. Allein im Büro sind dies hochgerechnet auf die Lebensarbeitszeit etwa 70 000 Stunden.

Sitzmechaniken bei Bürostühlen

Gleitmechanik
Die Neigung der Rückenlehne ist mit einem Nach-vorne-Gleiten der Sitzfläche gekoppelt.

Synchronmechanik
Sitzfläche und Rückenlehne sind neigbar. Das dynamische Sitzverhalten wird gefördert.

Pendelmechanik
Sitzfläche und Rückenlehne sind fest verbunden. Der Benutzer steuert von der Mitte aus das dynamische Sitzen.

Die Anforderungen an einen Bürostuhl sind in DIN EN 1335 geregelt:

- Sitztiefe: 38 bis 44 cm
- Sitzbreite: 40 bis 48 cm
- Breite der Rückenlehne: 36 bis 48 cm
- stufenlose Verstellbarkeit der Sitzhöhe von 42 bis 53 cm
- stufenlose Verstellbarkeit der Rückenlehne von 17 bis 24 cm über dem Sitz
- Drehbarkeit des Stuhloberteils
- kipp- und rollsichere Konstruktion durch mindestens fünf bewegliche Rollen
- Sicherung gegen unbeabsichtigtes Lösen vom Oberteil
- Standardsicherheitsmaß: Stuhlsäule bis Innenkante der Rolle mindestens 19,5 cm

Standard: Dynamisches Sitzen

An einen Bürostuhl, der ein **dynamisches Sitzen** gewährleistet, sind folgende **arbeitsmedizinische** Forderungen zu stellen:

- Die Rückenlehne soll durch ein Pendelgelenk permanent neigbar sein und bis unter die Schulterblätter oder höher reichen.
- Der Bewegungswiderstand der Rückenlehne sollte sich individuell auf das Körpergewicht einstellen lassen.
- Der Arbeitsstuhl sollte einen verstellbaren Abstützpunkt im Lendenwirbelbereich besitzen, um die Wirbelsäule in ihrer natürlichen Form zu unterstützen.
- Die leicht gepolsterte, anatomisch geformte Sitzfläche sollte neigbar sein und so auf jeden Haltungswechsel reagieren können.
- Eine Sitzfederung soll beim Hinsetzen die Wirbelsäule entlasten.
- Eine Anbringungsmöglichkeit höhenverstellbarer Armlehnen sollte gegeben sein.
- Rückenlehne und Sitzfläche sollten mit einem atmungsaktiven Bezug ausgestattet sein.

Bei Bürostühlen mit dem Pendelgelenk verteilt sich die Druckbelastung beim Sitzen gleichmäßig auf den Wirbelkörper. Damit kommt das Pending-System dem natürlichen Bewegungsablauf entgegen und animiert dazu, sich trotz des Sitzens ständig und dauernd zu bewegen.

Bürodrehstühle im Überblick

	Bürostuhl	Balans Stuhl	Sattelstuhl	Pendelstuhl	Swopper	Sitzball
	90 Grad Sitzwinkel	geöffneter Winkel		mit pendelndem Sitz		
Vorteile	• verstellbare Sitzhöhe • verstellbare Rückenlehne • Lendenwirbelstütze • verstellbare Armauflagen • unterstützt in der Regel dynamisches Sitzen • passt sich den Körperbewegungen an	• Schienbeine werden durch Polster abgestützt • ermöglicht aktives und entspanntes Sitzen • vielfältige und abwechslungsreiche Sitzpositionen	• individuelle Anpassung der Sitzhöhe • aufrechte Sitzposition • ständige Bewegung	• dreidimensionales Sitzen möglich • optimal für die Wirbelsäule – vor allem bei dauerhaftem Sitzen • körperliche Flexibilität • trainiert die Koordinationsfähigkeit • gut für das Gleichgewicht	• dreidimensionales Sitzen möglich • Stärkung der Rückenmuskulatur • fördert die Durchblutung der Rückenmuskulatur • Entlastung der Bandscheiben • Verbesserung der Atmung	• zwingt zum aufrechten Sitzen • Stärkung der Rückenmuskulatur • auch für Pausengymnastik geeignet
Nachteile	• bei falschem Sitzverhalten zu statisches Sitzen • je nach Modell nur zweidimensionales Sitzen möglich	• im Beinbereich ungünstige Blutzirkulation • Kippgefahr • keine Lendenwirbelstütze	• problematisch bei längerem Sitzen • nicht alle Modelle entsprechen der üblichen Büromöbelnorm		• als Sitzalternative nur für ein bis drei Stunden pro Tag geeignet • nicht geeignet für Nutzer mit bereits geschädigter Wirbelsäule	• als Sitzalternative nur für kurze Sitzphasen geeignet • Unfallgefahr • entspricht nicht der üblichen Büromöbelnorm

- **Richtiges Sitzen**

Eine korrekte Sitzhaltung hängt von der richtigen Einstellung der Sitzhöhe ab. Die Sitzhöhe muss so gewählt werden, dass der Winkel zwischen Ober- und Unterschenkel ca. 90° beträgt. Die Füße müssen ganzflächig am Boden oder auf der Fußstütze aufstehen. Das Gesäß muss die Sitzfläche ganzflächig besitzen. Dabei liegt die Rückenlehne ganzflächig dem Rücken an. Die Höhe der Rückenlehne muss so eingestellt sein, dass der Lendenbausch die Wirbelsäule etwa in Höhe der Gürtellinie abstützt. Bei entspannter Haltung hängen die Oberarme locker am Körper und die

So sitzen Sie richtig

Ergonomie am PC-Arbeitsplatz

1) Die oberste Bildschirmzeile sollte leicht unterhalb der waagerechten Sehachse liegen.
2) Tastatur und Maus befinden sich in einer Ebene mit Ellenbogen und Handflächen.
3) 90° Winkel zwischen Ober- und Unterarm sowie Ober- und Unterschenkel
4) Für den Monitor gilt ein Sichtabstand von mindestens 50 cm. Der Bildschirm sollte parallel zum Fenster stehen.
5) Die Füße benötigen eine feste Auflage. Ggf. Fußhocker nutzen.

Quelle: BITKOM

1 Arbeitswelt »Büro«

Standard: Ergonomisches Sitzen

Unterarme bilden eine waagerechte Linie zur Arbeitsebene. Die Ober- und Unterarme bilden dabei ungefähr einen rechten Winkel. Vermeiden Sie verkrampfte, einseitige Körperhaltungen. Dies bedeutet: Sitzen Sie **bewegungsreich,** verändern Sie häufig Ihre Sitzhaltung. Man unterscheidet eine vordere, mittlere und hintere Sitzhaltung. Auch ein Wechsel zwischen sitzender und stehender Tätigkeit kann zur Vermeidung von körperlichen Beschwerden beitragen. Stehen Sie häufig auf. Man spricht in diesem Zusammenhang vom **dynamischen Sitzen** bzw. vom **dynamischen Arbeitsstil.**

Statisches Sitzen

Bei der Bildschirmarbeit können je nach dem Schwerpunkt der Tätigkeit unterschiedliche Belastungen und damit verschiedenartige Beschwerden auftreten, z. B. an Rücken und Wirbelsäule sowie im Hals-/Nacken- und Schulterbereich, an den Augen, im Kopf oder an Armen und Händen. Viele Beschwerden und Haltungsschäden sind auf falsches Sitzen zurückzuführen.

Ursachen für falsches Sitzen sind:
- falsche Sitzhöhe,
- Flachsitz,
- Lehne hinten fixiert,
- fehlende Beckenstütze,
- Zwangshaltung durch falsche Beleuchtung.

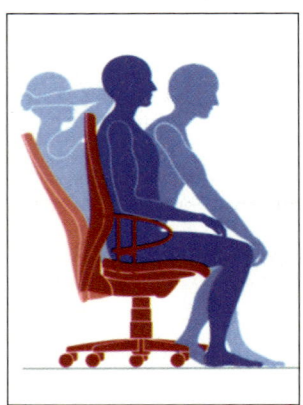

Dynamisches Sitzen

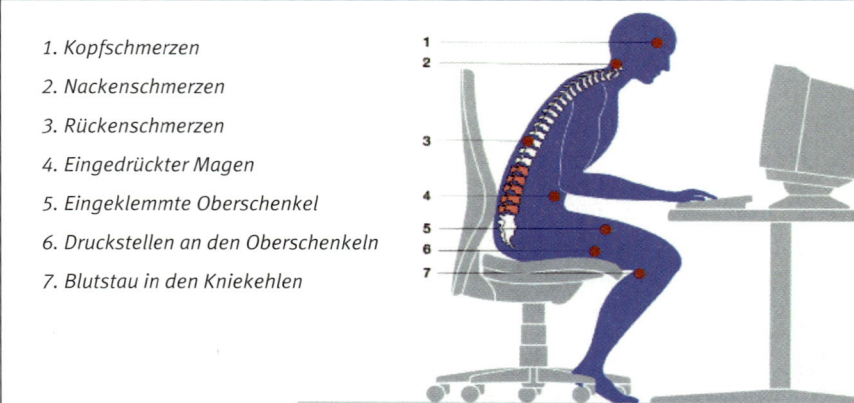

1. Kopfschmerzen
2. Nackenschmerzen
3. Rückenschmerzen
4. Eingedrückter Magen
5. Eingeklemmte Oberschenkel
6. Druckstellen an den Oberschenkeln
7. Blutstau in den Kniekehlen

Durchblutungsstörungen – Muskelinaktivität

Ein Bürodrehstuhl muss sich dem **natürlichen Bewegungsablauf** des Menschen anpassen lassen, ihn unterstützen und so wenig wie möglich bestimmte Sitzhaltungen aufzwingen. Er muss durch Form und Gestaltung einerseits eine offene Bewegung zulassen, andererseits Halt und Stütze bieten.

Arbeitstische

Nach **DIN EN 527** muss die Tischfläche eines Bildschirmarbeitsplatzes 1 600 mm × 800 mm groß sein und eine reflexionsarme Oberfläche haben. Die Abmessungen für einen Schreibtisch 1 560 × 780 mm. Ist der Bildschirmarbeitstisch oder der Schreibtisch nicht höhenverstellbar, muss er 720 mm hoch sein. Ideal ist aber ein höhenverstellbarer Schreibtisch, wobei der Verstellbereich zwischen 680 mm und 760 mm liegen sollte. Ein höhenverstellbarer Büroarbeitsstuhl ist heute die Regel, seltener aber der höhenverstellbare Schreibtisch. Beide bedingen sich jedoch gegenseitig. Ein Büroarbeitsstuhl sollte dem vorgegebenen Tisch angepasst werden können und umgekehrt.

Neuerungen ermöglichen mithilfe einer **computergesteuerten Elektronik** eine schnelle und individuelle Einstellung der Schreibtischhöhe. Der Nutzer schiebt dazu seine persönliche Chipkarte in den dafür vorgesehenen Schlitz am Schreibtisch, und die Schreibtischhöhe wird nach den gespeicherten Daten eingestellt.

Standard: Arbeitsmittel auf dem Schreibtisch anordnen

Je häufiger Unterlagen benötigt werden, desto näher sollten sie am Arbeitsplatz untergebracht sein. Sie sollten so am Schreibtisch verstaut werden, dass sie bequem zu erreichen sind. Ein schneller Zugriff wird dadurch gewährleistet.

Die Tischfläche eines Bildschirmarbeitsplatzes muss so bemessen sein, dass eine flexible Anordnung der Arbeitsmittel (Bildschirm, Tastatur, Maus, Vorlagenhalter usw.) möglich ist.

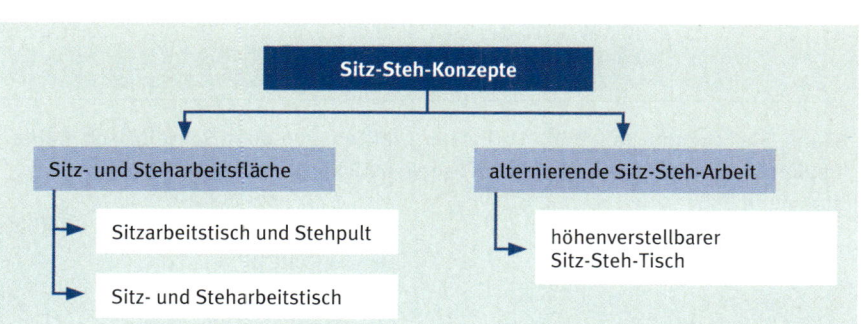

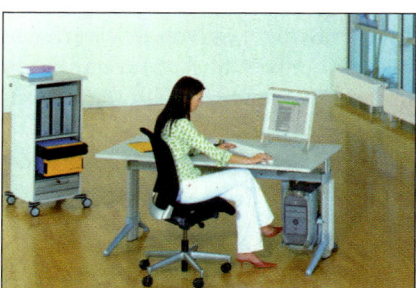
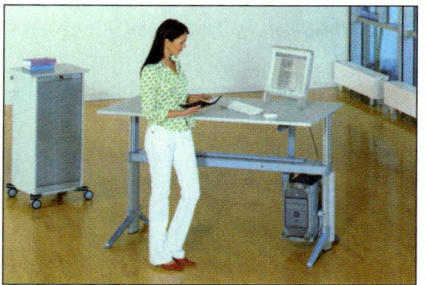

Standard: Ergopass

Drei-Zonen-Arbeitsplatz

Der Einsatz eines höhenverstellbaren Arbeitstisches fördert den dynamischen Arbeitsstil. Durch den Wechsel der Körperhaltungen bei der Arbeit wird Gesundheitsrisiken vorgebeugt. Als ideal **gelten 60 Prozent dynamisches Sitzen, 30 Prozent Arbeiten im Stehen und 10 Prozent gezieltes Umhergehen.**

Da heute schon fast an jedem Arbeitsplatz ein Computer steht, ist ein Drei-Zonen-Arbeitsplatz zu empfehlen.

Drei-Zonen-Arbeitsplätze sind je nach Hersteller sehr unterschiedlich gestaltet. Als gemeinsames Merkmal weisen sie folgende Eigenschaften auf:

- eine Zone für Arbeiten im Sitzen,
- eine Zone für die Bildschirmarbeit im Sitzen,
- eine Zone für die Arbeit im Stehen mit einer permanent erhöhten Arbeitsfläche.

Q-Tipp – Abwesenheit vom Arbeitsplatz

Wenn Sie Ihren Arbeitsplatz verlassen, informieren Sie Ihre Kolleginnen und Kollegen über eine **Abwesenheitstafel**, wo Sie zu finden sind.

Wenn Sie abends das Büro verlassen, sollten auf dem Schreibtisch **keine Papierstapel** liegen bleiben. Gebrauchsgegenstände befinden sich an ihrem angestammten Platz.

Fußstütze

Wenn trotz Verstellmöglichkeiten die ergonomisch günstige Arbeitshaltung nicht erreicht werden kann, z. B. die Füße des Benutzers stehen nicht ganzflächig auf dem Fußboden auf, so kann mit einer verstellbaren **Fußstütze** ein Ausgleich erreicht werden. Die Fußstütze verhindert ein Überstrecken der Beinmuskulatur und ein zu festes Aufliegen der Oberschenkel auf der Sitzfläche, was zu Durchblutungsstörungen führen kann.

Anforderungen an eine Fußstütze sind:

- gute Stand- und Rutschfestigkeit,
- Höhenverstellbarkeit,
- einstellbarer Anstellwinkel.

Bildschirme

Der Bildschirm als **visuelle Schnittstelle** zwischen Mensch und Computer muss so gestaltet sein, dass er sich dem menschlichen Auge anpasst, und nicht umgekehrt. Bei der ergonomischen Beurteilung von Bildschirmen dürfen somit nicht nur technische Gesichtspunkte zugrunde gelegt werden. Bildschirmarbeit beansprucht den Sehapparat stark. Um hier Grenzen zu setzen, müssen folgende ergonomische Forderungen an den Bildschirm gestellt werden:

- Die dargestellten Zeichen auf dem Bildschirm müssen scharf, deutlich und ausreichend groß sein.
- Bildschirme dürfen nicht blenden.
- Der Bildschirm soll frei von störenden Spiegelungen sein.
- Das auf dem Bildschirm dargestellte Bild muss stabil und frei von Flimmern und Verzerrungen sein.
- Der Bildschirm soll strahlungsarm sein.
- Der Bildschirm muss frei und leicht dreh- und neigbar sein.

Die platzsparenden TFT-Flachbildschirme (Thin Film Transistor = Dünnfilmtransistor) entsprechen den höchsten ergonomischen Anforderungen (keine Strahlungen, geringer Stromverbrauch) und garantieren ein scharfes, flimmerfreies Bild.

Arbeitsblatt 7

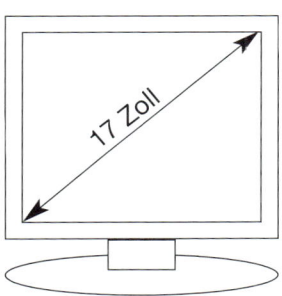

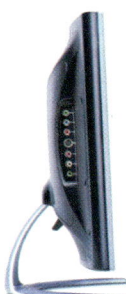

Bildschirme dienen der Ein- und Ausgabenkontrolle von Texten und Grafiken und sind sowohl Arbeits- als auch Ausgabegeräte. Beim Kaufentscheid für einen Bildschirm müssen folgende Qualitätsmerkmale berücksichtigt werden:

- **Bildschirmgröße,**
- **Bildschirmauflösung,**
- **Bildwiederholfrequenz,**
- **Anzahl der Farben.**

Die meisten Personal Computer verfügen über einen Halbseitenbildschirm mit einer Bildschirmdiagonalen von 17 bis 19 Zoll (1 Zoll = 2,54 cm). Vor allem beim Einsatz von Programmen mit grafischer Oberfläche sind größere Bildschirme zu empfehlen. Für professionelle Anwendungen wie technisches Zeichnen oder Desktop-Publishing sind Ganzseitenbildschirme von 20 bzw. 24 Zoll notwendig. Auf dem Bildschirm erscheint das „Bild" als eine Matrix von Punkten (Pixel).

Von der im Computer eingebauten Grafikkarte (VGA) sind die **Höhe der Auflösung**, die **Bildwiederholfrequenz** und die Anzahl der darstellbaren Farben abhängig.

Neben den technischen Gesichtspunkten ist auch die Anordnung des Bildschirms am Arbeitsplatz von besonderer Wichtigkeit. Beim Aufstellen eines Bildschirms ist auf folgende Komponenten zu achten:

- Der Bildschirm soll so angeordnet sein, dass das Raumlicht von der Seite kommt. Auf keinen Fall soll der Apparat mit der Rückseite zum Fenster stehen. Das Sonnenlicht würde blenden. Wird die Frontseite zum Fenster platziert, spiegelt sich die Landschaft im Schirm. Bei künstlicher Beleuchtung müssen die Lampen so angeordnet werden, dass sich ihr Licht nicht auf dem Bildschirm spiegelt.

- Der Bildschirm sollte möglichst „aus der Ferne" betrachtet werden. Aktuelle Forschungsergebnisse schlagen einen Abstand von 1 m vor – dies setzt aber einen größeren Bildschirm (15 Zoll, 17 Zoll oder mehr) voraus. Die alten Empfehlungen gehen von einem Abstand von 60 cm bis 80 cm aus.

Tastatur

Die Tastatur muss vom Bildschirm getrennt und neigbar sein. Nur so kann eine ergonomisch günstige Arbeitshaltung eingenommen werden. Die Bauhöhe der Tastatur wird an der mittleren Tastenreihe gemessen und sollte 30 mm nicht überschreiten. Der Neigungswinkel der Tastatur ist möglichst gering zu halten; er sollte weniger als 15° betragen.

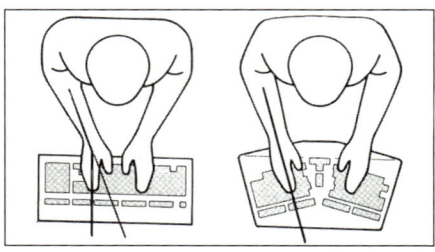

Die Formgebung der Tasten sollte griffig und die Oberfläche angeraut und rutschfest sein. Der Abstand der Tasten sollte den Größenverhältnissen der Finger entsprechen. Der Tastenhub – Tastenweg beim Anschlag nach unten – ist optimal bei 3 bis 4 mm.

Die **DIN EN 2137-2** „*Büro- und Datentechnik; Alphanumerische Tastaturen; Deutsche Tastatur für Text- und Datenverarbeitung; Belegung mit Schriftzeichen*" lässt die ergonomische Tastatur als Alternative zu. Umfangreiche Untersuchungen haben ergeben, dass die geteilte oder abgewinkelte Tastatur die natürliche Arm- und Handhaltung bei der Tastaturbedienung unterstützt. Einige Modelle lassen sich in der Mitte deltaförmig auseinanderziehen und dachförmig abknicken. So kann die Tastatur den individuellen Bedürfnissen ihrer Anwender weitestgehend angepasst werden.

> Achten Sie beim Kauf einer Tastatur auf die Farbe. **Eine Tastatur mit hellem Hintergrund und dunklen Buchstaben ist ergonomischer.** Die Ermüdung und Fehlerquote bei längerem Arbeiten steigen bei Tastaturen mit dunklem Hintergrund und hellen Buchstaben. Außerdem sollte die Oberfläche nicht reflektieren.

Vorlagenhalter

Ein Vorlagenhalter sollte stabil konstruiert und verstellbar sein. Durch eine Neigung zwischen 15° und 75° zur Horizontalen wird eine verkrampfte Körperhaltung beim Lesen weitgehend ausgeschlossen. Die Schreibvorlage sollte sich auf gleicher Höhe wie der Bildschirm befinden. Um einen sicheren Stand zu gewährleisten, muss die Auflagefläche des Halters der Vorlagengröße entsprechen. Vorlagenhalter gibt es in den Ausführungen mit Tragarm, Fußplatte oder Klemmfuß. Empfehlenswert sind Vorlagenhalter mit Zeilenlineal oder ähnlicher Lesehilfe.

> **Zugestellte Büroflächen** versperren den Blick auf das Wesentliche. Prüfen Sie, was Sie an Ihrem Arbeitsplatz wirklich brauchen!

1.3.4 Arbeitsumgebung

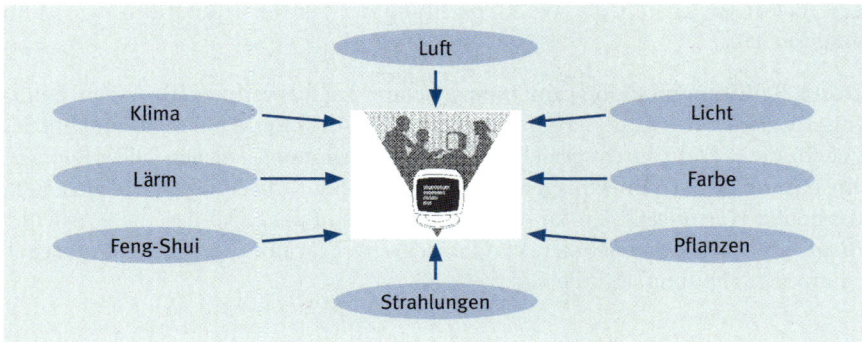

Arbeitsblatt 8

Das **Wohlbefinden** und **Konzentrationsvermögen** und damit die **Leistungsfähigkeit** hängen in hohem Maße von der Arbeitsumgebung ab. Die Arbeitsumgebung wird von verschiedenen Faktoren beeinflusst.

1.3.4.1 Raumluft und -klima

Ein angenehmes Raumklima hängt vom richtigen Zusammenspiel der sogenannten Klimafaktoren ab. Es handelt sich hierbei vor allem um die **Raumtemperatur**, die **Luftbewegung** und die **Luftfeuchtigkeit**.

Der Temperaturbereich, bei dem sich der Mensch bei der Büroarbeit wohlfühlt, liegt in der Regel bei ca. **22 °C**. Das Temperaturempfinden ist aber von Mensch zu Mensch sehr unterschiedlich. Es ist abhängig vom Alter, Geschlecht, der Bekleidung, der Gewöhnung und von der Tätigkeit. Auf keinen Fall darf ein Büro überheizt sein – Müdigkeit ist die Folge, außerdem wird mehr Staub durch die Luft gewirbelt, was Allergikern Probleme bereiten kann. Bei der Dimensionierung der Heizungsanlage muss die Wärmeabstrahlung von Geräten eingerechnet werden. Zeitgemäße elektronische Einzelraumregelungen berücksichtigen diese Störgröße bei der Raumtemperaturregelung.

Neben einem **Thermometer** sollte auch ein **Hygrometer** zur Messung der Luftfeuchtigkeit im Büro vorhanden sein. Die Luftfeuchtigkeit darf 40 % nicht untersowie 65 % nicht überschreiten. Bei zu geringer Luftfeuchtigkeit im Arbeitsraum können die Schleimhäute der Augen und Atemwege austrocknen, was die Widerstandsfähigkeit gegen Infektionen herabsetzt, Entzündungen dieser Organe sind die Folgen. Außerdem kann es bei zu geringer **Luftfeuchtigkeit** zu unangenehmen elektrostatischen Aufladungen kommen. Ein einfaches Mittel, um eine zuträgliche **Luftfeuchtigkeit** und gesunde Luftbewegung zu erzielen, ist die Lüftung durch geöffnete Fenster. Hygienefachleute empfehlen die Belüftung von Büroräumen nach folgendem Schema:

Stoßlüftung bei ganz geöffnetem Fenster	
• Frühjahr: 16 bis 20 Minuten/Tag • Herbst: 12 bis 15 Minuten/Tag	• Sommer: 25 bis 30 Minuten/Tag • Winter: 4 bis 6 Minuten/Tag

Bei der Belüftung darf auf keinen Fall eine dauerhafte Zugluftbelastung auftreten, eine Belästigung, die jeder bei Kippstellung der Fenster (Dauerlüftung) schon erfahren hat.

Durch **Belüftungssysteme** kann unangenehme Zugluft vermieden werden. Belüftungssysteme saugen die verbrauchte und schadstoffbelastete Luft ab und entziehen ihr die Wärme durch spezielle Wärmerückgewinnungsanlagen. Diese Energieeinsparung ist bei Klimaanlagen nicht gegeben. Bei Klimaanlagen schlagen auch die hohen Wartungskosten für die Entkeimung zu Buche. Werden diese Arbeiten nicht pünktlich durchgeführt, können schwere Erkrankungen der Atemorgane (Lungenentzündung) auftreten.

1.3.4.2 Licht und Arbeitsplatzbeleuchtung

Das natürliche Sonnenlicht ist für die Gesundheit und das Wohlbefinden des Menschen unerlässlich. Deshalb muss das künstliche Licht dem Tageslicht möglichst ähnlich sein.

Forderungen an einen richtig ausgeleuchteten Arbeitsplatz sind:
- Die Beleuchtung richtet sich nach der **Art der Tätigkeit** (Lesen, Bildschirmarbeit, Zeichenbrett …).
- Die Beleuchtungsstärke im Arbeitsbereich sollte **mindestens 500 Lux** (Lux = Einheit für die Beleuchtungsstärke) betragen. Schreibtischleuchten ergänzen die Raumbeleuchtung. In diesem Bereich sollte sich die Beleuchtungsstärke auf mindestens 750 Lux steigern lassen. Schreibtischleuchten sollten daher 300 Lux und mehr erzeugen können.

- Der **Raum und die Arbeitsfläche eines Schreibtisches** sollten **gleichmäßig** ausgeleuchtet sein.
- Das Licht sollte aus der **„richtigen Richtung"** kommen (bei Rechtshändern in der Regel von links, damit beim Schreiben kein störender Schattenwurf entsteht).
- Am Bildschirmarbeitsplatz müssen die Leuchten so angebracht sein, dass von ihnen keine **Blendwirkung** ausgehen kann und **Reflexionen** und **Spiegelungen** auf dem Bildschirm vermieden werden.
- Die **Leuchtmittel** (Birnen, Leuchtstäbe, Halogenbrenner) dürfen nicht flimmern.

Gutes Licht fördert das physische und psychische Wohlbefinden, steigert die Leistungsbereitschaft und motiviert. Schon bei der Planung von Bürobauten versuchen Architekten – so weit wie möglich – das Tageslicht einzuplanen. Über Prismensysteme kann das Licht vom Fenster in das Gebäude umgelenkt werden. Dadurch kann wenigstens stundenweise auf Kunstlicht verzichtet werden.

Um einen Arbeitsplatz mit Lampen günstig auszuleuchten, gibt es mehrere Möglichkeiten:

Für die reine Bildschirmarbeit ist eine geringe Grundbeleuchtung des umgebenden Raumes notwendig. Zum mühelosen Lesen von Vorlagen benötigt das Auge aber wesentlich mehr Licht. Beleuchtungssysteme aus **indirektem Raumlicht** und **direkter Arbeitsplatzbeleuchtung** führen zu einer optimalen Ausleuchtung am Bildschirmarbeitsplatz. Der Fachmann spricht hierbei von einer Zwei-Komponenten-Beleuchtung.

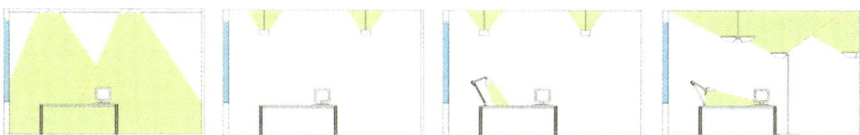

1. Direktbeleuchtung; 2. Indirektbeleuchtung; 3. Zweikomponentenlicht; 4. Zweikomponentenlicht mit Arbeitsplatzleuchte

1.3.4.3 Lärm

Wirkung von Lärm

dB	
<150	unerträglich
120	
110	
100	sehr laut
90	
80	
70	laut
60	
50	
40	sehr leise
30	
20	
0–10	unhörbar

Quelle: VBG

Lärm kann sehr belastend sein. Ständiger Lärm stört die Konzentration, macht nervös und trägt letztendlich zur Minderung der Leistungsbereitschaft und -fähigkeit bei. In den Büros wird deshalb der Schallpegel so niedrig wie möglich gehalten. An Arbeitsplätzen, an denen überwiegend geistig gearbeitet wird, soll ein Geräuschpegel von **55 dB** (Dezibel = Maß für den Schalldruck) nicht überschritten werden. Bei überwiegend mechanisierten Bürotätigkeiten liegt der Maximalwert bei **70 dB**. Bei sonstigen Tätigkeiten liegt der Beurteilungspegel bei **85 dB**. Mit Maschinenunterlagen, schallschluckenden Wänden, Decken, Teppichböden, Vorhängen und Stellwänden (Höhe etwa 1,20 m) kann eine gewisse Geräuschdämpfung erreicht werden.

1.3.4.4 Farbgestaltung

Farben beeinflussen das menschliche Verhalten. Die im Büro verwendeten Farbtöne sollten eine harmonische Einheit bilden. Bei der Farbwahl ist die Kenntnis der jeweiligen Farbwirkungen eine wichtige Voraussetzung. Nicht ohne Grund bedienen sich Großbetriebe bei der Gestaltung ihrer Büroräume eines Farbdesigners.

Unter dem Gesichtspunkt der psychologischen Wirkung auf Menschen werden Farben in kalte und warme Farben eingeteilt. Als kalte Farben gelten blaue und grüne Farbtöne. Als warme werden Rot, Orange und Gelb eingestuft. Bei der Gestaltung der Räume sind neben der Farbwirkung noch weitere Gesichtspunkte zu berücksichtigen. Dies sind: Form, Größe und Lage des Raumes, Lage des Arbeitsplatzes, Art und Dauer der Arbeit, Farbe und Intensität der Beleuchtung.

BEISPIELE:
- In Räumen mit **starkem Besucherverkehr** wirken Grüntöne **beruhigend** und fördern Aufgeschlossenheit und Kontaktfreudigkeit.
- In Arbeitsräumen, in denen **monotone Tätigkeiten** ausgeführt werden, bringen größere Farbkontraste eine positive Wirkung.
- Gelbe Farbtöne ergeben eine freundliche und anregende Ausstrahlung für die Arbeitsräume und regen zu geistiger Tätigkeit und Aktivität an.
- Für Räume mit wenig Sonnenlicht bieten sich warme Farbtöne an.

Auswirkungen einer überlegten Farbgebung sind:

- Verbesserung der **Wahrnehmung,**
- Steigerung der **Leistungsfähigkeit,**
- Hebung der **Stimmung,**
- Erhöhung der **Sicherheit,**
- Erhöhung der **Ordnung,**
- Erhöhung der **Orientierung,**
- Begünstigung der **Erholung.**

Farbe als Gesundheits- und Umweltfaktor am Arbeitsplatz

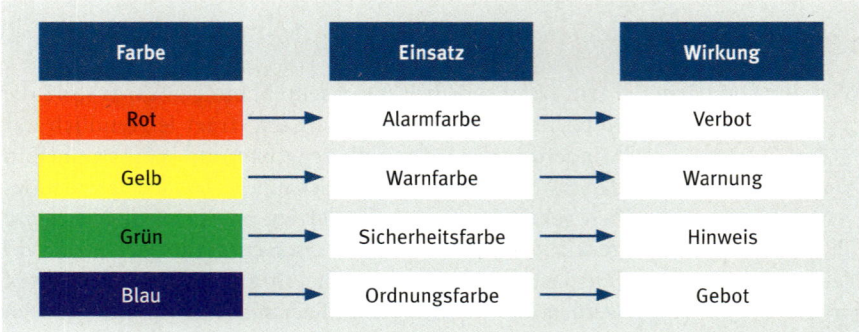

Farbe	Einsatz	Wirkung
Rot	Alarmfarbe	Verbot
Gelb	Warnfarbe	Warnung
Grün	Sicherheitsfarbe	Hinweis
Blau	Ordnungsfarbe	Gebot

1.3.4.5 Pflanzen

Pflanzen im Büro sind für den Menschen nützlich. Sie schaffen eine individuelle Arbeitsumgebung und bringen Farbe in den Raum. Dabei sorgen sie für Wohlgefühl und eine lebendige Atmosphäre. Sie fördern eine positive Stimmung und helfen bei der Stressbewältigung.

Pflanzen tragen zur Verbesserung des Raumklimas bei. Sie beeinflussen die Luftfeuchtigkeit und verbessern die Luftqualität, indem sie bei Licht Kohlenstoffdioxid aufnehmen und Sauerstoff abgeben sowie Staub und Schadstoffe binden.

1.3.4.6 Feng-Shui

Die 5 000 Jahre alte asiatische Lehre **Feng-Shui (Wind und Wasser)**, in deren Mittelpunkt die Balance im Leben steht, findet zunehmend bei der Planung von Büroräumen ihre Berücksichtigung. Die Lehre ist darauf ausgerichtet, **harmonische Energieflüsse** zu erzeugen und Energie so zu lenken, dass sie sich **positiv** auf den Menschen auswirkt.

> *Feng-Shui-Regeln für eine ausgeglichene Gestaltung von Büroräumen*
>
> 1. Der Schreibtisch sollte so im Raum stehen, dass eine **Wand** den Rücken schützt. Falls dies nicht möglich ist, kann eine **bewegliche Wand** als Sichtschutz aufgestellt werden.
> 2. Beachten Sie, dass Computer, Faxgeräte und Drucker abstrahlen und **Elektrosmog** erzeugen. Deshalb sollten Sie möglichst **weit** von diesen Geräten entfernt sitzen.
> 3. **Vermeiden** Sie **grelles Licht** und achten Sie auf **gut ausgeleuchtete Ecken**.
> 4. **Blumen,** gut gemachte **Blumenbilder** und **Seidenblumen** steigern die Energie im Raum.
> 5. Stellen Sie nur **Pflanzen** mit **großen, runden Blättern** auf. Die Yucca-Palme gehört nicht ins Büro, ihre Spitzen greifen an.
> 6. Sitzen Sie möglichst **nicht im Durchzug** zwischen Tür und Fenster.
> 7. Stellen Sie **keine Glastische** auf. Sie vermitteln ein Gefühl von Instabilität.
> 8. Wer bei Sitzungen das Geschehen kontrollieren will, sollte sich auch hier an die **geschützte Kopfseite** setzen.
> 9. Überwiegt zum Beispiel durch tristes Grau die **Monotonie** in einem Büro, müssen verstärkt **frische Farben** eingesetzt werden, damit der Arbeitsplatz wieder inspirierender wirkt.

1.3.4.7 Strahlungen

Hochfrequente Strahlungen

Nach der massiven Verbreitung von Mobilfunktelefonen hat die hochfrequente Strahlung im Büro eine nicht zu unterschätzende Bedeutung gewonnen. So können hochfrequente Strahlungen zu einer Erwärmung des Körpergewebes führen und in massiver Dosis das zentrale Nervensystem schädigen und die Leistung der Augen beeinträchtigen. Insbesondere beim Gebrauch von Handys mit einer Leistung im Bereich von **5 Watt** sollte der empfohlene Mindestabstand zur Sendeantenne strikt eingehalten werden.

Arbeitsblatt 9

Ultraviolette Strahlungen

Ultraviolette Strahlungen gehen vor allem von Halogenlampen ohne Schutzglas aus. Dies kann zu Bindehautentzündungen der Augen und einer höheren Bereitschaft zur Bildung von Hautkrebs führen. Schreibtischlampen, die sehr nah am Körper stehen, sollten unbedingt mit einem Schutzglas versehen sein.

1.4 Flexible Arbeits- und Raumformen

Die stärkere Flexibilisierung der Arbeitszeiten und die steigenden Kosten für Mieten und Mitarbeitergehälter zwingen die Unternehmen zu erhöhter Organisationsflexibilität. Der Trend bei der Büroeinrichtung zeigt in eine neue Bürozukunft: flexibler, schneller und mobiler. Die Zeiten, da der Begriff „Arbeit" fest mit dem Aufenthalt in einem bestimmten Büro verbunden war, sind endgültig vorbei.

Die breite Einführung von kabellosen Netzwerken brachte in den Unternehmen den Wechsel der Arbeitsstrukturen mit sich, da sie die Mitarbeiter unabhängig davon machen, wo sie arbeiten. Sie loggen sich weltweit an bestimmten Punkten (z. B. Hotspots) ins geschützte Firmennetz ein und haben Zugriff auf Geschäftsdaten, Online-Anwendungen und Informationsquellen.

Damit flexible Arbeitswelten entstehen und funktionieren können, müssen folgende Komponenten berücksichtigt werden:

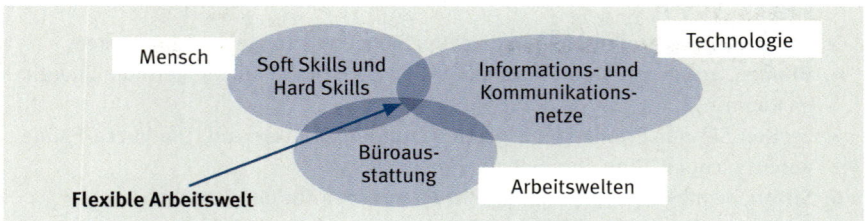

Voraussetzung für das Gelingen ist die Sicherung der **sozialen, digitalen und räumlichen Infrastrukturen**.

Die Veränderungen in der Arbeitswelt finden auch ihren sprachlichen Niederschlag:
- Der flexible Arbeitsplatz heißt **Non-territorial-Office**.
- Ein Kurzzeitarbeitsplatz heißt **Hot Desk**.
- Zum konzentrierten Arbeiten zieht man sich in einen **Think Tank** zurück.
- Zum informellen Gespräch mit Kollegen trifft man sich im **Meeting Point**.
- Personen, die häufig in verschiedenen Büros im Einsatz sind, heißen **Nomaden**.
- Personen, die einen hohen Anteil an externen Kundenkontakten aufweisen, werden als **Helikopter** bezeichnet.
- **Netzwerker** arbeiten an vielen Projekten gleichzeitig.
- Eine Sekretärin mit einem festen Arbeitsplatz ist die typische **Siedlerin**.

Ganzheitliches und flexibles Arbeiten sowie die Kommunikation sollen gefördert werden. Arbeit und Freizeit sollen zusammenwachsen.

Arbeitsblatt 10

1.4 Flexible Arbeits- und Raumformen

1.4.1 Telearbeit

Fallbeispiel

Wenn Frau Heller mittags um halb eins ihren Arbeitsplatz in der Mode I Idee GmbH verlässt, ist für sie noch keineswegs Feierabend. Sie holt ihr Kind vom Kindergarten ab, fährt nach Hause und versorgt erst einmal ihren Haushalt und kümmert sich um ihr Kind. Gegen Abend aber kehrt sie zur Arbeit zurück. Nicht ins Unternehmen, das sie vor einigen Stunden verlassen hat, sondern in ihr privates Arbeitszimmer. Ihr Arbeitsplatz sieht aus wie Tausende andere Arbeitsplätze: Schreibtisch mit Bürostuhl, PC und Aktenschrank, dazu Telefon und Fax. Und er ist, ebenfalls wie andere Tausende Arbeitsplätze, von ihrem Arbeitgeber eingerichtet worden. In dieser Weise bürogerecht ausgestattet, kann Frau Heller abends zu Hause ihr zweites tägliches Arbeitspensum erledigen.

Die Telearbeit gewinnt in unserer Gesellschaft immer mehr an Bedeutung. Wissenschaftler prophezeien, dass die Telearbeit in wenigen Jahren die Arbeitswelt revolutionieren wird. Durch den Einsatz modernster Computer- und Kommunikationstechniken können auch Arbeiten zu Hause ausgeführt werden, die bisher nur im Büro zu erledigen waren. Der ständige Kontakt mit dem Arbeitgeber und den Kunden wird durch Mobiltelefon, Fax, E-Mail, Videokonferenz usw. hergestellt.

www.onforte.de
www.verdi-innotec.de
www.telewisa.de

Wie hat sich Telearbeit ausgewirkt auf ...?

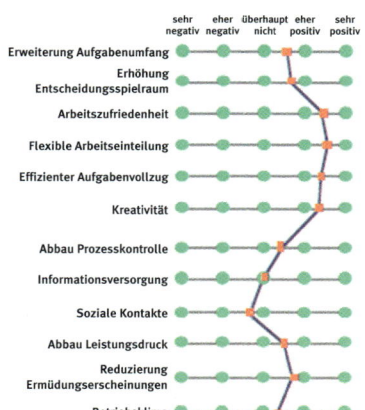
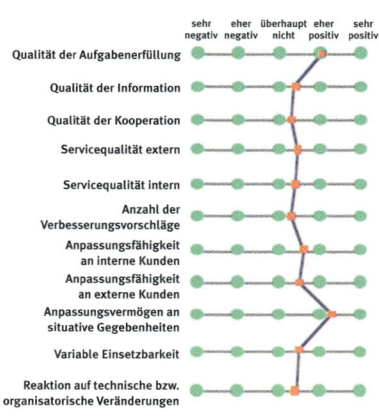

Quelle: BPU Befragung

1.4.1.1 Telearbeitsformen

Viele Unternehmen, die Telearbeit praktizieren, haben ein eigenes Modell entwickelt. Grundsätzlich kann man folgende Formen der Telearbeit unterscheiden:

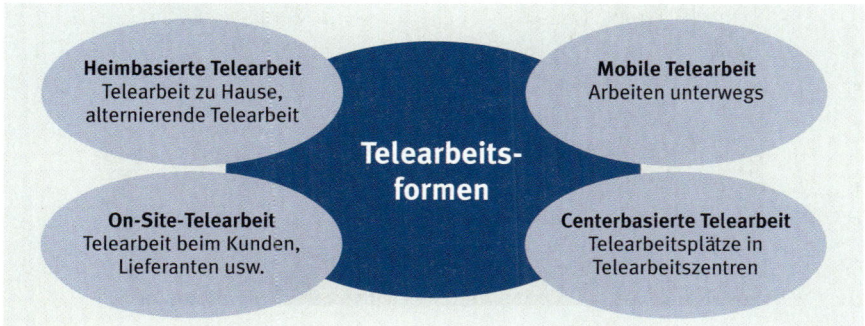

1 Arbeitswelt »Büro«

Telearbeit zu Hause	Hierbei wird ausschließlich in der Privatwohnung „telegearbeitet". Nachteil ist, dass kein direkter persönlicher Kontakt zu Vorgesetzten und Kollegen besteht.
Alternierende Telearbeit	Es besteht ein außerbetrieblicher Arbeitsplatz, z. B. in der Wohnung des Arbeitnehmers, gleichzeitig wird aber weiterhin der Arbeitsplatz im Betrieb benutzt. Diese Arbeitsform erfreut sich großer Beliebtheit, weil für den Arbeitnehmer die sozialen Bindungen im Unternehmen erhalten bleiben und der Arbeitgeber den Überblick über die Arbeitsfortschritte behält.
Mobile Telearbeit	Diese Arbeitsform wird hauptsächlich von Außendienstmitarbeitern und Servicetechnikern genutzt. Der Arbeitnehmer kann mithilfe mobiler Kommunikationstechnik ortsunabhängig arbeiten. Dadurch hat er auch meistens online Zugriff auf den Zentralrechner des Unternehmens.
On-Site-Telearbeit	Der Arbeitnehmer arbeitet „vor Ort" beim Kunden und ist über mobile Kommunikationsmedien mit dem eigenen Unternehmen ständig verbunden. Beispielsweise Softwareentwickler und Systemspezialisten arbeiten projektbezogen am Kundenstandort. Dabei ist der Telearbeitsplatz stationär eingerichtet.
Satellitenbüro	Dies ist eine Zweigstelle eines Unternehmens, die mit der entsprechenden Informations- und Kommunikationstechnik ausgestattet ist. Sitz der Zweigstelle ist meistens in Wohnortnähe oder am Stadtrand.
Nachbarschaftsbüro	Telearbeiter verschiedener Arbeitgeber sind zusammen in einem für sie gut erreichbaren Büro tätig. Das Nachbarschaftsbüro wirkt einer möglichen Isolation von Telearbeitern entgegen, gleichzeitig können Investitionskosten gesenkt werden, da Teile der technischen Einrichtung gemeinsam genutzt werden.
Telezentren/ Telehaus	Telezentren oder Telehäuser sind Nachbarschaftsbüros, die auch Kultur- oder Freizeitangebote für die unmittelbare Umgebung anbieten.

1.4.1.2 Telearbeitsplatz

Komponenten eines Telearbeitsplatzes

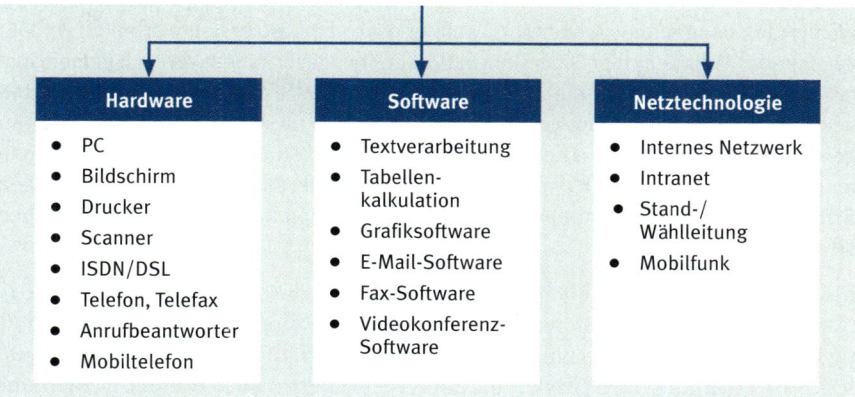

Der Telearbeitsplatz wird wie jeder Büroarbeitsplatz ergonomisch und nach den gesetzlichen Bestimmungen vom Arbeitgeber im häuslichen Umfeld eingerichtet. Auch hier gilt die Bildschirmarbeitsplatzverordnung. Demnach ist der Arbeitgeber verpflichtet, eine Sicherheits- und Gesundheitsanalyse des Telearbeitsplatzes durchzuführen.

1.4.1.3 Kosten eines Telearbeitsplatzes

Die **Kosten für einen Telearbeitsplatz** setzen sich folgendermaßen zusammen:

- Raumkosten (Zuschusspauschale),
- Büromöbel,
- PC-Betreuung,
- Hard- und Software für die eigentliche Arbeit,
- Hard- und Software zur Datenkommunikation mit der Zentrale,
- monatliche Grundgebühren für ISDN- oder Telefonanschluss,
- anfallende Gebühren durch Nutzung von Informations- und Kommunikationsdiensten.

1.4.1.4 Vor- und Nachteile der Telearbeit

Durch die Telearbeit ergeben sich Vor- und Nachteile:

Vorteile	Nachteile
• weniger Probleme bei der Vereinbarkeit von Familie und Beruf • Rückgang der Fehlzeiten • Kosten- und Raumersparnis • bessere betriebliche Bindung • weniger Stress • höhere Produktivität • Beschäftigungschancen für Behinderte • keine Wegezeiten – dadurch mehr Freizeit • Konzentration auf die Arbeitsinhalte • keine Störungen durch Mitarbeiter o. Ä.	• Gefahr der Isolation • kein innerbetriebliches „Wir-Gefühl" • schlechtere Chancen für die Karriere, da die Teilnahme an der betriebsinternen Kommunikation fehlt • Gefahr von Interessenkonflikten von Beruf und Privatleben • kein Austausch von Emotionen • Werk- und Honorarverträge statt feste Anstellung

1.4.2 Interne Mobilität mit Laptop und Rollcontainer

Fallbeispiel

Wenn Frank morgens zur Arbeit fährt, weiß er noch nicht, wo er heute arbeiten wird. Er ist einer der Mitarbeiter im Office-Innovation-Center, das in einem Versuch gemeinsam mit der Mode|Idee GmbH die Arbeitswelt von morgen testet. An welchen Projekten heute gearbeitet wird, hängt von vielen Komponenten ab: Welche Arbeiten sind dringend? Welche Experten sind heute anwesend? Welche Mitarbeiterinnen und Mitarbeiter stehen zur Verfügung? In der neuen Arbeitswelt findet sich Frank nach anfänglichen Schwierigkeiten gut zurecht und die Freude an der Arbeit und seine Motivation haben sich gesteigert.

Mobilität und **Flexibilität** heißen die Zauberwörter, die die Arbeitswelt verändern. Nach Meinung der Arbeitsforscher sind die Tage des Schreibtisches gezählt. Zukünftig können Angestellte ihren Arbeitsplatz, ihren Stuhl und ihren Computer vergessen. Sie werden durch ein nach Funktionen gegliedertes Büro wandern: eine Zone für ungestörtes Arbeiten, das Besprechungszimmer für die Teamarbeit, ein Kreativraum für das Finden von Ideen und die Cafeteria zur Kommunikation oder Entspannung. Wenn die Mitarbeiter morgens zur Arbeit erscheinen, erhalten sie ihren Rollcontainer, einen Laptop und ein Mobilfunkgerät. Im Rollcontainer befinden sich ihre Unterlagen und die persönlichen Gegenstände, die sonst auf einem Schreibtisch zu finden sind. Dann suchen sie sich ihren Arbeitsplatz. Dies kann im Teambüro, im Einzelzimmer für ungestörtes Arbeiten oder im Kombibüro sein. Eine Sekretärin mit einem festen Arbeitsplatz sorgt für den nötigen Überblick. Mithilfe eines Funkortungssystems weiß sie, welche Mitarbeiter heute im Haus sind und wer wo sitzt.

Stand-by-Office

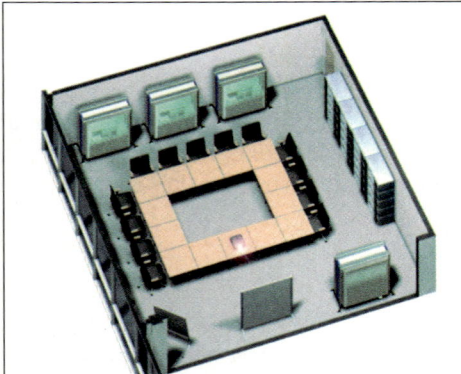

Team-Office

1.4.3 Desksharing

Desksharing (deutsch: „sich einen Tisch teilen") ist ein raumsparendes Bürokonzept, bei dem sich mehrere Personen einen Arbeitsplatz teilen. In der Praxis wird Desksharing überwiegend von Außendienstmitarbeiterinnen und -mitarbeitern genutzt, die zu unterschiedlichen Zeiten anwesend sind. Die persönlichen Unterlagen werden in einem Rollcontainer untergebracht, der nach erledigter Büroarbeit an einem zentralen Ort abgestellt wird. Um Überschneidungen zu vermeiden, werden die zur Verfügung stehenden Arbeitsplätze durch eine zentrale Organisationsstelle koordiniert.

1.4.4 Bench-Büroarbeitsplatz

Täglich neue Arbeitsbedingungen erfordern dynamische und flexible Arbeitsplätze. Ein Bench-Büroarbeitsplatz (bench = engl. Bank, Werkbank) ist ein Gemeinschaftsarbeitstisch für mehrere Mitarbeiter. Teamarbeit und Informationsaustausch stehen im Vordergrund. Jeder kann arbeiten, wie es die Situation gerade erfordert. Durch die klare Anordnung wird das Miteinander in einer kommunikativen Atmosphäre gefördert. Jeder kann dazukommen, sich einen Platz suchen und mit der Arbeit beginnen. Ein störungsfreies Arbeiten wird durch Raumteiler, Sicht- und Schallschutzelemente möglich. In den „Caddys" befinden sich die Arbeitsmittel und Unterlagen der Mitarbeiter.

Teamarbeit mit ständigem Informationsaustausch

Teamarbeit mit individuellen Arbeitsphasen

Arbeitsblatt 11

> **Die Zusammenarbeit im Team** verbessert sich durch **Standards** und **klare Absprachen.**
>
> Ein Standard beschreibt, wie man auf einfache Art und Weise etwas erledigt. Standards müssen von allen Mitarbeitern akzeptiert werden. Nur so kann verhindert werden, dass Fehler wiederholt auftreten. Standards sichern also den Stand einer erreichten Verbesserung ab.

1.4.5 Business-Center

Stellen Sie sich folgende Situation vor: Ein Unternehmen benötigt rasch und nur für kurze Zeit in einer größeren Stadt ein zentral gelegenes Büro, möchte sich aber nicht selbst um Anmietung, Einstellung von Personal usw. kümmern. Kein Problem, seit es Business-Center gibt. Business-Center sind Dienstleistungsunternehmen, die auf Zeit **Büroraum** und **Dienstleistungen** mit der **dazugehörigen Infrastruktur** anbieten. Vergleichbar mit einer Autovermietung werden Büroräume in allen nur denkbaren Größen mit dem dazu benötigten Personal zu einem tagesbezogenen Festpreis vermietet. Business-Center befinden sich überwiegend in größeren Städten und wirtschaftlichen Ballungsgebieten mit guten Verkehrsanbindungen.

Das Outsourcing von Büro und Dienstleistungen hat Vorteile:

- Hohe Anschaffungskosten entfallen,
- Kosten sind leicht kalkulierbar,
- Flexibilität des Standortes.

Das Büropersonal übernimmt Aufgaben wie z. B.

- Firmenrepräsentanz mit Empfangsservice,
- Postbearbeitung,

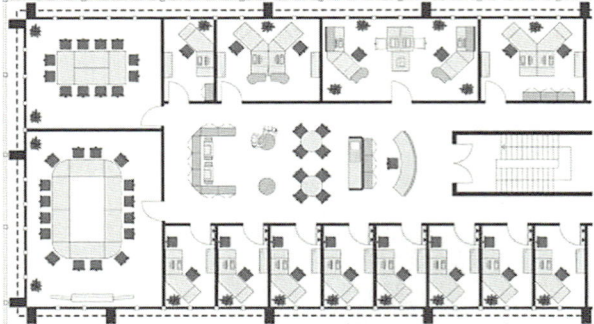

- Sekretariatsdienste,
- Telefondienste,
- Übersetzungsdienste,
- Gerätewartung,
- Netzwerkbetreuung,
- Organisation von Veranstaltungen,
- Cateringservice.

1.4.6 Callcenter

Das Callcenter ermöglicht eine neue Arbeitsform, die als **strategischer Wettbewerbsfaktor** in Unternehmen eine immer wichtigere Rolle spielt. Durch ihren Einsatz sollen die **Geschäftsprozesse** rationeller gestaltet und der Umsatz gesteigert werden. Der Begriff Callcenter – zu Deutsch „Anruf- oder Telefonzentrale" – ist zu kurz gefasst. Andere Begriffe für dieses Arbeitsumfeld wie **Servicezentrale, Communicationcenter** oder **Customer-Relationcenter** zeigen die Vielzahl der Einsatzmöglichkeiten, die Callcenter bieten. Die Beschäftigten in einem Callcenter heißen **Callcenteragenten** und arbeiten in der Regel in Schicht- und Teilzeit. Durchschnittlich führt eine Mitarbeiterin oder ein Mitarbeiter pro Arbeitstag zwischen 60 und 250 Telefonate. Das ist Schwerstarbeit. Deshalb ist auf eine ergonomische Ausstattung der Büroarbeitsplätze besonders zu achten.

Interne Callcenter: Sie sind als **spezielle Abteilungen** innerhalb ihrer Unternehmen angesiedelt und vermarkten nur die Produkte und Dienstleistungen ihres eigenen Unternehmens.

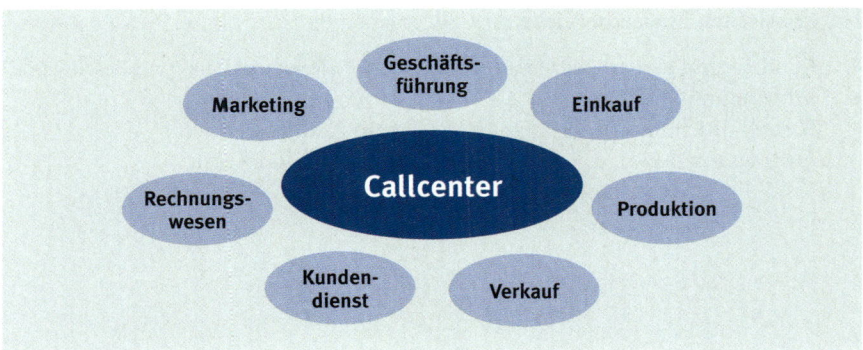

Externe Callcenter: Hierbei handelt es sich um Agenturen, die eine Vielzahl von Auftraggebern aus den verschiedensten Branchen, mit den unterschiedlichsten Aufgabenstellungen und Ansprüchen betreuen.

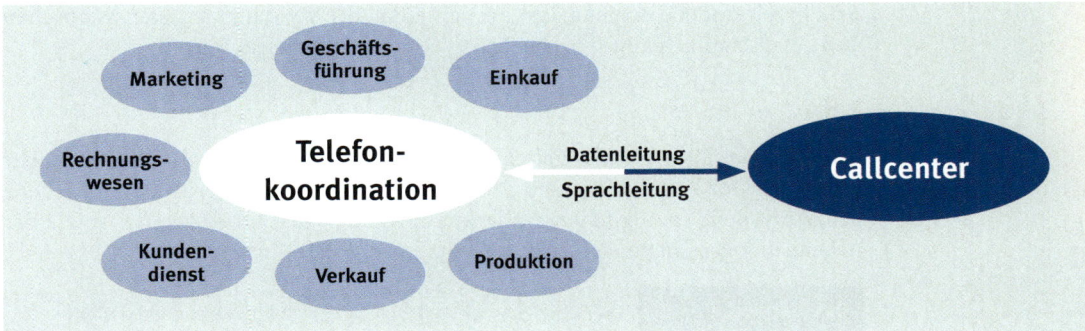

Virtuelle Callcenter: Die Mitarbeiterinnen und Mitarbeiter eines virtuellen Callcenters arbeiten zu Hause und sind über Kommunikations- und Datenleitungen zu einer Einheit zusammengefasst.

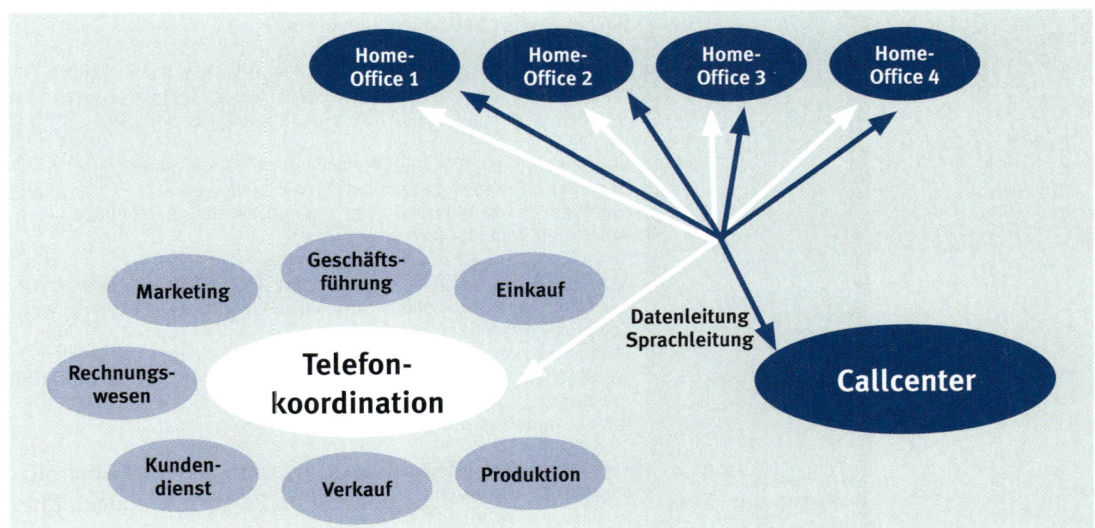

Die **klassischen Einsatzbereiche** für Callcenter sind:

- Kunden- und Verbraucherberatung,
- Informations-Hotline,
- Bestell-, Buchungs- und Auftragsannahme,
- Reklamations- und Beschwerdeannahme,
- Notfallservice,
- Gewinnspiele.

1.5 Arbeitszeitmodelle

Der Wunsch nach Flexibilität im Bereich der Arbeitszeiten in den Unternehmen ist groß. Die meisten Arbeitgeber haben die starren Arbeitszeiten gegen flexible Arbeitszeitmodelle eingetauscht, um eine Balance zwischen sozialen Wünschen und gesellschaftlichen wie betrieblichen Notwendigkeiten zu schaffen.

1.5.1 Teilzeit

Am 1. Januar 2001 trat das geltende Teilzeitgesetz in Kraft. Dadurch sollte mehr Flexibilität für Arbeitgeber und Arbeitnehmer geschaffen werden. Verschiedene Teilzeitmodelle ermöglichen es, den Bedürfnissen der Arbeitnehmer sowie der Arbeitgeber gerecht zu werden.

Das klassische Teilzeitmodell	Die tägliche Arbeitszeit wird um einige Stunden oder die Hälfte reduziert. Eine Variante des klassischen Teilzeitmodells ist die Verteilung der Arbeitszeit auf wenige Tage.
Jobsharing	Zwei Arbeitnehmer teilen sich eigenverantwortlich einen Arbeitsplatz. Eine regelmäßige Abstimmung und der ständige Informationsaustausch sind unbedingt notwendig.
Unsichtbare Teilzeit	Der Arbeitnehmer/die Arbeitnehmerin arbeitet wie bisher Vollzeit und bekommt das Gehalt für die Teilzeit. Die zu viel gearbeiteten Stunden werden auf einem Arbeitszeitkonto gutgeschrieben.
Teilzeit im Team	Vom Arbeitgeber wird vorgegeben, wie viele Arbeitnehmer in bestimmten Zeitabschnitten anwesend sein müssen. Innerhalb des gebildeten Teams wird die jeweilige persönliche Arbeitszeit geplant und abgesprochen.
Arbeitszeitkonto	Je nachdem, über welchen Zeitraum das Arbeitszeitkonto geführt wird, spricht man von einem **Jahresarbeitszeitkonto** oder von einem **Lebensarbeitszeitkonto**. Jahresarbeitszeitkonten können z. B. ein Anreiz sein, kurzfristig durch ein Sabbatical aus dem Erwerbsleben auszusteigen. Das Geldguthaben aus Lebensarbeitszeitkonten wird meistens für den Vorruhestand verwendet. Das Gehalt wird dabei jeweils weitergezahlt.
Saisonal schwankende Teilzeit	Zum Ausgleich von Über- bzw. Unterlastung in Saisonbetrieben werden die Arbeitnehmer in Spitzenzeiten Vollzeit und bei geringer Auslastung Teilzeit beschäftigt.

1.5.2 Gleitzeit

Die gleitende Arbeitszeit hat sich schon seit Langem durchgesetzt und ist im **Arbeitsgesetz** anerkannt und geregelt. Die Arbeitnehmer können innerhalb eines zeitlichen Rahmens **Beginn** und **Ende** ihrer **täglichen Normarbeitszeit selbst** bestimmen.

BEISPIEL:

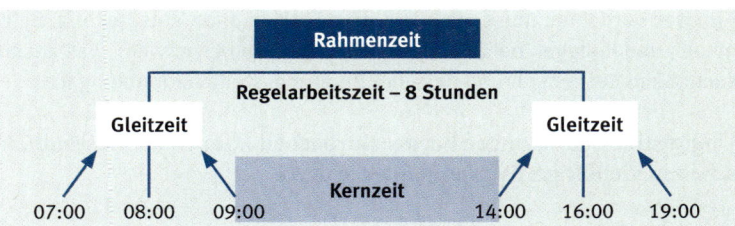

Die **Kernzeit** ist jener Teil der täglichen Arbeitszeit, über den die Arbeitnehmer **nicht frei** verfügen können.

Häufig muss die Tages- oder Wochenarbeitszeit sich verändernden betrieblichen Anforderungen, wie z. B. schwankenden Auslastungen und Kundenfrequenzen, angepasst werden:

- **Abrufarbeit.** Die Arbeitszeit der Arbeitnehmer schwankt. Bei geringer Auslastung wird wenig gearbeitet, bei starker Auslastung dafür mehr.
- **Servicezeiten.** Vor allem in Dienstleistungsunternehmen müssen die Arbeitnehmer als Ansprechpartner für Kunden zu bestimmten Zeiten erreichbar sein.
- **Vertrauensarbeitszeit.** Auf eine Arbeitszeitkontrolle wird verzichtet. Die Arbeitnehmer werden mit in die Verantwortung genommen und sollen ihre Arbeitszeit selbst einteilen. Am Ende muss das Arbeitsergebnis stimmen. Doch dieses Modell funktioniert nur, wenn das Betriebsklima stimmt und sich niemand benachteiligt fühlt.

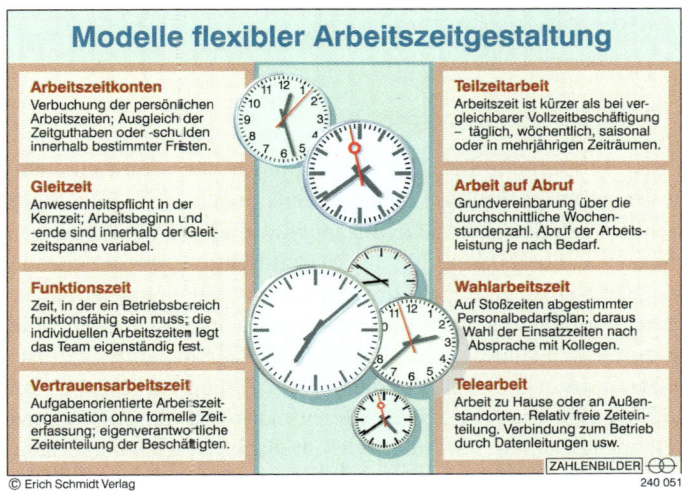

Arbeitsblatt 12

1.6 Belastungen am Arbeitsplatz

Fallbeispiel

Seit einigen Monaten arbeitet Frau Ehmann in der Abteilung von Frau Mayer und Frau Schmidt. Frau Ehmann versucht durch ständige Attacken gegen Frau Mayer, sich bei ihrem Vorgesetzten zu profilieren und so Frau Mayer auszustechen. Dies geht sogar so weit, dass Frau Mayer zu manchen Besprechungen nicht mehr hinzugezogen wird und Arbeiten verrichten muss, die nicht ihrer Qualifikation entsprechen. Selbst die Kolleginnen und Kollegen behandeln sie wie Luft. Frau Mayer weiß, was gespielt wird, und sucht beim Betriebsrat und bei einer Beratungsstelle für Mobbing Rat.

Ungünstige Bedingungen bei der Büroarbeit können die Gesundheit eines Menschen in vielfältiger Weise beeinträchtigen:

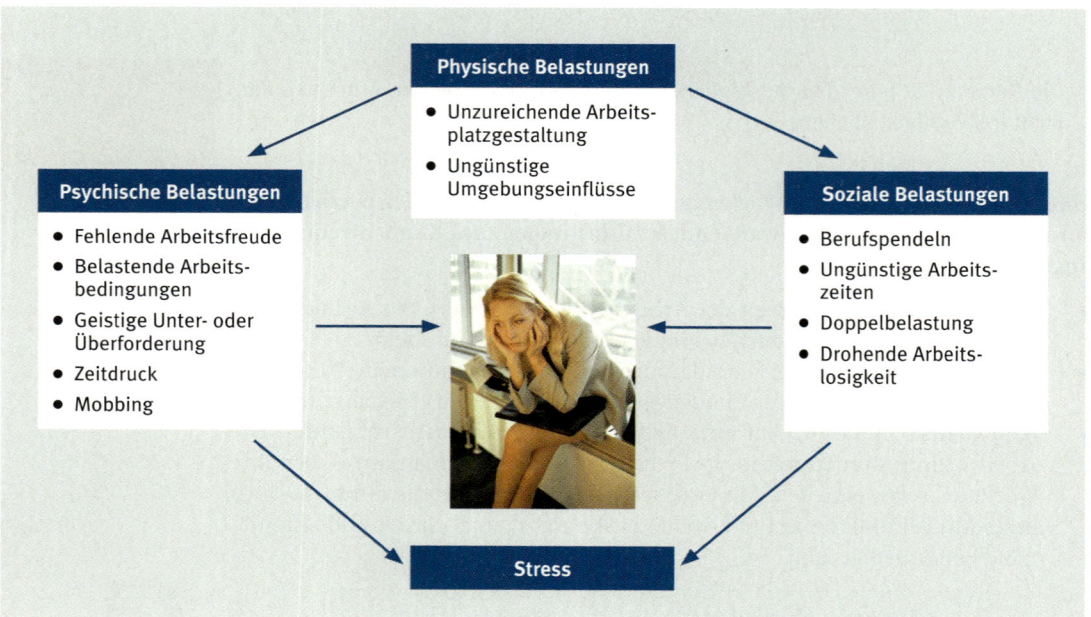

1.6.1 Physische Belastungen

www.rsi-online.de

Physische bzw. körperliche Belastungen können immer dann entstehen, wenn ungünstige **Umgebungseinflüsse** (siehe Arbeitsumgebung) sowie **ergonomisch unzureichende Bedingungen** (siehe Büroausstattung) zu Überlastungen führen. Diese entstehen z. B. durch Mängel in der Büroeinrichtung, unzureichend gestaltete Bildschirmarbeitsplätze, zu enge Räume, schlechte Beleuchtung, Lärm verursachende Geräte, gesundheitsgefährdende Ausgasungen und Emissionen. Eine typische Verletzung durch sich ständig wiederholende Muskelanspannungen ist die **RSI**-(Repetitive Strain Injury)-Krankheit, die in Deutschland zurzeit noch keine anerkannte Berufskrankheit ist. Die RSI-Krankheit macht sich durch Schmerzen in der Hand, im Handgelenk, in der Schulter oder im Nackenbereich bemerkbar. Typisch ist ein tiefer, brennender Schmerz, der nach längerer Dateneingabe auftritt.

1.6.2 Psychische Belastungen

Psychische Belastungen können vor allem durch **belastende Arbeitsbedingungen** entstehen:

- Ständige **Unterbrechungen durch Personen und Telefonanrufe** stören den Arbeitsablauf. Diese kleinen Ärgernisse mögen zwar – einzeln betrachtet – geringfügig erscheinen, langfristig und in ihrer Gesamtheit gesehen sind sie belastend und können zu Gesundheitsbeeinträchtigungen führen.

Arbeitsblatt 13

- In vielen Betrieben, Behörden und Verwaltungen wird genau festgelegt, auf welchem Weg das Arbeitsergebnis „erzeugt" werden soll. Es wird z. B. in allen Einzelheiten beschrieben, welche Formulare und Geräte zu verwenden sind. Dienstwege, Bearbeitungsregeln, Termine und Kompetenzabgrenzungen sind vorgegeben. Eine Abweichung ist nicht möglich. Die dafür aufzubringende begrenzte Zeit wirkt belastend und schlägt sich letztlich auf das Arbeitsergebnis negativ nieder.

- Häufig wird eine **Unter- bzw. Überforderung** durch eine **monotone Arbeitstätigkeit** erzeugt. Monotone Arbeiten sind Tätigkeiten, die in ständiger Gleichförmigkeit wiederkehren und keine Überlegungen oder Entscheidungen erfordern und niedrige Anforderungen an die berufliche Qualifikation stellen. Die Gleichförmigkeit der Arbeit erfordert aber auch ständige Konzentration, was im Laufe eines Tages die psychische Leistungsfähigkeit überfordern kann. Zudem können Monotoniezustände durch eine triste Umgebung, Mangel an körperlicher Bewegung, eintönige Geräusche, Wärme sowie fehlende Gelegenheit zu Kontakt und Kommunikation mit Kolleginnen und Kollegen verstärkt werden.

Symptome und Reaktionen auf

Unterforderung	Überforderung	Optimale Anforderung
- Unzufriedenheit - Schlechte Arbeitsmoral - Müdigkeit - Langeweile - Frustration	- Eingeschränkte Arbeitsqualität - Notdürftige Lösung der Probleme - Hoher Krankenstand - Gereiztes Arbeitsklima	- Kreatives und rationelles Arbeiten - Finden von Problemlösungen - Fortschritte werden erzielt - Arbeitszufriedenheit

- Eine weitere Form der Überforderung ist der **Zeitdruck**. Zeitdruck kann dadurch entstehen, dass die Arbeit in einem vorgegebenen Arbeitstempo erledigt werden muss und ein **„Ruhenlassen der Arbeit"** nicht möglich ist. Andererseits führen Arbeiten, die immer mit einer gleichbleibend hohen Geschwindigkeit erledigt werden, zu einer Überforderung, da das Arbeitstempo nicht an die natürlichen Leistungsschwankungen angepasst werden kann. Dadurch wird die Konzentration beeinträchtigt, was wiederum Fehler zur Folge hat.

- Psychische Belastungen können auch durch **Mobbing** ausgelöst werden. Mobbing leitet sich ab vom englischen Verb *„to mob"*, was übersetzt bedeutet *„jemanden anpöbeln, herfallen über"*. Gemeint sind damit nicht gelegentliche Meinungsverschiedenheiten oder Unverschämtheiten, sondern Handlungen,

www.mobbing-net.de
www.mobbing-zentrale.de
www.mobbing-web.de

die sich systematisch mindestens einmal pro Woche über einen Zeitraum von einem halben Jahr oder länger gegen eine Person erstrecken.

Gründe, die Mobbing verursachen können, sind:

- Überbelastung und Stress,
- Konkurrenzdenken,
- Angst vor dem Verlust des Arbeitsplatzes,
- Langeweile,
- Mängel im Führungsstil des Unternehmens.

Heute muss sich jeder mit jedem auseinandersetzen, das isolierte „Vor-sich-hin-Jobben" ist durch projekt- und prozessorientiertes Arbeiten abgelöst worden.

Die Handlungen, denen ein „Gemobbter" ausgesetzt ist, werden in der Fachliteratur in fünf Gruppen eingeteilt:

1. *Angriffe* **auf die Möglichkeiten, sich mitzuteilen**
   Eine der beliebtesten und effektivsten Waffen, um ein Opfer mürbe zu machen, ist die Zerstörung der sozialen Bindungen. Der Betroffene wird ständig unterbrochen, angeschrien oder beschimpft. Die Kollegen ziehen sich zurück und verweigern den Kontakt.

2. *Angriffe* **auf die sozialen Beziehungen**
   Das Opfer wird isoliert. Gespräche mit ihm werden „verboten". Der Betroffene wird „wie Luft" behandelt.

3. *Angriffe* **auf das soziale Ansehen**
   Beliebt sind Attacken, die das Selbstvertrauen des Opfers schmälern:
   - Die Kollegen verbreiten Gerüchte und machen das Opfer lächerlich.
   - Das Opfer wird verdächtigt, psychisch krank zu sein.
   - Stimme und Gestik werden nachgeahmt.
   - Das Privatleben gerät in die Schusslinie.

4. *Angriffe* **auf die Qualität der Arbeit**
   Durch Über- bzw. Unterforderung wird versucht, den Betroffenen aus dem Arbeitsprozess auszuschließen. Dem Opfer werden keine Arbeiten oder nur sinnlose Aufgaben übertragen.

5. *Angriffe* **auf die Gesundheit**
   Die Mobbingmethoden gehen teilweise so weit, dass dem Opfer körperliche Gewalt angetan oder angedroht wird. Mögliche Angriffe auf die Gesundheit sind:
   - zwangsweise Übernahme von gesundheitsschädlichen Arbeiten,
   - Androhung körperlicher Gewalt oder Misshandlung,
   - sexuelle Belästigungen.

Es ist schwierig, sich gegen Mobbing zu schützen. Ohne die Hilfe von Unbeteiligten erscheint dies fast unmöglich. Vorgesetzte tragen hierbei für ihre Mitarbeiterinnen und Mitarbeiter eine besondere Verantwortung. Allerdings kann man im Vorfeld einiges tun, um Mobbing erst gar nicht aufkommen zu lassen.

Strategien gegen Mobbing:

- Erste Anzeichen von Mobbing ernst nehmen.
- Auf Attacken sofort reagieren.
- Abzuwarten, bis die Attacken aufhören, ist vergebens.
- Je länger man sich nicht zur Wehr setzt, umso schlimmer wird es.
- Gespräche unter vier Augen führen.
- Suchen Sie Unterstützung im Kollegenkreis.
- Vorgesetzte, Betriebsräte und Personalverantwortliche rechtzeitig informieren.
- Arbeitsplatzwechsel innerhalb der Firma erwägen.

1.6.3 Soziale Belastungen

Untersuchungen haben ergeben, dass in Deutschland **ungefähr 10 Millionen Erwerbstätige täglich zwischen Wohn- und Arbeitsstätte pendeln.** Für viele bedeutet dies einen zeitlichen Mehraufwand von ein bis zwei Stunden. Wegzeiten von vier bis fünf Stunden täglich gelten als besonders belastend und werden von den Betroffenen als unzumutbar empfunden. Die Gründe dafür, dass sehr lange Arbeitswege hingenommen werden, sind vielschichtig. Oft mangelt es an geeigneten Arbeitsplätzen am Wohnort, die bessere berufliche Chancen und höheres Einkommen bieten. Aber auch familiäre und soziale Bindungen sowie geringe Lebenshaltungskosten und Mieten sind ausschlaggebend. Empirische Untersuchungen bestätigen, dass durch das „Berufspendeln" nicht nur finanzielle Belastungen entstehen, sondern auch persönliche Beeinträchtigungen wie Minderung der beruflichen Leistungsfähigkeit, Steigerung der Unfallgefahr und letztendlich eine Schädigung der Gesundheit in Kauf genommen werden.

Zu **lange Arbeitszeiten** unter Einsatz **bewusster Willensanspannung,** die über einen längeren Zeitraum hinwegreichen, können sich auf die Gesundheit schädigend auswirken. Die mobilisierten Leistungsreserven können nur durch eine ausreichende Erholungszeit ausgeglichen werden. Geschieht das nicht, reagiert der Körper mit chronischen Ermüdungszuständen.

Der Mensch arbeitet nicht nur, um materiell abgesichert zu sein, sondern um im Beruf soziale Zugehörigkeit und Anerkennung in der Gesellschaft zu erfahren. Fehlt die Gelegenheit zur Erwerbstätigkeit, so besteht die Gefahr einer Beeinträchtigung der Gesundheit, Leistungsfähigkeit und Persönlichkeit. Länger anhaltende **Arbeitslosigkeit** stellt deshalb für die Betroffenen eine erhebliche Belastung in materieller, finanzieller, psychischer und sozialer Hinsicht dar.

1.6.4 Stress und Stressbewältigung

Physische, psychische und soziale Belastungen am Arbeitsplatz sind äußere Einflüsse, die den körperlich empfundenen Stress erst auslösen. Verhaltensforscher bezeichnen Belastungen als **Stressoren.** Diese rufen im Körper immer wiederkehrende Reaktionen hervor. Die Folgen: Angespanntheit, Gereiztheit und Nervosität. Ständig unterlaufen Fehler, die sonst nicht passieren.

Stress kann unter anderem folgende Symptome auslösen:

- hochgezogene Augenbrauen
- gepresster Kiefer, gepresste Lippen
- flacher Atem
- schneller Puls
- schwitzende Hände
- gerunzelte Stirn und Kopfhaut
- steifer Hals, Nacken
- hochgezogene Schultern
- steifes Kreuz
- Druckgefühl im Magen

Allgemein bezeichnet man einen Zustand, bei dem die Erwartungshaltung **nicht** befriedigt wird, als Stress. Stress ist weder ***negativ*** noch ***positiv***. Es werden zwei Arten von Stresszuständen unterschieden:

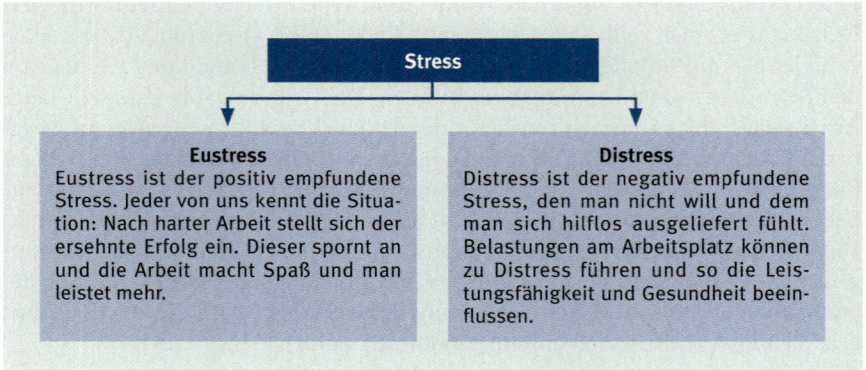

Stress

Eustress
Eustress ist der positiv empfundene Stress. Jeder von uns kennt die Situation: Nach harter Arbeit stellt sich der ersehnte Erfolg ein. Dieser spornt an und die Arbeit macht Spaß und man leistet mehr.

Distress
Distress ist der negativ empfundene Stress, den man nicht will und dem man sich hilflos ausgeliefert fühlt. Belastungen am Arbeitsplatz können zu Distress führen und so die Leistungsfähigkeit und Gesundheit beeinflussen.

Bei Stressereignissen ist die persönliche Einstellung zur Situation ausschlaggebend. Eine Hausaufgabe, die nicht erledigt wird, weil man keine Lust dazu hat, die aber dennoch gemacht werden muss, erzeugt unnötigerweise Distress. Nicht jeder Stressor wirkt bei jedem Menschen in gleichem Maße stressauslösend. Eine positive Einstellung kann Stress zwar nicht verhindern, aber die krank machenden Symptome reduzieren.

Oft hat der Körper nicht genügend Zeit, sich nach dem Stress zu regenerieren. Die Anforderungen folgen schnell aufeinander. Halten die Anforderungen und Schwierigkeiten an, kommt es zu „Distress". Der Körper sollte in einer solchen Situation die Möglichkeit haben, sich völlig zu entspannen – denn chronischer Stress greift die Gesundheit an.

Umgang mit Stress

- Die häufigsten Stressoren sind Hilflosigkeit, Ratlosigkeit, Angst, Traurigkeit und Resignation. Finden Sie heraus, welche dieser Stressoren Sie ausschalten oder verringern können bzw. mit welchen Stressoren Sie zukünftig leben müssen.
- Schaffen Sie sich einen Raum der Ruhe, in dem Sie sich entspannende Situationen vorstellen, lesen oder Musik hören.

- Durch Weinen oder auch tiefes Durchatmen können unbewältigte Spannungen, die Kopfschmerzen verursachen, gelöst werden.
- Versuchen Sie herauszufinden, wo Ihre Grenzen liegen, und akzeptieren Sie diese.
- Suchen Sie in Ihrer Freizeit nach Tätigkeiten, die Ihnen Spaß machen und so Ihr geistiges und körperliches Wohlbefinden heben. Verfallen Sie aber nicht vom Alltagsstress in den Freizeitstress!
- Sprechen Sie mit Vertrauenspersonen über Ihre Ängste und Sorgen. Oft ergeben sich daraus völlig neue Perspektiven und Lösungen.
- Erstellen Sie sich einen Terminplan für die Erledigung Ihrer Aufgaben. Legen Sie rechtzeitig eine Rangordnung der anstehenden Aufgaben fest. Belohnen Sie sich für erledigte Aufgaben.
- Schaffen Sie sich den nötigen körperlichen Ausgleich, damit lösen Sie den inneren Druck. Dies kann durch Ausüben einer Sportart, aber auch durch Gartenarbeit erreicht werden.
- Versuchen Sie Stress nicht durch fragwürdige Ersatzhandlungen wie übermäßiges Essen und Trinken, träges Herumhängen oder Dauerfernsehen zu kompensieren.
- Ausreichend Schlaf und gesunde Ernährung steigern Ihre Fähigkeit, Stress zu bewältigen.
- Seien Sie kooperativ und streiten Sie nicht ständig darum, dass alles nach Ihrem Willen geht.

Weitere Mittel, die sich zur Stressbekämpfung eignen: Aerobic, Massage, Meditation, mentales Training, Rückenübungen, richtige Schlafhaltung, Stretching-Übungen, Yoga, Schwimmen u. a. m.

1.7 Gesundheitsvorsorge durch ausgewogene Ernährung und richtige Pausengestaltung

Fallbeispiel

Dennis ist seit einigen Monaten Auszubildender bei der Südwest-Bank. Bisher arbeitete er überwiegend an einem Bildschirmarbeitsplatz. Die Pausen sind durch den Betriebsrat geregelt. Während der Pausen nutzt Dennis seine Freizeit aber, um im Internet zu chatten. Zum Essen und Ausruhen bleibt wenig und oft gar keine Zeit. Abends ist er total fertig und manchmal ist ihm sogar übel. Da er sich nach der Mittagspause immer schlechter konzentrieren konnte, passierten ihm Fehler, die für ihn unangenehme Folgen haben können. Sein Ausbildungsleiter mahnte ihn ab.

Ernährung

Wenn es nach den Medien geht, ist eine ausgewogene Ernährung ein Kinderspiel. Doch der Schein trügt. Es ist schwierig, den vielen Ernährungsvorschriften der Ärzte und den Ratschlägen der Krankenkassen, Fachzeitschriften und Ähnlichem zu folgen. Dies gilt besonders während der Arbeitszeit. Einige Grundsätze sollen Ihnen helfen, sich richtig zu verhalten:

Arbeitsblatt 14

Essen Sie	Vermeiden Sie zu viel
• abwechslungsreich • regelmäßig • geringe Mengen • frische, natürliche Produkte • eine ausgewogene Mischkost	• Fett • Zucker • Koffein • Nikotin • Alkohol

Damit Sie nach einer Zwischenmahlzeit wieder mit frischen Kräften an die Arbeit gehen können, müssen Sie die Pause – neben der Bewegung – auch dazu nutzen, den Energievorrat des Körpers wieder aufzufüllen. Dafür ist schon die richtige Zusammenstellung des Frühstücks ausschlaggebend. Ernährungswissenschaftler empfehlen, mit dem Frühstück ein Viertel der täglich benötigten Energie zu sich zu nehmen. Eine Zwischenmahlzeit sollte dann ein weiteres Zehntel des Tagesenergiebedarfs decken. Das bedeutet aber nicht, dass ein Frühstück oder eine Zwischenmahlzeit aus möglichst energiereichen Lebensmitteln bestehen soll! Neben dem richtigen Energiebedarf müssen alle Nährstoffe tierischer und pflanzlicher Herkunft im richtigen Verhältnis enthalten sein. Der Gehalt an Vitaminen und Mineralstoffen ist ebenfalls zu berücksichtigen.

Der Mensch ist, über den ganzen Tag betrachtet, nicht gleichmäßig leistungsfähig. Dies hängt mit der sogenannten **Leistungskurve** zusammen, der jeder Mensch – mehr oder weniger – unterliegt. Am Tag ist man aktiv, in der Nacht regeneriert man, aber auch innerhalb des Tages wechseln die Phasen von Aktivitätsbereitschaft und Erholungsbedarf. Deshalb ist bei der Pausengestaltung die Kenntnis der menschlichen Leistungsfähigkeit von großer Bedeutung. Eine sinnvolle Pausengestaltung muss sich an der Leistungskurve orientieren.

Grad der Leistungsfähigkeit

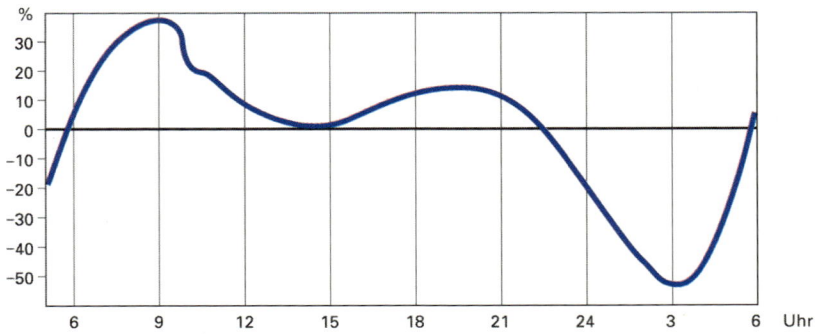

www.computer.de/ergonomie
www.barmer.de

Um sinkender Leistungsfähigkeit entgegenzuwirken, sollten mit dem Arbeitgeber Regelungen gefunden werden, die Pausen zum richtigen Zeitpunkt ermöglichen. Dies gilt vor allem bei der Bildschirmarbeit.

Von Arbeitsmedizinern wird folgende Pausengestaltung empfohlen:

- Mehrere kurze Pausen haben einen höheren Erholungswert als wenige lange Pausen.

- Die Häufigkeit der Pausen sollte sich am Schwierigkeitsgrad der Arbeit orientieren.
- Je nach Schwierigkeitsgrad der Arbeitsaufgabe sind nach einer Stunde Bildschirmarbeit fünf bis zehn Minuten und nach zwei Stunden 15 bis 20 Minuten zu empfehlen.
- Während der Pausen muss darauf geachtet werden, dass der Regenerationswert nicht durch andere Arbeiten gemindert wird.
- Um die individuellen Schwankungen der Leistungsfähigkeit aufzufangen, sollten die Arbeitnehmer nach Möglichkeit die Pausen frei wählen können.

*Standard:
Gymnastikübungen
schnell und leicht*

In den Pausen können kleine Gymnastikübungen – ohne organisatorischen Aufwand – zur Entspannung und Vorbeugung beitragen.

Übungsvorschläge für Nacken und Rücken

Verschränken Sie die Hände im Nacken und ziehen Sie den Kopf gegen den Widerstand der Hals-/Nackenmuskulatur nach unten. Richten Sie anschließend den Kopf gegen den Widerstand der Hände wieder auf. Danach die Spannung lösen und von vorne beginnen.

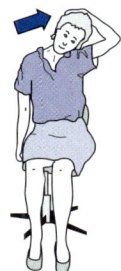

Halten Sie mit einer Hand die Sitzfläche Ihres Stuhles fest, die andere Hand umfasst den Kopf und zieht ihn behutsam auf die andere Seite. Die Hals- und Nackenmuskulatur wird gedehnt. Wechseln Sie auf die andere Seite. Wiederholen Sie die Übung.

Setzen Sie sich aufrecht auf den Stuhl, winkeln Sie die Arme an und legen Sie die Daumen in die Achseln. Kreisen Sie mit den angewinkelten Armen vorwärts und rückwärts. Achten Sie auf große Kreisbewegungen, Kopf aufrecht halten.

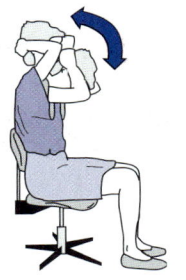

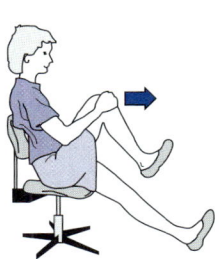

Umfassen Sie ein Knie mit beiden Händen und drücken Sie mit dem Knie gegen den Widerstand der Hände. Halten Sie die Spannung drei bis sechs Sekunden. Nachdem Sie die Spannung gelöst haben, ziehen Sie das Knie ganz fest an die Brust heran.

Stützen Sie sich mit beiden Händen auf die Lehne Ihres Stuhles und lassen Sie den Körper locker hängen. Halten Sie die Spannung im Schultergürtel, ohne durchzuhängen.

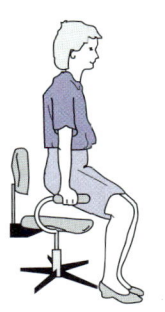

Übungsvorschläge für die Augen

Bei der Bildschirmarbeit werden besonders die am Sehvorgang beteiligten Muskeln beansprucht. Sie müssen nicht nur ständig die Linse auf die jeweilige Entfernung einstellen, sondern das Auge auch auf die herrschende Helligkeit umstellen, wenn der Blick von der weißen Papiervorlage auf den dunklen Bildschirm wandert. Reihenuntersuchungen haben gezeigt, dass die Bildschirmarbeit den Sehapparat stark

Arbeitsblatt 15

Standard: Büroprozess

ermüdet. Deshalb ist es wichtig, die Pausen auch für die Entspannung der Augenmuskeln zu nutzen. Dazu dient die **Augengymnastik**.

- Suchen Sie sich vier bis sechs Gegenstände auf Ihrem Schreibtisch aus, die von Ihnen unterschiedlich weit entfernt stehen. Sehen Sie jeden dieser Gegenstände nacheinander – in einer festen Reihenfolge – genau an. Zum Beispiel: Telefon, Maus, Schreibtischlampe. Wiederholen Sie die Übung und steigern Sie allmählich das Tempo. Diese Übung entlastet nicht nur, sondern trainiert gleichzeitig die Scharfstellmuskeln.
- Lockern Sie Ihr Gesicht, indem Sie Grimassen schneiden oder „mit Ihrem ganzen Gesicht" die Vokale „a, e, i, o, u" aussprechen.
- Anspannungen im Gesicht, besonders um die Augen, können Sie durch leichtes Beklopfen oder leichten Druck mit den Fingern gegen die verspannte Muskulatur lockern.

Ergonomie am Arbeitsplatz
Wie vermeide ich gesundheitliche Beeinträchtigungen?

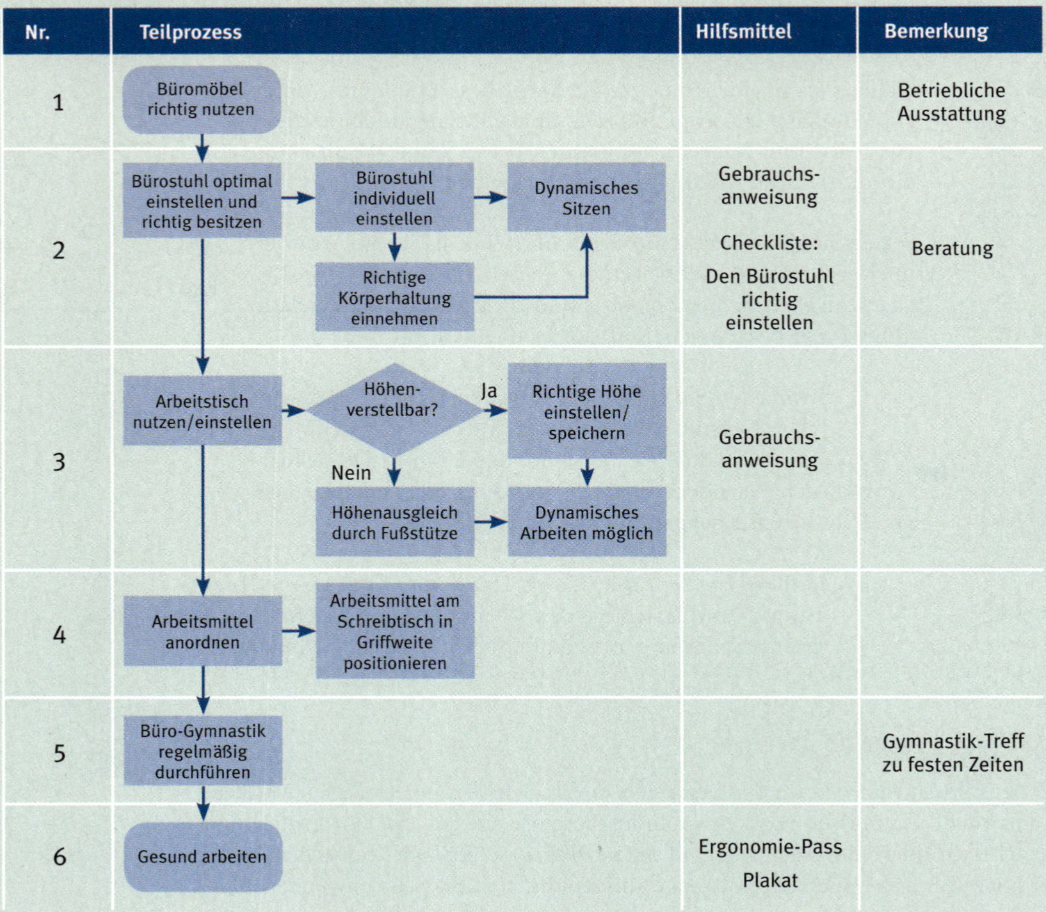

Nr.	Teilprozess				Hilfsmittel	Bemerkung
1	Büromöbel richtig nutzen					Betriebliche Ausstattung
2	Bürostuhl optimal einstellen und richtig besitzen	Bürostuhl individuell einstellen → Dynamisches Sitzen ← Richtige Körperhaltung einnehmen			Gebrauchsanweisung / Checkliste: Den Bürostuhl richtig einstellen	Beratung
3	Arbeitstisch nutzen/einstellen	Höhenverstellbar?	Ja → Richtige Höhe einstellen/speichern	Nein → Höhenausgleich durch Fußstütze → Dynamisches Arbeiten möglich	Gebrauchsanweisung	
4	Arbeitsmittel anordnen	Arbeitsmittel am Schreibtisch in Griffweite positionieren				
5	Büro-Gymnastik regelmäßig durchführen					Gymnastik-Treff zu festen Zeiten
6	Gesund arbeiten				Ergonomie-Pass Plakat	

Zusammenfassung

Zusammenfassung

1. Die **Corporate Identity** umfasst ein einheitliches Erscheinungsbild mit einprägsamen Symbolen, Bildern oder Farben (Corporate Design), ein einheitliches Auftreten, das sich an bestimmten Regeln orientiert (Corporate Culture), das entsprechende Kommunikationsverhalten (Corporate Communications) und Regeln des Verhaltens von Unternehmen und Mitarbeitern (Corporate Behaviour) sowie die soziale, ökologische und ökonomische Verantwortung eines Unternehmens (Corporate Social Responsibility).

2. Die personalen Anforderungen an den arbeitenden Menschen im Büro umfassen **Fach-, Sozial- und Methodenkompetenz**.

3. Das **äußere Erscheinungsbild** eines Menschen wird von seinen **Umgangsformen**, seiner **Kleidung** und **Körperpflege** geprägt.

4. Die **Ergonomie** ist die Wissenschaft, die sich mit der Anpassung der Arbeitsmittel und -bedingungen an die physischen, psychischen und gesundheitlichen Bedürfnisse des Menschen beschäftigt.

5. Die **Anthropometrie** ist die Lehre von den Maßverhältnissen des menschlichen Körpers, die bei der Gestaltung des Arbeitsplatzes und der Arbeitsmittel berücksichtigt werden müssen.

6. Angewandte Ergonomie und Anthropometrie erhöhen die berufliche **Leistungsbereitschaft** und **Leistungsfähigkeit** des Menschen.

7. Alle **Arbeitsmittel** müssen ergonomisch gestaltet sein, um keine negativen Auswirkungen auf den Menschen zu haben.

8. Die zusätzliche Einrichtung eines Steharbeitsplatzes fördert den Wechsel der Körperhaltungen bei der Arbeit und trägt so zu einem dynamischen Arbeitsstil bei.

9. Man unterscheidet die klassischen Büroraumformen, **Zellen-, Gruppen-, Großraum-** und **Kombibüros**, sowie die modernen Büroraumformen: Business Club und reversibles Büro.

10. Die meisten Bürostühle ermöglichen ein dynamisches Sitzen. Sitzalternativen bringen mehr Bewegung, sind aber auf Dauer kein Ersatz für ergonomische Bürostühle.

11. Die Arbeitsumgebung wird durch die Faktoren **Luft, Licht, Klima, Lärm, Strahlungen** und **Farbe** beeinflusst.

12. **Telearbeit** ist eine neue Arbeitsform, die in unserer Gesellschaft immer mehr an Bedeutung gewinnt.

13. Der **flexible Arbeitsplatz** mit Laptop und Rollcontainer ermöglicht die Anpassung an die veränderten Arbeitssituationen im Büro. Keine Mitarbeiterin oder kein Mitarbeiter hat wie früher einen festen Arbeitsplatz, sondern wechselt je nach Arbeitssituation den Standort.

14. **Desksharing** ist ein raumsparendes Bürokonzept, bei dem sich mehrere Personen einen Arbeitsplatz teilen.

15. Der **Bench-Arbeitsplatz** ist ein Gemeinschaftstisch für mehrere Mitarbeiter, die ständig im Team arbeiten.

Zusammenfassung

16 **Business-Center** sind **Dienstleistungsunternehmen,** die auf Zeit **Büroraum** und Dienstleistungen mit der dazugehörigen Infrastruktur anbieten.

17 Durch den Einsatz von **Callcentern** sollen die **Geschäftsprozesse** rationeller gestaltet und der **Umsatz** gesteigert werden.

18 **Flexible Arbeitszeitmodelle** schaffen eine Balance zwischen sozialen Wünschen und gesellschaftlichen wie betrieblichen Notwendigkeiten.

19 Am Arbeitsplatz können **physische, psychische** und **soziale Belastungen** auftreten.

20 Belastungen am Arbeitsplatz erzeugen **Stress.**

21 **Mobbing** bedeutet negative Handlungen, die systematisch über einen längeren Zeitraum betrieben werden, um einer Mitarbeiterin bzw. einem Mitarbeiter zu schaden.

22 **Regelmäßige** und sinnvoll gestaltete **Pausen** sowie **ausgewogene Ernährung** helfen, der Ermüdung und gesundheitlichen Schäden vorzubeugen.

Aufgaben

1 Kathrins beste Freundin Juliane hat ihre Ausbildung als Bürokauffrau beendet. Sie blättert die Zeitungen nach entsprechenden Stellenangeboten durch. Dabei fällt ihr auf, dass in den Annoncen sich wiederholende Eigenschaften aufgeführt sind: *Teamgeist, Kreativität, Eigeninitiative, Organisationstalent.* Warum legen die Firmen gerade auf diese Eigenschaften besonderen Wert?

2 Nach einigen vergeblichen Bewerbungen hat es endlich geklappt. Juliane bekommt bei einer Firma ganz in ihrer Nähe einen Vorstellungstermin. Sie möchte selbstverständlich einen guten Eindruck hinterlassen! Wie verhält sie sich in puncto Umgangsformen, Kleidung und Körperpflege richtig?

3 Juliane hat eine Stelle als Bürokauffrau in einem großen Autohaus angenommen. Ihr Aufgabenbereich ist in einer Stellenbeschreibung genau definiert. Vor allem aber hat sie einen großen Kundenkreis und die Besucher ihres Chefs zu betreuen. Auch das Beratungsgespräch gehört zu ihren Aufgaben.

   a) Was wird neben dem Aufgabenbereich in einer Stellenbeschreibung festgelegt?

   b) Wie betreut sie die Besucher ihres Chefs richtig?

   c) Während eines Gesprächs können auch die nonverbale Kommunikation und die Distanzzone eine große Rolle spielen! Spielen Sie mit einer weiteren Person in einem Rollenspiel die möglichen Situationen durch und erläutern Sie Ihre jeweiligen Reaktionen im Anschluss daran.

4 Kathrin und Pierre wollen mit ihren Vorgesetzten sowie ihren Kolleginnen und Kollegen am Arbeitsplatz reibungslos zusammenarbeiten. Welche Regeln helfen ihnen, diesem Ziel näher zu kommen?

5 Sabrina, eine Freundin von Pierre, arbeitet als Bürokauffrau in einer Bank. In puncto Kleidung herrschen dort ungeschriebene Gesetze, die von allen Angestellten akzeptiert werden – auch von dem sonst so flippig angezogenen Schulfreund

Jonas. Was müssen Sabrina und Jonas beim Kauf ihrer Garderobe beachten, damit sie nicht allzu viel Geld investieren müssen?

6 Wegen starken Kundenzuwachses in der Abteilung „Einkauf" der Mode I Idee GmbH wird zur Verstärkung des Teams ein(e) neue(r) Kollegin/Kollege gesucht. Einige Bewerberinnen/Bewerber stellten sich bereits vor. Eine Bewerberin kam aufgrund ihrer guten schulischen Leistungen in die engere Wahl. Kathrin kann sich an die Bewerberin noch genau erinnern: Kaugummi im Mund, neonfarbene Haare, hautenge Jeans mit Löchern, knallrote Fingernägel. Nehmen Sie zu ihrer Einstellungschance Stellung.

7 Bei einer Arbeitsplatzdiskussion tauchen immer wieder die Begriffe „Ergonomie" und „Anthropometrie" auf. Was verstehen Sie darunter?

8 Die Mode I Idee GmbH hat sich entschlossen, aus den zu klein gewordenen Räumen auszuziehen und ein neues Bürohaus zu bauen. Bei der Konzeption der einzelnen Büroräume bestehen noch Meinungsverschiedenheiten über die Vor- und Nachteile von

- Zellenbüros,
- Großraumbüros,
- Business Clubs und
- Gruppenbüros,
- Kombibüros,
- reversiblen Büros.

Nehmen Sie zu diesen Raumformen Stellung. In welcher Büroform würden Sie gerne arbeiten? Begründen Sie Ihre Wahl.

9 Außerdem sollen alle Bildschirmarbeitsplätze mit neuen Bürostühlen ausgestattet werden. Welche Anforderungen sind an einen guten Bürodrehstuhl zu stellen?

10 Was verstehen Sie unter einem „dynamischen Arbeitsstil"?

11 Viele körperliche Beschwerden und Haltungsschäden entstehen durch falsches Sitzen. Begründen Sie diese Aussage.

12 Bildschirmarbeit bedeutet „Stress für die Augen". Erklären Sie diese Aussage.

13 Nennen Sie möglichst viele Faktoren der Arbeitsumwelt „Büro". In welcher Weise beeinflussen sie die Leistungsbereitschaft und -fähigkeit der Menschen?

14 Bei der Renovierung Ihres Büroraumes dürfen Sie Ihre Vorstellungen mit einbringen. Welche Wünsche haben Sie?

15 Farben haben psychologische Auswirkungen auf das menschliche Verhalten. Nennen Sie dazu Beispiele. Welche Schlussfolgerungen ziehen Sie aus dem Gelernten für die Farbgebung von Büroräumen?

16 Frau Weber hat schon sehr viel über die asiatische Lehre Feng-Shui gelesen und möchte, nachdem sie zu Hause ihre Wohnräume erfolgreich danach gestaltet hat, auch ihr Büro verändern. Wie könnte sie dies umsetzen?

17 „Farben gehören zu den Umwelt- und Gesundheitsfaktoren am Arbeitsplatz!" Erläutern Sie diese Aussage.

18 Worin sehen Sie die Hauptursachen der physischen, psychischen und sozialen Belastungen am Büroarbeitsplatz?

Aufgaben

19. Was verstehen Sie unter Mobbing und woran kann Mobbing erkannt werden?
20. Wie kann man sich vor Mobbing schützen?
21. Belastungen am Arbeitsplatz können Stress erzeugen. Nehmen Sie zu dieser Aussage Stellung.
22. Frau Sommer, Sachbearbeiterin in der Abteilung „Verkauf" der Mode|Idee GmbH, arbeitet häufig über acht Stunden am Tag. Ihre Arbeit macht Spaß. Auch ihr Chef weiß, was er an Frau Sommer hat. Erst kürzlich hat er sich erfolgreich für ihre längst fällige Beförderung eingesetzt. Frau Sommer und ihr Chef sind ein gutes Team. Anders sieht es bei einer befreundeten Arbeitskollegin von Frau Sommer aus. Sie ist schon länger mit ihrer Arbeitsstelle unzufrieden. Die Gründe liegen in den ständig wachsenden Anforderungen, die nicht zu ihrem Aufgabenbereich gehören, und an der mangelnden Anerkennung durch ihren Vorgesetzten. Jetzt hat sie heftige Magenprobleme. Wie sieht die Zukunft der beiden Frauen aus?
23. Stress ist nicht immer vermeidbar. Wie gehen Sie mit Stress richtig um?
24. Warum sind regelmäßige Pausen – gerade am Bildschirmarbeitsplatz – besonders wichtig?
25. Welche Grundsätze müssen Sie beachten, um sich ausgewogen zu ernähren?
26. Wie sieht eine sinnvolle Pause aus?
27. Frau Reichenbach, seit 5 Jahren als Bürokauffrau bei der Mode|Idee GmbH tätig, erwartet in fünf Monaten ein Baby. Sie würde nach der Babypause gerne weiterhin halbtags für die Firma tätig sein. Der lange Anfahrtsweg und die vielen Staus machen dies aber zeitlich unmöglich. Ihr Vorgesetzter möchte auch zukünftig nicht auf das Wissen von Frau Reichenbach verzichten und bietet ihr eine halbe Stelle in Form eines Telearbeitsplatzes an. Frau Reichenbach ist begeistert und sagt zu. Listen Sie auf, welche Überlegungen Frau Reichenbach und die Mode|Idee GmbH dazu bewogen haben könnten, diese Lösung anzustreben.
28. Die Mode|Idee GmbH ist ein ständig wachsendes Unternehmen. Die Büroräume platzen aus allen Nähten. Nach einer längeren Untersuchung wurde festgestellt, dass viele Büroräume während der Arbeitszeit nicht genutzt werden, weil sich Mitarbeiterinnen und Mitarbeiter gerade auf einer längeren Geschäftsreise befinden, Kunden außerhalb der Firma betreuen, bestimmte Arbeiten von zu Hause aus erledigen u. Ä. Wie könnte die Mode|Idee GmbH ihr Büro organisieren, ohne dass eine Büroerweiterung notwendig ist? Begründen Sie Ihren Vorschlag.
29. Herr Dahlmann, Geschäftsführer der Mode|Idee GmbH, ist auch Vorsitzender des „Verbandes für deutsche Unternehmer". Im kommenden Jahr möchte der Verband einen zweiwöchigen Kongress in Frankfurt abhalten. Für die Durchführung werden entsprechende Räumlichkeiten und das dazugehörige Personal gebraucht. Wie kann dies am besten umgesetzt werden?
30. Die Mode|Idee GmbH will ihre Kunden stärker an das Unternehmen binden und ständig – auch am Wochenende – telefonisch erreichbar sein. Wie kann dies am besten umgesetzt werden?

Öko-Tipps

- Achten Sie beim Kauf von Büromöbeln auf das **GS-Zeichen**.
- **Be-** und **entlüften** Sie die Räume, in denen PCs stehen, ausreichend.
- Auch bestimmte **Grünpflanzen** (Grünlilie, Philodendron, Efeu und Drachenbaum) können als „Schadstofffilter" in Büroräumen dienen.
- Es gibt Büromöbelhersteller, die **Bürodrehstühle im Baukastensystem** anbieten. So hat der Käufer die Möglichkeit, den Drehstuhl nach individuellen ergonomischen Anforderungen zusammenzustellen. Dies hat auch den Vorteil, dass verschlissene Elemente problemlos ausgetauscht werden können.
- Einige Hersteller bieten einen sogenannten **Öko-Papierkorb** an, der in bis zu vier Bereiche unterteilt werden kann. Ein Klappdeckel verhindert Geruchsbelästigung.
- Eine **ergonomisch gestaltete Tastatur** entlastet Finger und Unterarmmuskulatur.
- Schalten Sie nach Büroschluss das Licht aus.
- Schalten Sie abends und am Wochenende die Klimaanlage ab und fahren Sie die Heizung von 22 auf 18 Grad herunter.

Mindmapping

Methodenbeschreibung

Mindmapping ist eine Methode, bei der sprachliches und bildhaftes Denken gefördert wird. Ein Mindmap ist eine visuelle Darstellung von Beziehungen, Assoziationen und Ideen. Die Verwendung von Mindmaps beim Lernen fördert den optimalen Einsatz beider Gehirnhälften.

Das Hauptthema wird in die Mitte eines Blattes geschrieben. Die Gedanken werden als Schlüsselwörter auf abgehende Hauptäste notiert. Jeder Hauptast kann durch weitere Äste verzweigt werden. Auf dem Papier entsteht eine Gedankenlandkarte.

BEISPIEL:

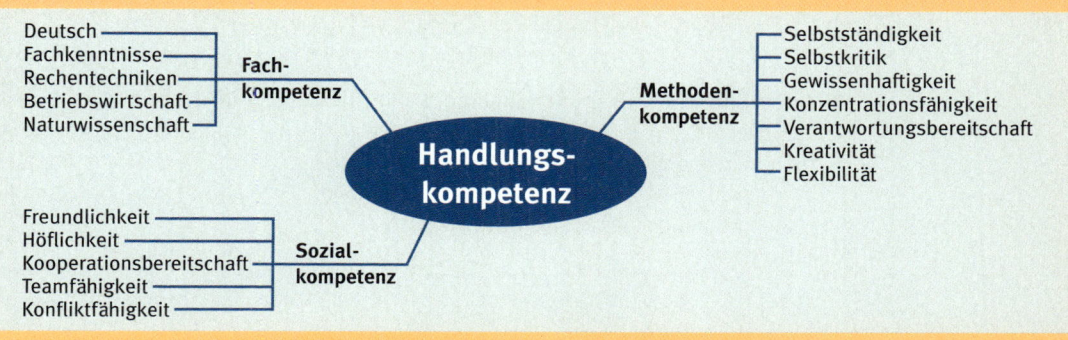

HOT

Wie wird ein Mindmap erstellt?

1. Schreiben Sie in die Mitte eines leeren Blattes das zentrale Thema. Setzen Sie das Thema in einen Kreis, ein Rechteck oder eine Wolke.
2. Die gesammelten Schlüsselwörter werden auf Hauptäste um das Hauptthema geschrieben. Jeder Ast kann durch weitere Begriffe auf abgehenden Ästen ergänzt werden.
3. Verwenden Sie möglichst nur Schlüsselwörter in Form von Substantiven, Adjektiven und Verben, keine ganzen Sätze oder Satzfragmente. Auf einem Ast steht immer nur ein Schlüsselwort.
4. Ergänzen Sie Ihr Mindmap durch Bilder und Symbole. Bestehende Zusammenhänge können Sie durch Verbindungspfeile verdeutlichen. Wichtige Begriffe erhalten ein Ausrufezeichen oder offene Punkte ein Fragezeichen.

Arbeitsauftrag

Setzen Sie das Mindmapping zur Wiederholung des Kapitels „Arbeitswelt Büro" ein. Die Sichtbarmachung der Zusammenhänge erleichtert Ihnen das Lernen.

Erstellen Sie zu folgenden Themen ein Mindmap:

- *Anforderungen an den arbeitenden Menschen im Büro*
- *Büroarbeitsplatz*
- *Belastungen am Arbeitsplatz*
- *Gesundheitsvorsorge*
- *Telearbeitsplatz*
- *Flexibler Arbeitsplatz*
- *Callcenter*

2 Umweltschutz

2 Umweltschutz

Lernziele

- Umweltprobleme erkennen und analysieren.
- Für den Umgang mit gesundheits- und umweltgefährdenden Arbeitsstoffen und Materialien, die im Büro verwendet werden, sensibilisiert sein.
- Gesundheitliche Gefahren bei der Benutzung eines Handys richtig einschätzen.
- Lösungsstrategien für umweltfreundliche Maßnahmen entwickeln.
- Chancen und Probleme für die Wirtschaft erkennen.

Fallbeispiel

Frau Schröder ist verärgert. Schon wieder hat sich die Reinigungsfirma über die Kolleginnen und Kollegen ihrer Abteilung beschwert. In den Papierkörben sind nicht nur Papier, sondern auch Grünabfälle, Bananenschalen, Schnittblumen, Joghurtbecher, Büroklammern und Tonerkartuschen zu finden. Zusätzliche Mülleimer für Altglas, Restmüll usw. sind an einem zentralen Ort in der Abteilung aufgestellt. Wo liegt das Problem? Frau Schröder versendet an jede Mitarbeiterin und jeden Mitarbeiter eine E-Mail, die das Problem beschreibt, und lädt zu einer Abteilungsbesprechung ein. Bei der Besprechung werden viele Entschuldigungen und Vorschläge vorgetragen. Als Ergebnis werden zwei Müllbeauftragte gewählt, die in Zukunft helfen, die Mülltrennung zu organisieren.

Arbeitsblatt 1

Das Thema „Umweltschutz" ist in unserer Gesellschaft ein zentrales Problemfeld. Auch im Büro wird diesem Thema mehr Beachtung geschenkt.

Die Belastungsquellen für Umwelt und Gesundheit im Büro sind vielfältig:

- **Materialverbrauch:** Papier, Verpackungsmaterialien
- **Energieverbrauch:** Computer, Kopierer, Faxgeräte, Scanner, Modem usw. steigern den Energieverbrauch.
- **Schadstoffbelastung:** Schadstoffe aus Möbeln, Schreibmaterialien, Teppichböden, Kopierern, Reinigungsmitteln u. a. tragen zur Innenraumluftbelastung bei und bereiten Probleme bei der Abfallbeseitigung.
- **Lärm:** Viele Bürogeräte, Computer, Drucker, Kopierer usw. verursachen Lärm. Es sollte aber der Grenzwert von 55 dB (A) für „geistige Arbeit" nicht überschritten werden.

Umweltschutz im Büro umfasst nicht nur die Verwendung umweltverträglicher Produkte, sondern auch bewusstes Umgehen mit Materialien und Energie. Die Umweltbelastungen am Arbeitsplatz sind zu minimieren. So ist der Energie- und Materialverbrauch zu verringern und der restliche Abfall zu sortieren.

Wie kann man sich beim Einkauf von Büromaterialien und -geräten umweltfreundlich verhalten?

- Auf umweltfreundliche Produkte achten.
- Materialien bevorzugen, für die keine Entsorgung notwendig ist.
- Höhere Preise – falls gerechtfertigt – in Kauf nehmen.
- In die Umweltüberlegungen ist die **„gesamte ökologische Kette"** einzubeziehen.

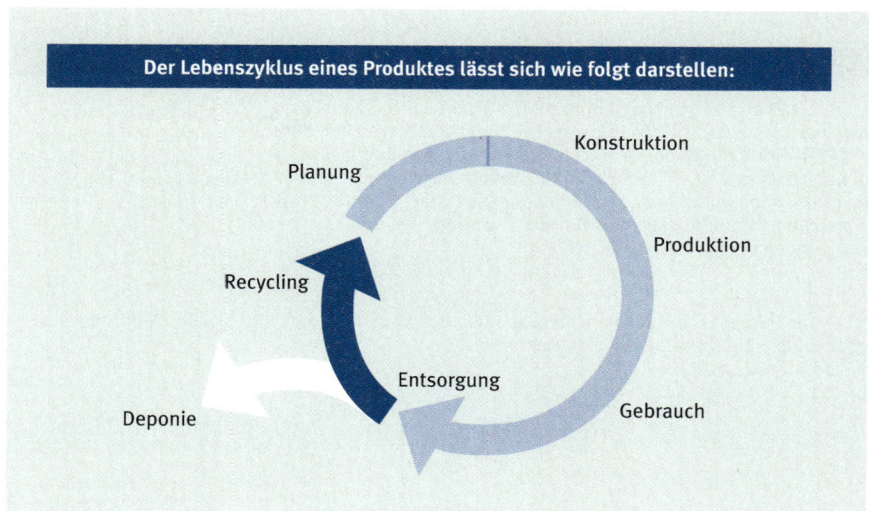

2.1 Woran erkennt man ein umweltfreundliches Produkt?

Nach der Einführung des Umweltschutzes in den Büros haben die Hersteller sehr schnell erkannt, dass Umweltschutz nicht nur teuer sein muss. Der Einsatz ökologischer Materialien hat nicht gleichzeitig einen höheren Preis zur Folge. Auch die Werbewirksamkeit eines Produktes wird durch den entsprechenden „Öko-Aufkleber" erhöht – er verschafft ein gutes Image. Dennoch ist für den Verbraucher Vorsicht angesagt. Manche Artikel, die mit Umwelt-Prüfsiegeln ausgestattet sind, halten nur teilweise, was ihre Etiketten versprechen.

Prüfsiegel sollen über die Qualität eines Produktes Auskunft geben. Sie sind meistens auf den Geräten/Gegenständen mit einem Aufkleber sichtbar gekennzeichnet. Hier eine Übersicht über die wichtigsten Prüfsiegel und was geprüft wird:

www.blauer-engel.de
www.baua.de
www.eu-energystar.org
www.tcodevelopment.com
www.eco.label.com

Prüf- und Qualitätszeichen	Was wird geprüft?	Kontrolle
MPR-II	MPR-II wird vom schwedischen Mess- und Prüfrat als Empfehlung für Grenzwerte vergeben, die sich auf die **elektromagnetischen und elektrostatischen Felder** von **Bildschirmen** beziehen.	keine
TCO 07	TCO ist ein skandinavisches Gütesiegel, das international anerkannt ist. Das Siegel bekommen Geräte, die sich durch **niedrigen Energieverbrauch, Ergonomie, Umweltverträglichkeit und Wiederverwertbarkeit** auszeichnen. Im Logo wird gezeigt, welches Gerät (Bildschirme, Notebooks, Tastaturen, Headsets, Drucker, Büromöbel) zertifiziert wurde.	Stichproben

Prüf- und Qualitätszeichen	Was wird geprüft?	Kontrolle
Der „Blaue Engel"	Der „Blaue Engel" zeigt in seinem Logo den Grund des besonderen Umweltvorteils (weil ...). Das Prüfsiegel verlangt vom Hersteller, dass die MPR-II-Norm für Monitore einzuhalten und für eine Energiesparfunktion zu sorgen ist. Es fordert die Herstellung aufrüstbarer und recycelbarer Computer. Die alten Geräte müssen vom Hersteller zurückgenommen und ordnungsgemäß verwertet werden. Deshalb ist auf eine recyclinggerechte Produktion zu achten.	schriftliche Erklärung des Herstellers oder Prüfberichte unabhängiger Institute
Der „Grüne Punkt"	Der „Grüne Punkt" ist ein Zeichen, das vor allem das Material von Verpackungen als recyclingfähig kennzeichnet.	Selbstkontrolle
„Ergonomie geprüft"	Das Siegel „Ergonomie geprüft" wird für Büromöbel, Bildschirme und Software vergeben. Das Prüfsiegel bescheinigt einem Bildschirm die elektrische Sicherheit (GS-Zeichen), geringe Strahlungen nach MPR-II und die Erfüllung ergonomischer Anforderungen. Die Software muss der DIN EN 9241, Teile 10 bis 17, entsprechen.	eingehende Prüfung durch den TÜV Rheinland
ECO-Kreis	Der ECO-Kreis vereinigt verschiedene Prüfsiegel: • CE-Zeichen zur elektromagnetischen Verträglichkeit • „Ergonomie geprüft" • GS-Zeichen für elektrische und mechanische Sicherheit • MPR-II-Teile des „Blauen Engels". Der ECO-Kreis prüft Bildschirmstrahlung, Energiesparfunktion, Bildschirmergonomie, Softwareergonomie, Umweltverträglichkeit, Recyclingfähigkeit, Lärmemission, Betriebssicherheit, Arbeitssicherheit und elektromagnetische Verträglichkeit.	eingehende Prüfung durch den TÜV, jährliche Aktualisierung
ECO-Kreis 99	Beim ECO-Kreis 99 wurde die Prüfung durch Egonomie und Produkterweiterung ergänzt.	siehe ECO-Kreis
CE-Zeichen	Bei dem CE-Kennzeichen handelt es sich um eine Eigenerklärung des Herstellers, mit der dieser die Konformität des Produkts mit geltenden europäischen Richtlinien bestätigt. Das CE-Zeichen ist eine Art „Warenpass".	Stichproben
BG-Zeichen	Das BG-Zeichen ist ein Prüfzeichen, das maximal fünf Jahre gültig ist. Es wird geprüft, inwieweit das Produkt die Anforderungen an **Sicherheit** und **Gesundheitsschutz** einhält. Wenn das Produkt weiterhin die sicherheitstechnischen Voraussetzungen erfüllt, ist eine Verlängerung möglich.	
GS-Zeichen	Das GS-Zeichen der Berufsgenossenschaften kennzeichnet sicherheitstechnisch und ergonomisch einwandfreie Arbeitsmittel. Dies wird durch eine Prüfbescheinigung dokumentiert.	Stichproben

2.1 Woran erkennt man ein umweltfreundliches Produkt?

Prüf- und Qualitätszeichen	Was wird geprüft?	Kontrolle
Energy-Star	Das Prüfsiegel bescheinigt den Geräten, die es tragen, dass sie die Stromsparkriterien der amerikanischen Umweltschutzbehörde EPA erfüllen.	keine
NUTEK	NUTEK prüft die Energiesparfunktion. Bildschirme müssen sich in zwei Stufen abschalten, wenn sie länger nicht genutzt werden.	keine
ISO-Symbol	Das ISO-Symbol kennzeichnet Batterien, die umweltbelastend sind und nach Gebrauch dort zurückgegeben werden sollten, wo sie gekauft worden sind.	Selbstkontrolle
Europäische Umweltblume	Das Umweltzeichen kennzeichnet Produkte, die über ihren gesamten Lebenszyklus hinweg geringe Umweltauswirkungen haben. Mit der „Europäischen Umweltblume" wurde ein einheitliches Zertifizierungssystem für ganz Europa angestrebt, das sich aber bis heute noch nicht richtig durchsetzen konnte.	
Nordic Swan	Dieses Umweltzeichen wird überwiegend in den skandinavischen Ländern eingesetzt. In Deutschland findet man das Label vor allem an Geräten, die einen niedrigen Energie- und Rohstoffverbrauch haben und recycelbar sind.	

2.2 Umweltfreundliche Büromaterialien

Papier	
Briefbögen, Briefumschläge, Versandtaschen, Kopierpapier, Druckerpapier, Computeretiketten	Einsatz von „original Umweltschutzpapier" wo immer möglich; es besteht zu 100 % aus Altpapier. Recyclingpapiere sind meist entfärbt. Auf chlorgebleichte Frischfaserpapiere ist ganz zu verzichten! Chlorfrei gebleichte Frischfaserpapiere sind zwar eine ökologische Verbesserung, schneiden in der Ökobilanz aber schlechter ab als Recyclingpapiere.

Sonstige Büromaterialien	
Bleistifte	• Sie sind aus Holz – ohne überflüssige Lackierung – am umweltverträglichsten. • Die Inhaltsstoffe sind unbedenklich. Bleistiftminen enthalten kein Blei, sondern ungefährliches Grafit und Ton. • Das für die Herstellung verwendete Holz sollte aus FSC-zertifizierten Wäldern mit umweltgerechter und sozial verträglicher Forstwirtschaft stammen.
Füllfederhalter	Kolbenfüller sind den Patronenfüllern (Kunststoffabfall) vorzuziehen. Die Tinte besteht fast ausschließlich aus Wasser.
Kugelschreiber	Wegwerfkugelschreiber sind nicht zu verwenden. Sie tragen zu unnötigem Abfall bei. Kugelschreiber gibt es zum Weiterverwenden mit Wechselminen. Die Wechselminen haben aber eine Metallummantelung und die Schreibflüssigkeit besteht im Wesentlichen aus Anilinfarben, was eine besondere Entsorgung erfordert.

Sonstige Büromaterialien	
Filz- und Faserschreiber	Filzstifte haben einen hohen Plastikanteil und können Lösungsmittel enthalten. Wenn möglich, auf die Verwendung von Filzstiften verzichten. Wenn nötig, nachfüllbare Filzstifte auf Wasserbasis verwenden.
Textmarker	Wie die Filzstifte haben die Textmarker ein aufwendiges Plastikgehäuse, die Markierungsflüssigkeit kann bedenkliche Lösungsmittel enthalten. Vorzuziehen sind Trocken-Textmarker; sie enthalten fluoreszierende Farbstoffe.
Korrekturlacke	Korrekturflüssigkeiten haben bis 1992 gesundheitsschädliche Lösungsmittel enthalten und wurden verboten. Viele Hersteller bieten nun wasserlösliche Produkte an; längere Trockenzeiten sollten dabei hingenommen werden.
Klebstoffe, Klebestifte	• Leim oder Spezial-Papierkleber statt Alleskleber verwenden. • Klebestifte aus recycelbarem Plastik einkaufen. • Die Klebemasse sollte überwiegend aus naturbasierten Rohstoffen bestehen und keine Lösungsmittel enthalten.
Aktenordner, Hängeregister, Sammelmappen, Trennblätter, Archivboxen	„Recyclingkarton", gekennzeichnet mit dem „Blauen Engel", verwenden. Einmal gebrauchte Ordnungsblätter können wieder verwendet werden, wenn man sie neu beschriftet.
Büroklammern	Büroklammern ohne Kunststoffüberzug verwenden.
Klarsichthüllen	Papierhüllen bevorzugen! Nur dort, wo es unumgänglich ist, Plastikhüllen verwenden. Dabei sind Klarsichthüllen aus Polyäthylen (PE) oder Polypropylen (PP) den Klarsichthüllen aus Polyvinylchlorid (PVC) vorzuziehen.
Taschenrechner, Uhren	Solarbetriebene Kleingeräte einsetzen.

2.3 Drucken und Kopieren

Arbeitsblatt 2

Geräte für die Informationsverarbeitung und Kommunikation, wie z. B. Telefone, Telefaxgeräte, Computer, Drucker und Kopierer, können in unterschiedlicher Weise zur Umweltbelastung beitragen. Umweltbelastend können zum einen **die zum Bau verwendeten Materialien** sein, zum anderen **Geräuschentwicklungen, Ausblasluft** und die zum Betrieb **notwendigen Mittel**.

2.3.1 Kopiergeräte

Emissionen

www.office-topten.de

Beim normalen Betrieb von Kopiergeräten kann es zu verschiedenen Arten von Emissionen kommen. Kopierer emittieren Geräusche, Licht und Ozon, daneben Staub und Wärme.

Emission	Gegenmaßnahmen
Wärme	Durch eine Energiespartaste (Stand-by) kann die entstehende Wärme auf einem geringstmöglichen Maß gehalten werden.
Ozon- und Staubemission	Ozon in höherer Konzentration ist gesundheitsschädlich. Das Entstehen von Ozon ist verfahrensbedingt und somit unvermeidlich. Der Austritt von Ozon an die Umgebungsluft im Büro kann durch Ozon-Katalysatoren aus Aktivkohle minimiert werden. Sie verwandeln Ozon in Sauerstoff. Auch Staubemissionen werden durch Filter zurückgehalten.
Geräuschemission	Die Geräuschentwicklung eines Kopierers hängt von der Bauart und der Betriebsweise ab. Deshalb einen Standort für das Kopiergerät wählen, der die Geräuschbelastung für die Mitarbeiter im Büro minimiert.
Lichtemission	Zur Abtastung der Vorlage wird in der Regel nur sichtbares Licht eingesetzt. Das Licht wird bei guten Geräten von Halogenlampen erzeugt. Ihre Strahlung gilt bei sachgerechtem Gebrauch als unbedenklich. Herstellerangaben beachten! Nicht mit ungeschützten Augen ins Licht sehen!

Toner

Toner aus Kunstharzen und reinem Kohlenstoff sind für die Umwelt und Gesundheit unbedenklich und können als Rohstoff recycelt werden. Fast jeder Hersteller von Kopierern nimmt den Resttoner und die Walzen zurück und sorgt so für eine fachgerechte und zentrale Entsorgung.

Entwicklungseinheiten

Die Verschleißteile der heute weitverbreiteten Kopierverfahren wie Fotohalbleiter, Entwickler, Reinigungseinheit, Dichtfolie und Resttoner werden von den meisten Herstellern als Modul angeboten und nach Beendigung der Lebensdauer vollständig ausgetauscht. Die Teile werden gesammelt, aufbereitet und teils wieder verwendet oder getrennt entsorgt.

Kopierpapier

Es gibt Papiersorten, die der DIN-Norm nicht entsprechen und Mängel aufweisen. Dadurch können Verschleißteile von Kopiergeräten in Mitleidenschaft gezogen werden. Es treten häufig Papierstaus auf und der Wartungsdienst muss außerhalb der Wartungsintervalle gerufen werden. Von diesen Papiersorten ist abzuraten. Sie dienen dem Umweltschutz nicht.

2.3.2 EDV-Geräte

Personal Computer

Räume, in denen PCs stehen, sollen ausreichend be- und entlüftet werden. Zur Reinigung der Ausblasluft wird die Verwendung von Spezialfiltern empfohlen.

- Die Lärmemission kann durch Einbau geeigneter Lüfter und entsprechende Schalldämmung verringert werden.
- Durch den Einsatz strahlungsarmer Bildschirme wird einer möglichen Gesundheitsgefährdung durch Röntgenstrahlung vorgebeugt.

Arbeitsblatt 3

- Für alle Geräte kommt einmal der Tag, an dem sie durch ein neues, leistungsfähigeres Modell ersetzt werden. Viele Hersteller haben ein umfassendes Entsorgungskonzept für ihre Kunden. Häufig werden nur die Selbstkosten berechnet, die je nach Größe ca. 0,5 % des Neupreises ausmachen. Die zurückgenommenen Anlagen werden demontiert und in sogenannte Teilströme zerlegt:
  - wiederverwendbare Teile,
  - edelmetallhaltige Teile,
  - elektrotechnischer Schrott,
  - ökologisch unbedenkliche Reststoffe,
  - behandlungsbedürftige Reststoffe.
- Beim Computerkauf ist auf geringen Stromverbrauch zu achten.
- PCs der neuen Generation schalten von selbst in den Stand-by-Modus, wobei das Gerät nur noch 4 bis 5 Watt verbraucht (Normalbetrieb ca. 160 Watt).
- Schalten Sie den Computer nur dann ein, wenn Sie ihn brauchen. Bis zu zehnmal pro Tag können Sie den Computer ein- und ausschalten, ohne dass es ihm schadet.

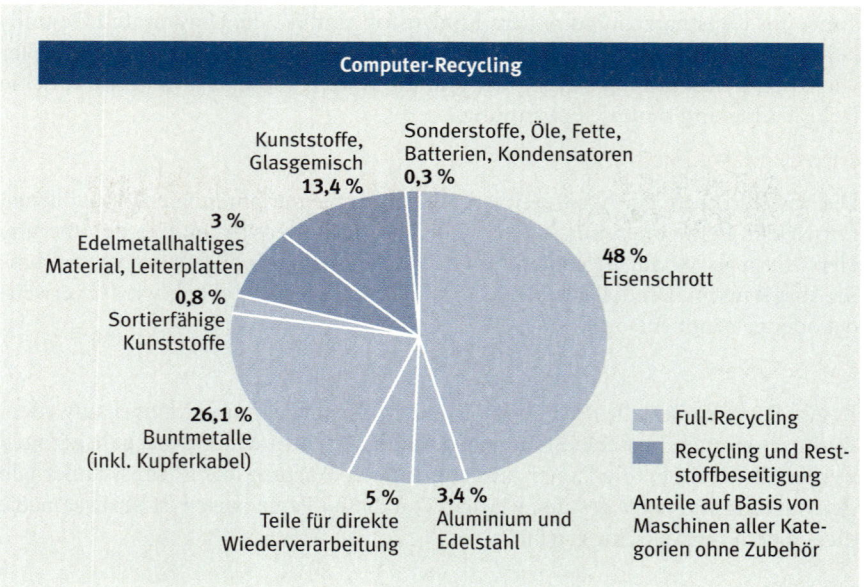

Drucker

Nadeldrucker haben eine hohe Geräuschemission. Wieder einfärbbare Farbbänder werden auch für Nadeldrucker angeboten.

Tintenstrahldrucker sind sehr leise. Die Tinte kann jedoch Kaliumhydroxydlösung enthalten, was bei Manipulation der Tintenpatrone zu Verätzungen führen kann. Es dürfen keine Tintenbehälter mit Tintenresten in den Hausmüll gelangen. Als Alternative zu den sehr teuren Patronen werden wiederverwendbare sog. Snaps mit Adapter angeboten oder nachfüllbare Tintenpatronen.

Laserdrucker arbeiten ähnlich wie Kopiergeräte mit Toner. Der Toner befindet sich in einer Kartusche. Diese kann nach Entleerung zur fachgerechten Entsorgung an den Hersteller zurückgegeben werden. Die Verwendung wieder befüllbarer Kartuschen ist erheblich preisgünstiger.

2.4 Abfallbehandlung

- **Recyceln heißt:** Wiedereinbringung von Materialien in den Kreislauf der Produktionsprozesse. Im Büro sind hauptsächlich die Materialgruppen Papier, Kunststoffe, Holz und Metalle betroffen.
- Büroabfälle bestehen zum größten Teil aus Wertstoffen, die aber zur Wiederverwendung **unbedingt** nach Wertstoffgruppen sortiert sein müssen.
- Wertstoffe, die in den Produktionskreislauf zurückgeführt werden, sparen Rohstoffe und helfen, die ohnehin überfüllten Mülldeponien zu entlasten.
- Wertstoffsortiersammler machen die Wertstoff- und Mülltrennung leicht.

www.remedia.de
www.cypol.de

\multicolumn{2}{c}{Getrennte Wertstoffsammlung und Entsorgung im Büro}	
Papier	Papier, EDV-Endlospapier, Akten mit Ordnern, Zeitungen, Zeitschriften, Kartonageno. Vertrauliche Dokumente gehören zuerst in den Reißwolf – Datenschutz!
Kunststoffe	Folien, Einbände, zerlegte Schreibgeräte, gesäuberte Joghurtbecher
Altglas	Einwegflaschen ohne Verschlüsse
Restmüll	Verunreinigte Getränketüten, eingetrocknete Filzstifte, Brotpapier. Im Zweifelsfall den Abfall in den Restmüll geben.
Organische Reste	Obst- und Speisereste, Kaffeefilter, Pflanzenteile (Kompost)
Sondermüll	An geeigneter Stelle (z. B. Materialausgabe) abgeben. **Sondermüllbehälter aufstellen für** • Schreibbänder, • lösungsmittelhaltige Produkte: Kleber, Filzstifte, • Metallgegenstände wie Locher, • Tonerkartuschen, • Resttoner, unbedingt in mitgelieferte Tüte verpacken!
Problemmüll	Altbatterien und -akkus nie in den Hausmüll. Immer zurück zum Handel oder zu den Sammelstellen.
CD und DVD	Aus alten CDs lassen sich neue Produkte herstellen. Die Beschichtung lässt sich mit geringem Aufwand von der Kunststoffscheibe lösen. Das aufbereitete Polycarbonat ist ein hochwertiger Werkstoff, aus dem beispielsweise Produkte für die Computerindustrie hergestellt werden.
Energiesparlampen	• Halogenlampen über den Hausmüll, • Kompaktleuchtstofflampen und LED-Lampen zurück zum Handel oder zu Sammelstellen

Q-Tipp: Mülltrennung

- Achten Sie auf eine konsequente Mülltrennung. Geeignete Müllbehälter sind farbig gekennzeichnet und so konstruiert, dass sie die Ablage von Gegenständen auf den Behältern nicht zulassen.
- Richten Sie eine Sammelstelle für Altbatterien, DVDs, CDs und Elektronikmüll ein.
- Verzichten Sie auf Geräte mit Batteriebetrieb.

Umweltfreundliches Büro
Wie verhalte ich mich umweltfreundlich?

Nr.	Teilprozess				Hilfsmittel	Bemerkung
1	Belastungsquellen erkennen					
2	Materialverbrauch	Papier		Umweltfreundliches Papier	PDF-Konverter Kurzbeschreibung der Programmfunktionen	Auf Kanbankarte vermerken
			Verbrauch reduzieren	Dokument im PDF-Format weitergeben		
			Weitere Büromaterialien			
3	Bürogeräte	Umweltfreundliche Funktionen		Prüf- und Qualitätszeichen	Gebrauchsanweisungen	Auf Kanbankarte (siehe S. 234) vermerken
4	Abfallbehandlung	Mülltrennung			Plakate	
5	Belastungsquellen reduzieren					

2.5 Raum- und Büroausstattung

2.5.1 Büromöbel

Viele Unternehmen haben auf die ökologische Herausforderung reagiert und bemühen sich, umweltfreundliche Büromöbel auf den Markt zu bringen. Dies bedeutet die bewusste Planung des gesamten Lebenszyklus eines Produktes:

Planung

Während der Planung eines Produktes kann schon bei der Materialwahl darauf geachtet werden, dass Rohstoffe mit umweltschädlicher Auswirkung nicht verarbeitet werden.

BEISPIELE:

- *Bei der Herstellung von Stuhlschalen kann auf FCKW verzichtet werden.*
- *Im Furnierbereich sollen keine Tropenhölzer verwendet werden.*
- *Bei der Produktion von Spanplatten soll der Waldholzanteil weiter reduziert und dafür Rest- und Abfallholz (Industrieholz) verwendet werden.*
- *Als Trägerelement wird neben Stahl und Blech auch Aluminium verwendet.*
- *Aluminium hat im Vergleich zu Stahl in der Herstellung den größeren Energiebedarf, kann aber im Recyclingprozess durch Einschmelzung 100%ig zurückgewonnen werden.*

Konstruktion

Möbel sollten so produziert werden, dass sie leicht zerlegbar sind (Baukastensystem). Das hat den Vorteil, dass das Transportvolumen gesenkt, damit Energie gespart wird und die Trennung in Materialgruppen das Recycling erleichtert.

Produktion

- Im Bereich der Metallverarbeitung ist auf die Verwendung lösungsmittelfreier Lacke und wasserlöslicher Öllacke zu achten.
- Im Entsorgungsbereich sollen nur Abwässer mit neutralem pH-Wert in das öffentliche Kanalnetz abgegeben werden.
- Beim Versand und bei der Verpackung ist auf Folie zu verzichten. Wellpappe ist recycelbar und für die Verpackung besonders geeignet.

Gebrauch und Mehrfachnutzung

In den Sechzigerjahren des vorigen Jahrhunderts machte der Begriff der **„geplanten Alterung"** von Produkten die Runde, gemeint ist die strategisch geplante und gezielte Einflussnahme der Unternehmen auf die Lebens- bzw. Nutzungsdauer ihrer Produkte. Über eine vorgezogene Ersatzbeschaffung konnte eine künstliche Umsatzsteigerung erreicht werden. Heute gilt die Strategie der **„Dauerhaftigkeit"**. Dauerhaftigkeit bedeutet die Ausgereiftheit eines industriellen Produktes. Dieses Prinzip verlangt reparierbare, an künftige Anforderungen und Technologien anpassbare Komponenten, Produkte und Systeme.

2.5.2 Beleuchtung

Maßnahmen, die dem Umweltschutz dienen, machen sich auch wirtschaftlich bemerkbar. So können bei der Beleuchtung von Arbeitsplätzen durch folgende Maßnahmen Energie und Kosten eingespart werden:

- Die Beleuchtung mit einer tageslichtabhängigen Steuerung ausstatten.
- Durch den Einbau von Bewegungsmeldern, z. B. für die Hallenbeleuchtung, wird die Beleuchtung automatisch ein- und ausgeschaltet.
- Ersatz der Glühlampen durch Energiesparlampen.
- Die Lichtstärke, z. B. in einem Verbindungsflur, reduzieren.
- In Ausstellungsräumen die Beleuchtung mit einer Lichtoptimierungsanlage vornehmen.
- Halogen-Deckenfluter durch Leuchtstoffröhren austauschen.

2.6 Elektrosmog und Mobilfunk

Ausbreitung der elektromagnetischen Felder einer Mobilfunksendestation

Unter Elektrosmog versteht man die **elektrischen** und **magnetischen Felder,** die jedes eingeschaltete elektrische Gerät umgeben. Es gibt noch keine gesicherten wissenschaftlichen Erkenntnisse, die zweifelsfrei belegen, dass diese Felder sich gesundheitsschädigend auswirken. Jedoch wurde festgestellt, dass magnetische Felder zu optischen Flimmererscheinungen führen können, die subjektiv als Belästigung und Beeinträchtigung des Wohlbefindens empfunden werden. Deshalb gilt der Ratschlag: Je weiter man sich von einem elektrischen Gerät oder Kabel entfernt aufhält, umso schwächer wird die Wirkung der Abstrahlung. Bei den üblichen Bürogeräten gilt ein Mindestabstand von 50 cm zum Körper als unbedenklich.

Das Handy wird heute selbstverständlich benutzt, aber nicht jedem ist bekannt, wie die **elektromagnetischen Felder,** die vom Mobilfunksystem gesendet werden, auf den Menschen wirken.

www.handywerte.de

Jedes eingeschaltete Handy steht mit einem **Sendemast** in ständiger Funkverbindung. Die Funkverbindung erfolgt durch **hochfrequente elektromagnetische Felder.** Je nach Leistung deckt der Sender Gebiete in einem Umkreis von **200 Metern** ab. Dieses Gebiet wird als **Funkzelle** bezeichnet. Für eine flächendeckende Mobilfunkversorgung sind in Deutschland 50 000 aneinandergrenzende Funkzellen notwendig.

Sendemasten des D- und E-Netzes übermitteln Signale in den Frequenzbereichen um 900 MHz bzw. 1 800 MHz. Durch die horizontale Abstrahlung der Funkwellen ergibt sich ein Sendeschatten mit sehr schwachen Feldern, die an manchen Stellen schwächer sind als die Felder von Fernseh- und Radiosendern.

Wird mit einem **D-Netz-Handy** telefoniert, entsteht in unmittelbarer Umgebung ein **elektrisches Feld** mit einer Stärke von **ca. 40 Volt pro Meter.** Das verursacht am Kopf eine Erwärmung des Gewebes von maximal 0,1 °C und ist damit als unbedenklich einzustufen. Man spricht hier von einem **thermischen Effekt.** Eine durch den thermischen Effekt der Funkwellen im Körper erzeugte Wärme, die als **„Spezifische Absorptionsrate"** (**SAR**) bezeichnet wird, könnte den Wärmehaushalt überfordern.

Gesundheitstipps für Handy-Benutzer

Menschen reagieren unterschiedlich auf äußere Einflüsse wie z. B. Elektrosmog. Deshalb sollen folgende Tipps helfen, das Gefährdungspotenzial im Umgang mit dem Handy herabzusetzen:

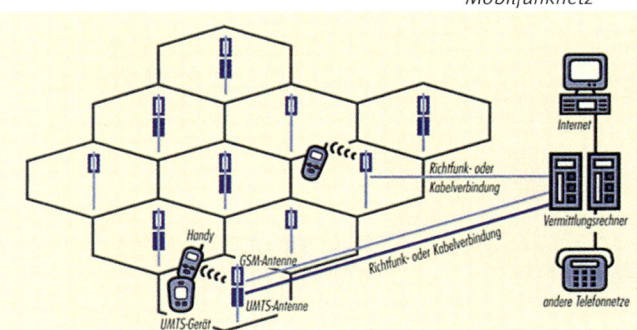

Mobilfunknetz

- Verbrauchertests haben gezeigt, dass die meisten Handy-Abschirmtaschen oder spezielle Abschirmgeräte das elektromagnetische Feld zum Kopf oder Körper nicht verringern können. Nutzen Sie deshalb eine Freisprecheinrichtung. Das Handy muss nicht direkt an den Kopf gehalten werden, sodass das elektromagnetische Feld den Kopf erst gar nicht erreicht.
- Ein eingeschaltetes Handy erzeugt immer ein elektromagnetisches Feld. Deshalb sollten Sie Ihr Handy – wann immer es möglich ist – ausschalten.
- Bewahren Sie ein eingeschaltetes Handy nicht direkt am Körper auf.
- Je schlechter die Verbindung zum Sendemast, desto stärker ist das elektromagnetische Feld um Ihr Handy. Telefonieren Sie bei schlechtem Empfang nur kurz, um die Belastung gering zu halten.

1 Umwelt und Gesundheit im Büro können durch **Materialverbrauch, Energieverbrauch, Schadstoffe** und **Lärm** belastet werden.

2 **Prüfsiegel** geben über Qualität und Umweltfreundlichkeit des Produktes Auskunft.

3 Der hohe Papierverbrauch im Büro legt es nahe, dass hauptsächlich **Recyclingpapiere** verwendet werden sollten.

Zusammenfassung

Zusammenfassung

4 Beim Einkauf von Büromaterialien und -geräten sollten nur **umweltfreundliche Produkte** gekauft werden, die mit dem „Blauen Engel", dem „Grünen Punkt" oder mit dem „ISO-Symbol" gekennzeichnet sind.

5 Kopiergeräte emittieren Wärme, Ozon, Staub, Geräusche und Licht.

6 Viele Hersteller von PCs nehmen gebrauchte Geräte zurück. Die zurückgenommenen Anlagen werden demontiert und recycelt.

7 Viele Unternehmen bieten **umweltfreundliche Möbel** an. Der gesamte Lebenszyklus eines Möbelstücks (Planung, Konstruktion, Produktion, Gebrauch und Recycling) wird bewusst geplant.

8 Abfälle im Büro sollten in **Wertstoffsortierbehältern** gesammelt werden.

9 Unter **Elektrosmog** versteht man die elektrischen und magnetischen Felder, die jedes eingeschaltete Gerät umgeben.

Aufgaben

1 Begutachten Sie Ihre Computeranlage. Welche Prüfsiegel tragen die einzelnen Geräte?

2 Erstellen Sie ein Lernplakat mit den gefundenen Prüfsiegeln und deren Bedeutungen.

Öko-Tipps

Umweltschutz wird zunehmend zu einer zentralen wirtschaftlichen und gesellschaftspolitischen Frage. Dabei treffen unterschiedliche Interessen aufeinander. Würde es gelingen, das Produktions- und Verbraucherverhalten verstärkt in Richtung Umweltschutz zu beeinflussen, könnte ein enormer Effekt erzielt werden.

Maßnahmen der Industrie als Beitrag zum Umweltschutz sind u. a.:

- umweltgerechte Produktionsverfahren (Einschränkung von Emissionen),
- einheitliche Recyclingorganisation (Grüner Punkt),
- schonender Umgang mit den Ressourcen (Energie, Rohstoffe, Wasser, Luft, Deponiefläche),
- Auswahl der umweltfreundlichsten Materialien für die jeweilige Anwendung,
- Einsatz ökologisch unbedenklicher Rohmaterialien, Vermeidung von Schwermetallen (Cadmium, Zink, Blei) und Kunststoffen,
- Herstellungsverfahren mit dem umweltfreundlichsten Lösungsmittel: Wasser,

Öko-Tipps

- optimale Zurückhaltung der Schadstoffe (Rückgewinnung, Verbrennung, Destillation),
- Recycling der produktionsbedingten Abfälle,
- Reduktion des Verpackungsmaterials,
- Reduktion des Materialanteils,
- Verlängerung der Nutzungsdauer,
- zentrale Sammlung, professionelle Trennung und Wiederaufbereitung der Wertstoffe, Reststoffe umweltgerecht entsorgen.

Aktiver Umweltschutz – Nutzen für das Unternehmen

- Einsparung beim Energie- und Wasserverbrauch,
- Optimierung der Organisation im Unternehmen: Vertriebswege, Lagerhaltung,
- Vermeidung von Gefährdungspotenzialen: kein Einsatz ungeprüfter Stoffe, Verträglichkeitsprüfungen auch auf Synergieeffekte.

Projektmethode

HOT

Methodenbeschreibung

Die Projektmethode ist eine Unterrichtsform, durch die der übliche Schulunterricht zeitweise aufgehoben wird. Die Lern- und Arbeitsschritte werden von den Lehrern und Schülern gemeinsam geplant, durchgeführt und reflektiert. An einem Projekt sollen möglichst viele Fächer beteiligt werden. Die Projektmethode ist eine offene Lehrform, die sich den lokalen Gegebenheiten und Teilnehmerinteressen anpasst.

Die Projektmethode wird durch folgende Merkmale gekennzeichnet:

- Am Anfang wird eine Projektinitiative ergriffen. Das kann ein Problem, Konflikt, Erlebnis, Thema o. Ä. sein.
- Der zeitliche Rahmen wird von den Schülern geplant.
- Während des Projekts wird Wert auf die Einhaltung von Regeln gelegt.
- Die Schüler einer Klasse ordnen sich je nach Neigung den einzelnen Projektgruppen zu.
- Die Projektgruppen informieren sich regelmäßig gegenseitig.
- Arbeitsziele werden festgelegt.
- Auseinandersetzung mit auftretenden Konflikten und Spannungen.

HOT

Ein Projekt kann z. B. in folgende Phasen gegliedert werden:

1. Nach der Projektinitiative werden mit den beteiligten/betroffenen Lehrerinnen und Lehrern sowie Schülerinnen und Schülern Absprachen getroffen.
Die Abstimmung zwischen den Lehrern ist nur auf der Basis von Stoffverteilungsplänen sinnvoll.
2. Der Einstieg in die Thematik kann über eine große Stellwand erfolgen, auf der Vorinformationen angeboten werden.
3. Überlegungen, Erkenntnisse, Zielvorstellungen und Ideen werden auf Kärtchen geschrieben und ebenfalls an eine Tafel geheftet.
4. Danach erfolgt die **Bildung von Projektgruppen.** Die einzelnen Projektgruppen formulieren selbstverantwortlich ihre **Arbeitsaufträge.** Jede Projektgruppe erstellt für ihren Teilbereich einen **Zeitplan.** Der Zeitplan wird mit anderen Gruppen abgestimmt.
5. Während der Arbeit in Gruppen werden **Informationen beschafft** und **ausgewertet.** In regelmäßigen Abständen (**Fixpunkte**) treffen sich die Projektgruppen und tauschen Informationen aus.
6. In der letzten Phase eines Projektes sollen die Arbeitsergebnisse präsentiert werden. Dies kann zum Beispiel durch eine Präsentation auf einer **Moderationstafel** an einem zentralen Ort der Schule, in einer Projektzeitschrift oder durch eine **PowerPoint-Präsentation** erfolgen.

Arbeitsauftrag

Das Thema „Umweltschutz" ist in unserer Gesellschaft ein zentrales Problemfeld. Untersuchen Sie, inwiefern in den Büros von Industrie, Wirtschaft und Verwaltungen diesem Thema Rechnung getragen wird. Analysieren Sie die möglichen Problemfelder und suchen Sie nach Lösungen.

3 Zeit- und Selbstmanagement

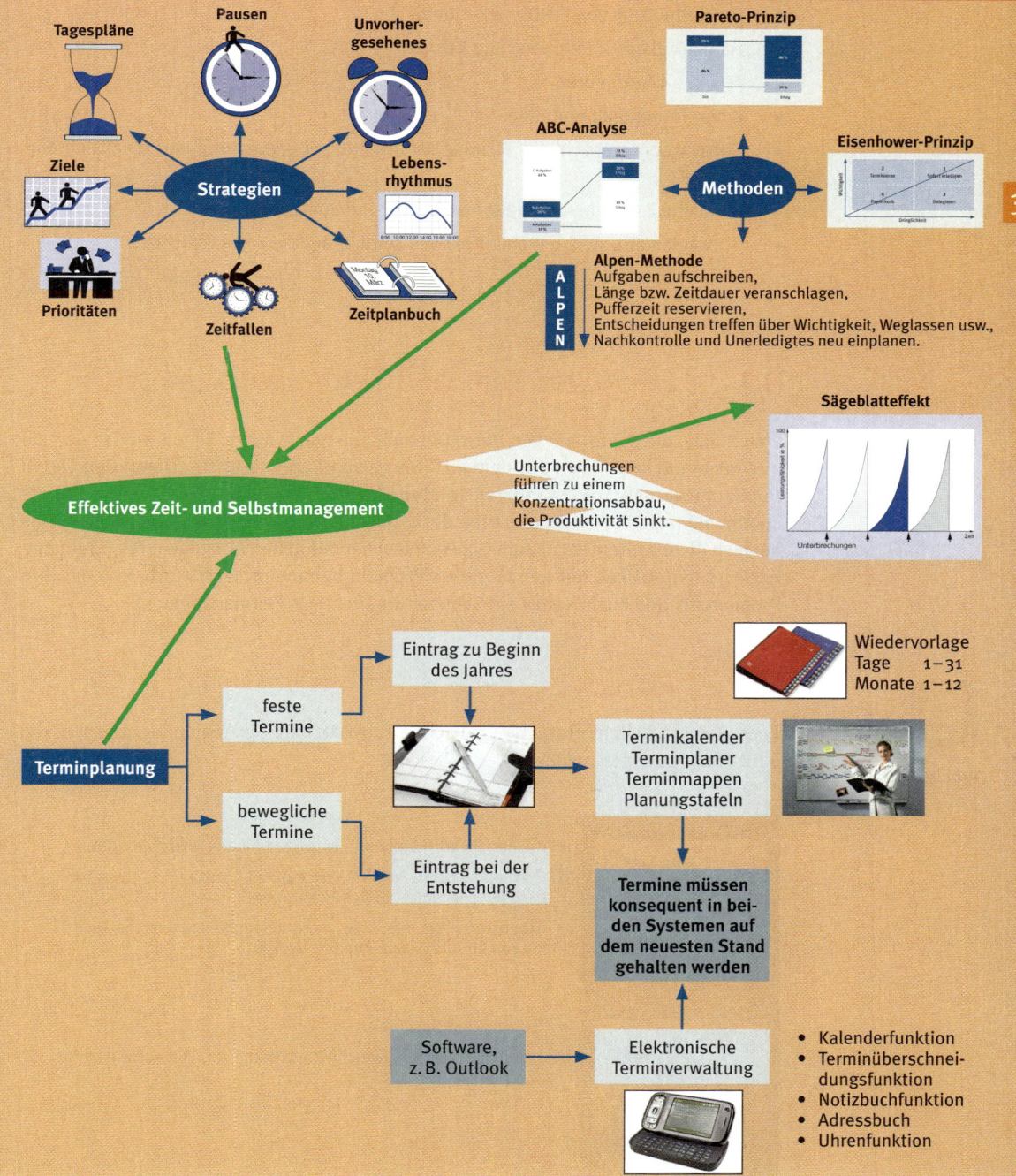

Lernziele

- Die Bedeutung der Terminplanung und -überwachung erkennen.
- Feste und bewegliche Termine unterscheiden.
- Die Bedeutung von Fristen erkennen.
- Hilfsmittel der Terminkontrolle kennen.
- Termine koordinieren.
- Einen Terminplan erstellen.
- Softwareprogramme zur Terminplanung und -überwachung wirtschaftlich einsetzen.
- Mögliche Zeitdiebe und -fallen erkennen und ausschalten.
- Strategien erlernen, die ein effektives Zeitmanagement ermöglichen.

3.1 Effektives Zeit- und Selbstmanagement

Fallbeispiel

Frau Kunze, die Sekretärin von Herrn Dahlmann, ist deprimiert. Schon wieder sitzt sie abends am Schreibtisch, auf dem sich Berge von Papier stapeln. Durch den vielen Publikumsverkehr, die ständigen Telefonate und die Sonderwünsche ihres Chefs kommt sie tagsüber nur noch selten dazu, die eingegangene Post zu bearbeiten. Das kann so nicht weitergehen! Zum Glück liest sie in der neuen Ausgabe ihres Berufsmagazins einen Artikel, der genau dieses Problem behandelt. Frau Kunze erkennt ihre Problematik und bucht sofort ein Seminar für effektives Zeitmanagement.

Arbeitsblatt 1

3.1.1 Regeln

Diese Regeln helfen, **einfache** und **schnell** umsetzbare Strategien zu erlernen, die ein effektives Zeitmanagement ermöglichen:

- Setzen Sie sich **Ziele** und verfolgen Sie diese konsequent.
- **Teilen** Sie große Ziele in viele **kleine Schritte** und setzen Sie sich jeweils einen zeitlichen Rahmen.
- **Überprüfen** Sie Ihre Ziele. Gegebenenfalls müssen die Ziele neuen Situationen angepasst werden.

- Setzen Sie **Prioritäten**.
- Legen Sie also fest, **welche Ziele** Ihnen wirklich wichtig sind.

3.1 Effektives Zeit- und Selbstmanagement

- Schalten Sie **Zeitfallen** aus.
- **Die häufigsten Zeitfallen sind:**
  - keine Ziele,
  - keine oder falsche Prioritäten,
  - Überlastung, Überforderung, Inkompetenz,
  - Jasager-Mentalität,
  - mangelndes Delegationsvermögen,
  - faule, inkompetente Mitarbeiter,
  - moderne Kommunikation (Bearbeitung von E-Mails, SMS usw.).

- Planen Sie Ihre **Zeit** optimal.
- Führen Sie statt eines Terminkalenders ein **Zeitplanbuch**. Dafür empfiehlt sich ein **Ringbuchordner** im Format DIN A6 oder, wenn Sie häufig am PC arbeiten, ein gutes **Zeitplanprogramm** (z. B. Outlook). Das Zeitplanbuch hat den Vorteil, dass es genügend Platz für Eintragungen bietet. Alle Aufgaben werden möglichst als Ziel formuliert und in Stichworten notiert. Langfristige Ziele können in kleine Schritte zerlegt und lückenlos in einer übersichtlichen Form dargestellt werden.

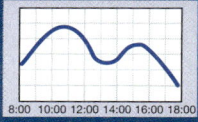

- Berücksichtigen Sie Ihren **Lebensrhythmus** bei der Planung.
- Achten Sie darauf, dass Sie die **wichtigsten Aufgaben** dann erledigen, wenn Sie am **leistungsfähigsten** sind.
- **Tiefpunkte** in Ihrer Leistungskurve können Sie für unwichtige Arbeiten oder Routineaufgaben nutzen.

- Reservieren Sie sich Zeiträume für **Unvorhergesehenes**.
- Das **Verhältnis 60 : 40** hat sich bewährt. Verplanen Sie also nur 60 Prozent Ihrer Zeit und reservieren Sie 40 Prozent für unvorhergesehene Dinge.

- Planen Sie angemessene **Pausen** ein.
- Kurze Pausen von **fünf bis zehn Minuten** ungefähr **jede Stunde** fördern die Konzentration und Leistungsfähigkeit.

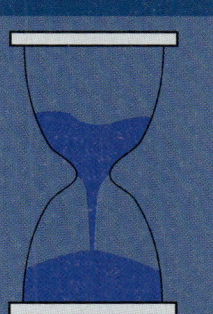

- Achten Sie darauf, dass Ihre **Tagespläne** so gestaltet sind, dass Sie sich nicht überfordern.
- Verschaffen Sie sich am **Vorabend** einen Überblick über die am kommenden Tag **zu erledigenden Aufgaben** und überprüfen Sie die dafür eingeplante Zeit.
- Planen Sie in den Tagesablauf etwas ein, was Ihnen **Freude** bereitet.
- Bereiten Sie den **abgelaufenen Tag** nach. Die fünf Minuten lohnen sich: Die erkannten Schwächen und Fehler werden Sie nicht mehr wiederholen.

3.1.2 Störungen

Eine der Hauptaufgaben des Zeitmanagements ist die Beseitigung von Störungen des Tagesablaufs.

Störungen können vielfältig sein. Unterschieden werden:

Äußere Störungen	Innere Störungen
Kolleginnen und Kollegen, ungeregelter Publikumsverkehr, Kommunikationsmittel, Geräusche, Lärm, schlechtes Raumklima, Unordnung	Unlust, Schwatzhaftigkeit, Tagträumen, Scheinarbeit, Übermüdung, Ängste und Sorgen

Der Sägeblatteffekt

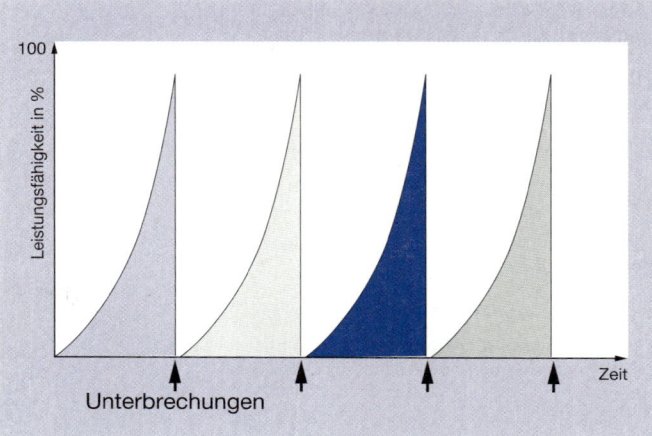

Viele arbeitende Menschen im Büro kommen erst nach Dienstschluss zu ihren **„eigentlichen Aufgaben"**. Gerade hat man sich in eine Aufgabe eingelesen und arbeitet konzentriert, da klingelt das Telefon. Will man nach der Störung an der gleichen Stelle weiterarbeiten, braucht man eine zusätzliche Anlauf- und Bearbeitungszeit. Häufen sich solche **Störmomente**, tritt der sogenannte **Sägeblatteffekt** in Erscheinung. Bis zu 28 Prozent der Arbeitszeit können dadurch verloren gehen.

Die „Stille Stunde"

Arbeitsblatt 2

Planen Sie ab und zu eine „stille Stunde", in der Sie sich zurückziehen können, in den Tagesablauf ein und vermerken Sie diese in Ihrem Zeitplanbuch wie einen Besprechungstermin. Das ungestörte Arbeiten ist aber nur dann gewährleistet, wenn alle Telefone umgestellt oder der Anrufbeantworter eingeschaltet ist.

> *Man sollte nie so viel zu tun haben, dass man zum Nachdenken keine Zeit mehr hat.*
> Georg Christoph Lichtenberg

3.1.3 Methoden

Es gibt Methoden, die es leichter machen, ein effektives Zeitmanagement zu praktizieren. Hier eine kleine Auswahl:

Arbeitsblatt 3

3.1.3.1 Pareto-Prinzip

Vilfredo Pareto (1848–1923) war ein italienischer Volkswirt und Soziologe, der herausgefunden hatte, dass 20 Prozent der italienischen Familien 80 Prozent des italienischen Volksvermögens besaßen. Daraus leitete er seine 20:80- oder 80:20-Regel ab.

> *Innerhalb einer gegebenen Gruppe oder Menge weisen einige wenige Teile einen weitaus größeren Wert auf, als dies ihrem relativen, größenmäßigen Anteil an der Gesamtmenge in dieser Gruppe entspricht.*
> Vilfredo Pareto

Tagesplanung

Für das **Zeitmanagement** bedeutet das Pareto-Prinzip grundsätzlich: **20 Prozent der eingesetzten Zeit bringen 80 Prozent des Erfolges.**

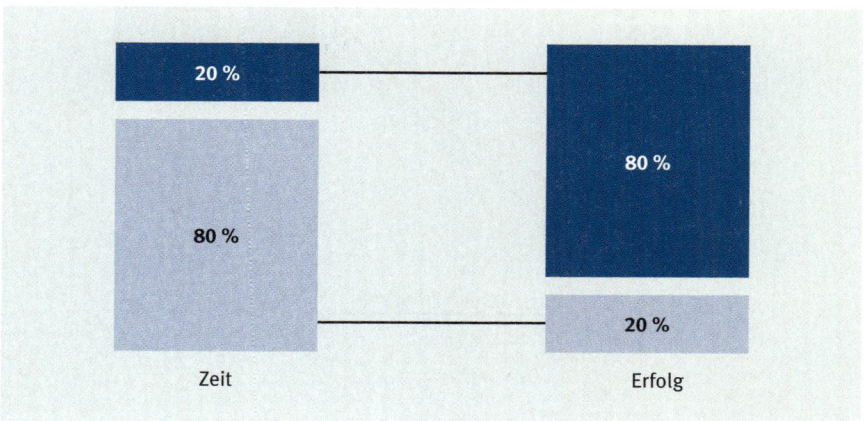

Das Pareto-Prinzip, übertragen auf die **Arbeitsplatzorganisation,** bedeutet, dass 20 Prozent der **Aufgaben** so wichtig sind, dass damit 80 Prozent des **Arbeitserfolges** erreicht werden.

Deshalb sollten immer Prioritäten gesetzt und Wichtiges zuerst erledigt werden. Zügeln Sie Ihren Perfektionismus – die Effektivität wird nicht besser, auch wenn Sie 24 Stunden arbeiten!

3.1.3.2 ABC-Analyse

Nach der ABC-Analyse werden die zu erledigenden Aufgaben nach ihrer Wichtigkeit eingeteilt:

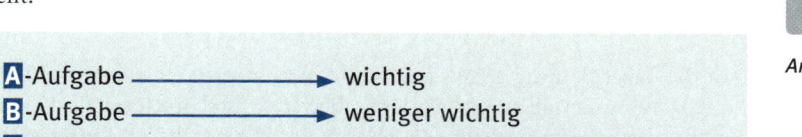

Arbeitsblatt 4

Der Anteil und Zeitaufwand der **A-Aufgaben** ist in der Regel am geringsten, trägt aber am stärksten zur Zielerreichung bei. Bei den **B-Aufgaben** stehen der Zeitaufwand und die Zielerreichung im gleichen Verhältnis zueinander. Die **C-Aufgaben** benötigen die meiste Zeit und beeinflussen den Arbeitserfolg am wenigsten.

Analysieren Sie Ihre Aufgaben und delegieren Sie möglichst viele B- und C-Aufgaben. Erledigen Sie die A-Aufgaben immer selbst.

Wertanalyse der Zeitverwendung

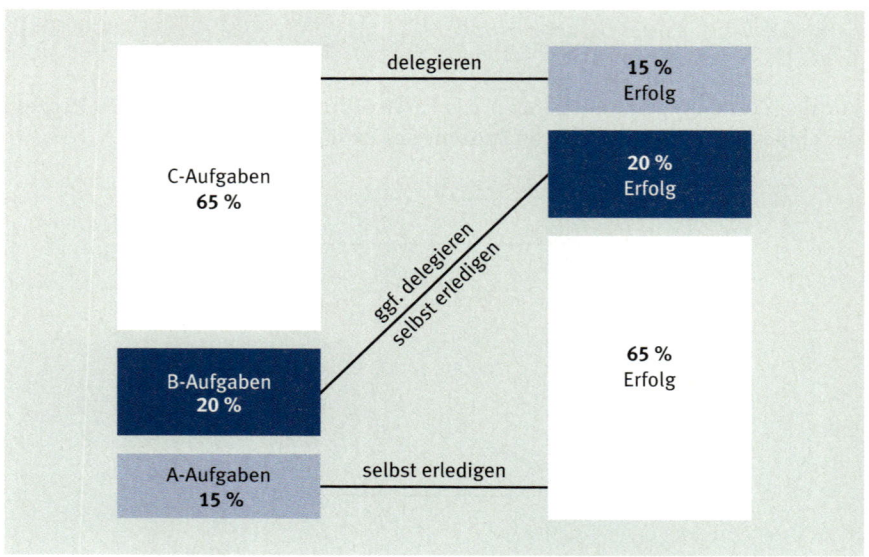

Arbeitsblatt 5

3.1.3.3 ALPEN-Methode

Die ALPEN-Methode ist eine Hilfe, die Zeitplanung realistisch zu machen. Dazu dient die folgende Merkregel:

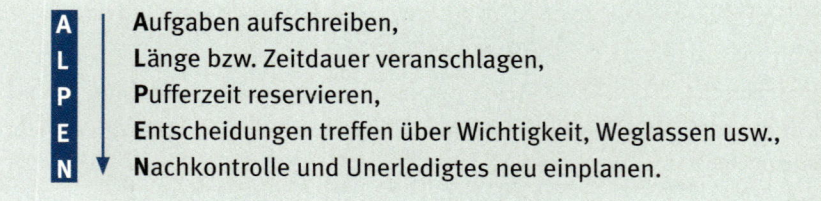

Auf die Tagesplanung angewandt sollte man, um zu einer realistischen Einschätzung zu kommen, alle wichtigen Aufgaben schriftlich **notieren** und die notwendige Zeit für die Erledigung **schätzen**. Je nach Berufsgruppe sind **Pufferzeiten** von etwa 40 % einzuplanen. Nun werden Prioritäten festgelegt und entschieden, was weggelassen werden kann. Denken Sie daran: Die Planung/Festlegung der Prioritäten entscheidet über den Erfolg. **Kontrollieren** Sie am Ende eines Arbeitstages, welche Aufgaben erledigt sind, und übertragen Sie Unerledigtes. Es ist wichtig, darauf zu achten, dass eine Aufgabe nicht mehrfach übertragen wird. Diese sollte dann schleunigst erledigt oder gestrichen werden.

3.1.3.4 Eisenhower-Prinzip

Das Eisenhower-Prinzip ist benannt nach dem US-General und späteren Präsidenten Dwight D. Eisenhower. Dieses Prinzip hat er angewandt, um mit seinen Mitarbeiterinnen und Mitarbeitern Aufgaben und Prioritäten festzulegen.

Arbeitsblatt 6

Prioritäten festzulegen ist nicht immer ganz einfach. Deshalb sollte nach dem Eisenhower-Prinzip zunächst einmal zwischen **wichtigen** und **dringenden** Aufgaben unterschieden werden.

Wichtige Aufgaben	Dringende Aufgaben
Sie sind unmittelbar mit Ihren Zielen verknüpft. Wann diese Aufgaben erledigt werden, hängt von ihrer Dringlichkeit ab.	Sie müssen sofort erledigt werden. Wer die Aufgaben erledigt, hängt von deren Wichtigkeit ab.

Daraus entwickelte sich die **Eisenhower-Box**. Sie bietet vier Möglichkeiten, die Aufgaben in Kategorien einzuteilen:

1. Die Aufgaben werden **sofort** selbst **erledigt**.
2. Die Aufgaben werden neu **terminiert**.
3. Die Aufgaben werden **delegiert**.
4. Die Aufgaben wandern in den **Papierkorb**.

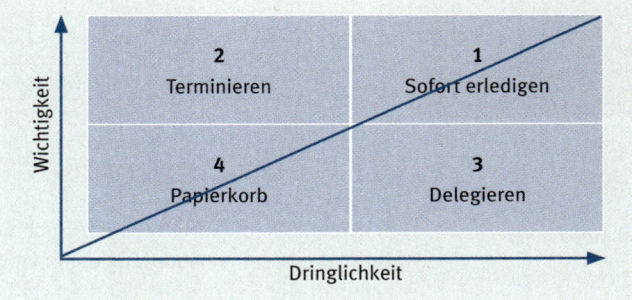

Aufgaben, die dringend und wichtig sind, müssen **sofort erledigt** werden (1-Aufgaben). Wichtige Aufgaben, die aber noch nicht dringend sind, können **später bearbeitet** werden (2-Aufgaben). Unwichtige, aber dringende Aufgaben können delegiert werden (3-Aufgaben). Aufgaben, die weder wichtig noch dringend sind, müssen unbedingt in den **Papierkorb** wandern.

Versuchen Sie, die beste Methode für die Erledigung Ihrer Aufgaben zu finden, behalten Sie dabei aber die Zeit im Auge.

> *Die Menschen verlieren die meiste Zeit damit, dass sie Zeit gewinnen möchten.*
> John Ernest Steinbeck

Zeitfenster für eine bessere Kommunikation und Information

Ständige Störungen, die das Unterbrechen der Arbeit mit sich bringen, können durch die **Einrichtung von Zeitfenstern** verhindert werden.

Viele Vorgesetzte planen deshalb **feste Zeitfenster** in ihren Terminkalender ein. Dadurch haben die Mitarbeiterinnen und Mitarbeiter die Möglichkeit, Gesprächs-

Zeitmanagement

termine selbst zu vereinbaren. Eine Tafel mit der entsprechenden Wochenplanung des Chefs hängt sichtbar vor dem Büro. Mitarbeiter und Kollegen können sich entsprechend ihrer freien Zeit und Dringlichkeit selbst eintragen.

BEISPIEL:

Montag 6. Juni 20..	Dienstag 7. Juni 20..	Mittwoch 8. Juni 20..	Donnerstag 9. Juni 20..	Freitag 10. Juni 20..
colspan Zeitfenster					
10:30 – 11:30	10:00 – 11:00	–	10:30 – 11:30	12:00 – 13:00
Karin Weber Seminarplanung 30 Min.	Pierre Schmidt Tag der offenen Tür 15 Min.	Messebesuch Hannover	Sabine Sauer Frauenförderung 30 Min.	Kai Rau Ideen zur neuen Vertriebsstruktur 30 Min.
	Max Weber neue Büromöbel 30 Min.			

Bitte tragen Sie Zeitblöcke zwischen 10 und 30 Minuten ein!

Terminplanung

3.2 Terminplanung

Fallbeispiel

Herr Bauer, Sachbearbeiter in der Buchhaltung der Mode|Idee GmbH, betreut zurzeit Kathrin, die in seiner Abteilung einen weiteren Ausbildungsabschnitt absolviert. Nach Durchsicht der Belege, die von Kathrin bearbeitet wurden, stellt er fest, dass einige Rechnungen zu spät bezahlt worden sind. Dadurch ging der Firma ein Betrag von 60,00 EUR verloren. Im wöchentlichen Ausbildungsgespräch macht Herr Bauer Kathrin auf den Verlust aufmerksam. Zusammen erarbeiten sie eine Checkliste, die Kathrin helfen soll, in Zukunft solche Pannen zu vermeiden.

Arbeitsblatt 7

Ein wichtiger Teil der Büroarbeit ist die Planung der Arbeitszeit. Gemeint ist damit die Wahrnehmung, Überwachung und Einarbeitung von Terminen in den täglichen Arbeitsablauf. Durch ein vorausschauendes Zeitmanagement wird Stress reduziert, was letztlich qualitativ bessere Arbeitsergebnisse nach sich zieht.

Werden Termine übersehen oder vergessen, kann das für alle Beteiligten unangenehme Folgen haben:

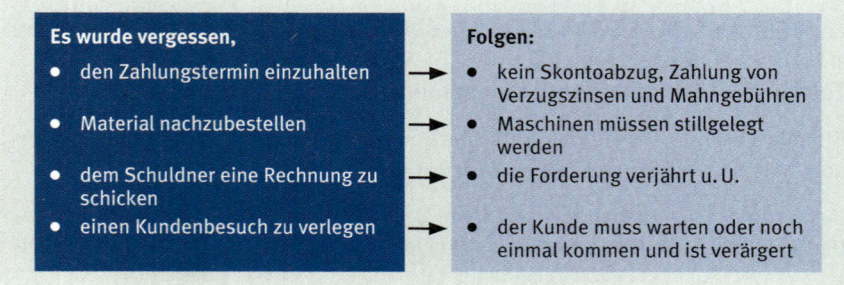

Unter einem Termin versteht man den Zeitpunkt (Tag, Uhrzeit), an dem etwas Wichtiges stattfindet, z. B.:

- Geburtstag,
- Beginn und Ende der Ferien,
- Klassenarbeit,
- Arztbesuch.

Termine müssen richtig geplant werden. Voraussetzung dafür ist, dass die Hintergründe eines Termins bekannt sind. Deshalb ist es zweckmäßig, sich vor jeder Terminplanung einige Fragen zu stellen:

> Weshalb findet der Termin statt?
> Wer kommt zu diesem Termin?
> Wann findet der Termin statt?
> Wo findet der Termin statt?
> Wie lange dauert der Termin?

Muss für eine Besprechung, Konferenz oder Ähnliches ein Termin gefunden werden, an dem alle betroffenen Personen teilnehmen müssen, sollte vor der Terminfestlegung eine Terminabfrage gemacht werden. Legen Sie dazu ein Formular an.

BEISPIEL:

Terminabfrage – Klassenkonferenz, Klasse: W 2a

Personen, die teilnehmen sollten:	Terminvorschläge		
	8. Juni 20.. 14:00 Uhr	12. Juni 20.. 15:00 Uhr	15. Juni 20.. 14:30 Uhr
Blum, Sonja	•	•	–
Bauer, Edda	–	•	•
Hermann, Robin	–	•	–
Kleiner, Frank	•	•	–
Konrad, Stefan	•	•	•
Zimmer, Anja	•	•	–

Terminabstimmung

Noch leichter geht die Terminabstimmung über das Online-Terminfindungs-Tool „Doodle" *(www.doodle.com)*. Das selbsterklärende Tool erspart viele Telefonate und E-Mails, die zur Terminabstimmung notwendig wären. Um einen Termin nicht zu **vergessen,** ist es unbedingt erforderlich, ihn sofort im Kalender **einzutragen** und seine Einhaltung zu **überwachen.** Auch im Geschäftsleben ist es notwendig, Termine zu planen, festzuhalten, abzustimmen und zu überwachen. Diese Aufgabe übernimmt meist das Sekretariat.

www.doodle.com

Solche Termine sind z. B.:

- Besprechung des Chefs/der Chefin,
- Geschäftsreisen des Chefs/der Chefin,
- Urlaub des Chefs/der Chefin,
- Kündigungen,
- Messen oder Ausstellungen,
- Vertreterbesuche,
- Urlaub der Sekretärin und von Mitarbeitern,
- Einladungen,
- Liefertermine,
- Zahlungstermine.

3.2.1 Terminarten

Bei den **Terminarten** unterscheidet man nach ihrer **Festlegung** zwei Gruppen:

- die **festen** Termine und
- die **flexiblen (beweglichen)** Termine.

Die **festen** Termine wiederholen sich periodisch. Sie werden möglichst frühzeitig – teilweise schon am Jahresanfang – eingetragen, um späteren Terminüberschneidungen vorzubeugen. Feste bzw. unveränderliche Termine sind z. B.:

- Geburtstage,
- Steuerzahlungen,
- Messen und Ausstellungen,
- Schul- und Betriebsferien,
- Jubiläen,
- Hauptversammlungen.

Die **flexiblen Termine** werden, sobald sie festgelegt sind, eingetragen. Gegebenenfalls müssen sie mit den schon festliegenden Terminen abgestimmt werden. Bewegliche Termine sind z. B.:

- Besprechungen, Sitzungen, Tagungen,
- Geschäftsreisen,
- Bearbeitungs- und Planungstermine,
- Wiedervorlage- und Abgabetermine für Unterlagen,
- private und geschäftliche Vereinbarungen (Essen mit Geschäftsfreunden, Theaterbesuch, Sportveranstaltung).

Bei der **Terminüberwachung** ergeben sich folgende Terminarten:

- **Kontrolltermine,** z. B. für Rücksprachen,
- **Erledigungstermine,** z. B. bei Projekten,
- **gesetzlich vorgeschriebene Termine,** z. B. Steuern, Sozialabgaben.

Zur besseren Unterscheidung von Terminen können die Eintragungen **verschiedenfarbig** gestaltet werden.

Arbeitsblatt 8

3.2.2 Hilfsmittel zur Terminüberwachung

Für die Überwachung der verschiedensten Termine stehen im Büro unterschiedliche Hilfsmittel zur Verfügung. Dies sind:

- Terminkalender und -planer,
- Planungstafeln und
- Terminmappen,
- Terminkarteien sowie
- elektronische Medien.

Terminkalender

Je nach dem Verwendungszweck und den privaten oder beruflichen Erfordernissen werden Termine in Jahres-, Monats- oder Tageskalender eingetragen. Diese können als Wand-, Tisch-

oder Taschenkalender geführt werden. Während Jahres- und Monatskalender eine gute Übersicht zur Terminüberwachung bieten, eignen sich Taschenkalender zur stundenweisen Planung des Tagesablaufs.

Da zahlreiche Termine heute sehr langfristig festgelegt werden, ist es ab der Jahresmitte angebracht, auch Kalender des folgenden Jahres anzulegen.

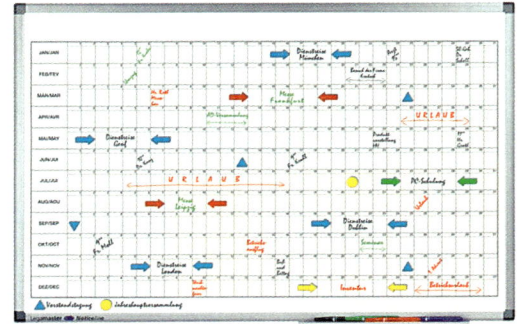

Jahresplaner

Termineintragungen

Nr.	Teilprozess				Hilfsmittel	Bemerkung
1	Termine setzen				Termin-kalender	
2	Termin-art	Fester Termin / Flexibler Termin / Kontrolltermin / Erledigungstermin / Gesetzlich vorgeschriebene Termine				
3	Zeitbedarf ermitteln	Pufferzeit einplanen			Termin-übersicht	
4	Wichtige Informationen zum Termin	Name der betr. Personen	Kontaktdaten	Adresse, Raum, ...	Kontakte	
5	Eintrag in den Terminkalender					

3 Zeit- und Selbstmanagement

Terminplaner

Mai								Juni								Juli							
Woche	M	D	M	D	F	S	S	Woche	M	D	M	D	F	S	S	Woche	M	D	M	D	F	S	S
18			1	2	3	4	5	22					1	2		27		1	2	3	4	5	6	7
19	6	7	8	9	10	11	12	23	3	4	5	6	7	8	9	28	8	9	10	11	12	13	14
20	13	14	15	16	17	18	19	24	10	11	12	13	14	15	16	29	15	16	17	18	19	20	21
21	20	21	22	23	24	25	26	25	17	18	19	20	21	22	23	30	22	23	24	25	26	27	28
22	27	28	29	30	31			26	24	25	26	27	28	29	30	31	29	30	31				

Tagesplan   **Dienstag**

18

Woche 25   169/196   Juni 20..

⌐	Termine	OK	*	☎	Kontakte	OK
				x	Dr. Krohn → Neuer Termin	
				x	H. Schmidt	
08:00	Postbesprechung				L Programm Azubi	
				x	Dr. Ruck → Gutachten	
				x	H. Gebhart → Termin	
09:00	Abt. Gespräch				Beurteilungsgespräch	
				x	Fr. Mayer → Anfrage Möbel	
10:00						
11:00	H. Rosenberger					
	LD Seminarprogramm					
12:00			Prio-rität	Zeit-bed.	Aufgaben	
12:30	Essen Mensa					
13:00			B	30	Datenbank z. Pr.	
					einrichten	
14:00						
14:30	H. Ruthardt, Umsätze					
15:00						
16:00						

Beim Terminplaner handelt es sich um einen **Jahreskalender** aus kräftigem Papier, der an der Wand befestigt wird und eine langfristige Planung von Terminen ermöglicht. Er ist nach **Monaten, Wochen** und **Tagen** geordnet. Samstage sowie Sonn- und Feiertage sind farblich besonders hervorgehoben. Die Termine werden am besten mit **farbigen Filzstiften** eingetragen.

Terminmappen

Die Terminmappen dienen zur **Aufbewahrung** von **Schriftstücken**, die zu **einem bestimmten Termin** wieder bearbeitet oder vorgelegt werden sollen. Am zweckmäßigsten für die Wiedervorlage ist ein Pultordner mit Fächern für die Tage 1 bis

www.chronoplan.de
www.time-system.de

31 und die Monate 1 bis 12. Der laufende Monat wird chronologisch geordnet. Unterlagen für die weiteren Monate werden im Monatsregister abgelegt. Terminmappen gibt es auch in der Form der Hängeregistratur. Für jeden Kalendertag wird eine Mappe angelegt. Morgens entnimmt die Sekretärin der Tagesmappe die entsprechenden Unterlagen und steckt die Mappe hinter die anderen Tagesmappen. So hat sie stets eine optische Kontrolle, ob die aktuelle Mappe beachtet wurde.

Planungstafeln

Auch Planungstafeln ermöglichen die Terminübersicht über ein ganzes Jahr. Das Sichtbarmachen von Terminen erfolgt entweder durch farbige Kärtchen oder Symbole, die auf einer Magnettafel oder einer abwaschbaren Kunststofftafel haften oder gesteckt (Stecktafel) werden. Planungstafeln können auch als Belegungsplaner für Reservierungen aller Art (Zimmer, Kurse, Sportplätze ...) oder als Aktionsplaner für Fertigungssteuerung und Projektverfolgung eingesetzt werden.

Planungstafeln

3.2.3 Allgemeine Tipps zur Terminplanung und -überwachung

Bei der Planung und Überwachung von Terminen sollten möglichst keine Fehler unterlaufen. Um dies zu gewährleisten, müssen die nachstehenden Sachverhalte beachtet werden.

Planung

- Vorgesetzte und Mitarbeiter sollten **getrennte** Terminkalender führen.
- Die eingetragenen Termine müssen ständig **abgestimmt** werden, z. B. Vergleich der Einträge, Prüfung von Änderungen.
- Neue, bestätigte Termine müssen **sofort** eingetragen werden, noch nicht endgültige mit einem entsprechenden Vermerk versehen werden.
- Der Zeitraum zwischen aufeinanderfolgenden Terminen darf **nicht zu knapp bemessen** werden.
- Entsprechende **Pufferzeiten** zwischen den Terminen sollten eingeplant werden. Ein zu enger Terminrahmen führt nur zu unnötigem Stress.
- Termine nicht zu **früh** und nicht zu **spät** einplanen.
- Bei bestimmten Terminen sind **Vorarbeiten** notwendig, um Unterlagen herauszusuchen oder Mitarbeiter rechtzeitig zu verständigen.

- Bei der Terminvereinbarung sind **Urlaubszeiten** und **Brückentage** zu berücksichtigen. Viele Mitarbeiter nehmen z. B. den Freitag als Urlaubstag, wenn der Donnerstag ein Feiertag ist.
- Nach Möglichkeit **private** Termine berücksichtigen.
- Termine für **externe** Teilnehmer mit längerer Anreise **nicht zu früh** einplanen.
- Bei mehrtägigen Terminen etwaige Messezeiten u. Ä. berücksichtigen.
- Bei der Planung müssen **Prioritäten** für die einzelnen Termine gesetzt werden (z. B. Wichtigkeit, externe vor internen Terminen, Termine mit Vorgesetzten).
- Termine gleichmäßig über den Tag, die Woche, den Monat verteilen. Häufungen vermeiden.
- Für gleichartige Termine sind evtl. **Terminblöcke** zu bilden.
- Personen, die sich nicht begegnen sollten (z. B. Konkurrenten), nicht nacheinander einladen.

Überwachung

- Die Termine für den kommenden Arbeitstag müssen am Tag vorher durchgesehen und die dazugehörigen Unterlagen bereitgelegt werden.
- Am Ende eines Arbeitstages werden die erledigten Termine abgehakt und nicht erledigte neu eingeplant.
- Um die Terminüberwachung zu erleichtern, hat es sich in der Praxis bewährt, mit **verschiedenen Farben** zu arbeiten.

BEISPIEL:

Schwarz   interne Termine
Blau   externe Termine
Grün   eigene Termine
Rot   erledigte Termine

> Terminplanung und -überwachung gehören zu den verantwortungsvollsten und schwierigsten Aufgaben im Büro. Für einen reibungslosen Ablauf aller betrieblichen Arbeiten ist eine gute Terminkoordinierung unbedingt notwendig. Da Termine mitunter auch für Nichtbeteiligte von großem Wert sind, bedarf es der Diskretion etwaiger Terminkenner. Terminüberschneidungen verursachen Leerlauf, kosten Zeit, Geld und verursachen eine gespannte Arbeitsatmosphäre.

3.2.4 Terminplanung und -überwachung am PC

Für die „elektronische Terminplanung und -überwachung" werden Software-Programme von unterschiedlichen Softwareentwicklern angeboten. In vielen Bürosoftwarepaketen ist ein entsprechendes Terminplanungsprogramm integriert. Beim Umsteigen auf einen elektronischen Terminkalender empfiehlt es sich, eine gewisse Zeit beide Kalender parallel zu führen, bis die Bedienung des neuen Programms völlig vertraut ist.

Eine effektive elektronische Terminverwaltung ist an bestimmte technische und organisatorische Voraussetzungen gebunden:

- Alle Teilnehmer sollten in einem **Computer-Netzwerk** zusammengeschlossen sein.
- Die betroffenen Personen müssen **Zugriff auf die Terminpläne** der maßgeblichen Mitarbeiterinnen und Mitarbeiter haben, um die Geschäftstermine abstimmen zu können. Nur so sehen sie, ob ein Termin noch möglich ist.
- Sperrtermine, ob geschäftlich oder privat, müssen möglichst früh untereinander abgesprochen und fixiert werden.
- Ein festgelegter Termin muss von allen Geräten übernommen werden, sodass die Abstimmung mit geringerem Zeitaufwand sicher erreicht wird.

Vor- und Nachteile der elektronischen Terminüberwachung

Vorteile	Nachteile
- Termine und dazugehörende Kurzinformationen können schnell gefunden werden. - Die Terminpflege – Verschieben, Löschen usw. von Terminen – ist einfach, und der Kalender ist stets übersichtlich. - Bei einer Vernetzung der Computer können Termine sehr schnell in andere Terminkalender übertragen werden. - Wunschgemäß können ausgewählte Termine akustisch angezeigt werden. - Mit einem Notebook oder PDA ist der Terminkalender auch unterwegs verfügbar. - Der „persönliche" Terminkalender kann bei Bedarf durch ein Passwort vor unbefugtem Zugriff geschützt werden.	- Im Notebook oder PDA festgehaltene Termine müssen mit dem Arbeitsplatz-PC so schnell wie möglich abgeglichen werden. - Für besondere Planungsfunktionen haben die einfachen, meist billigen Planungsprogramme nicht die richtige Funktion. - Die elektronische Terminpflege ist „spurenlos", so können Änderungen nachträglich nicht mehr rekonstruiert werden. - Ein Datenverlust durch einen Hardware-Fehler kann schlimme betriebliche Konsequenzen haben.

Die angebotenen elektronischen Terminkalender unterscheiden sich vor allem in den **Funktionen** und im **Preis**. Die Übersicht listet die **wichtigsten Funktionen** auf, **die ein elektronischer Terminkalender bieten sollte:**

Kalenderfunktion	Tages-, Wochen- und Monatsübersichten, Anzeige der Feiertage, Kalender über mehrere Jahre.
Terminüberschneidungsprüfung	Sie verhindert, dass Termine doppelt vergeben werden oder dass es Überschneidungen mit einem anderen Termin gibt.
Notizbuchfunktion	Textnotizen und grafische Skizzen werden damit verwaltet, die „Zettelwirtschaft" auf dem Schreibtisch wird reduziert.
Adressbuch	Namen, Anschriften, Telefonnummern usw. können nach bestimmten Kriterien (z. B. alphabetisch oder nach Postleitzahlen) geordnet und gespeichert werden. Die Daten können bei Bedarf in das Adressfeld eines Briefes übernommen werden.
Uhrenfunktion	Ein optisches oder akustisches Signal weist auf einen Termin hin. Die Zeit kann beliebig eingestellt werden. Für eine internationale Terminabstimmung steht eine Weltzeituhr zur Verfügung.

Automatische Nummernwahl	Mit der automatischen Nummernwahl wird durch Mausklick die Telefonnummer des gewünschten Gesprächspartners angewählt und die Verbindung hergestellt. Zum computerunterstützten Telefonieren ist ein Modem oder ISDN-Anschluss nötig.
Integrierter Passwortschutz	Bei Bedarf kann die gesamte Termin-, Adress- und Notizverwaltung durch ein Passwort vor unberechtigtem Zugriff geschützt werden.

Neben diesen wichtigen Funktionen bieten Software-Hersteller in ihren elektronischen Terminkalendern immer mehr Funktionen an, die bereits in vorhandenen Programmen integriert und somit für den Nutzer überflüssig sind. Gerade hierbei gilt die Empfehlung: Prüfen Sie neue Programme vor dem Kauf, denn unnötige Programmteile verteuern das Produkt!

Terminplanung

Die Einrichtung eines **gemeinsamen Terminkalenders im Intranet** eines Unternehmens (z. B. mit Outlook) erleichtert die Terminplanung – insbesondere **bei Team- und Projektarbeit.**

3.2.5 Terminverwaltung mithilfe eines elektronischen Organizers

Terminverwaltung am Personal Computer funktioniert nur dann, wenn die Termine ausschließlich vom Büro aus abgesprochen und überwacht werden. Viele Mitarbeiterinnen und Mitarbeiter befinden sich aber während ihrer Arbeitszeit außerhalb des Büros und führen deshalb parallel dazu einen Papierplaner. Eine doppelte Planung ist fast immer ineffizient, denn die Termine müssen konsequent in beiden Systemen stets auf dem aktuellsten Stand gehalten werden. Dieses Problem lässt sich mit einem **Organizer** lösen. Die gängigsten Organizer sind **PDA** (**P**ersonal **D**igital **A**ssistant), auch **Handheld-Computer** genannt, **Pocket-PC** oder **Handy mit Organizer-Funktionen,** das sogenannte **Smartphone.** Mit der entsprechenden Ausstattung lässt sich der Organizer auch als Navigationssystem im Auto, als Diktiergerät und MP3-Player nutzen.

Vorteile	Nachteile
• Benutzer haben überall und zu jeder Zeit Zugriff auf sämtliche Daten, Adressen und Termine. • Organizer verfügen meist über zusätzliche Funktionen wie z. B. Aufgaben- und Adressverwaltung, Telefonieren über eine Freisprechfunktion oder Headset, Kamera, automatischer Empfang von E-Mail-Nachrichten, integrierter Viewer zum Anzeigen von E-Mail-Anhängen. • Abgleich der Daten über Kabel oder Infrarot- bzw. Bluetooth-Schnittstelle mit dem Personal Computer im Büro. Manche Geräte verfügen über eine Outlook-Synchronisierung.	• Texte müssen mit einem kleinen Stift eingegeben werden. • Umfangreiche Dokumente lassen sich aufgrund des kleinen Displays schlecht bearbeiten. • Mangelnde Übersichtlichkeit, bedingt durch das kleine Format. • Lange Zugriffszeit, wenn ein Termin nachgeschaut oder eingetragen wird. • Individuelle Kennzeichnung (z. B. durch Farbe) der Termine nicht möglich. • Abhängigkeit von Strom, Batterie oder Akku.

3.2 Terminplanung

Zusammenfassung

1. Durch wenige Regeln lassen sich einfach und schnell umsetzbare Strategien erlernen, die ein **effektives Zeitmanagement** ermöglichen.
2. Es gibt verschiedene Methoden und Prinzipien, durch deren Anwendung ein effektives Zeitmanagement praktiziert werden kann: **Pareto-Prinzip, ABC-Analyse, ALPEN-Methode, Eisenhower-Prinzip**.
3. Die **festen, unveränderbaren Termine** wie Schul- und Betriebsferien, Messen, Geburtstage usw. werden zum frühestmöglichen Zeitpunkt in die betreffende Terminübersicht eingetragen.
4. Die **beweglichen Termine** wie Sitzungen, Geschäftsreisen, private Vereinbarungen usw. müssen, wenn sie festgelegt sind, in den bereits bestehenden Terminrahmen eingepasst werden.
5. **Doodle** bietet einfache Lösungen zur Terminabsprache. Die Personen, die sich zu einem gemeinsamen Termin verabreden wollen, sind in der Terminfindung zeit- und ortsunabhängig.
6. Bei der Terminüberwachung ergeben sich **Kontrolltermine, Erledigungstermine** und **gesetzlich vorgeschriebene Termine**.
7. Zur **Terminüberwachung** können verschiedene Hilfsmittel eingesetzt werden: Terminkalender, Terminplaner, Planungstafeln, Terminmappen und -karteien und elektronische Medien.
8. Der **„elektronische Terminkalender"** bietet viele Funktionen, die eine Terminplanung und -überwachung sehr vereinfachen.
9. **Organizer** halten die Termine bei regelmäßiger Synchronisation sowohl im Büro als auch unterwegs auf dem neuesten Stand.

Aufgaben

1. Welche Termine sollten z. B.
   a) von einer Schülerin/einem Schüler,
   b) von einer Bürokraft bereits am Jahresanfang in den Terminkalender eingetragen werden?
2. Was verstehen Sie unter beweglichen Terminen? Nennen Sie Beispiele.
3. Das Vergessen eines Termins kann sehr unangenehme Folgen nach sich ziehen. Erläutern Sie diese Aussage.

Aufgaben

4. Nach welchen Merkmalen unterscheiden sich Terminkalender?
5. Beschreiben Sie einen Jahresplaner.
6. Worauf ist zu achten, um Pannen bei der Terminplanung und -überwachung möglichst zu vermeiden?
7. Sie stellen im Sekretariat fest, dass die Sekretärin für die Termine Ihres Chefs nur einen Taschenkalender benutzt. Sie sind der Meinung, dass sie unbedingt noch einen Terminplaner braucht. Mit welchen Argumenten können Sie sie überzeugen?
8. Um Personalprobleme bei der Festlegung der Urlaubszeiten zu vermeiden, sollen Sie einen Urlaubsplan anlegen und eventuelle Überschneidungen rechtzeitig feststellen. In der Abteilung „Marketing" der Mode|Idee GmbH arbeiten neben Ihrer Chefin, Frau Irene Boldt, noch die Mitarbeiterinnen Karin Joos und Frauke Beck sowie die Mitarbeiter Frank Keil und Roland Fürst. Entwerfen Sie einen Urlaubsplan (Tabelle mit den Monaten April bis Dezember) und stellen Sie durch Eintragung der bereits vorliegenden Urlaubswünsche fest, zu welchen Überschneidungen es kommt, wenn Frau Joos und Frau Boldt, Sie und Frau Beck, Herr Keil und Herr Fürst nicht gleichzeitig abwesend sein sollen.

Frau Boldt	2., 3. und 4. Maiwoche 1., 2. und 3. Augustwoche	Herr Keil	3. und 4. Maiwoche ganzer September
Frau Joos	3. und 4. Maiwoche 2., 3. und 4. Oktoberwoche 4. Dezemberwoche	Herr Fürst	4. Aprilwoche 4. Septemberwoche 1. und 2. Oktoberwoche
Frau Beck	2., 3. und 4. Augustwoche 1. Septemberwoche 3. und 4. Oktoberwoche	Sie	3. und 4. Juliwoche 1. und 2. Augustwoche 3. und 4. Dezemberwoche

9. Kathrin unterstützt zurzeit Frau Kunze im Chefsekretariat. Herr Dahlmann, der Vorgesetzte von Frau Kunze, will in der nächsten Woche eine dreistündige Abteilungsleiterbesprechung einberufen, die sowohl vormittags als auch nachmittags stattfinden kann. Herr Dahlmann ist am Mittwoch nächster Woche auf einer Messe in Hannover.

Kathrin befragt die Abteilungsleiterinnen/Abteilungsleiter nach ihren Terminen und erhält folgende Auskünfte:

Frau Zitter		Herr Meister	
Montag:	den ganzen Tag abwesend	Montag:	den ganzen Tag auf einer Ausstellung in Frankfurt
Dienstag:	ab 08:30 Uhr in der Firma	Dienstag:	von 09:00 bis 13:00 Uhr Besprechung mit der Abteilung Entwicklung
Mittwoch:	Besprechung von 09:00 bis 11:00 Uhr	Mittwoch:	der gesamte Tag ist für einen Geschäftsbesuch aus Brasilien reserviert
Donnerstag:	Gerichtstermin von 10:30 bis 13:00 Uhr	Freitag:	um 10:12 Uhr Abflug nach Amerika
Einen Vertreter hat sie nicht.		Sein Stellvertreter, Herr Oskar, hat nur noch am Dienstagvormittag einen freien Termin.	

Aufgaben

Herr Papel		Frau Nolte	
Montag:	Besprechung von 09:00 bis 10:30 Uhr	Dienstag:	Besprechung von 08:00 bis 08:30 Uhr, ab 14:00 Uhr nicht mehr anwesend
Dienstag:	den ganzen Tag zu einem Verkaufsgespräch in Hamburg	Mittwoch:	den ganzen Tag auf Geschäftsreise
Mittwoch:	von 10:00 bis 12:00 Uhr ein Lieferantengespräch und ab 15:00 Uhr bei der IHK	Donnerstag:	erst ab 14:00 Uhr in der Firma
Donnerstag:	Kundenbesprechung von 10:00 bis 12:00 Uhr	Ihr Vertreter, Herr Herbst, ist am Montag nicht in der Firma.	
Freitag:	Gespräch in der Organisationsabteilung von 14:00 bis 16:00 Uhr.	Am Dienstag eine Besprechung von 14:00 bis 16:30 Uhr.	
Seine Vertreterin, Frau Spring, ist ab Dienstagnachmittag in Urlaub.			

a) Lösen Sie diese Aufgabe mit einer Matrix. Zur Lösung der Aufgabe verwenden Sie eine Tabelle nach dem unten stehenden Muster. Reduzieren Sie alle Fakten auf eine Ja-Nein-Entscheidung und tragen Sie das Ergebnis ein. (Nein = x)
b) An welchem Tag kann die Konferenz mit allen Abteilungsleitern stattfinden?
c) An welchem Tag könnte die Konferenz noch stattfinden, wenn Herr Dahlmann auch die Teilnahme von Vertretern seiner Abteilungsleiter akzeptieren würde?

Muster für die Lösungstabelle:

Tag	Montag		Dienstag		Mittwoch		Donnerstag		Freitag	
Name	Vorm.	Nachm.	Vorm.	Nachm.	Vorm.	Nachm.	Vorm.	Nachm.	Vorm.	Nachm.

10 Rufen Sie Outlook auf und nehmen Sie die Terminplanung vor: Erstellen Sie einen neuen Kalender für das laufende Jahr.
Bestätigen Sie die Aufforderung **„Sämtliche Feiertage – Deutschland vermerken"**.
Kennzeichnen Sie den Steuertermin: **1. Mai bis 28. Dezember.**
Kennzeichnen Sie den Betriebsurlaub: **1. August bis 30. August.**
Legen Sie eine Terminserie fest: **An jedem Arbeitstag von 08:00 bis 08:30 Uhr Postbesprechung.**
Wählen Sie den 30. Oktober und planen Sie den Tag mit den angegebenen Terminen:

09:00 bis 10:30 Uhr	Besprechung mit den Abteilungsleitern
11:00 Uhr	Besuch Dr. Krause
12:00 Uhr	Mittagessen mit Herrn Dr. Krause – Tisch reservieren
14:15 bis 16:00 Uhr	PC-Training
18:00 Uhr	VHS Spanisch-Kurs

Im Aufgabenblock vermerken Sie **„Hochzeitstag – Blumen besorgen"**.
Speichern Sie den Terminkalender unter **Termin1**.

Aufgaben

11 Kathrin bereitet sich auf die Prüfung zur Bürokauffrau vor, die in einem halben Jahr stattfindet. Obwohl sie sich jeden Tag vornimmt, eine Stunde zu lernen, klappt es nicht. Was macht sie falsch?

12 Frau Mahler ist Bürokauffrau in der Mode|Idee GmbH. Seit einiger Zeit kommt sie erst nach Dienstschluss zu ihren „eigentlichen Aufgaben". Wenn sie sich gerade in eine Aufgabe eingearbeitet hat, kommt eine Störung. Wie nennt man dieses Phänomen und was kann man dagegen tun?

Öko-Tipps

- Termine sollen so geplant werden, dass keine unnötigen Wegstrecken mit dem Auto zurückgelegt werden müssen.
- Prüfen Sie die Hilfsmittel zur Terminüberwachung vor dem Kauf! In vielen Büros stehen überflüssige oder unpraktische Planungstafeln herum. Nicht alles, was schön bunt ist, ist auf Dauer praktisch. Farben verblassen, Plastikteile werden spröde. Sie werden dann zu unnötigem Müll.
- Kunststoffbeschichtete Organisationstafeln sind Sondermüll.
- Kaufen Sie Hilfsmittel aus recycelbaren Stoffen.
- Achten Sie darauf, dass Ihre Hilfsmittel – auch nach Jahren noch – ergänzt werden können.
- Bevorzugen Sie Planer, die im Baukastenprinzip aufgebaut sind. Verwenden Sie z. B. den Einband, den Mechanismus und den Adressteil über mehrere Jahre. Dann ist auch ein Einband aus Leder sinnvoll; verzichten Sie auf Plastik.

Brainstorming

Methodenbeschreibung

Das Brainstorming ist eine kreative Methode zur Ideenfindung, die in den 40er-Jahren des vorigen Jahrhunderts von Alex Osborn entwickelt wurde. Mit dieser Methode sollen z. B. Alternativen, Handlungsschritte und Lösungsideen zu einer Problemstellung erkannt und entwickelt werden.

Ein Thema, ein Problem oder eine Leitfrage werden an einer **Moderationstafel** festgehalten. In der Lerngruppe sammeln die Teilnehmer Ideen, die ihnen dazu einfallen, um daraus neue Denkanstöße zu gewinnen.

Soll ein Brainstorming zum Erfolg führen, müssen Regeln eingehalten werden:
- Jeder sollte möglichst viele Ideen entwickeln.
- Die spontanen Einfälle sollten schnell geäußert werden. Das regt die anderen Gruppenmitglieder zu weiteren Vorschlägen an.
- Es darf keine Kritik geübt werden und keine Beurteilung erfolgen. Das gilt auch für die **Körpersprache** (Augenspiel, Kopfschütteln usw.). Jede Idee ist willkommen. Dadurch können denkpsychologische Blockaden ausgeschaltet werden.

Ein Brainstorming besteht aus zwei Phasen:
- Ideensammlung
- Ideenauswertung

Erste Phase – Ideensammlung
- Definieren und notieren Sie das Problem, das Unterrichtsthema oder einen Begriff an der Moderationstafel.
- Sammeln Sie möglichst viele Ideen zur Problemlösung.
- Halten Sie die Ideen stichwortartig und gut lesbar auf einem Kärtchen fest. Verwenden Sie für jede Idee ein Kärtchen.

Kurze Pause

Zweite Phase – Auswertung
- Ordnen und strukturieren Sie die gemeinsam gefundenen Ideen.
- Analysieren und bewerten Sie das Ergebnis.

Arbeitsauftrag

Seit in Stefanies Ausbildungsfirma die elektronische Terminplanung eingeführt wurde, kommt es immer wieder zu Problemen. Worin können die Ursachen liegen? Suchen Sie nach Lösungsmöglichkeiten.

Führen Sie in Ihrer Lerngruppe ein Brainstorming zum Thema „Elektronische Terminplanung" durch.

4 Zentrale Postbearbeitung im Unternehmen

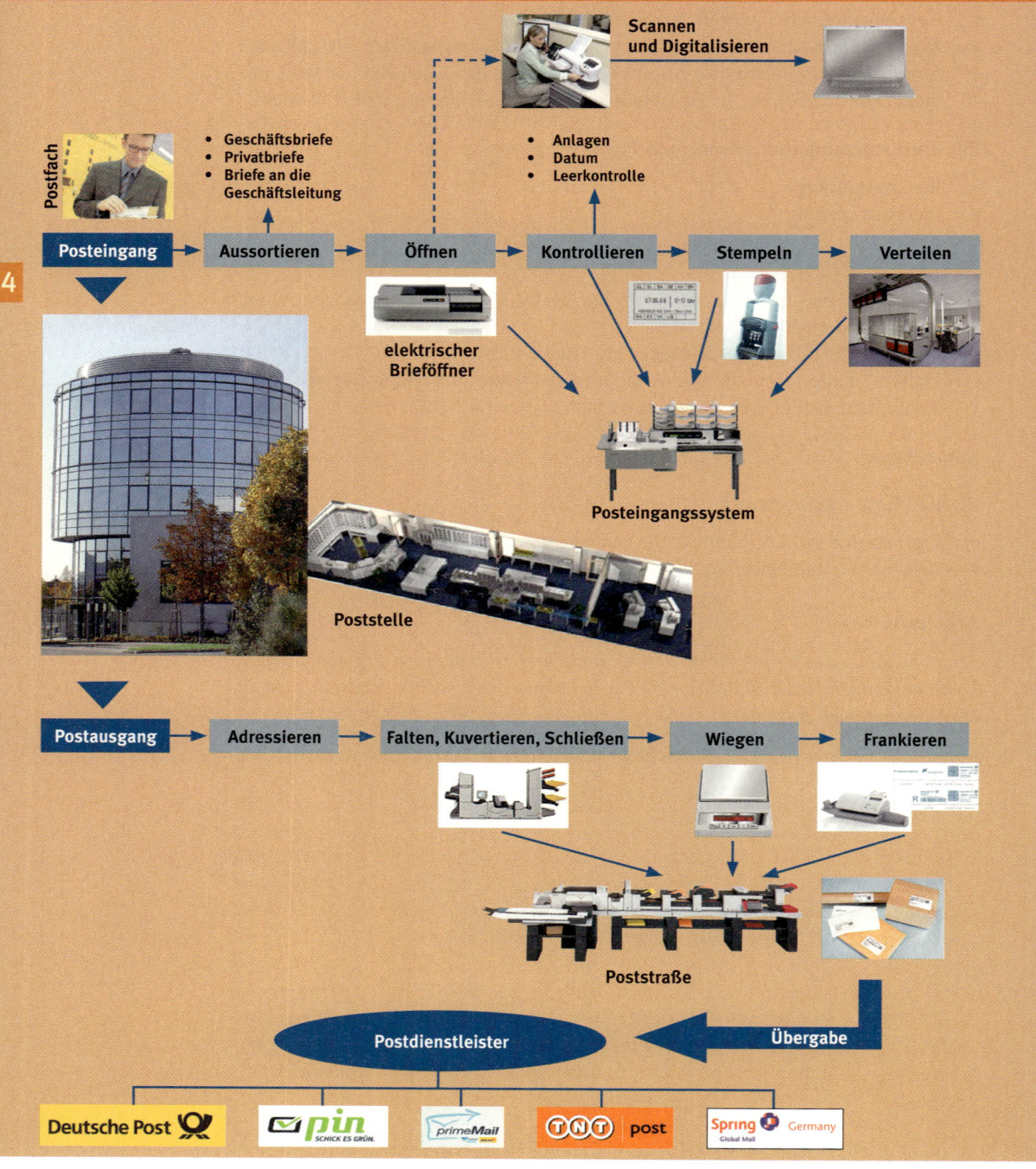

4 Zentrale Postbearbeitung im Unternehmen

Lernziele

- Die Arbeitsabläufe beim Posteingang und -ausgang kennen.
- Eingehendes Schriftgut zur innerbetrieblichen Weitergabe aufbereiten.
- Schriftgut zum Versand aufbereiten.
- Die Postbearbeitung als wesentlichen Kostenfaktor begreifen.
- Auswahlkriterien verschiedener Anbieter ermitteln.
- Die zweckmäßigste Versandart unter Berücksichtigung von Sicherheit, Vertraulichkeit, Schnelligkeit, Kosten und Rechtsverbindlichkeit wählen.
- Berechnungen durchführen.
- Geräte zur Rationalisierung der Bearbeitung von eingehendem und ausgehendem Schriftgut und ihren Einsatz kennen.

Fallbeispiel

Anna Seiler, gelernte Bürokauffrau, ist Poststellenleiterin in der ModelIdee GmbH und erzählt: „Wir geben rund 250 000,00 EUR jährlich allein für Briefporti aus! Täglich gehen rund 1 500 Briefe raus. Die Mehrzahl sind Standardbriefe, doch die Zahl der Kompakt-, Groß- oder Maxibriefe ist mit etwa 500 auch nicht gerade klein. Hinzu kommen rund 500 Päckchen, Buch- und Warensendungen." Die 180 Mitarbeiterinnen und Mitarbeiter produzieren täglich eine Menge Post, obwohl ein Großteil ihrer Korrespondenz elektronisch in Form von E-Mails abgewickelt wird. Anna Seilers Aufgabe ist unter anderem, den Postversand zu organisieren und zu rationalisieren. Deshalb macht sie zunächst eine ausführliche Analyse und stellt sich dabei folgende Fragen:

- Was sind die häufigsten Versandarten?
- Was befindet sich in den Briefhüllen?
- Gibt es Adressaten, die von mehreren Abteilungen regelmäßig Post erhalten?
- Gibt es alternative Versandformen, die preiswerter sind?
- Wo kommen die Adressen für den Versand her und wer pflegt sie?

In jedem Unternehmen ist die täglich eintreffende Post eilig und muss dementsprechend behandelt werden. Oft ist noch am Tag des Posteingangs eine Reaktion auf den Brief erforderlich. Deshalb muss die Postbearbeitung in jedem Unternehmen perfekt organisiert und technisch unterstützt werden.

Ein Großteil der Informationen gelangt nicht nur „per Post", sondern auch als Fax oder E-Mail in den Betrieb. Der größte Anteil wird jedoch in der **zentralen** Poststelle zur weiteren Verarbeitung in den einzelnen Abteilungen vorbereitet. Ebenso werden die ausgehenden Informationen in der Poststelle zum Versand fertig gemacht.

Kleinere Betriebe können die Arbeiten der Poststelle auch **dezentral** durchführen.

Grundriss einer zentralen Poststelle

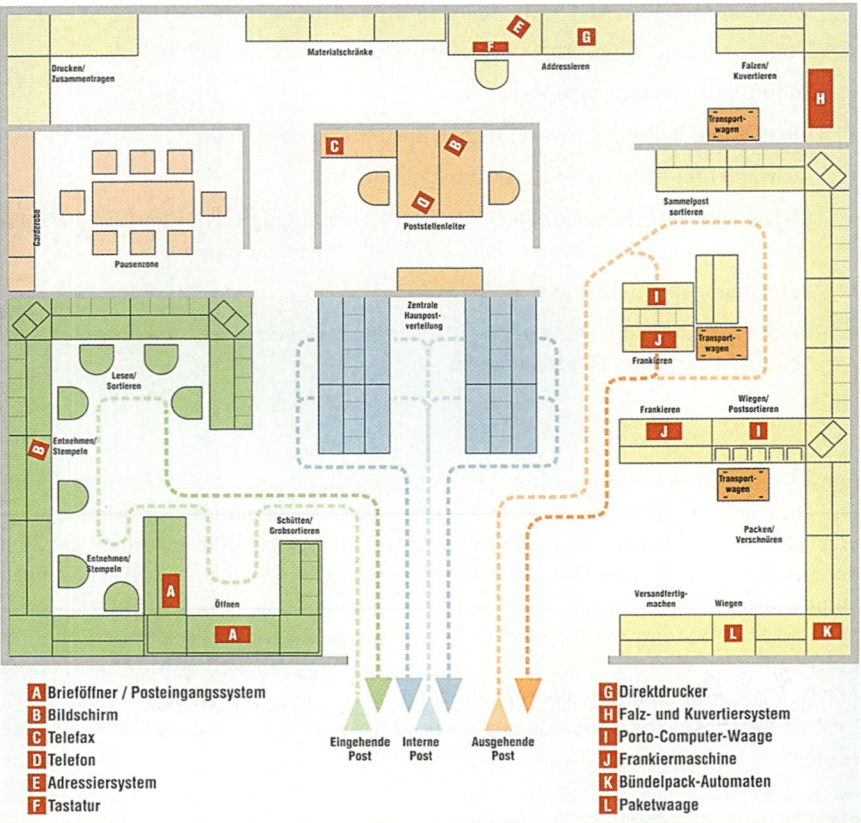

- **A** Brieföffner / Posteingangssystem
- **B** Bildschirm
- **C** Telefax
- **D** Telefon
- **E** Adressiersystem
- **F** Tastatur
- **G** Direktdrucker
- **H** Falz- und Kuvertiersystem
- **I** Porto-Computer-Waage
- **J** Frankiermaschine
- **K** Bündelpack-Automaten
- **L** Paketwaage

Eingehende Post — Interne Post — Ausgehende Post

4.1 Arbeitsabläufe beim Posteingang

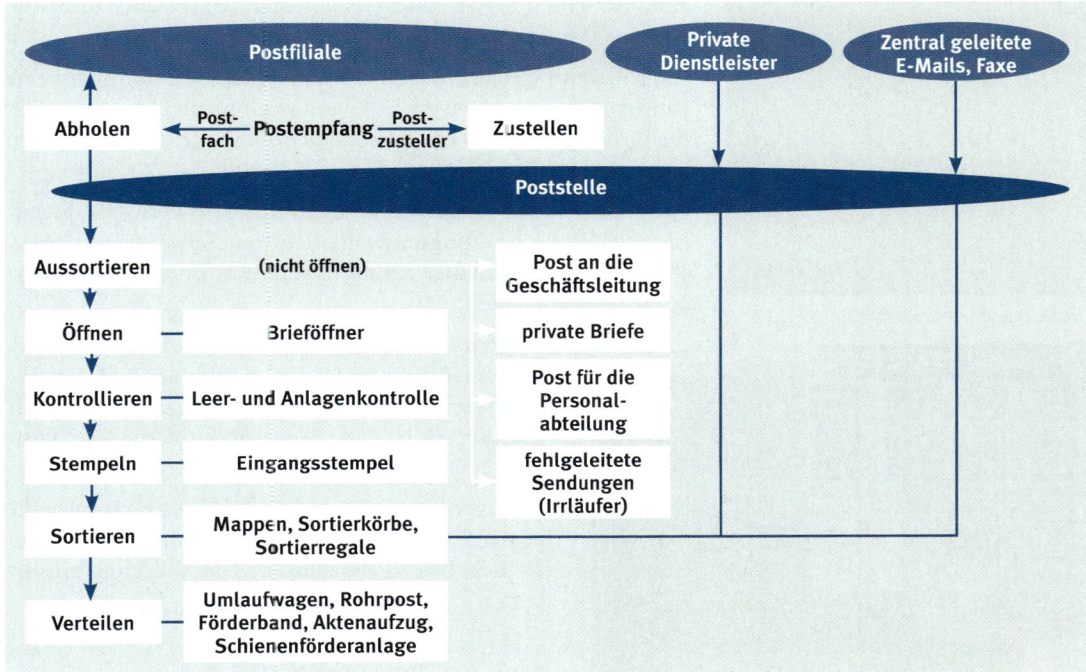

4.1.1 Postempfang

Der Postempfang kann erfolgen als:

- Zustellung durch den Postzusteller,
- Abholung aus dem Postfach,
- Zustellung durch einen privaten Dienstleister,
- zentraler Eingang in der Poststelle in Form von E-Mails und Faxen.

Arbeitsblatt 1
Arbeitsblatt 2

4.1.1.1 Zustellung und Abholung

Die **Deutsche Post AG** ist verpflichtet, Postsendungen dem Empfänger zuzustellen.

Um vom Postzusteller unabhängig zu sein, können Postkunden ein **Postfach** mieten. Sie können dann früh morgens und auch mehrmals täglich ihre Post selbst abholen und sind damit in der Lage, eilige Vorgänge sofort bearbeiten zu können. Das Postfach wird dem Interessenten durch Antrag auf einem bei der Post erhältlichen Formblatt von der Post zugeteilt. Für die Einrichtung des Postfaches verlangt die Post eine **einmalige Einrichtungspauschale**. Die Größe des Postfachs hängt von der täglich anfallenden Post ab. Der Postfachbesitzer ist zur **regelmäßigen Abholung** der Post verpflichtet, ansonsten kann das Postfach gekündigt werden.

Zur Abholung von hinterlegten Postsendungen, die nur gegen Unterschrift ausgehändigt werden, ist **keine** Postvollmacht erforderlich. Es reicht sowohl bei

Postfächer in einer Postfiliale

Postfachanbieter

Arbeitsblatt 3

Geschäftskunden als auch bei Privatpersonen eine **Innenvollmacht**. Bestehen Zweifel an der Empfangsberechtigung, muss der Abholer seinen Personalausweis vorlegen. Vollmachtsvordrucke sind auf Wunsch bei der Deutschen Post erhältlich.

In größeren Betrieben haben meistens mehrere Mitarbeiter eine Innenvollmacht. Durch die Erteilung von Innenvollmachten stellt die Firma sicher, dass nur berechtigte Mitarbeiter Postsendungen entgegennehmen dürfen.

Nicht im Postfach liegen Sendungen mit dem Vermerk „Eigenhändig", Postzustellungsaufträge, Express-Sendungen, Pakete, Päckchen, großformatige Sendungen und Infopost Schwer (einschließlich Kataloge).

Bei Briefsendungen mit Zusatzleistungen (z. B. „Einschreiben") findet der Postabholer einen Auslieferungsschein im Postfach. Die Aushändigung der Sendung erfolgt in der Regel gegen Vorlage des Postfachschlüssels am Schalter.

Bei Firmen mit sehr großen Postmengen werden die bei der Postfiliale eingehenden Sendungen in spezielle Behältnisse (Postkörbe) zur Abholung einsortiert.

4.1.1.2 Aussortieren

Nach Eingang der Post (Briefe, Karten, Päckchen usw.) werden die Sendungen sortiert. **Privatpost, Post für die Geschäftsleitung** und Post für die **Personalabteilung** werden von der **Geschäftspost** getrennt und ungeöffnet dem Empfänger direkt zugeleitet. Bei der Privatpost steht der Name zuerst, bei der Geschäftspost an zweiter Stelle (Name des Mitarbeiters im Betrieb, der die Post bearbeiten soll). **Fehlgeleitete Sendungen** (Irrläufer) werden an die Post zurückgegeben.

BEISPIELE:

Briefe an die Geschäftsleitung	Privatbrief Beispiel 1	Privatbrief Beispiel 2	Geschäftsbrief
3 •	3 •	3 •	3 •
2 •	2 •	2 •	2 •
1 •	1 •	1 Eigenhändig	1 •
1 Herrn Geschäftsführer	1 Frau	1 Frau	1 Mode|Idee GmbH
2 Marc Dahlmann	2 Kathrin Müller	2 Kathrin Müller	2 Herrn Pierre Schmidt
3 Mode|Idee GmbH	3 Mode|Idee GmbH	3 Mode|Idee GmbH	3 Postfach 10 15
4 Calwer Str. 118	4 Calwer Str. 118	4 Calwer Str. 118	4 70172 Stuttgart
5 70173 Stuttgart	5 70173 Stuttgart	5 70173 Stuttgart	5 •
6 •	6 •	6 •	6 •

Zusätze wie z. H. (zu Händen), i. H. (im Hause), i. Fa. (in Firma) oder c/o (care of) sind überflüssig und sollten entfallen.

Grundsätzlich legt die Geschäftsleitung schriftlich in einer betrieblichen Postordnung fest, welche Post geöffnet und welche Post ungeöffnet an die Mitarbeiter und Abteilungen weitergegeben wird. In der Regel werden Privatbriefe (siehe Privatbrief 1) ungeöffnet weitergeleitet. Wenn der Absender eine Verfügung in Form von „vertraulich", „persönlich" oder „eigenhändig" in die Anschrift (siehe Beispiel 2) gesetzt hat, geht immer das Briefgeheimnis vor. Diese Briefe müssen ungeöffnet weitergegeben werden.

Sendungen, die besonders wichtig (Einschreiben) oder eilig sind (Eilzustellung), sollten vor den anderen Sendungen zur Bearbeitung weitergeleitet werden.

4.1.2 Öffnen

Der Arbeitsablauf im Posteingang ist von der Betriebsgröße abhängig. In großen Betrieben wird die Ein- und Ausgangspost meist in einer zentralen Poststelle bearbeitet. In kleineren Betrieben sortiert die Sekretärin die Post und legt sie dem Chef vor. Er öffnet sie und entscheidet, wer die Post weiterbearbeiten soll. Bei geringem Posteingang werden die Briefhüllen von Hand mit einem **Brieföffner** (Handmesser) geöffnet.

Elektrischer Brieföffner

Firmen mit größeren Postmengen (ab 50 Briefe pro Tag) öffnen die Briefhüllen mit einem **elektrischen Brieföffner** (Brieföffnermaschine). Die elektrische Brieföffnermaschine schlitzt in minimalem Abstand von der oberen Kante die Briefhülle auf. Dadurch wird der Briefinhalt nicht zerschnitten und kann bequem entnommen werden.

4.1.3 Digitale Archivierung der Eingangspost

Viele Firmen nutzen die Möglichkeit, wichtige Informationen bereits in der zentralen Posteingangsstelle digital zu erfassen, zu archivieren und elektronisch zu verteilen.

Nachdem ein automatisches Posteingangssystem die Briefe geöffnet und entnommen hat, werden sie an einer oder mehreren Scannerstationen eingelesen und im hausinternen DV-System gespeichert. So besteht für die Mitarbeiter die Möglichkeit, über den Personal Computer direkt auf die für sie bestimmte Eingangspost zuzugreifen. Der Vorteil dieses Verfahrens liegt in einem deutlich beschleunigten Informationsfluss, da die Dokumente ohne weitere Verteilvorgänge den Fachabteilungen über das firmeninterne Netzwerk zur Verfügung stehen.

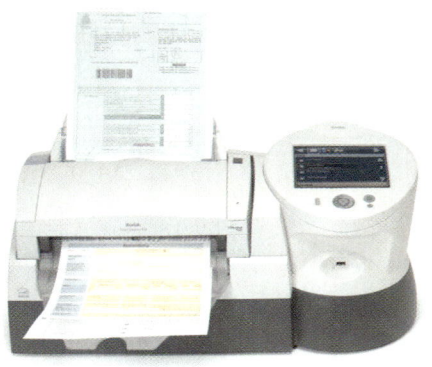

Arbeitsblatt 4

4.1.4 Kontrollieren

Nach dem Öffnen wird das Schriftgut dem Umschlag entnommen. Dabei ist darauf zu achten, dass

- der Briefumschlag vollständig **entleert** wird (Leerkontrolle),
- auch alle im Brief erwähnten **Anlagen** vorhanden sind; fehlt eine Anlage, so wird dies handschriftlich auf dem Brief bei „Anlagen" vermerkt (Anlagenkontrolle),
- das **Datum des Poststempels** auf dem Briefumschlag und das **Briefdatum** nicht zu sehr voneinander abweichen; diese Kontrolle ist vor allem bei Terminsachen (Liefer- und Zahlungsfristen, Anmeldungen usw.) wichtig,
- durch **Zusammenheften** garantiert wird, dass **Brief und Anlagen** zusammenbleiben.

Bei umfangreichem Schriftgut verwendet man für die Leerkontrolle eine **Leerkontrollanlage**. Das ist eine erleuchtete Glasplatte, auf der die stapelweise aufgelegten Umschläge einzeln über die Platte laufen und noch enthaltene Anlagen sichtbar sind.

Leere Briefhüllen werden nur dann aufgehoben und weitergeleitet, wenn die Absenderangabe auf dem Brief fehlt, Briefdatum und Poststempel zeitlich weit auseinander liegen oder wenn es sich um nachzuweisende Sendungen (z. B. Einschreiben), Kündigungen oder Rechtsangelegenheiten (z. B. Vorladung vor Gericht) handelt.

www.dymo.com
www.reiner.de
www.trodat.de

4.1.5 Stempeln

Der **Eingangsstempel** ist auf einem Geschäftsbrief rechts neben der Anschrift des Empfängers anzubringen. Das Abstempeln ermöglicht **einen späteren Vergleich von Ausfertigungstag des Schriftstücks, Datum des Poststempels und dem Tag des Eingangs,** aber auch **die innerbetriebliche Durchlaufzeit** kann verfolgt werden. Eingangsstempel können enthalten:

- Firmenname,
- Datum und Uhrzeit des Eingangs (dies ist häufig ein wichtiger Nachweis für die Einhaltung von Terminen),
- Felder für Bearbeitungsvermerke wie Angabe der Abteilung, die den Brief bearbeiten soll.

Elektrischer Stempel

BEISPIELE:

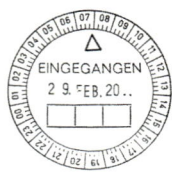

Eingang:	20..-09-14	
Waren-annahme	Rechnungs-kontrolle	Buch-haltung
Ware geprüft *De*	Rechnung geprüft *La*	gebucht *30/17* Sie bezahlt *Da Dr.*

EINGEGANGEN
20. April 20..
Erledigt ....

Urkunden (Zeugnisse, Verträge), Schecks, Wechsel usw. dürfen mit keinem Eingangsstempel versehen werden. Bei diesen Unterlagen empfiehlt es sich, den Briefumschlag abzustempeln und anzuheften.

Bei Behörden und kleineren Firmen ist es noch üblich, ein **Posteingangsbuch** zu führen. Dieses Verfahren ist sehr zeitaufwendig, ermöglicht jedoch eine genaue Kontrolle darüber, wann eine Postsendung eingegangen ist.

4.1.6 Verteilen

Die in der Posteingangsstelle vorbereitete Post muss an die verschiedenen Abteilungen verteilt werden. Dazu gibt es mehrere Möglichkeiten:

- Jede Abteilung holt ihre Post selbst ab.
- Ein Botendienst wird eingerichtet.
- Automatische Verteilung mit Büroförderanlagen.

Rohrpost

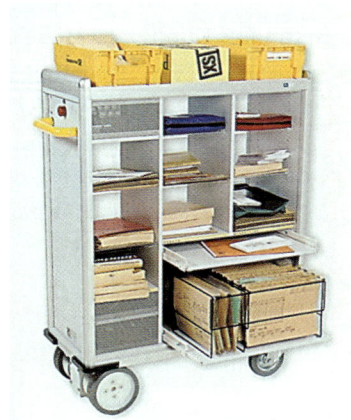
Umlaufwagen

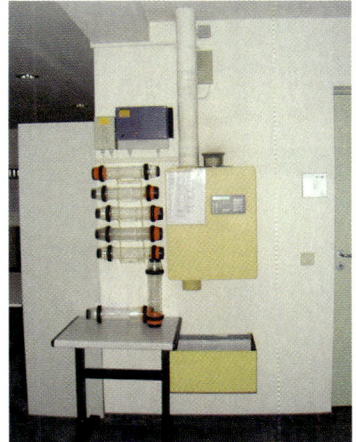
Rohrpoststation

Über die Rohrpostanlage können Papierformate bis zu DIN A3 quer, EDV-Ausdrucke, Geld, Kleinmaterialien, Diktatträger, Laborproben usw. transportiert werden. Das Beförderungsgut wird je nach Größe in eine entsprechende **Rohrpostbüchse,** die aus schlagfestem Kunststoff besteht, eingelegt. Im **Rohrpostsystem** befinden sich mehrere **Stationen,** die über **Zielnummern** angesteuert werden. Durch Druck- und Saugluft wird die Büchse zur **Empfangsstation** transportiert. Moderne Rohrpostanlagen besitzen eine **mikroprozessorgesteuerte Zentrale,** die das ganze System überwacht und steuert.

Schienenförderanlagen

Schienenförderanlagen bestehen aus einem System fest installierter Profilschienen und geschlossenen Behältern. Die Anlage eignet sich für waagerechten und senkrechten Transport des Schriftguts. Die Empfangsstation wird durch Einstellen einer Zahlenkombination am Förderbehälter bestimmt. Im Gegensatz zur Rohrpost beträgt die Fahrgeschwindigkeit maximal einen Meter pro Sekunde.

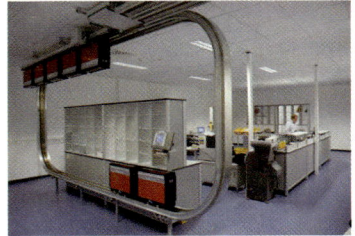
Schienenförderanlage

Selbst fahrender Umlaufwagen

Die Wagen können umfangreiches Schriftgut transportieren und laufen auf einem Metallband. Der Weg des Wagens kann vorher bestimmt werden, sodass er automatisch bestimmte Zielgebiete ansteuert.

Arbeitsblatt 4

4.1.7 Posteingangssysteme

Posteingangssysteme ermöglichen eine schnelle Bearbeitung auf engstem Raum. Die Eingangspost wird unsortiert in einen Ablageschacht gestapelt. Danach werden die Briefe durch ein Vakuumsystem vereinzelt und dem Brieföffner zugeführt. Nach dem Öffnen wird der geschlitzte Briefumschlag durch Saugarme geöffnet, sodass der Inhalt leicht zu entnehmen ist. Gleichzeitig wird der Briefumschlag durch Ausleuchtung kontrolliert. Die weiteren Bearbeitungsschritte wie Heften, Datieren und Sortieren können durch angegliederte Zusatzeinrichtungen erfolgen.

Die Bearbeitungsmaschinen und Sortiereinrichtungen sind nach dem Baukastenprinzip aufgebaut: Jedes Unternehmen kann eine Grundausstattung wählen, die nach Bedarf ergänzt werden kann.

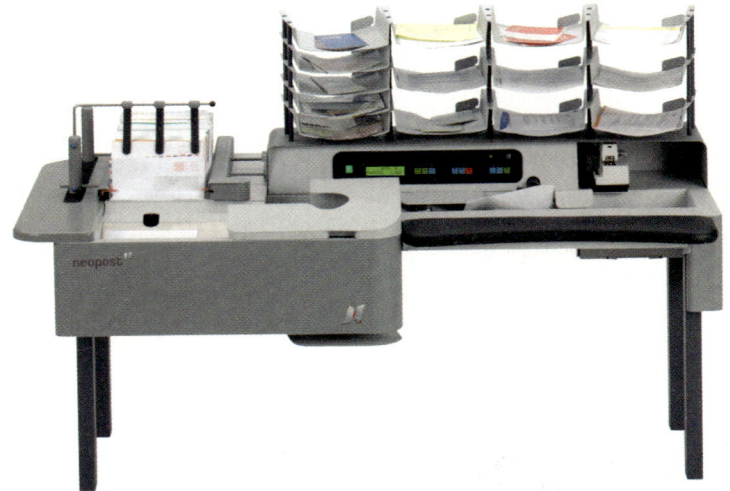

4.2 Arbeitsabläufe beim Postausgang

Nach der Bearbeitung und der Unterschriftsleistung wird die Ausgangspost der einzelnen Abteilungen von einem organisierten Botendienst zur weiteren Bearbeitung eingesammelt und zur Poststelle gebracht. Die Poststelle bereitet die Briefe zum Versand vor. Dabei sind zwei Briefarten zu unterscheiden:

- **Tagespost.** Dies sind meistens individuelle Briefe, Rechnungen, Mahnungen usw., die an bestimmte Personen gerichtet sind. Sie werden in den Abteilungen in Unterschriftsmappen gesammelt und nach Versandart, Gewicht, In- und Auslandssendungen sortiert. Um Entgelt zu sparen, können Sendungen für denselben Empfänger zusammengefasst werden.

- **Massenpost.** Darunter versteht man Briefe mit gleichem Inhalt zu Werbezwecken, Kataloge und Prospekte. Diese können mit den Postbearbeitungsmaschinen schnell und rationell für den Versand vorbereitet werden.

4.2 Arbeitsabläufe beim Postausgang

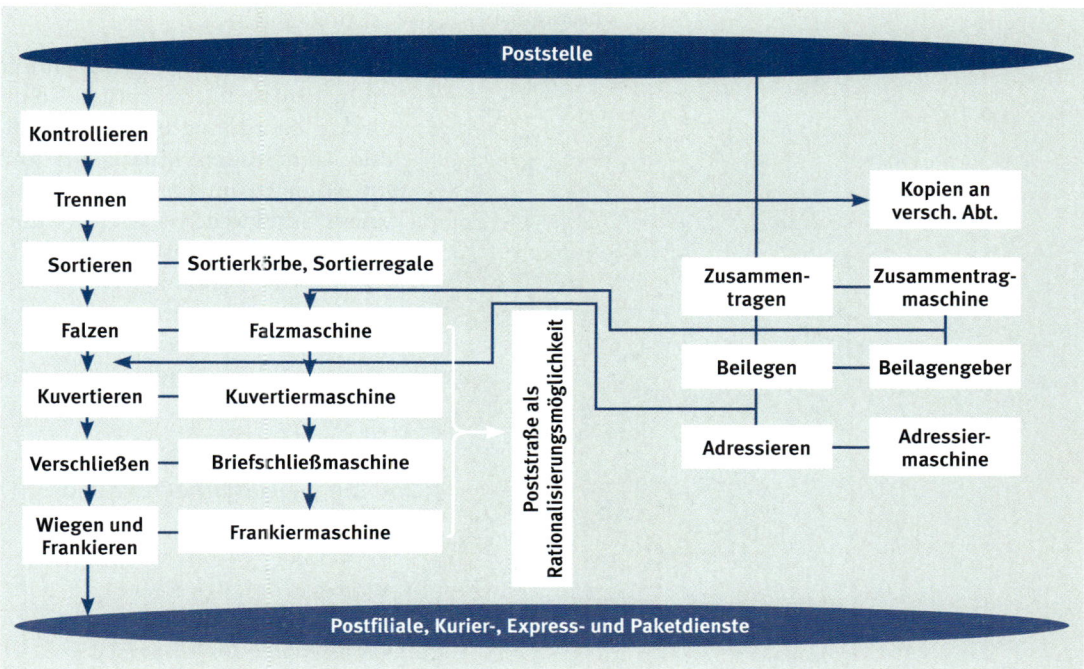

4.2.1 Adressieren

Je größer der tägliche Postanfall ist, desto mehr ist man bemüht, rationell zu adressieren. Bei der Tagespost erfolgt das Adressieren meist beim Schreiben eines Briefes. Häufig wird diese Post in Fensterbriefhüllen versandt, sodass ein nochmaliges Adressieren einer Briefhülle nicht mehr notwendig ist.

Anschriften, die immer wieder benötigt werden (Kunden, Versicherungsnehmer, Zeitschriftenabonnenten usw.), werden auf einem Datenträger (CD-Rom, Diskette, Festplatte) gespeichert.

Dymo-Labelwriter

www.avery zweckform.com
www.herma.de
www.dymo.de
www.sigel.de

Beim Adressieren von Massenpost (Werbebriefe, Mitteilungen von Versicherungen an alle Versicherungsnehmer, Zeitschriftenversand an alle Abonnenten usw.) werden die benötigten Anschriften automatisch in Briefe übernommen oder auf Etiketten (Adressaufkleber) ausgedruckt. Etikettendrucker können wie herkömmliche Drucker an den PC angeschlossen und über die mitgelieferte Software gesteuert werden.

4 Zentrale Postbearbeitung im Unternehmen

Regionen der ersten Ziffer der fünfstelligen Postleitzahl

Postleitzahlen

Die Postleitzahl ermöglicht durch ihren fünfstelligen Schlüssel eine direkte Zuordnung über die Städte und Gemeinden hinaus bis zur Zustellung, zum Postfach oder zu einem Großkunden. Die erste Ziffer der fünfstelligen Postleitzahl kennzeichnet eine Region in Deutschland. Firmen oder Privatpersonen können zwei oder auch drei verschiedene Postleitzahlen haben, und zwar jeweils eine

- für die *Hausadresse,*
- für die *Postfachadresse* und
- als *Großkunde.*

BEIPIELE:
- Spiegelverlag 20457 Hamburg
- Spiegelverlag 20404 Hamburg
- Spiegelverlag 20454 Hamburg

Das vereinfacht die gesamte Auslieferung und macht sie zuverlässiger. Allerdings muss bei der **Postfachadresse** die **Postfachnummer** unbedingt angegeben werden.
- **Postleitzahlen** sind immer fünfstellig und bleiben ungegliedert.
- **Postfachnummern** werden zweistellig gegliedert
  BEIPIELE: *1 23, 12 34, 12 34 56.*

Die Deutsche Post empfiehlt, im internationalen Brief- und Paketverkehr das **Länderkürzel vor der Postleitzahl wegzulassen.** Das Bestimmungsland soll in Großbuchstaben in der letzten Zeile der Anschrift angegeben werden.

Internationale Postleitzahlen von 192 Ländern sind auf zwei CD-ROM gespeichert, die unter *www.add-in-form.de* bestellt werden können.

www.add-in-form.de
www.efiliale.de

Die Gestaltung der Empfängeranschrift

Die Gestaltung der Empfängeranschrift nach DIN 5008 wurde den Vorgaben der Deutschen Post AG wegen der Maschinenlesbarkeit angepasst. Demnach ergeben sich zwei Möglichkeiten der Beschriftung:

Sofern mehr als drei Zeilen in der Zusatz- und Vermerkzone oder mehr als sechs Zeilen in der Anschriftzone benötigt werden, ist es zulässig, den Platz der jeweils anderen Zone mit zu nutzen. Sollte dies nicht ausreichen, ist die Schriftgröße zu reduzieren; eine Schriftgröße von 8 Punkt darf nicht unterschritten werden. Bei Schriftgrößen kleiner 10 Punkt sind serifenlose Schriften wie Arial oder Helvetica zu verwenden.

1. Anschriftfeld ohne Rücksendeangabe

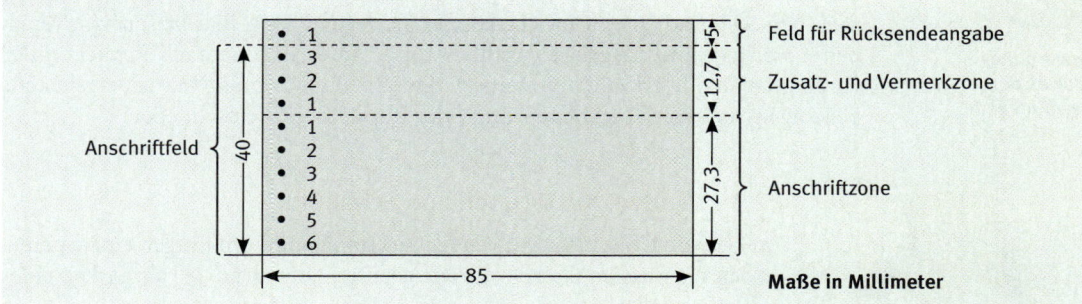

Rücksendeangabe und Zusatz- und Vermerkzone dürfen auch zu einer Zone zusammengefügt werden. Die Rücksendeangabe wird dann wie Zusätze und Vermerke behandelt. Mit Verwendung der für Rücksendeangaben empfohlenen Schriftgröße von 8 Punkt stehen in der Zusatz- und Vermerkzone mit Rücksendeangabe fünf Zeilen.

2. Anschriftfeld mit Rücksendeangabe

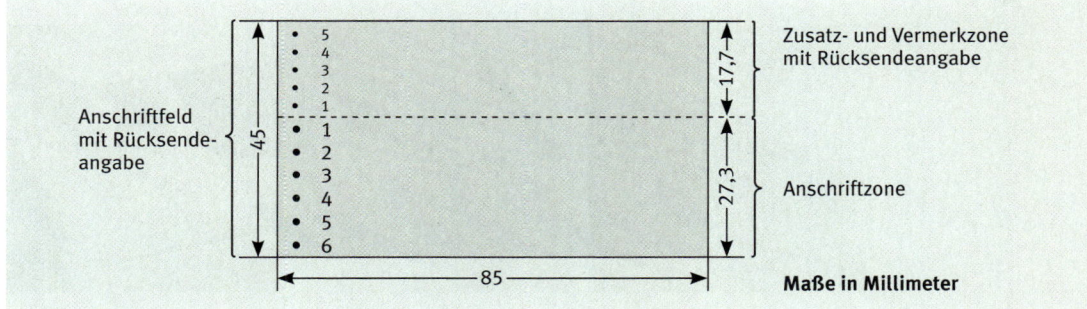

Beispiele für die Gestaltung von Empfängeranschriften	
1 Mode|Idee GmbH – Postfach 10 15 – 70172 Stuttgart 3 2 1 1 Frau 2 Sabine Köster 3 Seelacher Weg 48 4 70134 Stuttgart 5 6	5 4 3 2 Mode|Idee GmbH – Postfach 10 15 – 70172 Stuttgart 1 Bei Umzug mit neuer Anschrift zurück! 1 Frau 2 Sabine Köster 3 Seelacher Weg 48 4 70134 Stuttgart 5 6

4.2.2 Zusammentragen

Manche Sendungen bestehen aus mehreren Teilen. Dies können z. B. Rundschreiben, Berichte, Kataloge und Preislisten sein. In kleinen Betrieben werden diese Beilagen mit der Hand zusammengetragen. In Mittel- und Großbetrieben arbeiten halb- oder vollautomatische **Zusammentragmaschinen.**

4 Zentrale Postbearbeitung im Unternehmen

www.pitney-
bowes.de
www.ideal.de

Die leistungsfähigsten von ihnen tragen von vielen Stapeln Anlagen zusammen und stoßen die fertigen Sätze, soweit ein Rütteltisch angeschlossen ist, ab. Papiere zwischen 50 g und 260 g Gewicht können nach dem Saug-Blasluft-Prinzip verarbeitet werden. Ein integrierter Zähler stoppt die Maschine nach Erreichen der voreingestellten Stückzahl automatisch. Durch einen Impulsgeber lassen sich aus beliebigen Stationen Deckblätter und/oder Rückendeckel einschließen.

4.2.3 Falten, Kuvertieren und Schließen

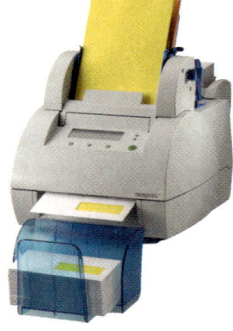

Um kleinere Umschläge verwenden zu können und um Entgelt einzusparen, werden die meisten Geschäftsbriefe gefaltet. Aufgedruckte Faltmarken eines Geschäftsbriefbogens erleichtern das Falten von Hand.

Falzmaschinen ermöglichen ein rasches, kantenfreies Falten von Briefen, Prospekten u. Ä. Die Maschinen sind auf verschiedene Falzarten einstellbar. Die Arbeitsgeschwindigkeit hängt vom Papierformat, der Falzart und dem Papiergewicht ab. Kombinierte **Falz- und Kuvertiermaschinen** falzen z. B. Rechnungen, fügen automatisch das vorgedruckte Überweisungsformular hinzu und kuvertieren das Füllgut in die passenden Briefhüllen.

Bedienelemente und LED-Anzeige   *Einstellung der Falzart*   *Papierauswurf*

Gebräuchliche Falzarten

Mithilfe von **Kuvertiermaschinen** werden die gefalteten Briefe automatisch in die Briefhüllen eingelegt. Wird das Füllgut von Hand eingelegt, ist darauf zu achten, dass der Falz unten ist. Sonst könnte der Inhalt beim Öffnen der Umschläge zerschnitten werden. Beim Einlegen in Fensterbriefhüllen ist zu kontrollieren, dass die ganze Adresse im Sichtfenster lesbar ist.

Briefhüllen mit Adhäsionsverschluss (selbstklebenden Streifen) eignen sich besonders für das Verschließen von Hand. Müssen täglich viele Briefe verschlossen werden, kann in der Kombination mit der Kuvertiermaschine eine **Briefschließmaschine** eingesetzt werden. Die meisten Hersteller bieten die Postbearbeitungsmaschinen als Module an. Eine spätere Ergänzung eines Moduls ist meistens kostengünstiger und platzsparender.

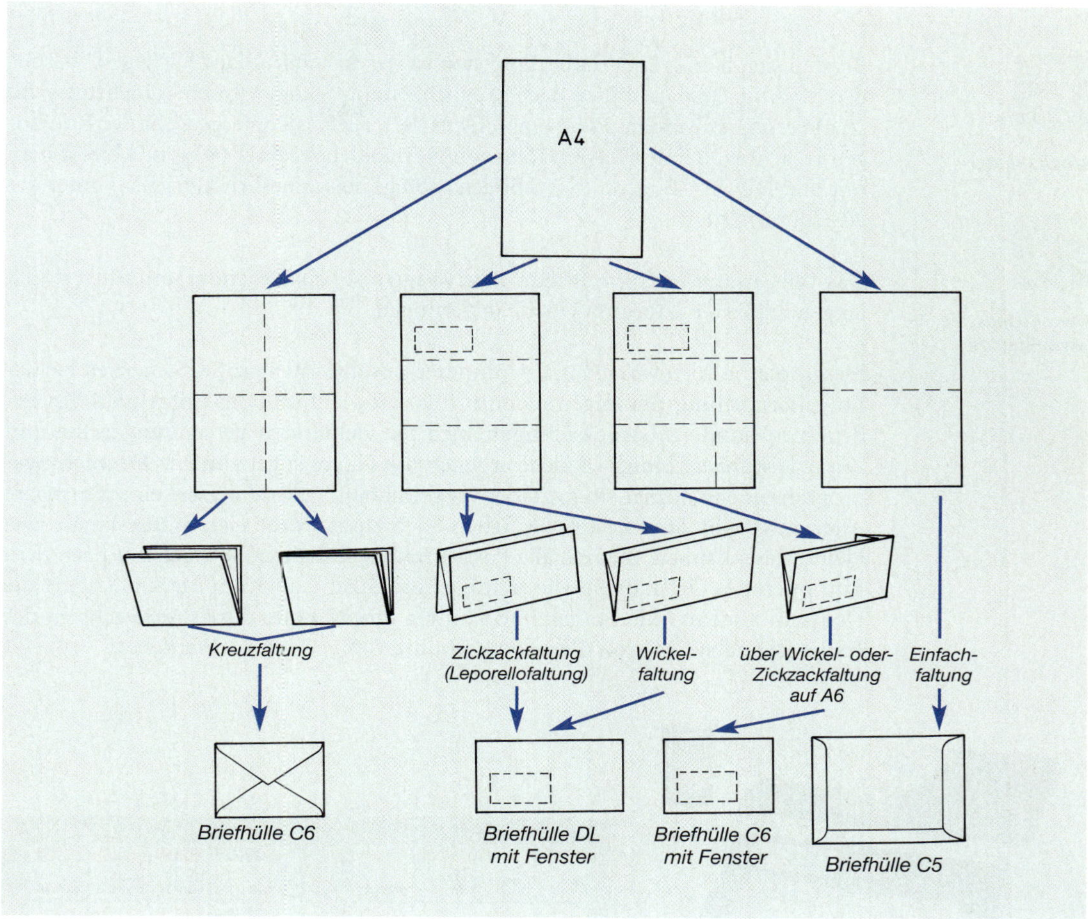

4.2 Arbeitsabläufe beim Postausgang

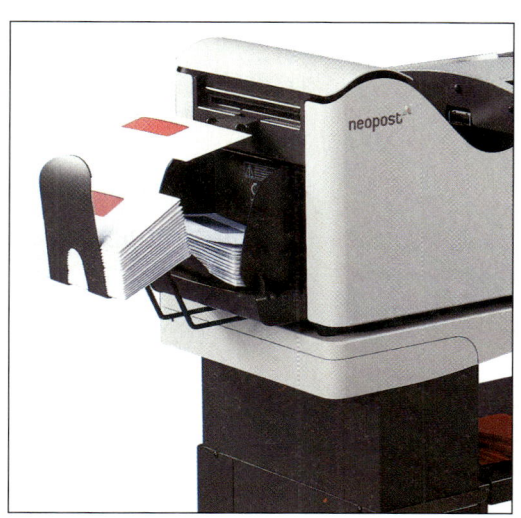

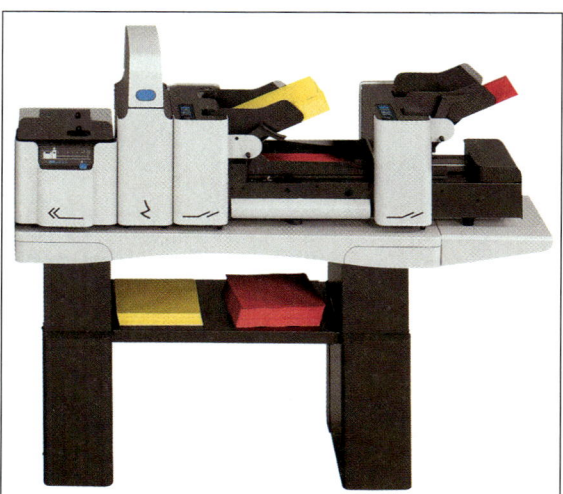

4.2.4 Wiegen

Arbeitsblatt 5

www.neopost.de
www.maul.de

Bei den sich häufig ändernden Entgelten ist der Arbeitsvorgang „Wiegen" besonders wichtig. Deshalb sollten nach Möglichkeit nur Standardbriefe (Höchstgewicht 20 g) versendet werden. Es ist empfehlenswert, auf das Papiergewicht der Briefbögen zu achten. Bei der Verwendung von Normaldruckpapier (80 g/m^2) bleibt man mit drei DIN-A4-Bögen (16 A4-Bögen = 80 g) einschließlich Umschlag unter der 20-Gramm-Grenze.

Das Wiegen mit herkömmlichen Briefwaagen ist zeitaufwendig und führt durch Ungenauigkeiten häufig zu Überfrankierungen.

Elektronische Portowaagen und -computer gewährleisten größte Sicherheit bei der Entgeltermittlung. Sie zeigen nicht nur das Gewicht und das Entgelt auf Tastendruck an, sondern berücksichtigen auch die vielfältigen Versendungsarten und Zusatzleistungen. Einige Modelle arbeiten mit einem sogenannten Optimierungsprogramm, das anzeigt, ob es zu der vorgewählten Versendungsart eine günstigere Alternative gibt. Portocomputer haben noch zusätzliche Leistungsmerkmale, wie kleine Datenbanken, die z. B. alle Postleitzahlen enthalten. So erscheint nach dem Eintippen des Ortsnamens die richtige Postleitzahl auf Knopfdruck. Ändert die Deutsche Post AG die Entgelte, so können diese Geräte durch Auswechseln des entsprechenden Chips an die neuen Gebührensätze angepasst werden.

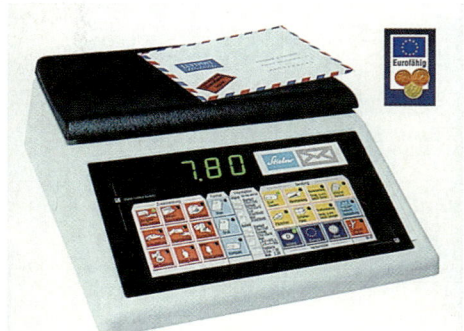

4.2.5 Frankieren

Das Freimachen der Ausgangspost kann durch Briefmarken, die Digitalmarke oder mithilfe von Frankiermaschinen erfolgen.

Digitalmarke

Alternativ zur Briefmarke bietet die Deutsche Post AG seit Anfang 2004 die Möglichkeit, an jedem Schalter eine Digitalmarke zu erstellen, die auf die eingelieferte Sendung geklebt wird. Neben dem **Portowert** enthält der Aufdruck weitere Informationen wie **Einlieferungsdatum, Filialkennung** und **verschlüsselte kryptografische Daten,** die die Fälschungssicherheit gewährleisten.

4.2 Arbeitsabläufe beim Postausgang

Digitalmarke

Vorteile:

- Einstellung des Portowertes in beliebiger Höhe,
- digitale Weiterbearbeitung der Sendung,
- wenig Frankierfehler,
- schnellere Bearbeitung,
- Integration von Zusatzleistungen (z. B. Einschreiben).

www.neopost.de
www.frama.de
www.francotyp.de
www.pitney bowes.de
www.telefrank.de
www.ideal.de
www.neopost.de

Frankiermaschine

Schon bei einem geringen Postanfall ab etwa 15 Briefen am Tag lohnt sich die Anschaffung einer Frankiermaschine. Ab 40 bis 50 Briefen täglich ist bereits eine erhebliche Einsparung möglich, wenn die Frankiermaschine richtig in den Arbeitsablauf integriert ist.

Seit der Einführung der Digitalmarke durch die Deutsche Post AG bieten viele Hersteller digitale Frankiermaschinen nach der Frankit-Technologie an.

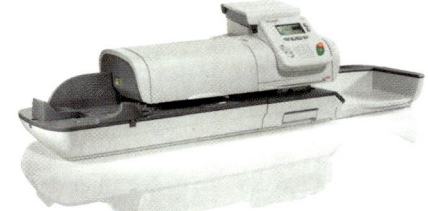
Frankiermaschine

Stempelabdruck einer Frankiermaschine

Bei **Briefen** drucken die Frankiermaschinen die eingestellte Gebühr direkt auf den Briefumschlag, bei **sperrigen Sendungen** (Pakete, Päckchen, Rollen usw.) auf einen selbstklebenden Frankierstreifen.

Seit 1. Januar 2006 wird die herkömmliche Frankiertechnik durch die digitale Frankit-Technologie abgelöst. Das hat zur Folge, dass die alte Frankiermaschine umgerüstet oder eine neue Frankiermaschine angeschafft werden muss.

Der Stempelabdruck einer digitalen Frankiermaschine besteht aus folgenden Teilen:

- **Klartext** mit lesbaren Informationen wie Logo der Deutschen Post AG, Frankierdatum, Portowert, Seriennummer, Sendungsart und Zusatzleistung,
- **zweidimensionaler Matrixcode** mit weiteren Informationen in verschlüsselter Form, die dem Nutzer umfangreiche Analysemöglichkeiten seiner Sendungen erlauben (z. B. Anzahl der frankierten Sendungen, Kundennummer),

Arbeitsblatt 6

- **Werbeklischee und Zusatztext** der Firma, die nach Bedarf ausgetauscht werden können (z. B. Hinweis auf Sonderaktionen),
- **integrierter eindimensionaler Barcode** für Briefzusatzleistungen. Damit entfällt das manuelle Aufkleben des Barcodes auf den Umschlag.

Durch den Einsatz von Frankiermaschinen ergeben sich folgende Vorteile:

- Es muss kein Portobuch geführt werden,
- es gibt keine Portokasse mit Bargeld,
- es müssen keine Briefmarken gekauft und bevorratet werden,
- Sendungen werden schneller freigemacht,
- Portoeinsparung durch Entgeltermäßigung,
- da die Briefe in der Postfiliale nicht mehr gestempelt werden müssen, können sie sofort weitergeleitet werden,
- Frankiermaschinen haben Zählwerke, die Auskunft geben
  - über den täglichen Portoverbrauch (Portozähler),
  - über die Zahl von Sendungen,
  - über den Portovorrat.

Es werden verschiedene Abrechnungsarten unterschieden:

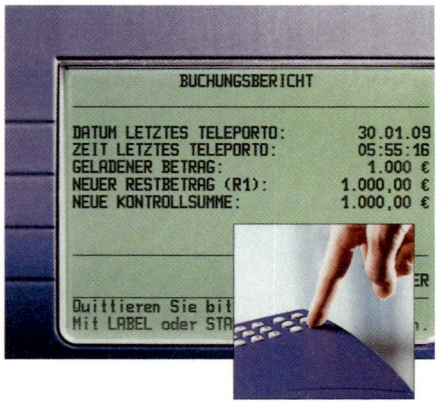

- Am 1. Januar 2006 hat die Deutsche Post AG die Wertkartentechnik eingestellt. Nach der alten Technik freigemachte Sendungen werden nicht mehr angenommen und befördert.
- **Fernwertvorgabesystem mit Telefon.** Der Benutzer ruft zum Portoabruf bei einer **Datenzentrale** an. Zur Identifikation gibt er seine **Kunden- und Frankiernummer** an. Außerdem werden die **Zählerstände** der Entgeltvorgabe und des Entgeltverbrauchs sowie der gewünschte Vorgabebetrag mitgeteilt. Die Datenzentrale prüft die Angaben und teilt dem Benutzer **einen Code** mit. Dieser Code wird in die Frankiermaschine eingegeben. Auf diese Weise wird die gewünschte Wertvorgabe selbst eingestellt.
- **Fernwertvorgabesystem über Modem/ISDN.** Das System wählt die Datenzentrale automatisch an. Die Zugangsdaten und der gewünschte Vorgabebetrag werden im direkten Dialog mit der Datenzentrale ausgetauscht und die Vorgabe durchgeführt.

Weitere Möglichkeiten der Freimachung von Briefen

- **Digitale Frankierung mit Frankit**

Frankit ist ein Produkt der Deutschen Post AG, das die bisherige Stempelung in der Zukunft ablösen soll. Der **digitale Stempelabdruck**

macht das Frankieren komfortabler und sicherer. Das Porto wird mithilfe eines in der Frankiermaschine eingebauten Modems direkt über das Internet aufgeladen.

Die Frankit-Technologie verschlüsselt alle relevanten Daten für die Frankierung in einem **zweidimensionalen Matrixcode** (2-D-Matrixcode), der die eigentliche „Briefmarke" bzw. den bisherigen Stempelabdruck ersetzt. Neben den lesbaren Daten aus dem Klartext enthält der Matrixcode weitere Informationen, wie z. B. Frankierart, Kundennummer, eventuelle Briefzusatzleistungen oder laufende Seriennummer. Diese Informationen werden in den Briefzentren der Deutschen Post AG automatisch gelesen.

Briefzusatzleistungen können durch einen **1-D-Barcode** gekennzeichnet und von der Frankiermaschine automatisch mitgedruckt werden. Dadurch entfällt z. B. beim Einschreiben das manuelle Aufkleben des 1-D-Barcode-Etiketts auf den Umschlag.

- **DV-Frankierung**

Mithilfe einer speziellen Software (z. B. MAILOPTIMIZER) erfolgt das Freimachen über die EDV-Anlage. Dieses Verfahren muss von der Deutschen Post AG genehmigt werden, ist kostengünstig und bietet sich beim Versand von Massenpost an. Der Frankiervermerk wird direkt auf die Briefumschläge oder bei sperrigen Sendungen auf einen Aufschriftzettel gedruckt. Bei Verwendung von Fensterbriefhüllen steht der Frankiervermerk im Anschriftfeld.

Zukünftig wird die DV-Freimachung mit dem **Matrixcode** im Fenster die Abrechnungszeile ersetzen. Freie Bytes im

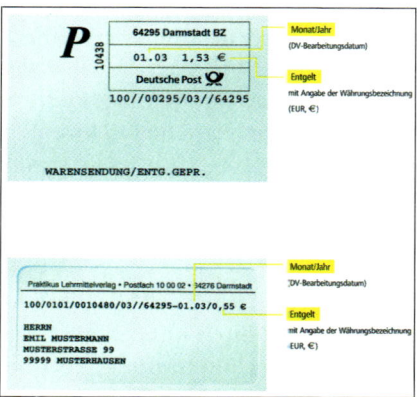

Ehemalige DV-Freimachung

DV-Freimachung mit Matrixcode

Code können kundenindividuell genutzt werden. Für DV-freigemachte Briefe bietet die Deutsche Post AG eine Entgeltermäßigung an.

www.stampit.de

Arbeitsblatt 7

- **PC-Frankierung mit Stampit**

Mit einem PC, Drucker und Internetanschluss sowie der Software „Stampit" kann der Nutzer seine Briefmarke selbst drucken. Für den Einsatz ist eine Vereinbarung zur PC-Frankierung notwendig. Der voraussichtlich benötigte Portobetrag wird mithilfe der PC-Software über das Internet, den sogenannten Postage Point, gekauft. Der geladene Betrag kann in beliebigen Frankierwerten verwendet und abfrankiert werden.

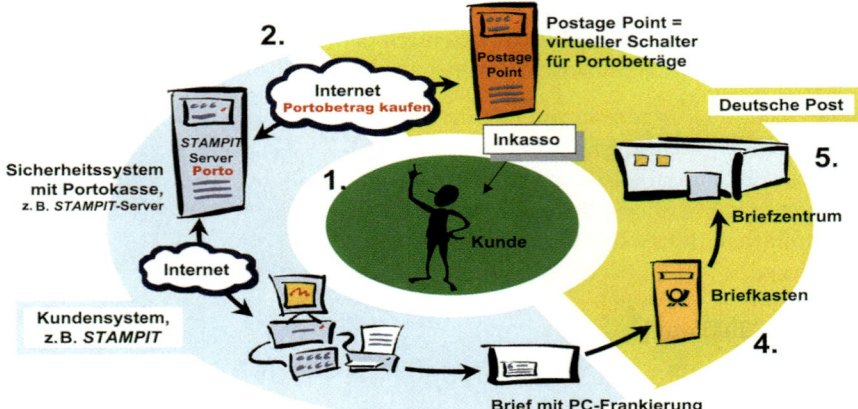

Der Stempelabdruck besteht aus dem Datum, Entgeltbetrag und einem fälschungssicheren Matrixcode.

Der Matrixcode enthält aus Sicherheitsgründen Elemente der Zustellanschrift, sodass die Frankierung nur im Zusammenhang mit der Adressierung möglich ist. Frankiert werden können Etiketten und Briefumschläge. Bei der Verwendung von Fensterbriefumschlägen wird der Frankiervermerk direkt auf dem Dokument über der Anschrift positioniert. Wurde aus Versehen der falsche Freimachungsvermerk gedruckt, bleiben in der Regel nur drei Tage Zeit, um sich das Porto für die versehentlich falsch frankierte Sendung erstatten zu lassen.

Dieses Verfahren eignet sich vor allem für kleine und mittlere Firmen, die bis zu 200 Sendungen pro Woche abwickeln.

www.handyporto.de

- **Handyporto**

Wenn Sie auf die Schnelle eine Briefmarke brauchen und keine zur Hand haben, bietet die Deutsche Post mit dem Service „Handyporto" ihren Kunden die Möglichkeit, per SMS oder Anruf Porto zu kaufen. Die Abrechnung erfolgt über die Mobilfunkrechnung.

- **Frankierservice**

Die unfrankierten Sendungen werden vom Kunden nach Formaten und Beförderungsentgelt getrennt zur Post gebracht. Der Frankierservice übernimmt die Frankierung von gewöhnlichen Briefsendungen (Briefe, Postkarten, Bücher- und Warensendungen sowie Infopostsendungen). Der Preis für diese Dienstleistung richtet sich nach der Sendungsmenge.

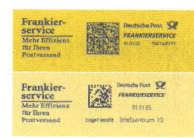

- **Plusbrief**

Der Plusbrief ist ein Briefumschlag mit eingedruckter Sondermarke. Die Preise für den Plusbrief sind gestaffelt. Geschäftskunden und Großabnehmer bekommen Sonderkonditionen.

4.2.6 Poststraße

Viele Arbeitsgänge des Postausgangs können in sogenannten Poststraßen auf engstem Raum zentral zusammengefasst werden. In einem automatischen Maschinengang werden Falzen, Beilegen, Kuvertieren, Schließen, Trennen nach Portoklassen und Frankieren miteinander verbunden. Eine Poststraße ist schon bei 150 Sendungen täglich mit Gewinn einzusetzen. Die meisten Poststraßen werden im Baukastensystem (modular) angeboten. So kann jede Firma nach ihren augenblicklichen Erfordernissen und finanziellen Möglichkeiten ihre maßgeschneiderte Poststraße komplett kaufen, leasen oder nach und nach zusammenstellen und erweitern.

Die höchste Ausbaustufe ist die Online-Kombination. Sie macht postfertig, was der Computer in großen Mengen ausdruckt.

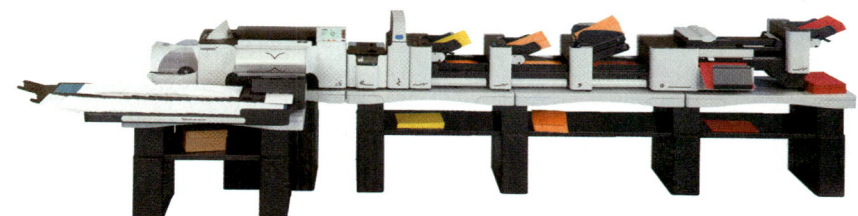

Poststraße

Zusammenfassung

1. Die **Tätigkeiten beim Posteingang** sind Öffnen, Kontrollieren, Stempeln, Sortieren und Verteilen.

2. Für die **Rationalisierung** der Arbeiten beim Posteingang stehen als Hilfsmittel Brieföffnermaschinen, Durchleuchtungsgeräte und Eingangsstempel zur Verfügung.

3. Bei der **digitalen Archivierung** der Eingangspost wird das Schriftgut an einer Scannerstation eingelesen und im Computer gespeichert.

4. Privat- und Direktionsbriefe sowie Briefe für die Personalabteilung werden aussortiert und ungeöffnet weitergeleitet. Irrläufer müssen zur Postfiliale zurückgebracht werden.

5. Die **innerbetriebliche Postbeförderung** besorgen Boten, Rohrpost, Schienenförderanlagen, Bandförderanlagen oder der automatische Umlaufwagen.

Zusammenfassung

6 Die **Stationen des Postausgangs** sind Adressieren, Zusammentragen, Falten, Kuvertieren, Schließen, Sortieren, Wiegen und Frankieren.

7 Fast alle Arbeiten beim Postausgang lassen sich mithilfe von Maschinen erledigen: Etikettendrucker, Zusammentragmaschine (Beilagengeber), Falzmaschine, Kuvertiermaschine, elektronische Briefwaage und **Frankiermaschine**.

8 Die am häufigsten eingesetzte Maschine ist die Frankiermaschine.

9 Die Entgeltabrechnung beim Einsatz von Frankiermaschinen erfolgt über das Wertvorgabesystem oder das computergesteuerte Fernvorgabesystem.

10 Die **Digitalmarke** kann alternativ zur Briefmarke an jedem Schalter der Deutschen Post AG für alle Sendungen erstellt werden.

11 Die digitale Frankierung mit der **Frankit-Technologie** ist durch den zweidimensionalen Matrixcode komfortabel und sicher.

12 Die DV-Frankierung lohnt sich vor allem für die Abwicklung von Massenpost.

13 Mit der **PC-Frankierung** können Briefe, Serienbriefe oder Etiketten mithilfe der entsprechenden Software direkt bei der Erstellung freigestempelt werden.

14 Mit dem **Handyporto** kann immer und überall per SMS oder Anruf Porto gekauft und ein Brief oder eine Postkarte frankiert werden.

15 Je nach Postanfall können die benötigten Maschinen wie in einem Baukastensystem zu einer **Poststraße** zusammengebaut werden.

Aufgaben

1 Sie sollen bei der Postfiliale die für Ihren Betrieb eingegangene Post (Briefe, Einschreibesendungen usw.) abholen. Benötigen Sie dazu eine Genehmigung?

2 Die Mode l Idee GmbH hat bei ihrer Postfiliale ein Postfach gemietet. Welche Vorteile ergeben sich daraus?

3 Nach welchen Gesichtspunkten wird die Eingangspost sortiert?

4 Was verstehen Sie unter digitaler Archivierung der Eingangspost und welche Vorteile ergeben sich durch dieses Verfahren?

5 In der DIN-Norm 5008 ist die Schreibweise der Postfachnummer festgelegt.
   a) Korrigieren Sie die falschen Schreibweisen: 123 – 23 4 5 – 121343
   b) Formulieren Sie die Regel für die richtige Schreibweise.

6 Die Anschriften von zwei Briefen lauten:
   a) Herrn Geschäftsführer Marc Dahlmann, Mode l Idee GmbH
   b) Mode l Idee GmbH, Frau Kerstin Schröder

Darf die Poststelle der Mode l Idee GmbH die beiden Schreiben öffnen (Begründung)?

7 Welche Kontrollen müssen Sie beim Öffnen der Eingangspost durchführen?

8 Sie haben beim Öffnen eines Briefes festgestellt, dass
   a) eine Anlage fehlt,
   b) zwischen Briefdatum und Eingangsdatum ein großer Zeitunterschied besteht.
   Wie verhalten Sie sich?

9 Begründen Sie den Sinn eines Eingangsstempels.

10 Auf welchen Schriftstücken dürfen Sie keinen Eingangsstempel aufbringen?

11 Entwerfen Sie ein Muster für einen Posteingangsstempel Ihrer Schule.

12 Welche Hilfsmittel eignen sich in Großbetrieben für die innerbetriebliche Postbeförderung?

13 In der Mode|Idee GmbH werden jährlich mehrmals an die gleichen Personen Briefe verschickt. Machen Sie Vorschläge, wie das zeitaufwendige Adressieren vereinfacht werden könnte.

14 Ein Brief soll in einem Fensterbriefumschlag verschickt werden. Was ist beim Falten und Kuvertieren des Briefes zu beachten?

15 Welche der folgenden Falzarten eignen sich für eine Fensterbriefhülle DL: Kreuzfalz, Wickelfalz, Zickzackfalz, Einfachfalz?

16 In welcher Reihenfolge erfolgt bei der Poststraße die maschinelle Bearbeitung?

17 Aus welchen Angaben besteht der Stempelabdruck einer Frankiermaschine?

18 Um Porto zu sparen, wollen Sie möglichst viele Briefe als Standardbriefe versenden.
   a) Welche Briefhüllen können Sie verwenden?
   b) Wie viele A4-Briefbögen (80 g) können Sie in einer Briefhülle versenden? Begründen Sie Ihre Antwort.

19 Welche Vorteile bietet der Einsatz von
   a) elektronischen Briefwaagen,
   b) Frankiermaschinen?

20 Beschreiben Sie die Abrechnungsmöglichkeiten beim Einsatz von Frankiermaschinen.

21 An jedem Schalter der Deutschen Post AG können Sie sich eine Digitalmarke zur Freimachung von Sendungen erstellen lassen. Die neuen Frankiermaschinen sind mit der integrierten Frankit-Technologie ausgestattet
   a) Was verstehen Sie unter der „Digitalmarke"?
   b) Worin unterscheiden sich die Frankiermaschinen mit der Frankit-Technologie von den herkömmlichen Frankiermaschinen?

22 Die Mode|Idee GmbH denkt darüber nach, mit der DV- bzw. PC-Frankierung das Frankieren zu verbessern.
   a) Nehmen Sie dazu Stellung.
   b) Welche Möglichkeiten der Frankierung bieten sich noch an?

4.3 Postversand

Kurier-, Express- und Postdienste (KEP-Markt)

www.bundesnetz
agentur.de

Arbeitsblatt 8

Neben der Deutschen Post AG gibt es immer mehr Anbieter für **K**urier-, **E**xpress- und **P**ostdienste, den sogenannten **KEP-Markt**. Seit dem 1. Januar 2008 wurde in Deutschland die Postliberalisierung beendet und das bisherige Privileg der Deutschen Post AG für die Beförderung von Briefsendungen bis 20 Gramm aufgehoben. Von 2011 an dürfen zugelassene Postdienste EU-weit auch Briefe unter 50 Gramm befördern. Das Europaparlament stimmte für die endgültige Abschaffung des Briefmonopols. Damit Postkarten und Briefe auch in entlegene Regionen der EU zuverlässig ausgeliefert werden, soll eine Grundversorgung zu einem erschwinglichen Preis garantiert werden.

Der Begriff „Post" darf nicht mehr ausschließlich von der Deutschen Post AG genutzt werden. Nach einem Urteil des Bundesgerichtshofs (BGH) können die Wettbewerber den Begriff im Firmennamen verwenden, wenn sie sich durch entsprechende Zusätze von der Deutschen Post AG abgrenzen. Die Verwendung der Farbe Gelb und des Posthorns ist jedoch nicht gestattet (AZ: I ZR 108/05 und 169/05).

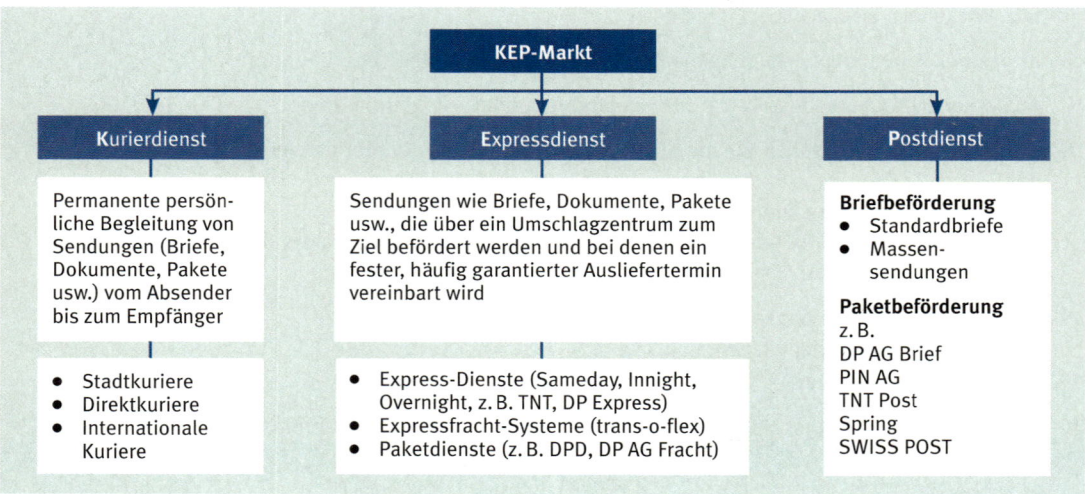

Gesetze und Vorschriften

Für den Postmarkt gelten folgende Gesetze und Vorschriften:

- **Postgesetz (PostG)**

Durch dieses Gesetz sollen im Bereich des Postwesens der Wettbewerb gefördert und flächendeckend angemessene sowie ausreichende Dienstleistungen gewährleistet werden.

- **Post-Universaldienstleistungsverordnung (PUDLV)**

Durch diese Verordnung werden die Universaldienstleistungen zur Beförderung von Briefsendungen im Sinne des PostG sowie die Qualitätsmerkmale der Brief-, Paket-, Zeitungs- und Zeitschriftenbeförderung bestimmt.

- **Lizenzen**

Alle Zustelldienste benötigen seit 2008 eine Lizenz für die Briefzustellung. Die Lizenzen werden in Deutschland von der Bundesnetzagentur vergeben. Nur wer seine Leistungsfähigkeit nachweisen kann, bekommt eine Lizenz.

4.3.1 Briefe

Briefe eignen sich vor allem zur Übermittlung vertraulicher Nachrichten und zur Werbung. Welche Mitteilungen und Gegenstände als Brief verschickt werden können und bis zu welchem Gewicht, definieren die einzelnen Postdienstleister unterschiedlich.

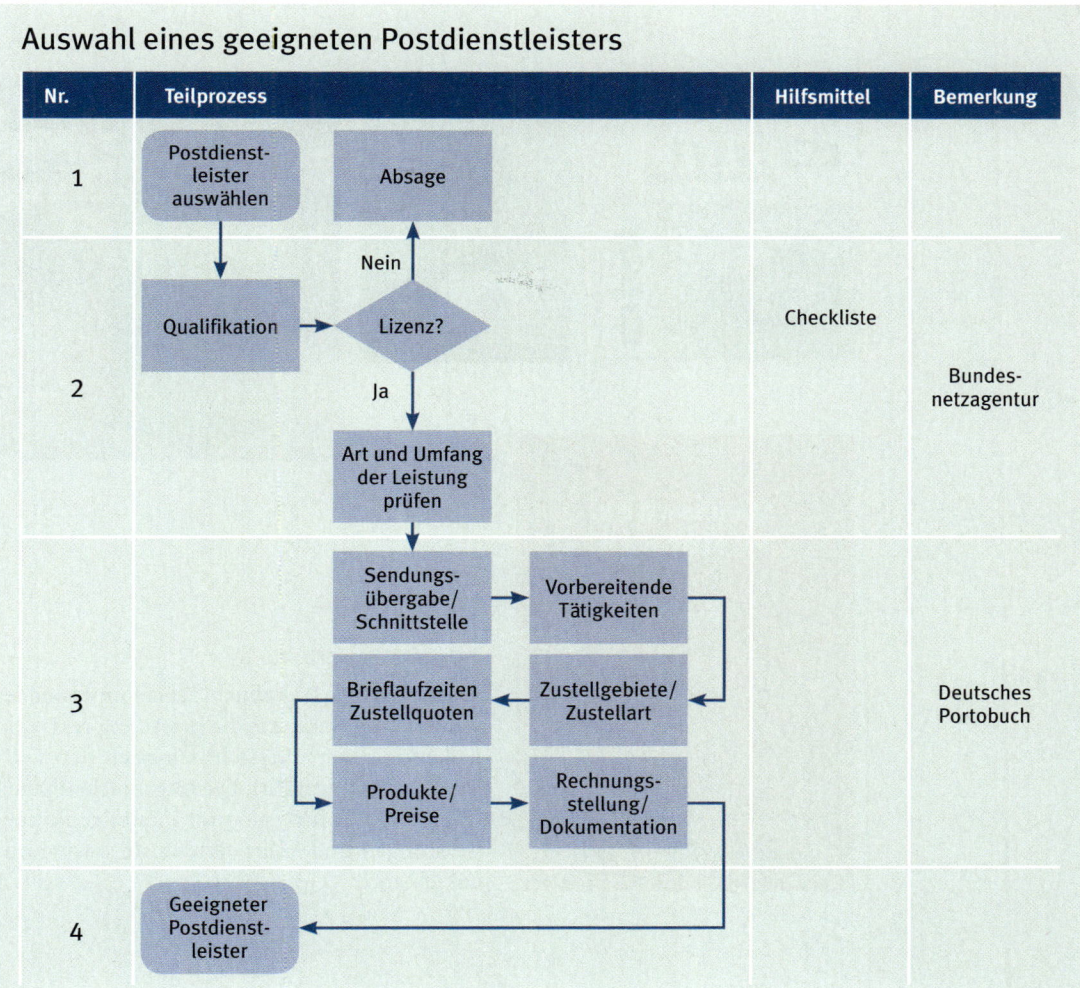

4.3.1.1 Briefbeförderung durch Postdienstleister

www.tntpost.de
www.springglobal
mail.de
www.primemail.de
www.postcon.de
www.freesort.de
www.ppm-mail.de
www.direkt
express.de
www.swisspost.de

Im Zuge der Liberalisierung des gesamten Briefmarktes vergibt die Bundesnetzagentur unter bestimmten Voraussetzungen Lizenzen an Dienstleister für die Briefbeförderung. Bei Briefen von weniger als 200 Gramm bieten die meisten Dienstleister einen sogenannten höherwertigen Service wie Abholung und Zustellung am gleichen Tag. Die Abholung der Briefe erfolgt bei Großkunden oder bei einer Mindestmenge, die vom jeweiligen Dienstleister bestimmt wird. Um auch die Privatkunden zu erreichen, stellen manche Dienstleister Briefkästen auf. **Die günstigen Preise beschränken sich allerdings meistens auf ein bestimmtes Liefergebiet.**

BEISPIELE:

Briefmarke und **Briefkasten** des Anbieters PIN:

Deutsches Portobuch

Das „Deutsche Portobuch" ist ein umfassendes Nachschlagewerk, das die Brief-, Express- und Paketlogistiker übersichtlich nach den Leitzonen 0 bis 9 aufführt. Die Angebote enthalten Preise, Abholungs- und Zustellregionen, Leistungen und Mehrwertdienste sowie Kontaktdaten.

Die gängigsten Postdienstleistungen im Überblick

Leistungen	Möglicher Leistungsumfang
Abholung	- deutschlandweit - örtlich oder regional nach Leitzonen - Mindestmenge für kostenlose Abholung - Anzahl der Kundenfilialen für Geschäfts- und Privatkunden - Anzahl der Briefkästen für Privatkunden
Zustellung	- **deutschlandweit** - **örtlich oder regional** nach Leitzonen - **international** (nur bei Auslandspost-Dienstleistern) - **Zustellung mit Partnern** - **kostenfreie zweite Zustellung** - **Laufzeiten.** Die Angabe gibt Aufschluss darüber, wie lange ein Brief von der Übergabe bis zum Empfänger unterwegs ist. **Mögliche Laufzeiten:** – Zustellung einen Tag nach der Einlieferung, – Zustellung am selben Tag, – termingenaue Zustellung (an einem bestimmten Tag), z. B. bei Rechnungen und Weihnachtspost.
Allgemeiner Briefdienst	Die meisten Dienstleister orientieren sich an den Produkten der Deutschen Post AG. **Vorteil:** die angegebenen Preise sind vergleichbar. **Schwer vergleichbar sind** - **Format- und Gewichtsklassen** mit eigenen Bezeichnungen, - Klassifizierung nach **Kuvertformat**, - Klassifizierung nach **Gewicht**.

Sonderbriefdienste	- **Massensendungen, z. B. Infopost**
	  Preise werden in der Regel nach Menge, Gewicht, Format und nach dem Zustellgebiet berechnet.
	
	- **Postzustellungsaufträge**
	  Die förmliche Zustellung amtlicher Schriftstücke von Gerichten, Verwaltungsbehörden von Bund, Ländern und Kommunen (z. B. Bußgeldstellen).
	
	- **Identsendungen und Identitätsprüfungen**
	
	- **Päckchen**
	  Der Preis bezieht sich in der Regel auf kleinstmögliche Sendungen, die nicht mehr als 2 kg wiegen.
	
	- **Blindensendungen**
	
	- **Wertsendungen**
	
	- **Auslandsbriefe**
	  Die meisten Dienstleister arbeiten mit Auslandsspezialisten zusammen und können den Kunden ein entsprechend günstiges Angebot machen.

www.posttip.de

Leistungen	Möglicher Leistungsumfang
Mehrwertdienste	• **Sendungsverfolgung** (Englisch: Tracking and Tracing) Der Kunde kann den aktuellen Status einer Sendung per Internet oder Telefon abfragen. Die meisten Dienstleister schicken ihren Kunden per E-Mail einen Link, über den sie direkt zum ausführenden Postdienstleister gelangen. Auch wenn Sie einen überregional tätigen Paket- und Kurierdienst für Auslieferungen nutzen, haben Sie die Möglichkeit, unter **www.letmeship.de** zu ermitteln, ob und wann die Lieferung zugestellt wurde. Für die Statusabfrage haben Sie direkten Zugriff auf die Systeme der Kurierdienste TNT, UPS, DHL, FedEx und Legatus. • **Redress-Management** Ist eine Sendung nicht zustellbar, handelt es sich um eine sogenannte Redresse. Das Redress-Management beschreibt die Erfassung, Prüfung, Bearbeitung, Auswertung und Weitergabe von Redressen. • **Hybridpost** Hybridpost ist eine Mischung zwischen digitalem und physischem Briefversand. Der Kunde übergibt dem Dienstleister die zu versendenden Briefe in digitaler Form. Dieser leitet die Briefe an die entsprechenden Zielregionen weiter, druckt sie dort aus, kuvertiert die Briefe und stellt sie selbst zu oder er übergibt sie einem Kooperationspartner. • **Konsolidierung** Dienstleister, die postvorbereitende Tätigkeiten ausführen, nennt man Konsolidierer. Zu ihren Tätigkeiten gehören die Abholung der Tagespost beim Kunden, das Ordnen der Briefsendungen nach Postleitzahlen und die Übergabe der Sendungen ins nächste Briefzentrum der Deutschen Post AG. Die Konsolidierer können so die Rabatte der Deutschen Post AG ausschöpfen und den Kunden gutschreiben. Die anschließende Einlieferung bei der örtlichen Postfiliale heißt in der Fachsprache „**Postauflieferung**". • **Lagerung von Sendungen** • **Lettershop-Leistungen** Lettershops bieten Scan-, Druck- und Kuvertierservice (z. B. Flyerdruck und -verteilung). • **Poststellen-Management** Der Dienstleister übernimmt komplette Postbearbeitungsprozesse für Unternehmen, die ihre Poststellen outsourcen. **Auch die Übernahme einzelner Teile der Postbearbeitungsprozesskette ist üblich:** – Abholung vom Briefzentrum und Zustellung zum Unternehmen – Digitalisierung des Posteingangs – Botendienste – Übernahme des kompletten Postausgangs – Kostenstellensplitting – Frankierservice – bei Bedarf inkl. Werbeaufdruck und Logo – individuelle Briefmarken (meist für besondere Werbeaktionen)

4.3.1.2 Briefbeförderung durch die Deutsche Post AG

Inlandsbriefe gibt es in folgenden vier Basisgruppen:

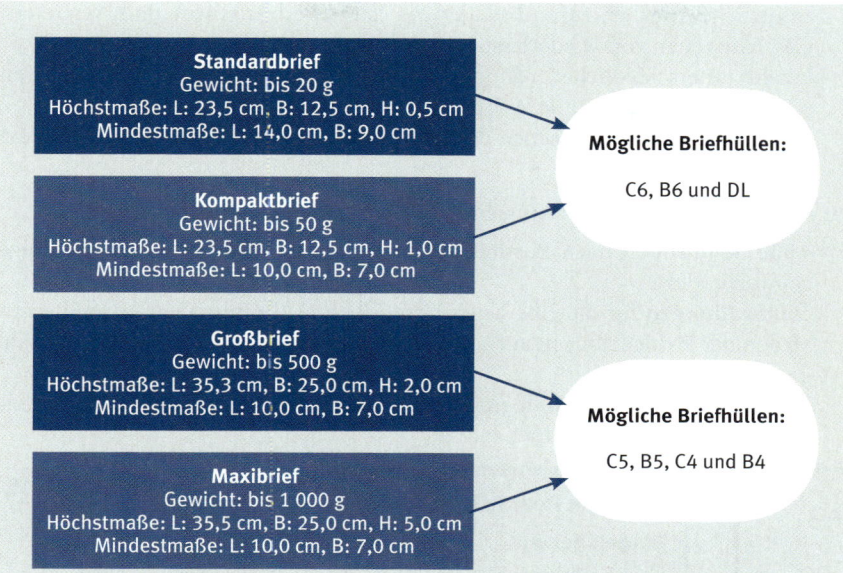

www.
postundschule.de
www.
deutschepost.de/
preise

Überschreitet eine Briefsendung Gewicht, Format oder Dicke des Maxibriefs, so kann sie nur als Päckchen oder Paket befördert werden. Eine nützliche Hilfe, um die Maße und damit das richtige Entgelt für Briefsendungen ermitteln zu können, bietet die Briefschablone, die bei jeder Postfiliale gekauft werden kann. Briefe und Pakete werden von der Aufgabepostfiliale an die regionalen Brief- und Frachtpostzentren weitergeleitet. Bei über 90 % aller maschinengeschriebenen Anschriften erkennt ein Anschriftenlesegerät die Postleitzahl und den Bestimmungsort.

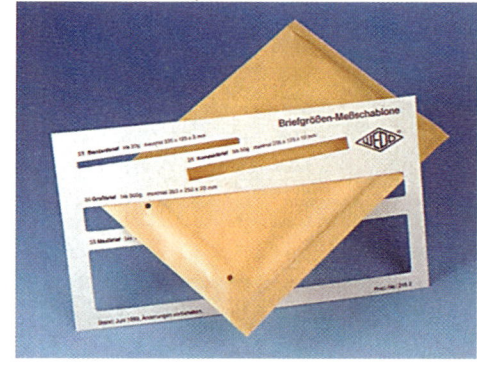

Infopost

Werbebriefe, Einladungen, Unterlagen (z. B. Proben, Muster, Werbeartikel) sowie Datenträger (z. B. Disketten, CDs, Kataloge) können werbewirksam und preiswert als Infopost oder Kataloge zu den vier Basisprodukten versandt werden, wenn

- die Sendungen **inhaltsgleich** sind,
- die festgelegten **Mindestmengen** eingehalten werden,
- die Sendungen nach **auf- oder absteigenden Postleitzahlen** geordnet sind.

Infopost-Sendungen sind mit einem Freimachungsvermerk (Zahlung bei Einlieferung), einer Freistempelung bzw. einer DV-Freimachung oder einer Absenderstempelung und einer **Einlieferungsliste** in der Postfiliale abzugeben.

Arbeitsblatt 9

Inhaltsgleich: Die Sendungen dürfen sich durch folgende Merkmale unterscheiden:
- Codier- und Steuerzeichen,
- Ort und Tag der Absendung, Unterschriften,
- zusätzliche Angaben zum Absender wie Name und Anschrift eines Vertreters, Geschäftszeiten von Niederlassungen u. Ä.,
- je zehn unterschiedliche Ordnungsbezeichnungen wie Nummern, Buchstaben und Zeichen, jedoch keine Wörter,
- die Anrede darf sich zwischen der Begrüßung und der Wiederholung im Text unterscheiden.

Für den Versand als Infopost müssen folgende **Mindestmengen** vorliegen:
- **4 000 Sendungen** nach Postleitzahl in auf- oder absteigender Reihenfolge geordnet oder
- **250 Sendungen** für dieselbe Leitregion (Übereinstimmung der ersten beiden Stellen der Postleitzahl) in auf- oder absteigender Reihenfolge der Postleitzahl geordnet oder
- **50 Sendungen** für den Leitbereich der Einlieferungsstelle in auf- oder absteigender Reihenfolge geordnet.

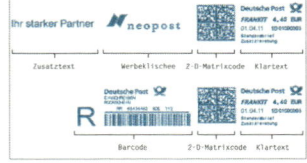

Zahlung bei Einlieferung

Stempelabdruck einer Frankiermaschine

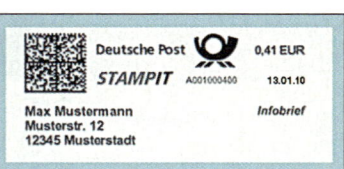

DV-Frankierung

PC-Frankierung

Frankierservice

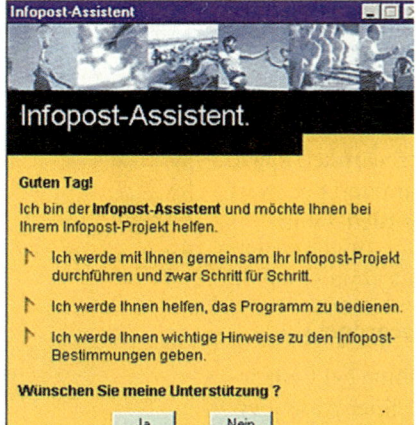

Infobrief

- Kleinere Mengen inhaltsgleicher Briefe (mindestens 50 Sendungen) mit unterschiedlichen Postleitzahlen können unsortiert eingeliefert und als **Infobriefe** versandt werden.
- Bei Infobriefen gelten die gleichen Bestimmungen über Inhaltsangaben, Freimachung und Vorausverfügung wie bei der Infopost.
- Infosendungen (Infopost und Infobrief) ins Ausland können zum Kilotarif (mindestens 50 Sendungen in dasselbe Land) verschickt werden. Die Tarife sind von der Land- bzw. Luftbeförderung und vom Gewicht abhängig.

- Liegt die Stückzahl unter der Mindestmenge, empfiehlt es sich oft, das Porto für die fehlenden Sendungen aufzuzahlen, um so den Normaltarif für Briefe zu umgehen.

Infopost-Manager

Die Software „Infopost-Manager" bietet Funktionen wie Adressmanagement, Informationen und Formulare für die Einlieferung von Infopost und Infobrief. Sie kann bei der Deutschen Post AG gekauft werden.

Leistungsmerkmale:
- Automatische Berechnung der günstigsten Entgelte,
- Unterstützung aller gängigen Dateiformate beim In- und Export von Adressdateien,
- Berichtigung falscher Postleitzahlen, Orts- und Straßenbezeichnungen durch integrierte Anschriftenüberprüfung,
- Erkennen und Löschen von doppelten Anschriften,
- Druck von Endlos- und Einzelblattetiketten, Serienbriefen und Briefumschlägen mit Freimachungsvermerk,
- Druck aller Einlieferungsunterlagen und Aufschriftzettel.

Postwurfsendung

Gegenüber der Infopost mit Empfängeranschrift tragen Postwurfsendungen keine Anschrift. Bei der Zustellung der Postwurfsendung kann der Absender unter folgenden Möglichkeiten auswählen:

- Postwurfsendung an **Haushalte,** die am Zustelltag **Tagespost** erhalten,
- Postwurfsendung an **alle Haushalte,**
- Postwurfsendung an **alle Briefabholer** (Postfachinhaber).

Eine Postwurfsendung an Haushalte mit Tagespost erreicht etwa 65 % aller Haushalte. Postwurfsendungen an alle Haushalte und Haushalte mit Tagespost werden nicht zugestellt, wenn der Empfänger keine Werbesendungen wünscht.

Die Preise der Postwurfsendungen mit Tagespost und an alle Haushalte hängen vom Gewicht (höchstens 250 g) und den Zustellungsgebieten (Ballungszentren, Zwischenbereiche, Landbereiche), bei Briefabholern nur vom Gewicht (höchstens 1 000 g) ab.

Büchersendung

Bücher, Broschüren, Notenblätter, Fernkursunterlagen und Landkarten, deren Inhalt nicht geschäftlichen Zwecken (Werbung) dient, können wie Briefe zu den vier Basisprodukttarifen versandt werden. Höchst- bzw. Mindestmaße sowie Höchstgewicht entsprechen den Regelungen der Briefsendungen.

Blindensendung

Informationen für Blinde, wie Schriftstücke in Blindenschrift (Braille-Schrift) oder für Blinde bestimmte Tonaufzeichnungen (Schallplatten, Kassetten) sind gebührenfrei. Nicht zugelassen sind hand- oder maschinenschriftliche Zusätze. Die Verpackung darf nicht verschlossen sein und muss über der Anschrift die Bezeichnung „Blindensendung" tragen.

Warensendung

Warenproben, Muster oder kleine Gegenstände (z. B. Filme/Kataloge) können als

- Warensendung **Standard,**
- Warensendung **Kompakt** oder
- Warensendung **Maxi**

verbilligt versandt werden. Gegenüber den Brief- und Büchersendungen darf das Basisprodukt Maxi höchstens 500 g wiegen (im Vergleich: Maxibrief und Büchersendung Maxi bis 1 000 g). Briefliche Mitteilungen sind nicht zugelassen, dagegen können eine Rechnung, ein Zahlungsvordruck oder eine Gebrauchsanweisung beigefügt werden. Warensendungen müssen grundsätzlich offen eingeliefert werden.

Werbeantwort

Die Werbeantwort eignet sich insbesondere für Anmeldungen, Reservierungen und Bestellungen. Die Kennzeichnung erfolgt durch „Antwort" bzw. „Werbeantwort" und muss oberhalb der Anschrift stehen. Die Werbeantwort ist bereits frankiert, sodass derjenige, der die Antwortkarte erhält, sie nur noch ausfüllen und an den Absender zurückschicken muss.

Briefversand

- Briefe für Postfachinhaber immer an die **Postfachanschrift** senden.
- Verwenden Sie für den Versand von Briefen **Fensterbriefhüllen** (Format DL). Dadurch sparen Sie sich die Adressierung der Briefhülle und es besteht keine Verwechslungsgefahr.
- Prüfen Sie, ob Sie eine Mitteilung statt per Brief preisgünstiger als Fax oder E-Mail verschicken können.
- Unter **www.portokalulator.de** und **www.postsitter.de** können Sie schnell und zuverlässig das Porto für einen Brief oder Ihre Geschäftspost ermitteln.

www.deutschepost.de
www.bahntrans.de
www.derkurier.de
www.dhl.de
www.dpd.de
www.germanparcel.de
www.hermespaketshop.de
www.postexpress.de
www.tnt.de

4.3.2 Päckchen und Pakete

4.3.2.1 Beförderung durch Paketdienstleister

In Deutschland bieten etwa 6 000 Paketdienstleister ihre Produkte an. Die Angebote zeichnen sich durch **Schnelligkeit** (garantierte Zustellungszeiten) und den **Haus-zu-Haus-Service** (Abholung der Päckchen und Pakete, Erledigung der Zollformalitäten usw.) aus. Viele Dienstleister bieten auch **Terminzustellungen** an, d. h. der Kunde kann die Zustellung des Päckchens oder Pakets für den folgenden Tag z. B. bis 08:00, 09:00, 10:00 oder 12:00 Uhr bestimmen.

In der Regel garantieren die Dienstleister eine Zustellung am folgenden Tag (innerhalb 24 Stunden), wenn der Bestimmungsort in Deutschland liegt. Gegen Aufpreis werden die Päckchen und Pakete auch samstags zugestellt.

Ein Grundsatz gilt jedoch bei allen Anbietern: Je schneller, desto teurer. Für ganz eilige Päckchen und Pakete bieten einige Anbieter dafür einen besonderen Dienst an: Die Sendungen werden sofort abgeholt und so schnell wie möglich zum Empfänger transportiert.

Die Postdienstleister unterscheiden sich durch unterschiedliche Kernkompetenzen wie z. B.

- Lokal- und Regional-Postdienstleistung,
- Beförderung nur im Inland,
- schwere und großformatige Sendungen deutschlandweit,
- Beförderung nur ins Ausland,
- Beförderung ins In- und Ausland,
- Hybridpost und Zustellung,
- Konsolidierung.

www.ups.com
www.posttip.de
www.generalovernight.de
www.packstation.de
www.dwk.de
www.timematters.de

Die Übergänge zwischen Brief- und Paketlogistik sind fließend. Deshalb werden hier überwiegend zusätzliche Dienstleistungen von Paketdienstleistern genannt.

Leistungsmerkmale sind z. B.:

- Abwicklung von Zollformalitäten,
- Gefahrguttransport,
- Lagerlogistik,
- Retourenmanagement.
- Ausfüllen der **Frachtscheine** durch den Abholer.
- **Zahlungsmöglichkeiten:** Rechnung, Barzahlung, Scheck oder Kreditkarte.
- **Sendungsverfolgung** (Tracking and Tracing) per Internet, E-Mail oder Handy.
- **Regellaufzeiten** in andere Länder zwischen 2 bis höchstens 7 Tage.

4.3.2.2 Beförderung mit der Deutschen Post DHL

Päckchen

Wie die Warensendung dient das Päckchen dem Versand verschiedener kleiner Gegenstände, jedoch mit folgenden Unterschieden:

- Höchstgewicht 2 000 g,
- briefliche Mitteilungen sind erlaubt,
- Versand auch in Rollenform möglich.

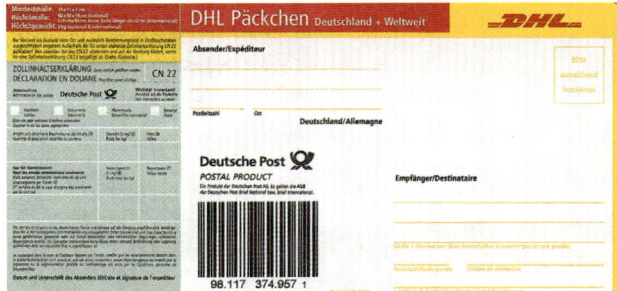

Pakete National und International

Gegenstände aller Art können bis zu 31,5 kg als **Paket** versandt werden. Pakete sind automatisch mit dem Standardbetrag versichert. Liegt der Wert der Sendung über dem Standardbetrag, kann für das Paket eine Transportversicherung gegen eine zusätzliche Gebühr abgeschlossen werden. Überschreitet ein Paket die festgelegte Größe, muss es als **Sperrgut** versandt werden.

www.efiliale.de
www.dhl.de
www.dpwn.de

Alle Pakete erhalten **scannerlesbare Codes,** die für eine schnellere Verteilung und Bearbeitung der Pakete sorgen. Sie dienen als Informationsträger für Absenderangaben, Empfängerbezeichnung und Produktkennung. Der **Identcode** wird bei der Einlieferung, der **Leitcode** im Frachtpostzentrum auf das Haftetikett aufgeklebt.

Paketmarke für die Versendung innerhalb Deutschlands

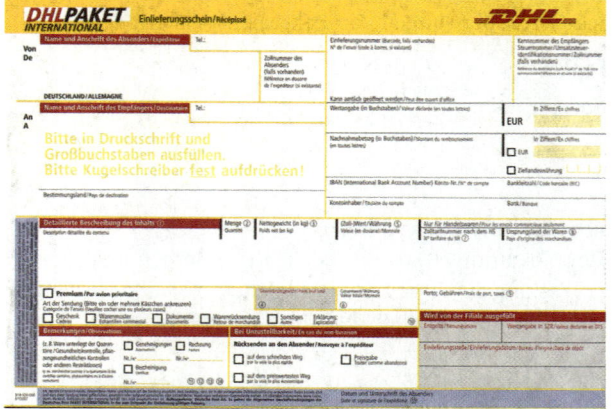

Paketmarke für die Versendung außerhalb Deutschlands

Privatkunden oder Firmen können Pakete mit **Paketmarken** selbst postfertig machen. Der Absender kauft bei einer Postfiliale eine oder mehrere Paketmarken und klebt sie nach dem Ausfüllen auf das Paket. Das so vorfrankierte Paket kann dem Frachtpostzusteller mitgegeben oder am Postschalter einfach durchgereicht werden.

Online-Frankierung für Pakete und Päckchen

Über ***www.dhl.de*** kann die Online-Frankierung für Päckchen und Pakete genutzt und Porto gespart werden. Der Kunde gibt in die Abfragemaske die entsprechenden Daten ein und druckt anschließend die Versandmarke am besten gleich auf ein passendes Klebeetikett. Bezahlt wird per Rechnung, Kredit- oder Kundenkarte.

Alternativer Versand und Zustellung von Paketen, Päckchen und Retouren

- **Packstation**

In vielen deutschen Städten bietet DHL die Packstation an. Die Kunden erhalten nach der Registrierung per Einschreiben eine Identifikationskarte mit einer persönlichen PIN-Nummer, die zusammen die Bedienung des Paketautomaten ermöglichen. Der Kunde wird per E-Mail oder SMS über den Eingang eines Paketes benachrichtigt. Die eingegangenen Pakete werden maximal neun Tage in der Packstation gelagert.

Über eine Packstation können Pakete, Päckchen und Retouren gegen einen Einlieferungsbeleg aufgegeben werden. Mittlerweile stellen auch andere Paketdienstleister für ihre Kunden Packstationen auf.

- **Paketbox**

Sendungen bis zu einer Größe von 50 × 40 × 30 cm mit einem maximalen Höchstgewicht von 31,5 kg können über die Paketbox versendet werden. Das Prinzip ist einfach: Sie frankieren Pakete und Päckchen, bei Retouren kleben Sie den Rücksendeschein auf und legen die Sendung in die Paketbox.

Vorteile:

- Unabhängigkeit von den Öffnungszeiten,
- Funktionsweise wie beim Briefkasten,
- kostenlose Nutzung,
- kein Zugriff durch Unbefugte möglich.

Nachteil:

- Bei Abgabe der Sendung wird **kein Beleg** ausgestellt.

www.packstation.de
www.dhl.de/paketbox

4.4 Schnelle und sichere Beförderung von Sendungen

4.4.1 Express-Dienst

Für **Briefe und Pakete,** die besonders schnell den Empfänger erreichen sollen, bieten die meisten Postdienstleister einen Express-Dienst an.

Die Zustellung erfolgt in der Regel am nächsten Werktag. Muss es schneller gehen, kann der Absender unter folgenden Möglichkeiten wählen:

Express vor 12:00 Uhr, Express vor 10:00 Uhr, Express vor 09:00 Uhr, Express Samstagszustellung, Express Sonn- und Feiertagszustellung.

BEISPIEL: *Deutsche Post DHL*

[Abbildung: Frachtbrief Express International mit Ausfüllhinweisen]

Von der Kundennummer bis zur Telefonnummer benötigen wir hier alle Angaben zum Absender. Dazu – falls gewünscht – die Referenz, die in der Rechnung erscheinen soll. Bitte kein Postfach angeben.

Vom Firmennamen bis zur Telefonnummer benötigen wir hier alle Angaben zum Empfänger. Bitte kein Postfach angeben.

Mit Datum und Unterschrift bestätigen Sie hier die Richtigkeit und Vollständigkeit Ihrer Angaben und dass Ihre Sendung weder gefährliche Güter noch Bargeld enthält. Bitte beachten Sie auch unsere Allgemeinen Transportbedingungen auf den Rückseiten 1 und 3 des Frachtbriefes.

Gewicht und Maße bitte exakt angeben.

Hier finden Sie die Express-Sendungsnummer: Die nennen Sie uns ganz einfach, wenn Sie sich über den Lieferstatus Ihrer Sendung informieren wollen. Oder schauen Sie ins Internet: www.dhl.de

Bitte mit drei Kreuzen Ihre Wahl des Service, der Zustellzone und der Zahlungsmethode kennzeichnen. Ein Extrakreuz, falls Sie eine Transportversicherung wünschen. Und die Beschreibung des Inhalts in Englisch, please.

Officepacks bis zu 3 000 g – Dokumente in speziellen Versandtaschen – werden von Schreibtisch zu Schreibtisch bis 12:00 Uhr (auch samstags) zugestellt.

Mit **Express International** können Sendungen bis 20 kg in mehr als 200 Länder der Welt verschickt werden. Für Sendungen über 20 kg müssen mit der Deutschen Post DHL Sondervereinbarungen getroffen werden.

Arbeitsblatt 10/1

4.4.2 Einschreiben, Eigenhändig, Rückschein, Nachnahme

Eine besondere Behandlung der Sendung bieten die Zusatzleistungen:

- Einschreiben
- Einschreiben Einwurf
- Eigenhändig ⎫
- Rückschein ⎬ nur in Verbindung mit **Einschreiben** oder **Nachnahme** möglich.
- Nachnahme

Bei der **Portoberechnung** wird das Entgelt für die **Zusatzleistung** zum **Beförderungsentgelt der Sendung** hinzugerechnet.

Einschreiben	Beim Einschreiben wird der Versand durch einen **Einlieferungsschein** nachgewiesen. Die **Auslieferung** der Sendung dokumentieren der Zusteller und der Empfänger mit ihren Unterschriften. Ist der Empfänger nicht persönlich anwesend, können auch Ehegatte, Empfangsberechtigte oder Familienangehörige sowie andere in der Wohnung anwesende Personen das Einschreiben gegen Unterschrift in Empfang nehmen.
Einschreiben Einwurf	Das Einschreiben Einwurf wird vom Zusteller **nicht persönlich** übergeben, sondern in den Briefkasten oder in das Postfach geworfen. Nur der Zusteller unterschreibt und bestätigt damit den Einwurf der Sendung.
Einschreiben Rückschein	Benötigt man einen Nachweis über die Übergabe an den Empfänger, sollte das Einschreiben mit der Zusatzleistung Rückschein gekoppelt werden. Der Empfänger bestätigt die Übergabe auf dem Rückschein, der dann an den Absender zurückgeschickt wird.
Einschreiben Eigenhändig	Das Einschreiben Eigenhändig ist zum Versand von vertraulichen Unterlagen und besonders sensiblen Informationen geeignet. Nur der Empfänger selbst oder eine von ihm bevollmächtigte Person ist berechtigt, die Sendung entgegenzunehmen.
Einschreiben Eigenhändig Rückschein	Nur der Empfänger oder eine von ihm bevollmächtigte Person darf die Sendung entgegennehmen. Der Rückschein mit Datum und Unterschrift des Empfängers wird als Empfangsbestätigung an den Absender zurückgeschickt.

Neben der bisherigen Möglichkeit, die **Barcode-Label** manuell oder maschinell aufzubringen, können die Label nun auch in einem Vorgang zusammen mit der Adresse gedruckt werden. Die Verknüpfung der Sendungsnummer mit der Empfängeradresse und die Erstellung der Einlieferungslisten können damit einfacher erfolgen. Die Integration des Sendungsbarcodes in die Freimachung der PC- und DV-Frankierung ist ebenfalls möglich.

Universal-Label

Produktspezifisches Label zur manuellen Aufbringung

Produktspezifisches Label zur maschinellen Aufbringung

In die Adresse integriertes Label

Der **Sendestatus** von einem oder mehreren Einschreiben kann einen Tag nach der Zustellung im Internet oder telefonisch abgefragt werden.

Mit der **Post-Versandsoftware** „PostKIT" und „MAILING MANAGER" ist eine schnelle Abwicklung von Sendungen mit Zusatzleistungen möglich. Die Integration der Sendungsbarcodes erfolgt bei der PC- oder DV-Frankierung direkt in das Anschriftfeld. Die Verknüpfung der Sendungsnummer mit der Empfängeradresse und die Erstellung der Einlieferungslisten kann damit noch einfacher erfolgen.

www.deutschepost.
de/zlmaterialien
www.deutschepost.
de/briefstatus
www.mailing
manager.de
www.porto
kalkulator.de
www.postleitzahl.de

Versandvorbereitung mehrerer Sendungen mit Zusatzleistungen:

- Jede **Sendungskategorie** wird **fortlaufend** zu einem Block sortiert.
- Kennzeichnung jeder Sendung eines Blocks mit einem **Label**.
- Die Sendungen in **aufsteigender Reihenfolge** nach den **Sendungsnummern** der **Labels** sortieren.

Nachnahme

Mit einer Nachnahmesendung kann man

- Geldbeträge durch die Post einziehen lassen,
- eine Ware (Päckchen, Paket) nur gegen Zahlung des Nachnahmebetrages ausliefern lassen,
- fällige Beträge anmahnen und den Schuldner zur Zahlung veranlassen.

Die Nachnahme wird wie eine gewöhnliche Briefsendung eingeliefert, somit entfällt zukünftig der Ein- und Auslieferungsnachweis. Der Inkassobeleg erhält auch den Sendungsbarcode, sodass die Statusabfrage zur Geldübermittlung telefonisch oder über das Internet möglich ist.

Treten bei der Geldübermittlung Fehler auf, haftet die Deutsche Post AG bis zu einem Höchstbetrag von maximal 1 600,00 EUR.

4.4.3 Postzustellungsauftrag (PZA)

Einlieferungsbeleg für alle sortierten Sendungen. Die Zusatzleistung wird angekreuzt. Der Barcode der niedrigsten und der höchsten Sendungsnummer wird in die entsprechenden Felder auf dem Einlieferungsbeleg geklebt.

Postdienstleister übernehmen auch die förmliche Zustellung amtlicher Schriftstücke z. B. von Gerichten, Verwaltungsbehörden von Bund, Ländern und Kommunen (z. B. Bußgeldstellen) sowie von anderen Körperschaften des öffentlichen Rechts, die befugt sind, nach den Vorgaben der Zivilprozessordnung (ZPO) zuzustellen.

Arbeitsblatt 10/2
Arbeitsblatt 11

Im Rahmen dieser Zustellung wird festgehalten, wem, wann, wo und unter welchen Umständen das Schriftstück zugestellt wurde. Die ausgefüllte Zustellungsurkunde geht an den Auftraggeber zurück und hat weitreichende Rechtswirkungen. Der Zustellungsempfänger kann sich der Zustellung nicht willkürlich entziehen. Kann die Postzustellungsurkunde nicht an eine empfangsberechtigte Person ausgeliefert werden, wird sie bei der zuständigen Postfiliale hinterlegt. Der Empfangsberechtigte wird benachrichtigt. Das Schriftstück gilt als zugegangen – auch wenn es nicht innerhalb der dreimonatigen Aufbewahrungspflicht abgeholt wird.

PZA der Deutschen Post AG

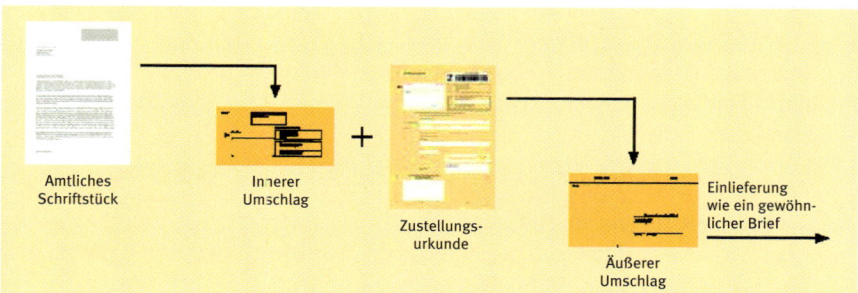

Die vorbereitete Zustellungsurkunde und der mit der Empfängeranschrift versehene und verschlossene Innenumschlag, der das zu versendende Schriftstück enthält, werden mit einem besonderen Versandumschlag (äußerer Umschlag) kuvertiert.

4.4.4 Vorausverfügungen

Wenn der Absender möchte, dass eine unzustellbare Sendung zurückgeschickt wird oder eine Benachrichtigung erfolgt, bietet die Deutsche Post AG folgende Vorausverfügungen:

- Bei Umzug mit neuer Anschrift zurück!
- Nicht nachsenden!

Die Rücksendung unzustellbarer Briefsendungen, z. B. Briefe, Postkarten, Büchersendungen usw. (außer Infopost und Infobrief) ist kostenlos. Die zurückgesandte Sendung trägt einen entsprechenden Unzustellbarkeitsvermerk.

www.nachsende service.de
www.premium adress.de

PREMIUMADRESS

Alternativ zur Vorausverfügung kann das Produkt PREMIUMADRESS genutzt werden. Statt der Vorausverfügung wird das PREMIUMADRESS-Label in die Zusatz- und Vermerkzone des Anschriftfeldes gesetzt. Über den in das Label integrierten Matrixcode werden die Wünsche des Kunden hinsichtlich der Adressinformationen und des Sendungsverbleibs gesteuert.

```
5
4
3
2 Mode|Idee GmbH – Postfach 10 15 – 70172 Stuttgart
1 Bei Umzug mit neuer Anschrift zurück!

1 Frau
2 Sabine Köster
3 Seelacher Weg 48
4 70134 Stuttgart
5
6
```

```
1 Mode|Idee GmbH – Postfach 10 15 – 70172 Stuttgart
3
2    PREMIUMADRESS
     BASIS
1    INFOPOST

1 Frau
2 Sabine Köster
3 Seelacher Weg 48
4 70134 Stuttgart
5
6
```

Arbeitsblatt 12

Zusammenfassung

1 Neben der Deutschen Post AG gibt es immer mehr Anbieter für Kurier-, Express- und Postdienste, den sogenannten **KEP-Markt**.

2 Seit der Liberalisierung des gesamten Briefmarktes vergibt die Bundesnetzagentur unter bestimmten Voraussetzungen Lizenzen an Postdienstleister für die Briefbeförderung.

3 Das „**Deutsche Portobuch**" ist ein Verzeichnis aller Postzusteller in Deutschland.

4 Die Postdienstleister für die Briefbeförderung unterscheiden sich durch Leistungsmerkmale in den Bereichen **Abholung, Zustellung, allgemeiner Briefdienst, Sonderbriefdienste und Mehrwertdienste**.

5 Beim Briefkonzept der Deutschen Post AG gibt es **vier Basisprodukte: Standard, Kompakt, Groß und Maxi.**

6 Inhaltsgleiche Sendungen (Werbebriefe, Einladungen usw.) können bei bestimmten Mindestmengen als **Infopost** oder **Infobrief** befördert werden.

7 Mit einem **Postzustellungsauftrag** können Gerichte sowie Verwaltungsbehörden von Bund, Ländern und Kommunen nach den Vorgaben der Zivilprozessordnung (ZPO) wichtige Schriftstücke über einen Postdienstleister sicher zustellen lassen.

8 **Postwurfsendungen** (Sendungen ohne Empfängeranschrift) sind besonders preisgünstig.

9 Mit den „**Zusätzlichen Leistungen**" bietet die Deutsche Post AG gegen zusätzliche Bezahlung eine besondere Behandlung der Sendung an. Zusatzleistungen sind: Einschreiben, Eigenhändig, Rückschein, Nachnahme.

10 Über den **Portokalkulator** *(www.portokalkulator.de)* der Deutschen Post AG oder über andere Ermittler (z. B. *www.postsitter.de*) können Entgelte für Briefe und Geschäftspost schnell und zuverlässig ermittelt werden.

11 Die Postdienstleister für die Beförderung von Päckchen und Paketen unterscheiden sich u. a. durch unterschiedliche **Kernkompetenzen**.

12 **Pakete** (Schalterpakete) werden von der Deutschen Post DHL nur bis zu einem Höchstgewicht von 31,5 kg befördert. Das Entgelt hängt vom Gewicht ab.

13 Privatkunden und Firmen können bei der Deutschen Post DHL Pakete mit **Paketmarken** selbst postfertig abgeben oder abholen lassen.

14 Briefe und Pakete können bei der Deutschen Post DHL mit dem **Express-Dienst** besonders schnell befördert und zugestellt werden.

15 Kurier-, Express- und Paketdienste bedienen überwiegend Geschäfts- und Großkunden. Die Dienstleistungen für Privatkunden mit geringen Mengen sind relativ teuer.

16 Der **Sendestatus** von abgeschickten Einschreiben, Nachnahmesendungen, Postzustellungsaufträgen oder Paketen kann im Internet über den entsprechenden Anbieter abgerufen werden (Tracking and Tracing).

17 Über die **Packstation** können Pakete und Päckchen rund um die Uhr empfangen und versendet werden.

18 Pakete, Päckchen und Retouren können – unabhängig von den Öffnungszeiten der Postfiliale – über die **Paketbox** versendet werden.

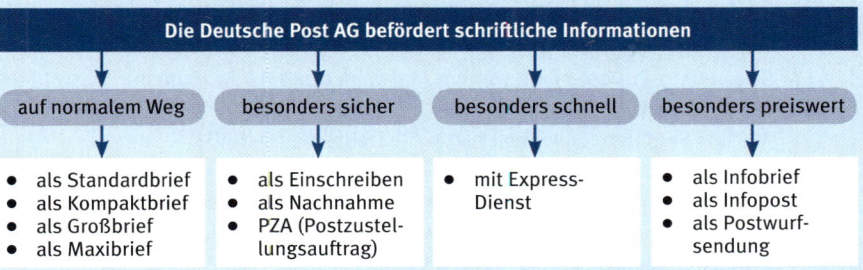

Aufgaben

1 Erläutern Sie den Begriff „KEP-Markt".

2 Neben der Deutschen Post AG gibt es über 5 000 registrierte Postdienstleister. Welche allgemeinen Brief- und Sonderbriefdienste bieten sie in der Regel an?

3 Besorgen Sie sich bei Ihrer Postfiliale einen Klassensatz des Heftes „Leistungen und Preise" oder informieren Sie sich auf der Homepage der Deutschen Post AG. Nennen Sie die wichtigsten Sendungsarten der Deutschen Post AG
  a) im Inland,   b) ins Ausland.

4 Welche Voraussetzungen muss ein Brief erfüllen, um von der Post als Standardbrief befördert zu werden?

5 In Ihrem Postausgangskorb befinden sich fünf Briefe, die weniger als 20 g wiegen, aber in verschiedenen Briefhüllen versandt werden sollen. Welche der folgenden Briefhüllen können Sie nicht als Standardbrief versenden (Begründung):
  a) C6,   c) B6,   e) C4?
  b) C5,   d) DL,

6 Welche Briefhülle verwenden Sie beim Versand
  a) einer Urkunde im Format A4, die nicht gefaltet werden darf?
  b) von zwei A4-Bogen, die im Kreuzfalz gefaltet sind?
  c) eines A4-Briefes nach DIN 676, der im Zickzackfalz gefaltet wurde?
  d) von zwei Fotos im Format A5?
  e) eines Schnellhefters, in dem viele Schriftstücke abgeheftet sind?

7 Sie wollen Ihrem Onkel in Kanada einen Brief schicken. Unter welchen Briefarten können Sie wählen?

8 Was müssen Sie beachten beim Versand
  a) einer Infopost?
  b) eines Postpakets?
  c) eines Einschreibens Rückschein?

Aufgaben

9. Unterscheiden Sie:
   a) Infopost und Infobrief,
   b) Infopost und Postwurfsendung.

10. Machen Sie Vorschläge, wie Sie Portokosten sparen können.

11. Postpakete können Sie „frei" oder „unfrei" aufgeben. Erklären Sie den Unterschied.

12. Ein Brief oder ein Postpaket soll die Maschinenbau AG in München besonders schnell erreichen.
    a) Welche Versandmöglichkeit bietet die Deutsche Post AG?
    b) Bis zu welchem Höchstgewicht können Sie das Paket aufgeben?
    c) Wären außer mit der Post auch andere schnelle Versandarten möglich?
    d) Welche schnelle Post-Versandart wäre zweckmäßig, wenn das Paket an eine Firma in London versandt werden soll?

13. Sie wollen nach Geschäftsschluss eine Retoure bei der örtlichen Postfiliale aufgeben und benötigen einen Einlieferungsbeleg als Beweis. Welche Möglichkeit bietet sich Ihnen?

14. In der Mode|Idee GmbH sollen die Versandkosten von Päckchen, Paketen und evtl. Briefen reduziert werden. Frau Weber bittet Sie, mindestens drei private Anbieter am Ort zu vergleichen. Folgende Vergleichskriterien sollen zugrunde gelegt werden: Abholung der Päckchen/Pakete, maximales Beförderungsgewicht, notwendige Menge für kostenlose Abholung, Laufzeiten, Versicherung, Auslandsversand möglich, weltweiter Versand, Beförderung von Briefen. In einer kurzen Präsentation sollen Sie die Mitglieder Ihrer Abteilung über das Ergebnis Ihrer Recherchen informieren.

    Führen Sie die Recherchen durch und erstellen Sie eine Präsentation.

15. Welche Sendungsarten müssen Sie bei einer Postfiliale aufgeben?

16. Die Post bietet mehrere Varianten des Einschreibens an.
    a) Wie werden sie bezeichnet?
    b) Wodurch unterscheiden sie sich?
    c) Welche Sendungen können Sie als Einschreiben versenden?

17. Welche Sendungsarten können mit dem Zusatz „Rückschein" und/oder „Eigenhändig" versandt werden? Was bedeuten die Zusätze?

18. Karoline, eine Freundin von Pierre, ist Auszubildende am Amtsgericht Stuttgart und lernt zurzeit die Arbeitsabläufe in der Poststelle kennen. Ihr Chef, Herr Schäufele, beauftragt sie, wichtige Dokumente, für die eine nachvollziehbare Zustellung gemäß der ZPO zwingend vorgeschrieben ist, für den Versand mit der Deutschen Post AG vorzubereiten.
    a) Welche Zustellung kommt infrage?
    b) Wie viel kostet ein Umschlag im Format A4 und welche Leistungen sind im Preis enthalten?
    c) Gibt es eine andere Möglichkeit der Versendung?

Öko-Tipps

- Fensterbriefhüllen getrennt entsorgen.
- Postbearbeitungsmaschinen, wenn möglich, nicht in Arbeitsräumen aufstellen.
- Briefumschläge gibt es in fast allen Formaten aus Umweltschutz-/Recyclingpapier.
- Briefumschläge aus Papier sind umweltfreundlicher als Plastikumschläge.
- Fahrradkuriere in Großstädten belasten die Luft nicht und sind häufig schneller als Kurierwagen.
- Übergeben Sie die Overnight-Post um 18:00 Uhr gebündelt an den Postdienstleister und reduzieren Sie die Abholintervalle.

Methode 6-3-5

Methodenbeschreibung

Die Methode 6-3-5 (6 Personen – 3 Ideen – 5 Minuten) ist eine Form des Brainstormings, bei der die Ideenfindung schriftlich – ähnlich wie beim Brainwriting – vorgenommen wird. Ziel der Methode ist die gegenseitige Weiterentwicklung der Teilnehmerideen. Der Name der Methode leitet sich daraus ab, dass jeder von sechs Teilnehmern drei Ideen in fünf Minuten entwickelt.

- Die Arbeitszeit für die Methode 6-3-5 sollte nicht länger als **40 Minuten** betragen.
- Eine Gruppe besteht maximal aus **sechs Personen.**
- Die Tische im Unterrichtsraum sollten so aufgestellt werden, dass **jede** Gruppe um **einen** Tisch sitzen kann.
- Jeder Gruppe stehen **Bleistifte** und das **6-3-5-Formular** zur Verfügung.

Ablauf

1. Bilden Sie Gruppen mit maximal sechs Personen.
2. Jedes Gruppenmitglied erhält ein vorbereitetes 6-3-5-Formular.
3. Das Problem wird vom Moderator (Lehrerin/Lehrer) vorgestellt bzw. gemeinsam formuliert und von den Teilnehmern auf dem 6-3-5-Formular notiert.
4. Jeder Teilnehmer trägt innerhalb von maximal fünf Minuten drei Ideen in die oberste Zeile des 6-3-5-Formulars ein.
5. Die Lehrerin/der Lehrer gibt das Signal zur Weitergabe des 6-3-5-Formulars an den rechten Tischnachbarn.
6. Die zweite Tabellenzeile wird vom Tischnachbarn mit weiteren drei Ideen beschrieben. Die vorhandenen Ideen können ergänzt oder variiert werden.
7. Es dürfen aber auch völlig neue Ideen aufgeschrieben werden. Das 6-3-5-Formular wird im Fünf-Minuten-Takt so lange weitergegeben, bis die sechste und letzte Zeile ausgefüllt ist.
8. Im Anschluss an die Ideenfindung kann zunächst in der eigenen Gruppe und dann mit den anderen Gruppen eine Bewertung stattfinden.

4 Zentrale Postbearbeitung im Unternehmen

Hinweise
1. Es besteht kein Zwang, in jedes Kästchen etwas zu schreiben.
2. Die Gedanken werden eindeutig und kurz in das vorgesehene Kästchen eingetragen.
3. Unnötige und störende Gespräche während der Arbeitsphase sind zu vermeiden.
4. Die ausgefüllten 6-3-5-Formulare können an einer Moderationstafel präsentiert werden.

Arbeitsauftrag

In Ihrem Ausbildungsbetrieb sollen der Postversand und die Postbearbeitung rationalisiert werden. Entwickeln Sie Ideen, wie dies realisiert werden könnte!

Ideenfindung:
Problem: _____

11	12	13
21	22	23
31	32	33
41	42	43
51	52	53
61	62	63

5 Berufliche und schriftliche Kommunikation

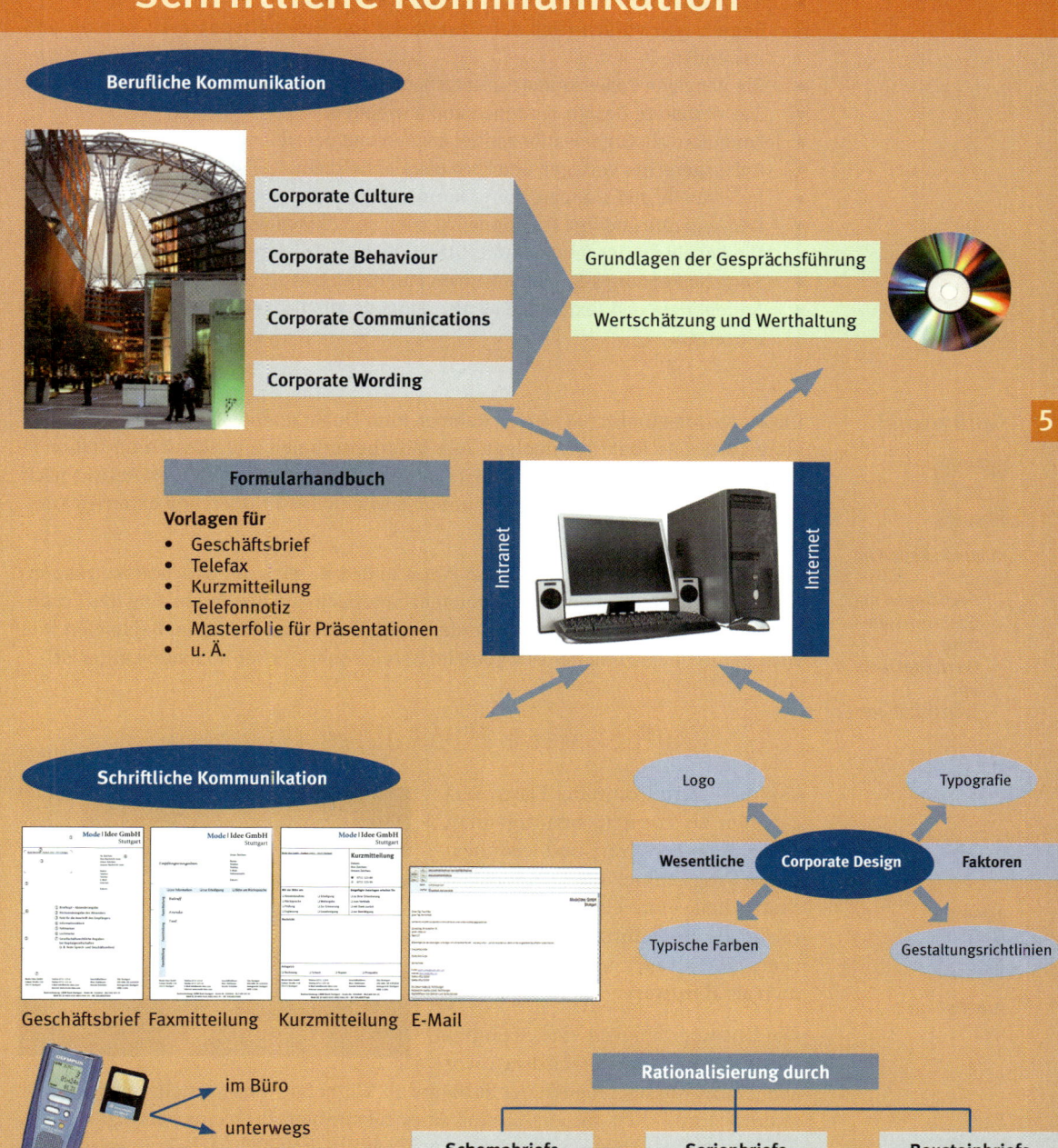

Lernziele

- Die Bedeutung der Kommunikation im Beruf erkennen.
- Aufbau und Arbeitsweise eines Computers kennen.
- Regeln und Vorschriften zur Gestaltung von Geschäftspapieren kennen und anwenden.
- Die gängigen Papierformate unterscheiden und anwendungsbezogen einsetzen.
- Das Corporate Design verstehen und anwenden.
- Formulare als Organisationsmittel kennen und beurteilen.
- Anlassgerechte Vorlagen und Formulare entwickeln.
- Individuelle und standardisierte Korrespondenz erstellen und gestalten.
- Diktiergeräte und ihre Funktionen kennen und ökonomisch einsetzen.
- Die Regeln für das Phonodiktat (DIN 5009) beim Diktieren anwenden.
- Spracherkennungs-Software kennen und deren Einsatz beurteilen.
- Serienbriefe und Textbausteine als rationelle Möglichkeiten der Textverarbeitung einsetzen.

Fallbeispiel

Kommunikation im Beruf
- Grundlagen der Gesprächsführung
- Wertschätzung und Werthaltungen

Die Mode|Idee GmbH hat sich im Rahmen ihrer Qualitätsentwicklungsinitiative eine klare Corporate Identity zugelegt. Alle Mitarbeiterinnen und Mitarbeiter haben in vielen Projekten ein einheitliches Firmenprofil erarbeitet, das sich im Auftritt nach außen, in der Unternehmenspräsentation sowie in der internen und externen Kommunikation widerspiegelt.

Frau Weber führt heute Kathrin und Pierre in den Bereich der Geschäftskorrespondenz ein. Sie erläutert das Korrespondenzhandbuch und die Umsetzung des Corporate Designs in den Vorlagen. Außerdem zeigt ihnen Frau Weber an Beispielen, wie wichtig die Umsetzung der DIN 5008 im Bereich schriftlicher Kommunikation ist.

5.1 Aufbau einer EDV-Anlage

Arbeitsblatt 1

Um mit einem Computer Daten verarbeiten zu können, benötigt man entsprechende Geräte und leistungsfähige Programme. Alle maschinellen Bestandteile eines Computers (Zentraleinheit, Bildschirm, Tastatur, Drucker, Datenträger usw.) bezeichnet man als **Hardware**.

Die Leistungsfähigkeit eines Computers hängt neben der Hardware vor allem auch von der Qualität der **Software** ab. Unter Software versteht man alle Programme und Daten, die zur Lösung eines bestimmten Problems benötigt werden. Ein Programm besteht aus einer Folge von Computerbefehlen (Arbeitsanweisungen), die den Arbeitsablauf steuern.

Der Aufbau eines Personal Computers entspricht dem Grundprinzip aller Computersysteme. Im Mittelpunkt steht die **Zentraleinheit,** die mit den **Peripheriegerä-**

ten über eine Leitung oder Funk verbunden ist. Peripheriegeräte sind Ein- und Ausgabegeräte, externe Speicher und Bildschirme.

Die Zusammenstellung verschiedener Geräte zu einem Computersystem wird als **Konfiguration** bezeichnet. Sie ist jederzeit veränderbar und hängt von den jeweiligen betrieblichen bzw. schulischen Erfordernissen ab.

① *Eigentlicher Computer (Zentraleinheit, CD-/DVD-Laufwerk, Festplatte);*
② *Tastatur;* ③ *Maus;* ④ *Bildschirm;* ⑤ *Lautsprecher*

5.1.1 Zentraleinheit

Die Zentraleinheit (CPU) besteht aus dem **Mikroprozessor** (Steuereinheit und Rechenwerk), der Eingabe-/Ausgabe-Steuerung und dem **Hauptspeicher,** der auch als interner Speicher bezeichnet wird.

Der Hauptspeicher unterteilt sich in zwei Speichertypen: den **ROM-Speicher** (**R**ead-**O**nly-**M**emory = Nur-Lese-Speicher) und den **RAM-Speicher** (**R**andom-**A**ccess-**M**emory = Schreib-Lese-Speicher). Während im ROM-Speicher Teile des Betriebssystems fest (Festspeicher = nicht veränderbar) einprogrammiert sind,

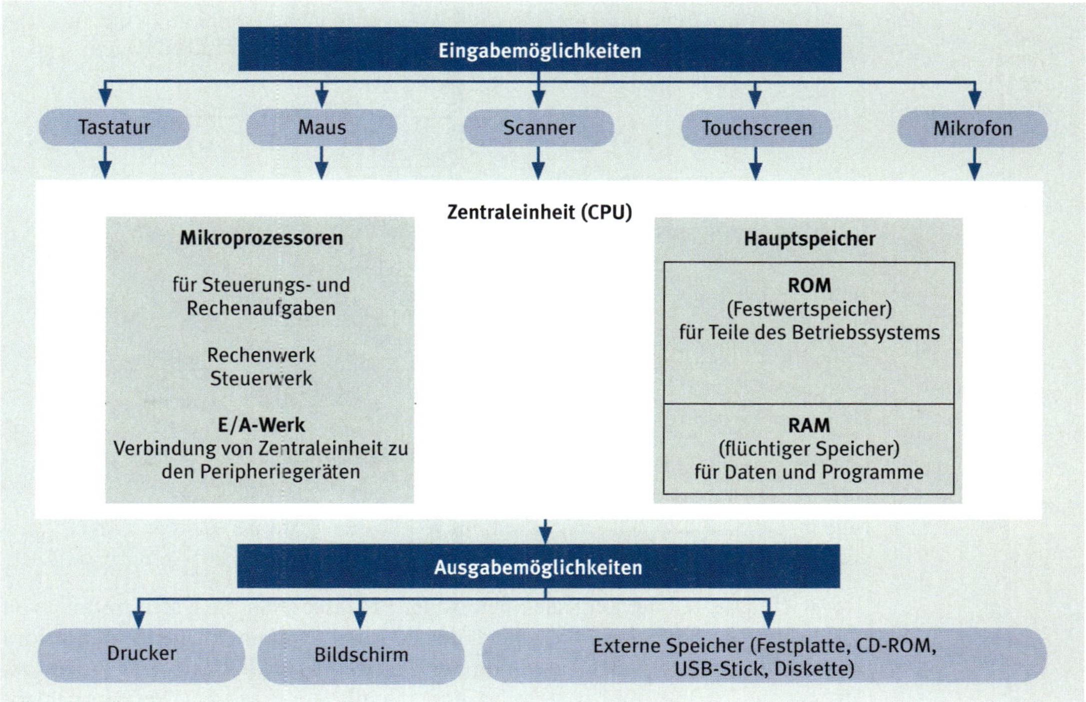

Eingabemöglichkeiten

- Tastatur
- Maus
- Scanner
- Touchscreen
- Mikrofon

Zentraleinheit (CPU)

Mikroprozessoren
für Steuerungs- und Rechenaufgaben

Rechenwerk
Steuerwerk

E/A-Werk
Verbindung von Zentraleinheit zu den Peripheriegeräten

Hauptspeicher

ROM
(Festwertspeicher)
für Teile des Betriebssystems

RAM
(flüchtiger Speicher)
für Daten und Programme

Ausgabemöglichkeiten

- Drucker
- Bildschirm
- Externe Speicher (Festplatte, CD-ROM, USB-Stick, Diskette)

werden in den RAM-Speicher (Arbeitsspeicher) nach dem Einschalten des PC die Programme und Daten abgelegt (geladen), mit denen gearbeitet werden soll. Wird der Strom abgeschaltet, werden alle Daten im RAM-Speicher gelöscht (flüchtiger Speicher). Aus diesem Grund müssen die Daten vorher auf einem externen Speicher (Diskette, CD, DVD, USB-Stick, Festplatte) gespeichert werden. Je größer der Arbeitsspeicher ist, desto schneller und komfortabler kann man mit dem Personal Computer arbeiten.

Die **Kapazität eines Speichers** wird in

- **Bytes** = Speicherplatz für 1 Zeichen,
- **Kilobytes (KB)** = 1 024 Bytes (Speicherplatz für rund 1 000 Zeichen),
- **Megabytes (MB)** = 1 024 Kilobytes (Speicherplatz für rund 1 Million Zeichen),
- **Gigabytes (GB)** = 1 024 Megabytes (Speicherplatz für rund 1 Milliarde Zeichen),
- **Terabytes (TB)** = 1 024 Gigabytes (Speicherplatz für 1 Billion Zeichen)

angegeben.

Beispiele für unterschiedliche Speicherkapazität

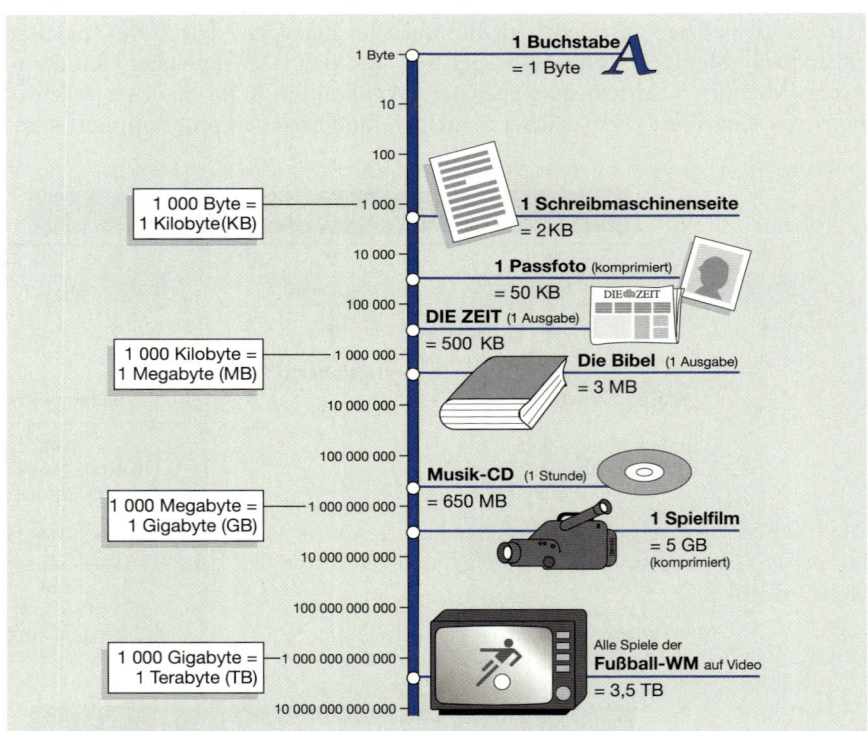

Der wichtigste Teil der Zentraleinheit ist der **Prozessor**, der die Daten mithilfe von Programmen verarbeitet. Wie schnell der Personal Computer arbeitet, hängt vom **Prozessortyp** (Intel, AMD) und von der **Taktfrequenz** (Taktrate) des Prozessors ab.

Als Cache wird der besondere schnelle Zwischenspeicher bezeichnet, der den Datentransfer vom und zum Prozessor beschleunigt. Der Cache wird in KB (Kilobyte) angegeben.

Für Videokarte, Soundkarte usw. braucht der PC **Steckplätze auf der Platine.** Ein neuer PC sollte noch freie Steckplätze für die Ergänzung der Computerkonfiguration haben.

5.1.2 Software (Programme)

Grundsätzlich muss man zwei verschiedene Programmarten unterscheiden:

- **Betriebssystem** (Betriebssoftware) und
- **Anwendersoftware.**

Das Betriebssystem ist ein Programmpaket zur Steuerung und Überwachung des Computers. Es erleichtert die Bedienung und ermöglicht die optimale Nutzung eines Computers. Von ihm hängt es auch ab, welche Aufgaben vom Computer gelöst werden können. Beim Computerkauf sollte dem Betriebssystem besondere Beachtung geschenkt werden.

Anwendersoftware sind Programme, die zur Lösung einer ganz bestimmten Aufgabe benötigt werden. Die Anwendersoftware ist Voraussetzung dafür, dass der einzelne Anwender den Personal Computer an seinem Arbeitsplatz in verschiedener Weise nutzen kann, ohne selbst programmieren zu müssen.

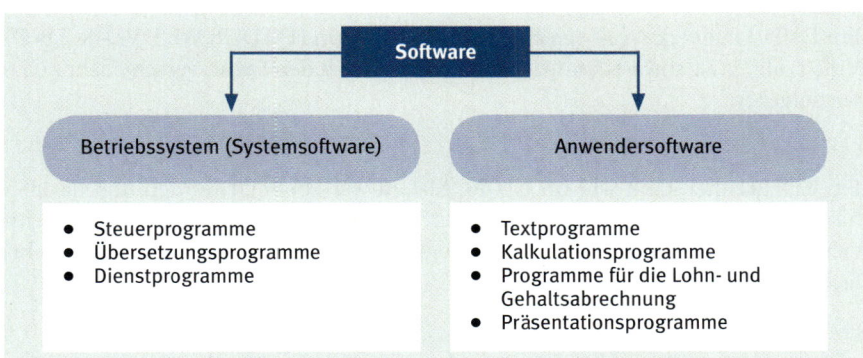

Moderne Software, besonders Multimediaprogramme, benötigt viel Speicherplatz auf der Festplatte. Deshalb reicht die angebotene Festplattenkapazität heute schon weit in den Gigabyte-Bereich hinein.

5.1.3 Elemente eines PCs

Modem

Das Wort Modem ist ein Kunstwort und setzt sich aus **Mo**dulator und **Dem**odulator zusammen. Seine Aufgabe ist es, die Daten aus dem PC so umzuwandeln, dass sie über das Telefonnetz übertragbar sind. Eingehende Daten werden vom Modem so umgeformt, dass der PC sie versteht und weiterverarbeiten kann.

Modems sind **externe** Geräte, Steckkarten werden **intern** eingebaut (z. B. als Fax- oder DSL-/ISDN-Karte). Beide erfüllen die gleiche Aufgabe.

Wahlweise Modem oder Steckkarte verbindet den PC über einen Onlinedienst (z. B. T-Online, AOL) mit dem Internet und ermöglicht so den weltweiten Versand von elektronischen Informationen.

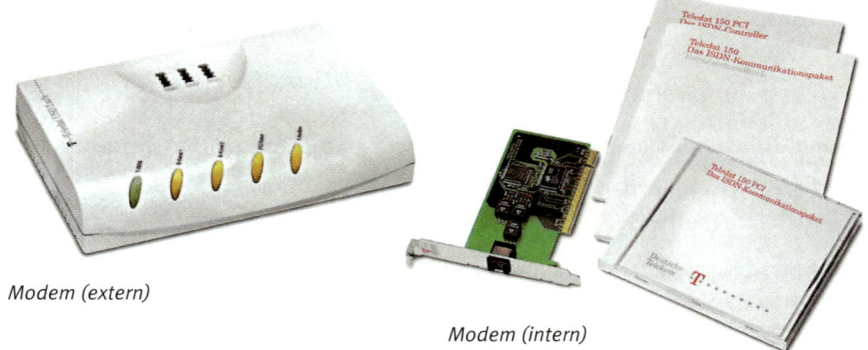

Modem (extern)

Modem (intern)

CD-ROM-Laufwerk

Informationen, Publikationen, Dokumentationen, Spiele, Lernprogramme, Kataloge sowie Lexika mit Fotos, Sound- und Videosequenzen werden von den Anbietern auf CD-ROMs gespeichert. Über das CD-ROM-Laufwerk lässt sich der Inhalt nur lesen, aber nicht verändern.

DVD-Laufwerk

Ein DVD-Laufwerk spielt verschiedene DVD-Typen (DVD-ROM, DVD-R, DVD-Video) ab. Es ist abwärtskompatibel und kann auch den Inhalt verschiedener CDs wiedergeben.

CD-Brenner

Ein CD-Brenner kann wie ein CD-ROM-Laufwerk benutzt werden und darüber hinaus Daten (Dateien, Video, Musik) auf beschreibbaren CDs (Rohlingen) archivieren. Die Rohlinge gibt es als CD-R (einmal beschreibbar) und CD-RW (mehrfach beschreibbar).

DVD-Brenner

Multifunktionales optisches Laufwerk zum Lesen von CDs/DVDs und zum Brennen von DVD-R, DVD-RW, CD-R und CD-RW. Das Laufwerk ist abwärtskompatibel. Es kann auch Daten auf CD-R und CD-RW schreiben und alle DVD- und CD-Formate lesen.

Blu-ray-Brenner

Mit einem Blu-ray-Brenner können CDs, DVDs und Blu-ray-Discs beschrieben werden. Die Speicherkapazität liegt je nach Rohling zwischen 25 und 50 GB. Durch die hohe Speicherkapazität ist Blu-ray für Bild- und Videoarchive besonders geeignet.

Soundkarte

Die Soundkarte ist eine Steckkarte, die die Wiedergabe von Sprache, Klang und Musik am PC ermöglicht. Bei Multimedia hat der Sound einen hohen Stellenwert.

5.1 Aufbau einer EDV-Anlage

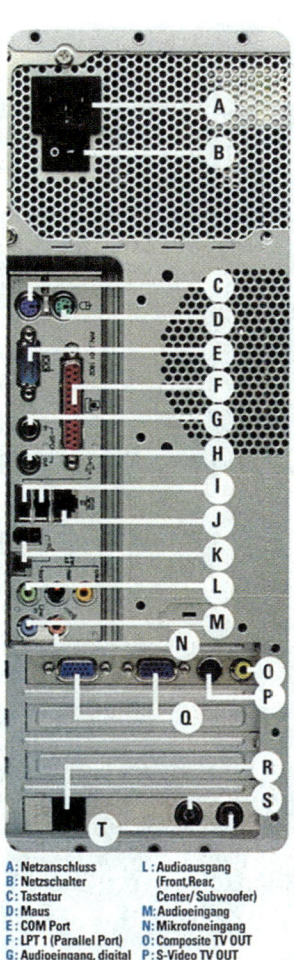

So können Sie sich z. B. in umfangreichen Nachschlagewerken (Lexika) – die auf CD-ROM gespeichert sind – Originalreden, Musikstücke und Geräusche vorspielen lassen. Im Bereich der Bürokommunikation wird die Soundkarte für das PC-Diktat, Voice-Mail und die Spracherkennung benötigt.

Grafikkarte

Die Grafikkarte ist eine Steckkarte, über die Daten zum Bildschirm geschickt werden. Von ihr ist im Wesentlichen die Bildschirmauflösung abhängig. Heute sind die sog. Akzeleratorkarten (Grafikbeschleuniger) üblich, die dem Prozessor beim Bildaufbau helfen. Die Grafikauflösung wird in Pixel (= Bildpunkte) angegeben.

Videokarte

Mit der Videokarte lernen die PC-Bilder das Laufen. Zum Abspielen kurzer Videosequenzen – wie sie zur Veranschaulichung elektronischer Nachschlagewerke oder in Computerspielen eingesetzt werden – benötigt man eine Videokarte.

Mikrofon und Lautsprecher

Mit der entsprechenden Software wird die Sprache digital gespeichert, damit wird der PC als Diktiergerät genutzt. Mit der geeigneten Software kann man den PC auch zum Musikinstrument machen.

Integriertes Kartenlesegerät

Mit dem Kartenlesegerät können Daten auf **allen herkömmlichen Speicherkarten** (Memory-Stick, IBM Microdrive, CompactFlash, SmartMedia, Multimedia-Card und SD-Card) gelesen und darauf geschrieben werden.

TV-Karte

Die TV-Karte kann das Fernsehbild auf den Bildschirm des Computers übertragen. Dazu muss die TV-Karte über ein Antennenkabel mit der Fernsehantenne oder dem Kabelanschluss verbunden werden.

Firewire

Mit dem Firewire-Anschluss erreicht man sehr schnelle Übertragung von großen Datenmengen zwischen dem PC und anderen Multimedia-Produkten, wie z. B. Notebook, digitaler Camcorder usw. Er wird je nach Hersteller „IEEE-1394" oder „i-Link-Anschluss" genannt.

A: Netzanschluss
B: Netzschalter
C: Tastatur
D: Maus
E: COM Port
F: LPT 1 (Parallel Port)
G: Audioeingang, digital
H: Audioausgang, digital
I: 2 x USB 2.0/1.1
J: Netzwerkanschluss
K: 2 x Firewire IEEE 1394
L: Audioausgang (Front, Rear, Center/Subwoofer)
M: Audioeingang
N: Mikrofoneingang
O: Composite TV OUT
P: S-Video TV OUT
Q: 2 x Monitor
R: Modem
S: Antenneneingang: TV
T: Antenneneingang: Radio

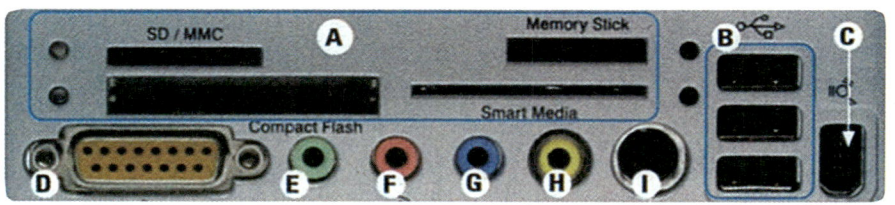

A: Integriertes Kartenlesegerät; **B:** 3x USB 2.0; **C:** Firewire; **D:** Gameport; **E:** Line Out; **F:** Mikrofon; **G:** Audio In; **H:** Video In; **I:** S-Video

Kamera

Die digitale Kamera lässt nach dem Fotografieren das Bild sofort auf dem Bildschirm erscheinen. Äußerlich sieht sie einer üblichen Kamera sehr ähnlich. Im Innern des Geräts befindet sich allerdings kein Film, sondern ein elektronisches Speichermedium für die Bilder.

Die digitale Kamera und ein ISDN-Anschluss machen den PC zum **Bildtelefon** und ermöglichen **Videokonferenzen** mit mehr als zwei Gesprächspartnern.

5.1.4 Eingabegeräte

Bei Personal Computern können Daten über folgende Geräte eingegeben werden:
- **Tastatur** für die manuelle Eingabe,
- **Maus** für Programme mit einer Benutzeroberfläche,
- **Trackball,** entspricht einer umgedrehten Maus und arbeitet nach dem Prinzip einer Maus,
- **Pen** (spezieller Stift), mit dem man auf den flachen LCD-Bildschirm eines entsprechenden Computers (Palm, PDA) schreiben kann,
- **Joystick** (Steuerknüppel) vor allem zur Steuerung von Spielen,
- **Scanner** zur optischen Erfassung von Informationen,
- **Touchscreen** (Berührungsbildschirm) zur Eingabe von Befehlen,
- **Mikrofon** zur Spracheingabe bei Spracherkennungssystemen.

Die frei bewegliche **Tastatur** ist immer noch das am meisten benutzte Eingabegerät. Da jedoch die Tastatur bei Personal Computern nicht nur der Texteingabe dient, sondern auch Steuerfunktionen übernehmen muss, ist sie mit zusätzlichen **Funktionstasten** ausgestattet. Den Funktionstasten werden, je nach verwendetem Programm, bestimmte Verarbeitungsfunktionen zugeordnet.

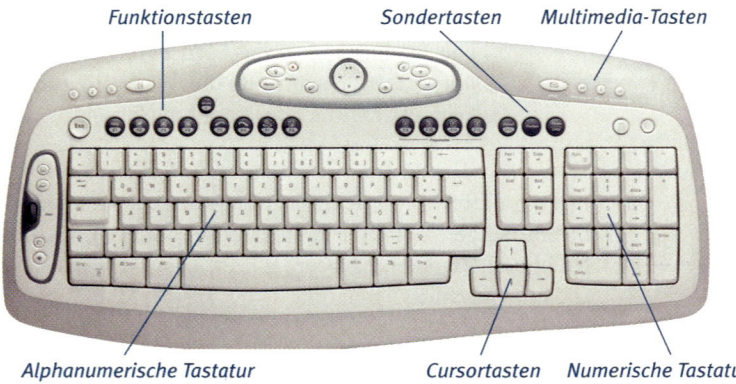

Tastatur eines Personal Computers

5.1.5 Ausgabegeräte

Um Daten, die im Personal Computer verarbeitet wurden, ausgeben zu können, stehen folgende Geräte zur Wahl:

- **Drucker** für die Ausgabe von Schrift und Bildern,
- **Bildschirm** für Daten, die bearbeitet werden müssen,
- **Lautsprecher** für die Wiedergabe von Sprache und Sound. Man unterscheidet **Aktiv-Lautsprecherboxen** mit integriertem Verstärker und **Passiv-Lautsprecherboxen** ohne eigenen Verstärker;
- **Festplatten** und andere Datenspeicher für Daten, die weiterbearbeitet werden müssen.

5.1.6 Laptops, Notebooks und Netbooks

Die ersten tragbaren Personal Computer, die ohne Netzanschluss auch unterwegs über Akkus genutzt werden konnten, wurden als Laptop bezeichnet. Abgelöst wurden die Laptops durch die wesentlich leichteren und handlicheren Notebooks. Noch kleiner und leichter als Notebooks sind Netbooks. Sie verfügen meist über eine sehr gute Akkuleistung und sind mit einem WLAN-USB-Stick fürs Internet und einer Flatrate ideal für die Internetnutzung unterwegs.

Laptop

Das **Netbook** hat im Vergleich zum Notebook folgende Vor- und Nachteile:

Vorteile	Nachteile
• geringes Gewicht und kleine Abmessungen • relativ niedriger Preis • besonders geeignet zum Surfen, Mailen und für die Textverarbeitung • geringer Stromverbrauch • geringe Geräuschentwicklung	• kein CD- oder DVD-Laufwerk • relativ kleiner Bildschirm • geringe Festplattenkapazität • geringe Rechenleistung • kleine Tasten • wenig Anschlüsse

Netbook und Notebook

5.1.7 Computernetzwerk

In einem Netzwerk werden mehrere Computer und Peripheriegeräte miteinander verbunden. Daten und Programme können auf verschiedenen Rechnern genutzt werden. So können z. B. alle angeschlossenen Computer auf einem einzigen Drucker drucken und einen gemeinsamen Internetzugang nutzen.

Grundlage jedes Rechner-Netzes sind die Netzwerkkarten und die entsprechenden Netzwerkkabel.

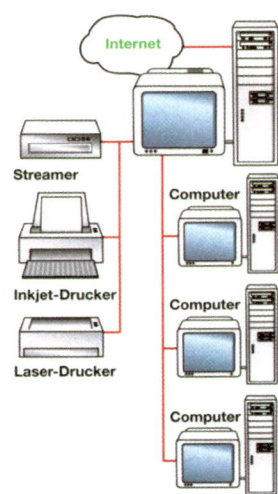

Zusammenfassung

1. Die Leistungsfähigkeit eines Personal Computers hängt sowohl von der **Hardware** (Geräte) als auch von der **Software** (Betriebssystem und Anwenderprogramme) ab.

2. Die Zusammenstellung verschiedener Geräte (Zentraleinheit, Ein- und Ausgabegeräte) zu einem Computer-Arbeitsplatz wird als **Konfiguration** bezeichnet.

3. Die **Zentraleinheit** besteht aus dem **Prozessor, dem Hauptspeicher** (auch Arbeitsspeicher oder interner Speicher genannt) und dem **Ein- und Ausgabewerk**.

4. Die **Kapazität** eines Speichers wird in Bytes, Kilobytes (KB), Megabytes (MB), Gigabytes (GB) und Terabytes (TB) angegeben.

5. Kleine, tragbare Computer bezeichnet man als **Laptops, Notebooks oder Netbooks**.

6. Bildschirme, die auf Fingerberührung reagieren, nennt man **Touchscreens**.

7. Daten können über einen Drucker, auf externe Speicher (Festplatte, USB-Stick, Diskette u. Ä.) und auf den Bildschirm ausgegeben werden.

8. Die Qualität eines **Bildschirms** hängt von seiner Größe, der Bildschirmauflösung, der Bildwiederholrate und der Farbwiedergabe ab. **Flachbildschirme** (TFT-Technik) benötigen weniger Platz und kommen mit bedeutend weniger Strom aus.

9. Bei der **Software** unterscheidet man zwischen dem **Betriebssystem** (z. B. Windows) und den **Anwenderprogrammen** (Textverarbeitungsprogramme, Kalkulationsprogramme u. Ä.).

Aufgaben

1. Unterscheiden Sie:
   a) Hardware – Software,
   b) ROM – RAM.

2. Sie wollen Ihren zukünftigen PC überwiegend für die Textverarbeitung nutzen. Für welche Konfiguration würden Sie sich entscheiden?

3. Sie wollen sich einen neuen Personal Computer kaufen.
   a) Unter welchen Ein- und Ausgabegeräten können Sie wählen?
   b) Welche Kriterien sind bei der Kaufentscheidung hinsichtlich der Zentraleinheit besonders wichtig?
   c) Worauf sollten Sie bei der Wahl des Bildschirms achten?

4. Was verstehen Sie unter der Bluetooth-Technik?

5. Beim Kauf eines Personal Computers ist auch die Wahl der richtigen Software entscheidend.
   a) Was verstehen Sie unter einem Programm?
   b) Welche Aufgaben hat ein Betriebssystem?
   c) Nennen Sie einige Betriebssysteme.
   d) Welche Textverarbeitungsprogramme kennen Sie?

5.2 Geschäftliche Korrespondenz

Grundlage für die geschäftliche Korrespondenz sind die verwendeten Geschäftspapiere. Zu den Geschäftspapieren eines Unternehmens gehören Briefbögen, Rechnungsvordrucke, Faxformulare u. Ä., mit denen das Unternehmen den Kontakt zu seinen Kunden pflegt.

Arbeitsblatt 2

Bei der Gestaltung sind folgende Regeln und Vorschriften zu beachten:

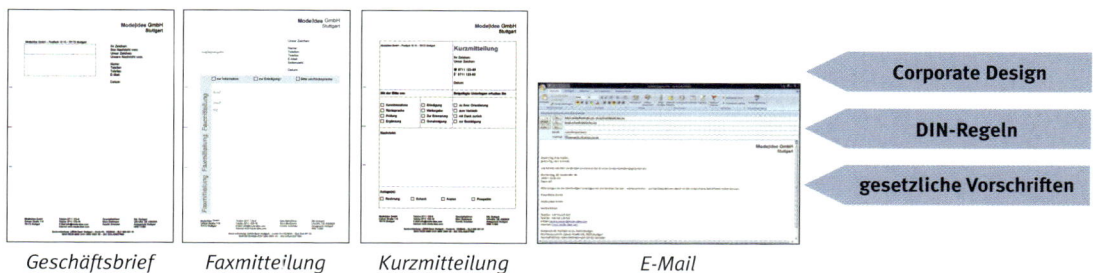

Geschäftsbrief   Faxmitteilung   Kurzmitteilung   E-Mail

Unternehmen, die ins Handelsregister eingetragen sind, müssen nach den gesetzlichen Vorschriften (z. B. §§ 37a, 125a, 177a HGB) auf bestimmten Geschäftspapieren **Pflichtangaben** machen. Die Angaben haben den Zweck, über die wesentlichen Verhältnisse eines Unternehmens zu informieren. Der Umfang der vorgeschriebenen Angaben richtet sich nach der Rechtsform des Unternehmens.

Zu den Pflichtangaben des Absenders zählen:

- die genaue Firmenbezeichnung } z. B. laut Handelsregister
- der Firmenname
- die Bezeichnung der Rechtsform (z. B. GmbH, KG, OHG, AG, e. K.)
- der rechtliche Vertreter
- Sitz des Unternehmens (anzugeben ist der satzungsmäßige Hauptsitz)
- Handelsregistergericht
- Handelsregisternummer
- Steuernummer (Wirtschafts-Identifikationsnummer)
- USt-IdNr. (die Umsatzsteuer-Identifikationsnummer muss auf Rechnungen angegeben werden)

Die Geschäftsangaben stehen üblicherweise in der Fußzeile. Es gibt jedoch keine Vorschriften, wo sie zu stehen haben. Geschäftsangaben des Absenders sind z. B.

- Kontoverbindungen,
- Sprech- und Geschäftszeiten,
- ergänzende Kommunikationsangaben.

BEISPIELE:

Comodores	**Kleber KG**	**Konrad-Verlag GmbH**
Design Handel GmbH	Bürogroßhandlung	Geschäftsführung:
Geschäftsführerin:	Inhaber: Konrad Regler	Maximilian Ackermann
Karin Herrmann	Geschäftsführer:	Hans Sommer
	Rainer Stolz	
Sitz: Stuttgart		USt-IdNr. DE 399 488 813
USt-IdNr. DE 399 588 837	Sitz: Karlsruhe	Amtsgericht Mannheim
Amtsgericht Stuttgart	USt-IdNr. DE 934 717 184	HRB 336422
HRB 12209	Amtsgericht Karlsruhe	
	HRB 34020	

Seit dem 1. Januar 2007 müssen nach dem „Gesetz über elektronische Handelsregister und Genossenschaftsregister sowie das Unternehmensregister" (EHUG) **auch Geschäftsbriefe, die mithilfe neuer Telekommunikationssysteme übermittelt werden** (z. B. E-Mails), die Pflichtangaben enthalten.

5.2.1 Papiernormung

5.2.1.1 Grundsätze der Normung

Das Deutsche Institut für Normung e.V. (DIN) als Mitglied der Europäischen Norm (EN) und der Internationalen Organisation für Normung (ISO[1]) erstellt DIN-Normen[2]. In Fachnormenausschüssen (z.B. Bürowesen, Informationsverarbeitung) werden Richtlinien erarbeitet, die Größe, Maße und Bezeichnungen einheitlich festlegen. Jedes Normblatt erhält eine Nummer und einen Namen.

Wesentliches Merkmal der Normung ist die Vereinheitlichung. Sie bildet die Grundlage für eine Leistungssteigerung auf vielen Gebieten des Geschäftslebens:

- **Hersteller**
  Beschränkung der Produktion auf ganz bestimmte Größen (z. B. Papierformate, Autoteile, Schrauben)

- **Händler**
  Übersichtliche und kostengünstige Lagerhaltung

- **Verbraucher**
  Problemloser Einkauf bei gleichbleibenden Maßen

Arbeitsblatt 3/1

---

[1] *Engl.: International Organization for Standardization*
[2] *DIN = Abk. für Deutsche Industrie-Norm(en)*

5.2.1.2 Papierformate

Unter Berücksichtigung der Internationalen Organisation für Normung (ISO) erschien DIN 476 für Papierformate.

Ausgangsformat für die Hauptreihe (A-Reihe) ist A0 mit den Seitenmaßen 841 × 1 189 mm und einem Flächeninhalt von 1 m². Die Breite eines A-Formats verhält sich zu seiner Länge wie die Seite eines Quadrats zu seiner Diagonalen.

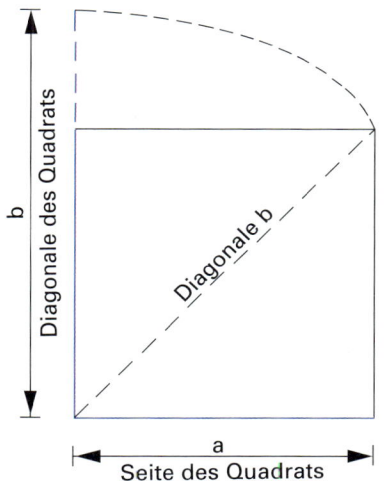
Quadrat

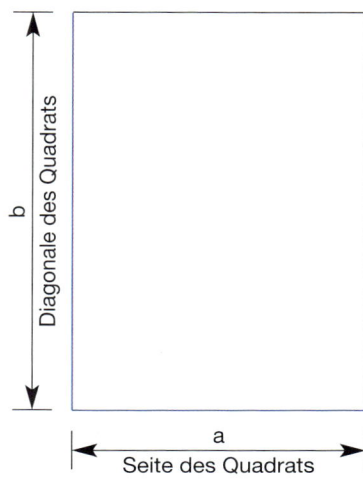
A-Format

Durch Halbieren der längeren Seite entsteht das nächstkleinere Format:

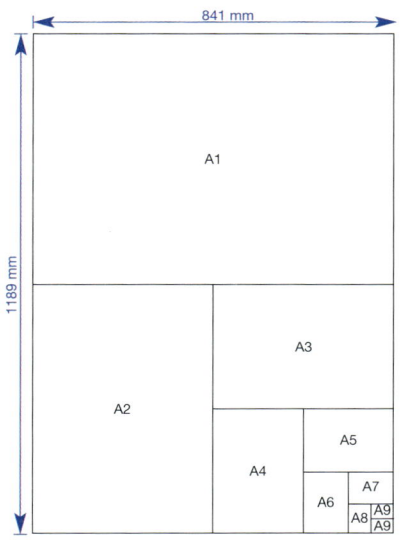

- A0 halbiert ergibt A1
- A1 halbiert ergibt A2
- A4 halbiert ergibt A5
  usw.

Anwendungsbeispiele der A-Reihe:

A0	Plakate
A1	Landkarten
A2	Poster, Zeitungen
A3	Zeichnungen
A4	Briefpapiere, große Hefte
A5	normale Hefte
A6	Postkarten, Schecks
A7	Aufkleber

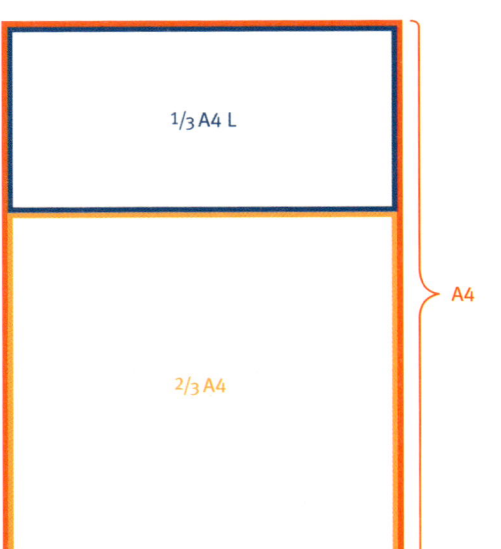

Durch Dritteln der Formate der A-Reihe parallel zur kürzeren Seite erhält man Streifenformate.

BEISPIEL:
2/3 A4 verkleinertes Briefblatt

Auf 1/3 A4 L gefaltete Briefe werden in eine Briefhülle mit der Formatbezeichnung DL (110 × 1 220 mm) eingelegt.

Neben der **A-Reihe** für Schreib- und Druckpapier gibt es für Briefhüllen, Mappen usw. die **Zusatzreihen B und C.** Dabei sind folgende Größenverhältnisse zu berücksichtigen:

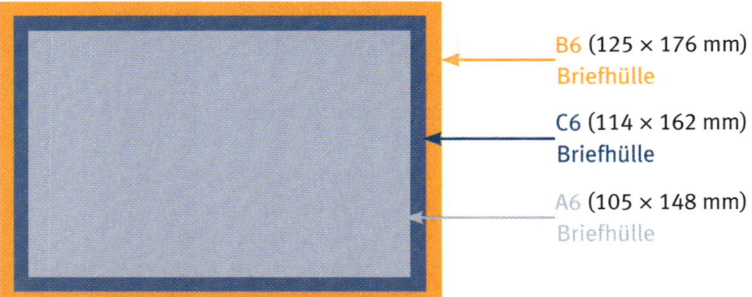

> **Grundsatz:**
> A passt in C; also A6 (Postkarte) in C6 (Briefhülle).
> C passt in B; also C6 (Briefhülle) in B6 (Briefhülle).

Fenster-Briefhülle DL

Ein auf die Größe A6 gefalteter Brief oder eine Postkarte passt in eine Briefhülle der Größe C6. Mehrere Briefhüllen der Größe C6 können in einer Briefhülle der Größe B6 versandt werden.

Außer in C6-Briefhüllen werden Briefe auch in Lang-DIN-Hüllen (**DL**) verschickt. Um das Beschriften von Briefhüllen einzusparen, können **Fensterbriefhüllen** verschiedener Formate verwendet werden.

Die wichtigsten Papierformate

Hauptreihe		Zusatzreihen			
A-Reihe		**B-Reihe**		**C-Reihe**	
DIN A0	841 × 1 189 mm	DIN B0	1 000 × 1 414 mm	DIN C0	917 × 1 297 mm
DIN A1	594 × 841 mm	DIN B1	707 × 1 000 mm	DIN C1	648 × 917 mm
DIN A2	420 × 594 mm	DIN B2	500 × 707 mm	DIN C2	458 × 648 mm
DIN A3	297 × 420 mm	DIN B3	353 × 500 mm	DIN C3	324 × 458 mm
DIN A4	210 × 297 mm	DIN B4	250 × 353 mm	DIN C4	229 × 324 mm
DIN A5	148 × 210 mm	DIN B5	176 × 250 mm	DIN C5	162 × 229 mm
DIN A6	105 × 148 mm	DIN B6	125 × 176 mm	DIN C6	114 × 162 mm
DIN A7	74 × 105 mm	DIN B7	88 × 125 mm	DIN C7	81 × 114 mm
DIN A8	52 × 74 mm	DIN B8	62 × 88 mm	DIN C8	57 × 81 mm

A-Reihe passt in C-Reihe   C-Reihe passt in B-Reihe

Gebräuchliche DIN-Normen im Büro

DIN-Nummer	Bezeichnung
2137	Alphanumerische Tastaturen
44303	Textverarbeitung, Begriffe
476	Papierendformate
5007 und 5007-2	Regeln für die alphabetische Ordnung
5008	Schreib- und Gestaltungsregeln für die Textverarbeitung
5009	Regeln für das Phonodiktat
5012	Kurzmitteilung
66233	Bildschirmarbeitsplätze
678	Briefhüllen
680	Fensterbriefhüllen
ISO 3535	Entwurfsblatt für Vordrucke
ISO 11180	Postal addressing (Postanschrift)

5.2.2 Corporate Design

Das Corporate Design prägt das **visuelle Erscheinungsbild** eines Unternehmens nach außen und ist Teil der Corporate Identity. Dies ist insbesondere bei der Gestaltung von **Geschäftspapieren** und **Formularen** zu berücksichtigen.

Weitere Anwendungsbereiche

nach außen	nach innen
• Informationsbroschüren • Anzeigen • Beschriftungen • Messepräsentationen	• Betriebszeitung • Arbeitsplatzgestaltung • Interne Formulare • Jubiläen • Feste

Bei der **Gestaltung von Geschäftspapieren** ist auf folgende Faktoren zu achten:

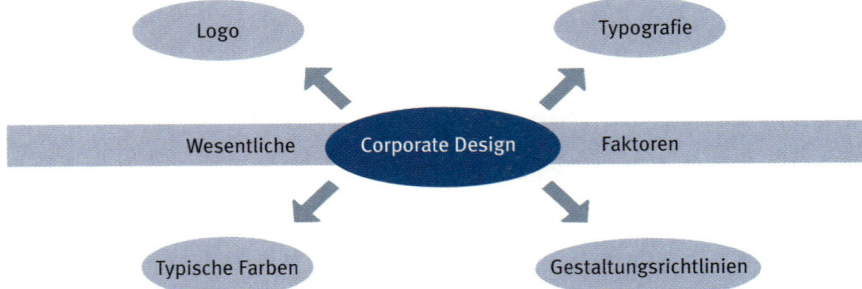

Format- und Dokumentvorlagen erleichtern die Anwendung in der Textverarbeitung und werden den Mitarbeiterinnen und Mitarbeitern im **Firmennetz** oder über das **Intranet** zur Verfügung gestellt.

5.2.2.1 Das Firmenlogo

Das Logo ist das Gesicht eines Unternehmens und sollte so gestaltet sein, dass es in den verschiedensten Medien entsprechend zur Geltung kommt. Einige Logos wie z. B. von Mercedes-Benz und Nivea haben es geschafft, dass man die Firmen an ihren Zeichen erkennt und behält. Die Gestaltung und das Design eines Firmenlogos wird meistens an professionelle Dienstleister, wie z. B. Werbeagenturen, in Auftrag gegeben.

BEISPIELE:

5.2.2.2 Typografie

In der Typografie unterscheidet man zwischen **Makrotypografie** und **Mikrotypografie**. Die Makrotypografie legt das Gesamterscheinungsbild eines Dokuments (z. B. das Layout) fest. Die Mikrotypografie umfasst die Detailarbeit an einem Dokument (z. B. Zeilen- und Wortabstände oder Farben).

Es kann festgelegt werden, dass für die Korrespondenz eine ganz bestimmte Schriftart und Schriftgröße in einem bestimmten Buchstaben- und Zeilenabstand verwendet wird. Die Hausschrift ist die von einem Unternehmen bewusst gewählte Schrift.

5.2.2.3 Farbe

Viele Firmen haben eine Hausfarbe, die durchgängig verwendet wird, z. B. für

- Geschäftspapiere,
- Internetauftritt,
- Raumgestaltung,
- Kleidung.

In der Regel wird eine Firmenfarbe eigens für das Unternehmen kreiert und ist geschützt (z. B. Nivea = Blau; Telekom = Magenta).

5.2.2.4 Gestaltungsrichtlinien

Gestaltungsrichtlinien garantieren ein einheitliches Auftreten eines Unternehmens in den Medien. Diese Richtlinien werden in Handreichungen dokumentiert und in Papierform, auf elektronischen Datenträgern oder im Intranet zur Verfügung gestellt, sie sind für alle Mitarbeiter verbindlich.

5.2.3 Formulargestaltung

Formulare (Vordrucke) sind **Informationsträger** und für eine **rationelle** Abwicklung des **inner- und außerbetrieblichen Informationsflusses** von besonderer Bedeutung. Durch die Verwendung von Formularen soll sichergestellt werden, dass standardisierbare Informationsverarbeitung (gleichartige und häufig wiederkehrende Vorgänge) vereinfacht und beschleunigt wird.

Nach DIN 32754 ist ein Formular ein Papier eines bestimmten Formats mit Aufdruck zur ergänzenden (ausfüllen, ankreuzen, durchstreichen) Beschriftung.

BEISPIELE:
- *Anmeldeformular der Schule, Zeugnis;*
- *Geschäftsbrief, Kurzmitteilung, Telefonnotiz;*
- *Formulare der Banken, der Versicherungen, der Post usw.*

Die Vorteile bei der Verwendung von gut gestalteten Formularen sind:
- Die Bearbeitung läuft nach einem vorgegebenen Schema ab.
- Die gleiche Reihenfolge der Angaben ermöglicht ein schnelles Ausfüllen.
- Beim Erfassen der Daten kann nichts vergessen werden (weniger denken!).
- Schwierige Arbeitsvorgänge werden in einzelne Schritte zerlegt und damit überschaubar.
- Schreibarbeit wird eingespart, da das bereits Vorgedruckte nicht jedes Mal geschrieben werden muss.
- Formulare vereinfachen den Austausch von Informationen.
- Mithilfe von Vordrucksätzen werden mehrere Durchschriften erstellt, die verschiedenfarbig sind (Organisationsmittel).
- Auch weniger qualifizierte Mitarbeiter können bei der Erfassung und Auswertung von Daten eingesetzt werden.

5.2.3.1 Formulararten

Man unterscheidet drei Arten von Formularen:

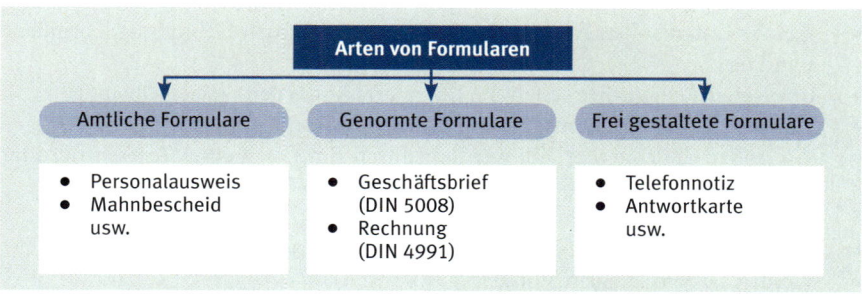

Außerdem wird zwischen Online- und Offline-Formularen unterschieden:

Formulare, die direkt am PC ausgefüllt und weiterbearbeitet werden, nennt man **Online-Formulare**. **Offline-Formulare** werden ausgedruckt und von Hand ausgefüllt. Um das Beschriften zu erleichtern, befinden sich an größeren Ausfüllpositionen Hilfslinien.

Mit Textverarbeitungsprogrammen werden dafür **Vorlagen** am Bildschirm erstellt und abgespeichert. Mit einem geeigneten Drucker (z. B. Laserdrucker) wird die Vorlage zusammen mit den eingegebenen Daten auf neutralem Papier ausgedruckt.

BEISPIELE:

- *Geschäftsbriefvorlagen (Vorlagen Form A bzw. B nach DIN 5008),*
- *Vorlagen für private Schreiben,*
- *Angebote,*
- *Rechnungen,*
- *Vorlagen für Reisekostenabrechnungen.*

Eine Vorlage für den Geschäftsbrief enthält das Firmenlogo, die Absenderzeile, das Anschriftenfeld, die Bezugszeichenzeile/Informationsblock usw. Außerdem werden in der Vorlage das Seitenlayout (Seitenränder), die Schriftart, der Schriftgrad (Schriftgröße), Kopf- und Fußzeilen u. a. festgelegt. Natürlich können in eine Vorlage (z. B. Mahnschreiben) auch gleichbleibender Text und Textbausteine aufgenommen werden, die dann im jeweiligen Anwendungsfall nur mit wenigen Eintragungen (z. B. Beträge, Fristen) ergänzt werden müssen. Diese Eintragungen nennt man Variablen, sie werden in der Vorlage mit Haltestopps gekennzeichnet.

Bei der Nutzung von Online-Formularen ergeben sich folgende Vorteile:

- Das Ausfüllen am Bildschirm geht wesentlich schneller als von Hand.
- Die Zeit- und damit Kosteneinsparung gegenüber der herkömmlichen Arbeitsweise beträgt bis zu 80 %.
- Tippfehler können sofort korrigiert werden.
- Das Formular lässt sich bei Bedarf schnell verändern bzw. aktualisieren.
- Das Formular kann als E-Mail verschickt oder ins Internet gestellt werden.

5.2.3.2 Gestaltungsgrundsätze

Beim Entwurf eines neuen Formulars sind folgende **Vorüberlegungen** erforderlich:

- Wozu wird das Formular verwendet (Formularbenennung)?
- Welche Daten sollen erfasst werden (Name, Wohnort, Geburtstag, Familienstand usw.)?
- In welcher Reihenfolge sollen die Daten erfasst werden (Arbeitsablauf)?
- Wie soll das Formular ausgefüllt werden (von Hand, am PC)?
- Wie sollen die Daten erfasst werden (durch Eintragen eines Textes und/oder mit der Ankreuzmethode)?
- Wer soll mit dem Formular arbeiten?
- Welches DIN-Format soll für das Fomular verwendet werden?
- Werden Durchschläge benötigt?

Bei der **Formulargestaltung** ist darauf zu achten, dass sie
- vollständig,
- ablaufgerecht (entsprechend dem Arbeitsablauf),
- schreibgerecht (hand- bzw. maschinenschriftliche Eintragungen),
- verständlich (auch für Nichtfachkundige),
- behandlungsgerecht (Format, Versandart usw.) und
- umweltverträglich (Papier usw.)

entworfen und hergestellt werden.

Arbeitsblatt 3/2

Folgende Grundregeln sind besonders zu beachten:

- Bei der Gestaltung der **Datenfelder** ist von dem Grundsatz „Leittext über Schreibtext" (**OLE-Prinzip**: Leittext gehört in die „Obere Linke Ecke") auszugehen.
- Der **Leittext** (Leitwort) ist eindeutig zu formulieren. Schwierige Fragen und Fachausdrücke sind zu erläutern. Abkürzungen, die nicht allgemein bekannt sind, sollten vermieden werden.
- Die Datenfelder für den **Schreibtext** müssen ausreichend **lang** und **hoch** sein, d.h., sie richten sich in der Regel nach der längsten Eintragung. Sie können noch mit Ziffern gekennzeichnet werden, damit beim Diktat oder in den Erläuterungen auf das betreffende Feld hingewiesen werden kann.
- **Punktierte Linien** sind zu vermeiden, da sie oft störend wirken und das Ausfüllen erschweren.
- Der **Schreibfluss** soll möglichst wenig unterbrochen werden, um Leerzeichen und Zeilenschaltungen beim Ausfüllen zu vermeiden.
- **Schriftarten, -größen und -stärken** sollten sparsam eingesetzt werden.
- **Ausfüllanweisungen** und Bearbeitungsvermerke sollten so angeordnet sein, dass sie während des Beschriftens gelesen werden können.
- Bei **Auswahlantworten** sind Kästchen voranzustellen. Die zutreffende Antwort wird durch Ankreuzen gekennzeichnet. Auswahlantworten mit dem Hinweis „Nichtzutreffendes streichen" sind zu vermeiden.
- Formulare, die für eine Ablage vorgesehen sind, sollten **Loch- und Faltmarkierungen** aufweisen oder vorgelocht werden.
- Jedes Formular erhält einen Namen und eine Nummer.

BEISPIELE:

Nicht so:

Name . . . . Vorname . . . .

Straße und Hausnummer . . . .

Wohnort . . . .

Sondern so:

| Name, Vorname |
| Straße, Hausnummer |
| PLZ, Wohnort |

Oder so:

Vor- und Zuname:	
Straße und Hausnummer:	
PLZ und Wohnort:	

Nicht so:

Wir bitten am . . . . 20 . . . . Uhr . . . . um Ihren Besuch

Sondern so:

Wir bitten um Ihren Besuch am
(Tag – Uhrzeit)

Nicht so:

Ich bitte um Barzahlung,*) Überweisung*)

auf unser*)/mein*) Konto Nr. . . . .

beim Geldinstitut . . . .

*) Nichtzutreffendes streichen

Sondern so:

Zutreffendes bitte ankreuzen ☒ oder ausfüllen

| Ich bitte um |
| ☐ Barzahlung   ☐ Überweisung |
| auf Konto Nr.   Geldinstitut |

Arbeitsblatt 4

Vorhandene Formulare sind ständig auf **Verbesserungsmöglichkeiten** zu überprüfen (innerbetriebliches Vorschlagwesen). Vor jeder Neuauflage ist festzustellen, ob Änderungen vorzunehmen sind.

5.2.3.3 Formularbeispiel

- Kurzmitteilungsformular zur Rationalisierung des Schriftverkehrs

---

Mode|Idee GmbH
Stuttgart

Mode|Idee GmbH – Postfach 10 15 – 70172 Stuttgart

Kurzmitteilung

Ihr Zeichen:
Unser Zeichen:

☎ 0711 123-89
✆ 0711 123-90

Datum:

Mit der Bitte um: | **Beigefügte Unterlagen erhalten Sie**

☐ Kenntnisnahme   ☐ Erledigung   ☐ zu Ihrer Orientierung
☐ Rücksprache   ☐ Weitergabe   ☐ zum Verbleib
☐ Prüfung   ☐ Zur Erinnerung   ☐ mit Dank zurück
☐ Ergänzung   ☐ Genehmigung   ☐ zur Bestätigung

Nachricht:

Anlage(n):

☐ Rechnung   ☐ Scheck   ☐ Kopien   ☐ Prospekte

Mode|Idee GmbH   Telefon 0711 123-0   Geschäftsführer: Sitz Stuttgart
Calwer Straße 118   Telefax 0711 123-10   Marc Dahlmann   USt-IdNr. DE 4392929
70173 Stuttgart   E-Mail info@mode-idee.com   Kerstin Schröder   Amtsgericht Stuttgart
                              Internet www.mode-idee.com   HRB 11394

Bankverbindung: LBBW Bank Stuttgart – Konto-Nr. 1026949 – BLZ 600 501 01
IBAN DE20 6005 0101 0002 0561 93 – BIC SOLADEST600

Das Formular für die Kurzmitteilung sollte enthalten:

- Firmennamen (Firmenlogo),
- Anschriftfeld (passend für einen Fensterbriefumschlag),
- Stichworte zum Ankreuzen,
- einen Platz für hand- bzw. maschinenschriftlichen Text und
- das Datum sowie die Unterschrift.

Der große Vorteil einer Kurzmitteilung liegt eindeutig in der Zeitersparnis, da kein Diktat und nur wenige Schreibarbeiten anfallen. Sie eignet sich besonders zum Versand von Unterlagen (bzw. Anlagen), die noch weiterbearbeitet werden sollen.

Formulare

- **Online-Formulare:** Die in einem Unternehmen **genutzten Formulare** werden im **Intranet** in einem für alle zugänglichen Verzeichnis abgelegt.
- **Offline-Formulare:** Die eingesetzten Formulare sollten in einem Folienordner gesammelt und regelmäßig auf ihre Aktualität geprüft werden.
- Daneben sollten **keine** individuell gestalteten Formulare genutzt werden.
- Eine **regelmäßige Anpassung** der Formulare an Veränderungen ist unerlässlich.
- Eine Person sollte für die **Aktualisierung** verantwortlich sein.

5.2.4 Geschäftsbrief

Trotz Telefon, Fax und E-Mail hat der Geschäftsbrief nicht an Bedeutung verloren. In der geschäftlichen Korrespondenz wird er insbesondere in folgenden Bereichen eingesetzt:

- Zur Übermittlung von Nachrichten mit **persönlichem oder vertraulichem Inhalt**.
- Bei **rechtsverbindlichen Anlässen** wie z. B. Kündigung und Mahnung.
- Wenn dem Empfänger eine besondere **Wertschätzung** entgegengebracht wird, z. B. Erstkontakte, Gratulationen.

Vor- und Nachteile der Brief-Kommunikation

Vorteile	Nachteile
• Hohes Maß an Verbindlichkeit, • Wertschätzung und Vertraulichkeit, • höhere Aufmerksamkeit beim Empfänger.	• Sehr langsam, • im Vergleich zu E-Mail und Fax erfordert das Schreiben und Versenden erheblich mehr Aufwand.

Die Gestaltung des Geschäftsbriefs nach DIN 5008:

Die in der Praxis wohl am meisten benutzte Vorlage ist der Geschäftsbrief. In der DIN 5008 sind die genauen Maße und Datenfelder festgelegt. Dabei wird zwischen zwei Formen unterschieden:

- hochgestelltes Anschriftfeld (Form A),
- tiefgestelltes Anschriftfeld (Form B).

In der Praxis wird überwiegend die Form B verwendet.

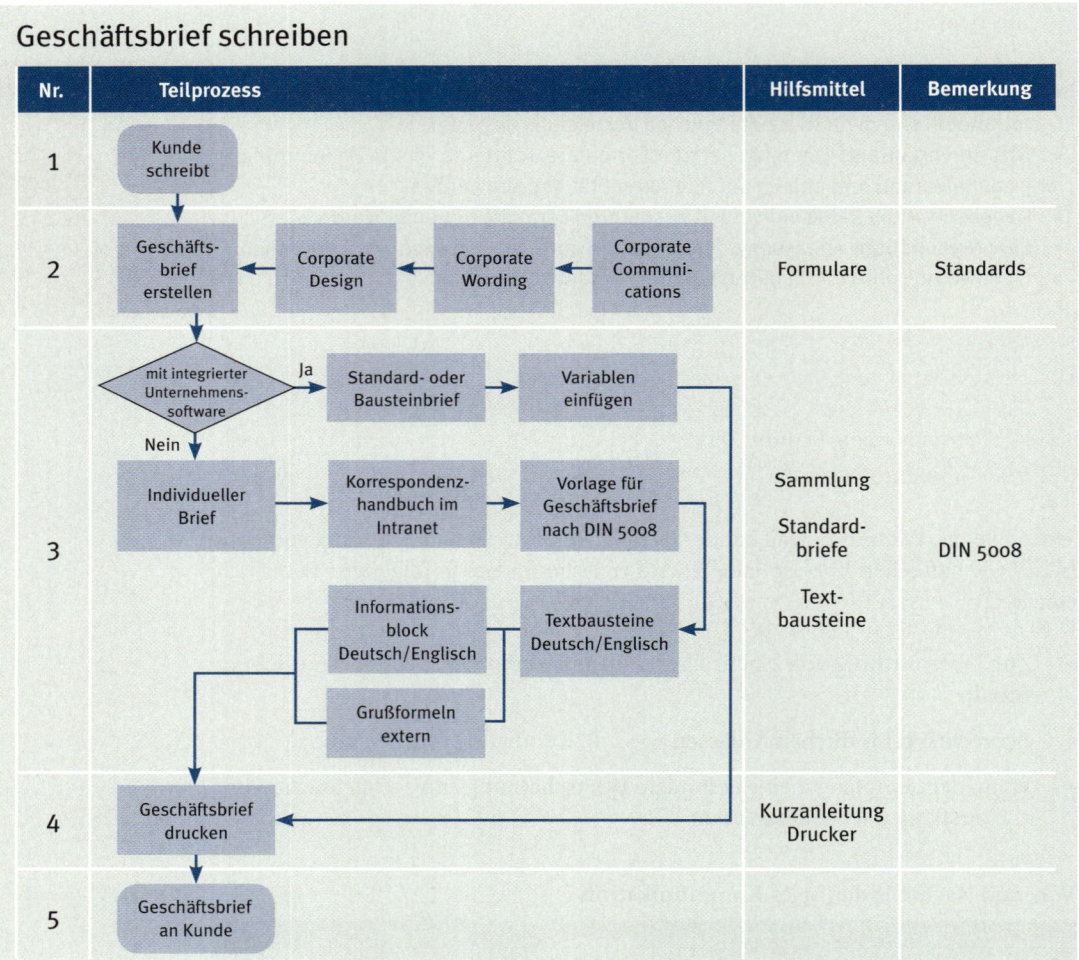

Nach der DIN 5008 bestehen folgende Gestaltungsmöglichkeiten:

- **Informationsblock**

Der Standardinformationsblock besteht aus den Leitwörtern Ihr Zeichen, Ihre Nachricht vom, Unser Zeichen, Unsere Nachricht vom, Name, Telefon, Telefax, E-Mail und Datum. Hier ist die angegebene Reihenfolge einzuhalten. Vor den Leitwörtern „Name" und „Datum" sollte eine Leerzeile stehen. Leitwörter dürfen ergänzt, verändert oder weggelassen werden.

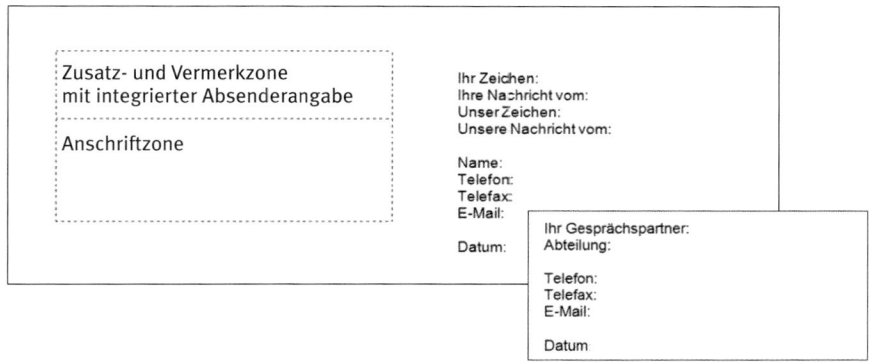

Informationsblock in moderner Gestaltung

- **Bezugszeichenzeile mit Kommunikationszeile**

Die Bezugszeichenzeile kann alternativ zum Informationsblock verwendet werden. Ihr Zeichen, Ihre Nachricht vom – Unser Zeichen, Unsere Nachricht vom – Telefon, Name – Datum sollten in Schriftgröße 6 Punkt (mehrzeilig) oder Schriftgröße 8 Punkt gestaltet werden. Nicht benötigte Leitwörter dürfen entfallen.

Die Bezugszeichenzeile kann durch weitere Kommunikationsdaten, z. B. „Telefax" und „E-Mail" in einer Kommunikationszeile ergänzt werden. Sie steht neben dem Anschriftfeld in Höhe der letzten Zeile.

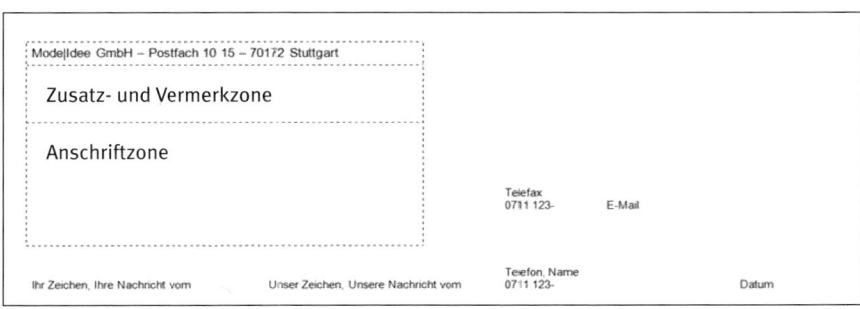

Arbeitsblatt 5

- Die **Kalenderdaten** können alphanumerisch (z. B. 3. August 2011) oder numerisch geschrieben werden. Bei der **numerischen Schreibweise** werden die Daten in der Reihenfolge Jahr-Monat-Tag mit Mittelstrich gegliedert: 2011-08-03. Die Jahreszahl wird vierstellig angegeben.

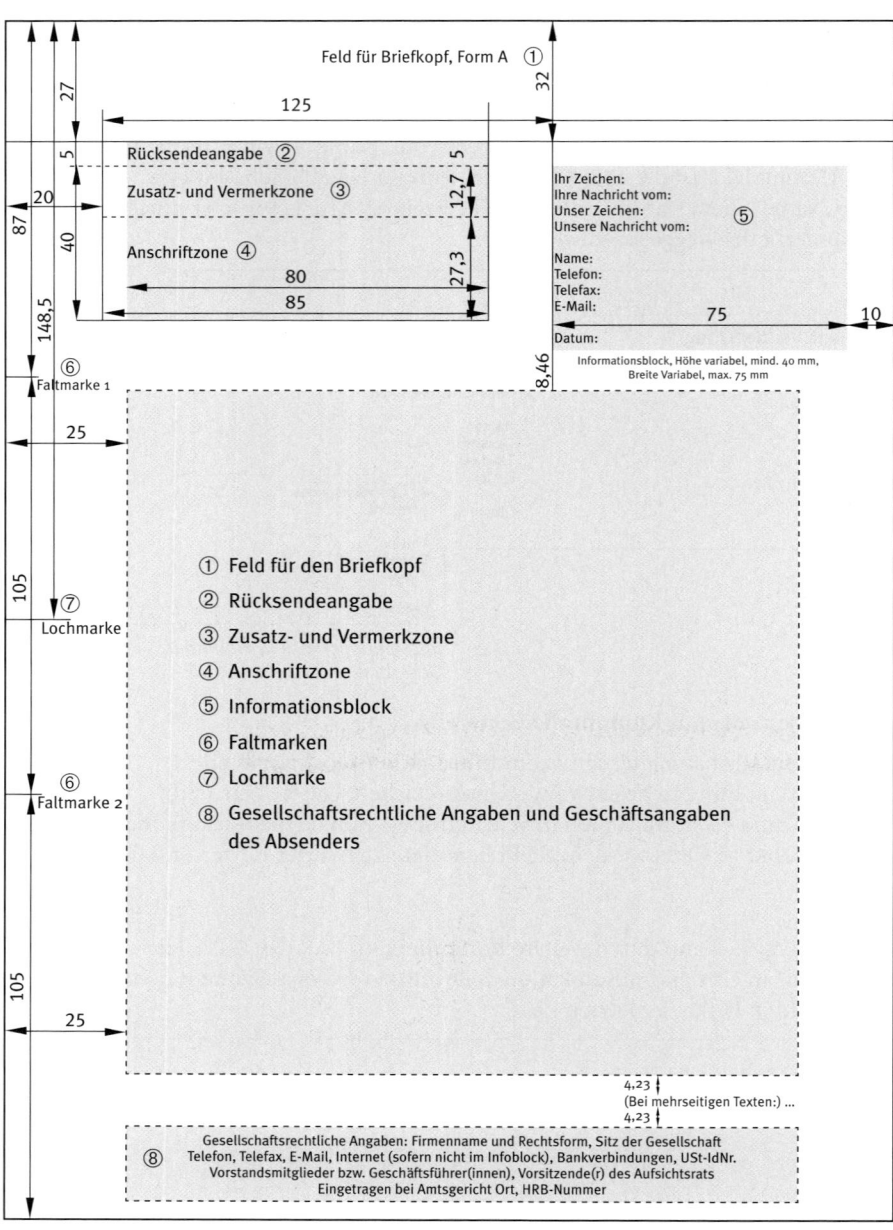

Vorlage Form A
Maße: DIN 5008

Gestaltungsbeispiel: Geschäftsbrief nach DIN 5008

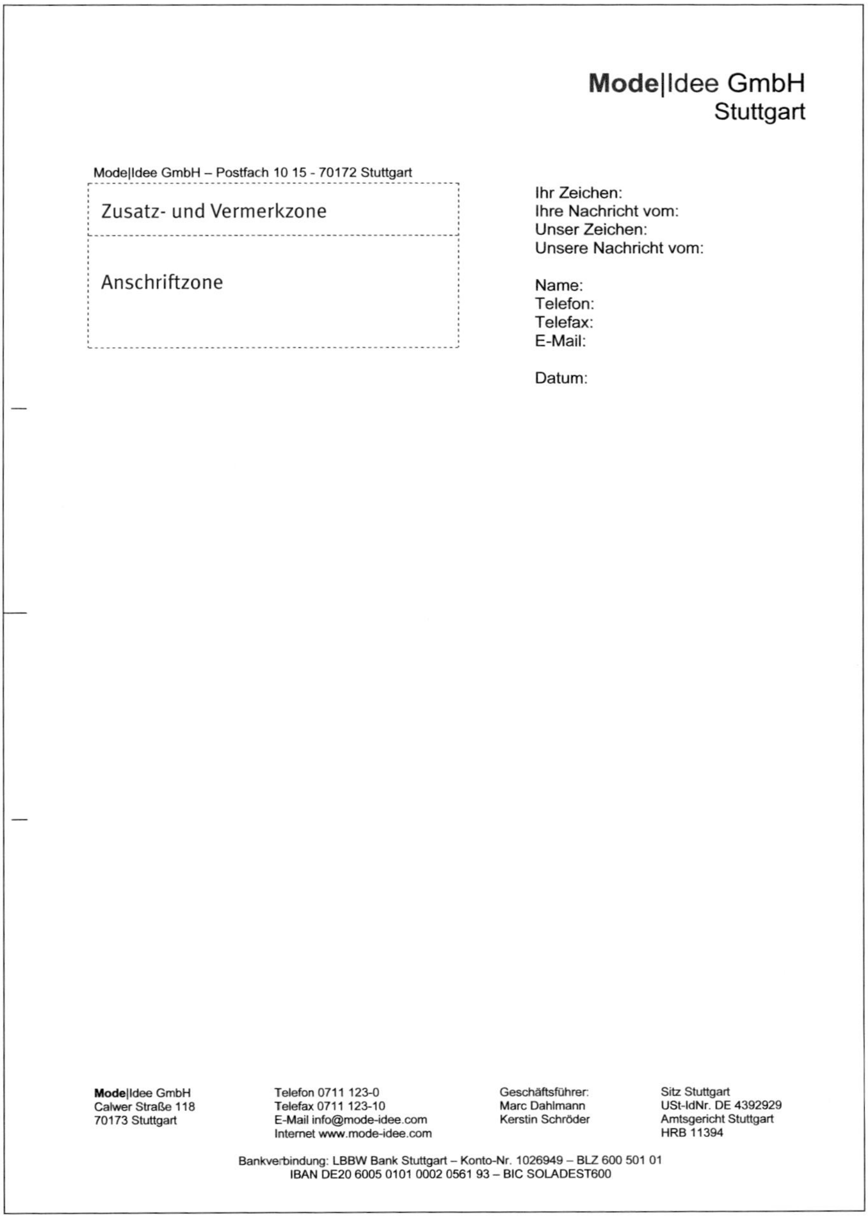

Mode|Idee GmbH
Stuttgart

Mode|Idee GmbH – Postfach 10 15 - 70172 Stuttgart

Zusatz- und Vermerkzone

Anschriftzone

Ihr Zeichen:
Ihre Nachricht vom:
Unser Zeichen:
Unsere Nachricht vom:

Name:
Telefon:
Telefax:
E-Mail:

Datum:

Mode|Idee GmbH
Calwer Straße 118
70173 Stuttgart

Telefon 0711 123-0
Telefax 0711 123-10
E-Mail info@mode-idee.com
Internet www.mode-idee.com

Geschäftsführer:
Marc Dahlmann
Kerstin Schröder

Sitz Stuttgart
USt-IdNr. DE 4392929
Amtsgericht Stuttgart
HRB 11394

Bankverbindung: LBBW Bank Stuttgart – Konto-Nr. 1026949 – BLZ 600 501 01
IBAN DE20 6005 0101 0002 0561 93 – BIC SOLADEST600

Der Aufbau und die Maße des Geschäftsbriefs sind in DIN 5008 **„Schreib- und Gestaltungsregeln für die Textverarbeitung"** geregelt (früher in DIN 676).

5.2.5 Faxmitteilung

Zum Fax greift man, wenn eine Mitteilung schnell an eine oder mehrere Personen verschickt werden soll. Dazu gehören Anfragen, Angebote, Auftragsbestätigungen und Informationen, die beim Empfänger in gedruckter Form (z. B. Zeichnungen, Skizzen) vorliegen sollen.

Vor- und Nachteile der Fax-Kommunikation

Vorteile	Nachteile
• Schnell, • kostengünstig, • Verteiler möglich.	• Gefahr von Irrläufern bei gemeinsamer Nutzung eines Faxgerätes, • langsam bei großen Text-/Datenmengen.

Regeln im Umgang mit dem Faxgerät

- Faxen Sie nur **kurze und eilige** Informationen.
- Mitteilungen mit **vertraulichem Inhalt** sollten nicht gefaxt werden.
- **Werbebriefe** per Telefax können den Kunden verärgern und wirken unpersönlich – es sei denn, der Kunde wünscht diese Versendungsart ausdrücklich.
- Telefaxe sind **juristisch gesehen bedenklich.** Rechtsungültig sind Bürgschaftsverpflichtungen, Vollmachtsurkunden, Steuererklärungen usw. per Telefax.
- Der **OK-Sendevermerk** eines Faxgerätes beweist nicht, dass der Empfänger das Faxschreiben auch erhalten hat. Dies ist besonders wichtig, wenn es um die Einhaltung von Fristen geht.
- **Kondolenzbriefe, offizielle Einladungen und geschäftliche Erstkontakte** sollten nicht per Fax verschickt werden.

Eine Faxmitteilung enthält die wesentlichen Bestandteile eines Geschäftsbriefes und dient der schnellen Übermittlung von ein- bis zweiseitigen Schriftstücken.

Faxgerät

Organisieren Sie bei zentral aufgestellten Faxgeräten die schnelle Verteilung der eingehenden Faxe an die zuständigen Mitarbeiter.

Nutzen Sie für **eingehende Faxe** farbiges Papier (hellgelbes Papier z. B. hat den Vorteil, dass ohne Schatten kopiert werden kann). So können Sie auf einen Blick ein Originalfax von einer Kopie unterscheiden.

Füllen Sie am Ende eines Arbeitstages das Papiermagazin des Faxgerätes auf und lassen Sie das Gerät eingeschaltet, damit auch nach Geschäftsschluss die Faxe nicht ins Leere laufen.

Faxmitteilungen sollten enthalten:

- Firmennamen (Firmenlogo) des Absenders,
- Absender- und Empfängeranschrift,

- Stichworte zum Ankreuzen,
- die Gesamtzahl der übermittelten Seiten,
- Absendedatum,
- Platz für hand- und maschinenschriftlichen Text.

Gestaltungsbeispiel: Faxmitteilung

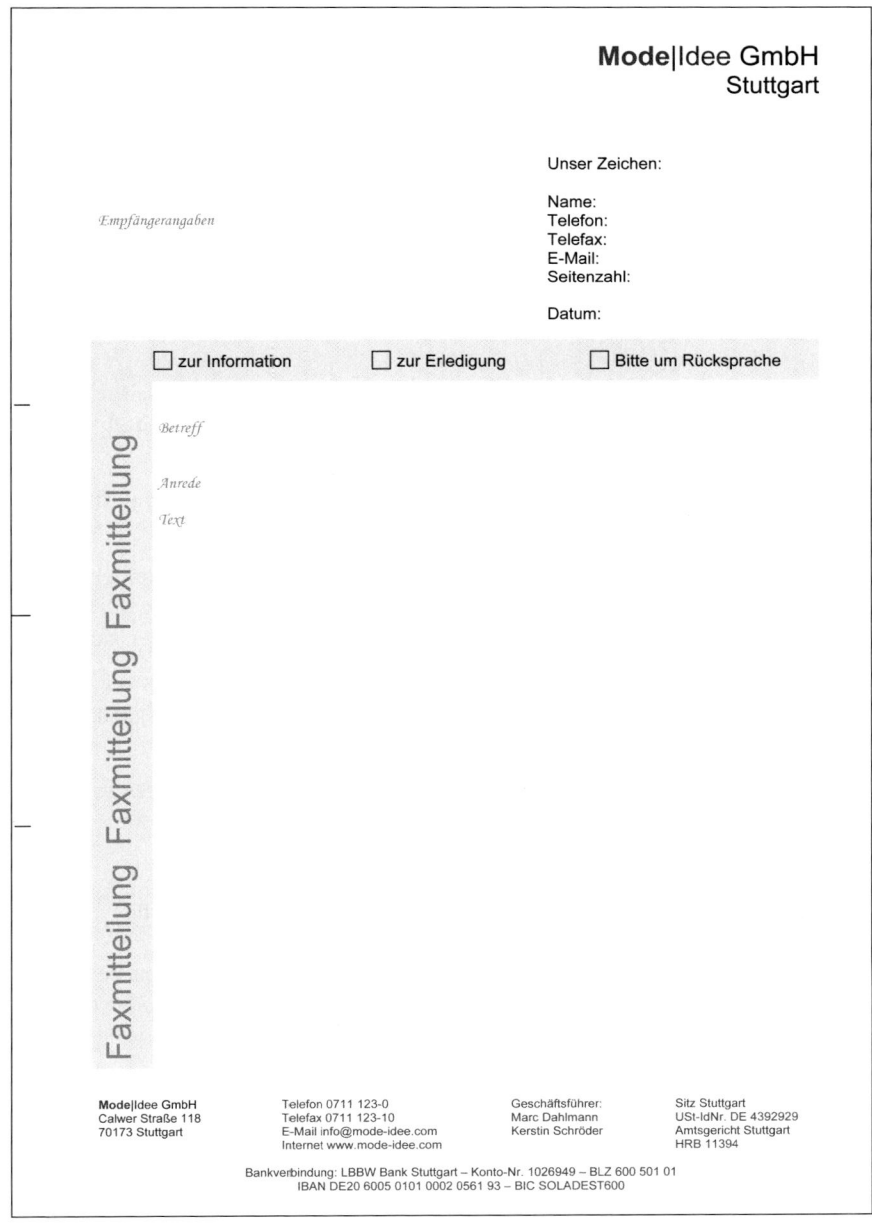

5.2.6 E-Mail

Das Verschicken, Lesen und Archivieren von E-Mails ist heute kein Problem mehr. Die Merkmale persönlich, direkt, mobil, grenzüberschreitend und vertraulich werden dabei besonders geschätzt (wobei hinter „vertraulich" ein dickes Fragezeichen gesetzt werden muss!).

Vor- und Nachteile der E-Mail-Kommunikation

Vorteile	Nachteile
• Schnell, • kostengünstig, • weltweiter Zugriff auf die eigene Mailbox möglich, • Versand von E-Mails zu jeder Tages- und Nachtzeit möglich, • gleichzeitiges Versenden an mehrere Empfänger (Verteilerliste) möglich, • der Empfänger kann den Zeitpunkt der Bearbeitung selbst bestimmen.	• Elektronischer Werbemüll, • Computerviren werden eingeschleppt, • abhängig von der Technik.

In der geschäftlichen Korrespondenz nimmt die E-Mail durch den schnellen und kostengünstigen Versand weltweit einen hohen Stellenwert ein. **Deshalb müssen im Umgang mit E-Mails folgende Regeln beachtet werden:**

- Überlegen Sie genau, ob eine E-Mail wirklich **notwendig** ist und wer sie bekommen muss.

- Elektronische Nachrichten sollten Sie nur an die Empfänger versenden, die die Informationen wirklich benötigen. Der Verarbeitungsvermerk „Dringend" sollte **sparsam** verwendet werden. Nur so kann der Empfänger sich einen schnellen Überblick über seinen Postkorb verschaffen.

- Vermeiden Sie Hervorhebungen oder Ausrufezeichen, die Wichtigkeit symbolisieren sollen. Die Prioritäten setzt der Empfänger.

- Nachrichten mit **persönlichem oder vertraulichem Inhalt** sollten möglichst **nicht** über E-Mail verschickt werden. Ein Vertreter oder eine andere nicht berechtigte Person könnte die Nachricht lesen.

- Bei sehr **wichtigen** und kurzfristig verschickten Nachrichten sollten Sie sich beim Empfänger telefonisch vergewissern, ob die Nachricht angekommen ist.

- E-Mails müssen mit der gleichen **Sorgfalt** wie die Papierpost bearbeitet werden. Der Mail-Partner verlässt sich darauf, dass die elektronische Post gelesen und auch entsprechend bearbeitet wird.

- Definieren Sie **feste Zeiten**, zu denen Sie Ihre E-Mails bearbeiten.

- Säubern Sie den Posteingang sofort, und lesen Sie jede E-Mail nur einmal.

- In der Urlaubszeit muss jemand beauftragt werden, der die elektronische Post der einzelnen Mitarbeiter liest und weiterleitet.

- Teilen Sie Ihre **Arbeitsschritte im Umgang mit elektronischer Post** in **drei Phasen** ein:

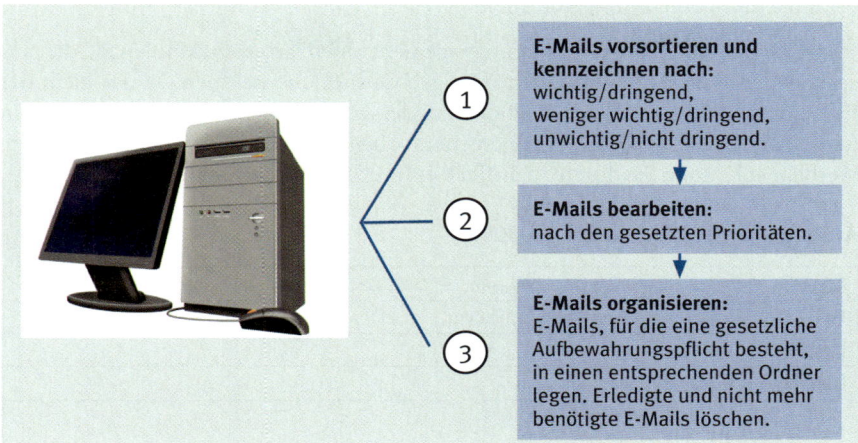

- Schalten Sie den automatischen Abruf aus und bestimmen Sie stattdessen **feste Abrufzeiten**.
- Beim Umgang mit E-Mails sind die bestehenden Richtlinien und Bestimmungen des **Bundesdatenschutzgesetzes** zu beachten.
- Die **Pflichtangaben** dürfen in einer geschäftlichen E-Mail nicht fehlen.

Gestaltungsbeispiel einer E-Mail mit Pflichtangaben:

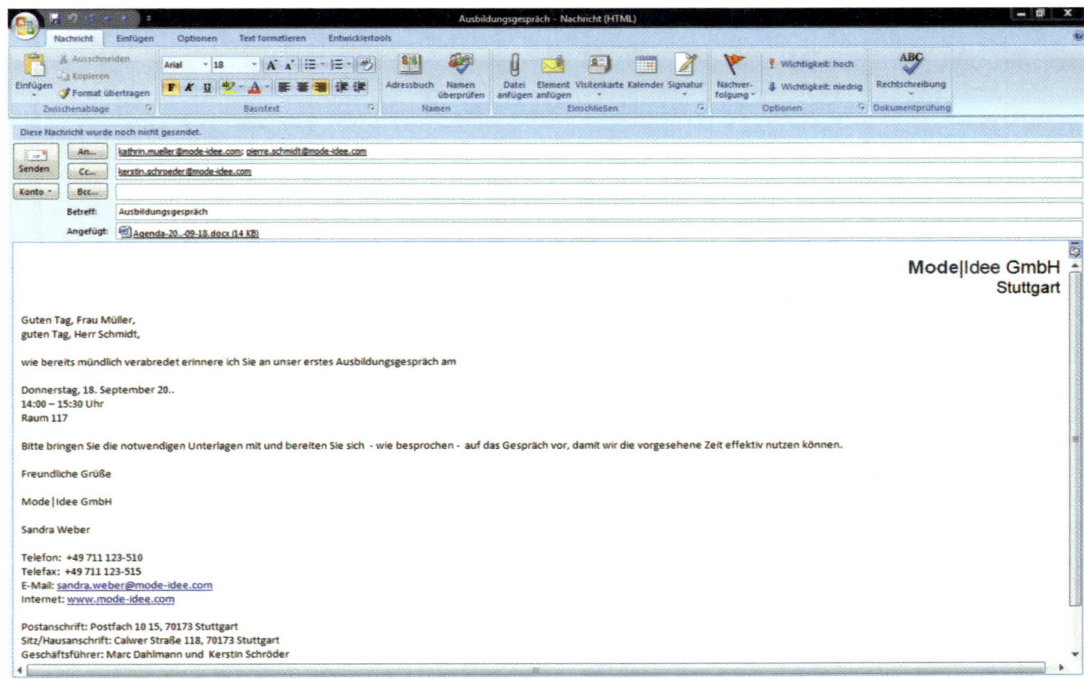

Nicht selten werden geschäftlich genutzte Mailboxen mit elektronischen Nachrichten aller Art überflutet, sodass sich die Betroffenen überlegen müssen, wie sie die E-Mail-Flut in den Griff bekommen.

Wenn Sie mit einem Dokumentenmanagementsystem arbeiten, können Sie die eingegangenen E-Mails direkt in den richtigen Ordner übernehmen. Ist das nicht der Fall, empfiehlt es sich, in der Mailbox für jeden Monat einen Ordner zu erstellen, in dem die bearbeiteten Mails vorübergehend abgelegt werden können. Unverlangte Werbepost können Sie durch Spamfilter in Ihrer Mailbox abwehren (siehe S. 396).

Aufbau einer E-Mail nach DIN 5008:

An ...	kathrin.mueller@mode-idee.com; pierre.schmidt@mode-idee.com
Cc ...	kerstin.schroeder@mode-idee.com
Bcc ...	
Betreff:	Ausbildungsgespräch

Guten Tag, Frau Müller,
guten Tag, Herr Schmidt,

wie bereits mündlich verabredet erinnere ich Sie an unser erstes Ausbildungsgespräch am

Donnerstag, 18. September 20..
14:00 – 15:30 Uhr
Raum 117

Bitte bringen Sie die notwendigen Unterlagen mit und bereiten Sie sich - wie besprochen - auf das Gespräch vor, damit wir die vorgesehene Zeit effektiv nutzen können.

Freundliche Grüße

Mode|Idee GmbH

Sandra Weber

Telefon: +49 711 123-510
Telefax: +49 711 123-515
E-Mail: sandra.weber@mode-idee.com
Internet: www.mode-idee.com

Postanschrift: Postfach 10 15, 70173 Stuttgart
Sitz/Hausanschrift: Calwer Straße 118, 70173 Stuttgart
Geschäftsführer: Marc Dahlmann und Kerstin Schröder
Handelsregister HRB 11394 beim Amtsgericht Stuttgart

Anhang:	Agenda-20..-09-18

Die Felder im E-Mail-Kopf haben folgende Bedeutung:

- **An:** Hier wird die Adresse des Empfängers der E-Mail eingetragen.
- **CC (Carbon Copy):** Hier werden die E-Mail-Adressen der Empfänger eingegeben, die eine Kopie der Nachricht erhalten. Die Empfänger erfahren durch diese Liste, welche Adressen eine Kopie der E-Mail erhalten haben. Trennen Sie die E-Mail-Adressen durch Semikola: joerg.bauer@gmx.de; karin.sturm@web.de; julius.boll@t-online.de.
- **BCC (Blind Carbon Copy):** Auch hier werden die Empfänger eingetragen, die eine Kopie der Nachricht erhalten. Die Empfänger erfahren jedoch nicht, an wen Kopien versandt wurden.
- **Betreff oder Subjekt:** Jede E-Mail sollte einen Betreff erhalten. Der Empfänger kann so sofort sehen, worum es sich handelt, und die Wichtigkeit einstufen. Der Betreff sollte aus einem Satz – maximal zehn Wörtern – bestehen.

E-Mail-Anhänge (Attachments)

Mit jedem E-Mail-Provider können **Attachments (Dateien jeder Art)** verschickt werden, indem man sie einfach an eine E-Mail anhängt. So können Sie z. B. einen DIN-gerechten, ausführlichen Geschäftsbrief, eine mehrseitige Dokumentation oder eine PowerPoint-Präsentation original als Datei mit einer kurzen E-Mail verschicken.

Packprogramme

Attachments können manchmal im Dateiumfang so groß sein, dass sie die noch zur Verfügung stehende Kapazität einer Mailbox übersteigen. Dieses Problem kann aber auch sehr schnell auf der eigenen Festplatte auftreten, wenn z. B. Platz für ein neues Programm geschaffen werden muss oder Sie alte Dateien platzsparend auf der Festplatte speichern wollen.

*Hersteller und Anbieter von Packprogrammen:
www.top-soft.de
www.databecker.de
www.winzip.de
www.squeez.de*

Pack- und Komprimierungsprogramme können den Speicherplatzbedarf stark verringern. Beim Packen bzw. Komprimieren werden die Dateien in ein sog. Archiv zusammengefasst, das weniger Platz benötigt als alle Dateien zusammen. Beim Entpacken bzw. Dekomprimieren werden die zuvor konvertierten Dateien eines Archivs in ihre ursprüngliche Form zurückgewandelt. Die Textdateien, Excel-Tabellen, PowerPoint-Präsentationen oder auch Klangdateien und Bilder können ohne Verluste gelesen werden.

Die gängigsten Archivformen sind: .ace, .rrc, .cab, .rar, .sit, .tar, .tgz, .zip, .zoo.

Netiquette

Schon Anfang der 90er-Jahre wurde die erste „Netiquette" für den Online-Briefverkehr erstellt. Sie ist eine Sammlung von Verhaltensregeln, die für eine reibungslose elektronische Kommunikation sorgen soll.

Was ist bei der E-Mail-Korrespondenz zu beachten?

- E-Mails dienen der **schnellen Kommunikation** und sollten deshalb **kurz** und **präzise** verfasst werden.

- E-Mail-Anhänge sollten nicht zu viel **Speicherplatz** beanspruchen. Da nicht jeder unendlich viel Speicherplatz zur Verfügung hat, sollten große Dateien mit **Packprogrammen** (z. B. Winzip) **komprimiert** werden. Viele E-Mail-Programme ermöglichen eine Kennzeichnung der Datei mit **„long"**, was dem Empfänger signalisiert, dass die Mail einen hohen Speicherbedarf hat.
- Auf **besondere Schriften** und **Dekore** innerhalb der E-Mail sollten Sie verzichten, da nicht alle Mailprogramme in der Lage sind, diese darzustellen.
- Verwenden Sie Emoticons (siehe Seite 385) nur dann, wenn Sie sicher sind, dass der Empfänger diese Art von Kommunikation versteht bzw. wenn Sie einen informellen Stil miteinander pflegen.
- **Akronyme** (Kurzwörter) können beim Erstellen von E-Mails Zeit sparen, sollten aber in der geschäftlichen Korrespondenz nicht eingesetzt werden. Eine Verwendung ist nur dann sinnvoll, wenn beide Seiten die Bedeutung kennen. Die meisten Akronyme stammen aus dem Englischen. Hier einige Beispiele:

Abkürzung	Englisch	Deutsch
asap	as soon as possible	so schnell wie möglich
afaik	as far as I know	meines Wissens
btw	by the way	übrigens
fyi	for your information	zu Ihrer Information
imo	in my opinion	meiner Meinung nach
np	no problem	kein Problem

- Vermeiden Sie **Tipp- und Rechtschreibfehler** – auch wenn sie in E-Mails eher toleriert werden als in Briefen. Eine E-Mail hat die Wirkung einer Visitenkarte und repräsentiert das Unternehmen nach außen.
- Wörter in **GROSSBUCHSTABEN** sind tabu. Versalien werden in der E-Mail-Welt zum Ausdruck von Ärger und Aggression verwendet!
- Eine E-Mail hat den Charakter einer Postkarte. **Vertrauliche und persönliche Nachrichten** sollten nicht auf elektronischem Weg verschickt werden, sofern Sie sich nicht sicher sind, dass diese von niemand anderem als dem berechtigten Empfänger gelesen werden können.

Arbeitsblatt 6/1
Arbeitsblatt 6/2

Tipp E-Mail

- **Kein Massenversand** von E-Mails: Dämmen Sie die E-Mail-Flut bei Ihren Adressaten durch **sinnvolle** interne und externe Verteilerlisten im E-Mail-Programm ein. Achten Sie darauf, dass nur die Personen die Informationen erhalten, die sie auch wirklich brauchen.
- Bei längerer **Abwesenheit am Arbeitsplatz** aktivieren Sie die Weiterleitung an eine Vertretung oder eine Abwesenheitsnotiz in Ihrem E-Mail-Programm.
- Wenn Sie Ihren Arbeitsplatz z. B. zu einer Besprechung verlassen, nehmen Sie ein **Notebook mit drahtlosem Internetzugang** mit, sodass Sie überall die eingehenden E-Mails empfangen und sofort weiterleiten können.

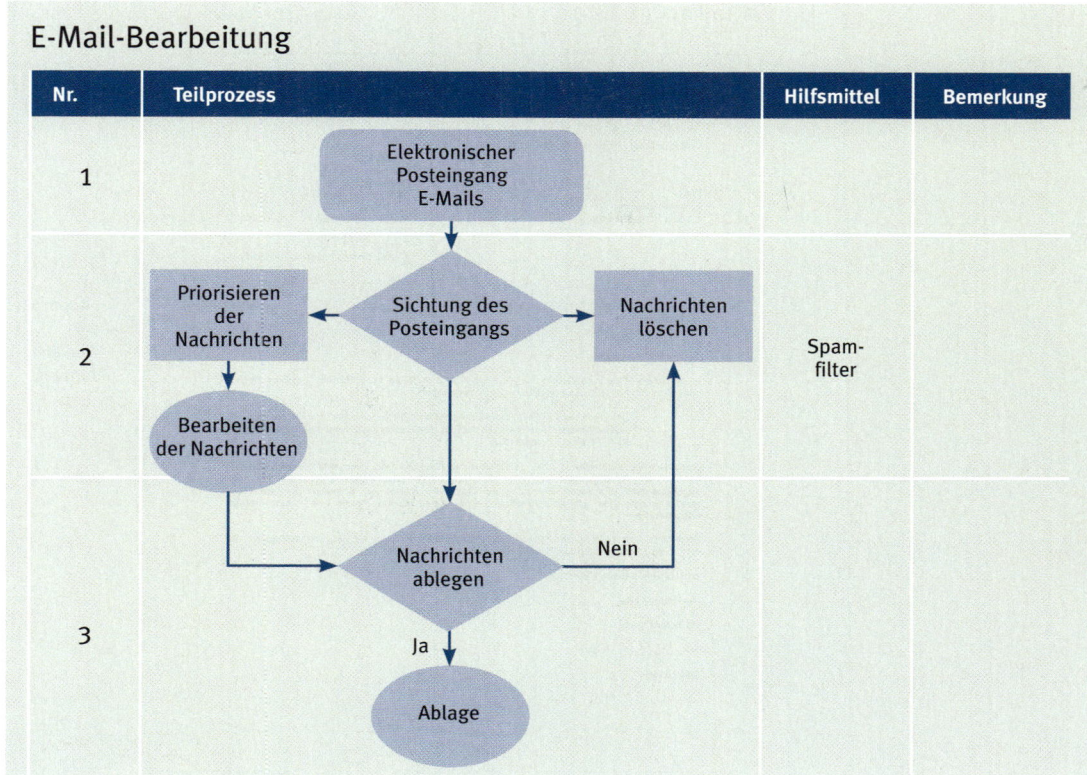

5.2.7 Schemabriefe

Für den Schemabrief wird eine **Vorlage** erstellt und abgespeichert. In dieser Vorlage wird das äußere Erscheinungsbild eines Textes festgelegt. Sie enthält den Text des Briefes und die Formatierungsangaben wie Randeinstellung, Zeilenabstand, Schriftart, Absatzformate (z. B. Blocksatz) und Zeichenformate (z. B. Fettdruck).

An den Stellen des Briefes, an denen **Variablen** eingefügt werden müssen, werden **Stoppcodes** (Haltepunkte) gesetzt. Bei Bedarf ruft der Nutzer die Vorlage auf, springt die Stoppcodes an und fügt die Variablen manuell ein.

Bei der Erstellung der Vorlage können die Stoppcodes „leer" sein, d. h. sie dienen lediglich als Haltepunkte. Sie können aber auch mit einer **„Bedienerführung"** (z. B. Vorname, Name, Straße, PLZ, Ort) ergänzt werden, um das Einfügen der jeweiligen Variablen zu erleichtern.

Das folgende Beispiel zeigt die Vorlage eines Schemabriefes, der immer dann benötigt und aufgerufen wird, wenn eine Mitarbeiterin der Mode|Idee GmbH ihren Mutterschaftsurlaub antreten wird.

BEISPIEL:

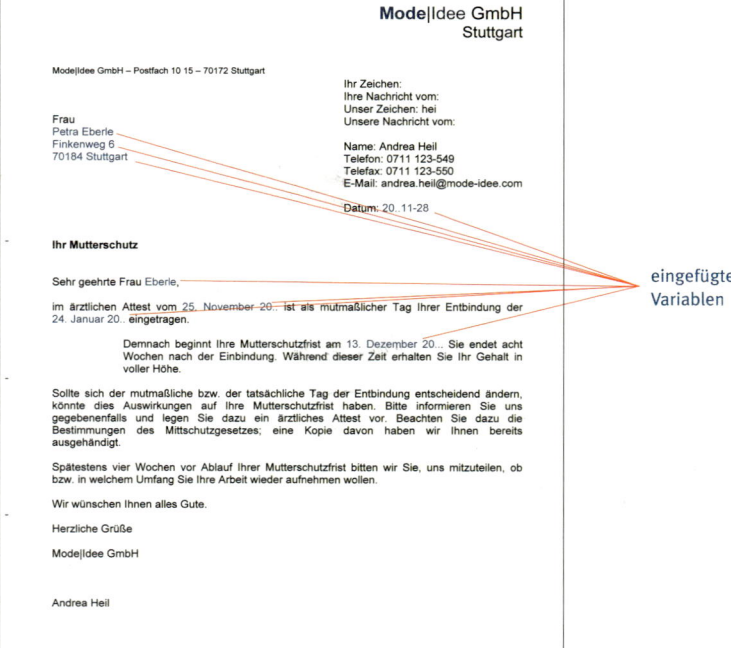

5.2.8 Serienbriefe

Seriendruck

Unter Seriendruck versteht man, dass immer wieder benötigte Daten (z. B. Adressen) **automatisch** in Serienbriefe oder Listen eingefügt bzw. auf Etiketten oder Briefumschläge ausgedruckt werden. Im Unterschied zum Schemabrief mit manuellen Einfügungen werden beim Seriendruck die Variablen nicht über die Tastatur, sondern automatisch eingefügt.

Für die Erstellung eines Seriendrucks sind zwei Dateien erforderlich:
- ein Hauptdokument und
- eine Datenquelle (Steuerdatei).

Das Hauptdokument enthält den Standardtext, der bei allen Serienbriefen gleich ist, und die „Platzhalter", an deren Stellen die Variablen beim Ausdruck eingefügt werden.

In der Datenquelle dagegen sind die Datensätze (Variablen), die in den Serienbrief eingemischt werden (z. B. Adressen), gespeichert.

Wichtig ist vor allem, dass die Datensätze permanent gepflegt und aktualisiert werden.

«Anrede»¶
«Vorname» «Name»¶
«Straße»¶
«PLZ» «Ort»¶

Beispiel für „Platzhalter"

BEISPIEL:

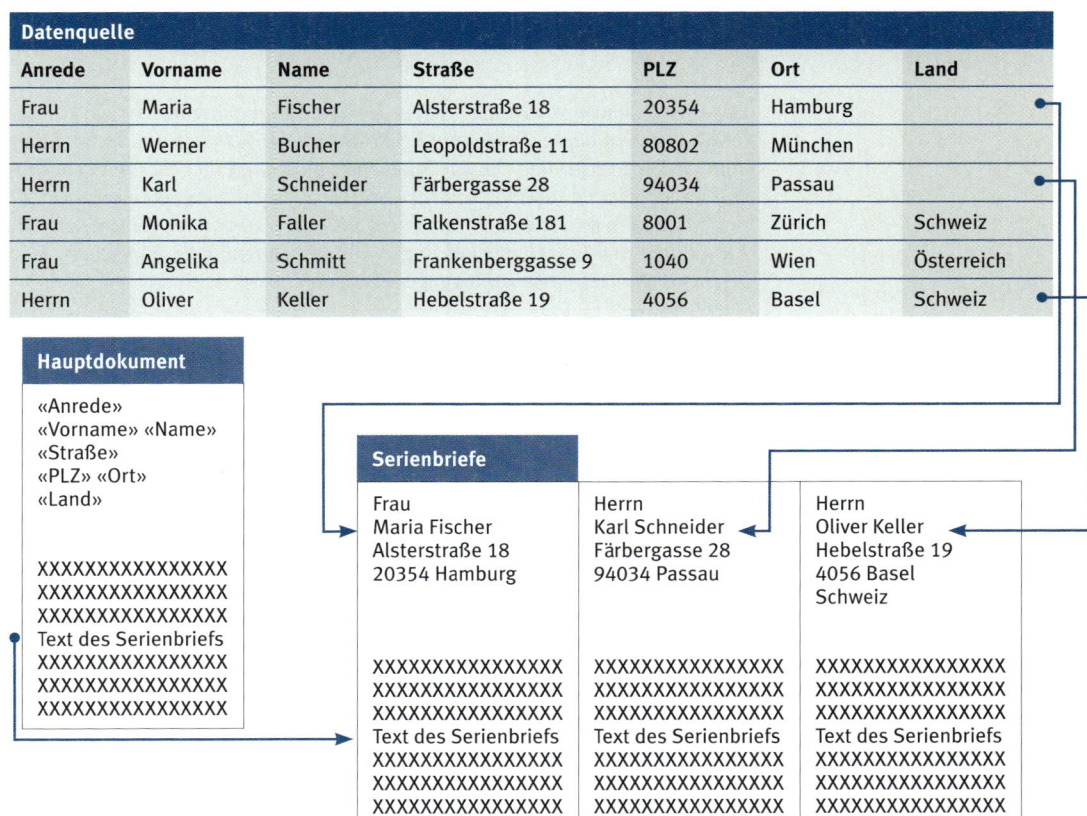

Die Verwendung einer Datenquelle bietet folgende Möglichkeiten:
- In einem bestimmten Anwendungsfall (Brief, Liste, Etiketten usw.) können der Datenquelle nur die jeweils benötigten Daten entnommen werden.
- **Stoppcodes** in der für einen Seriendruck erstellten Vorlage werden beim automatischen Einmischen **durch den entsprechenden Eintrag im Datenfeld der Datenmaske ersetzt.** In den folgenden Beispielen sind sie durch den Feldnamen gekennzeichnet (z. B. „Firma").
- Beim Seriendruck lassen sich auch **Bedingungen für den Inhalt der Variablen verknüpfen.** Wenn z. B. der Eintrag im entsprechenden Datenfeld ein „w" für weiblich ist, dann soll er durch die Anrede „Frau" ersetzt werden, sonst soll das Wort „Herrn" eingemischt werden.
- **Datensätze** können auch **selektiert** werden, wenn z. B. zu einer Jahreshauptversammlung einer Volksbank **nur die Mitglieder, nicht aber alle Bankkunden** eingeladen werden sollen. Um diese Selektion vornehmen zu können, muss in der Datenmaske ein Feldname „Mitglied" aufgenommen und im dazugehörigen Datenfeld „J" oder „N" eingetragen sein.
- **Datensätze** können außerdem **sortiert** werden, z. B. ist das Sortieren der Datensätze nach den Postleitzahlen für das Vorbereiten der Infopost mit Entgeltermäßigung notwendig.
- Der **Datenquelle** können bei Bedarf **nachträglich weitere Feldnamen hinzugefügt** bzw. **nicht mehr benötigte Feldnamen gelöscht werden.**

BEISPIEL:

Das Unternehmen Mode|Idee will ein Dokumentenmanagementsystem einführen und hat sich für das Programm EP-XBase der Firma Inhoffen & Rother Informations KG entschieden. Um alle Filialleiterinnen und Filialleiter mit dem Programm vertraut zu machen, findet in Stuttgart ein Inhouse-Seminar statt. Die Einladungen wurden bereits verschickt und die Teilnehmer stehen fest. Die Anschriften der Teilnehmer hat Pierre in einer Datenquelle gespeichert. Jetzt bereitet er die Teilnahmebestätigung als Serienbrief vor.

An alle Teilnehmer wurde eine Teilnahmebestätigung verschickt, in die die jeweilige Anschrift und die Anrede aus der Datenquelle übernommen wurden.

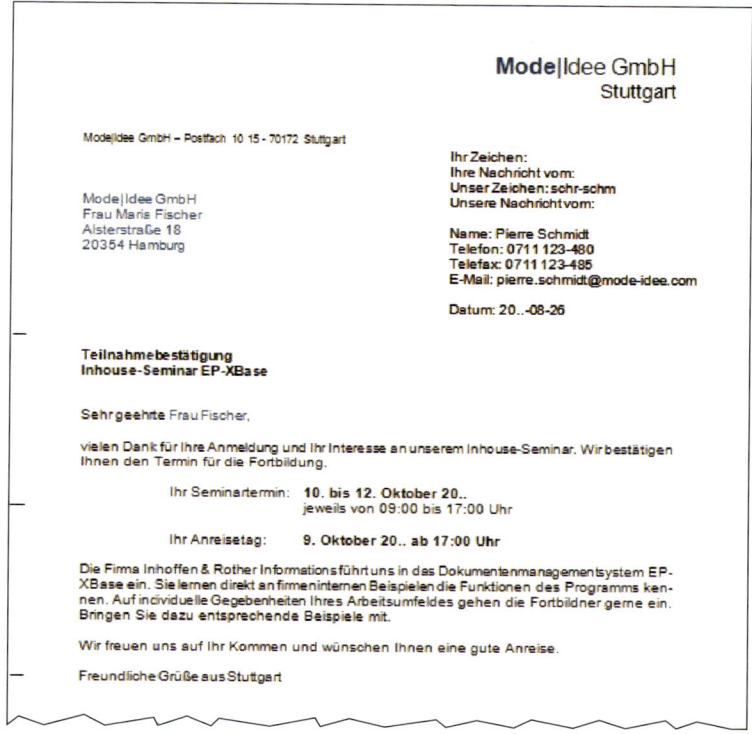

Einige Tage vor Seminarbeginn wurden die Teilnehmerliste, die Etiketten für die Seminarmappen und die Tischkarten gedruckt. Die dafür erforderlichen Daten wurden wiederum der Datenquelle entnommen und in die dafür erstellten Vorlagen eingemischt.

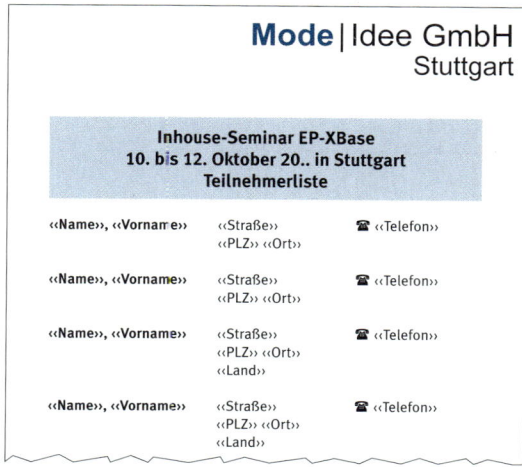

Vorlage für die Teilnehmerliste

5   Berufliche und schriftliche Kommunikation

Mode | Idee GmbH
Stuttgart

**Inhouse-Seminar EP-XBase
10. bis 12. Oktober 20.. in Stuttgart
Teilnehmerliste**

Bucher, Werner	Leopoldstraße 11 80802 München	☎ 089 35-345
Fischer, Maria	Alsterstraße 18 20354 Hamburg	☎ 040 18-4985
Faller, Monika	Falkenstraße 181 8001 Zürich Schweiz	☎ +41 61 149-494
Keller, Oliver	Hebelstraße 19 4056 Basel Schweiz	☎ +41 44 394-133

Auszug aus der Teilnehmerliste

Vorlage für die Etiketten

«Vorname» «Name» «Straße oder Postfach» «PLZ» «Ort» «Land» EP-XBase-Seminar 10. bis 12. Oktober 20.. in Stuttgart	«Nächster Datensatz» «Vorname» «Name» «Straße oder Postfach» «PLZ» «Ort» «Land» EP-XBase-Seminar 10. bis 12. Oktober 20.. in Stuttgart

Etikettenausdruck

Maria Fischer Alsterstraße 18 20354 Hamburg EP-XBase-Seminar 10. bis 12. Oktober 20.. in Stuttgart	Monika Faller Falkenstraße 181 8001 Zürich Schweiz EP-XBase-Seminar 10. bis 12. Oktober 20.. in Stuttgart

Vorlage für die Tischkarte   *Ausdruck*

   Mode | Idee GmbH Stuttgart **«Vorname» «Name»**	 **Mode** | Idee GmbH Stuttgart **Maria Fischer**

5.2.9 Bausteinverarbeitung

Nicht immer ist ein Brief mit den eingefügten Variablen für viele Empfänger brauchbar. Häufig wiederholen sich bestimmte Passagen (einzelne Sätze oder ganze Abschnitte), allerdings in unterschiedlichen Kombinationen. Vergleicht man den **Serienbrief** mit einem Fertighaus, an dem nur wenige Details individuell bestimmt werden, entspräche das aus vorgefertigten Bauteilen errichtete Haus einem **Bausteinbrief,** der aus abgespeicherten **Textteilen** zu einem **individuellen Ganzen** zusammengefügt wird.

Arbeitsblatt 7

Die **Textbausteine** werden – nach vorausgegangener Textanalyse – nach Sachgebieten (Antwort auf Bewerbungsschreiben, Angebote usw.) geordnet, abgespeichert und in einem Texthandbuch gesammelt. Im **Texthandbuch** werden die Textbausteine mit einem **Selektionsbegriff** und einem aussagefähigen **Kurztext** zusammengefasst. Die Bausteine werden in der Regel in einer dem Thema entsprechenden Vorlage (z. B. Bewerbung, Mahnung) gespeichert und im Intranet im elektronischen Formularhandbuch abgelegt. Sie sind in Teilgebiete (Betreff, Anrede, Einleitung usw.) gegliedert. Wird aus jedem Teilgebiet ein Satz ausgewählt, ist sichergestellt, dass der fertige Brief logisch aufgebaut und sachlich richtig ist.

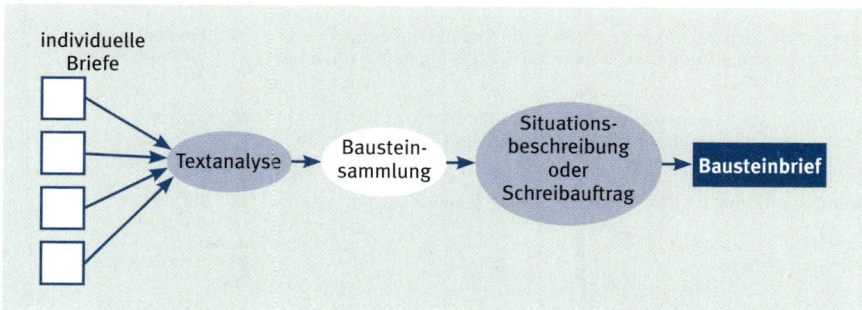

Das folgende Beispiel zeigt einen Auszug aus einem Texthandbuch. Die Stoppcodes für das Einfügen der Variablen sind in Klammern gesetzt. Die farbig gedruckten Textbausteine werden anhand des auf Seite 189 abgebildeten Schreibauftrags zu einem Bausteinbrief zusammengesetzt.

Im **konkreten Anwendungsfall** kann die Sachbearbeiterin bzw. der Sachbearbeiter die passenden Textbausteine aufrufen, die entsprechenden Variablen einfügen und den fertigen Bausteinbrief ausdrucken. Wird jedoch der Bausteinbrief vom Sachbearbeiter bzw. der Sachbearbeiterin nicht selbst geschrieben, füllen sie als Arbeitsanweisung für einen Mitarbeiter/eine Mitarbeiterin einen **Schreibauftrag** aus, in den sie die Anschrift, die Selektionsnummern und die einzufügenden Variablen eintragen.

BEISPIEL:

Personalabteilung		
Bewerbungen: Antwort auf ein Stellengesuch; Einladung zum Vorstellungsgespräch		
Textbaustein	**Nr.**	**Kurztext**
Ihre Bewerbung,	1	Betreff
Ihr Stellengesuch (Name der Zeitung) vom (Erscheinungsdatum),	2	Betreff „Anzeige"
sehr geehrte Frau (Name),	3	Anrede weiblich
sehr geehrter Herr (Name),	4	Anrede männlich
zeigt Ihr Interesse an einer Mitarbeit in unserem Hause. Dafür danken wir Ihnen.	5	**Dank** für Bewerbung
zeigt Ihr Interesse an einer Mitarbeit in unserem Hause. Die uns zugesandten Bewerbungsunterlagen haben wir aufmerksam gelesen.	6	**Dank** für Unterlagen
gefällt uns. Sie könnten die richtige Mitarbeiterin sein für eine offene Stelle in der (Name)abteilung. Bitte senden Sie uns Ihre Bewerbungsunterlagen zu: Wir erwarten ein aktuelles Bild, einen tabellarischen Lebenslauf und Kopien Ihrer Zeugnisse.	7	**Bezug** Anzeige weiblich
gefällt uns. Sie könnten der richtige Mitarbeiter sein für eine offene Stelle in der (Name)abteilung. Bitte senden Sie uns Ihre Bewerbungsunterlagen zu: Wir erwarten ein aktuelles Bild, einen tabellarischen Lebenslauf und Kopien Ihrer Zeugnisse.	8	**Bezug** Anzeige männlich
Gern geben wir Ihnen Gelegenheit, sich bei uns vorzustellen, um Sie über uns und Ihre Mitarbeit in unserem Unternehmen zu informieren. Bitte rufen Sie uns an, damit wir einen Gesprächstermin vereinbaren können.	9	**Vorstellung** Bitte um Anruf
Gern geben wir Ihnen Gelegenheit, sich bei uns vorzustellen, um Sie über uns und Ihre Mitarbeit in unserem Unternehmen zu informieren. Passt es Ihnen am (Tag, Datum), um (Uhrzeit) Uhr?	10	Termin
Zur Vervollständigung Ihrer Bewerbungsunterlagen benötigen wir (fehlende Unterlagen).	11	Unterlagen anfordern
Wir freuen uns, bald von Ihnen zu hören.	12	**Schlusssatz**
Wir freuen uns, Sie persönlich kennenzulernen.	13	**Schlusssatz**
Freundliche Grüße Mode|Idee GmbH i. V. (Name)	14	Briefschluss

Die folgende Abbildung zeigt einen Schreibauftrag für das auf Seite 188 abgebildete Texthandbuchkapitel.

BEISPIEL:

	Mode│Idee GmbH Stuttgart
Vorlage:	Bevst.dot
Anschrift:	Herrn Matthias Hauser In den Winkelwiesen 15 61476 Kronberg
Ihr Zeichen:	
Ihre Nachricht vom:	15. Oktober 20..
Unser Zeichen:	hei
Unsere Nachricht vom:	
Durchwahl:	549
Bearbeiter:	Andrea Heil
Datum:	28. Oktober 20..
Textbaustein	Einfügen
1	
4	Hauser
6	
10	Mittwoch, 13. November 20.. 15:00 Uhr
13	
14	i. A. Andrea Heil

Der folgende Bausteinbrief wurde nach dem oben dargestellten Schreibauftrag geschrieben. Bei den schattierten Textteilen handelt es sich um die laut Schreibauftrag einzufügenden Variablen (siehe Seite 188).

BEISPIEL:

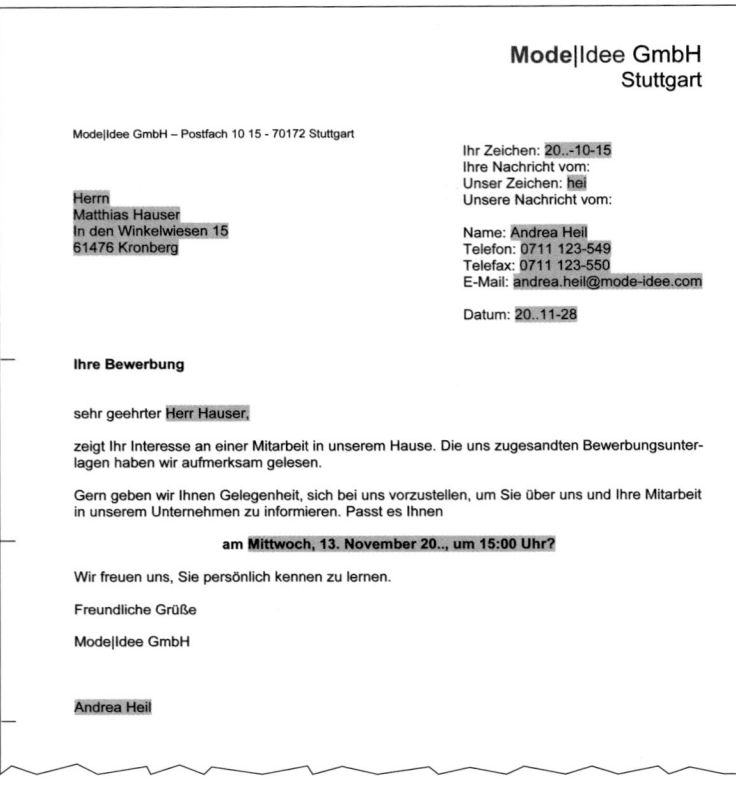

Arbeitsblatt 8

Beim Einsatz von Textbausteinen, Schema- und Serienbriefen ergeben sich folgende Vorteile:

- Die Mitarbeiterinnen und Mitarbeiter werden vom wiederholten Formulieren, Diktieren und Schreiben von Texten entlastet.

- Die Texte sind stilistisch, sachlich und juristisch einwandfrei formuliert und stehen bei Bedarf fehlerfrei geschrieben zur Verfügung.

- Durch das Einfügen der Variablen wird der Text inhaltlich auf den jeweiligen Anwendungsfall abgestimmt und wirkt trotzdem individuell.

- Die in einer Datenmaske abgespeicherten Daten können, je nach Anwendungsfall, selektiert, sortiert und in Briefe, Listen, Etiketten usw. automatisch eingemischt werden.

- In bestimmten Anwendungsfällen können Briefe, die aus Textbausteinen zusammengesetzt werden, eine auf den jeweiligen Empfänger bezogene individuelle Formulierung enthalten.

- Gespeicherte Texte können lange Zeit verwendet werden. Durch Änderungen und Ergänzungen wird der Stil der Korrespondenz ständig verbessert und der Inhalt aktualisiert.

Zusammenfassung

1 Geschäftspapiere müssen die vorgeschriebenen **Pflichtangaben des Absenders** enthalten, wenn das Unternehmen im Handelsregister eingetragen ist.

2 Zu den **Pflichtangaben** zählen die genaue Firmenbezeichnung, der Firmenname, die Bezeichnung der Rechtsform, der rechtliche Vertreter, der Ort der Handelsniederlassung, das Handelsregistergericht, die Handelsregisternummer (Wirtschafts-Identifikationsnummer) und die Umsatzsteuer-Identifikationsnummer.

3 Die vom Deutschen Institut für Normung e. V. (DIN) veröffentlichten DIN-Normen legen **Größe, Maße und Bezeichnungen** einheitlich fest.

4 Die für die geschäftliche Korrespondenz **wichtigsten DIN-Normen** sind:
- DIN 5008 Schreib- und Gestaltungsregeln für die Textverarbeitung,
- DIN 476 Papierendformate.

5 Briefpapiere, Vordrucke und Briefhüllen sind genormt (DIN 476). Die A-Reihe legt die Maße für Schreibpapiere fest. A0 ist das Ausgangsformat (1 m^2). Durch Halbieren der längeren Seite entsteht das nächstkleinere Format.

6 Die B- und C-Reihe sind Formatgrößen für Briefhüllen. Dabei gilt der Grundsatz: A passt in C, und C passt in B.

7 Das Corporate Design prägt das visuelle Erscheinungsbild eines Unternehmens nach außen.

8 **Formulare** (Vordrucke) sind Papiere eines bestimmten Formats mit einem Aufdruck zur ergänzenden Beschriftung. Sie dienen der Vereinfachung und Beschleunigung der Korrespondenz, vor allem bei gleichartigen und häufig wiederkehrenden Vorgängen (z. B. Formulare der Banken und Post sowie von Versicherungen und Behörden).

9 Beim **Entwurf von Formularen** ist zu berücksichtigen:
- welche Daten
- in welcher Reihenfolge und
- auf welche Weise erfasst werden sollen.

Außerdem sollten folgende Kriterien beachtet werden:
- Papierformat,
- normgerechte Zeilen- und Zeichenabstände,
- Größe und Beschriftung der Datenfelder,
- Leittext (Leitwörter) in die obere linke Ecke (OLE-Prinzip).

10 Formulare (Vordrucke) können rationell mit leistungsfähigen Textprogrammen am PC erstellt und abgespeichert werden.

11 Vorlagen für Geschäftsbriefe, private Schreiben und im Betrieb verwendete Formulare enthalten alle gleichbleibenden Texte und Grafiken (Firmenlogo,

Zusammenfassung

Absenderangabe, Bezugszeichen, Leitwörter usw.). Bei Bedarf müssen sie nur aufgerufen, am Bildschirm ausgefüllt und anschließend auf neutralem Papier ausgedruckt werden.

12 Um den Schriftverkehr zu rationalisieren, können **Formulare, Kurzmitteilungen und Faxmitteilungen** eingesetzt werden.

13 Die wichtigsten Kommunikationsmittel im Büro sind **Geschäftsbrief, Faxmitteilung** und **E-Mail**.

14 Briefe oder andere Schriftstücke, die für einzelne Empfänger immer wieder benötigt werden, können als **Schemabriefe** mit Stoppcodes für die einzufügenden Variablen gespeichert werden. Die Variablen werden meist manuell eingefügt.

15 Für Briefe oder andere Schriftstücke, die für viele Empfänger oft nur einmal benötigt werden, wird eine Vorlage erstellt, in die die Variablen (meist Anschrift und Anrede) automatisch im **Seriendruck** eingemischt werden.

16 Für Briefe und andere Schriftstücke, die immer wieder benötigt werden, deren Textteile sich aber in der Abfolge ändern, werden **Textbausteine** erstellt und unter einem Selektionsbegriff gespeichert. Je nach Anwendungsfall werden die für einen Brief benötigten Textbausteine zu einem **Bausteinbrief** zusammengefügt. In die einzelnen Textbausteine können Stoppcodes eingesetzt und beim Aufrufen die Variablen eingefügt werden.

17 Textbausteine werden nach Sachgebieten geordnet und in einem **Texthandbuch** gesammelt.

18 Im Texthandbuch werden die Textbausteine mit einem **Selektionsbegriff** (meist eine Nummer) und einem **Kurztext** (erleichtert das Suchen der benötigten Bausteine) versehen.

19 Für das Erstellen von Serienbriefen und Bausteinbriefen wird häufig ein **Schreibauftrag** (Formular) ausgefüllt.

20 Beim Seriendruck werden die jeweils benötigten Daten aus der Datenquelle in das **Hauptdokument** (Serienbrief, Liste, Etiketten) automatisch eingemischt.

21 Die in einer Datenquelle gespeicherten **Daten** können **selektiert** oder **sortiert** und nach bestimmten **Bedingungen** (z. B. männlich oder weiblich) in Briefe oder andere Vorlagen eingemischt werden.

22 Durch das Einfügen von Variablen wirken Schema-, Serien- und Bausteinbriefe beim Empfänger wie **individuell** abgefasste Schreiben.

Aufgaben

1. Die ModeIIdee GmbH beabsichtigt, ihre Geschäftspapiere neu zu gestalten. Klären Sie, welche Pflichtangaben die Geschäftspapiere enthalten müssen, und begründen Sie deren Notwendigkeit.

2. Was bedeutet die Bezeichnung DIN?

3. Welche Vorteile bringt die Normung?

4. Nennen Sie mindestens fünf Normen (DIN-Nummer und Bezeichnung), die bei der Büroarbeit beachtet werden müssen.

5. Wodurch unterscheidet sich bei Papierformaten die A-Reihe von der C- und B-Reihe?

6. Tragen Sie auf einem A4-Blatt die Formate A5, A6, A7 und A8 ein.

7. Wie viele A4-Blätter können aus dem Format A0 gewonnen werden?

8. Formulare vielfältigster Arten werden inner- und außerbetrieblich immer häufiger eingesetzt. Erklären Sie diese Entwicklung.

9. In der ModeIIdee GmbH werden seit einigen Jahren Vordrucke verwendet. Im Laufe der letzten Monate hat sich immer häufiger herausgestellt, dass längst nicht alle Vordrucke ihren Zweck erfüllen oder aus unterschiedlichen Gründen verbessert werden sollten.

   Sie haben von Frau Weber die Aufgabe erhalten, alle verwendeten Firmenvordrucke auf ihre Zweckmäßigkeit und Verwendbarkeit hin durchzusehen. Nach welchen Kriterien, die für die Gestaltung und Bewertung eines Vordrucks entscheidend sind, müssen Sie die Vordrucke (Formulare) überprüfen?

10. Das Unternehmen ModeIIdee GmbH legt großen Wert auf die Sprachkenntnisse seiner Auszubildenden. Deshalb bietet es in Kooperation mit der Sprachschule EUROCENTERS-Club für die Auszubildenden Sprachkurse und Sprachreisen unter dem Slogan „Sprachen lernen, wo man sie lebt" an.

    In den Sommerferien 2012 werden für die Auszubildenden zu Sonderkonditionen Sprachreisen nach Paris, London, Rom und Madrid angeboten. In Paris ist das Hotel „Eiffelturm", in London das Hotel „Starlight", in Rom das Hotel „Italia" und in Madrid das Hotel „Spanish Eyes" gebucht. Die Unterbringung erfolgt in Einzel- oder Doppelzimmern. Für Interessierte werden bei allen Sprachreisen zusätzlich kostenlose Freizeitaktivitäten angeboten. Alle Ferienkurse können direkt über die Personalabteilung der ModeIIdee GmbH gebucht werden. Die Anzahlung von 200,00 EUR wird vom Unternehmen geleistet.

    Schlüpfen Sie in die Rolle der Sachbearbeiterin/des Sachbearbeiters des EUROCENTERS-Clubs, die/der die Anmeldungen der ModeIIdee GmbH entgegennimmt, und erstellen Sie ein repräsentatives Formular für die Anmeldebestätigung im Format A4.

Aufgaben

11 Viele Kunden der Mode|Idee GmbH bestellen bereits über das Internetportal der Firma. In einem Umweltforum wurde deshalb auch darüber diskutiert, ob es notwendig ist, an jeden Kunden generell pro Saison einen Katalog zu verschicken. Um dies herauszufinden, wurde ein Formular vorbereitet. Da dieser Entwurf einige Mängel enthält, sollen Sie einen zweiten, verbesserten Entwurf anfertigen.

Mode | Idee GmbH
Stuttgart

_____
(Vor- und Zuname)   (Geburtsdatum)   (Kundennummer)

_____
(Wohnort)   (Straße)   (Hausnummer)

Zutreffendes bitte ankreuzen:
☐ Ich informiere mich und bestelle bereits über das Internetportal.
☐ Ich informiere mich über den Katalog und bestelle telefonisch.
☐ Ich verzichte zukünftig auf die Zusendung der Kataloge.

_____   _____
Datum: Unterschrift

Sehr geehrte Kundinnen,
sehr geehrte Kunden,

wir haben unser Internetportal ständig für Sie verbessert. Viele von Ihnen informieren sich und bestellen bereits online. Deshalb wollen wir der Umwelt zuliebe unsere Katalogauflage reduzieren und bitten Sie, folgendes Formular auszufüllen.

Herzlichen Dank

Ihre Mode|Idee GmbH

---

12 Frau Sommer, Leiterin der Beschaffungsstelle in der Mode|Design GmbH, hat heute aus Versehen bei der Auchter GmbH acht Bürodrehstühle bestellt. Sie widerruft die Bestellung per E-Mail und sicherheitshalber noch einmal per Fax.
Wie sicher sind die Kommunikationsmittel E-Mail und Fax in diesem Fall?

13 In der Mode|Idee GmbH müssen säumige Zahler oft angemahnt werden. Die Anschriften dieser Kunden, die Sie nur einmal benötigen, haben Sie nicht gespeichert. Den Text des Mahnbriefes können Sie jedoch immer wieder verwenden. Wie können Sie diesen Schriftverkehr rationalisieren?

14 Sie wollen Ihr neues Produkt in einem gleichlautenden Werbebrief allen Kunden vorstellen. Diese Kundenadressen haben Sie in einer Datenmaske gespeichert. Wie gehen Sie vor?

15 Am Ende der Saison möchte die Mode|Idee GmbH einen Sonderprospekt mit reduzierter Ware verschicken. Als Beilage wird noch ein Fax-Formular für die Bestellung benötigt. Kathrin und Pierre machen einen Gestaltungsvorschlag. Entwerfen Sie ein Fax-Formular für die Mode|Idee GmbH mit folgenden Angaben:

> Inhalte:
>
> Fax-Bestellung
> Fax-Nr. 0711 123-10
>
> Kundennummer (falls zur Hand)
> Name
> Vorname
> Geburtsdatum
> Straße, Hausnr.
> PLZ, Ort
> Telefon
> Telefax
> E-Mail
>
> Bestell-Nr., Artikelbezeichnung, Größe, Stück, Preis
>
> Bezahlung: per Rechnung innerhalb von 14 Tagen ab Rechnungsdatum
> per Ratenkauf innerhalb von 5 Monaten
> per Nachnahme
>
> Datum, Unterschrift

16 Worin unterscheiden sich Serienbriefe und Bausteinbriefe?

17 Frau Maria Wöhner, Daimlerstr. 3, 72074 Tübingen, hat sich heute bei der Mode|Idee GmbH auf deren Stellenangebot in der STUTTGARTER ZEITUNG von gestern als Buchhalterin beworben. Dem Bewerbungsschreiben hat sie keine Bewerbungsunterlagen beigefügt.

Erstellen Sie anhand des Texthandbuchkapitels auf Seite 188 ein Antwortschreiben. Schlagen Sie Frau Wöhner ein Vorstellungsgespräch in zehn Tagen um 10:00 Uhr vor und bitten Sie sie um die Zusendung ihrer Bewerbungsunterlagen.

18 Sie sind Schriftführer/-in eines Sportvereins und wollen die mit den Mitgliedern anfallende Korrespondenz (Einladung zur Hauptversammlung, Erstellen von Listen, Versenden von Arbeitsplänen an die Mitglieder einer bestimmten Abteilung usw.) künftig per Seriendruck erledigen. Welche Feldnamen müssen Sie in Ihrer Datenmaske anlegen?

19 In der Mode|Idee GmbH werden zur Rationalisierung der Texterstellung **Schemabriefe, Serienbriefe, Textbausteine und Formulare** eingesetzt. Erläutern Sie kurz, was Sie unter den Begriffen verstehen.

5.3 Möglichkeiten der Textaufnahme

5.3.1 Sprachaufzeichnung (Phonodiktat)

Bei der Sprachaufzeichnung mit Diktiergeräten ergeben sich wesentliche Vorteile:

Diktieren	Schreiben
• Zeitliche und örtliche Unabhängigkeit. • Unbegrenztes Diktiertempo. • Unabhängigkeit von Mitarbeitern (Diktate können auch von anderen Mitarbeitern geschrieben werden). • Handdiktiergeräte lassen sich bequem auf Reisen, auf die Baustelle, zu Verhandlungen usw. mitnehmen (elektronisches Notizbuch). • Ideen, Reiseberichte, Telefongespräche und Besprechungsergebnisse können unmittelbar aufgezeichnet werden.	• Die Arbeitseinteilung ist vom Diktierenden unabhängig. • Das Arbeiten ist einfach, da der Datenträger nochmals abgehört werden kann. • Aufgenommene Texte, Berichte, Gespräche usw. können innerhalb kurzer Zeit geschrieben, korrigiert und ausgedruckt werden. • Die Diktiersprache gewährleistet eine klare Verständigung zwischen der/dem Diktierenden und der/dem Schreibenden.

Voraussetzung für einen Rationalisierungsgewinn ist, dass der Diktatablauf systematisiert wird, d.h., die Verständigung zwischen der/dem Diktierenden und der/dem Schreibenden muss reibungslos funktionieren, um Rückfragen und Missverständnisse zu vermeiden. Um das zu erreichen, müssen beide die **Diktatsprache** kennen und die **Regeln für das Phonodiktat (DIN 5009)** anwenden.

5.3.1.1 Regeln für das Phonodiktat

Die **DIN-Norm 5009** legt Regeln für schreibgerechtes Diktieren auf Ton- und Datenträger fest. Die Anwendung dieser Regeln **fördert die Verständigung zwischen Diktierenden und Schreibenden** und dient der Arbeitsvereinfachung.

Phonodiktate sind schreibgerecht, wenn der Diktierende

- die **Arbeitsabläufe** der Textverarbeitung berücksichtigt,
- die Hinweise für **Anweisungen** und **Konstanten** anwendet und
- **klar** und **deutlich** spricht.

5.3.1.2 Anweisungen

Anweisungen sind Hinweise zum Hervorheben und Buchstabieren. Sie werden durch „**Stopp**" eingeleitet und durch „**Text**" beendet. Typische Anweisungen sind:

Arbeitsblatt 9

• Unterstreichen • Fettschrift • Kursivschrift • Großbuchstaben • Zentrieren • Einrücken • Fluchtlinie	• Buchstabieren • Gliederung • Aufstellung • Grafik • Tabelle • Dokumentvorlage

BEISPIEL:

> **Text:** Das Teamgespräch findet am **30. Oktober** in unserer Hauptverwaltung statt.
>
> **Ansage:** Das Teamgespräch findet am – Stopp – Fettschrift – 30. Oktober – Text – in unserer Hauptverwaltung statt – Punkt

5.3.1.3 Konstanten

Konstanten sind anzusagende feststehende Benennungen, die aus Duden und DIN 5008 bekannt sind:

Arbeitsblatt 10

- alle Satzzeichen[1]
- Gedankenstrich
- Bindestrich
- Schrägstrich
- Anführungszeichen
- Klammern
- Ziffern, Zahlen
- Kalenderdaten
- groß/klein
- hoch/tief
- leer
- römisch
- Abkürzungen
- neue Zeile
- Absatz
- nächstens
- Versendungsform
- Anschrift
- Bezugszeichen
- Kommunikationszeile
- Informationsblock
- Betreff
- Ende dieses Schriftstückes
- Diktatende

BEISPIEL:

> **Text:** Das Hotel „Neue Post" (seit 1950 in Heilbronn) wird im Herbst renoviert.
>
> **Ansage:** Das Hotel – Anführungszeichen – Neue Post – Anführungszeichen – Klammer auf – seit 1950 in Heilbronn – Klammer zu – wird im Herbst renoviert – Punkt
>
> **Text:** Unser Diktatzeichen ist st-r.
>
> **Ansage:** Unser Diktatzeichen ist – klein Samuel – klein Theodor – Bindestrich – klein Richard – Punkt

5.3.1.4 Diktatablauf eines Geschäftsbriefes

Nach DIN 5009 wird folgender Diktatablauf – unter Berücksichtigung interner Regelungen – vorgeschlagen:

- Name des Diktierenden
- Abteilungs- oder Bereichsbezeichnung
- Hausruf
- Zu verwendender Vordruck
- Beigefügte Unterlagen (Konzepte für Aufstellungen und Tabellen)
- Verarbeitungsart (Entwurf, Reinschrift)

---

[1] Werden Kommata angesagt, müssen sie im gesamten Diktat angesagt werden. Eine gelegentliche Ansage stiftet Verwirrung!

- Postalische Vermerke (Einschreiben, Rückschein)
- Anschrift
- Bezugszeichen
- Betreff (Die Betreffangabe wird mit der Konstanten „Betreff" eingeleitet, obwohl das Wort „Betreff" nicht geschrieben wird)
- Anrede
- Text
- Gruß
- Anlagenvermerk
- Ende des Schriftstücks
- Anzahl der Kopien
- Diktatende

BEISPIEL:

Briefbeispiel als Phonoansage

Hier spricht ...

Abteilung ... Telefonnummer ...

Bitte schreiben Sie auf Briefblatt A4

Anschrift – Frau – Erika Kaiser – Buchenweg – zwo – *Postleitzahl* – sieben null eins acht vier – Stuttgart

Informationsblock – Unser Zeichen – *klein Schule klein Richard* – *Bindestrich* – *klein Martha klein Übermut* – *Name* – Kathrin Müller – *Telefon* – null sieben eins eins – *leer* – eins zwo drei – *Bindestrich* – vier neun null – *Datum* – zwei null eins eins – *Bindestrich* – null drei – *Bindestrich* – zwei sieben

Betreff – Fashion Cocktail zum Saisonstart –

Sehr geehrte Frau Kaiser –

der Winter ist Schnee von gestern – *Punkt* – Heißen Sie den Sommer mit uns willkommen – *Punkt* – Wir freuen uns – *Komma* – Sie – *Stopp* – *Zentrieren* – *fett* – am neunten April zweitausendelf – *Komma* – ab vierzehn bis einundzwanzig Uhr – *Absatz* – *Stopp* – *Fluchtlinie* – *Text* –

bei einem Glas Champagner durch die neue Kollektion zu führen – *Punkt* – Lassen Sie sich in entspannter Atmosphäre von unseren Models die neuesten Trends präsentieren und finden Sie Ihr ganz persönliches Lieblingsstück – *Punkt* – *Absatz* –

Die Outfits überzeugen durch Eleganz und Klarheit – *Komma* – die Accessoires sind charakterisiert durch weiche – *Komma* – natürliche Materialien in bestechenden Sommerfarben – *Punkt* – *Absatz* –

Damit wir Sie persönlich beraten können – *Komma* – bitten wir um eine kurze Rückmeldung bis – *Stopp* – *fett* – vierter April zweitausendelf – *Text* – per E-Mail – *Doppelpunkt* – stuttgart@mode – *Bindestrich* – idee – *Punkt* – com oder Telefon – null sieben eins eins – *leer* – eins zwei drei – *Bindestrich* – vier neun null – *Punkt* – *Absatz* –

Wir hoffen – *Komma* – Sie zu diesem Anlass in unserem Shop begrüßen zu dürfen – *Punkt* – *Absatz* –

Mit herzlichen Grüßen – im Auftrag Kathrin Müller – *Ende dieses Schriftstücks* – *Diktatende*

Zur Erleichterung des Arbeitsablaufs wird der Einsatz folgender Hilfsmittel empfohlen:

1. Diktatmappe

Die Diktatmappe dient der vorübergehenden Aufbewahrung und dem Transport des Tonträgers, der Vorpost und des Diktatbegleitzettels.

2. Diktatbegleitzettel

Die Verwendung eines Diktatbegleitzettels erleichtert wesentlich die Verständigung zwischen Diktierenden und Schreibenden. Auf Angaben, die auf dem Diktatbegleitzettel gemacht werden, wird während des Diktats bei Bedarf verwiesen.

BEISPIEL:

Mode|Idee GmbH
Stuttgart

Mode|Idee GmbH – Postfach 10 15 - 70172 Stuttgart

Frau
Erika Kaiser
Buchenweg 2
70184 Stuttgart

Ihr Zeichen:
Ihre Nachricht vom:
Unser Zeichen: schr-mü
Unsere Nachricht vom:

Name: Kathrin Müller
Telefon: 0711 123-490
Telefax: 0711 123-495
E-Mail: kathrin.mueller@mode-idee.com

Datum: 2011-03-27

Fashion Cocktail zum Saisonstart

Sehr geehrte Frau Kaiser,

der Winter ist Schnee von gestern. Heißen Sie den Sommer mit uns willkommen. Wir freuen uns, Sie

am 9. April 2011, ab 14:00 bis 21:00 Uhr

bei einem Glas Champagner durch die neue Kollektion zu führen. Lassen Sie sich in entspannter Atmosphäre von unseren Models die neuesten Trends präsentieren und finden Sie Ihr ganz persönliches Lieblingsstück.

Die Outfits überzeugen durch Eleganz und Klarheit, die Accessoires sind charakterisiert durch weiche, natürliche Materialien in bestechenden Sommerfarben.

Damit wir Sie persönlich beraten können, bitten wir um eine kurze Rückmeldung bis **4. April 2011** per E-Mail stuttgart@mode-idee.com oder Telefon 0711 123-490.

Wir hoffen, Sie zu diesem Anlass in unserem Shop begrüßen zu dürfen.

Mit herzlichen Grüßen

Mode|Idee GmbH

i. A. Kathrin Müller

Mode|Idee GmbH	Telefon 0711 123-0	Geschäftsführer:	Sitz Stuttgart
Calwer Straße 118	Telefax 0711 123-10	Marc Dahlmann	USt-IdNr. DE 4392929
70173 Stuttgart	E-Mail info@mode-idee.com	Kerstin Schröder	Amtsgericht Stuttgart
	Internet www.mode-idee.com		HRB 11394

Bankverbindung: LBBW Bank Stuttgart – Konto-Nr. 1026949 – BLZ 600 501 01
IBAN DE20 6005 0101 0002 0561 93 – BIC SOLADEST600

5.3.2 Diktiergeräte

5.3.2.1 Büro- und Handdiktiergeräte

Diktiergeräte können nach dem **Einsatzort** unterschieden werden:

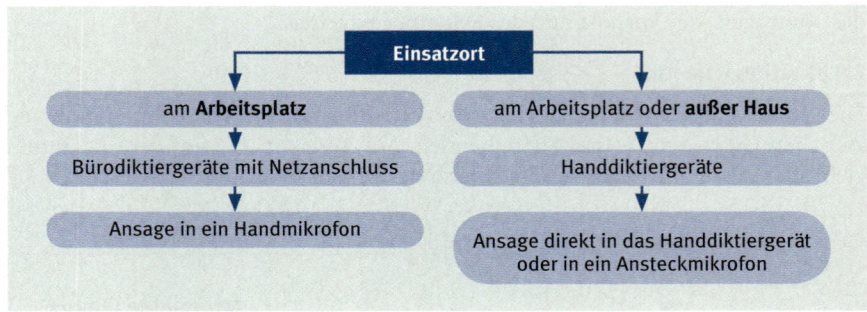

www.olympus.de
www.philips.de

Während Bürodiktiergeräte am Arbeitsplatz des Diktierenden stehen, sind Handdiktiergeräte so klein und leicht, dass sie in eine Jackentasche passen und bequem im Auto, auf Reisen, zur Baustelle usw. mitgenommen werden können.

Bürodiktiergerät   *Handdiktiergerät*

5.3.2.2 Geräte für Aufnahme und Wiedergabe

Neben dem Einsatzort können Diktiergeräte nach der **Einsatzart** unterschieden werden:

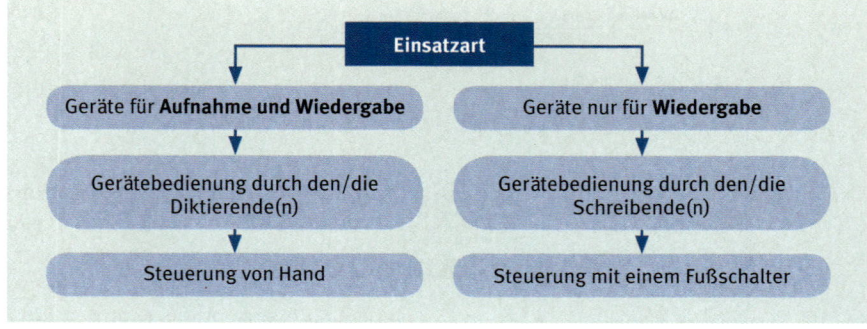

5.3 Möglichkeiten der Textaufnahme

Geräte für die Aufnahme und Wiedergabe werden bei Bürodiktiergeräten vom Diktierenden über ein ans Gerät angeschlossenes **Handmikrofon** gesteuert. Bei Handdiktiergeräten ist das Mikrofon ins Gerät integriert.

Arbeitsblatt 11

Wiedergabegeräte werden, damit die Hände für das Schreiben frei sind, von der/ dem Schreibenden über einen Fußschalter gesteuert. Zur Ausstattung dieser Geräte gehört noch ein Kopfhörer, der ein Abhören des Diktats ermöglicht, ohne dass sich Nebengeräusche (wenn z. B. Mitarbeiter im Büro telefonieren oder Besuchsgespräche führen) störend auswirken.

5.3.2.3 Analoge und digitale Diktiergeräte

Neben dem Einsatzort und der Einsatzart können Diktiergeräte auch nach der **Art der Aufzeichnung** unterschieden werden:

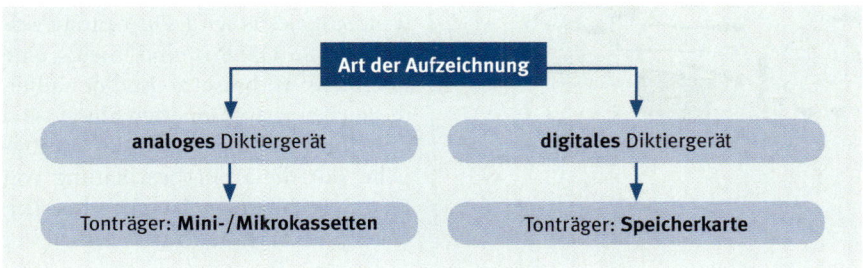

Digitale Diktiergeräte

Digitale Diktiergeräte sind meist Büro- und Handdiktiergeräte oder ein diktierfähiges Handy. Sie können über die **USB-Schnittstelle** an einen PC oder ein Notebook angeschlossen werden. Der **USB** (**U**niversal **S**erial **B**us) ist eine Anschlussform, die den Anschluss von externen Geräten wie Tastatur, Drucker, Maus, Scanner, Videokameras, digitalen Diktiergeräten usw. erleichtert. Das **USB-Kabel** hat zwei Typen von Steckern, **A und B.** Mit dem **A-Stecker** erfolgt der Anschluss an den PC. Der **B-Stecker** kommt an das Diktiergerät. Manche digitalen Diktiergeräte können auch **kabellos** über **Bluetooth** oder **Infrarot** mit dem PC/Notebook verbunden werden. Dadurch ist ein schneller Datentransfer vom Diktiergerät zum PC gesichert. Die Sprachdateien können mit der

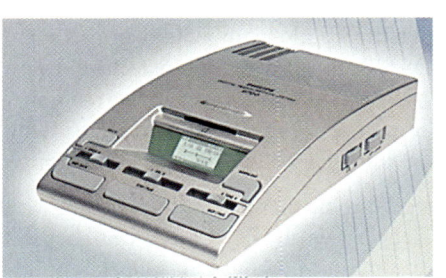

entsprechenden Software weiter- oder nachträglich bearbeitet und anschließend archiviert werden.

Im digitalen Diktiergerät befindet sich eine austauschbare **Speicherkarte** (z. B. Smart-Media-Karte), auf der die Sprachdateien gespeichert werden. Damit die verschiedenen Diktate übersichtlich **archiviert** werden kön-

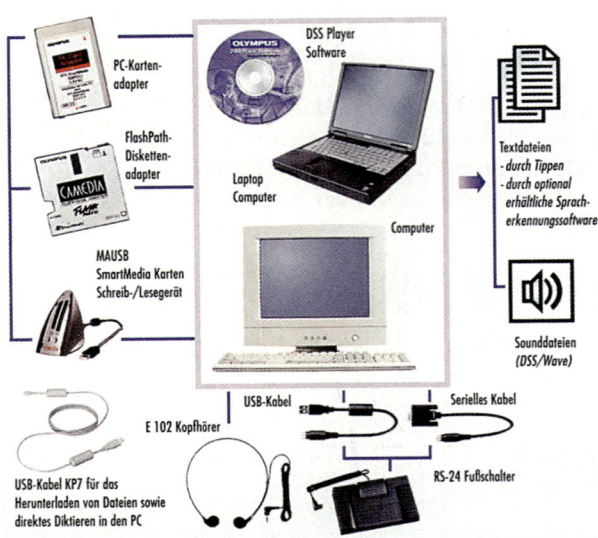

nen, stehen Ordner zur Verfügung. Wichtige Textpassagen lassen sich durch **Indexe** markieren und sind somit schnell wiederzufinden.

Einige Hersteller ermöglichen über die mitgelieferte Software die Abspeicherung der Sprachdateien im **DSS-Format (Digital Speech Standard)**. In diesem Format lassen sich die Sprachdateien wesentlich schneller per E-Mail versenden.

DSS ist ein internationaler Sprachaufzeichnungsstandard, der ständig weiterentwickelt wird. Die neueste Version heißt DSSPro und bietet eine nochmals verbesserte Audioqualität, die auch einen optimierten Einsatz von Spracherkennungssystemen ermöglicht. Für die Weiterbearbeitung von DSS-Sprachdateien ist grundsätzlich ein eigenes Programm erforderlich.

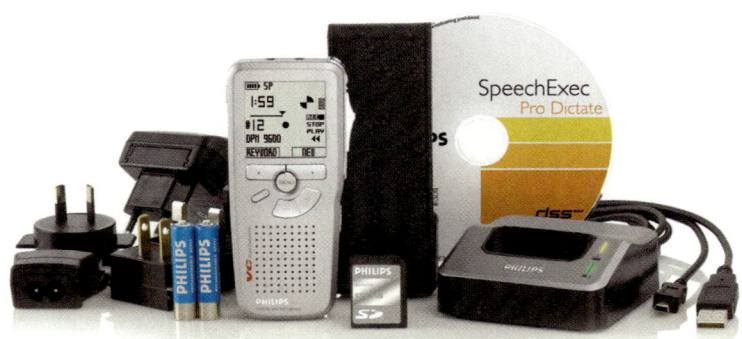

Digitales Diktiersystem mit ergonomischer Anordnung der Bedientasten, DSSPro-Standard und LAN-Docking-Station. Die Schnittstellen entsprechen den üblichen Standards, sodass externe Mikrofone, Kopfhörer oder USB-Kabel problemlos ausgetauscht werden können.

Digitale Handdiktiergeräte müssen beim Diktieren nicht unbedingt in die Hand genommen werden, sie können auch „freihändig" aufnehmen. Ein **Ansteckmikrofon** wird beim handfreien Diktieren an das Revers gesteckt. Ein sprachgesteuerter Start-/Stopp-Betrieb schaltet automatisch auf Aufnahme, wenn der Diktierende spricht. Unterbricht er das Diktieren länger als zwei Sekunden, schaltet das Gerät auf Stopp.

Gespräche bei Konferenzen oder Sitzungen können ebenfalls aufgezeichnet werden, indem das Gerät einfach auf den Tisch gelegt wird. Die Umschaltmöglichkeit von Diktat- auf Konferenzaufnahme garantiert ein Maximum an Aufzeichnungsqualität. Besonders praktisch ist die sogenannte „Einhand-Bedienung". Hier handelt es sich um Handdiktiergeräte, die seitlich mit einem Schiebeschalter ausgestattet sind, der alle wichtigen Funktionen mit einer Hand ermöglicht.

Eine praktische Alternative zum Handdiktiergerät ist ein **Handy mit Diktierfunktionen.** Durch einen integrierten **Handy-Rekorder** und **Navigationsschalter** (z. B. DictaNet Mobile Handy-Rekorder) kann das Handy auf der Basis von **Windows Mobile** als professionelles Diktiergerät genutzt werden.

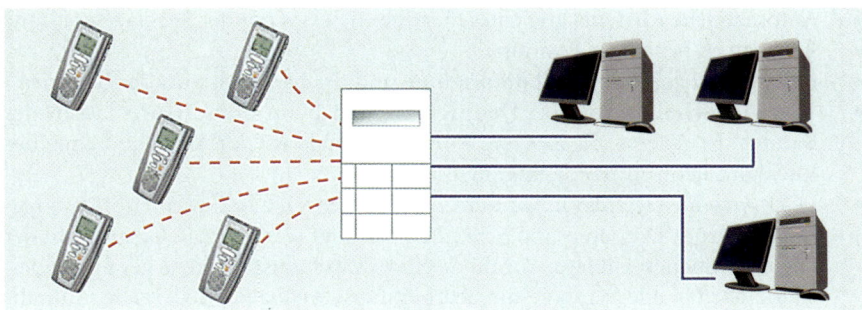

5.3.2.4 Tonträger

Als Tonträger kommen heute Mini-/Mikrokassetten und Smart-Media-Karten infrage.

- **Mini-/Mikrokassetten**

Sie sind die am häufigsten verwendeten Kassettengrößen und werden in analogen Büro- und Handdiktiergeräten verwendet. Je nach Bedarf kann man zwischen verschiedenen Bandlängen und Ausführungen wählen:

– 2 × 15 Minuten
– 2 × 60 Minuten
– 2 × 90 Minuten

- **Smart-Media-Karte**

Digitale Diktiergeräte zeichnen die Sprache auf einer **Smart-Media-Karte** digital auf. Smart-Media-Karten gibt es mit unterschiedlichen Speicherkapazitäten:

Speichergröße	Aufnahmezeit
8 MB	160 Minuten
16 MB	5,5 Stunden
32 MB	11 Stunden
64 MB	22 Stunden
128 MB	44 Stunden

5.3.2.5 Leistungsmerkmale

Bürodiktiergeräte sollten über folgende Leistungsmerkmale verfügen:

- Einfache **Bedienung**,
- Gute **Klangqualität**, bei der Neben- und Laufgeräusche weitgehend ausgeblendet werden können,
- Wahl zwischen **Diktat- und Konferenzaufnahme** (bei Konferenzaufnahme arbeitet das Gerät mit erhöhter Aufnahmeempfindlichkeit),
- **Automatische Ansteuerung** eines markierten Textes mit der Suchlauffunktion,
- **Löschen** ab beliebiger Position,
- **Optische Anzeige der Diktataufnahme** und des **Ladezustands** der Batterie,
- **Textwiederholautomatik:** Dadurch werden beim Weiterlaufenlassen des Bandes die zuletzt abgehörten Worte nochmals wiederholt. Die Länge des Rücklaufs kann stufenlos eingestellt werden,
- **LCD-Anzeige (Display):** Auf dem Display werden alle Informationen angezeigt, die zum Diktieren und Schreiben benötigt werden, z. B. Gesamtzahl der aufgenommenen Diktate, Anzahl der Prioritätsansagen, bereits genutzte Speicherkapazität, alle Symbole für Bearbeitungsvorgänge (Wiedergabe, Aufnahme Telefonmitschnitt, Löschen, Suchlauf, Vor- und Rückwärtslauf),
- **Indexmarkierungen:** Sie erleichtern das Wiederfinden bestimmter Textstellen. Die meisten Geräte ermöglichen, folgende Indexmarkierungen vorzunehmen:
  - **Briefindex:** Er zeigt an, an welcher Stelle ein Diktat beendet wurde.
  - **Prioritätsindex:** Er markiert besonders dringende Diktatstücke, die u. U. sofort geschrieben werden müssen.
  - **Spezialindex:** An dieser Stelle befinden sich besondere Anweisungen, die von der Schreibenden/dem Schreibenden beachtet werden sollen.

5.3.2.6 PC-Diktat

Beim PC-Diktat wird die Sprache statt auf einem Tonträger auf der Festplatte digital gespeichert. Dazu muss der PC mit der entsprechenden Hardware und Software ausgestattet sein:

- Steckkarte für die Sprachaufzeichnung,
- Mikrofon und Fußschaltung mit entsprechendem Anschlussadapter,
- Software für das PC-Diktat.

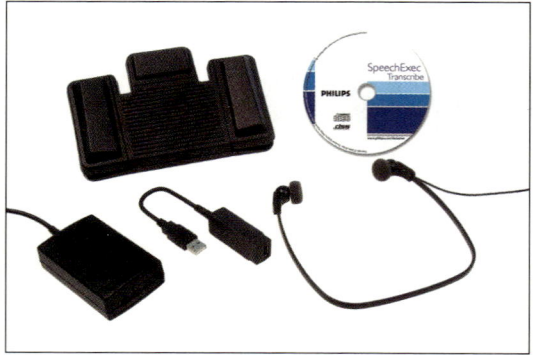
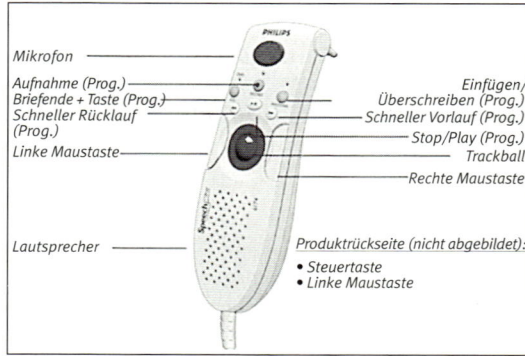

Das als Datei gespeicherte Diktat kann über ein lokales oder externes Netzwerk an einen gewünschten Arbeitsplatz verschickt werden.

Wie gewohnt werden beim Diktat alle **Diktierfunktionen** (Start, Stopp, Rücklauf usw.) über das Mikrofon oder bei Windows über die Maus gesteuert. Nachdem die Diktate vom PC am Diktatplatz an den PC am Schreibarbeitsplatz übermittelt wurden, hört (Kopfhörer), steuert (Fußschalter) und schreibt die Mitarbeiterin/der Mitarbeiter den Text am Bildschirm.

5.3.3 Spracherkennungssysteme

Die Spracherkennungssysteme haben in den letzten Jahren gewaltige Fortschritte gemacht und sind mittlerweile neben Maus und Tastatur in vielen Branchen zum gleichberechtigten Eingabeinstrument geworden. Neben der **Spracherkennung** kann der PC außerdem über die **Sprachsteuerung** Befehle annehmen.

www.sprach
erkennung.de
www.scansoft.de

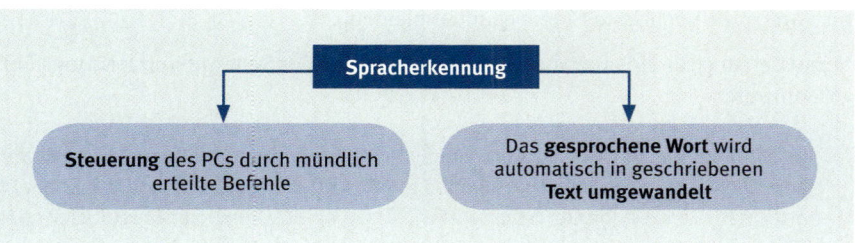

Der Diktant spricht den Text in ein Mikrofon, das mit einem Computer verbunden ist. Das Spracherkennungssystem (Software) wandelt das gesprochene Wort automatisch in geschriebenen Text um, der unmittelbar auf dem Bildschirm erscheint. Dabei kann die Software zwischen Texten und Befehlen (z. B. Absatz, Einrücken) unterscheiden.

Da jeder Mensch seine **charakteristische Sprache** (Stimmlage, Aussprache) hat, muss jeder Anwender eine eigene Sprachdatei anlegen. Die meisten Systeme verfügen über ein **Grundwörterbuch** mit 30 000 bis 64 000 Wörtern, denen je nach Anwendungsbereich (z. B. Arzt, Rechtsanwalt) weitere Spezialbegriffe hinzugefügt werden können.

Damit die **Aussprache des Anwenders** vom Computer „verstanden" und richtig geschrieben werden kann, muss jeder, der mit einem Spracherkennungssystem arbeiten will, ein umfangreiches **Trainingsprogramm** absolvieren. Dabei spricht der Diktierende alle gespeicherten Wörter nach, damit sich das System die Sprechweise einprägen kann.

Das Diktieren bei Spracherkennungssystemen muss ebenfalls eingeübt werden. Die Sprechweise ist akzentuiert, fast abgehackt, d. h. es kann oft nicht fließend diktiert werden, sondern nach jedem Wort bzw. nach jedem Befehl muss eine kurze Pause eingelegt werden. Das verlangt viel Konzentration und ist sehr anstrengend, da dieser Sprachstil unnatürlich ist. Nach der Einübungszeit des Anwenders liegt nach Angabe der meisten Hersteller die **Erkennungsgenauigkeit** des gesprochenen

Textes zwischen 80 und 90 %. Inzwischen bieten einige Hersteller Spracherkennungssysteme an, bei denen der Anwender „kontinuierlich", also fließend sprechen kann.

Wird ein Wort vom System nicht verstanden, schlägt es ähnlich klingende Wörter vor, unter denen das richtige ausgewählt werden kann. Falsch geschriebene Wörter werden über die Tastatur korrigiert, während Wörter (Fachbegriffe, Eigennamen), die dem System nicht bekannt sind, eingegeben werden müssen. Das Erstellen des **Wörterlexikons** ist ein dynamischer Prozess, weil es ständig aktualisiert werden muss.

Die bisher auf dem Markt angebotenen Spracherkennungssysteme (z. B. Via Voice, Voice-Type, VoiceOffice, Simply Speaking, Smart Word, Vocal Works, Dragon Dictate, Mende Speech Solutions) bieten sehr unterschiedliche Leistungsmerkmale an. Sie eignen sich für ganz spezielle Anwendungsbereiche. Bisher werden sie vor allem von Ärzten, Rechtsanwälten, Gutachtern, Architekten und Ingenieuren angewandt. Für allgemeine Anwendungen mit vielen unterschiedlichen Texten wird die Tastatur vorerst die wichtigste Eingabeeinheit bleiben.

Voraussetzung für ein einwandfreies Funktionieren der Systeme sind leistungsfähige Computer.

Zusammenfassung

1. Im Büro können Texte auf unterschiedliche Weise aufgenommen und erstellt werden. Die wichtigsten Möglichkeiten sind: individuelle Texterstellung direkt am PC oder nach vorgegebenen Stichworten, Texte einscannen, Sprachaufzeichnung (Phonodiktat), Spracherkennung, Schemabriefe, Serienbriefe, Textbausteine und Formulare.
2. Bei der Phonoansage müssen die **Regeln für das Phonodiktat** nach DIN 5009 beachtet werden.
3. Eine gute **Sprechtechnik** ist Voraussetzung für eine einwandfreie Übertragung der Phonoansage.
4. In der Büropraxis unterscheidet man **Hand- und Bürodiktiergeräte.**
5. Am häufigsten werden heute **Hand- bzw. Taschendiktiergeräte** benutzt, da sie sehr handlich und nicht ortsgebunden sind.
6. Auf Band gesprochene Texte können mithilfe eines **Telefon- oder Akustikkopplers** über das Telefonnetz an die Schreibkraft übermittelt werden.
7. Nach ihrer Funktion unterscheidet man zwischen **Aufnahme- und Wiedergabegeräten und Geräten nur für die Wiedergabe.**
8. Digitale Diktiergeräte können an einen PC oder Laptop über die USB-Schnittstelle angeschlossen werden. So können die Sprachdateien vom Diktiergerät zum PC schnell übertragen und per E-Mail verschickt werden.
9. Bei **PC-Diktaten** wird der Text nicht mehr auf einem Band, sondern mithilfe einer entsprechenden Software im Computer gespeichert.
10. Bei **Spracherkennungssystemen** „versteht" der Computer den in ein Mikrofon gesprochenen Text und bringt ihn unmittelbar zur Weiterbearbeitung auf den Bildschirm. Allerdings erfordern diese Systeme vom Benutzer eine besondere Sprechweise, die zunächst eingeübt werden muss.

Aufgaben

1. In der Verkaufsabteilung der Mode|Idee GmbH organisieren Sie unter anderem die Schreibarbeiten. Welche Vor- und Nachteile sehen Sie, wenn Ihnen eine Mitarbeiterin/ein Mitarbeiter aus Ihrer Abteilung
   a) einen Text zum Einscannen und zu anschließender Weiterverarbeitung in einem Textverarbeitungsprogramm aushändigt?
   b) auf einem Brief mit Stichworten Beantwortungshinweise vermerkt?
   c) einen Datenträger mit aufgesprochenen Briefen übergibt?

2. Frau Konrad, Leiterin der Marketingabteilung der Mode|Idee GmbH, sucht eine schnelle und effiziente Möglichkeit, um ihre Berichte und Briefe zu verfassen. Auch unterwegs möchte sie ihre Gedanken, Ideen und persönlichen Notizen so schnell wie möglich festhalten, damit sie nicht in Vergessenheit geraten. Ihre Assistentin macht ihr den Vorschlag, ein Diktiergerät anzuschaffen. Welche Vorteile würden sich für beide ergeben?

3. Erklären Sie die Begriffe „Konstanten" und „Anweisungen" und führen Sie dazu Beispiele an.

4. Sie sind vom Einsatz eines Diktiergerätes überzeugt.
   a) Welche Vorteile ergeben sich für den Diktierenden/die Diktierende und den Schreibenden/die Schreibende?
   b) Schreiben Sie nachfolgenden Text unter Berücksichtigung der DIN-Regeln für die Diktatsprache:

> Sehr geehrter Herr Stülkowsky,
>
> bitte senden Sie uns **sofort** den Artikel B-25 an unsere Niederlassung in Rheydt. Verständigen Sie uns telefonisch, wenn Sie nicht liefern können.

5. Schreiben Sie den folgenden Brief nach den Regeln für das Phonodiktat (DIN 5009) in der Diktiersprache.

> Sehr geehrte Frau Graef,
>
> wir führen vom 9. bis 12. Juli d. J. eine Hausausstellung durch, zu der wir Sie herzlich einladen.
>
> Unser Fachberater, Herr Schimansky, wird Ihnen am
>
> Donnerstag, 11. Juli,
>
> das bewährte Diktiergerät SENATOR vorführen, das Ihnen **viele Vorteile** bei der täglichen Diktierarbeit bringen wird.
>
> Wenn Sie an einer Vorführung interessiert sind, rufen Sie uns bitte an. Wir werden dann für Sie einen Termin reservieren.
>
> Mit freundlichen Grüßen

Aufgaben

6. Unterscheiden Sie Diktiergeräte nach Aufnahmeart und Aufnahmeort.
7. Handdiktiergeräte werden im Gegensatz zu den Bürodiktiergeräten in der täglichen Praxis viel häufiger eingesetzt. Wie erklären Sie sich das?
8. Diktiergeräte sind mit verschiedenen Bedienungselementen ausgestattet. Welche Vorteile bieten z. B. eine LCD-Anzeige und Indexmarkierungen?
9. Welche Tonträger werden vorwiegend verwendet (Begründung)?
10. Frau Konrad ist viel unterwegs und möchte sich ein digitales Handdiktiergerät kaufen. Worauf muss sie achten?
11. Anstelle eines Diktiergeräts wird beim „elektronischen Diktieren" ein Personal Computer eingesetzt.
    a) Wie müssen die Diktat- und Schreibplätze ausgestattet sein?
    b) Welche Vorteile bietet das PC-Diktat?
12. Seit einiger Zeit werden auch Spracherkennungssysteme angeboten.
    a) Was versteht man darunter?
    b) Mit welchen Problemen müssen Sie beim Einsatz dieser Systeme rechnen?

Öko-Tipps

- Verwenden Sie für den repräsentativen Schriftwechsel weißes, chlorfrei gebleichtes Papier. Es wird zum größten Teil aus Schwach-, Bruch- und Restholz hergestellt.
- Für den innerbetrieblichen Schriftverkehr sollte ausschließlich das graue Recyclingpapier verwendet werden.
- Achten Sie beim Computerkauf auf sparsamen Stromverbrauch und schalten Sie den Computer nur ein, wenn Sie an ihm arbeiten.
- Kaufen und verwenden Sie nur umweltfreundliche Laptops.
- Sorgen Sie dafür, dass Räume, in denen Computer stehen, ausreichend be- und entlüftet werden.
- Vermeiden Sie durch den Einbau geeigneter Lüfter und den Kauf geräuscharmer Büromaschinen unnötigen Lärm am Arbeitsplatz.
- Verwenden Sie Flachbildschirme, da sie den höchsten ergonomischen Anforderungen entsprechen. Sie verursachen keine gesundheitsschädlichen Feldstrahlungen, benötigen weniger Platz und kommen mit weniger als der Hälfte des Stromes aus. Damit entlasten sie die Klimaanlagen durch reduzierten Wärmeausstoß.
- Schalten Sie nach Geschäftsschluss Computer, Bildschirme und Drucker aus. Durch den Einsatz einer geeigneten Steckdosenleiste können Sie per Kippschalter alle Stand-by-Funktionen zentral außer Betrieb setzen.
- Führen Sie E-Mail-Fax ein.
- Drucken Sie keine E-Mails aus.

Gruppenpuzzle

Methodenbeschreibung

Das Gruppenpuzzle ist eine besondere **Organisationsform** für eine Gruppenarbeit. In einer Lerngruppe werden Gruppen mit fünf bis acht Schülerinnen und Schülern gebildet, die sich mit dem gleichen Lernstoff befassen. Diese Gruppen heißen **Stammgruppen.** Der zu bewältigende Lernstoff in jeder Stammgruppe wird in voneinander unabhängige Teilgebiete aufgeteilt. Die Themen der Teilgebiete sind in jeder Stammgruppe identisch. Innerhalb der Stammgruppen werden **Experten** für die Teilgebiete bestimmt. Danach werden die Stammgruppen aufgelöst und **Expertengruppen** gebildet. Die Experten arbeiten innerhalb der vorgegebenen Zeit am gleichen Thema und kehren dann in ihre jeweilige Stammgruppe zurück. In jeder Stammgruppe berichten die Experten über die in der Expertengruppe erarbeiteten Ergebnisse. Die Ergebnisse werden in den jeweiligen Gruppen diskutiert, bearbeitet, zusammengefasst und präsentiert.

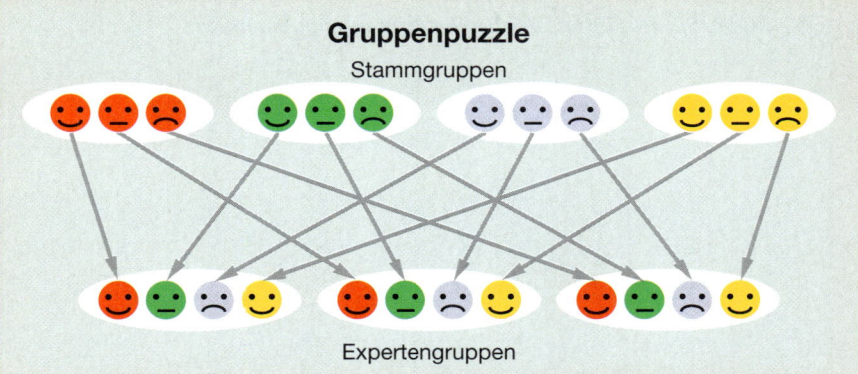

Ablauf

1. Das Thema wird vorgestellt und die Zielangabe formuliert.
2. Die Lerngruppe wird in Stammgruppen aufgeteilt.
3. Innerhalb jeder Stammgruppe wird ein Experte für ein Teilgebiet bestimmt. Die Teilgebiete sind in jeder Stammgruppe gleich.
4. Die Stammgruppen werden aufgelöst und Expertengruppen gebildet.
5. Die einzelnen Lerninhalte werden innerhalb einer vereinbarten Zeit in den Expertengruppen erarbeitet.
6. Nach Ablauf der Zeit werden die Expertengruppen aufgelöst und die Experten kehren in ihre jeweiligen Stammgruppen zurück.
7. Die gewonnenen Erkenntnisse werden in den Stammgruppen zusammengefasst, beurteilt und präsentiert.

HOT

Arbeitsauftrag

- Bilden Sie in Ihrer Klasse mehrere, möglichst gleich große Stammgruppen.
- Thema der Stammgruppen: **Rationalisierung der schriftlichen Kommunikation.**
- Zielangabe: Die Abwicklung der schriftlichen Kommunikation soll in Ihrem Betrieb mit modernen Techniken rationalisiert werden. Suchen Sie nach Lösungsmöglichkeiten in folgenden Bereichen:
    - Diktiergeräte
    - Spracherkennungssysteme
    - Möglichkeiten mit einem Textverarbeitungsprogramm
    - Formulare
- Bilden Sie für jeden Bereich eine Expertengruppe und erarbeiten Sie Vorschläge.
- Lösen Sie die Expertengruppen auf und diskutieren Sie die gewonnenen Erkenntnisse in den jeweiligen Stammgruppen. Erstellen Sie eine Präsentation und begründen Sie den Einsatz der Rationalisierungsmaßnahmen.

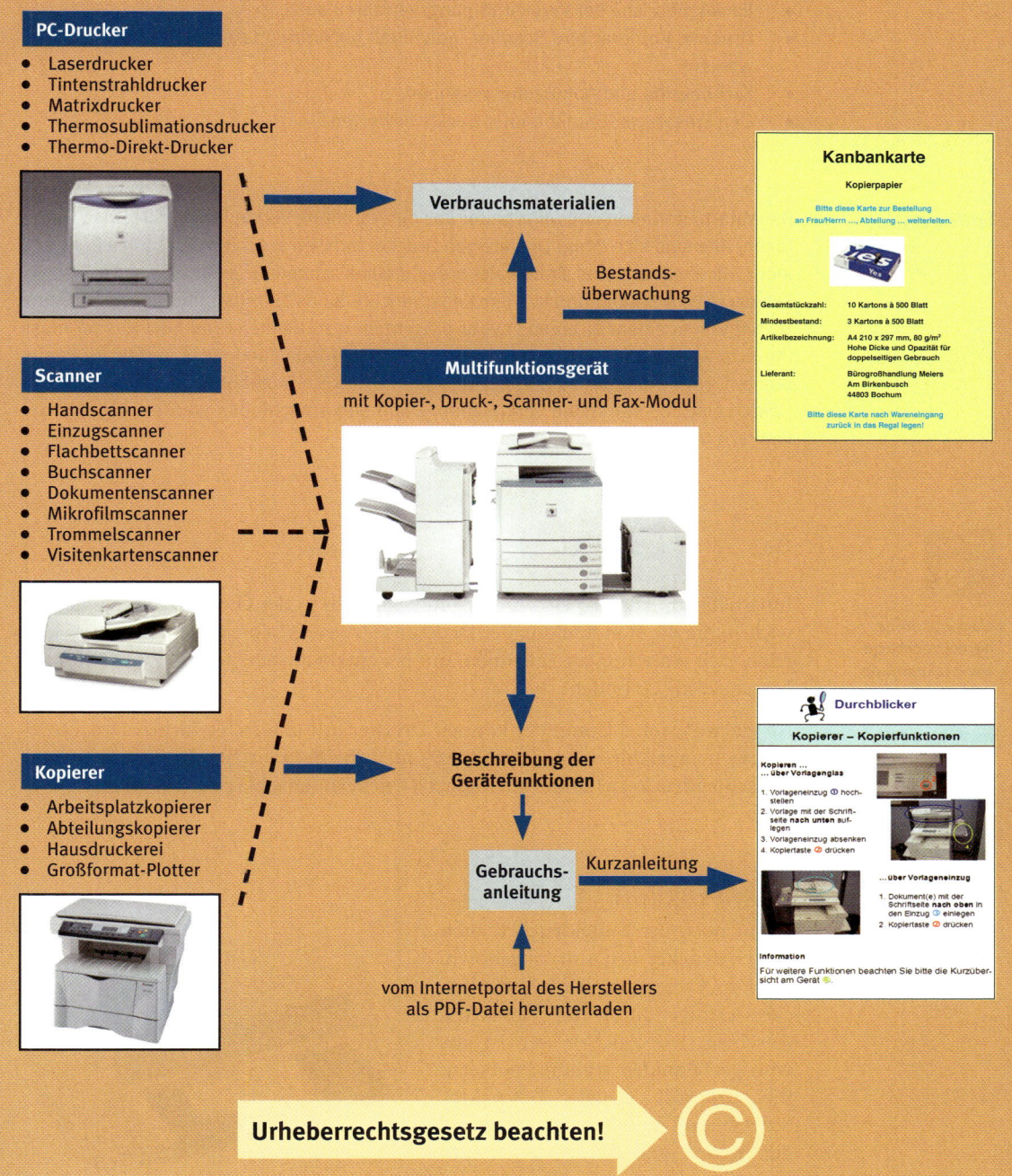

Lernziele

- PC-Drucker nach Drucktechnologien unterscheiden.
- Druckoptionen kennen und ökonomisch einsetzen.
- Möglichkeiten der Vervielfältigung unter ökonomischen Aspekten bewerten.
- Einsatzbereiche der Vervielfältigungsverfahren aufzeigen.
- Drucker, Kopierer und Scanner individuell nach ihren Leistungsmerkmalen auswählen.
- Fachbegriffe und Abkürzungen kennen.
- Den Einsatz multifunktionaler Geräte bewerten.

Fallbeispiel

Die Mitarbeiterinnen und Mitarbeiter aus der Abteilung Verkauf der Mode|Idee GmbH tagen. Alle sind sich einig: Die jetzigen Drucker müssen ersetzt werden. Das Problem: Jeder will etwas anderes. Frau Maier braucht einen schnellen Laserdrucker, der Texte in Schwarz-Weiß brillant druckt. Herr Keller möchte einen Tintenstrahldrucker, um seine Statistiken in einem farbigen Layout präsentieren zu können, und Frau Rosner muss für nicht wenige Kunden digitale Fotos in Texte einbinden und diese perfekt zu Papier bringen. Nun will jeder zu den gewünschten Druckern Angebote einholen und Preise sowie Leistungsmerkmale vergleichen. Dann soll entschieden werden, ob ein oder mehrere Drucker notwendig sind.

www.epson.de
www.kyocera.de
www.lexmark.de
www.hewlett-packard.de
www.canon.de
www.xerox.de
www.oki.de
www.brother.de
www.dell.de
www.samsung.de

6.1 PC-Drucker

Innerhalb von kurzer Zeit wurden gute Standards in der Druckertechnologie entwickelt, die die Handhabung der Drucker sehr vereinfachten. Dennoch ist es hilfreich, sich ein wenig auszukennen, um bei einem anstehenden Kauf die richtige Entscheidung zu treffen.

An einen Personal Computer können Drucker mit unterschiedlichen Drucktechnologien angeschlossen werden. Man unterscheidet zwischen **Impact-Druckern (Anschlagdruckern)** und **Non-Impact-Druckern (anschlagfreien Druckern)**.

6.1.1 Nadel- bzw. Matrixdrucker

Von den Impact-Druckern wird heute nur noch der **Nadeldrucker, auch Matrixdrucker** genannt, angeboten. Die Druckerzeugung beim Nadeldrucker erfolgt durch mechanischen Anschlag. Die Zeichen werden aus winzigen Punkten zusammengesetzt, die ein mit Nadeln bestückter Schreibkopf erzeugt. Die Auflösung der Schrift und auch die Qualität hängt stark von der Anzahl der

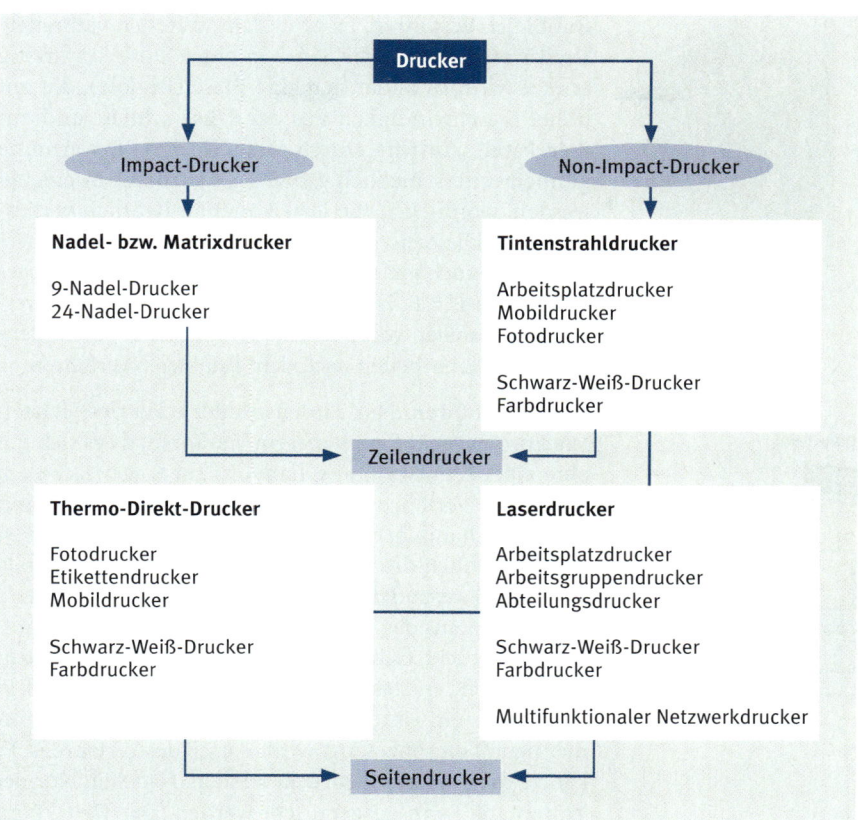

Nadeln ab. Eingesetzt werden Nadeldrucker überall dort, wo der **schnelle und zuverlässige Ausdruck von Dokumenten in mehrfacher Ausfertigung** wichtig ist, wie z.B. beim Ausdruck von Bankbelegen, Gehaltsabrechnungen, Versandlisten und Rechnungen.

6.1.2 Tintenstrahldrucker

Tintenstrahldrucker (englische Bezeichnung: Ink-Jet-Printer). Sie sind **Zeilendrucker**, die die Daten zeilenweise empfangen und drucken. Dadurch brauchen sie einen **geringeren Arbeitsspeicher.** Beim Druck schießt der Druckkopf winzige Tintentröpfchen aus einer Düse lautlos aufs Papier. Dabei gibt es zwei verschiedene Verfahren, wie man Tinte gezielt und präzise dosiert vom Tintentank auf das Papier bekommt:

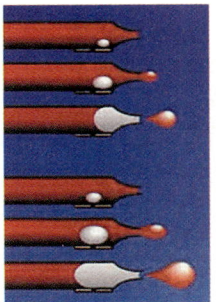 

Bubblejet-Verfahren. Es ist das am weitesten verbreitete Verfahren, bei dem die Tinte in einer Düse kurzfristig erhitzt wird. Es bildet sich eine Blase (Bubble), die mit hoher Geschwindigkeit aus der Düse schießt und auf dem Papier auftrifft. Durch genau dosierte Erwärmung können unterschiedlich große Tintentröpfchen erzeugt werden, womit sich die Druckqualität deutlich verbessern lässt. Die meisten Hersteller liefern Tintenpatronen, bei denen auch gleich der komplette Druckkopf ausgetauscht wird (z. B. Hewlett-Packard) und beugen so verstopften Kanälen vor. Die meisten Hersteller für Tintenstrahldrucker arbeiten nach dem Bubblejet-Verfahren.

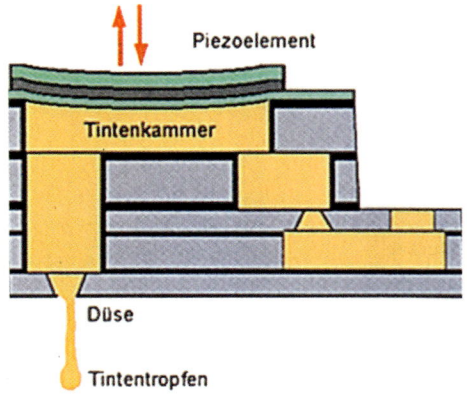

Piezo-Verfahren. Nur Tintenstrahldrucker des Herstellers Epson arbeiten nach diesem Verfahren, da es sich um eine eigene Entwicklung handelt. Im Gegensatz zum Bubblejet-Verfahren wird beim Piezo-Verfahren mit einem mechanischen Druck gearbeitet. Ein Piezoelement besitzt nämlich die Eigenschaft, sich bei einem kleinen Stromstoß auszudehnen. Durch die Ausdehnung wird ein Tropfen aus der Tintenpatrone durch eine Düse aufs Papier gedrückt. Geht das Element in seinen Ausgangszustand zurück, entsteht durch den nachlassenden Druck in der Kanüle ein Unterdruck, sodass aus der Tintenkammer neue Tinte angesaugt wird. Vorteil des Verfahrens: Es kann extrem präzise gedruckt werden. Nachteil: Nur der Tintentank kann ausgetauscht werden. Der Druckkopf muss eine lange Lebensdauer aushalten, was zu Problemen (z. B. Verstopfung) führen kann.

Hochwertige Tintenstrahldrucker stehen den Laserdruckern heute in der Qualität nicht mehr nach. Entscheidend für das Druckergebnis ist die Auflösung, in der gedruckt wird. Die Auflösung wird in dpi gemessen. Je höher die Auflösung, desto besser ist die Qualität des Ausdrucks.

Der **Anschaffungspreis** ist mittlerweile sehr **günstig, teurer** sind dagegen die **Folgekosten** (Tintenpatronen). Die Druckgeschwindigkeit beträgt bis zu zwölf Seiten pro Minute.

6.1.3 Laserdrucker

Sie gehören zu den **Seitendruckern,** die im Arbeitsspeicher zuerst die ganze Seite aufbauen und in einem Arbeitsgang zu Papier bringen. Deshalb benötigen sie in der Regel einen **großen Arbeitsspeicher.** Um Grafiken in guter Qualität und in einer angemessenen Geschwindigkeit ausgeben zu können, braucht man einen großen Arbeitsspeicher, da Grafikdateien in der Regel sehr groß sind. Reicht beim Drucken der Speicher nicht aus, kann es zu Problemen kommen, was im ungünstigsten Fall einen Abbruch des Druckauftrages bedeutet.

Je nach Modell können Laserdrucker zwischen 12 und 26 Seiten pro Minute drucken. Das Druckergebnis hängt stark von der Auflösung ab. Die gängigen Auflösungen, mit denen gute Druckergebnisse erzielt werden, sind: 600 × 600 dpi, 1 200 × 1 200 dpi, 1 200 × 600 dpi, 600 × 1 200 dpi und 1 440 × 720 dpi. Je nach Ausführung gibt es Laserdrucker mit einem Arbeitsspeicher zwischen 4 MB und 128 MB.

Farblaserdrucker. Farblaserdrucker sind seit Kurzem erschwinglich geworden und eignen sich für kleine Büros, selbstständige Grafiker oder Layouter. Je nach Modell kostet ein Gerät zwischen 300,00 EUR und 2 000,00 EUR. Sie kombinieren die Vorteile von Tintenstrahl- und Laserdrucker. Die Qualität des Ausdrucks ist in der Regel hervorragend. Diagramme, Grafiken und Fotos werden auch in Detailbereichen scharf wiedergegeben. Erheblicher Nachteil ist die hohe Geräuschentwicklung beim Ausdrucken.

Netzwerkdrucker. PCs, die in einem Netzwerk zusammengeschlossen sind, nutzen gemeinsam einen hochwertigen Laserdrucker, der über eine Steckkarte mit ihnen verbunden ist. Umfangreiche Dokumente wie Schulungsunterlagen, Handouts oder Berichte können auf Anforderung in einem Arbeitsschritt verteilfertig erstellt werden. Ferner können umfangreiche Druckaufträge unbeaufsichtigt über Nacht oder am Wochenende erledigt werden. Manche Geräte sind mit sogenannten Postfächern ausgestattet. Jedes Ausgabefach des Netzwerkdruckers ist einer Person oder Arbeitsgruppe zugeordnet, sodass die Ausdrucke leicht auffindbar sind. Netzwerklaserdrucker sind genauso leistungsfähig wie Kopierer und unterscheiden sich nur in geringfügigen Details.

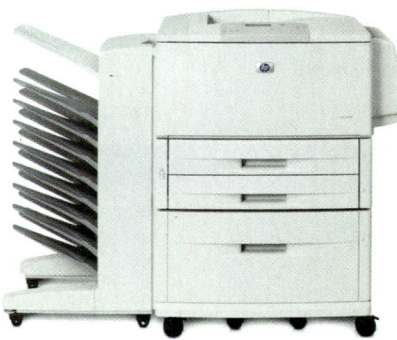

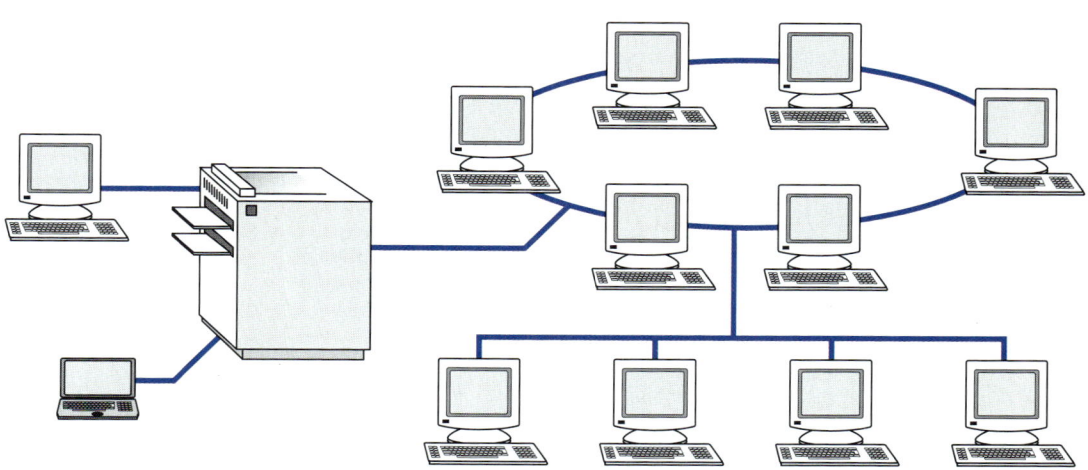

6.1.4 Thermosublimationsdrucker

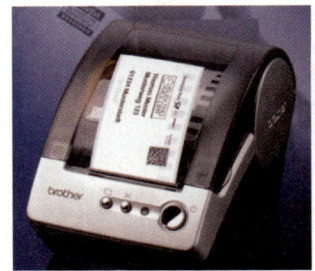

Eingesetzt wird hier eine Druckertechnologie, die über Hitzeverfahren Farben druckt. Das Ergebnis sind hochwertige Drucke in Fotoqualität. Es können bis zu 16,7 Millionen Farbtöne bei voller Ausnutzung der Druckauflösung erzeugt werden. Die Kosten für einen Thermosublimationsdrucker sind sehr hoch. Deshalb gibt es diese Drucker meist nur als optimale Ergänzung zur digitalen Kamera. Der Ausdruck erfolgt auf in DIN A6 vorgeschnittenen Spezialpapieren in brillanter Fotoqualität.

Thermo-Direkt-Drucker/Etikettendrucker

Arbeitsblatt 1

6.1.5 PC-Drucker im Überblick

Druckerart	Vorteile	Nachteile	Einsatz
Laserdrucker	• hohe Druckgeschwindigkeit (20–30 Seiten Text/Min.; Farbdruck pro Seite 30–60 Sek.) • hohe Druckqualität (Text und Grafiken) • Druck auf Normalpapier • die Folgekosten liegen deutlich unter denen des Tintenstrahldruckers • robustes Verhalten bei mittlerem bis hohem Druckvolumen	• teuer in der Anschaffung • in der Regel groß, schwer und laut • schlecht beim Druck von Farbfotos (zunehmend besser) • hoher Stromverbrauch	• professioneller Gebrauch in Büros • geeignet für hohes Druckvolumen
Tintenstrahldrucker	• niedriger Anschaffungspreis • klein und leicht • Ausdruck in guter bis sehr guter Qualität • gutes Ergebnis beim Druck von Farbfotos • je nach Ausführung Direktdruck von der Digitalkamera möglich • Papier sparende Duplexeinheit oft serienmäßig • unterschiedliche Medien können bedruckt werden	• hohe Folgekosten • bei seltener Benutzung können Druckdüsen verstopfen • langsamer Druck (2–8 Textseiten/Min.; Fotodruck pro Seite 1–6 Min.) • für ein sehr gutes Druckergebnis wird Spezialpapier benötigt	• überwiegend privater Gebrauch • bei geringem Druckvolumen • anspruchsvolle Farb- und Fotodrucke

Druckerart	Vorteile	Nachteile	Einsatz
Matrixdrucker	• gleichzeitiger Mehrfachdruck (durch den Druck auf das Papier) möglich • verarbeitet bis zu sechslagige Formulare (ein Original und fünf Kopien) • Verwendung von Endlospapieren durch Zugtraktoren möglich • geringe Folgekosten	• relativ hohe Geräuschentwicklung beim Drucken • langsamer Druck • keine repräsentativen Drucke • kein/bzw. schlechter Farbdruck • nicht geeignet zum Druck von Fotos	• Groß- und Einzelhandel (z. B. Formulare, Rechnungen, Lieferscheine) • Arztpraxen (z. B. Rezepte) • Reise- und Ticketbüros (z. B. Tickets) • Lagerhäuser (z. B. Formulare, Etiketten, Barcodes) • Speditionen • Banken und Sparkassen (z. B. Sparbücher, Belege)
Thermosublimationsdrucker Thermo-Direkt-Drucker	• klein und handlich • ideal für die spezielle Anwendung • brillanter Fotodruck	• relativ hohe Anschaffungskosten • zum Ausdruck von Fotos ist Spezialpapier erforderlich • langsamer Druck • nicht flexibel einsetzbar	• Einzel-Etiketten • Endlos-Etiketten • Adressieren und Frankieren (Stampit) im Postausgang

6.1.6 Folgekosten

Der **Anschaffungspreis** für einen Tintenstrahl- bzw. Laserdrucker ist bei allen Herstellern mittlerweile sehr **günstig**. Teuer hingegen sind die Verbrauchsmaterialien wie **Tinte** und **Toner**.

Vergleicht man die Herstellerangaben, wie viele Seiten mit einer Druckpatrone bzw. Tonerkartusche gedruckt werden können, stellt man sehr schnell fest, dass es große Unterschiede gibt. Außerdem hat sich in der Praxis gezeigt, dass die Kartuschen um 20 bis 50 Prozent weniger ergiebig sind.

Natürlich hängt der Tinten- bzw. Tonerverbrauch auch davon ab, was gedruckt wird. Wer einen normalen Text im Entwurfsmodus druckt, verbraucht am wenigsten Tinte; am meisten wird bei einem großflächigen Fotoausdruck verbraucht.

Eine Alternative für den Neukauf einer Druckerpatrone könnte ein geeignetes Nachfüllsystem sein. Verschiedene Sets, bestehend aus Tinte und einer speziellen Spritze, mit der man die leeren Druckerpatronen nachfüllen kann, werden angeboten. Diese Angebote sollten jedoch gründlich geprüft werden. Nicht selten passiert es, dass der Druckkopf des Druckers durch schlechte Tinte verstopft wird. Das kann z. B. bei einem Epson-Drucker mit **Permanentdruckkopf** zu hohen Reparaturkosten führen.

Der Verbrauch aller Tinten bei einer Farbpatrone ist unterschiedlich, somit ist ausgeschlossen, dass zur selben Zeit alle Tanks leer gedruckt sind. Einige Hersteller bieten für die Farben getrennte Tintentanks an, sodass sie einzeln gewechselt werden können. Der Inhalt der einzelnen Farbtanks kann so vollständig ausgenutzt werden und die Druckkosten können gesenkt werden.

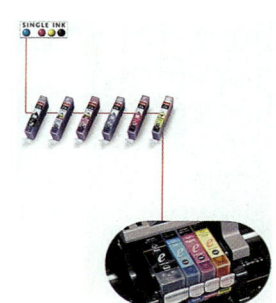

6 *Drucken, Kopieren, Scannen und Fotografieren*

6.1.7 Software und Drucker

Im Drucker befindet sich neben dem Druckwerk eine **Steuerelektronik,** die die zu druckenden Daten vom PC entgegennimmt und – falls notwendig – Rückmeldungen an den Computer schickt.

Die Steuerelektronik setzt sich aus folgenden Elementen zusammen:

- **Prozessor** zur Berechnung der Druckdaten,
- **Arbeitsspeicher,** in dem die zu druckenden Daten gespeichert werden,
- **Druckersprache** (PCL oder Postscript), mit der sich der PC und der Drucker verständigen können.

www.treiber.de
www.stethos.com/
samsung/
www.initiatived21.de

Jedes Programm benötigt einen **Druckertreiber.** Hierbei handelt es sich um kleine Zusatzprogramme, die es ermöglichen, am Computer einen angeschlossenen Drucker zu betreiben. Sie vermitteln sozusagen zwischen Betriebssystem und Drucker. Nicht jeder Drucker passt an jeden Rechner und zu jedem Programm. Deshalb ist es wichtig, sich vor einem Kauf zu informieren, welche Systeme aufeinandertreffen. Einen internationalen einheitlichen Standard für Druckertreiber gibt es noch nicht. Die meisten Druckerhersteller bieten auf ihren Homepages Druckertreiber ihrer Produkte zum Herunterladen an.

Arbeitsblatt 2

6.1.8 Drucker-Lexikon

Um bei einem Kauf die richtige Entscheidung zu treffen, ist es sinnvoll, die wichtigsten Fachbegriffe zu kennen.

dpi	dpi ist die Abkürzung für „**dots per inch**" und heißt „**Punkte pro Zoll**". Es ist eine **Maßeinheit** für das **Auflösungsvermögen** eines Druckers und sagt aus, wie viele Druckpunkte pro Zoll gedruckt werden. Je **höher** die Auflösung, desto **besser** sind Schrift und Grafikelemente.
Duplex-Drucker	Ein Duplex-Drucker kann beide Seiten eines Blattes bedrucken. Das Papier wird im Drucker automatisch gewendet.
Postscript	Postscript ist eine Seitenbeschreibungssprache, die festlegt, wie Text und Bilder gedruckt werden. Der Vorteil ist dabei, dass die Druckbefehle unabhängig von dem Programm gelten, in dem die Datei angelegt wurde. Egal, ob mit Windows oder Macintosh-Software gearbeitet wird, die Postscript-Datei kann immer geladen und gedruckt werden.
USB	Der **Universal Serial Bus** ist eine Anschlussform, die den Anschluss von externen Geräten wie dem Drucker erleichtert. Das USB-Kabel hat zwei Typen von Steckern, A und B. Mit dem A-Stecker erfolgt der Anschluss an den PC. Der B-Stecker kommt an den Drucker.
Job Reprint	Bei dieser Funktion wird ein Druckauftrag auf dem Festplattenlaufwerk des Druckers gespeichert, der jederzeit direkt vom Bedienfeld aus erneut gedruckt werden kann, ohne dass ein PC verwendet werden muss.
Job Verification	Diese Funktion druckt ein Exemplar eines Druckauftrags, damit der Inhalt überprüft werden kann, bevor mehrere Exemplare gedruckt werden.
Job Storage	Der Druckauftrag wird gespeichert und belegt dadurch nicht unnötig Speicherplatz auf dem PC des Benutzers. Die Daten bleiben auch dann gespeichert, wenn der Drucker ausgeschaltet oder ein Reset durchgeführt wird.
Confidential Job Printing	Der Benutzer kann ein Passwort festlegen und den Druck vertraulicher Dokumente vom Drucker aus durch die Eingabe des Passworts auf dem Druckerbedienfeld starten.

218

6.1.9 Druckerkauf

Folgende Fragen sollte man sich vor einem Druckerkauf stellen:

Wird mehr **Text oder Grafik** gedruckt?
Wie wichtig ist der **Farbdruck?**
Wie hoch muss die **Druckqualität** sein?
Wie **viele Seiten** werden am Tag gedruckt?
Wie **schnell** müssen die Seiten ausgedruckt werden?
Welches **Papier** muss bedruckt werden?
Wie **teuer** darf der Drucker sein?
Wie hoch sind voraussichtliche **Folgekosten?**

Folgende Vergleichskriterien sollten beim Kauf eines Druckers berücksichtigt werden:

- Preis für Gerät und Folgekosten,
- Druckqualität: Text in Standardauflösung; Farbe in Standardauflösung; Farbe, beste Qualität auf Spezialpapier; Foto, beste Qualität auf Fotopapier. Die Angabe S./Min s/w gibt die Anzahl der Seiten an, die pro Minute in Schwarz-Weiß gedruckt werden können,
- Druckgeschwindigkeit: Textseiten pro Minute, Farbfoto,
- maximale Auflösung in dpi,
- Gestaltung der Handbücher hinsichtlich der Verständlichkeit, Übersichtlichkeit, Sprache,
- automatische Papierzuführung, Ablagemöglichkeit für Ausdrucke,
- Umwelteigenschaften: Geräuschentwicklung, Stromverbrauch, Recycling,
- Schnittstellen: USB, parallel, Infrarot, Bluetooth,
- Drucken von Bannern.

Arbeitsblatt 3

6.1.10 Druckoptionen

Die meisten Texte werden in Word geschrieben und mit einem Mausklick ausgedruckt. Doch man kann in bestimmten Fällen rationeller arbeiten, indem man die Möglichkeiten, die über die Druckoptionen geboten werden, nutzt.

Drucken im Hintergrund	Über das Menü **Extras – Optionen**, Registerkarte: **Drucken** können Sie das Kontrollkästchen „Drucken im Hintergrund" aktivieren. Während gedruckt wird, können Sie weiterarbeiten.
Druckauftrag abbrechen	**Dazu haben Sie zwei Möglichkeiten:** 1. Einen Doppelklick auf das Druckersymbol in der Statuszeile setzen. 2. Eingabe der Tastenkombination Strg + Umschalttaste + F12.
Mehrere Dokumente drucken	Rufen Sie das Menü **Datei – Öffnen** auf. Wählen Sie die zu druckenden Dateien mit gedrückter **Strg-Taste** aus und klicken Sie anschließend mit der rechten Maustaste auf die Markierung. Der Druckvorgang wird mit der Aktivierung der Option „Drucken" in Gang gesetzt.

Aktuelle Seite	Haben Sie in einem mehrseitigen Dokument nur auf einer Seite eine Änderung vorgenommen, können Sie nur diese Seite über „Aktuelle Seite" ausdrucken. Dabei ist zu beachten, dass der Cursor irgendwo auf dieser Seite positioniert sein muss, bevor das Druckmenü aufgerufen wird.
Seiten	Über die Option „Seiten" können einzelne Seiten oder ein ganzer Bereich gedruckt werden. Diese Angaben lassen sich auch kombinieren.
Markierung	Die Option „Markierung" ist abgeblendet und kann nur genutzt werden, wenn Text im Dokument markiert ist. Durch Aktivierung des Optionsfeldes „Markierung" und die Bestätigung durch OK veranlassen Sie den Ausdruck des markierten Textbereichs.
Exemplare	Wie viele Ausdrucke Sie erstellen wollen, können Sie im Feld **„Anzahl"** bestimmen. Beim Ausdruck von mehrseitigen Dokumenten ist das **Sortieren** praktisch. Das Programm druckt standardmäßig unsortiert eine Seite nach der anderen in der gewünschten Anzahl aus. Ist Sortieren aktiviert, druckt das Programm ein Dokument mit allen dazugehörigen Seiten aus, bevor die nächste Kopie gedruckt wird.
Seiten pro Blatt	Über die Option „Zoom" können Sie mehrere Seiten auf einer Seite ausdrucken. Das Programm bietet wahlweise 1, 2, 4, 6, 8 oder 16 Seiten auf einer A4-Seite an. Bei der Wahl des Zoomfaktors sollten Sie darauf achten, dass das Ergebnis noch lesbar ist.

6.2 Scanner

Der Scanner ist das Auge des PCs. Er liest gedruckte Papiervorlagen, egal ob Foto, Grafik oder Text, in den PC ein. Neben der Hardware braucht man zum Scannen auch die notwendige Software.

6.2.1 Scannertypen

www.microtek.de
www.hp.com
www.plustek.de
www.canon.de
www.epson.de
www.cardscan.com

Arbeitsblatt 4

- **Handscanner.** Sie erfordern sehr viel Geschick und Geduld, weil sie mit der Hand über die Vorlage geschoben werden. Handscanner sind heute nur noch im mobilen Einsatz gebräuchlich. Eine weitere Variante des Handscanners ist der Laserscanner zum Einlesen von Barcodes an Kassen.

- **Einzugscanner.** Ihr Aussehen ähnelt den Faxgeräten. Beim Scannen wird nicht die Leseeinheit über die Vorlage geführt, sondern die Vorlage über eine Walzenmechanik an den Sensoren entlangbewegt. Es können nur einzelne Blätter, keine Bücher, Zeitungen oder Kataloge gescannt werden.

- **Flachbettscanner.** Dies sind kleine Tischgeräte, die einem Kopierer ähneln. Die Vorlage wird auf eine Glasplatte gelegt und vom System abgetastet. Flachbettscanner sind in der Regel nicht zum Scannen von dicken Büchern geeignet. Beim Scannen kann der störende Lichteinfall durch einen höhenverstellbaren Deckel vermieden werden.

- **Buchscanner.** Hierbei handelt es sich um Scanner, die eine andere Bauform haben und für diejenigen geeignet sind, die ständig gebundene Vorlagen scannen müssen. Ein weiteres Leistungsmerkmal eines Buchscanners ist die Möglichkeit, DIN-A3- oder DIN-A4-Vorlagen gleichzeitig einzuscannen.

- **Dokumentenscanner.** Sie werden vor allem zur elektronischen Archivierung einer großen Dokumentenmenge eingesetzt. Vorlagen bis A3-Format können eingescannt werden.
- **Mikrofilmscanner.** Sie dienen zur Wiedergabe und Digitalisierung von Mikrofilmen (Mikrofiches, Jackets, Filmkarten und Rollfilme). Über einen Bildschirm werden die Mikrofilmdarstellungen detailliert angezeigt. Mit der Option für hochauflösenden Druck ist eine Reproduktion des Mikrofilminhalts möglich.
- **Trommelscanner.** Sie bestehen aus einer durchsichtigen Trommel, die an Halterungen befestigt ist. Trommelscanner werden zur professionellen Bildbearbeitung und in Druckereien eingesetzt.
- **Visitenkartenscanner.** Über einen Visitenkartenscanner können Geschäftskontakte (z. B. auf Messen) direkt eingelesen und an den Server des Unternehmens zur Weiterbearbeitung übertragen werden. Die Kunden werden somit zeitnah kontaktiert und bekommen die angeforderten Informationsmaterialien noch während der Veranstaltung.

6.2.2 Leistungsmerkmale

In Büros und Verwaltungen werden überwiegend Flachbett-Scanner oder Dokumenten-Scanner eingesetzt. Dies sind meist einfach zu bedienende Geräte, deren Scans in Farbe und Qualität hochwertig sind. Die Installation erfolgt über die parallele oder USB-Schnittstelle.

- Integrierter automatischer **Vorlageneinzug.**
- **Netzwerkfähigkeit** für den Einsatz in Arbeitsgruppen.
- Unbegrenzte **Auflösung** für maximale Bildqualität. Die Auflösung wird in dpi angegeben. Hochwertige Scanner scannen Fotos und Texte mit einer Auflösung von 600 × 1 200 dpi. Der erste Wert (600) kennzeichnet die Horizontalauflösung. Sie ist die Auflösung innerhalb der Scanrichtung. Der zweite Wert (1 200) kennzeichnet die Vertikalauflösung. Dies ist die Auflösung innerhalb der Scanzeile.
- Scannen großer **Vorlagen-Formate.**
- **Scangeschwindigkeit** von 90 bis 60 Sekunden.
- Gescannte Informationen können direkt an **Textverarbeitungs- und Grafikprogramme** geschickt werden.
- **OCR (Optical Character Recognition).** Mit dem Texterkennungsprogramm können die eingescannten Texte problemlos in einem Textverarbeitungsprogramm geändert und weiterverarbeitet werden. Damit erspart man sich die Erfassung von Texten über die Tastatur.
- **Tiefenschärfe.** Stark konturierte Gegenstände (z. B. Münzen mit starker Prägung) können bis zu drei Millimeter Tiefe scharf gescannt werden.
- **Automatische Bildretusche.** Während des Scanvorgangs werden z. B. verblichene Farben aufgefrischt, die Körnigkeit reduziert oder eine Gegenlichtkorrektur ausgeführt.

- **Einknopfbedienung.** Durch Knopfdruck wird ein hochauflösender Scan (z. B. Bild für Fotoalbum) oder ein „schlanker" Scan (z. B. Bild für Internet) erstellt.
- **Durchlichteinheit.** Mithilfe der Durchlichteinheit kann ein Scanner Filmmaterial wie Dias und Negative digitalisieren. Bei vielen Modellen ist die Durchlichteinheit direkt im Deckel angebracht.
- **Scan-to-PDF.** Mit einer speziellen Software werden eingescannte Dokumente direkt in das PDF-Format konvertiert.
- **Imprinter.** Durch einen Imprinter können gescannten Vorlagen Informationen wie Scandatum, Uhrzeit, Name der Person, die das Dokument gescannt hat, sowie Bitmap-Bilder (Unterschriften und Logos) in Farbe hinzugefügt werden. Sämtliche gescannten Dokumente können vollständig verfolgt und authentifiziert werden.

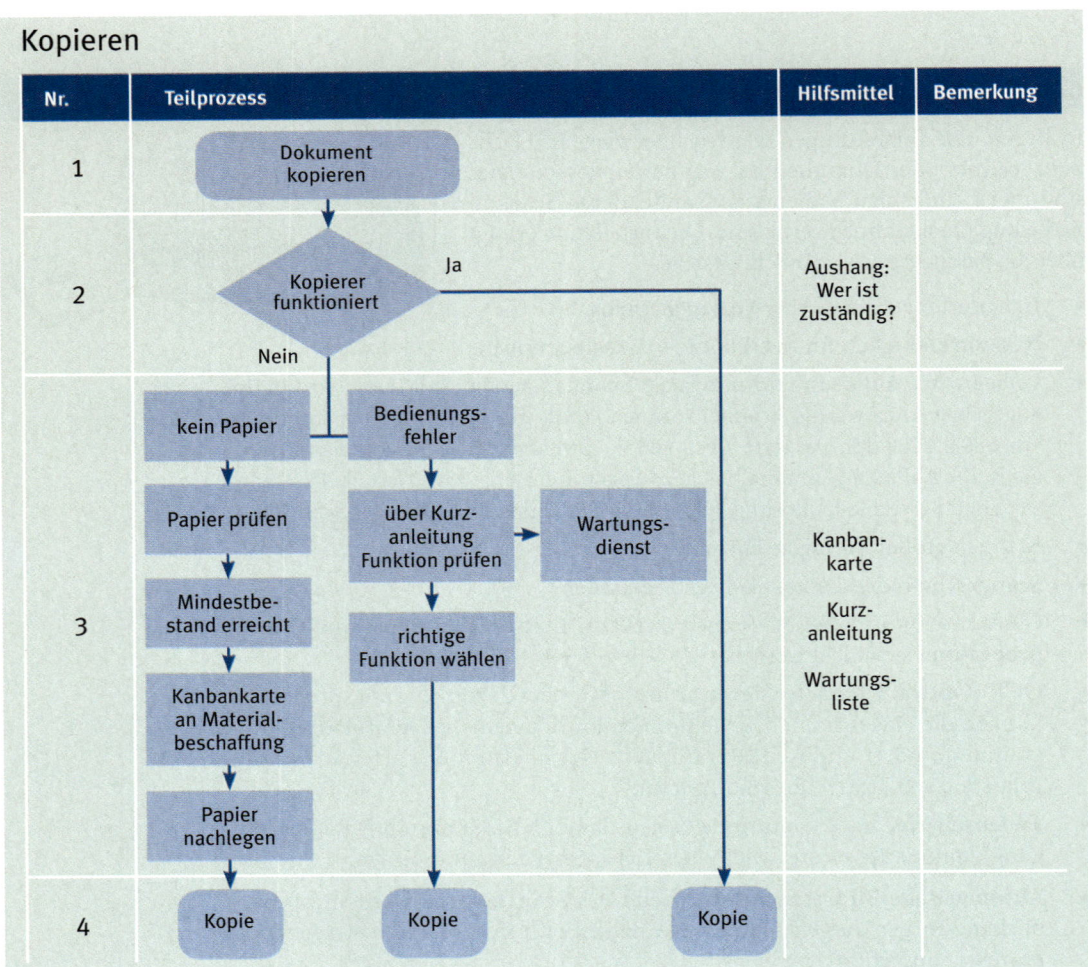

6.3 Kopierer

Unter Kopieren versteht man die Nachbildung eines Originals in zwei Arbeitsgängen: **Belichten** und **Entwickeln**. Beide Arbeitsgänge werden in einem Gerät nach dem **elektrostatischen Kopierverfahren** (auch Xerografie genannt) durchgeführt. Die analoge Kopiertechnologie wurde in den letzten Jahren durch die **digitale** Technologie abgelöst. Der wesentliche Unterschied besteht darin, dass bei der digitalen Technologie die Vorlage mit einem Scanner **digitalisiert** und **zwischengespeichert** wird. Dadurch können mehrere Kopien aus dem Zwischenspeicher erstellt werden, ohne dass die Vorlage von Neuem belichtet werden muss.

www.xerox.de
www.toshiba.de
www.canon.de
www.kyocera.de
www.oce.de
www.nashuatec.de

Arbeitsblatt 5

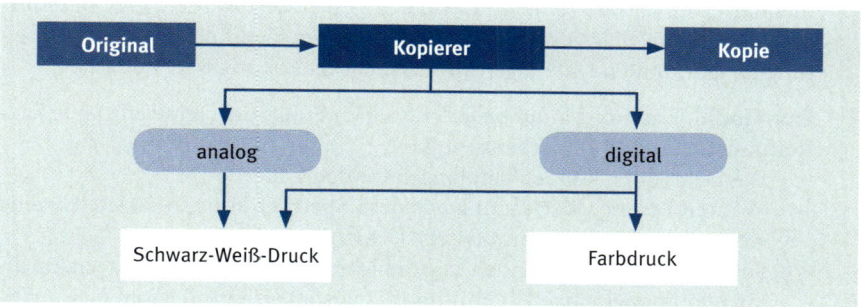

Das digitale Kopieren bietet wesentliche Vorteile:

- **Bearbeitung** (z. B. Kantenschärfung für Schriften) der im **Zwischenspeicher** abgelegten Kopie.
- Direkt aus dem **Zwischenspeicher** können mehrere Kopien erstellt werden.
- Nutzung zusätzlicher Funktionen wie **Drucken, Faxen und Scannen**.
- **Direktes Versenden** der kopierten Dokumente in Netzwerkverzeichnisse oder per E-Mail.

6.3.1 Digitale Kopiergeräte

Mit der **digitalen Technik** hat sich auch die **Multifunktionalität** durchgesetzt. Vorbei sind die Zeiten, in denen die Vorlage am PC erstellt, ausgedruckt und zum Kopierer gebracht werden musste. Die meisten digitalen Kopierer sind so konzipiert, dass sie für den zentralen Einsatz in einem **Netzwerk** geeignet sind und nicht nur kopieren, sondern auch **drucken, faxen und scannen** können.

Die Geräte werden in Modulen angeboten, sodass je nach Bedarf das eigene Kopiersystem zusammengestellt werden kann:

- **Druckmodul.** Durch das Druckmodul wird der Kopierer zu einem leistungsfähigen Netzwerkdrucker, der den gewöhnlichen Laserdruckern weit überlegen ist. Komplette Druckjobs lassen sich direkt von jedem angeschlossenen PC starten.
- **Dokumentenserver.** Mit dem Dokumentenserver, ausgestattet mit einer leistungsfähigen Festplatte und der entsprechenden Software, lassen sich Arbeitsprozesse von jedem persönlichen Arbeitsplatz aus optimal gestalten:

- Das Verwalten aller abgelegten Dokumente.
- Das Ablegen, Speichern, Vervielfältigen, erneut Drucken, Suchen, Löschen und Übertragen von Dateien und Dokumenten.
- Das Kombinieren bzw. Mischen von verschiedenen Dateien oder Dateiformaten untereinander zu einem Druckjob – gleichgültig, ob es Bilddateien, Textdokumente, Kalkulationen oder Präsentationen sind.

- **Scanner-Modul.** Erweitert durch das Scanner-Modul verfügt das Kopiersystem über einen Netzwerk-Scanner. Über das Vorlagenglas oder den Originaleinzug können bis zu 90 Seiten pro Minute eingescannt, in digitaler Form – optimal auch als E-Mail – über das Netzwerk versendet oder auf dem Dokumentenserver für den späteren Gebrauch gespeichert werden. Das **Dateiformat** lässt sich an vielen Geräten direkt bestimmen, sodass eine weitere Bearbeitung der gescannten Unterlagen am PC nicht mehr nötig ist.

- **Fax-Modul.** Das Fax-Modul bietet mit seinen Funktionen eine effiziente Fax-Kommunikation für die Arbeitsgruppe:
    - Faxnachrichten können empfangen werden.
    - Während einer Übertragung aus dem Speicher können Sie gleichzeitig eine weitere Nachricht mit Direkt-Übertragung versenden.
    - Sofort senden, später senden, vertrauliches Senden und Empfangen, Buchfax und doppelseitige Übermittlung sowie integrierte Telefonbuchfunktionen sind die wichtigsten Funktionen eines Fax-Moduls.

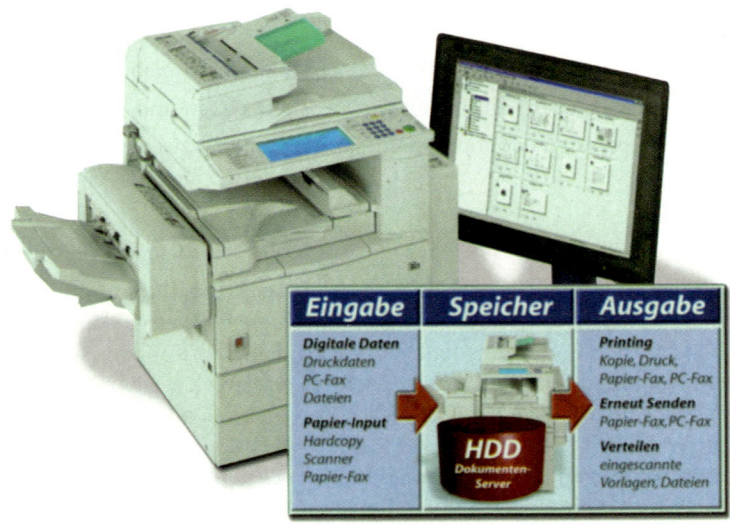

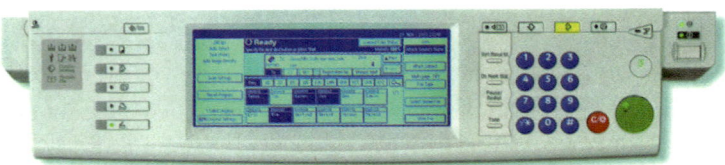

Datensicherheit

Viele multifunktionale Geräte verfügen über eine integrierte Festplatte, die es erlaubt, temporäre Daten bei Druck- und Kopiervorgängen zwischenzuspeichern. Dahinter verbirgt sich jedoch ein hohes Sicherheitsrisiko, da sich die Daten rekonstruieren lassen. Deshalb verfügen viele Geräte über einen zusätzlichen **Sicherheitsmodus**: Unmittelbar nach dem Druck- oder Kopiergang werden die Daten vor dem endgültigen Löschen mit einem Zufallscode überschrieben. Eine Rückgewinnung der Daten durch Dritte ist dann nicht mehr möglich.

Funktionen

Das digitale Kopieren bietet weitere Funktionen. Hier die wichtigsten:

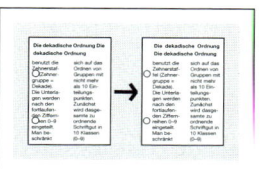

Mithilfe der **Bildverschiebung** kann der zu kopierende Bereich nach links oder rechts verschoben werden.

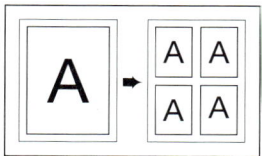

Mit der Funktion **Multibild** können mehrere kleine Kopien von einer Vorlage erstellt werden.

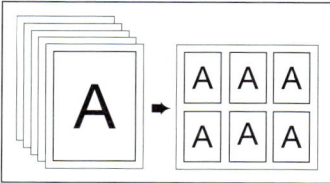

Mehrfachnutzen
Bei der Funktion Mehrfachnutzen können mehrere unterschiedliche Seiten verkleinert (in der Regel bis zu sechs Seiten) auf eine Seite kopiert werden.

Registerblätter
Das automatische Einfügen von Registerblättern – in unterschiedlichen Papierstärken – ermöglicht in einem Arbeitsgang eine übersichtliche Anordnung

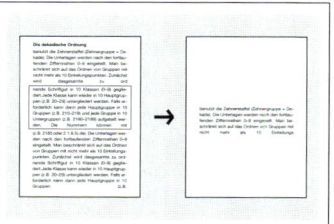

Ein bestimmter Teil einer Vorlage kann ohne umständliches Schneiden und Kleben **ausschnittsweise** kopiert werden.

- Besondere Effekte durch die Funktionen **Negativ-Positiv-Umkehrung**, **Spiegelbild** und **Schrägbild**.

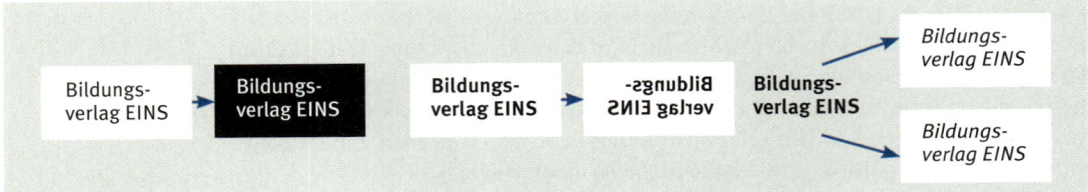

- Das elektronische **Sortieren** macht das mechanische Sortieren in Sortierfächer bzw. das manuelle Einlegen von Deck- und Trennblättern überflüssig. Entweder wird das Papier in verschiedenen Kassetten bereitgehalten, wobei Deck- und Trennblätter automatisch eingelegt werden, oder die Kopiersätze werden mittels einer Wechselfunktion sortiert und der Länge und Breite nach abgelegt.

6.3.2 Leistungsmerkmale

Beim Kaufen oder Mieten eines Kopiergeräts können folgende Leistungsmerkmale entscheidend sein:

Anwärmzeit	Zeit vom Einschalten des Geräts bis zur Betriebsbereitschaft
Papierzuführung	Lose Blätter aus einem oder mehreren Papierbehältern
Vorlagenzuführung	Manuell oder automatisch
Vorlagenformat	B6 bis A3
Kopierformat	A5 bis A3
Formatbestimmung (Zoom-Technik)	Verkleinerungen und Vergrößerungen der Vorlage sind je nach Gerät von 25–800 % in 1%-Schritten möglich.
Papierstärken	Druckmaterial bis zu einem Papiergewicht von 250 g/m² kann in der Regel verarbeitet werden.
Automatisches Verkleinern/Vergrößern	Die Kopie wird automatisch an das Format des Druckpapiers in der ausgewählten Zuführung angepasst.
Wendeautomatik	Eine zweiseitige Vorlage wird automatisch gewendet und beide Seiten (Vorder- und Rückseite) kopiert.
Duplexfunktion	In einem Durchgang werden Vorder- und Rückseite eines Blattes bedruckt. Das Blatt muss nicht gewendet oder neu eingelegt werden.
Kopienqualität	Regulierung des Toners durch Kontraststufen (schwache Linien verstärken, farbigen Hintergrund unterdrücken).
Randlöschung	Vorlagen mit ausgefransten Rändern, Heftklammerspuren oder Lochungen werden automatisch „gesäubert".
Kopiergeschwindigkeit	Die Druckgeschwindigkeit wird meistens in **ppm** (pages per minute = Seite pro Minute) angegeben. Farbkopierer haben einen Wert bis zu 28 ppm und Schwarz-Weiß-Kopierer bis zu 120 ppm.

6.3 Kopierer

Farbige Kopien	Von Schwarz-Weiß-Vorlagen können einfarbige Kopien, von farbigen Vorlagen (auch Fotos) originalgetreue (mehrfarbige) Kopien erstellt werden.
Programmiermöglichkeit	Über Tasten, Touchscreen (Berührungsfelder auf dem Bildschirm) oder mit der Maus lassen sich verschiedene Funktionen vorwählen und steuern: Kopienzahl, zweiseitiges Kopieren, Tonereinstellung, Formatbestimmung, Wahl der gewünschten Papierkassette u. Ä.
Vorausprogrammierung	Kopieraufträge können auch bei noch laufendem Druckbetrieb bereits programmiert und eingelesen werden.
Warteschlangenmanagement	Übersichtliche Anzeige der Kopieraufträge im System. Es können Aufträge vorgezogen, gelöscht oder angehalten werden.
Auftragsunterbrechung	Der laufende Auftrag kann unterbrochen werden, um einen dringenderen Auftrag dazwischenzuschieben.
Speichern und Abrufen von Kopieraufträgen	Ermöglicht das schnelle Abrufen der Programmierung für häufig verwendete Kopieraufträge.
Display (Leuchtanzeige)	Bedienungshinweise und Fehleranzeige
Chipkarten	Kopieren kann nur, wer eine entsprechende Karte besitzt.
Kostenzähler	Bei Bedarf kann die Kopiernutzung überwacht bzw. geregelt werden.
Sorter	Unterschiedlich viele Fächer für Kopiensätze
Hefter	Heftet sortierte Kopien zusammen.
Locheinheit	Eine 2-fache oder 4-fache Lochung der Kopien ist möglich.
Broschürenerstellung	Erstellen von Broschüren mit Faltung und Heftung mit automatischer Anordnung der Seiten.
Textfeld-Stamping	Kopien können mit Anmerkungen, Datumsangaben, Seitennummern oder Nummern versehen werden.
Einfügen von Deckblättern	Erste und letzte Seite können aus einem Materialfach automatisch zugeführt werden.
Folien-Trennblätter	Einfügen leerer oder bedruckter Folientrennblätter.

Arbeitsplatzkopierer

Abteilungskopierer

Hausdruckerei

Großformat-Plotter

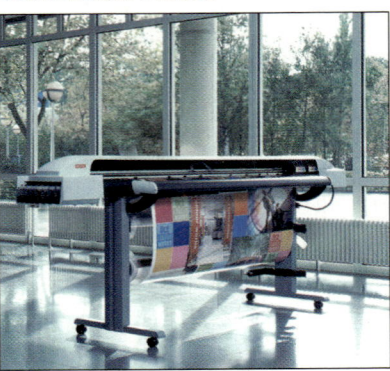

Ob in einem Betrieb **zentral oder dezentral** kopiert wird, hängt u. a. von folgenden Faktoren ab:

- Art und Größe des Betriebes,
- räumliche Verbindungen im Betrieb,
- durchschnittliches Kopiervolumen in den einzelnen Abteilungen,
- Art der Kopiervorlagen,
- Dringlichkeit der Kopien.

In Großbetrieben ist eine sinnvolle Kombination von zentralem und dezentralem Kopieren üblich. Eine innerbetriebliche Regelung schreibt den Mitarbeitern dabei vor, in welchen Fällen (z. B. ab welcher Auflagenhöhe) Kopien dezentral (innerhalb der Abteilung, im selben Stockwerk) oder zentral (in der zentralen Kopierstelle für den ganzen Betrieb) angefertigt werden müssen.

Vorteile des zentralen Kopierens:

- Einsatz von Kopierautomaten mit verschiedenen Zusatzeinrichtungen (z. B. Sorter, Hefter),
- bessere Auslastung der Kopiergeräte und damit auch wirtschaftlicheres Kopieren,
- da Kopierautomaten oft von Fachkräften bedient werden, sind Störungen seltener und können auch schneller behoben werden,
- exakte Kostenkontrolle erschwert unkontrolliertes und oft unnötiges Kopieren.

Vorteile des dezentralen Kopierens:

- Keine Weg- und Wartezeiten,
- schnelleres Kopieren und damit schnelleres Informieren,
- der Arbeitsplatz bleibt besetzt,
- bei Geräteausfall ist ein Ausweichen auf ein anderes Gerät möglich,
- vertrauliche Unterlagen können vertraulich kopiert werden.

Entscheidend für die Geräteauswahl sind folgende Überlegungen:

- Welche Leistungen muss ein Kopierer erbringen (betriebliche Erfordernisse)?
- Was kostet eine Kopie (Preis-Leistungs-Verhältnis)?
- Wo soll der Kopierer aufgestellt werden (Standort)?
- Wie wird der Kauf finanziert (Kauf, Miete, Leasing)?

- Wer bietet den besten Service (Kundendienst)?
- Welches Gerät garantiert die bestmögliche Umweltverträglichkeit?

6.3.3 Farbkopierer

Farbkopierer, die mit einer digitalen Vollfarbkopiertechnik ausgestattet sind und sämtliche Farben kopieren können, sind immer noch sehr teuer.

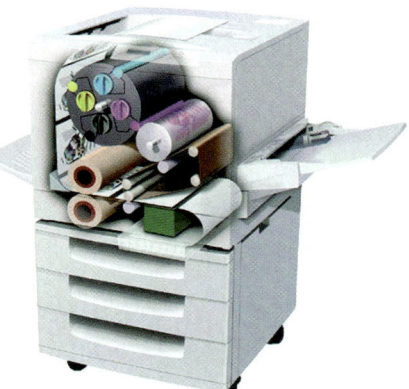

Außer den bekannten Leistungsmerkmalen der Schwarz-Weiß-Kopierer bieten sie zusätzliche Möglichkeiten der Bildbearbeitung. Mit Farbkopierern kann man z. B.

- mehrseitige Vergrößerungen wie Poster und Landkarten erstellen,
- Vorlagen auch in vertikaler und horizontaler Richtung zoomen,
- Farben gegeneinander austauschen, verstärken oder abschwächen,
- eine Hintergrundfarbe festlegen,
- das Gerät an einen Computer anschließen,
- Kopien von Filmnegativen und Dias erstellen.

Farbkopierer stehen heute vorwiegend in Werbeagenturen, Verlagen und gewerblichen Copyshops, bei denen diese kreativen Gestaltungsfunktionen gebraucht und angewandt werden.

Bei den **Kosten** sind verbrauchsabhängige und verbrauchsunabhängige zu unterscheiden. Verbrauchsabhängig sind Kosten für Toner, Papier, Verschleißteile (z. B. Trommel), Wartung usw., während die Kosten für das Gerät (Kauf, Miete, Leasing) verbrauchsunabhängig sind.

6.3.4 Standort der Kopiergeräte

Wesentliches Kennzeichen künftiger Bürosysteme ist die Dezentralisierung und Integration der Techniken (Bildschirmarbeitsplatz, Personal Computer usw.) am Arbeitsplatz. Das Angebot dezentraler Kopiergeräte (Tischkopierer) hat in den letzten Jahren stark zugenommen, zumal die kleinen Kopiergeräte einem Qualitätsvergleich mit den großen, wesentlich teureren Kopierautomaten standhalten.

6.4 Multifunktionale Geräte

Der Trend auf dem Markt geht hin zu multifunktionalen Geräten. So bieten auch viele Hersteller Geräte an, die alle drei Funktionen Drucken, Kopieren und Scannen in einem Gerät vereinigen. Manche Geräte verfügen außerdem über eine Fax- und E-Mail-Funktion sowie einen Speicherkartensteckplatz, über den digitale Fotos eingelesen und farbig ausgedruckt werden können.

Die Vorteile liegen auf der Hand:

- geringer Platzbedarf,
- günstiger Kaufpreis und geringere Kosten pro gedruckter Seite, die weit unter den Gesamtkosten von Einzelgeräten bleiben,
- Reduzierung der Stromkosten bis zu 90 Prozent.

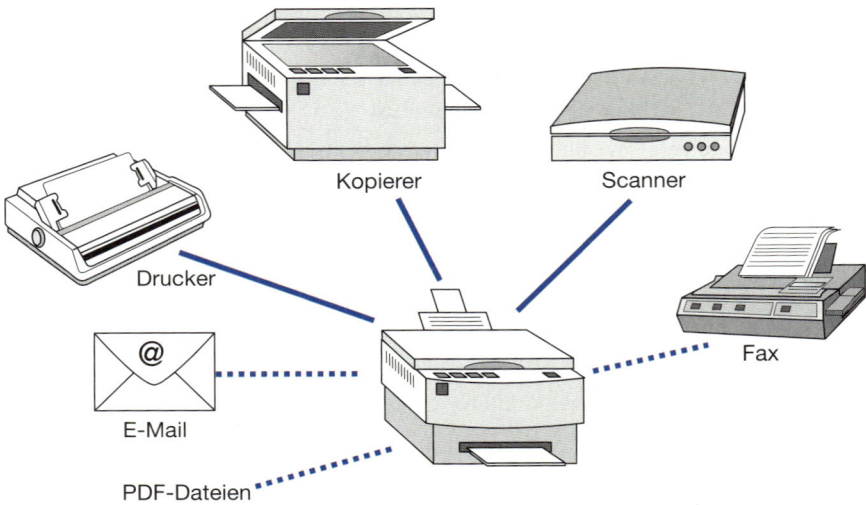

Bürogeräte

- Kopierer und andere **allgemein genutzte Geräte** sollten an einem **zentralen Ort/Raum** stehen, um unnötige Wege zu meiden.

- Für jedes Gerät/jeden Raum sollte eine **Person verantwortlich** sein. Eine kleine Hinweistafel mit der zurzeit zuständigen Person sollte gut sichtbar aufgehängt werden; das fördert die Verbindlichkeit.

- Damit die Belastung für die verantwortlichen Personen nicht zu groß wird, werden für alle Geräte „**Kurz-Infos**" angefertigt. Dabei handelt es sich um bebilderte Kurzanweisungen, die deutlich beschreiben, wie z. B. das Gerät funktioniert oder wie der Toner am Kopierer/Drucker erneuert wird.

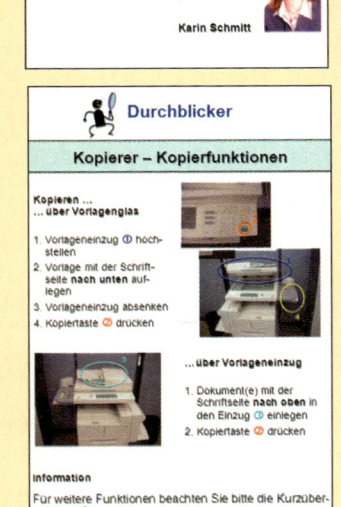

6.5 Digitale Kamera

Die digitale Kamera ist nicht nur für Fotografen interessant, sondern kommt auch im Bürobereich immer häufiger zum Einsatz. Die Vorteile sind offenkundig: Nach dem Fotografieren kann das digitale Bild blitzschnell kontrolliert, in den PC geladen und weiterverarbeitet werden. Das digitale Format bietet viele Möglichkeiten: Sie können die Aufnahmen

- am Computer in einem **Bildbearbeitungsprogramm** optimieren und nach den eigenen Bedürfnissen verändern,
- sofort in eine **Präsentation** (z. B. PowerPoint) einbinden,
- als Anhang per **E-Mail** verschicken,
- ins **Internet** stellen,
- zur **Archivierung** auf eine CD-ROM brennen.

Vor der Anschaffung einer digitalen Kamera sollte man über einige grundlegende Dinge Bescheid wissen und sich klarmachen, was man mit der Kamera machen möchte. Die folgende Übersicht soll dabei helfen:

Pixel	Die Bildqualität hängt auch von der Anzahl der Pixel ab. Es gibt Kameras mit zwei, drei oder gar sechs Millionen Pixeln. Für die normalen Büroanwendungen und Veröffentlichungen im Internet reicht eine Auflösung von zwei oder drei Megapixeln. Damit können Fotos im Format 9 × 13 oder 10 × 15 cm ohne Qualitätsverluste dargestellt und ausgedruckt werden. Mit drei Megapixeln ist eine Vergrößerung bis A4 möglich.
Akku	Die Kamera sollte mit einem Netzteil, mit Akku oder Batterien zu betreiben sein. Nur sehr gute Akkus ermöglichen bis zu 400 Bilder pro Ladung.
Speicherkarte	Die Speicherkarte könnte man als digitalen Film bezeichnen, die gegenüber dem herkömmlichen Film aber enorme Vorteile hat. Sie kann beliebig oft bespielt und schlechte Aufnahmen können sofort gelöscht werden. Speicherkarten werden in verschiedenen Formaten und Größen angeboten: CompactFlash (CF), Memory-Stick (MS), Multimedia-Card (MMC), SecureDigital (SD), Smart-Media (SM) und xD-Picture (xD). 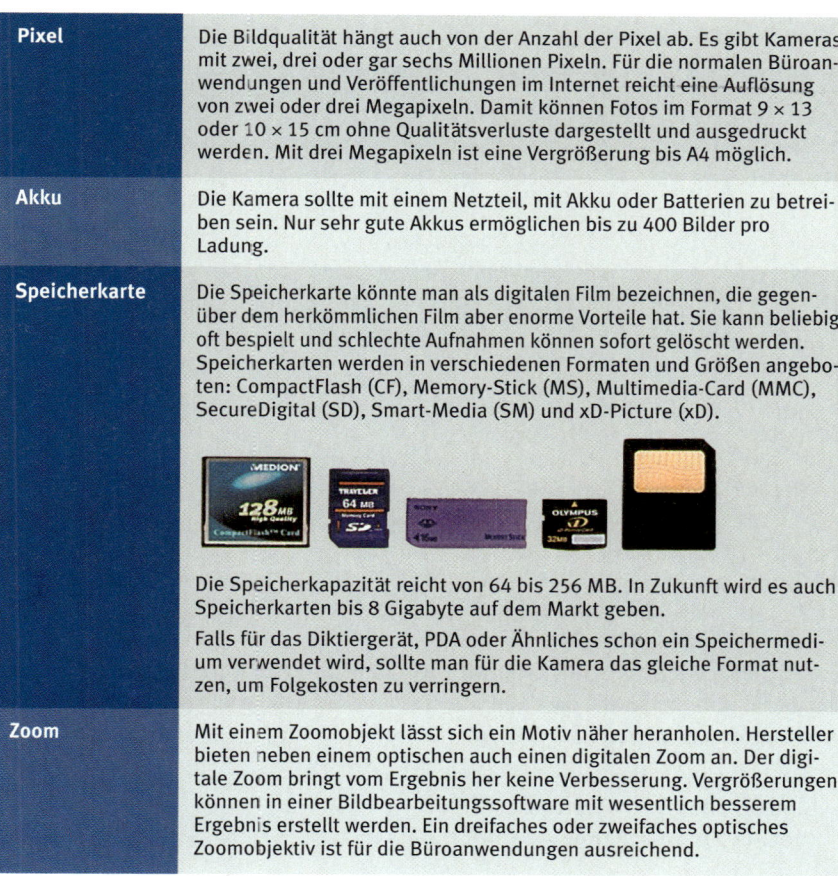 Die Speicherkapazität reicht von 64 bis 256 MB. In Zukunft wird es auch Speicherkarten bis 8 Gigabyte auf dem Markt geben. Falls für das Diktiergerät, PDA oder Ähnliches schon ein Speichermedium verwendet wird, sollte man für die Kamera das gleiche Format nutzen, um Folgekosten zu verringern.
Zoom	Mit einem Zoomobjekt lässt sich ein Motiv näher heranholen. Hersteller bieten neben einem optischen auch einen digitalen Zoom an. Der digitale Zoom bringt vom Ergebnis her keine Verbesserung. Vergrößerungen können in einer Bildbearbeitungssoftware mit wesentlich besserem Ergebnis erstellt werden. Ein dreifaches oder zweifaches optisches Zoomobjektiv ist für die Büroanwendungen ausreichend.

www.digital
kamera.de
www.foto
magazin.de
www.foto.de
www.computer-
foto.net

Alle digitalen Kameras sind **Autofokuskameras,** d.h., sie stellen ihre Bilder automatisch scharf. Meistens wird noch ein Blitzprogramm für Nachtfotografien und zur Unterdrückung des **„Rote-Augen-Effekts"** angeboten. Gute Kameras verfügen über einen **Weißabgleich,** der Farbfehler verhindert, die z. B. bei Mischlicht (Tages- und Kunstlicht) auftreten.

6.6 Druckpapier

In der Bundesrepublik werden pro Kopf und Jahr etwa 200 kg Papier verbraucht. Die Tendenz ist trotz – oder wegen – moderner Kommunikationsmittel steigend. Das so oft propagierte „papierlose Büro" hat sich als Illusion erwiesen.

Grundsätzlich kann mit einem Drucker jedes Papier bedruckt werden. Das Ergebnis wird allerdings nicht immer den Erwartungen entsprechen. Je nach Einsatz werden unterschiedliche Anforderungen an das Papier gestellt. Die Qualität des Papiers wird von folgenden Faktoren bestimmt:
- Fasermaterial,
- Papiergewicht,
- Farbe (weiße und farbige Papiere),
- Glätte (maschinenglatte, einseitig glatte, satinierte und gestrichene Papiere, matt und glänzend).

Papiersorten

Bezeichnung	Fasermaterial	Einsatzgebiete	Eigenschaften
Hadernpapier	aus 100 % Hadern (= Stofffasern)	Banknoten, Wertschriften, Urkunden	strapazierfähig, reißfest, alterungsbeständig
hadernhaltig	mindestens 10 % Hadern	Luxus- und Imagedrucksachen	edel
holzfrei	mit max. 5 % verholzten Fasern, aber ohne Verwendung von Holzschliff	Standarddrucksachen wie Prospekte, Kataloge, Briefbogen	gutes Preis-Leistungs-Verhältnis, gute Qualität, Stabilität und Reißfestigkeit
leicht holzhaltig	mindestens 25 % Holzschliff	Werbedrucksachen, Magazine	gute Bedruckbarkeit, Opazität [1]
holzhaltig	mindestens 55 % Holzschliff	kurzlebige Drucksachen, Zeitungen	preisgünstig, vergilbt
Recycling	ausschließlich aus Recyclingmaterial	Drucksachen mit eingeschränkten Qualitätsansprüchen und beschränkter Haltbarkeit	genügt mäßigen Qualitätsansprüchen, eingeschränkte Reißfestigkeit, vergilbt schnell

Das **Papiergewicht** wird in Gramm pro Quadratmeter (g/m^2) angegeben. Die Angabe 80 g/m^2 bedeutet, dass 1 m^2 dieser Papiersorte 80 g wiegt. Folgende Papiersorten werden nach dem Gewicht unterschieden:
- bis 150 g/m^2 = **Papier**
- 150 bis 600 g/m^2 = **Karton**
- über 600 g/m^2 = **Pappe**

[1] Opazität = Undurchsichtigkeit

Normales Papier für den Drucker wiegt zwischen 75 und 90 g/m². Nicht jede Papierstärke kann vom Drucker bedruckt werden. Zu leichtes Papier kann reißen und zu dicke Papiere verursachen Papierstau oder beschädigen die Transportmechanik des Druckers. Ein Standard-Laserdrucker kann Papiere mit einem Gewicht von 60 bis 100 g/m² problemlos bedrucken. Manche Laserdrucker haben für stärkere Papiere einen besonderen Papierschacht, über den das Papier manuell zugeführt wird. Flexibler sind die Tintenstrahldrucker. Sie schaffen ein Papiergewicht bis 250 g/m².

Das wichtigste Qualitätskriterium für Papier ist die **Beschaffenheit der Oberfläche** oder die Glätte. Je unebener das Papier, desto verzerrter wird der Ausdruck. Die sogenannten „gestrichenen Papiere" sind mit einer speziellen Masse aus Porzellanerde und Kreide bestrichen, um so die Glätte zu verbessern oder einen besonderen Glanz zu erzielen. Das Papier kann einseitig oder beidseitig bestrichen sein. Mit dem Auge ist die bestrichene Seite nicht unbedingt zu erkennen. Deshalb haben viele Hersteller einen Hinweis auf der Packung in Form eines Pfeils, der die zu bedruckende Seite kennzeichnet. Beim Einlegen des Druckpapiers in den Papierschacht ist darauf zu achten, wie ein Papier durch den Drucker geführt und welche Seite bedruckt wird.

Beim Tintenstrahldrucker muss im Druckmenü immer die eingelegte Papiersorte richtig eingestellt sein, da die aufgespritzte Tintenmenge je nach Papiersorte stark variiert.

Recyclingpapiere

Sie werden aus 100 % Altpapier hergestellt. Rohstoffe wie Wasser und Energie werden eingespart und Abfalldeponien entlastet. Recyclingpapiere haben eine graue Farbe. Beim Einsatz von Tintenstrahldruckern und Faxgeräten verursachen Recyclingpapiere in der Regel keine Probleme, wenn sie der DIN-Norm 19309 entsprechen.

Chlorfrei gebleichte Papiere

Chlorfrei gebleichtes Papier wird unter Verwendung von Schwach-, Bruch- und Restholz hergestellt. Die Faserstoffe werden mit umweltfreundlichem Sauerstoff oder Sauerstoffverbindungen gebleicht. Die Weiße liegt bei ca. 85 % des herkömmlichen Papiers. Die Alterungsbeständigkeit von chlorfrei gebleichtem Papier wird derzeit mit mindestens 200 Jahren angegeben. Chlorfrei gebleichte Papiere werden vor allem als Schreib-

www.stp.de
www.antalis.de
www.logicpaper.com

Arbeitsblatt 6

papier für den repräsentativen Schriftverkehr oder als Druckpapier für Kopierer und Laserdrucker verwendet.

Es ist jedoch anzustreben, ausschließlich Recyclingpapier zu verwenden. Auch im externen Schriftverkehr signalisiert der sanfte Grauton die Verpflichtung zum aktiven Umweltschutz.

Fotopapier

Will man seine digitalen Bilder so ausdrucken, dass sie mit den normal entwickelten Bildern konkurrieren können, benötigt man spezielles Fotopapier. Das ist Spezialpapier zwischen 150 und 280 g/m², dessen Oberfläche mit einem speziellen Strich versehen ist, auf dem Tinte optimal haften bleibt. Wie beim Papierfoto gibt es Fotopapier in matt, halbmatt und glänzend.

Q Tipp

Druck- und Kopierpapier

Fertigen Sie für den Papiernachschub eine **Kanbankarte** an. Der Begriff „Kanban" kommt aus der Produktion und bezeichnet dort die **Bestandsüberwachung**. Eine Kanbankarte verhindert, dass Materialien ausgehen; sie enthält alle notwendigen Angaben wie Bezeichnung des Artikels, Marke, Lieferant, Preis und Bestellmenge und wird direkt am Lagerort des Papiers hinterlegt. Wird bei der Entnahme von Papier der Mindestbestand mit der Kanbankarte erreicht, muss die Kanbankarte zur Bestellung an die entsprechende Person weitergegeben werden.

Tipp: Verwenden Sie **farbiges** Papier und **laminieren** Sie die Karte.

Dies ist auf **alle Büromaterialien** übertragbar.

BEISPIEL:

6.7 Selbstdurchschreibende Papiere

Bei der Beschriftung eines Originals können im gleichen Arbeitsgang Durchschriften von Hand oder Durchschläge mit dem Matrixdrucker angefertigt werden. Man unterscheidet folgende Durchschreibeverfahren:

Zwischenlageverfahren	Selbstdurchschreibende Papiere
• Durchschreibepapier (Blaupapier) • Einmalkohlepapier	• Farbübertragung • Farbfreilegung • Farbreaktion

Beim **Zwischenlageverfahren** liegt zwischen dem zu beschriftenden Original und dem Durchschlag, der gleichzeitig erstellt werden soll, ein Farbpapier. Wird das Original (Vordruck) mit einem Kugelschreiber beschriftet, muss ein Blaupapier (Durchschreibepapier) dazwischen gelegt werden. In Vordrucksätzen, die mit einem Drucker ausgefüllt werden, wird häufig Einmalkohlepapier verwendet.

Papiere, bei denen ohne Verwendung von dazwischen gelegten Farbpapieren „Vervielfältigungen" entstehen, nennt man **selbstdurchschreibende Papiere (Formularschreibsätze)**. Bei der Farbübertragung ist das Original auf der Rückseite eingefärbt (karbonisiert), sodass bei der Beschriftung des Originals die Farbe auf das darunterliegende Papier übertragen wird (z. B. Quittung). Beim karbonlosen Verfahren (z. B. Überweisungsvordrucke der Banken) werden Spezialpapiere verwendet, die ein Durchschreiben durch Farbfreilegung bzw. Farbreaktion ermöglichen.

6.8 Urheberrechtsgesetz

Aufgrund dieses Gesetzes wird das geistige Eigentum eines Autors oder Künstlers geschützt. Zu den geschützten Werken gehören Bücher, Zeichnungen, CDs, Fotos, Filme, Programme (z. B. Textprogramme) usw. Auf Seite 2 dieses Lehrbuches ist mit dem Copyright © dokumentiert, dass auch dieses Buch urheberrechtlich geschützt ist.

www.transpatent.com/gesetze/urhg.html

Zusammenfassung

1. An Personal Computer können **Impact-** (Anschlagdrucker) oder **Non-Impact-Drucker** angeschlossen werden.
2. Von den Impact-Druckern wird heute nur noch der **Matrixdrucker** eingesetzt, wenn ein Anschlag wegen eines Durchschlags notwendig ist.
3. Matrixdrucker sind Impact-Drucker, sie eignen sich zum Bedrucken von selbstdurchschreibenden Papieren.
4. **Tintenstrahldrucker** gehören zu den Non-Impact-Druckern, die qualitativ hochwertige, farbige Ausdrucke liefern.
5. **Laserdrucker** sind leistungsfähige Drucker, die eine hervorragende Druckqualität für Texte und Grafiken garantieren. Farblaserdrucker sind noch relativ teuer.
6. **Netzwerkdrucker** werden von den angeschlossenen PCs genutzt und können umfangreiche Druckaufträge unbeaufsichtigt erledigen.
7. **Druckertreiber** sind kleine Zusatzprogramme, die es ermöglichen, am Computer einen angeschlossenen Drucker zu betreiben. Sie vermitteln sozusagen zwischen Betriebssystem und Drucker.
8. Mit den **Druckoptionen** können Ausdrucke rationell gesteuert werden.

Zusammenfassung

9. Beim **Kopieren** hat sich die **digitale Technik** mit vielen zusätzlichen Gestaltungsmöglichkeiten durchgesetzt.
10. Beim **digitalen Kopieren** werden die Vorlagen am Bildschirm gestaltet und direkt vom Arbeitsplatz online an einen **zentral** aufgestellten Kopierer (Netzwerkkopierer) übertragen.
11. Je nach Einsatz unterscheidet man folgende **Scannertypen:** Handscanner, Einzugscanner, Flachbettscanner, Buchscanner, Dokumentenscanner, Trommelscanner und Visitenkartenscanner.
12. **Multifunktionale Geräte** vereinen mehrere Funktionen in einem Gerät: Drucken, Kopieren, Scannen, Faxen und Mailen.
13. **Digitale Kameras** werden zur Dokumentation im Bürobereich eingesetzt.
14. Gute Druckergebnisse werden durch die richtige Papierauswahl und Druckereinstellung erzielt.
15. Durch **Kurz-Infos**, direkt an den Bürogeräten angebracht, können die Geräte schnell und fehlerfrei bedient werden.
16. Zur Bestandsüberwachung von Büromaterialien werden **Kanbankarten** angefertigt. Sie enthalten alle notwendigen Angaben zur Beschaffung wie z. B. Artikelbezeichnung, Artikelnummer, Marke, Lieferant, Preis.

Aufgaben

1. Beim Kauf eines Personal Computers werden Ihnen verschiedene Drucker angeboten.
   a) Durch welche Drucktechnik unterscheiden sie sich?
   b) Welche Kriterien sind bei der Wahl eines Druckers entscheidend?
   c) Sie entscheiden sich schließlich für einen Laserdrucker. Welche Kaufgründe waren ausschlaggebend?

2. Pierres Vater kaufte vor vielen Jahren einen Tintenstrahldrucker für 300,00 EUR. Die letzte Neuanschaffung kostete ihn 65,00 EUR. Der neue Drucker war nicht nur billiger, sondern druckt auch noch viel besser und schneller. Wie erklären Sie sich, dass Drucker (Tintenstrahl- und Laserdrucker) in den letzten Jahren wesentlich günstiger wurden?

3. Kathrin kaufte vor drei Monaten einen günstigen Tintenstrahldrucker. Zuerst war die schwarze Tintenpatrone leer, dann die Farbpatrone. Innerhalb weniger Tage bezahlte sie den Drucker fast noch einmal, nämlich über die Patronen. Wie kann Kathrin die Folgekosten für ihren Drucker reduzieren?

4. Zur Herstellung von Kopien wird in der Abteilung Einkauf der ModeIIdee GmbH ein älteres Kopiergerät genutzt, das in einem Geräteraum aufgestellt ist. Da dieses Gerät inzwischen sehr reparaturanfällig ist, wird eine Neuanschaffung in Erwägung gezogen. Außerdem stellt sich die Frage, ob die zentrale Kopierstelle beibehalten oder ob mehrere kleine Kopiergeräte dezentral aufgestellt werden sollen.
   a) Welche Leistungsmerkmale sollten bei einem Kauf berücksichtigt werden?
   b) Welche Vor- bzw. Nachteile würden sich bei einem zentralen Kopiergeräteeinsatz ergeben?

Aufgaben

5 Auch beim Kopieren hat sich die digitale Technik durchgesetzt.
   a) Welche Vorteile ergeben sich dadurch bei der Gestaltung einer Vorlage (Original)?
   b) Nennen Sie einige Gestaltungsmöglichkeiten digitaler Kopiergeräte.
   c) Immer häufiger sind Bildschirmarbeitsplätze mit einem zentral aufgestellten Kopierautomaten online verbunden. Begründen Sie diese organisatorische Maßnahme.

6 In der Abteilung Verkauf der Mode|Idee GmbH wurde ein kleines Netzwerk eingerichtet. Die alten, lokalen Drucker und Scanner werden an den einzelnen PC-Arbeitsplätzen weiter genutzt. Das alte, noch leistungsfähige Kopiergerät steht zentral im ersten Stock, was aber zu zeitaufwendigen Wegzeiten führt. Dies kann nur eine Übergangslösung sein. Machen Sie einen Vorschlag zur Neuanschaffung.

7 Beim Drucken und Kopieren sollten Sie auch ökologische Aspekte berücksichtigen. Wie können Sie mithelfen, sich umweltfreundlich zu verhalten?

8 In der Praxis müssen noch häufig Formularschreibsätze von Hand ausgefüllt werden.
   a) Was versteht man unter einem Formularschreibsatz?
   b) Wo werden diese Schreibsätze vorwiegend eingesetzt?
   c) Welche Vorteile bieten sie?

9 Sie haben für die Mode|Idee GmbH aktuelles Prospektmaterial über Scanner beschafft. In den Beschreibungen finden Sie folgende Begriffe, deren Bedeutung Ihre Kollegen nun von Ihnen erklärt bekommen möchten:
   a) Flachbettscanner
   b) OCR-Verfahren
   c) Auflösung in dpi
   d) USB-Schnittstelle

10 Die Marketing-Abteilung der Mode|Idee GmbH braucht dringend neue Drucker, einen Kopierer und einen Scanner. Durch die Einstellung eines neuen Mitarbeiters ist es aber sehr eng im Mehrpersonenbüro geworden. Da jedes Gerät eine Stellfläche beansprucht und für jede Mitarbeiterin und jeden Mitarbeiter günstig erreichbar sein soll, wird über eine andere Lösung nachgedacht. Was schlagen Sie vor?

Öko-Tipps

Öko-Tipps

- Verwenden Sie für Vervielfältigungen weißes chlorfrei gebleichtes oder das graue Recyclingpapier.
- Lassen Sie die Farbbänder von Nadeldruckern wieder einfärben.
- Sparen Sie Energie: Ein Tintenstrahldrucker benötigt nur etwa 10 % der Energie eines herkömmlichen Laserdruckers.
- Vermeiden Sie Lärm: Ein Tintenstrahldrucker verursacht im Vergleich zum Laserdrucker oder Kopierer mit 40 dB fast kein Geräusch.
- Benutzen Sie bei Tintenstrahldruckern nachfüllbare Patronen und bei Laserdruckern wiederverwendbare Tonerkartuschen.

Öko-Tipps

- Verwenden Sie bei Tintenstrahldruckern nur Geräte, bei denen die Farben in verschiedenen Patronen untergebracht sind, da der Verbrauch der einzelnen Farben unterschiedlich ist.
- Drucker mit dem „Blauen Engel" sind in einigen Punkten (Stromverbrauch, Ozonemission, Verwendung von Recyclingpapier, Lärm) umweltfreundlicher als Drucker ohne Blauen Engel.
- Verwenden Sie für Probedrucke die Rückseite von nicht mehr benötigtem bedrucktem Papier.
- Drucken Sie für den internen Gebrauch vorgesehene Dokumente doppelseitig und in Schwarz-Weiß.
- Statten Sie zentrale Drucker mit Timern aus.
- Achten Sie auf die Verwendung von Spezialfiltern bei Kopiergeräten und Laserdruckern. Es gibt Feinstaubfilter, die nachträglich mit einem Klettsystem auf die Lüftungsschächte von Druckern angebracht werden können.
- Versuchen Sie, vor allem beim Kopieren Papier zu sparen. Kopieren Sie weniger, indem Sie anstelle vieler Kopien „Verteiler" einsetzen.
- Verwenden Sie Kopiergeräte mit Stromsparfunktion (die Stromaufnahme wird heruntergeschaltet, wenn das Gerät nicht benutzt wird).
- Wenn Sie von einem einseitigen Original eine Vielzahl von Kopien anfertigen wollen, benutzen Sie dazu Geräte, die nach **einem** Belichtungsvorgang alle anderen Kopien derselben Vorlage ohne eine weitere Belichtung kopieren. Dadurch wird der Betrieb viel leiser und Sie sparen außerdem Strom.
- Kopiergeräte mit mehreren Papierfächern sind praktisch. In einem Fach kann hochwertiges Papier für wichtige Vorgänge abgerufen werden. In einem weiteren Fach können verdruckte Papiere, deren Rückseite für Probedrucke durchaus noch genutzt werden kann, liegen.
- E-Invoicing (Electronic Invoicing = elektronische Rechnungsstellung) hilft, den Papierverbrauch im Unternehmen erheblich zu reduzieren.

HOT Kreuzworträtsel

Methodenbeschreibung

Das Kreuzworträtsel eignet sich zum systematischen Wiederholen und Vertiefen von erarbeiteten Lerninhalten. Es kann in Partnerarbeit oder in einer kleinen Lerngruppe entwickelt werden.

1. Entwickeln Sie – am besten am PC mit der Tabellenfunktion – ein Raster.
2. Tragen Sie die angegebenen Buchstaben Ihrer Lösungsworte der Reihenfolge nach ein.

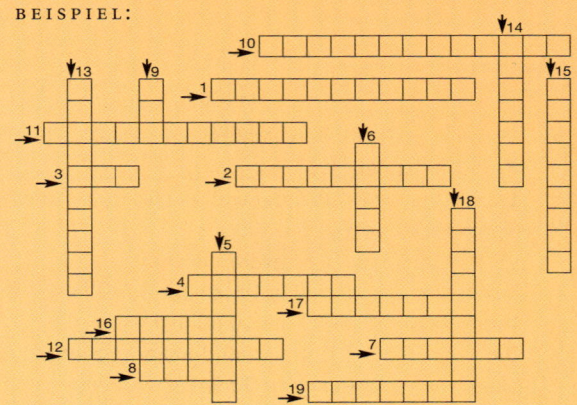

BEISPIEL:

(13/1 bedeutet: Vom gefundenen Begriff Nummer 13 der erste Buchstabe usw.)

13/1	8/4	4/1		6/3	1/6	9/3	7/3	5/1	15/7	2/1

Lösungswort:

3. Formulieren Sie möglichst viele Fragen, die mit einem Wort beantwortet werden können, zu einem Lerngebiet.

4. Legen Sie ein passendes Lösungswort fest.

5. Sortieren Sie die Antworten so, dass sich im Raster das Lösungswort ergibt.

6. Versehen Sie die für die Antwort notwendigen Kästchen mit Rahmenlinien.

7. Steht kein PC zur Verfügung, kann das Raster auch auf einem karierten Blatt entwickelt werden.

Arbeitsaufträge

1. Suchen Sie sich in Ihrer Lerngruppe einen Partner.

2. Erstellen Sie in Partnerarbeit ein Kreuzworträtsel zu den Themen PC-Drucker, Kopierverfahren oder Scannen.

3. Tauschen Sie die Kreuzworträtsel mit einem anderen Paar und lösen Sie die Rätsel. Bei Unklarheiten leistet das Paar, das das Kreuzworträtsel erstellt hat, Hilfe.

7 Informationen beschaffen, bewerten, aufbereiten, präsentieren und ordnen

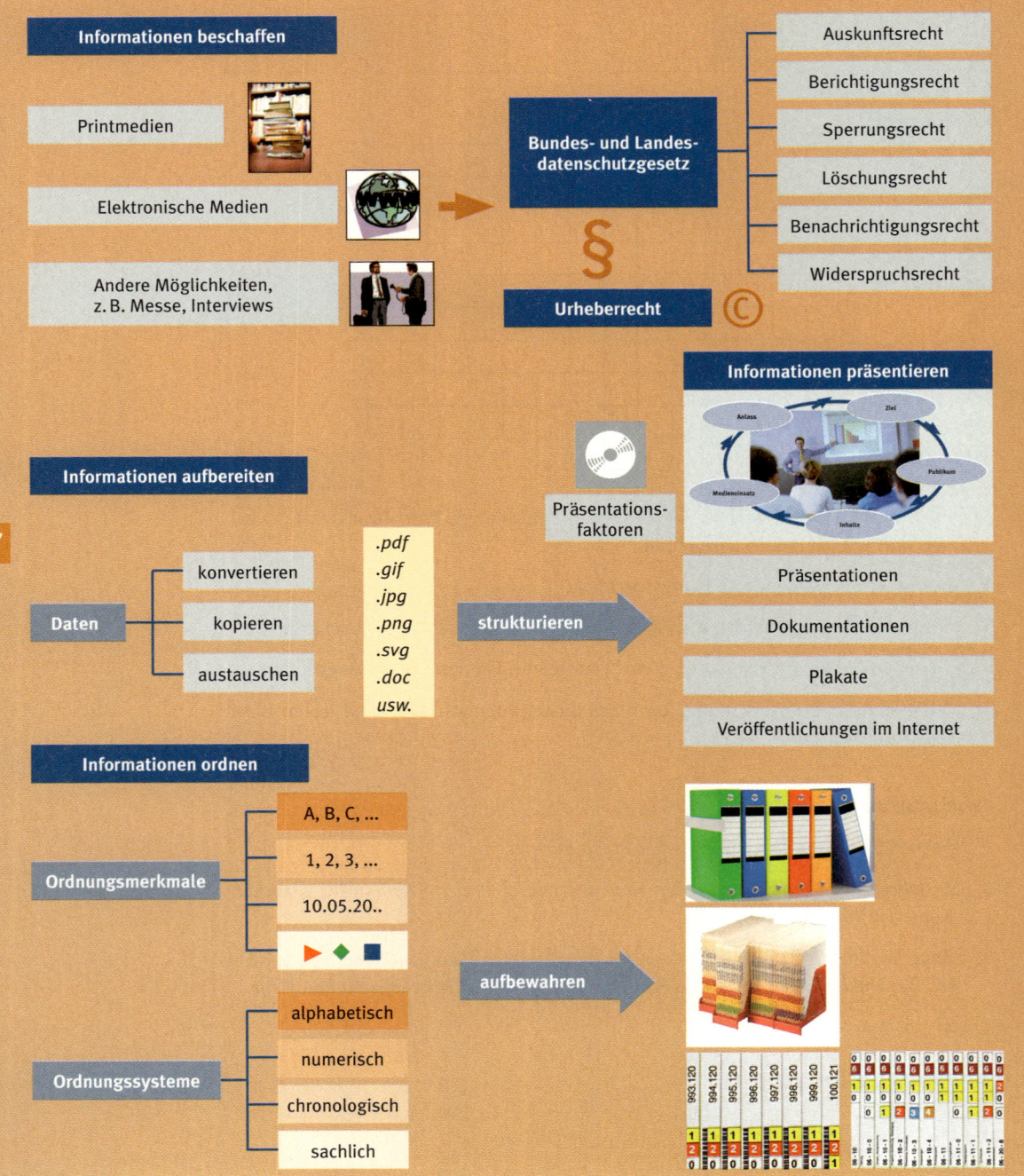

7 Informationen beschaffen, bewerten, aufbereiten, präsentieren und ordnen

Lernziele

- Möglichkeiten der Informationsbeschaffung kennen und nutzen.
- Suchmöglichkeiten kennen und anwenden.
- Die Informationsbeschaffung und -auswertung systematisch planen.
- Informationen zielgerichtet auswählen.
- Grundlegende Suchstrategien zur Informationsbeschaffung entwickeln.
- Beschaffte Informationen aufbereiten.
- Informationen normgerecht ordnen.
- Die gewonnenen Informationen kritisch bewerten.
- Informationen in geeigneter Form präsentieren.

Fallbeispiel

Frau Walter ist Referentin für Bürokommunikation bei der Mode|Idee GmbH. Eine ihrer Hauptaufgaben ist es, die bürowirtschaftlichen Arbeitsabläufe im Betrieb zu optimieren. Deshalb muss sie sich ständig über die neuesten Büromaschinen, Arbeitstechniken, Software usw. informieren. Im Moment wird über den Einsatz eines Dokumentenmanagementsystems nachgedacht. Frau Walters Aufgabe ist es, möglichst viele Informationen zusammenzutragen und zu bewerten, inwiefern ein Dokumentenmanagementsystem zur Rationalisierung der Ablage nützlich sein kann. Sie recherchiert im Internet, prüft Demo-Versionen verschiedener Software-Hersteller und wertet Berichte aus Fachzeitschriften aus. Die zusammengetragenen Informationen zeigt sie der Unternehmensleitung in einer PowerPoint-Präsentation.

7.1 Informationen beschaffen

Die richtigen Informationen zur passenden Zeit können für jedes Unternehmen von entscheidender Bedeutung sein. Deshalb ist es wichtig, die unterschiedlichsten Informationsquellen zu kennen, um rechtzeitig bei Bedarf zuverlässig Informationen beschaffen zu können.

Arbeitsblatt 1

Bei der Informationsbeschaffung wird zwischen

- direkter und
- indirekter Information

unterschieden. Die **direkte** Information ist das Ergebnis einer **Daten- und Faktensuche** (z. B. Bevölkerungszahl, Statistiken), die indirekte Information ist das Ergebnis der **Literatursuche** zu einem bestimmten Thema.

7 Informationen beschaffen, bewerten, aufbereiten, präsentieren und ordnen

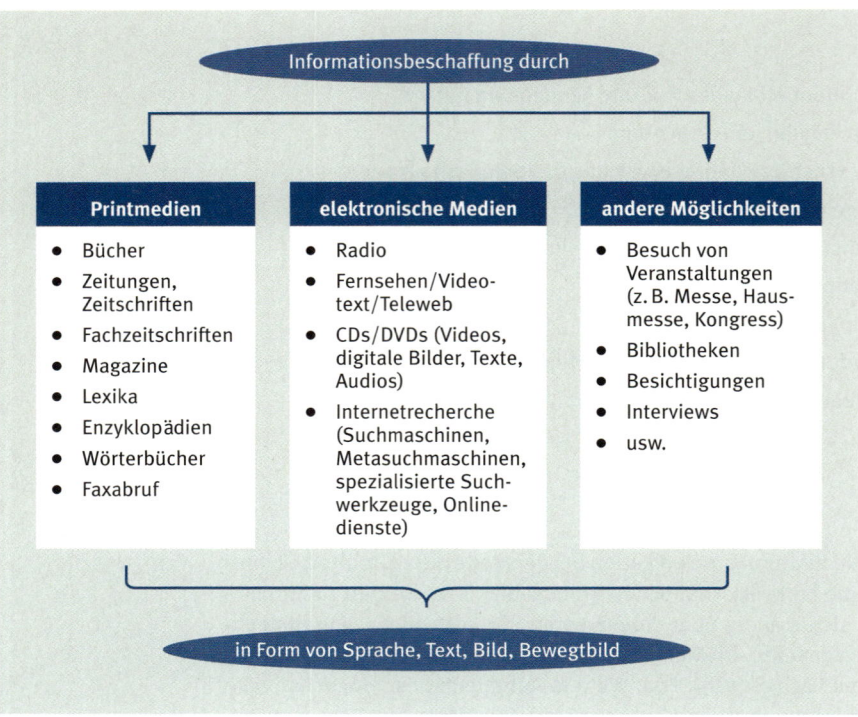

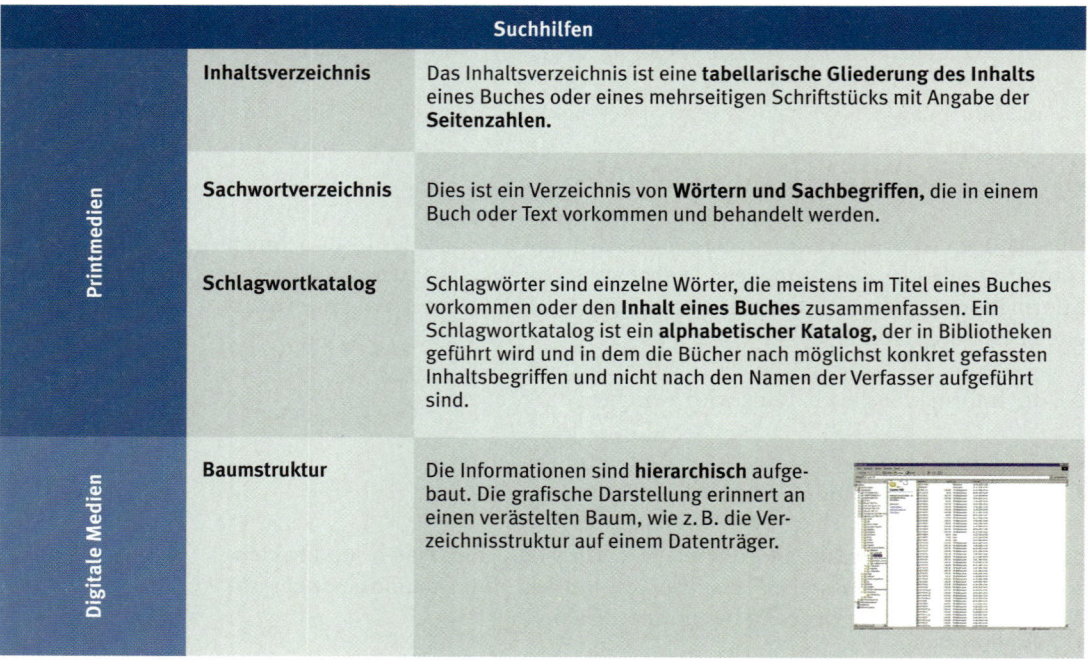

7.1 Informationen beschaffen

	Suchhilfen		
Digitale Medien	Suchmaschinen und Kataloge (siehe Kapitel 9 Seite 374)	**Suchmaschinen** und **Kataloge** helfen, etwas Bestimmtes im Internet zu finden. Sie haben eine Internetadresse wie jede andere Internetseite auch. Auf der Homepage der Suchmaschine bzw. des Webkataloges befindet sich das Eingabefeld „Suchen", in das der Benutzer einen Suchbegriff eingeben kann. Wer durch das Betätigen der Taste „Enter" den eingegebenen Begriff absendet, erhält Sekunden später eine umfangreiche Liste mit Verweisen auf Dokumente im Internet, die den Suchbegriff enthalten. Das Suchergebnis kann durch Operatoren verfeinert werden (siehe dazu Kapitel 9). Suchhilfen und -optionen der jeweiligen Suchmaschine zeigen, welche Operatoren bei einer Suchanfrage unterstützt werden.	
	Spezialisierte Suchwerkzeuge (siehe Kapitel 9 Seite 382)	Nachschlagewerke, Lexika, Enzyklopädien	

Viele Informationen werden heute **digital**
- auf **USB-Sticks**,
- auf **CD-ROM, DVD**,
- über das **Internet**
angeboten.

www.zeit.de
www.focus.de
www.wissen.de
www.wikipedia.de
www.genios.de
www.wlw.de
www.abkuerzungen.de
www.endungen.de
www.bundesverfassungsgericht.de

Das Arbeiten mit digitalen Informationsträgern hat **Vorteile:**
- sehr schneller Zugang,
- gewünschte Informationen können über Suchhilfen sehr schnell gefunden werden,
- die Informationen sind in der Regel auf dem neuesten Stand, da sie mit geringem Aufwand fortlaufend aktualisiert werden können.

Mit dem Zugang zu ganz verschiedenen Datenbanksystemen, die nach unterschiedlichen Themenkreisen geordnet sind, kann der Benutzer Informationen jeglicher Art beschaffen. Im Bereich der Politik z. B. bieten die verschiedenen Parteien und Gruppen Informationen über Onlinedienste an. Es bleibt jedem Einzelnen überlassen, **kritisch den Wert und die Richtigkeit der Informationen zu prüfen.** Wie es ungewollte Fehler und bewusste Meinungsmache in Presseerzeugnissen oder bei Fernsehsendungen gibt, so gibt es auch Manipulationen über den PC.

www.wer-weiss-was.de
www.fremdwort.de

Zuverlässige Informationsquellen mit **glaubwürdigen Informationsangeboten** sind:
- Behörden und Ministerien (z. B. für Verbraucherschutz, Umwelt usw.),
- Stadt- und Gemeindeverwaltungen,
- Industrie- und Handelskammern,
- Handwerkskammern,
- Berufsgenossenschaften,
- Bibliotheken,
- Auskunfteien (Informationen über Unternehmen).

Weitere Informationsquellen sind vor allem **Nachschlagewerke,** die am Arbeitsplatz zur Verfügung stehen sollten, z. B.

- Wörterbücher (Duden, Fremdsprachenwörterbücher),
- Lexika,
- Telefonbücher,
- Branchentelefonbücher,
- „Wer liefert was?" (Adressen und Produkte von deutschen und vielen europäischen Unternehmen),
- Fachliteratur (Fachbücher, -zeitschriften und -magazine),
- Handbücher für die genutzte Software,
- Straßenkarten.

Die aufgeführten Informationsquellen und Nachschlagewerke sind lediglich Beispiele, die durch branchentypische Informationsquellen ergänzt werden müssen. Die meisten Nachschlagewerke gibt es auch in digitaler Form.

7.2 Informationen bewerten

Wer Informationen zu einem bestimmten Thema über verschiedene Informationsquellen beschafft hat, muss die gefundenen Informationen auf Aussagekraft und Wahrheit überprüfen.

Bei einer kritischen Betrachtung der Informationsquelle sind folgende Fragen sinnvoll:

- Woher kommen die Informationen?
- Wer hat die Daten erstellt?
- Welche Absicht verfolgt der Autor/die Autorin mit der Veröffentlichung?
- Zu welchem Zweck wurden die Daten veröffentlicht?
- Sind die Informationen aktuell und richtig?
- Sind die Informationen relevant für das zu bearbeitende Thema?

Im Zweifelsfall sollten die Informationen aus anderen Quellen bestätigt werden.

Arbeitsblatt 2

7.2.1 Datenschutz und Datensicherheit

Datenschutz

Im Umgang mit Informationen sind die Bestimmungen des Datenschutzes zu beachten. Der Datenschutz ist in der **EU-Datenschutzrichtlinie,** dem **Bundesdatenschutzgesetz** und dem **Landesdatenschutzgesetz** geregelt. Demnach dürfen schutzbedürftige Daten nur mit der Erlaubnis der Betroffenen maschinell gesammelt oder gespeichert werden. Hier handelt es sich um personenbezogene Informationen, die vor dem unberechtigten Zugriff Dritter geschützt werden müssen.

Werden Daten mit der Erlaubnis der Betroffenen gespeichert, haben diese besondere Schutzrechte:

1. **Auskunftsrecht**
   Der Bürger muss über die Speicherung seiner personenbezogenen Daten informiert werden und er hat das Recht, über diese Daten Auskunft zu verlangen.

2. **Berichtigungsrecht**
   Wenn der Bürger feststellt, dass personenbezogene Daten falsch sind, kann er eine Berichtigung dieser Daten verlangen.
3. **Sperrungsrecht**
   Bestreitet ein Bürger die Richtigkeit seiner personenbezogenen Daten, kann er eine vorläufige Sperrung dieser Daten verlangen.
4. **Löschungsrecht**
   Sind gespeicherte Daten unzulässig, kann der Bürger die Löschung dieser Daten verlangen.
5. **Benachrichtigungsrecht**
   Der Betroffene ist von der Speicherung, Verarbeitung oder Nutzung seiner Daten zu unterrichten. Sofern eine Übermittlung vorgesehen ist, hat die Unterrichtung spätestens vor der ersten Übermittlung zu erfolgen.
6. **Widerspruchsrecht**
   Der Bürger kann der Nutzung und Übermittlung seiner Daten zu Zwecken der Werbung, der Markt- und Meinungsforschung widersprechen.

Die Einhaltung des Datenschutzes wird überwacht durch:

- den Bürger, indem er seine eigenen Daten kontrolliert,
- einen Datenschutzbeauftragten des Arbeitgebers,
- den Betriebsrat,
- Landes- und Bundesdatenschutzbeauftragte.

Datensicherheit

Der **Schutz der Daten** im eigentlichen Sinne (Bits und Bytes) wird als **Datensicherheit** bezeichnet. Demnach müssen bei der Datenverarbeitung alle Maßnahmen getroffen werden, um die gespeicherten und zu übertragenden Daten vor

- unbeabsichtigter Änderung,
- Zerstörung,
- Fehlbedienung durch den Benutzer,
- Computerviren und
- externen Schadensquellen (Feuer, Hochwasser usw.)

zu schützen.

7.2.2 Urheberrecht

Die gewonnenen Informationen müssen **verantwortungsvoll** und **legal** weiterverarbeitet werden. In erster Linie müssen die Gesetze beachtet werden, die den Umgang mit geistigem Eigentum und Copyright regeln. Ist ein Werk mit einem Copyright geschützt, so hat der Urheber das ausschließliche Recht, **Inhalt und Form** wiederzugeben, zu veröffentlichen und zu verkaufen.

Wer korrekte Quellenangaben macht, würdigt die Leistungen anderer. Bei Schulbüchern und anderen Unterrichtsmaterialien sowie Lern- und Bildungssoftware ist eine Nutzung ohne Einwilligung des Berechtigten **niemals** zulässig.

7.3 Informationen aufbereiten

Die zu einem Thema zusammengetragenen Informationen müssen aufbereitet werden. Das heißt, Daten aus verschiedenen Dateien, Anwendungen oder von anderen Geräten müssen konvertiert und so strukturiert und bearbeitet werden, dass sie als Ausdruck, am Bildschirm oder über Projektion präsentiert werden können.

7.3.1 Lesen

Um die Informationen inhaltlich aufbereiten zu können, müssen sie gelesen werden. Es ist unmöglich, alles zu lesen. Deshalb ist die Kenntnis einiger Lesetechniken nützlich:

Die meisten Texte enthalten ca. 50 bis 70 Prozent Ballast. Es erfordert also viel Zeit, wenn man alles liest, um das Wichtige im Text zu erfahren. Daher ist es sinnvoll, beim Querlesen auf Grafiken, Hervorhebungen oder Zusammenfassungen in einer Marginalspalte (Randbemerkungen) zu achten. Diese kleinen Lesehilfen weisen auf das Wesentliche im Text hin.

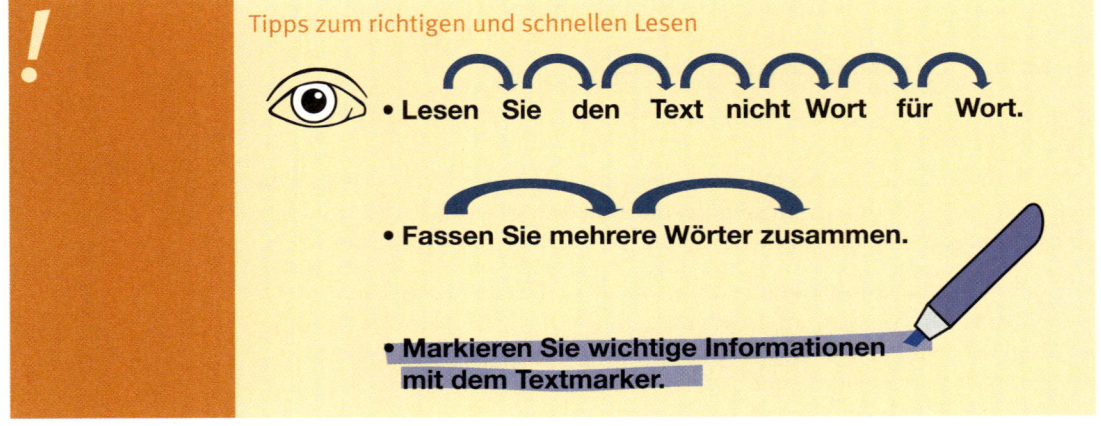

7.3.2 Datenübernahme

Dateien konvertieren

Arbeitsblatt 3

Wurden bei der Informationsbeschaffung digitale Dateien bzw. Daten gefunden, die in einem Format abgespeichert wurden, das mit dem Zielprogramm nicht kompatibel ist, müssen sie konvertiert werden. Zur Konvertierung können spezielle Programme eingesetzt werden. Meistens haben aber die Anwendungsprogramme entsprechende Filter, die beim Laden einer Datei ausgewählt werden können.

Dateien über die Zwischenablage konvertieren

Auch die Zwischenablage von Windows ermöglicht die Konvertierung von Dateiformaten. Markierte Texte auf einer Internetseite können so in ein Textverarbeitungsprogramm geladen werden. Die kopierten Texte enthalten meistens Steuerzeichen, die über die Funktion „Suchen und Ersetzen" rationell entfernt werden können.

Bilder im Internet suchen und kopieren

Viele Suchmaschinen und Kataloge bieten auf ihrer Homepage die Möglichkeit, zu einem eingegebenen Suchwort Bilder zu suchen. Das gewünschte Bild wird mit der rechten Maustaste angeklickt, über die Option **„Kopieren"** in ein Verzeichnis auf der Festplatte kopiert und über **Einfügen – Grafik – Aus Datei** in Word eingefügt.

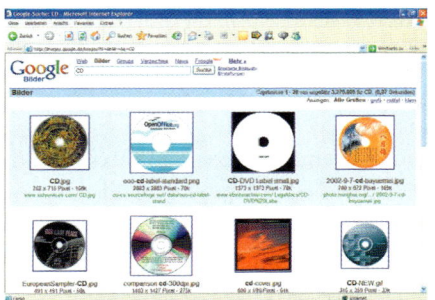 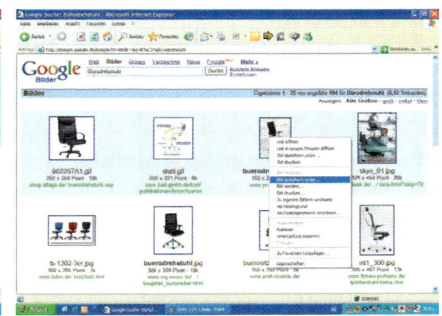

Grafikformate

Grafikformate gibt es viele, doch nur wenige eignen sich für die Weiterverarbeitung. Die Formate **.bmp**, **.wmf** und **.tif** sind nur für den internen Gebrauch am PC tauglich. Durch ihre Größe ist ein Transport über Datenleitungen nur schwer möglich.

www.adobe.com/svg
www.zamzar.com

Geeignete Grafikformate

Das **GIF-Format (Graphics Interchange Format)** reduziert die Anzahl der Farben in einer Grafik. Die kleinen Dateien sind vom Original kaum zu unterscheiden. GIF-Dateien enthalten auch kleine Animationen (spielende Katzen, blinkende Briefkästen usw.), wie sie häufig auf Internetseiten gesehen werden.

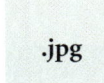

JPEG (Joint Photographic Experts Group) rechnet die Bildinformationen herunter, macht die Dateien kleiner, aber hat Einbußen in der Qualität zur Folge. Es eignet sich vor allem für farbenreiche Fotografien.

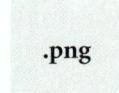

Das Format **PNG (Portable Network Graphics)** vereinigt die Vorteile von GIF und JPEG. PNG komprimiert ohne Verluste, aber noch mit einer relativ hohen Dateigröße.

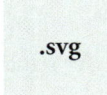

SVG (Scalable Vector Graphics) arbeitet mithilfe einer Vektorgrafik, die beliebig skalierbar (stufenloses Vergrößern und Verkleinern) ist, ohne auch nur den geringsten Qualitätsverlust in Kauf nehmen zu müssen.

Sound und Film

Einige Programme bieten die Möglichkeit, eine Präsentation mit Sound und Film zu beleben. Es finden sich **Sound- und Musikdateien** sowie **Videoclips** im **Internet** oder in **digitalen Lexika**. Aber nur unter Berücksichtigung des **Urheberrechtes** dürfen die gefundenen Dateien heruntergeladen, kopiert und in eine Präsentation eingebunden werden.

Das Herunterladen bzw. Kopieren von Film- und Sounddateien erfolgt in der gleichen Arbeitsweise wie bei Bildern und Grafiken. In Windows-Programmen werden Sound- und Videodateien über das Menü **Einfügen – Film und Sound – Sound/Film aus Datei** eingefügt. In PowerPoint sind z. B. die Dateiformate **.avi** und **.mpg** für Videodateien und **.wav** für Sounddateien verwendbar.

7.3.3 Datenweitergabe und -austausch

Viele Verlage, Behörden, Institutionen und Unternehmen bieten auf ihrer Homepage wertvolle Informationen in Form von PDF-Dateien an. Das PDF-Format ermöglicht einen sicheren Austausch digitaler Dokumente – vor allem im Internet. Die Darstellung und das Aussehen eines PDF-Dokuments sind im Gegensatz zu Textdateien an jedem Computer identisch. Schriftarten, Layouts und Seitenumbrüche sehen auf jedem Rechner gleich aus. PDF-Dateien können nur gelesen werden. Eine inhaltliche Veränderung ist nicht möglich.

PDF-Dateien lesen

Zum Lesen von PDF-Dateien ist das Programm „Adobe Reader" (früher „Acrobat Reader") notwendig. Die Firma Adobe bietet die Software zum kostenlosen Herunterladen auf ihrer Homepage an. Nicht selten wird der „Adobe Reader" beim Anklicken eines Download-Links zum Herunterladen vom jeweiligen Informationsanbieter zur Verfügung gestellt.

PDF-Dateien erstellen

Für die Datenweitergabe und den Datenaustausch ist das systemübergreifende PDF-Format heute nicht mehr wegzudenken. Mittlerweile gibt es viele Programme, die Dokumente in das universelle Format konvertieren. Sie unterscheiden sich durch Funktionen, die ein differenziertes Abstufen von Sicherheit und Qualität ermöglichen:

Verwendung	Anforderungen
• Dokumente zur **Veröffentlichung im Internet**	• kleine Dateigröße • schnell herunterladbar
• Dokumente zum **professionellen Druck**	• höchste optische Genauigkeit • Farbtreue
• **Vertrauliche und sensible** Geschäftsdokumente	• Kontrolle über Zugriff • Schutz vor Manipulationen

Der Verfasser sollte durch entsprechende Optionen bestimmen können, wer seine Dokumente auf welche Weise verwendet.

BEISPIELE:

- *Das Dokument kann nur gelesen, aber nicht gedruckt werden.*
- *Inhalte des Dokuments dürfen kopiert/nicht kopiert werden.*
- *Zum Öffnen des Dokuments ist ein Passwort/kein Passwort notwendig.*
- *Das Einfügen eines Wasserzeichens erhöht die Sicherheit.*

Dateien packen und entpacken

Gepackte Dateien sind umfangreiche Dateien, die mithilfe eines **Packprogramms** auf eine **kleine Dateigröße** gebracht werden, um so einen unproblematischen Datenaustausch zu ermöglichen. Bevor eine gepackte Datei bearbeitet werden kann, muss sie entpackt werden. Dazu benötigt man die Pack-Software. Das bekannteste Packprogramm ist **Winzip.** Liegt eine Datei im **ZIP-Format** vor, kann sie in Winzip entpackt werden. Beim Komprimieren werden die Dateien im sogenannten **Zip-Archiv** abgelegt. Ein Zip-Archiv lässt sich an der Namenserweiterung **.zip** erkennen. Wer im Explorer auf das Zip-Archiv einen Doppelklick setzt, entpackt die Dateien automatisch. Diese stehen nun zur weiteren Verarbeitung zur Verfügung.

7.4 Informationen präsentieren

7.4.1 Präsentationsformen

Es gibt viele Möglichkeiten, Informationen zu präsentieren. Die wichtigsten sind:

Die Kunst des Präsentierens

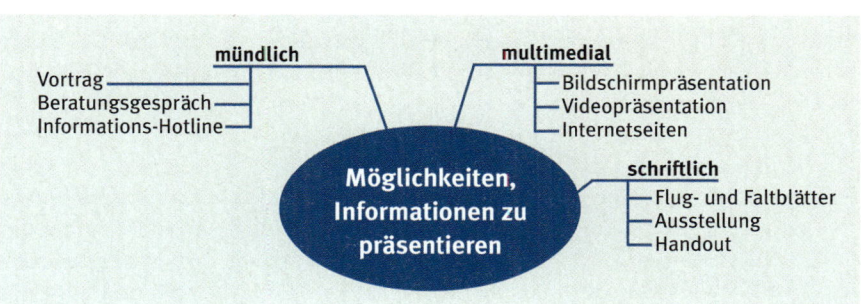

7.4.2 Faktoren des Präsentationserfolgs

Durch eine gute Vorbereitung lässt sich der Erfolg einer Präsentation im Wesentlichen planen und beeinflussen. Dabei sollten Sie auf verschiedene Faktoren achten (siehe Abbildung folgende Seite).

Stellen Sie sich folgende Fragen:

- Was ist der Anlass der Präsentation?
- Was soll mit der Präsentation erreicht werden?
- Welches Publikum wird erwartet?
- Welche Inhalte sollen präsentiert werden?
- Welche Medien können die Präsentation unterstützen?

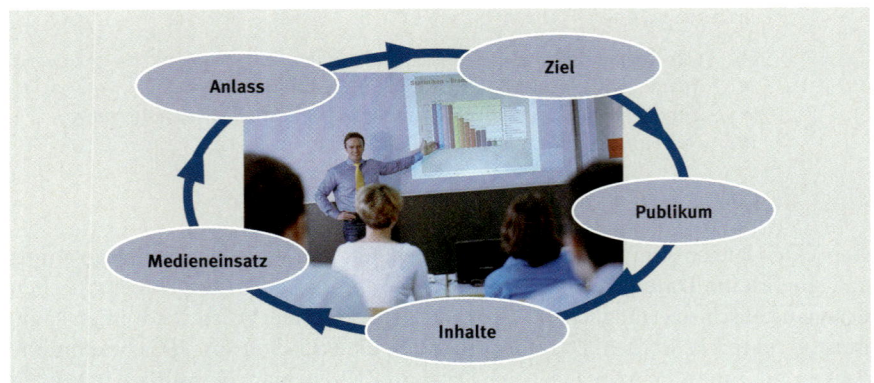

Eine Präsentation vorbereiten

Nr.	Teilprozess					Hilfs-mittel	Bemer-kung
1		Präsentation erstellen					
2		Anlass und Ziel	Thema			Mind-mapping	Raum
3		Zielgruppe analysieren	Wichtigkeit	Botschaft			
4	KISS-Regel SAGE-Formel	Stoffauswahl	Auswählen	Ordnen	Sammeln		
5		Inhalte strukturieren	Einstieg Hauptteil Schluss	AIDA-Formel			
6		Präsentation planen	Roter Faden	Dramaturgie			
7	Gestaltungs-elemente	Medieneinsatz					
8		Vortragende/ Vortragender	Mimik	Gestik		Vortrags-manu-skript	
9		Präsentation				Handout	

7.4.3 Gestaltungsregeln

Ob eine Seite/Präsentation zum Lesen/Zuschauen einlädt, hängt sehr stark von ihrer Gestaltung und Einteilung ab. Deshalb sind ein paar grundlegende Gestaltungsregeln zu beachten:

Positionierung der Gestaltungselemente

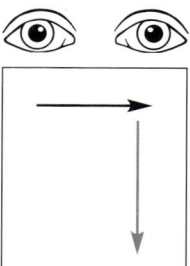

- Achten Sie auf die **Sehgewohnheiten** der Leser/Zuschauer. Nach wissenschaftlichen Untersuchungen fällt der Blick **von links nach rechts** und **von oben nach unten rechts.** Werden die natürlichen Sehgewohnheiten nicht beachtet, entstehen **kognitive Dissonanzen,** d.h. von den Lesern/Zuschauern werden die Aussagen nicht oder eingeschränkt wahrgenommen.

- Zur Positionierung wichtiger Informationen sollten die **natürlichen Brennpunkte** einer Präsentationsfolie oder eines Blattes, also die **beiden oberen Ecken,** das **Zentrum** und die rechte **untere Ecke** beachtet werden, damit sie sofort ins Auge fallen.

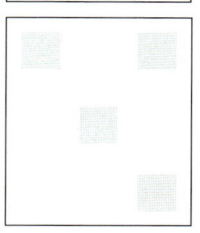

- Die **Anordnung bzw. Reihenfolge** der Gestaltungsmöglichkeiten signalisiert die Wichtigkeit der Information.

Schriftart und -größe

- Entscheiden Sie sich für **eine Schriftart.**

- Variieren Sie sparsam mit **Schriftgröße** und **Hervorhebungen** wie fett und kursiv, sonst haben Sie ganz schnell den entgegengesetzten Effekt erzielt, und die Seite/Präsentationsfolie wirkt unübersichtlich und chaotisch.

- Lassen Sie bei der Gestaltung von Überschriften eine **Hierarchie** erkennen.

    > BEISPIEL:
    > *Überschrift 1 in 16 pt (= 6 mm), Überschrift 2 in 14 pt (= 5,25 mm), Text in 12 pt (= 4,5 mm).*

Farbeinsatz

- Verwenden Sie in einem Text/in einer Bildschirmpräsentation grundsätzlich nicht mehr als **vier Farben.**

- **Gezielter Farbeinsatz** signalisiert die Wichtigkeit.

- Farben können **Bedeutungsträger** sein. Achten Sie deshalb auf die **grundlegende Farbsymbolik.**

    > BEISPIELE:
    > – **Rot** *für Blut, Liebe, Gefahr usw.,*
    > – **Grün** *für Natur, Hoffnung,*
    > – **Schwarz** *für Trauer.*

- Viele Firmen haben wie Parteien eine Farbe, mit der sie sich nach außen präsentieren. Solche einmal gewählten **Farbcodes** müssen, um wirksam zu sein, konsequent beibehalten werden.

Kreative Gestaltungselemente

Nehmen Sie Sprichwörter wie

| *„Sprich, damit ich dich sehe!"* | Antiker Spruch |

| *„Jede Sprache ist Bildersprache."* | Wilhelm Busch |

wörtlich und gestalten Sie auf Ihren Folien, Flug- und Faltblättern **„Hingucker"** durch bildhafte Darstellung von Wörtern, durch passende Grafiken und Symbole.

BEISPIELE:

Bildschirmpräsentationsfolien

Arbeitsblatt 4

- Folien nicht mit **Effekten** überfrachten.
- Die Animation von Textteilen bietet viel Potenzial. Zeilen können mit einer frei wählbaren Geschwindigkeit schrittweise eingeblendet werden und so die Aufmerksamkeit des Zuschauers auf eine bestimmte Aussage lenken.
- Weniger ist mehr. Das gilt auch für die **Animation** von Textteilen. Pro Folie sollten Sie nicht mehr als zwei Bereiche hintereinander animieren. Zu viele Animationen könnten sonst abstumpfend wirken.
- Warten Sie nach der Präsentation einer Folie **ein bis zwei Minuten,** bevor Sie die nächste Folie einblenden. Das hilft dem Zuhörer, sich auf das gesprochene Wort zu konzentrieren.
- Bei automatisch ablaufenden Präsentationen, sogenannten **„Kiosk"-Präsentationen,** muss die Abfolge von Zeit, Animation und Pause gut aufeinander abgestimmt sein, damit der Zuschauer der Präsentation folgen kann.

7.4.4 Körpersprache und Rhetorik

Körpersprache

Das magische Dreieck einer erfolgreichen Präsentation – Präsentationsfaktoren

- Halten Sie **Blickkontakt** zum Publikum. Fixieren Sie Ihren Blick nicht in eine Richtung oder auf eine Person.
- Reden Sie möglichst **frei** und lesen Sie nicht stur vom Manuskript ab.
- Nehmen Sie eine **offene** und **freundliche Haltung** ein.
- Unterstreichen Sie Ihre Aussagen durch eine **natürliche Gestik.**
- Achten Sie auf eine **entspannte Mimik.**

Rhetorik

- Formulieren Sie Ihre **Sätze** möglichst **kurz** und **verständlich.** Erklären Sie Fach- und Fremdwörter.
- Achten Sie auf eine **deutliche Sprechweise,** die in der **Lautstärke angemessen** ist. Legen Sie Wert auf die richtige **Betonung.**
- **Sprechen** Sie **gleichmäßig** und legen Sie an geeigneten Stellen **kleine Pausen** ein.
- Setzen Sie **Akzente,** indem Sie Effekte setzen, Interesse wecken und Spannung erzeugen.

7.5 Informationen ordnen

„Wer sucht, der findet", heißt ein bekanntes Sprichwort. Auf den betrieblichen und behördlichen Alltag angewandt, sollte es besser heißen: „Wer richtig ordnet, findet schneller."

Arbeitsblatt 5

Je größer der Schriftgutanfall ist, umso wichtiger ist eine klare und übersichtliche Ordnung. Entscheidend für die Wahl der geeignetsten Ordnungsweise ist die Art der zu ordnenden Schriftstücke. Man unterscheidet zwischen **personen- oder firmenbezogenen** Unterlagen (Geschäftsbriefe, Rechnungen, Lieferscheine usw.) und innerbetrieblichen Vorgängen, die **sachbezogen** sind (Statistiken, Kalkulationsunterlagen usw.). Die Wahl des zweckmäßigen Ordnungssystems hängt u. a. von folgenden Überlegungen ab:

- Unterlagen müssen schnell wiederzufinden sein.
- Das Ordnungssystem muss möglichst einfach und logisch sein.
- Terminkennzeichnungen sollten einfach anzubringen sein.

Die bekanntesten Ordnungsmerkmale sind:

- Buchstaben (Namen, Sachen),
- Ziffern,
- Zeit (Datum),
- Farben und Symbole.

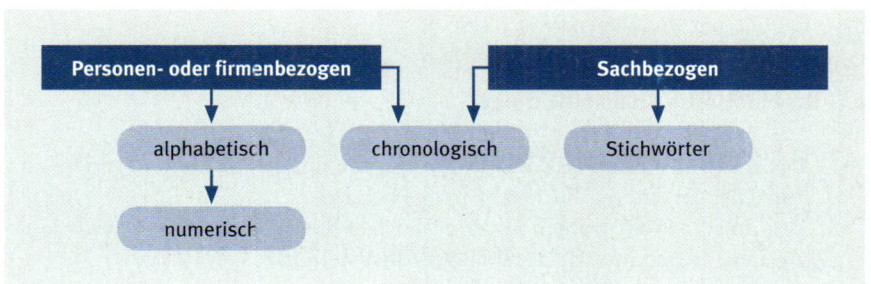

Aufgrund dieser Ordnungsmerkmale kann man Unterlagen nach folgenden Ordnungssystemen ordnen:

- alphabetisch,
- numerisch,
- alphanumerisch,
- chronologisch (Zeit),
- sachlich (Stichwörter, Aktenplan).

7.5.1 Alphabetische Ordnung

Arbeitsblatt 6

Die Regeln für die alphabetische Ordnung sind in der DIN 5007, DIN 5007-1 und DIN 5007-2 „Ordnen von Schriftzeichenfolgen – Allgemeine Regeln für die Aufbereitung (ABC-Regeln)" festgelegt.

Der Anwender hat immer wieder Schwierigkeiten sich zurechtzufinden, da nicht alle Möglichkeiten behandelt werden können. Dazu ist in der DIN vermerkt:

> „Diese Norm enthält Festlegungen für die Ansetzung und Ordnung von Namen. Sie sollen einen **allgemeinen Orientierungsrahmen** bilden, der jedoch nicht alle möglichen Sonderfälle abdeckt."

Sonderfälle müssen in Anlehnung an die DIN **individuell angepasst** werden.

Der alphabetischen Ordnung begegnet man in Registraturen, in Adress- und Fernsprechbüchern, im Duden und in Lexika. Ihre einheitliche Anwendung spart beim Suchen, Einordnen, Nachschlagen und Wiederfinden von Namen Zeit. Im Hinblick auf die Raumaufteilung ist zu berücksichtigen, dass die Anfangsbuchstaben von Namen unterschiedlich oft vorkommen („B" beispielsweise ist zehnmal häufiger als „O").

Die alphabetische Ordnung bietet folgende Vorteile:

- Das Schriftgut braucht vor dem Ablegen nicht extra ausgezeichnet zu werden.
- Der Zugriff ist direkt nach dem Alphabet möglich.

Nachteilig beim alphabetischen Ordnen sind die etwas komplizierten Regeln für das Einordnen von Umlauten, Abkürzungen und häufig vorkommenden gleichen Namen (Müller, Mayer usw.). Außerdem verlangt dieses Ordnungssystem ein konzentriertes Arbeiten.

Ordnen von Namen natürlicher Personen

- **Regeln für die Buchstabenfolge**

> - Die Buchstabenfolge ist die des ABC. Für die Einordnung eines Namens ist zunächst der Anfangsbuchstabe maßgebend.
> - Beginnen mehrere Namen mit dem gleichen Buchstaben, so muss nach dem zweiten, dritten usw. Buchstaben geordnet werden.

7.5 Informationen ordnen

BEISPIELE:

Abele	Bachmann	Ganzer	Huber	Keller
Adelmann	Bender	Gerber	Iller	Kelter
Anders	Berger	Gester	Illter	Keltir
Augustin	Berter	Herber	Illwer	Kelzer

- Bei der Ordnung von Umlauten ist die Rückführung **auf den Grundbuchstaben** (ä = a; ö = o; ü = u) als **allgemeine Regel** anzuwenden. Die Auflösung der Umlaute (ae, oe und ue) ist nur noch in **Ausnahmefällen** vertretbar.
- **ch, ck, sch, sp, st** sind zwei bzw. drei Buchstaben, **ß** wird wie **ss** eingeordnet.

BEISPIELE:

Bach, Michael	Biber, Oliver	Böttner, Anita	Bruck, Walter
Bäcker, Edeltraud	Blaser, Andrea	Breske, Simone	Bruckner, Marc
Bader, Cornelia	Boban, Norbert	Bressner, Ralf	Brückner, Matthias
Baganz, Erika	Bodmann, Tim	Breßner, Ruth	Brückner, Norbert
Bäse, Gerd	Boff, Roman	Breuer, Evi	Bruder, Tobias
Beer, Anita	Boger, Barbara	Brück, Caroline	Brugger, Maria

- In Registraturen können Namen, die mit **sch** und **st** beginnen, eine eigene Ordnungsgruppe bilden. Sie werden dann hinter den Namen mit **s** eingeordnet.

BEISPIELE:

Sauters	Schaber	Stadler
Siemenes	Schmidd	Stehle
Sommer	Scholl	Strobel
Speidel	Schubert	Stuck

- **Regeln für das Ordnen von Personennamen**

  - Der Familienname ist das erste, der Vorname das zweite Ordnungswort.
  - Reicht das nicht aus, können weitere Ordnungsmerkmale (Ort, Straße, Beruf) verwendet werden.
  - „Gebrüder" und „Geschwister" werden wie Vornamen behandelt.
  - Abgekürzte Vornamen gelten als selbstständige Wörter.

BEISPIELE:

Krause	Krause, Gertrud
Krause, Brigitte	Krause, Geschw.
Krause, F.	Krause, H.
Krause, Franz	Krause, Hans
Krause, Gebr.	Krause, Hans Ulrich

- **Namenszusätze** wie **Mc, Mac, de, d', Le, La, Ben, O'** usw. werden **im Allgemeinen nicht** als Ordnungswort behandelt. Sie werden nach dem Vornamen angegeben. Sind sie jedoch mit dem Familiennamen **verschmolzen** oder stehen sie innerhalb eines mehrteiligen Familiennamens, werden sie mit dem Familiennamen geordnet.

BEISPIELE:

Anny **O'**Neill	wird eingeordnet unter:	**O'**Neill, Anny
Robert **De** Niro	wird eingeordnet unter:	**De** Niro, Robert
Thomas **De** Quincey	wird eingeordnet unter:	**De** Quincey, Thomas

- Vorsatzwörter wie **von, der, de, da, de la** usw. werden beim Einrichten nicht berücksichtigt.

BEISPIELE:

| Emilio **da** Costa | wird eingeordnet unter: | **C**osta, Emilio da |
| Max **von** Bergen | wird eingeordnet unter: | **B**ergen, Max von |

- Zusammengesetzte Familiennamen folgen auf einfache Namen; akademische Grade, Adelsbezeichnungen bleiben unberücksichtigt.

BEISPIELE:

Bergen, Max von	**M**üller, Werner, Dr.
Costa, Emilio da	**M**üller-**K**laus, Elly
De Niro, Robert	**M**üller-**S**chmidt, Anna
De Quincey, Thomas	**M**üller-**U**fer, Jasmin
Mayer, Doris	**O'**Neill, Anny
Müller, Hans	**S**teuben-**M**agnis, Johann
Müller, Sonja van	**S**teu**e**r, Hildegard
Müller, **W**alter, Prof.	

Ordnen von Namen juristischer Personen und Institutionen

- Regeln zum Einordnen von Behörden, Firmen und Vereinen

- Verhältniswörter (**im, zum, für**), Bindewörter (**und, &**) und Artikel (**der, die, das**) bleiben unberücksichtigt; am Anfang stehende Verhältniswörter werden immer berücksichtigt (**Am, Zum, Für** usw.).
- Durch Bindestrich verbundene Teile eines zusammengesetzten Wortes werden wie selbstständige Ordnungswörter behandelt.
- Feststehende Abkürzungen werden wie ein Wort behandelt.
- Vornamen in Firmennamen in Verbindung mit der Branchenbezeichnung sind ein Eigenname (z. B. wird „Friedrich-Schiller-Theater" unter „F" eingeordnet).

BEISPIELE:

Albert-**S**chweitzer-**H**eim	**M**üller & Schulz
DAG	**V**erband für das Buchdruckergewerbe
Konrad-**A**denauer-**S**tiftung	**V**erband für **S**teuerwesen
Maschinen- und **A**pparatefabrik	**Z**ur Krone

Arbeitsblatt 7

7.5 Informationen ordnen

- **Regeln beim gemeinsamen Einordnen der Namen von Personen, Behörden, Betrieben usw.**

> - Das erste Wort übernimmt die Ordnungsfunktion.
> - Ist das erste Ordnungswort gleich, erhält das zweite oder dritte Wort die Ordnungsfunktion.

BEISPIELE:

Bayer	Dehlert, **A**.	**M**annheimer **T**ransport-Gesellschaft
Bayerische **M**otorenwerke	Dehlert, **A**rthur	
Bayerische **T**reuhand	Dehlert & Co.	**M**annheimer **T**ransport-**S**tation
Dehlert	**M**annheimer, Franz	

Ordnen von Orts- und Staatennamen

- **Regeln beim Ordnen nach geografischen Namensbegriffen**

> - Einzelne Namensbestandteile gelten als ein Wort (Artikel, Verhältnis- und Eigenschaftswörter, die getrennt von Ortsnamen stehen, werden mit diesen zusammen als ein Wort behandelt).
> - Vorsatzwörter wie **Bad, Burg, Dorf, Markt** usw. werden zum Namen gezogen und mit ihm als **ein** Wort aufgefasst.
> - Gleichlautende Ortsnamen werden zur Bestimmung der genaueren Lage durch Zusätze unterschieden (z. B. Neustadt b. **C**oburg, Neustadt an der **D**onau) und nach der Buchstabenfolge ihrer Zusätze alphabetisch eingeordnet.
> - Die den Ortsnamen nachfolgenden Bezeichnungen Kr. (Kreis), Bz. (Bezirk) bleiben bei der Einordnung unberücksichtigt.
> - Bei Orten und Staaten wird die in Deutschland übliche Schreibweise verwendet.

BEISPIELE:

Backnang	**Bad P**eterstal	**Burg A**dendorf	Neustadt a. d. **D**onau
Bad Abbach	**Bad S**achsa	**Burgd**orf	Neustadt (Kr. **M**arburg)
Bad Abtenau	Buch am **E**rlbach	**Burgh**eim	Neu**w**ied
Bad Orb	Buch am **F**orst	Neustadt b. **C**oburg	Neuwied-**G**ladbach
Napoli = **N**eapel	Nice = **N**izza	France = **F**rankreich	España = **S**panien

Arbeitsblatt 8

7.5.2 Numerische Ordnung

Die numerische Ordnung ist wichtig, weil viele Belege mithilfe von EDV erstellt werden. Solche Vorgänge werden bei dieser Ordnungsweise einfach mit einer Nummer (Kunden-Nr., Personal-Nr., Versicherungs-Nr., Konto-Nr., Aktennummer, Auftrags-Nr. usw.) versehen und nach dieser geordnet.

Vorteile:

- Die Ordnung nach fortlaufenden Nummern ist die sicherste Ordnung.
- Die Ordnungsweise ist einfach und logisch.
- Nach Ziffern kann schnell sortiert und geordnet werden.
- Besonders geeignet für Schriftstücke, die bereits eine Nummer haben.

Nachteile:

- Die Kennzeichnung durch eine Nummer ist im Allgemeinen anonym.
- Die Ordnungsweise setzt ein Suchverzeichnis (Index) voraus.

7.5.2.1 Fortlaufende Nummerierung

Man unterscheidet Nummernverzeichnisse und Suchverzeichnisse. Das Suchverzeichnis erleichtert das Auffinden der Schriftstücke.

BEISPIELE:

Nummernverzeichnis		Suchverzeichnis	
3401 – Zander	3405 – Keller	**Abel – 3404**	Baader – 2701
3402 – Berger	**3406 – Bader**	Arber – 3402	**Bader – 3406**
3403 – Halber	3407 – Zeller	Astor – 1604	Birner – 2804
3404 – Abel	3408 – Rothe	Attig – 1424	Borge – 1084

Bei der Nummerierung unterscheidet man zwischen **sprechenden** und **nicht sprechenden Nummern.**

BEISPIELE:

Sprechende Nummer zur Klassifizierung	= 3.108.03
Warengruppe	= 3
Artikelnummer	= 108
Herstellungsmonat	= 03
Sprechende Nummer bei Vorwahlnummern (Telefon)	= 07543
Vorwahlnummer	= 07
Stuttgart	= 075
Ravensburg	= 0754
Friedrichshafen	= 07543
Langenargen	
Nicht sprechende Nummern	= 1–600 fortlaufend

7.5.2.2 Dekadische Ordnung

Die dekadische Ordnung benutzt die **Zehnerstaffel** (Zehnergruppe = Dekade). Die Unterlagen werden nach den fortlaufenden Ziffernreihen 0–9 eingeteilt. Man beschränkt sich auf das Ordnen von Gruppen mit nicht mehr als zehn Einteilungspunkten. Zunächst wird das gesamte zu ordnende Schriftgut in **zehn Klassen** (0–9) gegliedert. Jede Klasse kann wieder in **zehn Hauptgruppen** (z. B. 20–29) untergliedert werden. Falls erforderlich, kann dann jede Hauptgruppe in **zehn Gruppen**

(z. B. 210–219) und jede Gruppe in **zehn Untergruppen** (z. B. 2 180–2 189) aufgeteilt werden. Die Nummern können mit oder ohne Punkt geschrieben werden (z. B. 2185 oder 2.1.8.5).

Je kleiner der Umfang einer Ablage ist, desto früher wird man mit der Untergliederung aufhören. Häufig genügt eine zwei- oder dreistellige Ordnung. Das dekadische System erlaubt so eine klare, systematische Gliederung mit einheitlicher Klassifikation.

Neben dem dekadischen Ordnungssystem gibt es noch ein **halbdekadisches System.** Es unterscheidet sich vom dekadischen Ordnungssystem darin, dass die Nummerierung der Gruppe und der Untergruppe über die Zehnerstaffel hinausgehen kann.

BEISPIEL:

Wenn Unterlagen aus dem Unterricht des Faches „Büroorganisation" bzw. „Büropraxis" dekadisch gegliedert werden sollen, könnte man zunächst folgende zehn Klassen bilden:

0   *Postbearbeitung*
1   *Diktieren*
2   *Vervielfältigen*
3   *Registratur*
4   *Mikrofilm*
5   *Ordnungssysteme*
6   *Telekommunikation*
7   *Terminplanung*
8   *Geschäftsreisen*
9   *Tagungen*

Die Klasse 3 (Registratur) kann dann beispielsweise in folgende Hauptgruppen unterteilt werden:

30   *Gesetzliche Grundlagen*
31   *Wertstufen*
32   *Schriftgutbehälter*
33   *Ablageart*
34   *Registraturformen*
35   *Ablageort*
36   *…*
37   *…*
38   *…*
39   *Ablagekosten*

Die Hauptgruppe 34 (Registraturformen) lässt sich bei Bedarf in Gruppen gliedern:

340   *Liegende Registratur*
341   *Stehende Registratur*
342   *Hängeregistratur*
 .
 .
 .
349   *…*

Ist eine weitere Untergliederung erforderlich, so kann z. B. die Gruppe 342 (Hängeregistratur) nochmals in Untergruppen gegliedert werden:

3420 Laterale Hängeregistratur (Pendelregistratur)

3421 Vertikale Hängeregistratur

.
.
.

3429 ...

- **Ordnung nach Endziffern**

Ordnungsmerkmal sind die letzten drei Ziffern. Für die dreistellige Endziffern-Ordnung wird die Registratur in 1 000 gleich große Bereiche von 000 bis 999 unterteilt. Die Zuordnung der Akten erfolgt über den jeweiligen Ziffernbereich.

> BEISPIEL:
> In den Bereich 120 gehören alle Akten, deren Ordnungsnummer mit der Ziffer 120 endet. Innerhalb der Endziffernbereiche wird wie üblich in aufsteigender Form geordnet.

- **Ordnung nach Informationsstrukturplan/Aktenplan**

Ein Informationsstrukturplan ist ein Plan zur Ordnung von Schriftgut in **gedruckter und digitaler Form,** er wird in größeren sachbezogenen Ablagen angewendet. Damit ist der einheitliche Rahmen für die dekadische Ordnung gewährleistet (siehe Seite 274: Aktenplan).

7.5.3 Alphanumerische Ordnung

Alphanumerische Ordnung ist eine Kombination von **alpha**betischer und **numerischer** Ordnung. Dieses System macht sich die Erfahrung zunutze, dass sich Verbindungen von Buchstaben und Ziffern leichter behalten lassen als z. B. eine Gruppe von acht und mehr Ziffern. Beispiele für alphanumerische Ordnung sind unsere polizeilichen Kraftfahrzeugkennzeichen, Klassenbezeichnungen oder die Kalenderdaten.

> BEISPIELE:
>
> | | |
> |---|---|
> | HD – UM 839 | Das Fahrzeug ist im Rhein-Neckar-Kreis (Heidelberg) zugelassen. |
> | 2 BF BT 1 | Berufsfachschule für Bürotechnik, zweijährig, 1. Klasse |
> | 19. März 2011 | } alphanumerische Schreibweise |
> | 3. Aug. 2011 | |
> | 2011-08-03 | numerische Schreibweise |

7.5.4 Chronologische Ordnung

Die chronologische (zeitliche) Ordnung erfasst Sachverhalte in ihrer zeitlichen Reihenfolge, z. B. nach Tagen, Monaten und Jahren. Rechnungen können beispielsweise zunächst nach dem Kundennamen alphabetisch abgelegt werden, während dann die Rechnungen desselben Kunden nach dem Rechnungsdatum geordnet sind. Die chronologische Ordnung ist vor allem dann zu empfehlen, wenn Termine (Fälligkeitsdaten) überwacht werden müssen.

Die Reihenfolge der Heftung wird dabei unterschiedlich gewählt:

- Bei der **kaufmännischen Heftung** liegt das zuletzt erhaltene Schriftstück oben.
- Bei der **Behördenheftung** liegt das zuletzt erhaltene Schriftstück unten.

Die *kaufmännische Heftung* ist bei Massenschriftgut (Bestellungen, Rechnungen) üblich. *Behördenheftung* ist dagegen für Einzelakten (Personalakten, Prozessakten) geeignet.

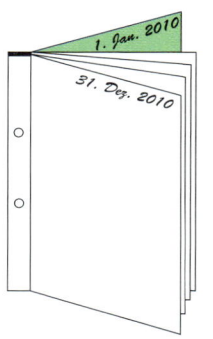

kaufmännische Heftung   Behördenheftung

7.5.5 Ordnen nach Stichwörtern

Sachbezogene Informationen werden oft nach Stichwörtern geordnet. Das Stichwort wird dem jeweiligen Sachverhalt entnommen und subjektiv gewählt. Das führt allerdings zu Problemen, wenn mehrere Personen mit diesem System arbeiten müssen. Aus diesem Grund wird diese Ordnung nur für kleinere, von einem Benutzer geführte Ablagen empfohlen.

7.5.6 Ordnen nach Farben und Symbolen

Farben dienen als zusätzliche Ordnungsmittel, die eine bestehende Ordnung sinnvoll ergänzen. Verschiedenfarbige Vordrucke erleichtern später das Sortieren dieser Schriftstücke.

BEISPIEL:
Rechnungskopien   =   *Gelb*
Lieferscheinkopien   =   *Blau*
Mahnkopien   =   *Rot*

Bei Schriftgutbehältern erleichtern Farben das richtige Abstellen in der Gruppe. Zu viele Farben und grelle Farbtöne sollte man vermeiden; sie wirken eher unübersichtlich.

Symbole (Piktogramme, Icons) werden z. B. auf Plantafeln für die Terminplanung (Urlaub, Zimmerbelegung), bei Telefonen für bestimmte Leistungsmerkmale oder bei Programmen mit menügesteuerten Benutzeroberflächen verwendet.

BEISPIELE:

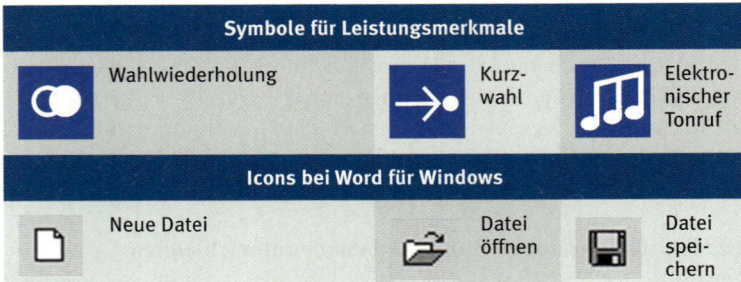

Wenn der Informationsanfall in einem Betrieb sehr umfangreich ist, muss das Ordnen der Unterlagen mit System verwaltet werden. Es empfiehlt sich dann, für die Mitarbeiter einen **Ablageplan** zu erstellen, der die Zuständigkeit für die Ablage und die Ablageregeln festhält. Der Ablageplan kann außerdem durch einen **Schriftgutkatalog** ergänzt werden. In ihm werden alle in diesem Betrieb anfallenden **Belegarten** und deren **Aufbewahrungsfristen** aufgelistet.

Übersicht über die Ordnungssysteme

Ordnungsmerkmale			
Buchstaben: Alphabetische Ordnung	**Ziffern: Numerische Ordnung**	**Zeit/Daten: Chronologische Ordnung**	**Farben/Symbole: Ordnung durch:**
• Namensalphabetische Ordnung • Ortsalphabetische Ordnung	• Ordnen nach fortlaufenden Nummern • Dekadische Ordnung • Aktenplan	Zeitliche Einordnung, z. B.: 2011-01-01 2011-12-31	• Farben, z. B.: Gelb = Rechnungskopie Blau = Lieferscheinkopie Rot = Mahnkopie • Symbole, z. B.: Wahlwiederholung beim Telefon

Erstellen einer persönlichen Infothek

Arbeitsabläufe, Tipps u. Ä. sollten Sie immer griffbereit haben. Legen Sie sich dazu auf Ihrem PC eine **persönliche Infothek** an. Gehen Sie dabei wie folgt vor:

1. Richten Sie einen Ordner „Infothek" ein.
2. Erstellen Sie darin Unterordner auf gleicher Ebene von A – Z.
3. Speichern Sie wichtige Informationen unter einem treffenden Dateinamen im entsprechenden Verzeichnis.
4. Verlinken Sie Informationen mit den wichtigsten Internetseiten oder mit dem Intranet.

Zusammenfassung

1 Zur Informationsbeschaffung stehen die **unterschiedlichsten Informationsquellen** wie z. B. Zeitungen, CD-ROMs, Bibliotheken, Lexika, Internet usw. zur Verfügung.

Zusammenfassung

2. Suchhilfen wie Inhalts- und **Stichwortverzeichnisse, Schlagwortkataloge, Baumstrukturen** sowie **Suchmaschinen und Kataloge** erleichtern das Auffinden von gesuchten Informationen.
3. Gefundene Informationen müssen auf **Aussagekraft** und **Wahrheit** überprüft werden.
4. Im Umgang mit Informationen sind die Bestimmungen des **Urheberrechts** und des **Datenschutzes** zu beachten.
5. Informationen müssen zur Präsentation **aufbereitet** werden.
6. Informationen können auf unterschiedliche Weise präsentiert werden: **schriftlich, mündlich, multimedial.**
7. Damit **Präsentationsmittel** wirken, müssen **Gestaltungsregeln** beachtet werden.
8. **Körpersprache** und **Rhetorik** beeinflussen die Wirkung einer Präsentation entscheidend.
9. Für **Ordnungssysteme** stehen Buchstaben, Ziffern, die Zeitfolge, Farben und Symbole zur Verfügung.
10. Die **alphabetische Ordnung** bezieht ihre Regeln aus DIN 5007 und DIN 5007-2.
11. Man unterscheidet:
    - Namen natürlicher Personen,
    - Namen juristischer Personen und Institutionen,
    - Namen von Orten und Staaten.
12. Die **numerische Ordnung** gliedert sich in die fortlaufende Nummerierung und in die dekadische Ordnung.
13. Das **dekadische System** erlaubt eine klare übersichtliche Gliederung mit einheitlicher Klassifikation. Wegen ihrer Systematik wird die dekadische Ordnung auch für die Gliederung von **Aktenplänen** verwendet.
14. Eine Verbindung von Buchstaben und Ziffern ergibt die **alphanumerische Ordnung,** deren bekannteste Anwendung die polizeilichen Kennzeichen der Kraftfahrzeuge sind.
15. Die **chronologische Ordnung** wendet in der Registratur Tage, Wochen und Monate als Ordnungsfaktoren an; es gibt die kaufmännische Heftung und die Behördenheftung.
16. Das Ordnen nach **Stichworten** empfiehlt sich z. B. im privaten Bereich, wenn weniger umfangreiche Unterlagen nach **sachlichen** Gesichtspunkten geordnet werden sollen.
17. **Farben und Symbole (Piktogramme, Icons)** dienen als zusätzliche Ordnungsmittel.

Aufgaben

1. Für das Fach Deutsch muss Pierre ein Referat ausarbeiten. Er benötigt dazu Informationen. Da er fast alle Arbeiten am PC erledigt, sucht er nach digitalen Informationsquellen, die er am PC aufbereiten kann. Welche Möglichkeiten bieten sich, und was sollte Pierre beachten?

Aufgaben

2 Kathrin hat eine umfangreiche schriftliche Arbeit im Fach Büropraxis erstellt, die für alle Mitschülerinnen und Mitschüler zur Prüfungsvorbereitung dient. Mit welchen Suchhilfen kann sie das Auffinden von gesuchten Informationen erleichtern?

3 Herr Dahlmann hat für seinen Vortrag „Neue Marktstrategien" im Internet eine Menge Informationen gefunden. Einige Erkenntnisse, Strategien usw., die er in unterschiedlichen Quellen gefunden hat, widersprechen sich. Welche Ursachen könnten dafür infrage kommen?

4 Welche Möglichkeiten kennen Sie, Informationen zu präsentieren?

5 Herr Dahlmann hat seinen Vortrag fertig ausgearbeitet. Jetzt möchte er noch seine Körpersprache und Rhetorik verbessern. Worauf sollte er achten?

6 Welche Normblätter sind beim alphabetischen Ordnen zu beachten?

7 Welche Merkmale (Ordnungspunkte) bieten sich als Ordnungsfaktoren für Ordnungssysteme an?

8 Unterscheiden Sie drei Formen der alphabetischen Ordnung.

9 Bei einer umfangreichen Registratur haben Sie viermal den Namen „Müller, Karl". Wie ordnen Sie Nachnamen mit dem gleichen Vornamen?

10 Ordnen Sie nach DIN 5007 alphabetisch:
Deutscher & Co.; Karl Deutsch; Deutscher & Ackermann; Maria Deutscher-Bauer; Deutsche Gesellschaft für wirtschaftliche Zusammenarbeit; Deutsches Wirtschaftsinstitut; Rolf Deutschermann; S. Deutscher; Deutsche Gesellschaft für Unternehmensforschung.

11 Ordnen Sie folgende Namen und Firmenbezeichnungen nach den ABC-Regeln der DIN 5007:

Mannheimer Versicherung	Madjar Georg
Maschinenfabrik & Autoteile KG	Mayr Max
Macher Erika	Maier Kurt
Maschinen- und Gerätebau	Maas Hans
Mattes Werner	Mäurer Erich
Maschinenfabrik Berger	Manfred-Mager-Stiftung
Maaß Anton	Mayer Peter
Maschimplex GmbH	Maier S.
Mader Kurt	Mannheimer Zeitung
Matthes Bruno	Mager Franz
Maier-Kobler Bernd	Mack Werner
Maier Kurt-Hermann	Maschinenfabrik A. Schneider
Maile Fritz	Mäder Anny

12 Wie behandeln Sie in der ortsalphabetischen Ordnung Vorsatzwörter wie Burg, Bad, Markt?

13 Wie ordnen Sie folgende in ausländischer Schreibweise geschriebenen Städtenamen ein?
• Firence • Lisboa • Athenai • Bruxelles • Warszawa

14 Worin sehen Sie die Vorteile der numerischen Ordnung?

15 Wie erleichtert man sich das Auffinden eines Begriffes in der numerischen Ordnung?

16 Was versteht man unter sprechenden und nicht sprechenden Nummern? Geben Sie Beispiele.

17 Gliedern Sie folgende Begriffe nach dem dekadischen System. Die Einteilung der Hauptgruppen ist wie folgt vorzunehmen:

    1   Postbearbeitung   2   Ordnungssysteme

Frankiermaschine	Paket
Chronologische Ordnung	Aktenplan
Brieföffner	Standardbrief
Dekadische Ordnung	Sendungsarten
Postausgang	Postwurfsendung
Numerische Ordnung	Ordnen nach Stichwörtern
Posteingang	Adressiermaschine
Eingangsstempel	Kompaktbrief
Infopost	Briefe
Alphabetische Ordnung	Fortlaufende Nummerierung
Päckchen	Kuvertiermaschine

18 In Firmen und vor allem Behörden wird nach einem Aktenplan geordnet.
   a) Wann ist der Einsatz eines Aktenplans sinnvoll?
   b) Welche Vorteile sehen Sie bei der Verwendung eines Aktenplans?

19 Wo treten uns täglich Beispiele der Anwendung der alphanumerischen Ordnung entgegen?

20 Erklären Sie die Unterschiede zwischen kaufmännischer Heftung und Behördenheftung.

21 Nennen Sie Beispiele für eine sinnvolle Anwendung
   a) von Farben,
   b) von Symbolen als Ordnungsfaktor.

22 Was verstehen Sie unter chronologischer Ordnung? Nennen Sie Beispiele.

23 Sie sollen Eingangsrechnungen ordnen. Welche Ordnungssysteme kämen infrage?

24 Nach welchem Ordnungssystem ist das Inhaltsverzeichnis dieses Buches geordnet?

25 Ordnen Sie die folgenden Städte, Länder und Kontinente
   a) alphabetisch,
   b) dekadisch,
   c) sachlich.

Frankreich, Genf, Sao Paulo, Rom, Europa, Spanien, Paris, San Francisco, Wien, Schweiz, Nizza, Bern, Rio de Janeiro, Argentinien, Zürich, Amerika, Genua, Österreich, New York, Buenos Aires, Marseille, Brasilien, Salzburg, Italien, Madrid, Los Angeles, Neapel, Innsbruck, Barcelona, USA.

Aufgaben

26. Erläutern Sie den Sinn des Bundesdatenschutzgesetzes.
27. Aufgrund des Bundesdatenschutzgesetzes stehen jedem Bürger bestimmte Rechte zu. Erklären Sie kurz diese Rechte.
28. Auf welche Weise kann die Einhaltung des Datenschutzes gewährleistet werden?

HOT — Informationen beschaffen, bewerten und benutzen

Methodenbeschreibung

Die Wissensmenge verdoppelt sich alle 20 Jahre. Immer mehr Aufgaben sind mit Recherchen verbunden. Die Möglichkeiten der Informationsbeschaffung sind groß. So können Informationen z. B. über Zeitungen, Videotext, Zeitschriften, Bücher, CD-ROMs und das Internet gesucht werden.

Tipps zur Informationsbeschaffung

1. Erstellen Sie eine Liste, wo und wie Sie die notwendigen Informationen beschaffen.
2. Suchen Sie nach geeigneten Informationsquellen und prüfen Sie, ob sie für Ihre Zwecke geeignet sind.
3. Nutzen Sie möglichst unterschiedliche Quellen.
4. Führen Sie ein Protokoll darüber, wo Sie welche Informationen gefunden haben.

Quellenprotokoll	
Thema:	
Art des Materials:	**Angaben zur Quelle:**
Buch	Titel: Autor: Verlag:
Internet	Titel: Adresse: Pfad:
usw.	

5. Überlegen Sie, wie Sie die zusammengetragenen Daten ordnen wollen.
6. Sprechen Sie mit Ihren Mitschülerinnen und Mitschülern über die gefundenen Informationen.
7. Ordnen und bewerten Sie die gefundenen Informationen.
8. Legen Sie eine geeignete Form der Präsentation Ihrer Ergebnisse fest.

8 Informationen verwalten

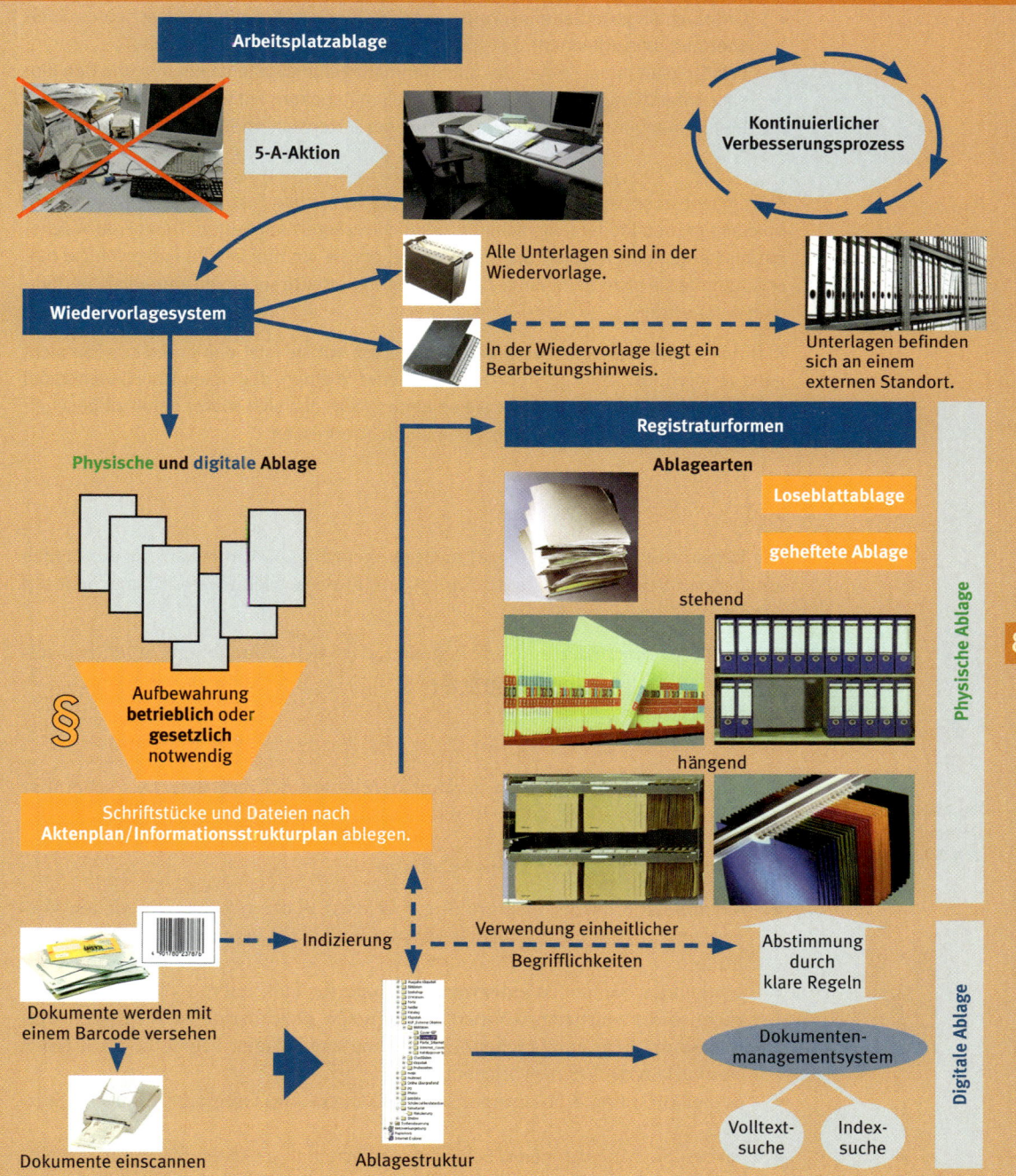

Lernziele

- Notwendigkeit der Informationsspeicherung erkennen.
- Die gesetzlichen Vorschriften für die Datenspeicherung kennen.
- Speichermedien zur Informationsaufbewahrung kennen und gezielt einsetzen.
- Ordnung als grundlegende Voraussetzung für den sinnvollen Einsatz eines Speichermediums erkennen.
- Leistungsmerkmale eines Dokumentenmanagementsystems kennen und den Einsatz unter ökonomischen und ökologischen Aspekten entscheiden.
- Bestimmungen des Datenschutzes und der Datensicherheit beachten.

Fallbeispiel

Kathrin legt frustriert den Telefonhörer auf. Sie wurde von Frau Wagner, Einkaufsleiterin eines großen Modefachgeschäfts, ziemlich verärgert angerufen. Denn Frau Wagner hat bis heute keine Antwort auf ihre Anfrage, die sie vor drei Wochen abgeschickt hat, erhalten. Da sie nicht mehr länger warten konnte, erteilte sie einem anderen Unternehmen den Auftrag.

Kathrin ist über sich selbst verärgert. Hoffentlich hat sie jetzt den guten Kunden nicht ganz verloren. Die Anfrage steckte unbearbeitet in einem der vielen Unterlagenstapel auf ihrem Schreibtisch. Sie hatte sie beiseite gelegt, um sich später damit zu beschäftigen, und sie in der Alltagshektik dann einfach vergessen.

8.1 Registratur

Die Registratur (Schriftgutablage) dient der geordneten Aufbewahrung der täglich anfallenden Schriftstücke, die für inner- und außerbetriebliche Vorgänge benötigt werden.

Eine schlecht organisierte Ablage bedeutet, dass sich „Aktenberge" irgendwo stapeln und niemand weiß, wo was liegt.

8.1.1 Arbeitsplatzorganisation und Wiedervorlagesysteme

Eine gute Ablageorganisation beginnt bereits am Schreibtisch. Das scheinbar „geordnete Chaos" führt in der Regel zur Unübersichtlichkeit.

Standard: Ordnung auf und um den Schreibtisch

Deshalb sollten Sie einige Tipps beachten:

- Vermeiden Sie eine Ansammlung von losen Blättern zu verschiedenen Vorgängen auf Ihrem Schreibtisch. Verwenden Sie für jeden Vorgang eine Sichthülle.
- Verwenden Sie eine **Wiedervorlagemappe** für Dokumente/Vorgänge, die Sie nicht sofort bearbeiten können oder müssen. Dokumente zu Vorgängen werden sofort dem entsprechenden Vorgang zugeordnet. Legen Sie dazu einen Vermerk in die Wiedervorlagemappe.
- Stapelkörbe und Stehsammler sollten in Blick- und Greifnähe aufgestellt werden.
- Haben Sie Mut zur leeren Schreibtischplatte und gestalten Sie Ihren Schreibtisch zum funktionalen Arbeitsplatz.

Persönliche Posteingangsroutine

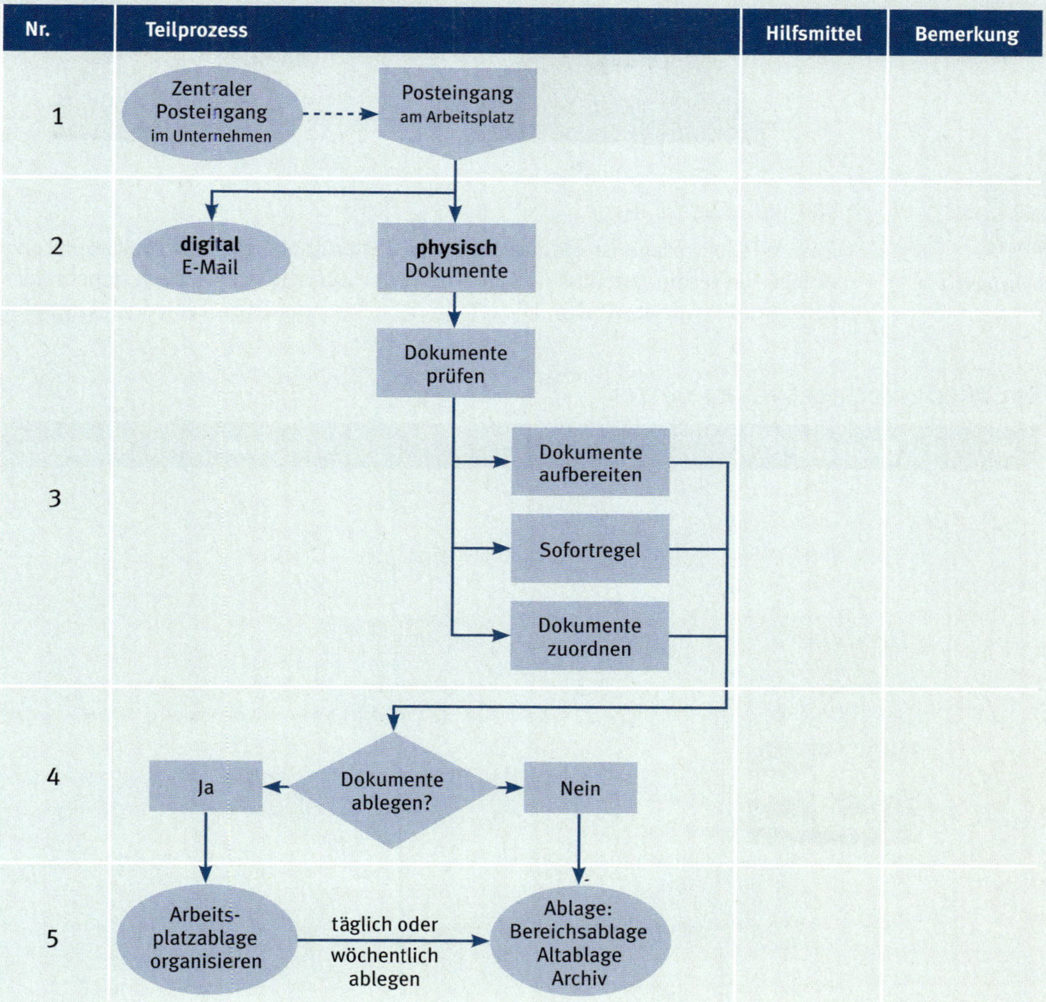

Nr.	Teilprozess	Hilfsmittel	Bemerkung
1	Zentraler Posteingang im Unternehmen ----> Posteingang am Arbeitsplatz		
2	digital E-Mail / physisch Dokumente		
3	Dokumente prüfen → Dokumente aufbereiten / Sofortregel / Dokumente zuordnen		
4	Dokumente ablegen? Ja / Nein		
5	Arbeitsplatzablage organisieren — täglich oder wöchentlich ablegen → Ablage: Bereichsablage Altablage Archiv		

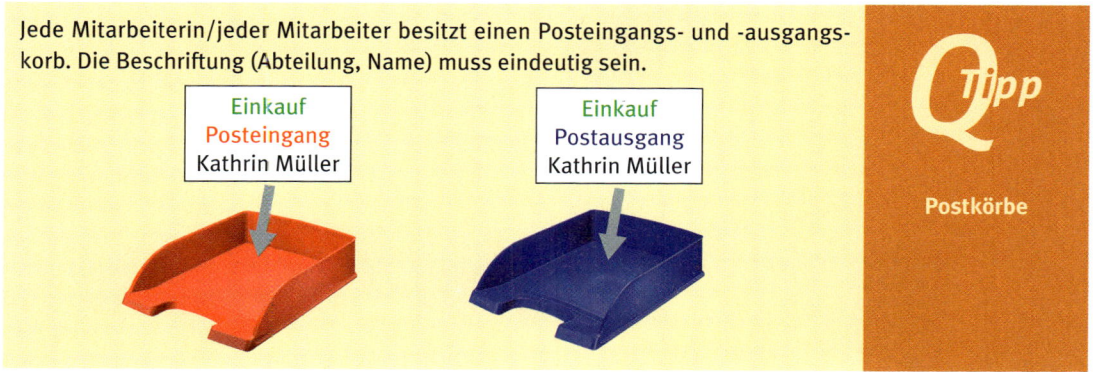

Jede Mitarbeiterin/jeder Mitarbeiter besitzt einen Posteingangs- und -ausgangskorb. Die Beschriftung (Abteilung, Name) muss eindeutig sein.

Einkauf Posteingang Kathrin Müller

Einkauf Postausgang Kathrin Müller

Q Tipp — Postkörbe

Arbeitsblatt 1

- Nehmen Sie sich täglich zehn Minuten Zeit für Ihre persönliche Arbeitsplatzorganisation.

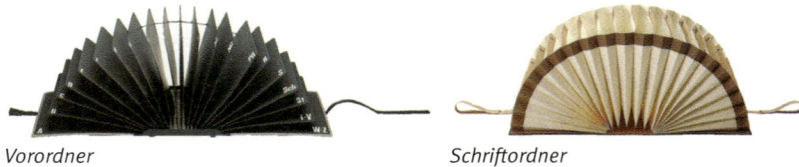

Vorordner   Schriftordner

Arbeitsblatt 2

Wiedervorlagesysteme

Eine Wiedervorlage ist ein wesentlicher Bestandteil einer gut funktionierenden Ablage. Sie verhindert, dass sich die Unterlagen auf dem Schreibtisch stapeln oder in Ablagekästen verschwinden. Die erfolgreiche Nutzung erfordert jedoch Disziplin.

Ein Wiedervorlagesystem nutzen

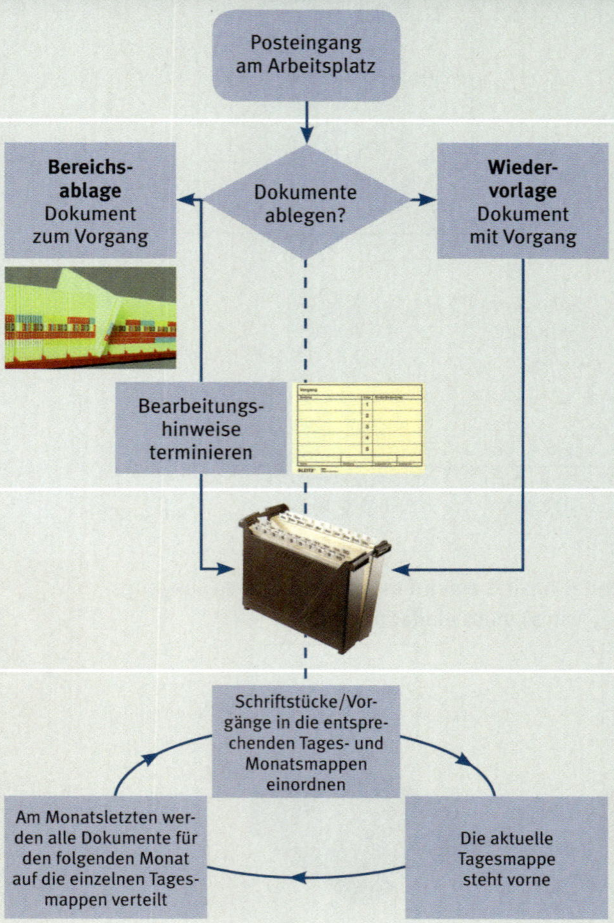

Nr.	Teilprozess	Hilfsmittel	Bemerkung
1	Posteingang am Arbeitsplatz		
2	Dokumente ablegen? → Bereichsablage: Dokument zum Vorgang / Wiedervorlage: Dokument mit Vorgang; Bearbeitungshinweise terminieren		
3			Bearbeitungs-/Erinnerungsnotiz
4	Schriftstücke/Vorgänge in die entsprechenden Tages- und Monatsmappen einordnen; Die aktuelle Tagesmappe steht vorne; Am Monatsletzten werden alle Dokumente für den folgenden Monat auf die einzelnen Tagesmappen verteilt		

Vorteile:

- Was in der Wiedervorlage vorläufig abgelegt ist, wird nicht vergessen.
- Auf dem Schreibtisch befinden sich nur die Unterlagen und Vorgänge, die für den jeweiligen Tag terminiert sind.
- Vorgänge werden termingerecht bearbeitet.
- Auch andere Mitarbeiterinnen und Mitarbeiter sind bei Abwesenheit informiert.

Es gibt zwei Methoden, wie Sie die Wiedervorlage nutzen können:

	Vorteil	Nachteil
1. Methode Der Vorgang bzw. die Unterlagen befinden sich komplett in der Wiedervorlage.	Alle Unterlagen stehen sofort zur Verfügung.	Die Unterlagen befinden sich nicht an ihrem angestammten Platz und müssen – falls sie vorher gebraucht werden – in der Wiedervorlagemappe gesucht werden.
2. Methode In der Wiedervorlage liegt ein Bearbeitungszettel, der über den Standort und die Bearbeitung der Unterlagen Auskunft gibt.	Die Unterlagen befinden sich an ihrem angestammten Platz.	Die Unterlagen müssen vor ihrer Bearbeitung aus der Ablage herausgesucht werden.

Organisationsmittel für eine Wiedervorlage

- **Wiedervorlagemappe**

Wiedervorlagemappen sind Pultordner mit einzelnen Fächern, die durchnummeriert sind. Die Mappen gibt es in verschiedenen Ausführungen.

Mögliche Einteilung der Mappe:

Tageswiedervorlage (Tage 1 bis 31)
Monatswiedervorlage (Januar bis Dezember)

Tipp: Es ist sinnvoll, eine Mappe mit **beiden Einteilungen** zu führen.

platzsparend, unflexibel

- **Hängeregistratur**

Tages- und Monatswiedervorlage für umfangreichere Unterlagen. Die Box kann in eine Schreibtischschublade gehängt oder an einem passenden Standort aufgestellt werden.

Tipp: Fassen Sie die Unterlagen zu einem Vorgang in einer **Klarsichthülle** zusammen.

schnell, flexibel, platzintensiv

- **Akteien**

platzsparend, sehr flexibel

Für die **Tages- und Monatswiedervorlage** wird jeweils eine Box angelegt.

Tipp: Vorgänge für die Wiedervorlage kommen in eine „**Aktionsmappe**". Die Mappe wird in die entsprechende Box hinter die passende **Leitkarte** (z. B. „März" oder „3") gestellt.

- **Elektronische Wiedervorlage**

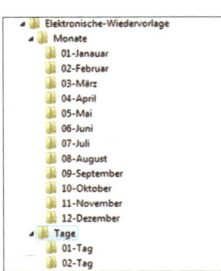

Das Prinzip der physischen Wiedervorlage lässt sich ganz leicht auf eine **elektronische Wiedervorlage** übertragen. Für jeden Monat und jeden Tag wird ein Ordner angelegt. Die anfallenden Dokumente/Vorgänge werden in die Ordner gezogen, die dem Bearbeitungsdatum entsprechen.

Arbeitsplatz

Schaffen Sie eine leere Schreibtischplatte und beginnen Sie mit der **5-A-Aktion**:
1. **A**ussortieren
2. **A**ufräumen nach Plan
3. **A**rbeitsplatz sauber halten
4. **A**nordnungen zur Regel machen
5. **A**lle Punkte einhalten und ständig verbessern

- Sorgen Sie für **Sauberkeit** und **Ordnung** am Arbeitsplatz und verbessern Sie den aktuellen Zustand ständig durch neue Ideen.

- Gestalten Sie Ihren **Arbeitsplatz ergonomisch** und bewahren Sie dort nur **Dinge** auf, die Sie **wirklich benötigen**.

- Achten Sie auf eine **sinnvolle Anordnung der Arbeitsmittel** (Locher, Schere u. Ä.). Gehen Sie dabei nach folgenden Kriterien vor: Verfügbarkeit, Zugriffszeit und Übersichtlichkeit.

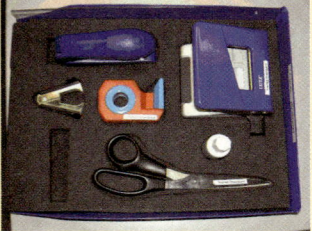

BEISPIEL:

Diese Arbeitshilfsmittel werden an einem geeigneten Standort aufbewahrt. Die Plätze für die Gegenstände sind aus der Schaumstoffplatte ausgeschnitten. So hat jedes Teil seinen festen Platz.

- Richten Sie an Ihrem Arbeitsplatz **feste Plätze** für die Arbeitsmittel ein und verringern Sie dadurch die Such- und Aufräumarbeiten.

Jeder Mitarbeiter/jede Mitarbeiterin sollte auf dem Schreibtisch maximal ein bis zwei **Ablageschalen** haben. Weitere Ablageschalen sind nur dann sinnvoll, wenn sie **Teil eines Arbeitsprozesses** sind und nicht zur Ablage dienen. Die Beschriftung der Ablageschalen muss eindeutig sein.

Ablageschalen

8.1.2 Aktenplan/Informationsstrukturplan

Es kommt immer wieder vor, dass in einem Unternehmen Schriftstücke unter **verschiedenen Begriffen** abgelegt und dann nicht wiedergefunden werden. Abhilfe schafft hier ein Aktenplan. Er gibt Auskunft darüber, wie die Akten benannt sind und wo sie sich befinden. Am Anfang muss eine Schriftgutanalyse erstellt werden, außerdem sind einheitliche Begriffe und eine sinnvolle Strukturierung zu wählen.

www.classei.de
www.mappei.de

Der **Informationsstrukturplan** schafft Ordnungsstrukturen, die sowohl im DMS (Dokumentenmanagementsystem) als auch in der konventionellen Schriftgutverwaltung gelten.

Ein Aktenplan empfiehlt sich vor allem dann, wenn **umfangreiche und sachbezogene Unterlagen** übersichtlich aufzubewahren sind. Wegen der Systematik kann beim Aktenplan die dekadische Ordnung angewandt werden.

Der Aktenplan und eine alphabetische Auflistung aller Ordnungsbegriffe müssen zur schnellen Information griffbereit am Arbeitsplatz zur Verfügung stehen. Damit ist ein gezielter und schneller Zugriff zu dem Schriftgutbehälter (Ordner, Mappe usw.) möglich, in dem sich die gesuchte Unterlage befindet oder ein Schriftstück abzulegen ist.

Allerdings sollte ein Aktenplan flexibel sein, um neu erscheinende Begriffe nachträglich aufnehmen zu können. Deshalb sollten möglichst viele Gruppen und Untergruppen freie Stellen enthalten. Auch darf der Aktenplan nicht zu detailliert gegliedert sein, damit er überschaubar und für die Mitarbeiter verständlich bleibt. Einen Universalaktenplan, der überall einsetzbar wäre, gibt es nicht. Aktenpläne sind unternehmenstypisch, d. h., sie müssen für jede Verwaltung neu erarbeitet werden.

- **Aktenpläne**
- haben einen logischen Aufbau, der das Zuordnen und Wiederfinden erleichtert,
- sind flexibel, d. h., neue Begriffe können jederzeit eingegliedert werden,
- sparen Zeit und damit Geld, da ein schneller Zugriff garantiert ist.

BEISPIEL:

3	Personalwesen		
30	Arbeitsrecht, Tarife	3212	Bücherei
300	Allgemeine gesetzliche Bestimmungen	3213	Werksport
		322	Betriebliche Veranstaltungen, Ausflug
301	Tarifverhandlungen/Verträge		
3010	Angestellte	323	Finanzielle Zuwendungen
3011	Arbeiter	3230	Weihnachtsgratifikation
302	Betriebsordnung	3231	Urlaubsgratifikation
303	Arbeitszeit, Überstunden, Feiertage	3232	Beihilfen
		3233	Prämien, Erfinder-Vergütungen
304	Urlaub, Kurzarbeit	3234	Darlehen, Vorschüsse
31	Gesetzliche Aufwendungen	3235	Fahrgeld
310	Krankenversicherung	3236	Geschenke zu Geburtstagen, Hochzeiten, Geburten, Jubiläen
3100	AOK		
3101	Ersatzkassen	324	Wohnungsbeschaffung
3102	Betriebskrankenkasse	325	Altersversorgung
311	Deutsche Rentenversicherung Bund	33	Personal-Einstellung
		330	Stellenausschreibungen, Inserate
312	Arbeitslosenversicherung	331	Agentur für Arbeit
314	Schwerbeschädigtenabgabe	332	Abgelehnte Bewerbungen
32	Freiwillige soziale Leistungen	333	Ausländische Arbeitnehmer (Meldungen usw.)
320	Gesundheitswesen		
3200	Allgemeines	34	Personal-Akten
3201	Werksarzt, Werksschwester	340	Angestellte ⎫ für jeden
3202	Medizinisch-technische Einrichtung	341	Arbeiter ⎬ Betriebsangehörigen
		342	Pensionäre ⎭ eine Akte
3203	Krankenbetreuung	35	Lohn-, Gehaltsabrechnung Steuern
3204	Erholungsverschickung		
321	Betriebliche Einrichtung	350	Lohn- und Gehaltsübersicht
3210	Kantine	351	Lohnsteuer (Einkommensteuererklärung)
3211	Werkküche		

Auszug aus einem Aktenplan – geordnet nach dem dekadischen Ordnungssystem

So erstellen Sie einen Aktenplan/Informationsstrukturplan:

1. Analysieren Sie Ihre Ablage und erstellen Sie eine Liste der verwendeten **Ablagebegriffe**.
2. Strukturieren Sie die Begriffe und legen Sie **Bereiche** fest.
3. Bestimmen Sie die **Ober- und Unterbegriffe**.
4. Legen Sie für die einzelnen Bereiche jeweils **Aufbewahrungsarten** fest.
5. Ordnen Sie den Bereichen treffende **Farben** zu.
6. Bestimmen Sie den **Ort**, an dem die Unterlagen aufbewahrt werden sollen.
7. Erklären Sie den Aktenplan/Informationsstrukturplan für alle für verbindlich.

- Nutzen Sie ein **einheitliches Ablagesystem**, damit wichtige Daten für alle zugänglich sind.
- Halten Sie Ihre **individuelle Ablage** möglichst klein.
- Nutzen Sie einen **Informationsstrukturplan/Aktenplan** mit **einheitlichen Begriffsdefinitionen**.

- Übernehmen Sie die **Begriffe** in Ihr eigenes **Dokumentenmanagementsystem**.
- **Allgemeine Informationen** (z. B. Rundschreiben, Preislisten) stehen im Intranet allen Mitarbeiterinnen und Mitarbeitern zur Verfügung. Damit wird eine **Mehrfachablage** an den Arbeitsplätzen vermieden.
- Löschen Sie in regelmäßigen Abständen **nicht mehr benötigte Dokumente** auf Ihrer Festplatte/Laufwerk.
- Legen Sie ein Verzeichnis (z. B. Zwischenablage) für Dokumente an, bei denen Sie **nicht** sicher sind, ob Sie sie noch brauchen.

8.1.3 Notwendigkeit der Schriftgutablage

Gesetzliche Gründe

Nach dem Handelsgesetzbuch (§ 257 HGB) und dem Steuerrecht (§ 147 AO) sind nur Unterlagen aufbewahrungspflichtig, die in unmittelbarem Zusammenhang mit einem Handelsgeschäft stehen.

Aufbewahrt werden müssen:
- sechs Jahre lang Handelsbriefe (z. B. Geschäftsbriefe, Frachtbriefe, Transportunterlagen, Mahnbescheide, Urlaubslisten),
- zehn Jahre lang Bilanzen, Handelsbücher (Warenein- und -ausgangsbücher, Lagerbücher), Jahresabschlüsse und Buchungsbelege (Bankauszüge, Rechnungen, Bewirtungsunterlagen, Darlehensunterlagen).

Die Aufbewahrungsfrist beginnt mit dem Schluss des Kalenderjahres, in dem das Schriftgut entstanden ist.

> BEISPIEL:
>
> Ein Geschäftsbrief, der am 12. Juli 2005 ausgestellt wurde, muss vom 1. Januar 2006 an sechs Jahre aufbewahrt werden.
> Nach Ablauf der Aufbewahrungsfrist (31. Dezember 2011) kann das Schriftgut vernichtet werden.

Betriebliche Gründe

Schriftgut, das keiner gesetzlichen Aufbewahrungspflicht unterliegt, kann als Arbeits- oder Beweismittel eine begrenzte Zeit aufbewahrt werden.

Arbeitsmittel	Beweismittel
• zur Erledigung laufender Geschäftsvorfälle • um ähnliche Vorgänge gleich entscheiden zu können • um frühere Fehler zu vermeiden • als Gedächtnisstütze • für schnelle Auskunfterteilung • um Briefe nicht neu entwerfen zu müssen	• gegenüber Geschäftspartnern • bei gerichtlichen Auseinandersetzungen • gegenüber dem Finanzamt

8.1.4 Wertstufen

Arbeitsblatt 3

Untersuchungen in vielen Betrieben belegen immer wieder, dass Schriftgut zu lange aufbewahrt wird. Der Umfang der täglich eingehenden Post bzw. vieler innerbetrieblicher Aufzeichnungen, die nur von kurzfristigem Informationswert sind, nimmt ständig zu.

Außerdem haben die Untersuchungen ergeben, dass nur etwa 50 % aller im Betrieb anfallenden Unterlagen täglich oder mehrmals wöchentlich benötigt werden. 20 bis 30 % aller Unterlagen werden so gut wie nie benutzt, müssen aber aufgrund der gesetzlichen Aufbewahrungsfristen abgelegt werden. 10 bis 15 % des Schriftguts werden aus nicht erkennbaren Gründen aufbewahrt und verursachen dadurch unnötige Kosten.

Aus diesen Gründen ist das täglich anfallende Schriftgut nach folgenden Wertigkeitsstufen zu **überprüfen**:

Wertigkeitsstufen	Definitionen	Aufbewahrungsmöglichkeiten
1. Tageswert	Einmalige Information ohne bleibenden Wert (z. B. Infos, unverlangte Angebote, Prospekte, Zeitungen)	Nach Kenntnisnahme vernichten bzw. löschen
2. Prüfwert	**Dynamische Daten:** In Bearbeitung befindliche Vorgänge und Unterlagen mit zeitlich befristetem Wert (z. B. Angebote, Projekte, Mahnungen, Statistiken, Preislisten)	Arbeitsplatzbezogene Zwischenablage
3. Gesetzeswert	**Statische Daten:** Unterlagen mit gesetzlicher Aufbewahrungspflicht, z. B. nach HGB oder AO (Handelsbriefe, Rechnungen, Zahlungsbelege usw.)	Raumsparende Registraturen, sechs und zehn Jahre
4. Dauerwert	Unterlagen von langfristiger Bedeutung für das Unternehmen/die Verwaltung (z. B. Fotos, Umsätze, Rechtsverhältnisse, Verträge, Patente, Muster, Verfahren)	Archive, Spezial-Ablagen, zehn Jahre und länger

Aufbewahrungspflichtige Unterlagen	Beispiele	Fristen
1. Handelsbücher	Kontenblätter	zehn Jahre
2. Inventar	Alle Aufzeichnungen über die körperliche Bestandsaufnahme aller Vermögensgegenstände, z. B. Grundstücksverzeichnis	zehn Jahre
3. Eröffnungsbilanz Jahresabschluss Lagebericht Konzernabschluss	Geprüfter und mit Bestätigungsvermerk versehener Abschlussbericht • Wertpapieraufstellungen • Geschäftsberichte	zehn Jahre zehn Jahre zehn Jahre zehn Jahre
4. Arbeitsanweisungen Organisationsunterlagen	Für EDV-Buchführung	zehn Jahre
5. Handelsbriefe	Alle Schriftstücke, die das Handelsgeschäft betreffen, aus dem Verkehr mit Behörden, Lieferanten usw. • Angebote • Frachtbriefe • Mahnbescheide • Leasingverträge • Lieferscheine • Urlaubslisten • Transportunterlagen • Prozessakten • Mietunterlagen • Gehaltslisten und -quittungen	sechs Jahre

Aufbewahrungspflichtige Unterlagen	Beispiele	Fristen

6. Buchungsanweisungen	Alle Belege, nach denen Buchungen in den Handelsbüchern vorgenommen werden können
	• Rechnungen
	• Gehaltskonten
	• Kontoauszüge
	• auch interne Buchungsanweisungen, u. a.:
	  – Belege mit Buchfunktion
	  – Bewertungsunterlagen für Inventur
	• Nachnahmebelege
	• Quittungen
	• Preislisten
	• Reisekostenabrechnungen
	• Kaufverträge
		zehn Jahre

Q Tipp

Anfänglich ist es immer schwer, sich von überflüssigem Papier zu trennen. Stellen Sie deshalb unter Ihren Schreibtisch einen Karton, in den Sie alle Papiere, bei denen Sie nicht ganz sicher sind, ob Sie sie noch brauchen, hineinlegen. Entsorgen Sie den Inhalt nach längeren Zeitabständen als den Inhalt des Papierkorbs, indem Sie die Hälfte des Inhalts – vor unten nach oben – wegwerfen. Dann haben Sie immer noch die Möglichkeit, ein Papier „wiederherzustellen".

Papierkorb

z. B. tägliche Leerung

z. B. wöchentliche/monatliche Leerung

8.1.5 Ablagearten

Loseblatt-Ablage

Das Schriftgut wird lose in die Behälter (Mappen, Taschen, Aktendeckel, Sichthüllen) eingelegt. Bei umfangreichen Akten ergeben sich dadurch längere Suchzeiten. Schriftstücke können auch leichter verloren gehen. Hauptvorteil der Loseblatt-Ablage ist der Zeitgewinn beim Ablegen. Dadurch entstehen weniger Personalkosten.

Besonders **geeignet** ist diese Ablageart, wenn

- Hauptwert auf schnelles Ablegen gelegt wird,
- Akten nicht zu umfangreich sind,
- es Vorgänge sind, die **nicht** in einem Arbeitsprozess weitergereicht werden,
- schwebende Vorgänge, Termine, Prospekte und Formulare am Arbeitsplatz abgelegt werden.

Geheftete Ablage

Man versteht darunter das Abheften von gelochtem Schriftgut in Heftern und Ordnern. Diese Ablageart erfordert mehr Zeit, weil das Schriftgut gelocht und eingeheftet werden muss. Als besonders zeitaufwendig gestaltet sich das Zwischenheften, wenn in Schnellheftern abgelegt wird.

Vorteilhaft sind jedoch

- die sichere Aufbewahrung,
- das schnelle Wiederfinden bei richtiger Reihenfolge,
- der sichere Aktenumlauf.

Wichtige Akten wie z. B. Personal-, Kredit-, Bauspar- und Behördenakten sollte man abheften. Wenn keiner der genannten Gründe für die geheftete Ablage spricht, ist wegen der Zeitersparnis die Loseblatt-Ablage vorzuziehen.

8.1.6 Aktenführung

Die **Einzelakte** enthält einen einzelnen „Vorgang" mit allen dazugehörigen Schriftstücken. Sie muss deshalb handlich und schnell aus der Registratur entnommen, transportiert und wieder eingefügt werden können. Für die Führung von Einzelakten eignen sich vor allem Hefter, Mappen und Taschen.

Die **Sammelakte** nimmt Schriftgut vieler gleichartiger Vorgänge auf. Im Gegensatz zur Einzelakte werden zur Bearbeitung fast nur einzelne Blätter benötigt. Als Schriftgutbehälter eignen sich Ordner und Sammler.

BEISPIEL
für **Einzelakten**:
Kreditakten, Personalakten, Kundenakten

BEISPIEL
für den Inhalt einer **Sammelakte**:

Angebote, Lieferscheine, Rechnungen

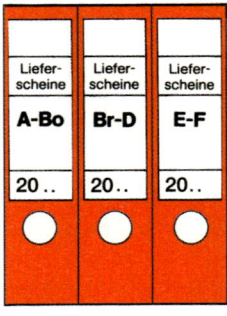

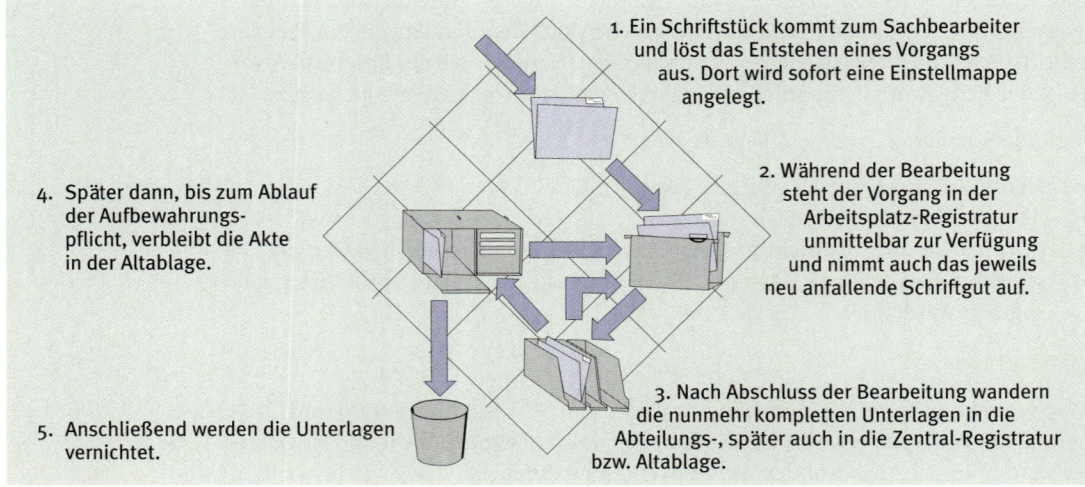

1. Ein Schriftstück kommt zum Sachbearbeiter und löst das Entstehen eines Vorgangs aus. Dort wird sofort eine Einstellmappe angelegt.
2. Während der Bearbeitung steht der Vorgang in der Arbeitsplatz-Registratur unmittelbar zur Verfügung und nimmt auch das jeweils neu anfallende Schriftgut auf.
3. Nach Abschluss der Bearbeitung wandern die nunmehr kompletten Unterlagen in die Abteilungs-, später auch in die Zentral-Registratur bzw. Altablage.
4. Später dann, bis zum Ablauf der Aufbewahrungspflicht, verbleibt die Akte in der Altablage.
5. Anschließend werden die Unterlagen vernichtet.

Schriftgutdurchlauf

Legen Sie **vorgangs-** oder **projektbezogene Schriftstücke** in Akteien ab.

Die Aktei bietet folgende Vorteile:

- sehr gute Übersicht,
- schnelles Auffinden von gesuchten Schriftstücken,
- Zeitgewinn durch Loseblattablage,
- Platzgewinn.

Arbeitsplatzablage

Aktenortung mithilfe eines Funketiketts

Akten mit wichtigen Unterlagen werden **mit einem Funketikett** (RFID-Technologie) **beklebt** und anschließend über eine Lesestation im Computersystem erfasst. Der Aufenthaltsort der Akte wird in einer zentralen Datenbank gespeichert und kann jederzeit abgerufen werden.

www.mappei.de

Unterlagen und Objekte können systematisch verfolgt und lokalisiert werden:

- Der Workflow von Dokumenten wird effizient unterstützt.
- Standort-, Zeit- und Zustandsangaben werden laufend erfasst und in eine Datenbank übertragen.
- Der Überblick über Prozessverlauf und Arbeitsfortschritt ist jederzeit garantiert.

8.1.7 Registraturformen

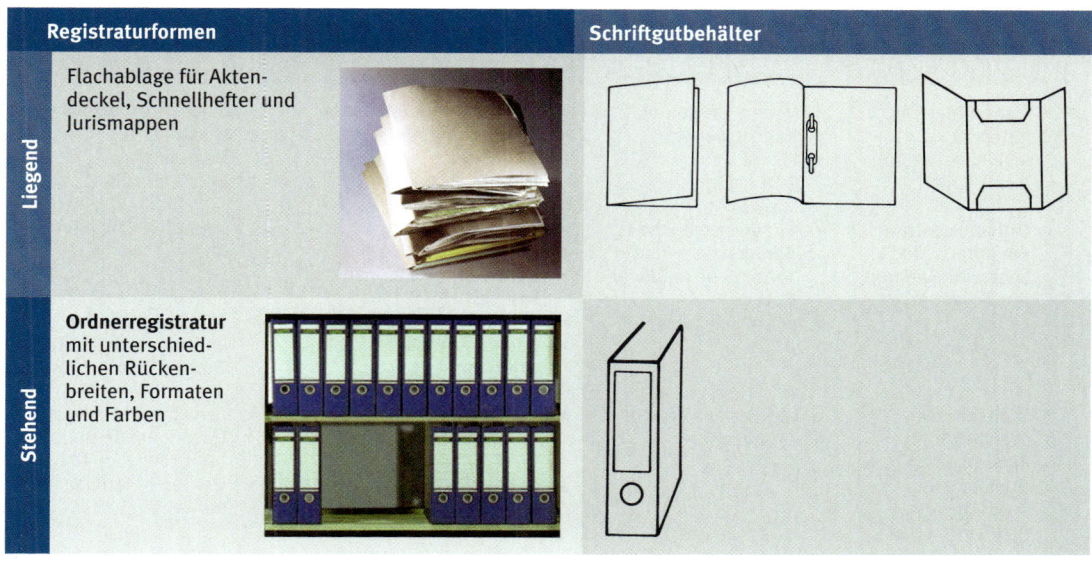

	Registraturformen	Schriftgutbehälter
Liegend	Flachablage für Aktendeckel, Schnellhefter und Jurismappen	
Stehend	Ordnerregistratur mit unterschiedlichen Rückenbreiten, Formaten und Farben	

8 Informationen verwalten

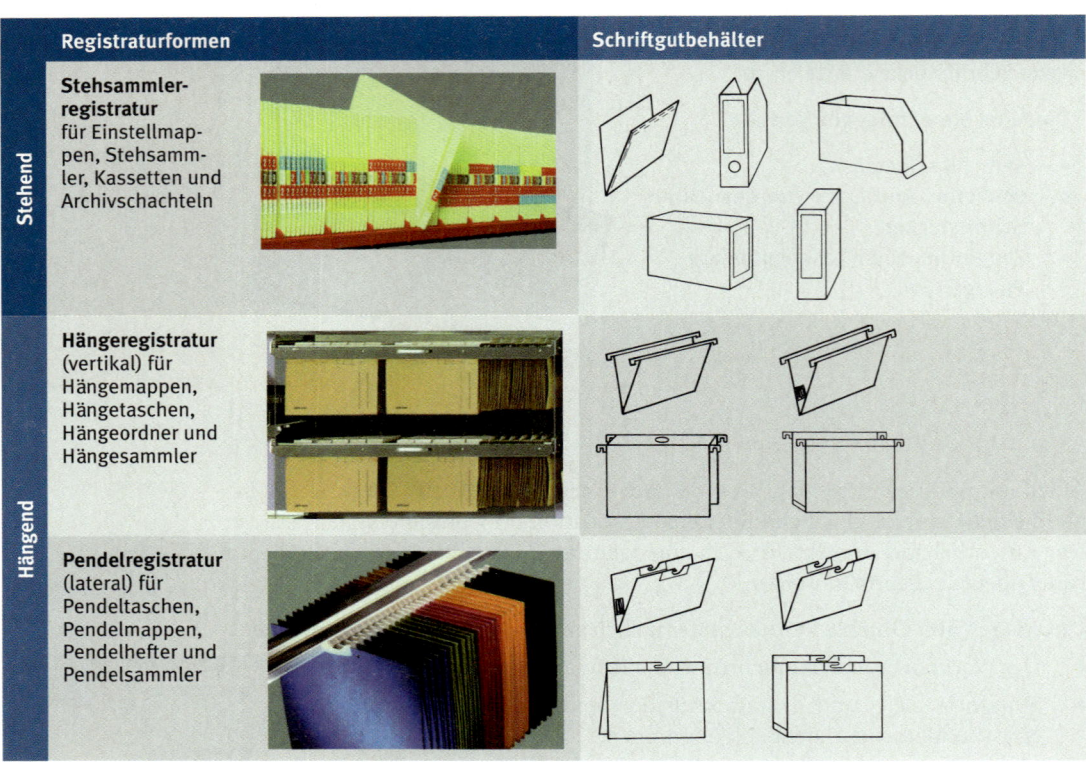

	Registraturformen	Einsatzmöglichkeiten	Vorteile	Nachteile
Liegend	Flachablage für Aktendeckel, Schnellhefter und Jurismappen	Für Akten, die selten gebraucht werden	• Niedrige Materialkosten • Raumausnutzung bis zur Griffhöhe	• Schlechte Übersicht • Umständliche Bearbeitung • Sehr unflexibel
Stehend	Ordnerregistratur mit unterschiedlichen Rückenbreiten, Formaten und Farben	• Für umfangreiche Sammelakten und fortlaufend anfallende Belege • Starke Einzelakten	• Gute Übersicht • Erweiterungsfähig bei Verwendung von Mappen und Taschen • Kein Verlust beim Transport • Raumausnutzung bis zur Griffhöhe	• Zeitaufwendig beim Ablegen (Lochen und Heften) • Fehlende Flexibilität • Totraum (nicht genutzter Raum im Ordner)
	Stehsammlerregistratur für Einstellmappen, Stehsammler, Kassetten und Archivschachteln	Große Mengen dünner Einzelakten	• Raumausnutzung bis zur Griffhöhe • Direkter Zugriff • Kostengünstig	• Fehlende Flexibilität (feststehende Bodenbreite der Kassetten) • Größerer Planungsaufwand

Registraturformen	Einsatzmöglichkeiten	Vorteile	Nachteile
Hängend			
Hängeregistratur (vertikal) für Hängemappen, Hängetaschen, Hängeordner und Hängesammler	• Arbeitsplatzregistratur für alle Handakten • Zwischenablage für noch nicht abgeschlossene Vorgänge • Bereichs- und Abteilungsregistratur	• Ausgezeichnete Übersicht • Große Flexibilität (bei Verwendung von Mappen und Taschen) • Ideale Lose-Blatt-Ablage (passt sich dem Schriftgutanfall an) • Beste Arbeitsplatzregistratur • Schneller Zugriff	• Höhere Materialkosten • Größerer Raumbedarf (Bedienung nur bis zur Sichthöhe, Auszugraum erforderlich)
Pendelregistratur (lateral) für Pendeltaschen, Pendelmappen, Pendelhefter und Pendelsammler	Für nicht sehr umfangreiche Einzelakten (z. B. bei Behörden, Banken, Bausparkassen)	• Raumausnutzung bis zur Griffhöhe • Große Flexibilität • Niedrige Beschaffungskosten	• Weniger gute Übersicht • Langsamer Zugriff • Für Loseblattablage nicht geeignet • Mehr Zeitaufwand für Beschriften

Platzsparendes Paternoster-Regal

Das Ablage-System eignet sich z. B. für Ordner, Hänge-/Pendelmappen, Stehmappen, Karteikarten, Mikrofiches, Zeichnungsablage, EDV-Zubehör und Büromaterial. Eine EDV-gestützte Suchfunktion ermöglicht das Suchen einer gewünschten Akte auf Knopfdruck.

Arbeitsblatt 4
Arbeitsblatt 5

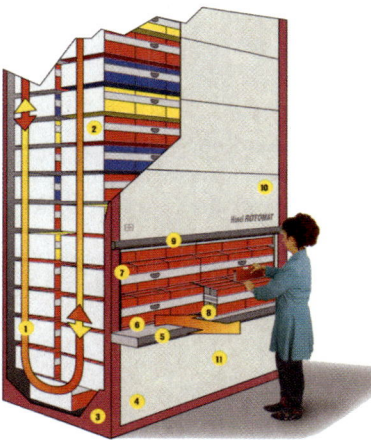

1, 2 Tragsätze
3 innenliegender Antrieb
4 Sanftanlauf
5 Entnahme mit Arbeitsplatte in ergonomisch richtiger Höhe
6 Sicherheitswippe
7 Lichtschranken
8 Mikroprozessor-Steuerung
9 Verschließbare Schiebetüren
10 Umweltfreundliche Lackierung
11 Wartungs-Zugang bequem von vorne

8.1.8 Standorte

Je häufiger Unterlagen aus einer Ablage wieder benötigt werden (lebendes Schriftgut), desto näher sollten sie beim Bearbeiter aufbewahrt werden. In der Praxis unterscheidet man je nach Betriebsgröße folgende Standorte:

- Arbeitsplatzablage (direkter Zugriffsbereich),
- Abteilungsablage (indirekter Zugriffsbereich),
- Zentralregistratur (Altablage – Distanzbereich),
- Archiv (Distanzbereich).

Standorte	Aktualitätsstufe	Schriftgutbehälter	Möbel
Arbeitsplatz	• Vorgänge in Bearbeitung • ständig benötigte Sachakten	• Hängemappen • Hängetaschen • Hängesammler für Einstellmappen	• Organisationsschreibtisch mit Hängeauszügen • fahrbare Beistellmöbel für Hängebehälter
Abteilungs- bzw. Bereichsablage	Erledigte bzw. in Überwachung befindliche Vorgänge	• Ordner • Stehsammler • Pendelmappen oder -taschen	• Ordner- bzw. Sammlertheken • Ordner-, Sammler- bzw. Pendelregale
Altablage (Zentralregistratur)	Abgeschlossene Vorgänge, die z. B. der gesetzlichen Aufbewahrungspflicht unterliegen	• Steh- oder Hängeordner • Pendelhefter • Archivschachteln • Archivsammler	• Verschiebbare Regalanlagen • Umlaufregale • Tresore für feuersichere Ablage

Arbeitsplatzablage

Unter Arbeitsplatzablage versteht man die Unterbringung der Unterlagen im oder am Schreibtisch. Alle Arbeitsunterlagen wie Handakten, Formulare und Schriftgut, das zurzeit bearbeitet wird, gehören in die Arbeitsplatzablage.

Abteilungsablage (Bereichsablage)

Wenn das Schriftgut von mehreren Mitarbeitern einer Abteilung bearbeitet werden muss, bietet sich die Abteilungsregistratur (bzw. Bereichsregistratur) an. Sie sollte innerhalb oder im näheren Bereich der Abteilung untergebracht sein. Dadurch sind kürzere Wege und Wartezeiten gewährleistet.

Altablage (Zentralregistratur)

In der **Altablage** wird kaum noch benötigtes Schriftgut aufbewahrt. Dadurch wird die Abteilungs- und Arbeitsplatzablage von unnötigem Schriftgut entlastet. Sie sollte möglichst in einer **Zentralregistratur** untergebracht sein, um Laufwege und

Platzsparendes Archivierungssystem mit Fahrregalen auf Schienen

damit Zugriffszeiten so kurz wie möglich zu halten. In der Zentralregistratur befindet sich das Schriftgut mehrerer Abteilungen oder auch des ganzen Betriebes.

Archiv

Verschiebbare Regalanlage

Bezeichnung der Ablage für dauernd oder zumindest sehr langfristig aufzubewahrende wichtige Unterlagen. Dies sind Dokumente, Fotos, Muster u. Ä., die hauptsächlich zur Firmengeschichte gehören. Zur Unterbringung können Tresore verwendet werden, die eine diebstahl- und feuersichere Aufbewahrung wertvoller Unterlagen garantieren.

8.1.9 Datenschutz durch professionelle Aktenvernichtung

Nach Ablauf der gesetzlichen Aufbewahrungsfrist kann das Schriftgut vernichtet werden. Dabei sind die Bestimmungen des Bundesdatenschutzes zu beachten und die personenbezogenen Daten vor Einsicht Dritter zu schützen. Wissenschaftler fanden jedoch heraus, dass deutsche Unternehmen mit vertraulichen Daten zu leichtsinnig umgehen.

Für Unterlagen, die nicht in den Papierkorb gehören, eignen sich handliche, elektrisch betriebene **Aktenvernichter.** Nach DIN 32757 ist dabei zwischen unterschiedlichen Sicherheitsstufen, nach denen das Papier in breite oder schmälere Streifen zerschnitten wird, zu unterscheiden. Während Aktenvernichter der Sicherheitsstufe 1 (S1) das Schriftgut so zerschneiden, dass seine Rekonstruktion zwar zeitaufwendig, aber ohne besondere Hilfsmittel möglich ist, wird das Papier bei der Sicherheitsstufe 5 (S5) in so winzige Partikel zerschnitten, dass die darin enthaltene Information nicht wieder herstellbar ist.

www.ideal.de
www.securio.com
www.dahle.de

8.1.10 Registraturkosten

Die Registratur stellt einen beträchtlichen Kostenfaktor in jedem Betrieb dar. Dabei unterscheidet man drei Kostenbereiche:

- Personalkosten (Ablage- und Suchzeiten der Mitarbeiter),
- Materialkosten (Möbel, Schriftgutbehälter, Locher usw.),
- Raumkosten.

Da die Personalkosten bis zu 95 % der Gesamtkosten ausmachen können, sind vor einer Kostenentscheidung folgende Tatsachen zu überprüfen:

1. Es wäre falsch, Entscheidungen über den Einsatz einer bestimmten Registraturform allein nach deren Anschaffungskosten zu treffen.
2. Eine Registraturuntersuchung sollte hauptsächlich die Senkung der Personalkosten bezwecken.
3. Beim Ablegen kompletter Vorgänge reduzieren sich die Personalkosten beträchtlich.
4. Wenn eine von vergleichbaren Registraturformen durch Bearbeitungsvorteile die Personalkosten senkt, ist auch ein wesentlich höherer Anschaffungspreis gerechtfertigt.
5. Neben den aufgeführten Kostenarten sind auch andere Kriterien bedeutsam und müssen „in die Rechnung" aufgenommen werden:
   - Wie häufig wird zugegriffen?
   - Muss die Information überall verfügbar sein, also transportabel?
   - Wie oft und wann sind Änderungen oder Ergänzungen notwendig?
   - Lassen sich die gespeicherten Informationen bei Bedarf auch umsortieren?
   - Welche gesetzlichen Vorschriften sind zu beachten?

Zusammenfassung

1. **Ordnung am Arbeitsplatz** erhöht die Übersichtlichkeit und verringert die Such- und Aufräumzeiten.

2. **Wiedervorlagesysteme** helfen, die Arbeitsplatzablage effizient zu organisieren.

3. Schriftgut wird aufgrund gesetzlicher Vorschriften und betrieblicher Erfordernisse aufbewahrt.

4. Die **gesetzlichen Aufbewahrungsfristen** betragen für Handelsbriefe sechs Jahre, für Handelsbücher, Bilanzen, Inventare, Jahresabschlüsse und Buchungsanweisungen zehn Jahre.

5. Um ein unnötiges Aufbewahren von Schriftgut zu vermeiden und andererseits wertvolles Schriftgut vor vorzeitiger Vernichtung zu bewahren, wird es in folgende **Wertstufen** eingeteilt: Tageswert, Prüfwert, Gesetzeswert und Dauerwert.

6. Eine große Auswahl verschiedenartiger **Schriftgutbehälter** steht für geheftete (Ordner, Hefter) und ungeheftete bzw. Loseblatt-Ablage zur Verfügung.

7 Unterlagen können als **Einzelakte** (für einen Vorgang) oder als **Sammelakte** (für viele Vorgänge) liegend, stehend oder hängend aufbewahrt werden.

8 Die verschiedenen **Registraturformen** (z. B. Ordner-, Stehsammler-, Pendel- und Hängeregistratur) unterscheiden sich in der Übersichtlichkeit, Raumausnutzung, Wirtschaftlichkeit und Möglichkeit des Einsatzes. Der Benutzer entscheidet bei der Auswahl der Registraturform, welche Vorteile er besonders schätzt und welche Nachteile er dafür in Kauf nehmen kann.

9 Die Art des Schriftguts (d. h. die Frage, von wem und wie oft Unterlagen benötigt werden) entscheidet über den Standort der Ablage (Arbeitsplatz, Abteilung, Zentralregistratur, Archiv).

10 Werfen Sie Schriftgut, das vertrauliche Informationen enthält, nicht in den Papierkorb, sondern vernichten Sie es maschinell **(Aktenvernichter)**.

11 Registraturkosten werden vor allem durch die Personalkosten beeinflusst, die besonders von der eingesetzten Registraturform abhängig sind.

Aufgaben

1 Begründen Sie die Notwendigkeit der Schriftgutaufbewahrung.

2 In Ihrem Ablagekorb liegt folgendes Schriftgut:

Angebote	Telefonrechnungen	Kassenbelege
Quittungen	Preislisten	Frachtbriefe
Spendenbescheinigungen	Bilanzen	Einladungen
Bankbelege	Rechnungen	Mahnbescheide
Tageszeitungen	Kontoauszüge	Lieferscheine

Ordnen Sie das Schriftgut der jeweiligen Wertstufe zu und nennen Sie die entsprechenden Aufbewahrungsfristen.

3 Nennen Sie je drei Schriftgutbehälter für gelochtes und ungelochtes Schriftgut.

4 Sie haben am 15. Oktober 2009 einen Tischkopierer bestellt. Wann (Monat und Jahr) können Sie den Durchschlag dieser Bestellung vernichten?

5 In Ihrem Schreibtisch wollen Sie eine Hängeregistratur einrichten.
   a) Welche Schriftgutbehälter eignen sich für diese Registraturform?
   b) Was spricht für geheftete Ablage bzw. Loseblatt-Ablage?
   c) Welche Vorteile erwarten Sie von dieser Registraturform?

6 Vergleichen Sie die Ordner-, Stehsammler-, Hänge- und Pendelregistratur hinsichtlich der
   a) Schriftgutbehälter,   c) Vorteile,
   b) Einsatzmöglichkeiten,   d) Nachteile.

Aufgaben

7 Ordnen Sie die Abbildungen folgenden Schriftgutbehältern zu:
   a) Stehordner
   b) Schnellhefter
   c) Jurismappe
   d) Hängetasche
   e) Stehsammler
   f) Hängehefter
   g) Einstellmappe
   h) Pendeltasche
   i) Pendelhefter
   j) Hängemappe
   k) Pendelmappe

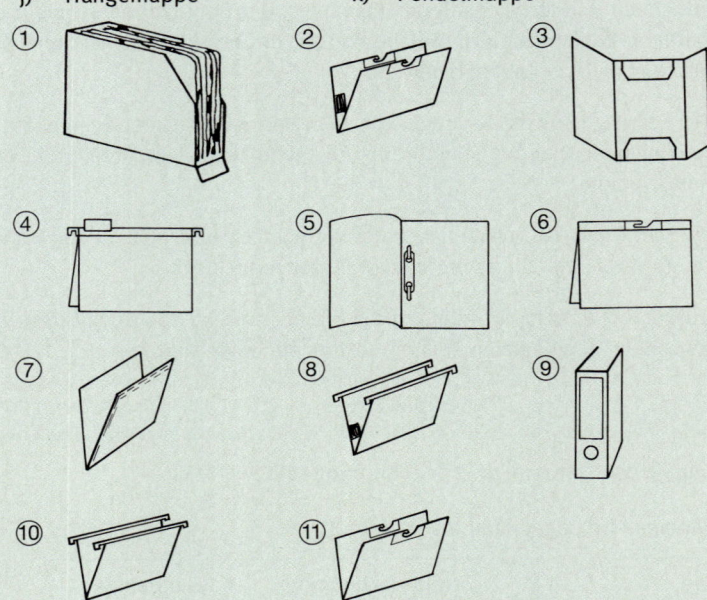

8 Unterscheiden Sie Einzelakte und Sammelakte.

9 Welche Kriterien sind für den Standort einer Ablage entscheidend?

10 Worauf müssen Sie beim Wegwerfen (Vernichten) Ihrer Unterlagen achten?

11 Registraturen verursachen Kosten. Welche Kostenarten unterscheidet man?

12 Wie können Sie dazu beitragen, dass in Ihrer Registratur unnötige Kosten vermieden werden?

8.2 Speichermedien

Arbeitsblatt 6

In vielen Tages- und Fachzeitschriften ist die Rede vom „Informationszeitalter". Immer mehr und immer schneller stehen Informationen zur Verfügung. Das erfordert von vornherein eine gute Organisation. Grundsätzlich kann man Informationen in zwei Bereiche einordnen: **dynamische und statische Daten**. Dynamische Daten sind Daten, die häufig ergänzt und verändert werden. Von statischen Daten spricht man, wenn keine Änderungen und Ergänzungen mehr vorgenommen werden.

Um über den Einsatz des geeignetsten Datenträgers entscheiden zu können, sind folgende Kriterien zu beachten:

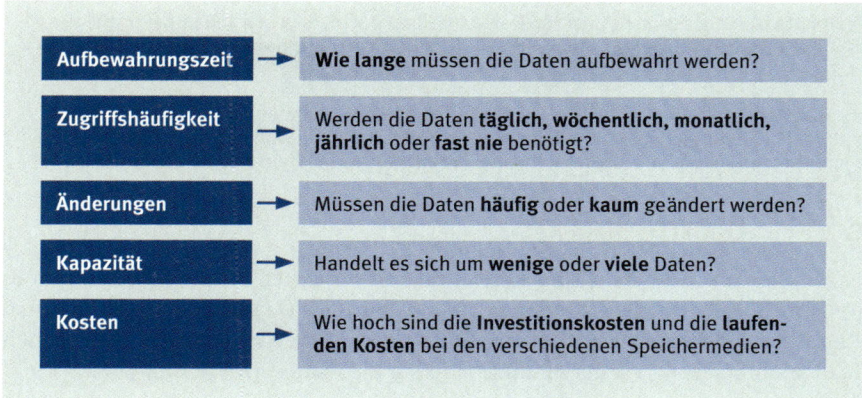

8.2.1 Papier

Form	Typischer Einsatz
Schriftgut	Schriftverkehr am Arbeitsplatz und in der Registratur
Zeichnungen	Pläne, Grundrisse, Skizzen usw.
Literatur	Zeitschriften, Bücher, Kataloge

Statistiken zeigen, dass immer mehr Informationen immer mehr Papier erfordern. Das von vielen Seiten propagierte „papierlose Büro" wird es in naher Zukunft nicht geben. Der Papierverbrauch wächst zurzeit trotz moderner Kommunikationsmedien um ca. 4 % jährlich.

Alterungsbeständiges Papier hat eine Lebensdauer von ungefähr 500 Jahren, Zeitungspapier 10–20 Jahre.

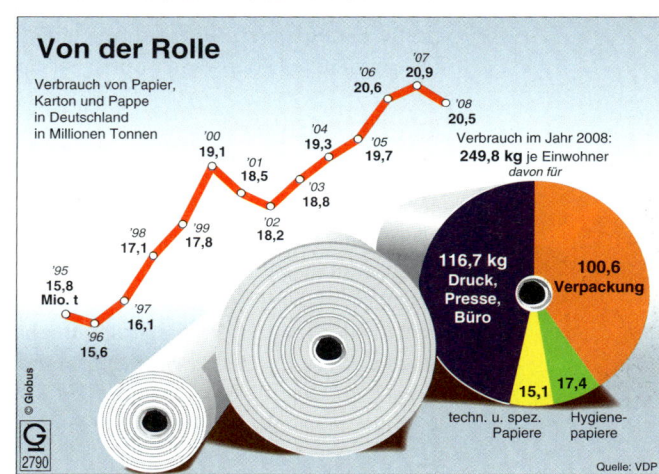

8.2.2 Magnetspeicher

Unter den Magnetspeichern gibt es die Diskette, die Festplatte und Magnetbänder. Die Lebensdauer von Magnetspeichern beträgt 10 bis 30 Jahre.

Diskette	Auf **Diskette** werden kleinere Datenmengen gespeichert. Eine 3,5-Zoll-Diskette (DD und HD) kann bis zu 1,44 MByte speichern. Disketten sind problemlos in der Handhabung, sie können transportiert und mit der Post verschickt werden.
ZIP-Diskette	Eine Alternative ist die **ZIP-Diskette** mit einer Speicherkapazität von 100 MByte oder 250 MByte. Dazu muss aber das entsprechende ZIP-Laufwerk (100 MByte/250 MByte) im PC vorhanden sein.

Festplatte	Die **Festplatte** ist ein Massenspeicher für Programme und Daten, die noch in Bearbeitung sind und auf die häufig zugegriffen werden muss. In vernetzten Anlagen nutzen viele PCs eine Festplatte mit hoher Speicherkapazität.
Magnetbänder	Während bei Disketten und Festplatten ein direkter Zugriff auf die Daten möglich ist, erlaubt das Magnetband nur eine sequenzielle Verarbeitung. Aus diesem Grund wird das Magnetband am PC nicht eingesetzt, sondern findet vereinzelt bei EDV-Anlagen als Massenspeicher Verwendung.

8.2.3 Optische Speicher

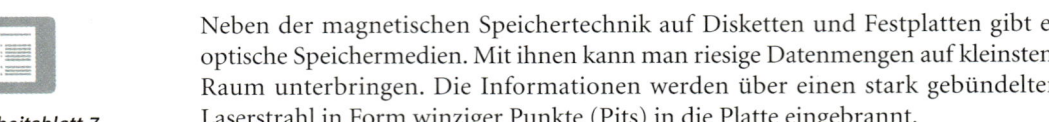
Arbeitsblatt 7

Neben der magnetischen Speichertechnik auf Disketten und Festplatten gibt es optische Speichermedien. Mit ihnen kann man riesige Datenmengen auf kleinstem Raum unterbringen. Die Informationen werden über einen stark gebündelten Laserstrahl in Form winziger Punkte (Pits) in die Platte eingebrannt.

Optische Speicherplatten eignen sich vor allem:

- zur Speicherung großer Datenbestände (Archivierung),
- für Dokumentationen, bei denen ständig mit Suchbegriffen gearbeitet wird (Bibliotheken, Archive in Verlagen usw.),
- zur bildlichen Speicherung von Originalvorlagen,
- für Multimedia-Anwendungen (Interaktion).

Sicher werden die optischen Speichertechniken andere Speichertechniken (magnetische Datenträger, Mikrofilme) teilweise ablösen, aber vorerst nicht ersetzen. Die geschätzte Lebensdauer optischer Speichermedien beträgt **30 bis 100 Jahre.**

8.2.3.1 CD-ROM

Mit der CD-ROM (compact disc read only memory) steht dem PC-Benutzer eine Technik zur Verfügung, die alle anderen Datenträger wegen ihrer sehr hohen Speicherkapazität weit übertrifft und selbst das Buch zum elektronischen Medium (**E-Book**) macht. Daten sind auf der CD-ROM als winzig kleine Vertiefung in die Metallschicht eingebrannt. Darüber ist eine durchsichtige und widerstandsfähige Plastikhaut gezogen, die der abtastende Laserstrahl durchdringt. Verschmutzungen auf der CD-ROM (Fettflecke, Kratzer, Beschriftungen) mindern den Durchblick des Lasers und verursachen Lesefehler. Deshalb sollten CD-ROMs sehr pfleglich behandelt und bei Verschmutzungen mit einem geeigneten Reinigungsmittel aufpoliert werden.

CD-ROMs werden auch als elektronische Bücher bzw. als Nachschlagewerke angeboten:

- Wörterbücher
- Telefonbücher
- Gesetzestexte
- die Bibel
- Enzyklopädien
- Lexika
- Ersatzteilkataloge
- E-Books (electronic books)

8.2.3.2 CD-R (compact disc recordable)

Die CD-R eignet sich besonders zum Speichern umfangreicher Datenbestände, die archiviert werden sollen. Sie lässt sich nur einmal beschreiben. Beim Schreibvorgang wird die Information mit einem Laser so eingebrannt, dass Farbstoffmoleküle in der Scheibe eine nicht umkehrbare chemische Reaktion eingehen. Sie sieht grün, golden oder blau aus. Eine unbeschriebene optische Speicherplatte heißt **Rohling**.

Zum einmaligen „Beschreiben" der CD-R ist ein **CD-Brenner (CD-Rekorder)** erforderlich. Mit diesem Gerät lassen sich auf CD-Rohlingen Daten, Musikstücke und Videos speichern.

8.2.3.3 CD-RW (compact disc rewritable)

CD-R

Im Gegensatz zu CD-ROM und CD-R lässt sich die CD-RW **löschen und wieder beschreiben.** Ein Rohling kann bis zu 1 000-mal beschrieben werden, weil der Laser des CD-Rekorders die datenführende Schicht nicht chemisch wie bei der CD-R, sondern physikalisch verändert. Eine dateiweise Beschreibung und Löschung ist möglich. Allerdings ist die Entwicklung dieses Datenträgers noch nicht ausgereift.

8.2.3.4 DVD (digital versatile disc)

DVD bedeutet so viel wie **„digitale, vielseitige Scheibe".** Sie sieht auf den ersten Blick aus wie eine CD, kann aber die **siebenfache** Datenmenge einer CD speichern. Im Unterschied zur CD kann sie aus zwei zusammengeklebten Scheiben bestehen. Dadurch ergeben sich zwei Informationsschichten. Die DVD-R ist ein einmal beschreibbarer Rohling; die DVD-RW ein wiederbeschreibbarer Rohling. Es gibt verschiedene DVD-Größen: DVD 5, einseitig, eine Schicht, 4,7 GByte; DVD 9, einseitig, zwei Schichten, 8,5 GByte; DVD 10, zweiseitig, je eine Schicht, 9,4 GByte; DVD 18, zweiseitig, je zwei Schichten, 17 GByte.

Was bedeuten „+" und „–" vor dem R/RW?
„+" und „–" vor dem **R** oder **RW** kennzeichnen zwei konkurrierende Standards für beschreibbare DVDs. Der **„–"-Standard** wurde zuerst zum DVD-Bespielen vorgestellt. Der **„+"-Standard** wurde erst später verabschiedet. „+"-Scheiben ermöglichen derzeit höhere Brenngeschwindigkeiten. Ältere Laufwerke spielen manchmal selbst gebrannte DVDs nicht ab. Dann müssen Sie ausprobieren, welche Scheiben-Formate („+"/„–") lesbar sind. Manche Brennprogramme bieten eine Einstellung für die Kompatibilität.

8.2.4 Digitale Speichermedien

8.2.4.1 Mobile Speicherkarten

Speicherkarten haben eine hohe Speicherkapazität und werden in PDAs, Handys, digitalen Kameras, digitalen Diktiergeräten u. Ä. verwendet. Neue PCs verfügen in der Regel über integrierte Kartenlesegeräte, sodass die gespeicherten Daten ohne Probleme zur weiteren Verarbeitung am PC in das entsprechende Programm eingelesen werden können. Ohne neue Stromzufuhr bleiben die Daten bis zu **zehn Jahre** auf der Karte gespeichert. Die gebräuchlichsten Speicherkarten sind:

- **CompactFlash (CF).** Sie ist die größte Speicherkarte. Da ihr Controllerchip die Daten in einem einheitlichen Format speichert, kann sie fast in jedem CF-Gerät eingesetzt werden. CF-Karten gibt es in den Größen 512 MB, 1 GB, 2 GB, 4 GB, 8 GB.

- **Multimedia-Card (MMC).** Die Multimedia-Card ist wenig verbreitet und relativ teuer. Anders als bei der CF-Karte steckt die Steuerlogik (Controller) nicht im Speicherchip, sondern im Gerät. Sie wird in digitalen Kameras und als Adressspeicher in Handys verwendet. Die maximale Speicherkapazität beträgt 4 GB. Nachteil: Kompatibilitätsprobleme.
- **SecureDigital (SD).** Die SD-Karte wird in Camcordern, Digitalkameras und Notebooks von Panasonic eingesetzt sowie in PDAs von Palm und Casio. Die SD-Karte ist etwas dicker als die MMC-Karte. Die SD-Speicherkapazitäten liegen bei 512 MB bis 8 GB.
- **xD-Picture (xD).** Die xD-Picture ist eine Speicherkarte, für die es Adapter gibt, sodass sie anstatt einer CompactFlash-Karte auch in eine Digitalkamera passt. Es gibt sie mit einer Speicherkapazität von 512 MB bis 2 GB. Geplant sind bis zu 8 Gigabyte.
- **Smart-Media-Karte.** Diese Speicherkarte kommt vor allem bei digitalen Diktiergeräten und Kameras zum Einsatz. Durch die offen liegenden Goldkontakte ist sie sehr empfindlich. Kontaktprobleme durch Schmutz und Kratzer sind ebenfalls eine Gefahr. Trotz ihres niedrigen Preises wird sie deshalb immer weniger eingesetzt. Smart-Media-Karten gibt es mit unterschiedlichen Speicherkapazitäten: 8 MB, 16 MB, 32 MB, 64 MB und 128 MB.

Memory-Stick   IBM Microdrive   Multimedia-Card   Compact-Flash-Card   Smart-Media-Card   SD-Card

8.2.4.2 USB-Stick

USB-Stick

USB-Uhr

Der USB-Stick – auch Memory-Stick genannt – ist ein leichtes, kompaktes Speichermedium mit einem **USB-Stecker.** Das lange Stäbchen wird über die USB-Schnittstelle an den PC angeschlossen. Dabei ordnet das Betriebssystem dem USB-Stick automatisch einen Laufwerksbuchstaben zu. Ab dem Betriebssystem Windows 2000 läuft der USB-Stick ohne Installation eines Treibers. USB-Sticks gibt es mit unterschiedlichen Speicherkapazitäten: **256 MB, 512 MB, 1 GB, 2 GB, 4 GB, 8 GB. Mittlerweile werden USB-Sticks mit einem Speichervolumen bis zu 32 GB angeboten.**

Vorteile:

- Massenspeicher für **alle Dateien,**
- dauerhaftes Ablegen von Dateien **unabhängig** von der Stromversorgung,
- **unempfindlich** gegen extreme Luftfeuchtigkeit und magnetische Felder,
- **Schreibschutz** durch integrierten Schalter.

Anwendungsgebiete:

- Ersatz für Diskettenlaufwerke bei Notebooks.
- Datentransport von PC zu PC, die nicht durch ein Netzwerk verbunden sind.
- Versenden von umfangreichen Dateien.

8.2.5 Mikrofilm

Dank seiner **Alterungsbeständigkeit** werden auch heute noch viele Informationen auf Mikrofilm archiviert. Die Lebensdauer eines Mikrofilms liegt zwischen **30 und 100 Jahren.** Bei guter Lagerung kann von einer weitaus höheren Lebensdauer ausgegangen werden.

8.2.5.1 Mikrofilmformen

Rollfilm

Er eignet sich vor allem zur Aufbewahrung von abgeschlossenen Vorgängen bei seltenem Zugriff. Der entwickelte Rollfilm wird auf Spulen in einer geschützten Kassette oder in einem Magazin aufbewahrt.
Außerdem werden Daten auf einem Rollfilm archiviert, wenn

Rollfilmkassette

- eine große Zahl sachlich zusammenhängender Unterlagen (z. B. Rechnungen, Lieferscheine) aufzubewahren ist,
- Unterlagen verhältnismäßig selten benötigt werden (Archivverfilmung von Zeitungen, Krankenberichten),
- unersetzliche Dokumente wie Urkunden aus Politik und Geschichte, Baupläne (z. B. des Kölner Doms) und Bibliotheken vor Verlust und Zerstörung geschützt werden müssen.

Es gibt Rollfilme mit einer Filmbreite von 16 mm und 35 mm. Ein Rollfilm fasst etwa 3 000 Seiten.

Jacket

Wenn erforderlich, kann ein Rollfilm nach sachlichen Gesichtspunkten **zerschnitten** werden. Die Filmstreifen oder Einzelbilder werden zeitweise in die „Hüllen" des durchsichtigen Jackets eingeschoben. Ein Jacket im Format A6 nimmt in der Regel 60–70 A4-Seiten auf und ist am oberen Rand von Hand oder maschinell beschriftbar. Somit kann ein Jacket wie eine Karteikarte gekennzeichnet und benutzt werden. Das Jacketieren ist von Hand oder maschinell (Jacketiergerät) möglich.

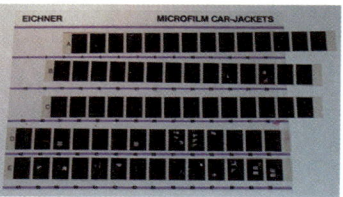

Jackets können für einen bestimmten Vorgang bzw. für eine Akte angelegt werden. Beispielsweise kann in der Personalabteilung für jeden Mitarbeiter ein Jacket angelegt werden, das sämtliche Personalakten aufnimmt und bei dem Änderungen oder Ergänzungen leicht vorgenommen werden können.

Mikrofiche (Planfilm)

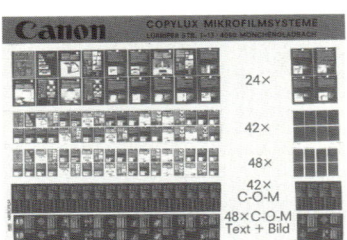

Mikrofiche

Mikrofiches sind Planfilme im Format A6, die je nach der Verkleinerung der verfilmten Originale Hunderte von A4-Seiten aufnehmen können. Bei der Herstellung von Mikrofiches gibt es drei Möglichkeiten:

- Duplizieren (Vervielfältigen) von Jackets;
- Originaldokumente werden von einer Mikrofichekamera unmittelbar auf Mikrofiches aufgenommen;
- vom EDV-Magnetband werden Daten mit einem COM-Aufnahmegerät (COM = computer output on microfilm) direkt auf Mikrofiches umgesetzt.

Mikrofiches werden überall dort eingesetzt, wo eine Unterlage gleichzeitig an vielen Arbeitsplätzen benötigt wird. Auch am Arbeitsplatz sind Mikrofiches wie eine Kartei einsetzbar und können in bestimmten Zeitabschnitten durch neue ausgetauscht werden.

Seit 1965 ist die Mikroverfilmung gesetzlich anerkannt. Im § 257 HGB heißt es:

> Empfangene Handelsbriefe können statt in Urschrift in der Form einer verkleinerten Wiedergabe auf einem Bildträger aufbewahrt werden, wenn das Verfahren ordnungsgemäßen Grundsätzen entspricht und sichergestellt ist, dass die Wiedergabe mit der Urschrift übereinstimmt. Nach der Kontrolle können die Urbelege (Originalbelege) vernichtet werden.

Eröffnungsbilanzen, Jahresabschlüsse und Konzernabschlüsse müssen allerdings zehn Jahre im Original aufbewahrt werden, auch wenn sie mikroverfilmt sind.

Aufnahmegerät

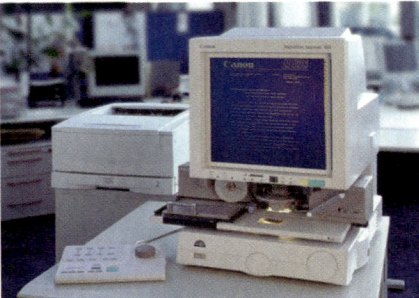
Lese- und Reproduziergerät

8.2.5.2 Vorteile der Mikroverfilmung

Durch den Einsatz der Mikrografie ergeben sich gegenüber der konventionellen Speicherung auf Papier vor allem folgende Vorteile:

- Raumersparnis von 95 % durch eine hohe Speicherdichte.
- Auf digitalisierte Daten kann am Bildschirm jederzeit zugegriffen werden.
- Alle Daten werden langfristig vor Verlust oder Missbrauch geschützt.

Zusammenfassung

1. Als Datenträger für die **magnetische** Speichertechnik werden **Disketten, Festplatten** und **Magnetbänder** eingesetzt.
2. **Festplatten** haben eine hohe Speicherkapazität und erlauben einen **schnelleren Zugriff** auf die gespeicherten Informationen.
3. **Optische Speichermedien** sind **CD-ROM, CD-R, CD-RW, DVD, DVD-R** und **DVD-RW**.
4. „**+**" und „**–**" vor dem R oder RW kennzeichnen zwei **konkurrierende Standards**.
5. Die **optischen Speichermedien** haben eine sehr hohe Speicherkapazität.
6. Im Gegensatz zur CD/DVD kann die **CD-R/DVD-R** vom Benutzer mithilfe eines CD-/DVD-Brenners beschrieben werden. Die Daten können allerdings nicht gelöscht oder verändert werden.
7. **CD-RWs/DVD-RWs** können sowohl beschrieben als auch gelöscht werden.
8. Eine unbespielte CD-R/DVD-R oder CD-RW/DVD-RW nennt man **Rohling**.
9. Auf optischen Speichermedien können **Daten, Bilder, Bewegtbilder (Videos), Töne** und **Sprache** gespeichert werden.
10. Der **USB-Stick/Memory-Stick** ist ein leichtes, kompaktes Speichermedium mit hoher Speicherkapazität.
11. Dank seiner **Alterungsbeständigkeit** – bis zu 100 Jahren – werden auch heute noch Informationen und Schriftgut auf **Mikrofilm** archiviert.

Aufgaben 8

1. Ein PC ist sowohl mit einer Festplatte als auch mit einem CD-ROM-/DVD-Laufwerk ausgestattet. Wodurch unterscheiden sich die beiden Datenträger?
2. Wann ist der Einsatz von Magnetbändern für die Datenspeicherung sinnvoll?
3. Welche optischen Speichermedien kennen Sie?
4. Die meisten PCs haben heute kein Diskettenlaufwerk mehr, dafür aber ein CD- oder DVD-Laufwerk. Wie erklären Sie sich das?
5. Welche Gründe sind Ihrer Meinung nach ausschlaggebend dafür, dass sich die optischen Datenträger durchgesetzt haben?
6. Sie brennen regelmäßig Ihre Daten auf CD/DVD und nutzen dabei die Speicherkapazität des Rohlings nicht ganz aus. Ist es möglich, auf einer bereits gebrannten CD/DVD Daten zu ergänzen?
7. Unterscheiden Sie die optischen Speichermedien nach Eigenschaften und Anwendung. Erstellen Sie dazu eine Tabelle.
8. Die ModellIdee GmbH entscheidet sich für die Einführung des Speichermediums CD-R.
    a) Welche Gründe könnten dafür entscheidend gewesen sein?
    b) Welche zusätzlichen Anschaffungen müssen Sie für den PC-Arbeitsplatz tätigen?

Aufgaben

9. Sie arbeiten mit einem PDA und einem digitalen Diktiergerät und wollen die gespeicherten Daten auf Ihrem PC weiterverarbeiten. Wie gehen Sie dabei vor?

10. Warum werden auch heute noch Informationen auf Mikrofilm gespeichert?

11. Erläutern Sie die Vorteile der digitalen Speichermedien.

12. Pierre möchte einen USB-Stick kaufen. Worauf muss er achten?

8.3 Dokumentenmanagementsysteme

Arbeitsblatt 8

www.elo-digital.de
www.docuware.com
www.easy.de
www.windream.com
www.classei.de
www.coi.de
www.ser.de
www.ixos.com

Wir leben heute in einer Informationsgesellschaft. Neue und sich immer weiter ausbreitende Technologien machen es fast unmöglich, den täglich wachsenden Informationsfluss vernünftig zu nutzen. Informationen werden beschafft, erstellt und verteilt. **Sind wir aber noch in der Lage, die große Menge an Informationen in einer angemessenen Zeit zu lesen, zu interpretieren und letztendlich in Wissen umzusetzen?** Denn Wissen ist notwendig, um Entscheidungen treffen zu können und fundiert zu handeln.

> „Wir können die Schwerkraft überwinden, aber der Papierkram erdrückt."
> Wernher v. Braun

Diese Aussage spiegelt das Problem der Informationsverarbeitung wider. Die meisten Informationen gelangen auf **Papier** in ein Unternehmen, nur ein geringer Teil, ungefähr **10 %, in digitaler Form** – Tendenz zunehmend.

Unterschiedliche Archivierungsmethoden (Papierablage, Mikroverfilmung) führen zu Medienbrüchen im Unternehmen und ermöglichen keinen parallelen Zugriff auf die gespeicherten Informationen. Die gezielte Informationssuche ist in diesen Fällen zeitaufwendig, kostenintensiv und ineffizient. **Mit Dokumentenmanagementmystemen (DMS) können Medienbrüche vermieden und eine gemeinsame Verwaltung unterschiedlicher Daten realisiert werden.**

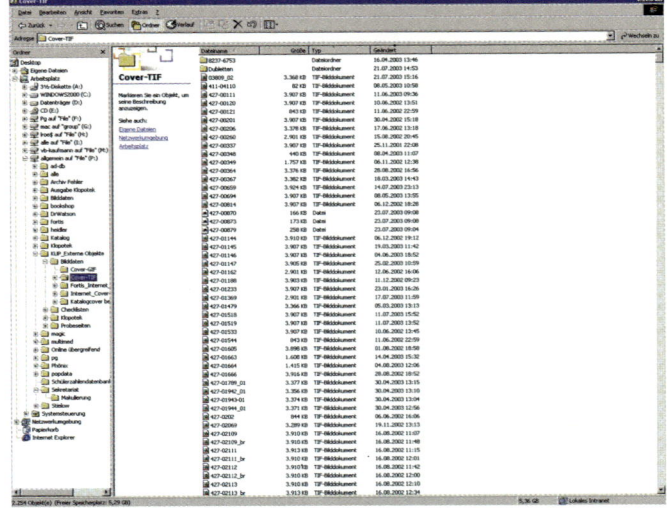

Ein erheblicher Grund für die Einführung eines DMS kommt vom Gesetzgeber: **Seit dem 1. Januar 2002 müssen elektronische Belege auch elektronisch archiviert werden.** Das Ausdrucken und Abheften einer per E-Mail eingegangenen Mahnung genügt nicht mehr.

Ein DMS ist vergleichbar mit dem Dateisystem eines Betriebssystems (z. B. Windows). Es ermöglicht die elektronische Verwaltung von Informationen jeglicher Art. Sobald eine Information als Datei mit der Funktion „Speichern unter" gespeichert wird, übergibt das Anwendungsprogramm (z. B. Word) die Datei in die Verantwortung des Betriebssystems. Im Dateiverwaltungsprogramm des Betriebssystems (Windows-Explorer) können die Dateien verschoben, gesucht, kopiert, gelöscht oder umbenannt werden.

Das Dateisystem des Windows-Explorers bietet aber nur die Möglichkeit, vier **Suchmerkmale** (sog. **Indexe**) zur Identifikation eines Dokuments zu nutzen: **Dateiname, Pfad, Dateityp und Änderungsdatum.** Das Problem dieser Dokumentenverwaltung ist, dass die Indexe nicht zentral in einer Datenbank verwaltet werden. Hier leisten Dokumentenmanagementsysteme Abhilfe. Durch eine fast unbegrenzte Vergabe von Suchmerkmalen kann eine Datei aus den verschiedensten Blickwinkeln der Anwender identifiziert werden.

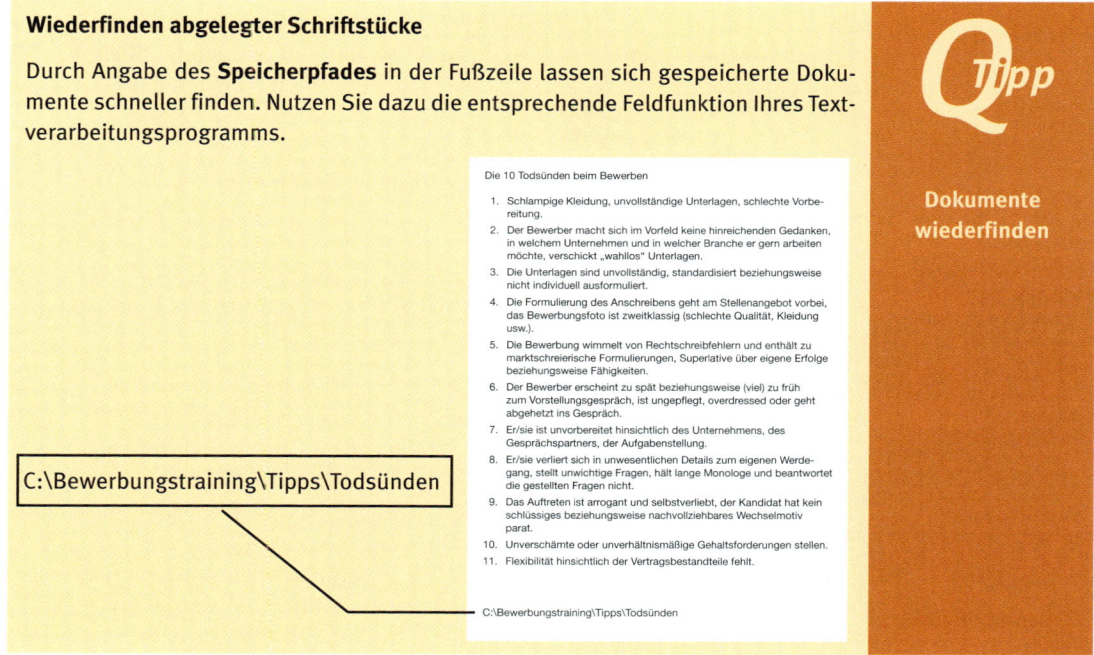

8.3.1 Aufgaben

Ein DMS übernimmt die Betreuung eines Dokuments über seinen gesamten Lebenszyklus. Zu seinen wichtigsten Aufgaben gehören:

- **Archivierung kaufmännischer Belege**
  Ein- und ausgehende Rechnungen, Lieferscheine, Auftragsbestätigungen, Journale usw. werden automatisch im DMS abgelegt und stehen den Anwendern am PC zur Verfügung. Die zur Erstellung genutzte kaufmännische Software wird in das DMS integriert.

- **Verwaltung allgemeiner Korrespondenz**
  Briefe, Faxe, E-Mails und Textdateien werden im DMS aufgenommen, thematisch gruppiert und auf zentralen Dokumentenservern abgelegt.
- **Erfassung und Erstellung von Dokumentationen**
  Protokolle, Berichte, Präsentationen und technische Zeichnungen werden im DMS internen und externen Kollegen zur Verfügung gestellt.

8.3.2 Arbeitsweise

8.3.2.1 Dokumentenerfassung

Arbeitsblatt 9

Die in Papierform vorliegenden Dokumente – Rechnungen, Belege, Schriftverkehr, Fotos, also Unterlagen aller Art – werden nach Typ **vorsortiert** und über einen Scanner **eingescannt** und **digitalisiert.** Der Scanner ist an das Computersystem angeschlossen, sodass die Daten automatisch übernommen werden können.

Dokumente werden mit einem Barcode versehen   Dokumente einscannen

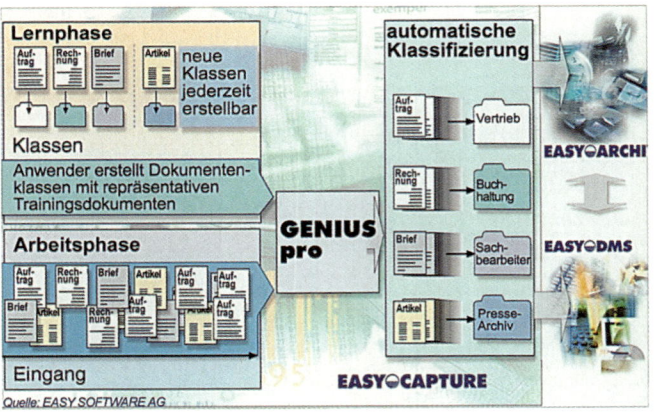

Erkennen – zuordnen – weiterleiten – vollautomatisch in EASY CAPTURE

Soll ein gescanntes Dokument für eine Volltextsuche zur Verfügung stehen, setzt dies das **Extrahieren des Textes mit einer OCR-Software** voraus. Dieser Vorgang wandelt einen Text, der im Bildformat gespeichert ist, in Standardtext um.

Dateien aus allen möglichen Programmen, elektronische **Faxe** und **E-Mails,** beispielsweise aus Outlook oder Lotus, lassen sich ebenfalls ins System übernehmen.

8.3.2.2 Indizieren

Im nächsten Schritt werden die erfassten Dokumente mit Merkmalen versehen.

Bei der Indizierung (Zuordnung von Merkmalen) unterscheidet man drei Arten:

1. **Vergabe eines Indexes,** der das Dokument eindeutig identifiziert. Vor dem Einscannen wird das Dokument z. B. mit einem Barcode versehen, wodurch eine Verwechslung weitgehend ausgeschlossen werden kann.

2. **Dokument.** Dieses Merkmal wird von dem Programm, in dem das Dokument erzeugt wurde, automatisch vergeben. Ist das nicht der Fall, muss dies durch Einscannen manuell ergänzt werden.
3. **Suchmerkmale.** Sie sind Merkmale, die zur Recherche z. B. bei der **Volltextsuche** benutzt werden. Suchmerkmale können sein:
   - Rechnungsnummer,
   - Datum,
   - Firmenname,
   - Dokumententyp,
   - inhaltliches Stichwort.

Bei der **Volltextsuche** werden die Dokumente nach enthaltenen Wörtern oder Buchstabenfolgen durchsucht. Die **Wörter oder Buchstabenfolgen** müssen zuvor der **Datenbank** als **Stichwörter** hinzugefügt werden. Dieser Vorgang wird in der Fachsprache als „**Verschlagwortung**" bezeichnet. Viele DMS übernehmen beim Einscannen oder Einlesen des Dokumentes Schlagworte automatisch.

Die meisten Systeme identifizieren nicht den Inhalt des Dokumentes, sondern die dem Dokument zugeordneten Merkmale. So kann z. B. nach einem Dokument, das zum Projekt „Verbesserung der Kundenbetreuung" gehört und gleichzeitig eine Rechnung ist, gesucht werden.

Das **Indizieren** ermöglicht es,

- Dokumente verschiedenen Typen zuzuordnen,
- die zeitliche Abfolge nachzuvollziehen,
- festzustellen, wann welche Dokumente von wem erstellt wurden,
- festzustellen, wer wann welche Änderungen an Daten vorgenommen hat.

Spezielle **Indexmasken** helfen, das Dokument zu indizieren bzw. einen Index zum Wiederfinden eines Dokumentes einzugeben.

8.3.2.3 Ablegen und Archivieren

Diesen Arbeitsvorgang übernimmt die Software weitgehend selbstständig. Zweckmäßig ist, wenn die Dokumente im Posteingang vollständig eingelesen und anschließend auf die verschiedenen virtuellen Briefkörbe der Mitarbeiterinnen und Mitarbeiter verteilt werden. Es sollte zuvor unbedingt in einer Ablagestruktur festgelegt werden, wo die Archivierung zu erfolgen hat: in der Poststelle, nach der Bearbeitung oder bei der Ablage. Weiterhin sollte festgelegt werden, wie weitergeleitet wird, von wem und wann.

Dokumente, die im Unternehmen neu erstellt werden, können automatisch nach der Erzeugung oder auf Aufforderung der dafür zuständigen Mitarbeiter zu einem bestimmten Zeitpunkt archiviert werden.

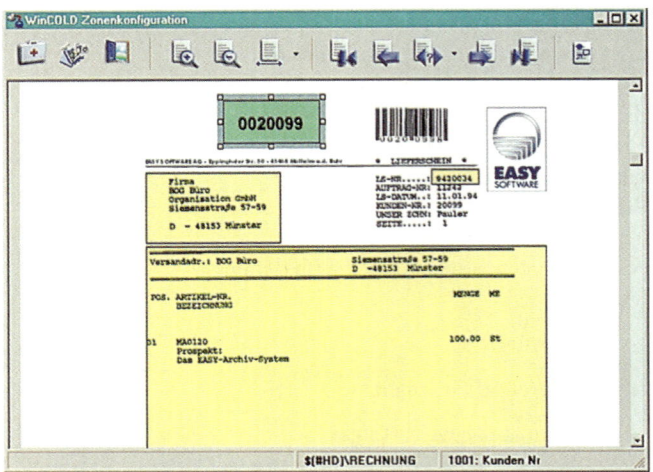

Um die Revisionssicherheit zu erreichen, werden die Daten in verschlüsselten Containern gespeichert, die zwar das Anschauen gestatten, aber keine Veränderung zulassen.

Archive bzw. **Endablagen** dienen zur revisionssicheren und unveränderbaren Speicherung von Informationen. **Elektronische Archivierungssysteme** besitzen die Möglichkeit, große Informationsmengen in sogenannten **Jukeboxen** zu verwalten. Eine Jukebox ist ein Plattenwechselautomat für optische Speichermedien. Jukeboxen erlauben heute einen Zugriff auf nahezu unbegrenzte Datenmengen.

Mit dem Formularassistenten von EASY WINCOLD lassen sich Zonen für die Indexübernahme in Archivfelder definieren.

Jukebox mit vorgesehenen Fächern für optische Speichermedien

CD-RW mit 1.3 Gigabyte

8.3.2.4 Dokumente suchen

Die Suche nach Dokumenten, die im Archiv abgelegt sind, erfolgt in Sekundenschnelle. Mit einer Volltextsuche kann sogar nach sämtlichen Begriffen recherchiert werden, die in einem Dokument enthalten sind.

Bei der Suche nach Dokumenten bieten DMS-Programme verschiedene Möglichkeiten:
- **Indexsuche** ist die Suche nach **Merkmalen (Indizes),** die mit den Dokumenten abgespeichert wurden.
- Bei der **Suche über Dokumenttypen** können die Indizes des jeweiligen Dokumententyps verknüpft werden. Als Ergebnis werden nur Dokumente des ausgewählten Dokumenttyps angezeigt.
- Die **Volltextsuche** ermöglicht das Auffinden von Dokumenten und Dateien über Textelemente, die in dem gesuchten Dokument vorkommen. Die Suche erfolgt über einen bestimmten Begriff oder über einen Platzhalter für einen Begriff (z. B. *, ?).

Auf die im Archiv gespeicherten Dokumente können alle angeschlossenen PCs **zeitgleich** zugreifen.

8.3.3 Leistungsmerkmale

DMS erbringen folgende Leistungen:

- **Schneller Informationszugriff** – auch von mehreren Personen gleichzeitig,
- **kurzfristiger Zugriff** auf bereits vorhandene Informationen,
- hohe **Auskunftsbereitschaft,**
- Möglichkeit, **virtuelle Ordner/Mappen** anzulegen und nach verschiedenen Aspekten sortiert zu bündeln,
- OCR-Texterkennung auch in **farbigen** Dokumenten,
- Steuerung der **Zugriffsrechte** einzelner Personen und Gruppen,
- Möglichkeit, den **Lebenszyklus eines Dokumentes** nachzuverfolgen,
- eine **Workflow-Schnittstelle** ermöglicht eine vollständige elektronische Vorgangsbearbeitung und Geschäftsfallsteuerung; Geschäftsprozesse können optimiert, Bearbeitungs-, Transport- und Liegezeiten verkürzt und innerbetriebliche Strukturen transparent gemacht werden,
- eine **SAP-Schnittstelle** ermöglicht eine separate Archivierung der SAP-Daten und entlastet somit die Datenbank,
- mit dem **COLD-Verfahren** (computer output on laser disc) können große Datenmengen automatisch erfasst, indiziert und archiviert werden, um sie revisionssicher zu lagern und jederzeit suchen zu können.

8.3.4 Vorteile

Folgende Vorteile von DMS sind zu nennen:

- Dokumente werden schnell gefunden und Kundenfragen unmittelbar beantwortet. Die Kundenzufriedenheit wird dadurch erhöht.
- Die ständige Verfügbarkeit von Informationen für alle Mitarbeiterinnen und Mitarbeiter macht eine aufwendige Suche überflüssig.
- Durchlauf- und Reaktionszeiten werden verkürzt.
- Arbeitsproduktivität und Geschäftsprozesse werden verbessert.
- Der sogenannte Medienbruch zwischen analogen und digitalen Systemen wird vermieden.
- Eine redundante (doppelte) Speicherung, und damit die Änderung mehrerer Kopien, entfällt.
- Organisatorische Anpassungen können schneller realisiert werden.
- Raumeinsparung sowie
- verbesserter Personaleinsatz.

8.4 Datensicherheit

Jeder Betrieb ist verpflichtet, für die **Sicherheit der gespeicherten Daten** zu sorgen. Sicherheitsvorkehrungen erstrecken sich auf die Räume, die Hard- und Software und die Mitarbeiter.

Datenverluste können entstehen durch

- höhere Gewalt (Brände, Wasser usw.),
- Fehler bei der Hard- oder Software,
- menschliches Versagen (Irrtum oder Nachlässigkeit der Mitarbeiter),
- absichtliches Herbeiführen von Schäden (Computerkriminalität).

Um Bedienungsfehler, technische Störungen, Verluste oder Manipulation von Daten nach Möglichkeit ausschließen zu können, sollte Folgendes beachtet werden:

- Zutrittskontrollen (Closed-Shop-Betrieb, Ausweisleser, Schleusentüren, optische Überwachung),
- Rauchverbot, Temperatur- und Luftfeuchtigkeitskontrolle, Alarmanlagen, Raumüberwachungsanlagen in EDV-Räumen,
- Zugang zum PC und zur Festplatte nur mit Schlüssel oder Chipkarte,
- Zugriff auf Programme oder Daten nur mit Passwort, Benutzercode oder Plausibilitätskontrolle (Verschlüsselung von Daten),
- Kopierschutz für bestimmte Software,
- Protokollführung am PC,
- Regelung der PC-Benutzung (Zuständigkeitsregelung),
- Regelung des Personaleinsatzes und der Verantwortlichkeit (klare Funktionstrennung).

Zusammenfassung

1. Mit **Dokumentenmanagementsystemen (DMS)** können Medienbrüche vermieden und eine gemeinsame Verwaltung unterschiedlicher Daten realisiert werden.

2. Seit dem 1. Januar 2002 müssen **elektronische Belege** auch elektronisch archiviert werden.

3. Dokumentenmanagementsysteme übernehmen folgende Aufgaben: **Archivierung** kaufmännischer Belege, **Verwaltung** allgemeiner Korrespondenz, **Erfassung** und **Erstellung** von Dokumentationen.

4. Folgende Arbeitsschritte bilden die Basis für die elektronische Ablage in einem DMS: **Dokumentenerfassung, Indizieren, Ablegen und Archivieren, Dokumente suchen.**

5. Um Bedienungsfehler, technische Störungen, Verluste und Missbrauch von Daten nach Möglichkeit auszuschließen, sind in jedem Betrieb Regelungen zur **Datensicherheit** vorzunehmen.

Aufgaben

1. Nachdem viele Geschäftspartner erfolgreich ein Dokumentenmanagementsystem einsetzen, denkt Herr Dahlmann darüber nach, ob sich diese Investition auch für seinen mittelständischen Betrieb lohnen würde. In der nächsten Besprechung will er seinen Mitarbeiterinnen und Mitarbeitern erklären, was ein Dokumentenmanagementsystem ist und welche Vorteile der Einsatz bringen würde.

   Bereiten Sie eine entsprechende Erklärung für Herrn Dahlmann vor.

2. Wie kann der Einsatz eines DMS realisiert werden, wenn 90 % der Informationen in Papierform in den Betrieb gelangen?

3. Für die elektronische Verarbeitung müssen die Dokumente eindeutig identifizierbar sein. Welche Möglichkeiten bietet das DMS?

4. Was verstehen Sie unter der Volltextsuche?

5. Frau Krämer, Sachbearbeiterin eines Lieferanten der Mode|Idee GmbH, arbeitet mit einem DMS. Ein Kunde ruft an, um verloren gegangene Rechnungskopien aus dem letzten Quartal anzufordern. Erläutern Sie anhand dieses Beispiels die Vorteile eines DMS.

6. Um die Sicherheit der Daten zu garantieren, sind bestimmte Vorsichtsmaßnahmen zu treffen.

   Welche Maßnahmen betreffen:
   a) die Räume,
   b) die Hardware,
   c) die Software,
   d) die Mitarbeiter?

Öko-Tipps

- Verwenden Sie vor allem Schriftgutbehälter aus Pappe.

- Beim Kauf von Kunststofffolien sollte darauf geachtet werden, dass sie aus PP (Polypropylen) oder PE (Polyethylen) hergestellt worden sind. PP und PE lassen sich nach heutigem Stand der Wissenschaft vergleichsweise problemlos entsorgen.

- Vermeiden Sie Doppel- und Mehrfachablagen. Wenn mehrere Personen dieselben Unterlagen benötigen, halten Sie sie für alle zugänglich und führen Sie eine „Entliehen/Zurück"-Kontrolle durch.

- Abfälle aus Papier und anderen Wertstoffen (z. B. Disketten) sollten Sie in separaten Behältern sammeln.

- Aktenvernichter produzieren bei der Zerkleinerung von Papier Feinstaubpartikel. Verwenden Sie deshalb Aktenvernichter mit integriertem oder aufgesetztem Feinstaubfilter.

HOT

Lernzirkel

Methodenbeschreibung

In Einzel-, Partner- oder Gruppenarbeit werden Aufgaben zu Lerngebieten formuliert, die inhaltlich nicht aufeinander aufbauen. Jede Aufgabe sollte in fünf bis zehn Minuten lösbar sein. Nach der Auswertung der Aufgaben werden etwa vier Stationen aufgebaut. An jeder Station befinden sich Aufgaben, die in der gleichen Zeit vollständig bearbeitet werden können. Die Schüler werden an die Stationen verteilt. Nach dem ersten Arbeitstakt wechseln die Lerngruppen zur nächsten Station. Dies wird so lange wiederholt, bis jede Gruppe jede Aufgabe an den Lernstationen bearbeitet hat.

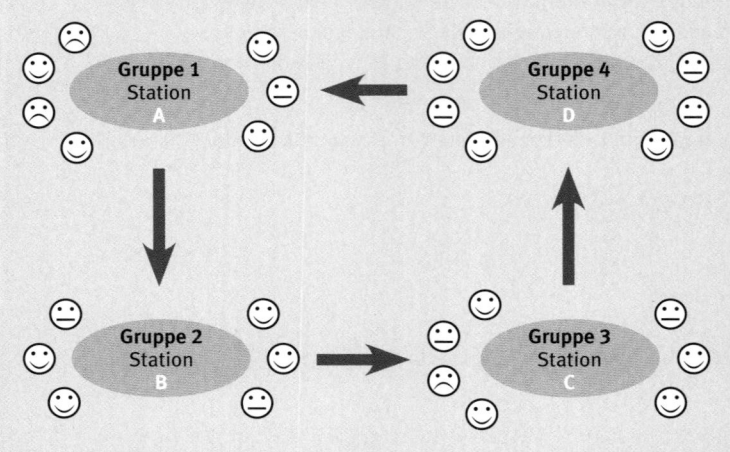

Durchführung

1. Bereitstellung der Aufgaben für die Lernstationen,
2. Aufbau der Lernstationen,
3. Verteilung der Aufgaben an die Lernstationen,
4. Einteilung der Lerngruppen,
5. Verteilung der Schülerinnen und Schüler an die Stationen,
6. Beginn des ersten Arbeitstaktes,
7. Kommando zum Wechseln der Stationen,
8. nach dem letzten Arbeitstakt erfolgt die Kontrolle der Ergebnisse.

Arbeitsaufträge

1. Erstellen Sie in einer Unterrichtsstunde je eine Aufgabe zu folgenden Themen, wobei die Aufgaben inhaltlich nicht aufeinander aufbauen und in fünf bis zehn Minuten zu lösen sein sollen:
   a) Informationsspeicherung,
   b) Notwendigkeit der Schriftgutablage,
   c) Registraturformen,
   d) Mikroverfilmung.
2. Erstellen Sie in der darauf folgenden Unterrichtsstunde einen Lernzirkel.
3. Verteilen Sie die Aufgaben an die Stationen.
4. Führen Sie den Lernzirkel durch.

9 Telekommunikation

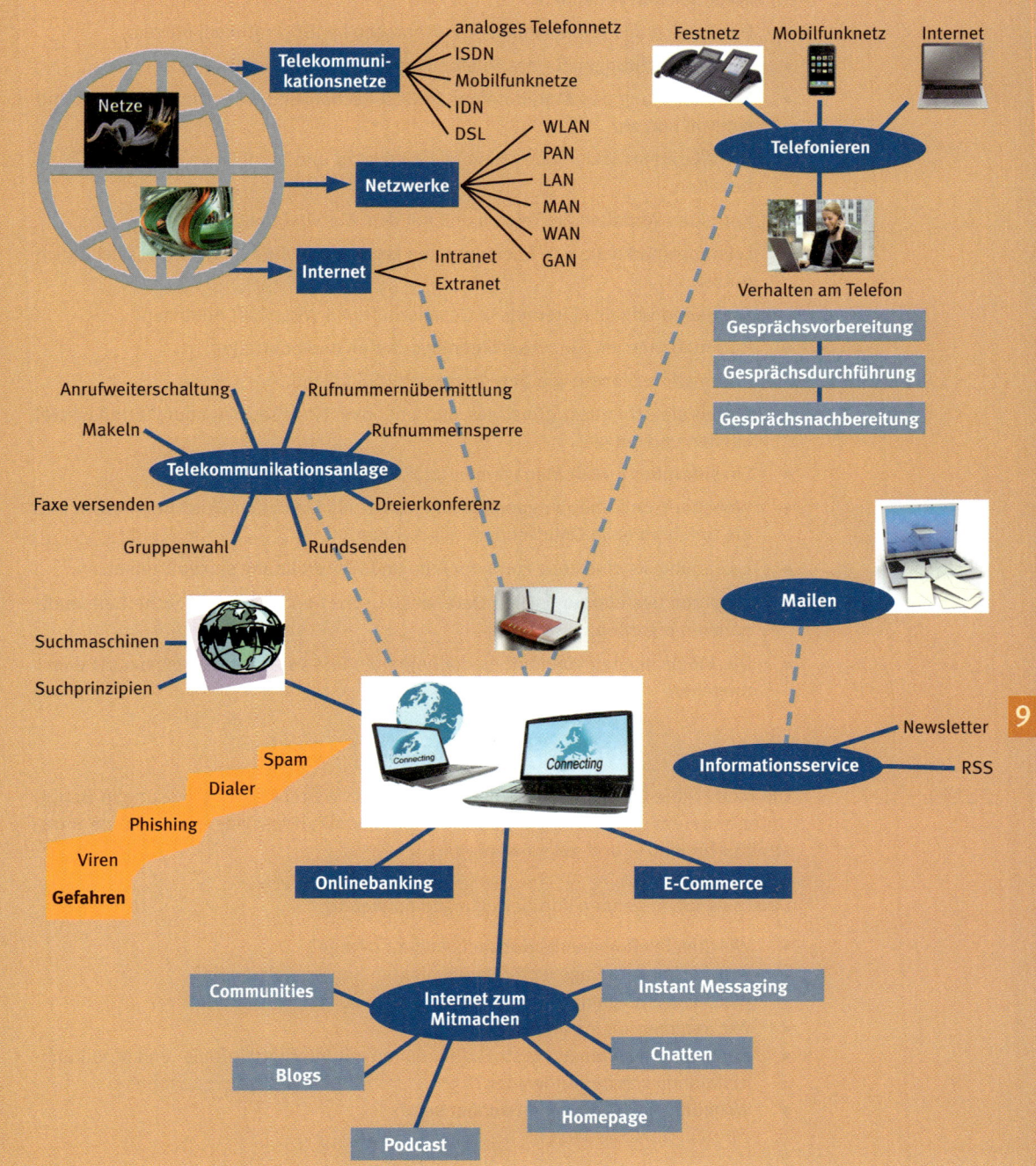

9 Telekommunikation

Lernziele

- Telekommunikationsnetze und ihre Funktion kennen.
- Die Bedeutung von ISDN für die inner- und außerbetriebliche Kommunikation erkennen und verstehen.
- Das Telefon und Telekommunikationsanlagen im ISDN rationell nutzen.
- Zusatzeinrichtungen für das Telefon kennen und wirtschaftlich einsetzen.
- Die Bedeutung des Mobiltelefons in Gesellschaft und Wirtschaft erkennen und sinnvoll nutzen.
- Die Weiterentwicklung des Handys im privaten und beruflichen Bereich im Auge behalten.
- Korrektes Verhalten am Telefon und mit dem Mobiltelefon praktizieren.
- Leistungsmerkmale von Telefaxgeräten kennen und die Funktionen wirtschaftlich nutzen.
- Die Bedeutung des Internets in Gesellschaft und Wirtschaft erkennen.
- Informationen mit Suchmaschinen beschaffen und beurteilen.
- Informationsdienste wie Newsletter und RSS nutzen.
- E-Mail als schnelles, günstiges und unkonventionelles Kommunikationsmittel kennen und nutzen.
- Ein sinnvolles E-Mail-Management praktizieren.
- Webshops und Shoppingportale im Internet als Einkaufsmöglichkeit nutzen und die Gefahren beim Onlineshopping erkennen.
- E-Learning als eine neue Form der Aus- und Weiterbildung sinnvoll einsetzen.
- Gefahren des elektronischen Datenaustausches erkennen und Sicherheitsmaßnahmen ergreifen.
- Die Möglichkeiten von Multimedia begreifen und verantwortungsbewusst damit umgehen.

Fallbeispiel

Die Mode I Idee GmbH plant die Einrichtung einer weiteren Niederlassung in Berlin. Unter anderem soll mit einem neuen Telekommunikationssystem eine solide Infrastruktur für die Zukunft gelegt werden.

Dazu sind die folgenden Vorüberlegungen notwendig:

- Welches Telekommunikationsnetz kommt infrage?
- Welche Telefonanlage ist für den geplanten Betrieb notwendig?
- Welche Leistungsmerkmale soll das System aufweisen?
- Wie kommen wir ins Internet?
- Können konventionelle Festnetzfunktionen mit Internettelefonie- und Mobilfunkfunktionen kombiniert werden?
- Wie können wir ständig erreichbar sein?

Es ist ein Grundbedürfnis des Menschen, miteinander in Verbindung zu treten und sich auszutauschen. Kinder, die ohne ausreichende Kommunikation aufwachsen, erleiden häufig schwere Entwicklungsstörungen. Vergleichbares geschieht in der Wirtschaft. Ein isolierter Betrieb besteht nicht lange! Kommunikation wird zum Lebensgesetz. Nur wer schnell und uneingeschränkt Informationen versenden, empfangen und verarbeiten kann, hat die Chance, sich zu behaupten. In Deutschland haben die Deutsche Telekom AG, Mannesmann, Siemens u. a. mehrere Kommunikationsnetze aufgebaut, die diese Forderungen erfüllen. Zurzeit ist die Telekom der größte Festnetzbetreiber in Deutschland.

Arbeitsblatt 1

In Deutschland werden folgende Telekommunikationsnetze genutzt:

- analoges Telefonnetz,
- Dienste integrierendes digitales Netz = ISDN,
- Mobilfunknetze,
- Satellitentechnik,
- integriertes Text- und Datennetz = IDN,
- Zugang zum Internet durch DSL/ADSL (Digital Subscriber Line).

Netzbetreiber verknüpfen die **Netzbezeichnungen** mit eigenen Namen, z. B. nennt die Deutsche Telekom AG **ISDN** T-ISDN oder **DSL** T-DSL.

Je nachdem, welche **Entfernungen und wie die Entfernungen zwischen den Teilnehmern** (private oder öffentliche) überbrückt werden, unterscheidet man die folgenden **Netzorganisationen**:

- **Wireless LAN** = kabelloses **L**ocal **A**rea **N**etwork (nicht flächendeckend, sondern lokal begrenzt; Reichweite 10 bis 100 m),
- **PAN** = **P**ersonal **A**rea **N**etwork (z. B. ein handygesteuertes personenbezogenes Netz),
- **LAN** = **L**ocal **A**rea **N**etwork (z. B. Betriebsgelände, Schule, EDV-Raum),
- **MAN** = **M**etropolitan **A**rea **N**etwork (z. B. Stadtgrenze),
- **WAN** = **W**ide **A**rea **N**etwork (z. B. Landes- oder Kontinentgrenze),
- **GAN** = **G**lobal **A**rea **N**etwork (weltweit).

Vernetzungsmöglichkeiten für geschlossene Benutzergruppen:

- **Intranet**

Das Intranet ist ein Computernetz, das einem geschlossenen Kreis bekannter Nutzer zur Verfügung steht. Der geschlossene Benutzerkreis umfasst bei einem Intranet nur Angehörige eines Unternehmens bzw. einer Organisation.

- **Extranet**

Das Extranet ist wie das Intranet ein Netz, das nur unternehmensinternen

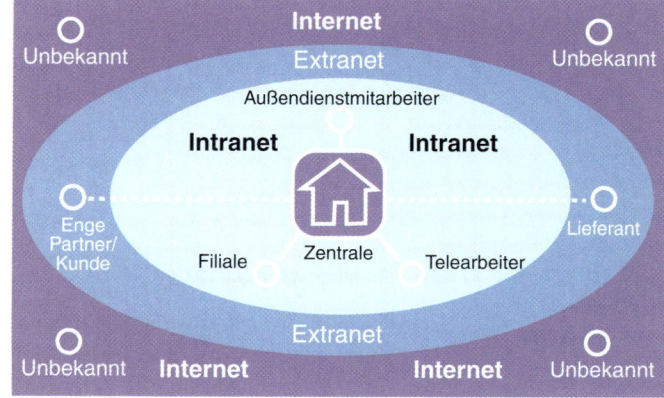

Nutzern zur Verfügung steht. Über Zugangsberechtigungen werden bestimmte Informationen, Dateien und Anwendungen des Intranets auch Partnern oder Kunden zugänglich gemacht.

Unter **Telekommunikation** versteht man die Übermittlung bzw. den Austausch von Nachrichten zwischen räumlich voneinander entfernten Teilnehmern.

Einfaches Kommunikationsmodell

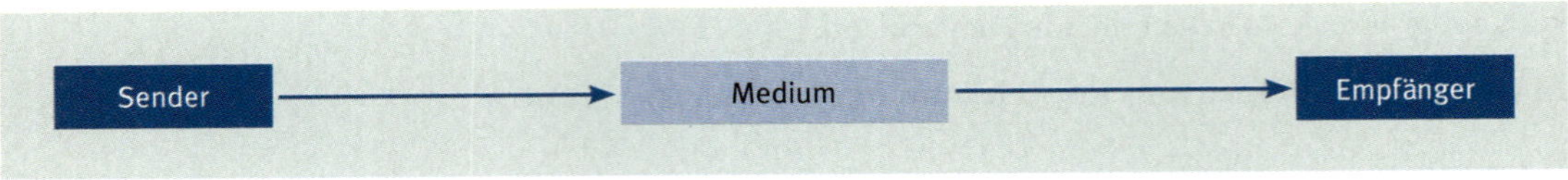

```
Sender ──────────▶ Medium ──────────▶ Empfänger
```

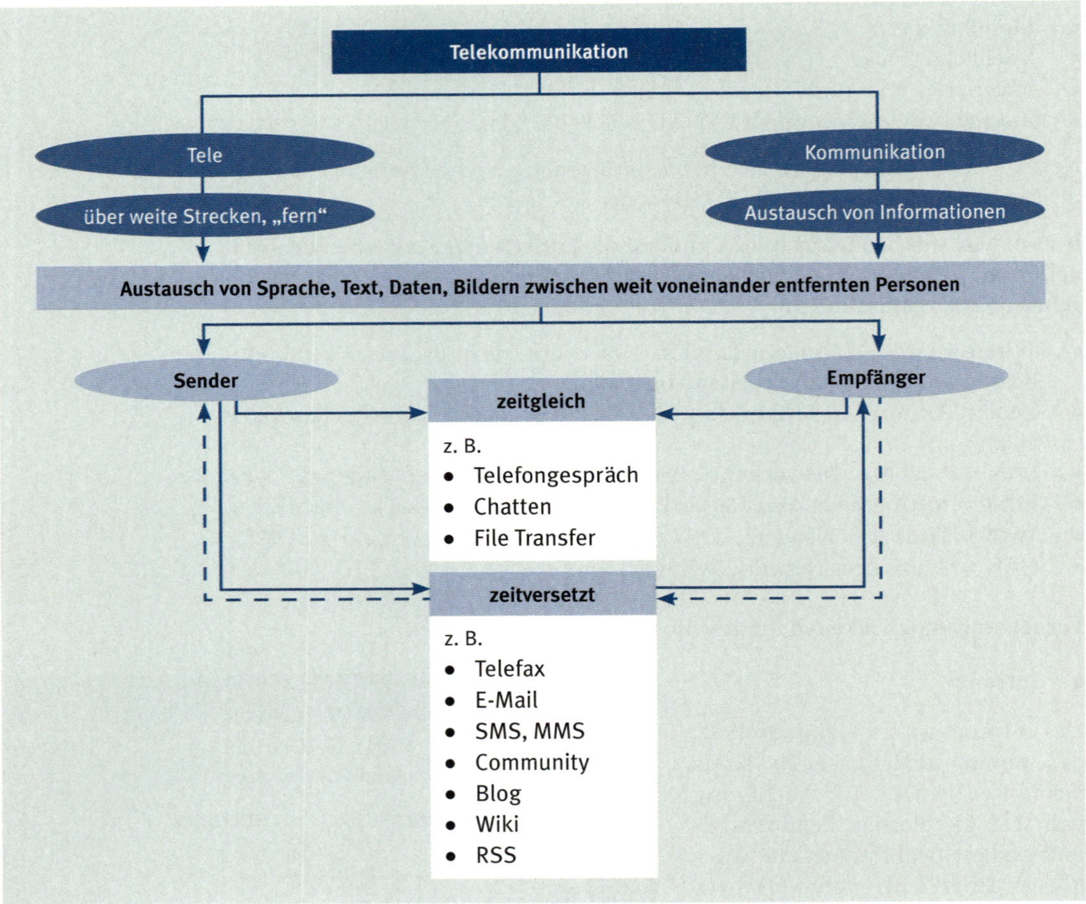

```
                    Telekommunikation
                  ┌─────────┴─────────┐
              Tele                 Kommunikation
   über weite Strecken, „fern"    Austausch von Informationen
                  └─────────┬─────────┘
   Austausch von Sprache, Text, Daten, Bildern zwischen weit voneinander entfernten Personen

        Sender                              Empfänger
                       zeitgleich
                       z. B.
                       • Telefongespräch
                       • Chatten
                       • File Transfer

                       zeitversetzt
                       z. B.
                       • Telefax
                       • E-Mail
                       • SMS, MMS
                       • Community
                       • Blog
                       • Wiki
                       • RSS
```

www.bundesnetz
agentur.de
www.gesetze-im-
internet.de

- **Bundesnetzagentur (BNetzA)**

Seit dem 13. Juli 2005 ist die „Regulierungsbehörde für Telekommunikation und Post" umbenannt worden in **Bundesnetzagentur.** Mit der Umbenennung wurde auch die Zuständigkeit um die Bereiche Strom, Gas und Eisenbahn erweitert.

Im Bereich der Telekommunikation und Post hat die Bundesnetzagentur folgende Aufgaben:

- die flächendeckende Grundversorgung mit Telekommunikations- und Postdienstleistungen in Deutschland zu sichern,
- die Marktstellung dominanter Anbieter zu kontrollieren und neuen Anbietern auf dem Markt zu chancengleichen Bedingungen zu verhelfen,
- die Vergabe von Lizenzen.

9.1 Telekommunikationsnetze

Fallbeispiel

Nachdem für die Niederlassung in Berlin geeignete Büroräume gefunden wurden, verschafften sich die Verantwortlichen der Mode|Idee GmbH einen Überblick über die Angebote auf dem Telekommunikationsmarkt.

Sie entscheiden sich für einen ISDN-Anschluss. Welcher der angebotenen Anschlüsse gewählt wird, hängt von den gewünschten Leistungsmerkmalen und den damit verbundenen Kosten ab. Selbstverständlich sollten auch die Außendienstmitarbeiter per Mobiltelefon erreichbar sein. Da jeder Anbieter sein eigenes Tarifmodell hat, gestaltete sich der Entscheidungsprozess für ein Telekommunikationssystem schwierig. Hinzu kam, dass viele Anbieter ihre Tarifstrukturen kurzfristig änderten, was einen Preis-Leistungs-Vergleich fast unmöglich machte.

9.1.1 Analoges Netz

Das **a**naloge **Fe**rnsprech**n**etz (AFeN) war vor der Digitalisierung durch ISDN das bedeutendste Telekommunikationsnetz. Mit dem **T-Net** bietet die Deutsche Telekom AG heute noch den analogen Telefonanschluss mit den Leistungsmerkmalen Rufnummernanzeige, Anrufweiterschaltung, Dreierkonferenz und T-Net-Box zu unterschiedlichen Tarifen an.

9.1.2 ISDN (Dienste integrierendes digitales Netz)

ISDN (Abk. für **I**ntegrated **S**ervices **D**igital **N**etwork = Dienste integrierendes digitales Netz) ist ein universelles Kommunikationsnetz und das Ergebnis der Weiterentwicklung der Digitalisierung des analogen Telefonnetzes. Es integriert verschiedene Telekommunikationsdienste: Telefonieren, Faxen, Datenanwendungen, Datenfernverarbeitung, Datenübertragung, Onlinedienste und Internet.

Die Übertragung von Nachrichten und Daten kann über das vorhandene **Telefonleitungsnetz** (**Kupferdoppeladern**) oder über **Glasfaserkabel** erfolgen. Dies sind **Breitbandkabel**, mit denen Sprach-, Video- und Datenimpulse gleichzeitig übertragen werden können. Das Glasfaserkabel ist ein Lichtwellenleiter, der sich aus einzelnen Glasfasern zusammensetzt. Lichtwellenleiter können sowohl analoge als auch digitale Signale als Lichtschwankungen bzw. Lichtimpulse übertragen. Dazu müssen die elektrischen Signale in entsprechende Lichtimpulse umgewandelt werden. Im Vergleich zum Kupferkabel ist das Glasfaserkabel dünner und um etwa 95 bis 99 % leichter.

9 Telekommunikation

Schaltzentrum

Übertragungstechnik

Die Übertragung der Informationen erfolgt in digitaler Form. Früher wurden im Telefon die Schwingungen der Sprache in analoge Signale umgewandelt und übertragen. Die Digitaltechnik kommt mit nur zwei unterschiedlichen Signalen aus: 0/1, kein Strom/Strom oder kein Licht/Licht. Somit können Texte, Bilder und Daten in Form von Zahlenketten problemlos übertragen werden.

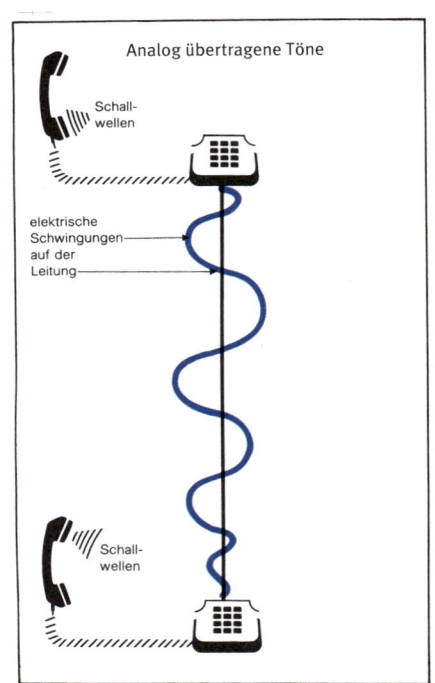

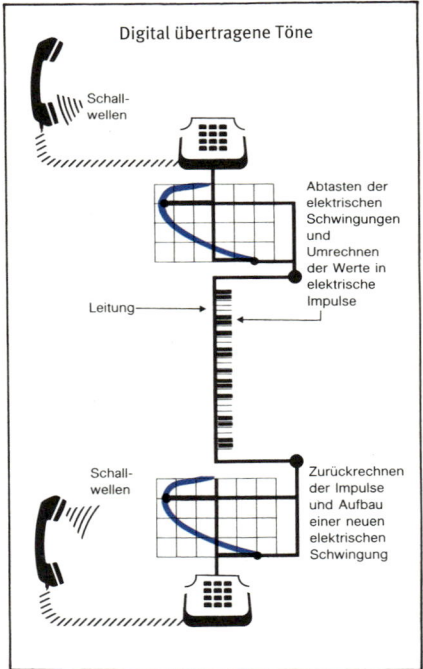

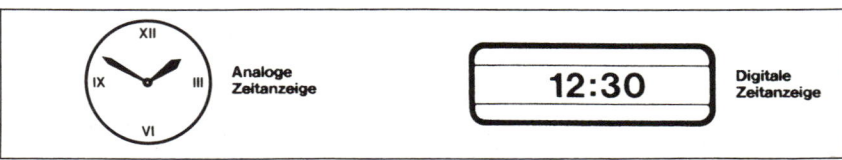

Datenübertragung mit Modem über das analoge Telefonnetz

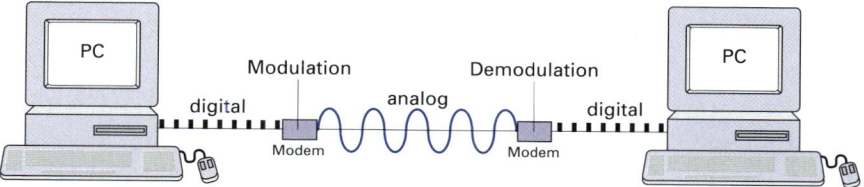

Datenübertragung über ISDN

9.1.2.1 ISDN-Anschluss

Durch die **ISDN-PC-Karte** wird die Verbindung zwischen PC und ISDN hergestellt. In der Regel sind heute alle PCs standardmäßig mit einer ISDN-Karte ausgestattet.

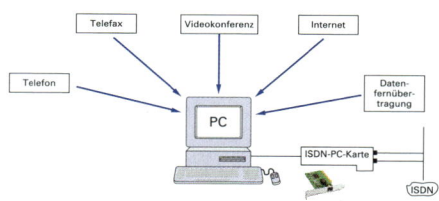

PC als multifunktionales Endgerät

Der **einfache ISDN-Anschluss** umfasst **zwei ISDN-Basiskanäle** mit einer Übertragungsrate von 64 Kbit/s und einem **Steuerkanal**, dem sogenannten D-Kanal, mit 16 Kbit/s. Die Basiskanäle können unabhängig voneinander gleichzeitig genutzt werden. So können über den **B1-Kanal** Daten empfangen und gleichzeitig kann über den **B2-Kanal** mit einem anderen Kommunikationspartner telefoniert werden. Der Steuerkanal ist praktisch der elektronische Verständigungsweg zwischen Anschluss bzw. Endgerät und ISDN-Vermittlungsstelle. B1 und B2 können gebündelt eine Übertragungsrate von 128 Kbit/s erreichen. Der ISDN-Anschluss kann mit einem entsprechenden Netzanschlussgerät über das Telefonkabel verbunden werden. Es ist nicht notwendig, neue Kabel zum Haus zu verlegen.

www.t-home.de/t-isdn

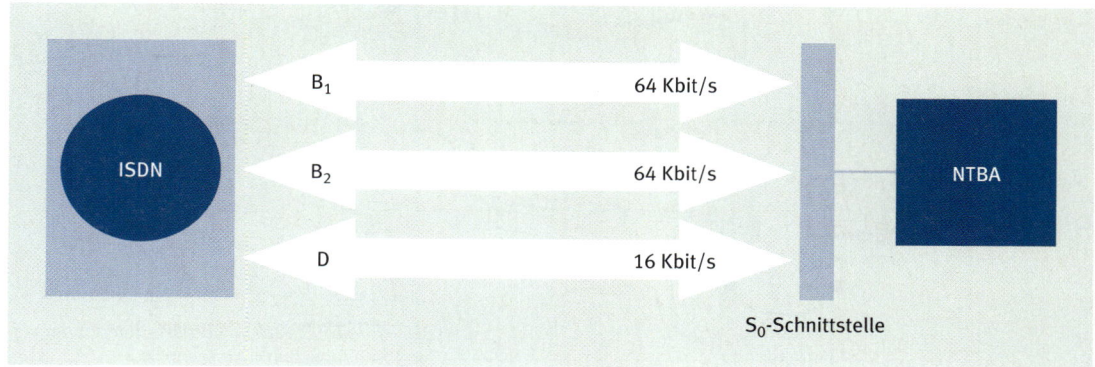

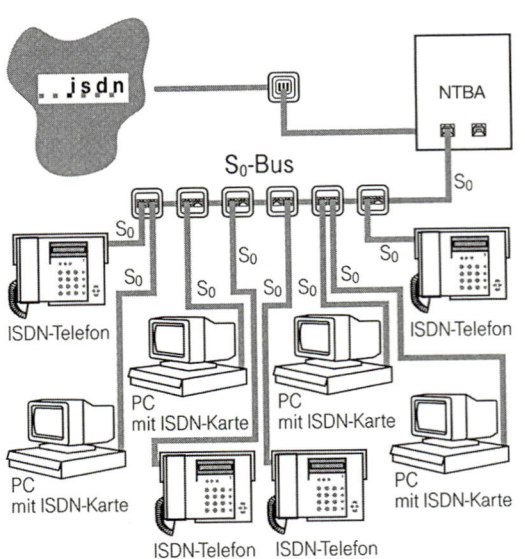

Der **NTBA** (**N**etwork **T**ermination of **B**asic **A**ccess) ist ein Netzanschlussgerät und Übergabepunkt des ISDN-Netzes. An ihn werden die Telekommunikationseinrichtungen wie ISDN-Telefon, ISDN-Karten und Telefonanlagen angeschlossen.

Der **Mehrgeräteanschluss** wird gewählt, wenn mehrere Endgeräte wie ISDN-Telefone oder PCs zusammen bzw. parallel genutzt werden sollen. Man spricht hier von **einer Punkt-zu-Mehrpunkt-Verbindung.** An den Netzanschluss können bis zu **acht unterschiedliche Endgeräte** (Telefone, Faxgeräte, PC) und bis zu **12 IAE-Steckdosen** (**IAE** = **I**SDN-**A**nschluss-**E**inheit) angeschlossen werden. Eine IAE-Steckdose hat eine Steckvorrichtung für zwei ISDN-Endgeräte. Mit dem ISDN-Mehrgeräteanschluss erhält man auf Wunsch bis zu zehn Rufnummern. Jedem Endgerät kann eine eigene Rufnummer zugeordnet werden. Zudem erkennt ISDN automatisch die unterschiedlichen Dienste.

9.1.2.2 ISDN-Anlagenanschluss

Den ISDN-Anlagenanschluss gibt es in zwei Ausführungen:

- **Basisanschluss**

Über den Basisanschluss wird eine ISDN-Telekommunikationsanlage angeschlossen. Es handelt sich hier um eine sogenannte **Punkt-zu-Punkt-Verbindung,** an die ledig-

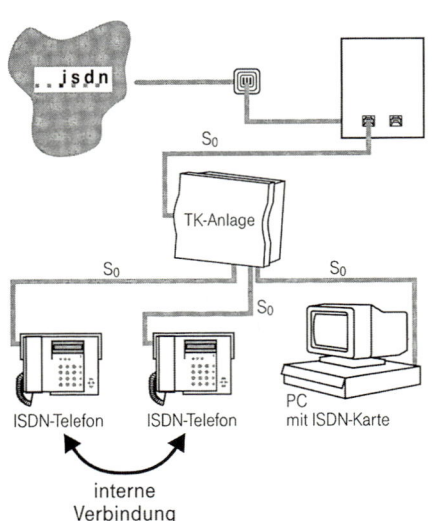

Mögliche Endgeräte im ISDN:

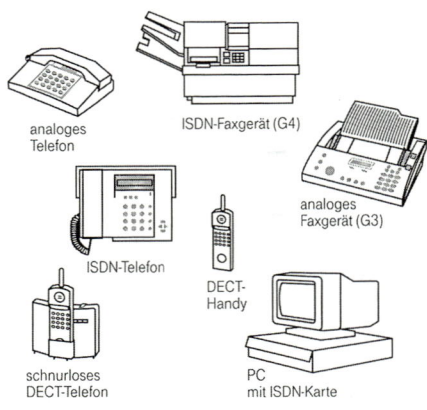

DECT (Digital European Cordless Telephone) = Standard für schnurlose Telefone

lich eine Endeinrichtung – meist eine Telefonanlage – angeschlossen werden kann. Endgeräte wie Telefone, Faxgeräte oder PCs müssen über die TK-Anlage (Telekommunikationsanlage) betrieben werden. Dafür vergibt der Telefonanbieter einen Rufnummernblock, der aus mindestens zehn aufeinanderfolgenden Nummern besteht. Damit kann jedes Endgerät der TK-Anlage gezielt angewählt werden.

- **Primärmultiplexanschluss**

Er verfügt im Gegensatz zum Basisanschluss, der nur zwei Basiskanäle bereitstellt, über **30 ISDN-Basiskanäle (B1, B2, ... B30)** mit je einer Übertragungsgeschwindigkeit von 64 Kbit/s und einem **Steuerkanal (D-Kanal)** mit ebenfalls 64 Kbit/s. Mit einem Primärmultiplexanschluss können insgesamt 30 Verbindungen gleichzeitig bestehen. So kann man auf 30 Leitungen gleichzeitig telefonieren, Daten übertragen, Faxe versenden und empfangen und online sein.

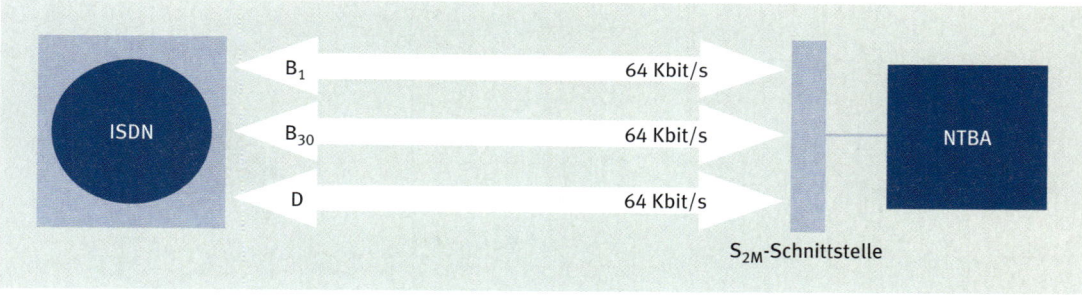

Die **Schnittstelle,** an die ISDN-Endeinrichtungen (Telefone, Faxgeräte usw.) angeschlossen werden, wird beim **Basisanschluss** als **S_0-Schnittstelle** und beim **Primärmultiplexanschluss** als **S_{2M}-Schnittstelle** bezeichnet. Die Schnittstellen werden von der Vermittlungsstelle (Netzknoten) der Deutschen Telekom AG bereitgestellt und sind international standardisiert.

9.1.2.3 ISDN-Leistungsmerkmale

Die Standard-Leistungsmerkmale sind meist in allen Tarifen enthalten. Zusätzliche Leistungsmerkmale können wahlweise und unabhängig von der Art des Anschlusses einzeln beauftragt werden (siehe Seite 325). Für sie fallen in der Regel weitere Kosten an.

Standard-Leistungsmerkmale	Zusätzliche Leistungsmerkmale
- Gleichzeitige, unabhängige Nutzung zweier Geräte - Rufnummernübermittlung - Rufnummernanzeige - Dreierkonferenz - Anklopfen, Rückfragen und Makeln - Anrufweiterschaltung - Rückruf bei Besetzt - Rückruf bei Nichtmelden - Rechnung online - SMS/MMS im Festnetz - Anrufbeantworter	- Veränderbare Anschluss- und Rufnummernsperre - Abweisen unerwünschter Anrufer - Annahme erwünschter Anrufer - Tarifinformation während oder am Ende einer Verbindung - Selektive Anrufweiterschaltung - Parallelruf - Detaillierte Rechnung mit Einzelverbindungsnachweis

www.t-home.de/dsl

9.1.2.4 DSL (Digital Subscriber Line)

DSL (Digital Subscriber Line) steht für eine Technik, mit der Übertragungsraten bis zu 767 Kbit/s über normale Kupferleitungen möglich werden. Vor allem Internetnutzer können mit DSL einen vorhandenen analogen oder ISDN-Anschluss noch schneller machen.

Mithilfe eines sogenannten **Splitters** (Gerät, das zu übertragende Daten nach ISDN-Daten und DSL-Daten trennt) wird die Telefonleitung in drei unterschiedlich große Bereiche zerlegt, zwei für den Datentransport und eine zum Telefonieren. „T-DSL" der Deutschen Telekom AG bietet eine Übertragungsgeschwindigkeit von Rechner zu Rechner von bis zu 767 Kbit/s beim **Senden** und bis zu 8 Mbit/s beim **Empfangen** von Dateien – also bis zur zwölffachen ISDN-Geschwindigkeit bei 64 Kbit/s.

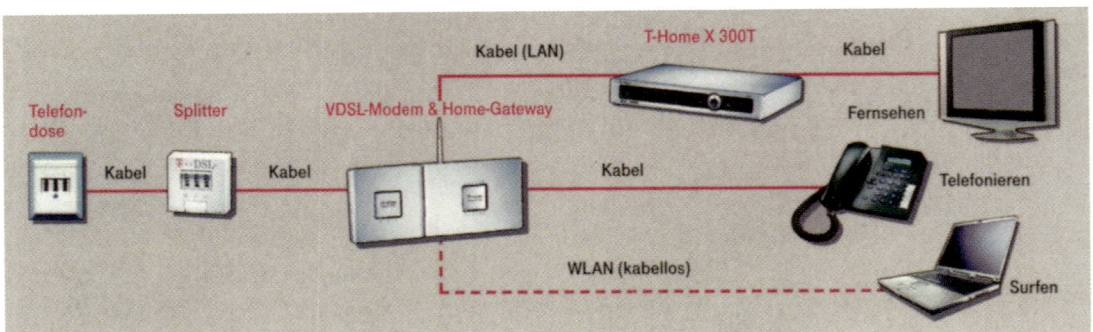

Der **Splitter** verbindet den **ISDN-Anschluss** mit dem **DSL-Modem/WLAN-Router**. Er trennt die Frequenzbänder von ISDN und DSL und sorgt somit für eine ungestörte Übertragung der DSL-Daten. An den Splitter wird der **NTBA** am TAE- (IAE-) Ausgang angeschlossen. Der NTBA stellt die Verbindung vom öffentlichen Netz (ISDN) zum lokalen Netz (z. B. Endgeräte, Telefonanlagen) her. Das **DSL-Modem/WLAN-Router** wird über den RJ45-Ausgang mit dem Splitter verbunden und dient als Datenbrücke zwischen Telefonleitung und dem PC.

DSL ist im Vergleich zu einem analogen Modem der schnellere Weg, im Internet zu surfen. Für die Standardnutzung genügt z. B. DSL 1 000 (1 000 nennt die Geschwindigkeit in Kilobyte pro Sekunde). Wer Musikstücke und Software herunterladen will, dem reicht DSL 6 000. Wer über Internet fernsehen will, der sollte DSL 16 000 haben. Für hochauflösendes Fernsehen wird DSL 50 000 empfohlen.

Die Weiterentwicklung der DSL-Technik wird ADSL2+ (Asymmetric Digital Subscriber Line Version 2+) genannt. Sie nutzt einen noch größeren Frequenzbereich des Kupferkabels und ist dreimal schneller als DSL. ADSL2+ ist dort erhältlich, wo auch ein DSL-Anschluss möglich ist.

Eine Weiterentwicklung von DSL ist **VDSL** (**V**ery **H**igh **D**ata Rate Digital **S**ubscriber **L**ine). Es beinhaltet Sprachkommunikation, Internetzugang und Zugang zum Kabelfernsehen. Realisiert wird VDSL über eine Kombination aus Kupfer- und Glasfaserleitungen. Deshalb ist beim Nutzer ein spezielles Modem notwendig.

9.1.2.5 Web-Zugang über Fernsehkabel

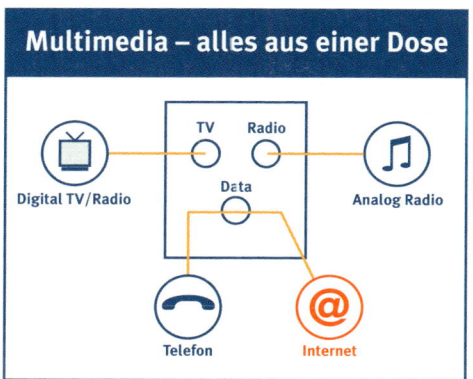

www.kabel
deutschland.de
www.kabelbw.de

Die deutschen Kabelnetzbetreiber bieten die Möglichkeit, das TV-Kabel für das Telefon und das Internet zu nutzen. Dabei wird an die TV-Kabelbuchse ein Modem angeschlossen. Darüber wird das Fernsehen empfangen und der Anschluss ins Internet hergestellt. Über das Internet kann mithilfe von Programmen wie Skype auch telefoniert werden. Der klassische Telefonanschluss wird dadurch überflüssig. Interessant ist diese Möglichkeit für Gebiete, in denen technisch kein DSL-Zugang zum Internet möglich ist.

9.1.3 Mobilfunknetze

Seit über 70 Jahren werden in Deutschland regionale Funkrufnetze betrieben. Mitte der 50er-Jahre des vorigen Jahrhunderts gab es das **A-Netz**, das in den 70er-Jahren durch das **B-Netz** abgelöst wurde. Funkgespräche innerhalb des B-Netzes konnten nur im Versorgungsbereich einer Funkfeststation geführt werden. Sie wurden nicht automatisch in den nächsten Funkverkehrsbereich weitergeleitet. Das B-Netz wurde von der Telekom noch bis Ende 1994 betrieben. Ende 1985 wurde das leistungsfähigere **C-Netz** eingeführt. Zum ersten Mal war es möglich, innerhalb Deutschlands unter einer Rufnummer mobil erreichbar zu sein. Das C-Netz wurde bis Ende 2000 betrieben. Im Jahre 1991 wurden das digitale **D1-Netz** und das **D2-Netz** erstmals in Betrieb genommen. Ein weiteres Netz ist das – vor allem in Ballungsgebieten angebotene – **E-Netz.** Das E-Netz wurde 1994 eingeführt und ständig ausgebaut, sodass das mobile Telefonieren auch überregional und ins Ausland möglich ist. 1998 ging VIAG Interkom mit dem E2-Netz an den Start.

In Europa hat man für die D-Netz-Technik einen europäischen Standard **GSM** (**G**lobal **S**ystem for **M**obile Communication) geschaffen, der die uneingeschränkte Nutzung des Mobilfunks im D-Netz in den europäischen Ländern sicherstellt. Mit dem 2000 eingeführten **UMTS-Standard** (**U**niversal **M**obile **T**elecommunication **S**ystem) können die Informationen 30-mal schneller als mit ISDN übermittelt werden. Innerhalb kurzer Zeit werden Bilder, Musiktitel oder ganze Filme auf das Handy übertragen. UMTS-Teilnehmer können meh-

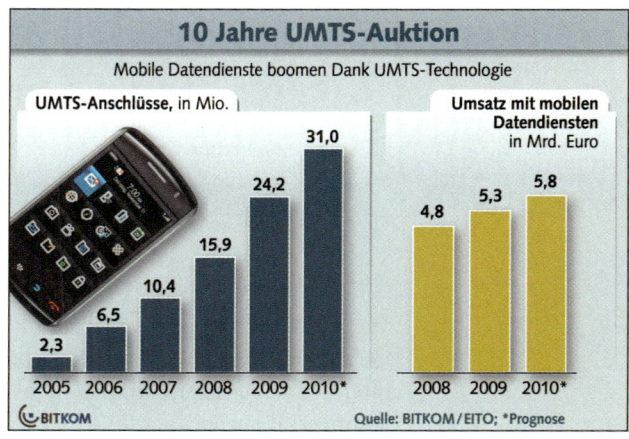

rere Dienste gleichzeitig nutzen: telefonieren, faxen, E-Mails abrufen und im Internet surfen. Der UMTS-Standard ist auch erstmals ein weltweit einheitlich eingeführter Standard, der von anderen Kontinenten allerdings in leicht abgewandelter Form genutzt wird.

Die darauf folgende Generation des mobilen Datenverkehrs ist High Speed Downlink Packet Access, kurz **HSDPA**. Über das HSDPA-Netz lassen sich größere Datenpakete (z. B. Multimedia-Downloads und Datentransfers) blitzschnell auf ein Handy übertragen.

Die Mobilfunknetze entwickeln sich immer mehr in Richtung datenorientierter Anwendungen wie MMS (Multimedia Messaging Service) und multimediale Internetkommunikation auf mobilen Endgeräten. Dazu werden immer höhere Datenübertragungsraten erforderlich. Mit dem neuen Standard **LTE** (Long Term Evolution) soll die Voraussetzung dafür geschaffen werden. Zurzeit wird das superschnelle LTE mit einer Übertragungsrate von einem Gigabit pro Sekunde getestet. Das System soll von 2014 an vermarktet werden und den Standard UMTS ablösen.

Netzstruktur eines Funknetzes

www.hhi.fraunhofer.de

In der drahtlosen Nachrichtentechnik werden zur Übermittlung von Nachrichten elektromagnetische Wellen in einem sehr weiten Frequenzbereich benutzt (Frequenz ist die Anzahl der Schwingungen pro Zeiteinheit, 1 Hz = 1 Schwingung pro Sekunde). Das digitale D-Netz arbeitet im Frequenzbereich von 900 MHz. Im Funknetz werden die Verbindungen in **lokalen Funkzellen** aufgebaut und über **Großzell-Funkfeststationen** mit Reichweiten von 15 bis 20 km verteilt. In Ballungsräumen stehen viele Kleinzellen mit Reichweiten von 2 bis 3 km zur Verfügung, um die verfügbaren Funkfrequenzen besser auszunutzen und die Anzahl der Sprechkanäle zu erhöhen.

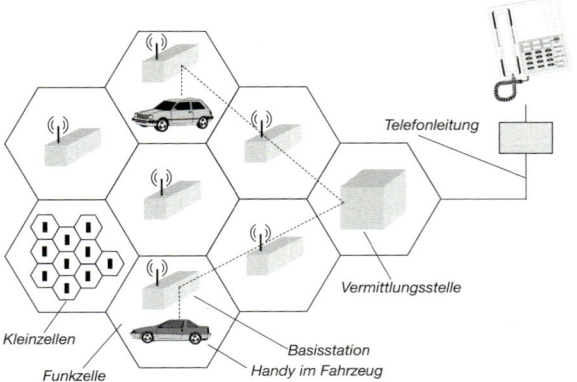

Der Anruf aus einer lokalen **Funkzelle** wird von der nächstgelegenen Funkfeststation aufgenommen. Die Daten werden an die Funkvermittlungsstelle weitergeleitet, die die Zugangsberechtigung prüft und die entstandenen Gebühren erfasst. Die **Funkvermittlungsstelle** stellt dann eine Verbindung zum gewünschten Teilnehmer über das Telefon- oder Datennetz her.

Verlässt der Mobilfunkteilnehmer während des Gesprächs seine ursprüngliche Mobilfunkzelle, organisiert das Mobilfunknetz in Zusammenarbeit mit dem Handy den Wechsel in die nächste Funkzelle (Handover). Nach dem **Handover** wird das Gespräch in der neuen Funkzelle geführt – die Gesprächspartner merken davon nichts.

Das D- und E-Netz sind zellular aufgebaut, d. h., sie bestehen aus einer Vielzahl getrennter, regionaler Funkzellen, denen jeweils schmale Frequenzbänder aus dem Gesamtband zugeordnet sind.

9.1.4 WLAN (Wireless Local Area Network)

Die Bezeichnung „WLAN" kommt aus dem Englischen und bedeutet „Wireless Local Area Network" – drahtloses lokales Netzwerk.

WLAN-Router

WLAN-Steckkarte

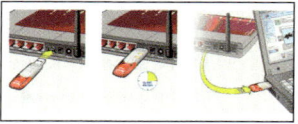

WLAN-USB-Stick

Die drahtlose Datenübertragung ist überall da wünschenswert, wo Flexibilität im Vordergrund steht, z. B. bei Mobilcomputern und Telefonen. Das Wireless LAN kann nach dem IEEE 802.11.n-Standard (Reichweite bis zu 300 m) oder dem Bluetooth-Standard (Reichweite bis 10 m) arbeiten. Die Datenrate liegt bei dem n-Standard zwischen 300 und 600 Megabit (MB) pro Sekunde.

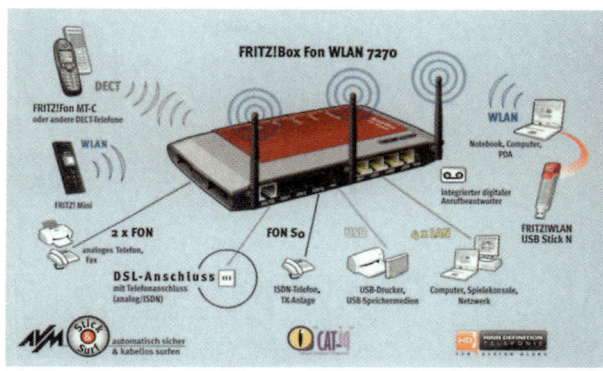

Das WLAN richtig absichern

Da die Reichweite eines WLAN-Netzes oft über den Bereich der Wohnung hinausgeht, muss es abgesichert werden. Der Bundesgerichtshof (BGH) hat entschieden, dass Betreiber haften, aber keinen Schadensersatz zahlen müssen.

PAN (Personal Area Network)

Die Kurzstreckenfunktechnik Bluetooth verbindet Geräte ganz ohne Kabel miteinander. Neben Handys und Notebooks gibt es auch Drucker, Computermäuse und Tastaturen mit Bluetooth. Nach einmaliger gegenseitiger Anmeldung ersparen per Bluetooth gekoppelte Geräte das umständliche Hantieren mit Kabeln oder das exakte Ausrichten von Infrarotschnittstellen. Der Kontakt besteht innerhalb von zehn Metern.

Rund um das Handy lässt sich so ein kleines Netzwerk „Personal Area Network" (PAN) aufbauen. Durch Funkverbindung gleichen sich die Geräte untereinander ab – die persönlichen Kalender- und Kontaktdaten sind automatisch immer in allen Geräten auf dem neuesten Stand. Zudem ist ein Bluetooth-Handy in der Lage, Geräte in der Umgebung zu steuern.

www.mobileaccess.de

Hotspots

Wer ein wirelessfähiges Notebook, Netbook, PDA oder Smartphone hat, kann sich an Orten, die über ein Wireless-Netz mit Netzanbindung verfügen, ins Internet kostenlos oder gegen Gebühr einloggen. Solche Hotspots gibt es z. B. auf Flughäfen, Hotels, Messen, öffentlichen Plätzen oder Firmengeländen. Firmeneigene Hotspots sind durch Benutzerkennung und Passwort geschützt.

Öffentliche Einrichtungen stellen ihre Hotspots kostenlos zur Verfügung. Kommerzielle Anbieter gewähren ihren Kunden den Zugang über einen bezahlten Freischalt-Code, der häufig sehr teuer ist. Einer der größten Hotspot-Betreiber ist T-Mobile mit weltweit über 20 000 WLAN-Stationen.

Mit einer **„web'n'walk Card"** können die Nutzer mit einem Notebook im gesamten UMTS-Netz im Internet surfen. Die Tarife (z. B. Grund-, Folge- und Optionspreise, Flatrates und Paketpreise) passen die Telefongesellschaften an die unterschiedlichen Bedürfnisse der Verbraucher an.

9.1.5 Satellitentechnik

Satelliten dienen zur weltweiten Übertragung von Fernseh- und Rundfunkprogrammen sowie zur Übertragung von Telefongesprächen, Telefaxen und Videokonferenzen. Auch die Deutsche Telekom AG setzt Fernmelde- und Rundfunksatelliten, z. B. Kopernikus 1 und 2, ein. Durch diese Technik wird die Telekommunikation weltweit schneller, leistungsfähiger und weniger störanfällig.

Telekommunikationssatelliten fliegen in der Regel etwa 36 000 km über dem Äquator und haben die gleiche Fluggeschwindigkeit wie die Erdbewegung. Dadurch stehen sie – relativ zur Erde betrachtet – still.

In Deutschland gibt es fünf dieser Erdfunkstellen: Aerzen, Berlin, Fuchsstadt, Raisting und Usingen. Bekannt ist die Nutzung der Satellitentechnik im Fernsehbereich.

9.2 Telefonieren im analogen und digitalen Festnetz

Fallbeispiel

Die Mitarbeiterinnen und Mitarbeiter der Mode|Idee GmbH sind für ihre Kunden über das Festnetztelefon oder über Handy erreichbar. Die Telefonanlage und alle Telefone unterstützen mit verschiedenen Leistungsmerkmalen das Telefonieren. So kann Kathrin z. B. schon bevor sie den Hörer abhebt erkennen, wer sie anruft. Wenn ihr Anschluss gerade besetzt ist, kann der Anrufer eine automatische Rückrufbitte starten.

9.2.1 Telefonbücher

Jedem Teilnehmer wird mit dem Anschluss seines Telefons von der Post eine Reihe von Telefonbüchern kostenlos ausgehändigt. In der Regel sind dies:

Arbeitsblatt 2

- **Das Telefonbuch**
  Deutschland ist in Geltungsbereiche (Ortsnetzbereiche) gegliedert. Der neue Teilnehmer erhält den Band seines Geltungsbereichs. Die für einen Geltungsbe-

reich oder eine Gemeinde zutreffende Telefonnummer kann man im Verzeichnis der Vorwahlen und Tarifbereiche der Deutschen Telekom AG nachschlagen.

- **Die „Gelben Seiten", das Branchen-Telefonbuch zum Telefonbuch**
  Nach Branchen geordnet sind hier die Rufnummern von Teilnehmern aus Handel und Gewerbe, Industrie, freien Berufen und Behörden aufgeführt.

- **Das Örtliche**
  Es enthält eine Zusammenstellung von Ortsnetzen und Ortsnetzteilen. Die Eintragungen entsprechen allerdings weitgehend dem Haupteintrag in den Telefonbüchern. Jeder Fernsprechteilnehmer erhält kostenlos ein Exemplar. Finanziert wird das „Örtliche" durch kostenpflichtige Nebeneinträge, Werbung und den Verkauf zusätzlicher Exemplare.

www.dastelefonbuch.de
www.teleauskunft.de
www.branchenbuch.de
www.gelbeseiten.de
www.klicktel.de

Telefonbücher und Branchen-Verzeichnisse können auch gekauft oder im Internet *(www.dastelefonbuch.de)* aufgerufen werden. Ein Suchassistent hilft bei der bundesweiten Recherche.

Alle Eintragungen in den Telefonbüchern, die zum Auffinden einer Telefonnummer notwendig sind, sind gebührenfrei. Zusätzliche Eintragungen werden gesondert berechnet. Die Telefonbucheintragungen werden ständig überarbeitet und jährlich neu herausgegeben.

Wechselt ein Kunde der Deutschen Telekom AG zu einem anderen Telefonnetzbetreiber, bleibt der Eintrag im Telefonbuch bestehen.

Zeichenerklärung im Telefonbuch:

543-1 897-0 213-01 787-00	Rufnummern von Telefonanlagen (Nebenstellenanlagen) mit Durchwahlmöglichkeit
543-867	Durchwahlrufnummer einer Nebenstelle
§ 116677	Der Teilnehmer hat der Eintragung in elektronische Verzeichnisse und über die Rufnummer hinausgehender Auskunft widersprochen.
‹3445›	Der Teilnehmer erhält demnächst die in spitzen Klammern angegebene Rufnummer.
0800 8756	Service 0800; der Anruf wird – ohne zusätzliche Kosten für den Anrufer – weitergeleitet.
Fax 8899	Rufnummer eines Telefaxanschlusses; kostenpflichtiger Zusatzeintrag
Tel/Fax	Eintrag eines kombiniert genutzten Telefon- und Telefaxgerätes
+ 115555	+ Die Telefonnummer des Anrufenden wird nicht angezeigt.
Rhein-3	Das Wort „Straße" wird im Allgemeinen durch einen Bindestrich ersetzt, z. B. Rhein- = Rheinstraße.
0171 8131415 0170 3587923 0172 8433266	Beispiele für Mobilfunktelefonnummern
(Hsn)	abgekürzter Ortsname

www.tele2.de
www.t-home.de
www.hansenet.de
www.arcor.de
www.netcologne.de
www.kabel deutschland.de

9.2.2 Kosten für die Wählverbindungen

Die Deutsche Telekom AG ist der größte Festnetzbetreiber und -anbieter. Seit am 1. Januar 1998 der Markt in Deutschland für Festnetzanbieter, sog. Serviceprovider, geöffnet wurde, hat der Kunde die Möglichkeit, durch die freie Wahl des Anbieters seine Telefonkosten zu senken. Jeder Anbieter hat seine **Tarifstruktur** mit eigenen **Entfernungszonen, Tarifzeiten und Abrechnungssystemen (neue Zähltakte, Sekunden-, Minutenpreise usw.).** Sondervereinbarungen und Preisnachlässe für Vieltelefonierer erschweren den Preisvergleich.

Call-by-Call-Selection

Beim Call-by-Call-Verfahren kann der Nutzer bei jedem **Nah-, Fern-** oder **Auslandsgespräch** selbst entscheiden, in welches Netz er sich einwählen möchte. Soll über einen anderen Anbieter als die Deutsche Telekom AG telefoniert werden, muss man als erste Ziffernfolge die **010** und dann die **zweistellige Auswahlziffer** des gewünschten Anbieters wählen.

BEISPIELE:

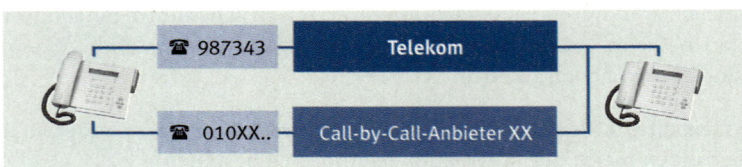

Call-by-Call-Verbindung nach München:

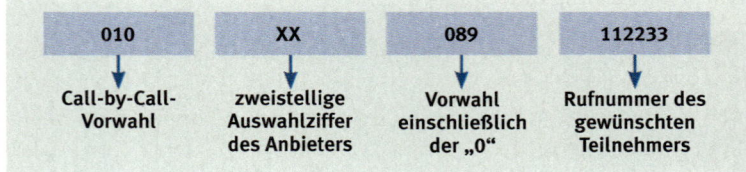

Seit dem 1. Januar 2002 besteht der Wettbewerb auch im **Ortsnetz.** Bei **Verbindungen im Ortsnetz** muss stets die jeweilige **Ortsvorwahl** mitgewählt werden.

Die Vorwahl der Anbieter beginnt in der Regel mit 010. Mittlerweile gibt es aber auch Anbieter mit einer 01900er-Nummer, die nicht mit der Servicenummer 0190 der Telekom verwechselt werden darf.

- **Abrechnung von Call-by-Call-Gesprächen**

Die Abrechnung der Call-by-Call-Gespräche erfolgt über die Telekom-Rechnung am Ende des Monats. Die **Verbindungsentgelte,** die durch Verbindungen über **andere Provider** entstanden sind, werden gesondert ausgewiesen.

Die Mitarbeiter des Telekom-Callcenters beantworten bei Problemen keine Fragen zu den fremden Rechnungsbestandteilen. Ansprechpartner für diesbezügliche Rückfragen sind ausschließlich die anderen Anbieter. Auf der Rechnung wird deshalb die Telefonnummer des jeweiligen Call-by-Call-Anbieters angegeben. Zahlt ein Kunde nicht, muss er damit rechnen, dass die Netzkennzahlen der Call-by-Call-Anbieter automatisch gesperrt werden.

Wer einen genauen Überblick über die geführten Telefonate im Inland sowie zu ausländischen Zielen haben will, sollte bei seinem Anbieter/seiner Telefongesellschaft einen detaillierten **Einzelgesprächsnachweis** beantragen. Dieser ist kostenlos.

- **Preisschwankungen bei Call-by-Call-Gesprächen**

Verbraucherschützer mahnen zur Vorsicht bei Call-by-Call-Telefongesprächen. Call-by-Call-Anbieter müssen **Preisänderungen** nicht direkt ihren Kunden mitteilen. Es genügt die Benachrichtigung der Bundesnetzagentur. Deshalb sollte man sich nicht an eine Nummer gewöhnen, sondern immer wieder neu vergleichen. Die verlässlichste Quelle ist das Amtsblatt der Bundesnetzagentur (frühere Regulierungsbehörde für Telekommunikation und Post).

Preselection

Mit Preselection wird eine vertragliche Bindung mit dem jeweiligen Anbieter eingegangen. Alle Telefonate werden automatisch auf das Netz des Providers umgeschaltet. Für diese Möglichkeit sollte man sich aber erst dann entscheiden, wenn man den Anbieter geprüft hat.

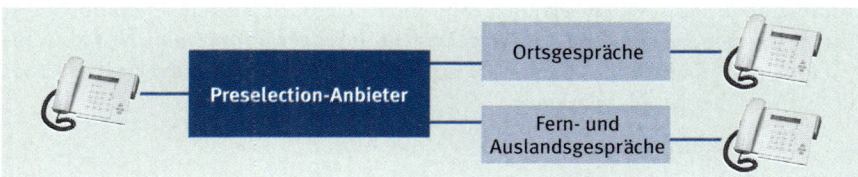

Die Nutzer bleiben weiter Kunden der Deutschen Telekom AG und bezahlen auf deren Konto auch die monatliche Grundgebühr für den Telefonanschluss. Für die Umstellung berechnet die Deutsche Telekom AG eine einmalige Gebühr. Manche Anbieter übernehmen die Kosten für den Antrag und die Ummeldung.

Wer die Deutsche Telekom AG komplett verlassen hat und mit seinem Telefonanschluss zu einem anderen Anbieter gewechselt ist, kann weder Preselection noch Call-by-Call nutzen.

Was ist vor einem Anbieterwechsel zu tun?

- Überprüfen Sie Ihr Telefonverhalten. Das Erstellen von Anruf-Protokollen, die Auskunft über die Länge, die Uhrzeit und die Entfernung zum Gesprächspartner geben, ist dabei sehr hilfreich.
- Besonders wichtig ist auch die Erprobung der freien Leitungskapazitäten zu unterschiedlichen Zeiten.
- Gehen Sie zunächst keine langfristigen Verträge ein. Testen Sie die Telefongesellschaft – wenn möglich – zunächst einmal über das Call-by-Call-Verfahren.
- Lesen Sie vor Vertragsabschluss die „Allgemeinen Geschäftsbedingungen" gründlich durch. Informieren Sie sich über Kündigungsfristen, Rechnungsstellung, Einzelverbindungsnachweise, Gültigkeit der Tarife und Entstörungsfristen.

Tarifmanager

Tarifmanager sind kleine elektronische Geräte, die einfach zwischen Telefon und Anschlussdose geschaltet werden. Sie suchen beim Wählen aus den eingespeicherten Gebührendaten die günstigste Telefongesellschaft aus und fügen die Vorwahl automatisch ein. Die Aktualisierung der Tarife erfolgt über Datenfernübertragung und kostet monatlich Gebühren.

Telefonflatrate

Die Kosten für eine Telefonflatrate sind unterschiedlich. Folgende Fragen helfen Ihnen, einen günstigen Anbieter zu finden:
- Ist das Telefonieren ins deutsche Festnetz kostenlos oder wird ein Pauschalpreis verlangt?
- Was kostet das Telefonieren ins Mobilfunknetz?
- Welche ISDN-Leistungsmerkmale sind kostenlos?
- Wie hoch sind die Bereitstellungskosten?
- Ist ein Telekom-Anschluss nötig?

9.2.3 Auslandsgespräche

Telefonieren von Deutschland ins Ausland

www.landesvorwahl.de

Heute gibt es kaum einen Ort, den man nicht telefonisch erreichen kann. Selbst Auslandsgespräche können in der Regel **direkt** durchgewählt werden. Nur in wenige Länder (Afghanistan, Libanon ...) muss die Verbindung **handvermittelt** über das Fernamt hergestellt werden.

- **Auslandsrufnummer**

Ein Gespräch nach Finnland setzt zum Beispiel eine Rufnummer von 13 Ziffern, z. B. 00358 60486532, voraus.

Diese Rufnummer setzt sich aus mehreren Bestandteilen zusammen, die bei allen Auslandsrufnummern wiederzufinden sind:

① die Kennziffer für die grenzüberschreitende Verbindung (siehe Verzeichnis der Vorwahlen und Tarifbereiche),
② die Landeskennzahl,
③ die Ortsnetzkennzahl ohne die vorausgehende „0" und
④ die Teilnehmernummer.

Für die oben angegebene **Beispielnummer** ergibt sich folgende Einteilung:

00	358	60	486532
①	②	③	④

Auch bei Auslandsgesprächen kann das **Call-by-Call-Verfahren** angewendet werden:

010	XX	00358	60	486532
Call-by-Call-Vorwahl	zweistellige Auswahlziffer des Anbieters	Landeskennzahl	Vorwahl (ohne 0)	Rufnummer

Bei Auslandsgesprächen (vor allem nach Amerika, Asien und Australien) ist es wichtig, die von der MEZ (Mitteleuropäische Zeit) abweichende „Ortszeit" zu kennen. Die ungefähre Uhrzeit am Ort des Gesprächsteilnehmers kann man errechnen, wenn man zu unserer Uhrzeit die in der folgenden Abbildung angegebenen

Stunden hinzuzählt oder abzieht. Wenn man beispielsweise um 14:00 Uhr von München nach New York telefoniert, ist es dort erst 08:00 Uhr (– 6 Stunden).

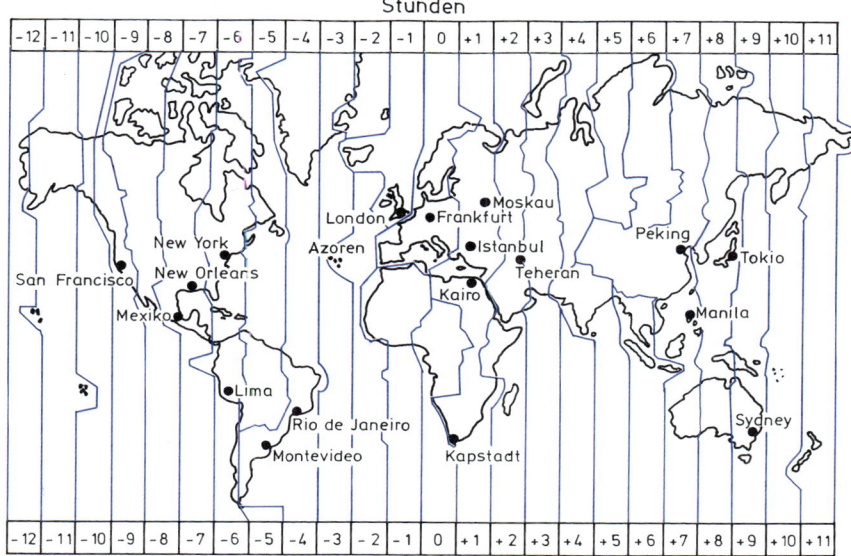

Zeitunterschiede in den verschiedenen Zeitzonen der Welt gegenüber der Ortszeit, MEZ = mitteleuropäische Zeit

- **Hinweise für Auslandsgespräche**
- Nach Wahl der Auslandsrufnummer kann es manchmal bis zu einer Minute dauern, bis das Rufzeichen ertönt.
- Die Signaltöne klingen in einigen Ländern etwas anders als zu Hause gewohnt.
- Eine eventuelle Zeitverschiebung ist zu beachten.

Telefonieren aus dem Ausland nach Deutschland

Bei Anrufen aus dem Ausland nach Deutschland ist die Kennziffer 00 und die Landeskennzahl 49 vorzuwählen.

BEISPIEL:

00	49	7192	69178
①	②	③	④

9.2.4 Besondere Dienste im Telefonnetz

Ansagedienste

Mit den entsprechenden Rufnummern, die auf den ersten Seiten des Telefonbuches zu finden sind, können rund um die Uhr Informationen wie z. B. Lottozahlen, Nachrichten (Börse, Sport usw.), Tipps (Fernsehprogramme, Verkehrsservice, Stellenangebote der Agentur für Arbeit usw.) oder Fahrplanhinweise zum Fernverkehr abgefragt werden.

Auskunftsdienste

Über die Telefonauskunft können die Rufnummern der Telefonanschlüsse, Telefaxnummern, Rufnummern von Telebriefstellen, Verbindungstarife usw. erfragt werden.

Auftragsdienste

Die Deutsche Telekom AG übernimmt mit ihrem Auftragsdienst folgende Dienstleistungen:

- Übermittlung von Nachrichten an eine oder mehrere Personen,
- Erinnerung an wichtige Termine,
- Entgegennahme von Telefongesprächen,
- Weckaufträge,
- Sekretariatsservice,
- usw.

Freecall 0800

Viele Unternehmen, TV-Stationen, Radiosender und Verlage bieten ihren Kunden diese kostenlose Servicenummer an. Die früheren 0130-Rufnummern wurden nach und nach auf Freecall 0800 umgestellt. Das jetzige Logo soll das Erkennen des kostenfreien Services erleichtern.

Service 0180

Immer mehr Firmen richten Telefonnummern ein, die mit 0180 beginnen. Damit wird der Anruf z. B. zum Kundendienst oder zur Beschwerdestelle weitergeleitet. Die Gesprächskosten teilen sich Anrufer und Anbieter. Der Anrufer kann die Kosten für den Anruf nach der Ziffer (1 – 5) berechnen, die der Servicenummer 0180 folgt. Die 0180-Rufnummern sind aus dem deutschen Festnetz sowie den deutschen Mobilfunknetzen verfügbar.

Einsatzmöglichkeiten:

- Kundenhotline,
- Faxabrufservice,
- Bestellhotline,
- Gewinnspiele,
- Servicedienste (Support-Hotline, Callcenter usw.),
- Tickethotline (Theater, Kino, Konzerte usw.).

www.0180.info

Wer nicht in Warteschleifen teurer Service-Hotlines festhängen will, bekommt im Internet Hilfe. Über eine Suchmaschine lassen sich Festnetznummern oder kostenlose Hotlines vieler Unternehmen und Behörden finden. Auf der Seite *www.0180. info* brauchen Sie nur den Namen des Unternehmens oder die Nummer der gebührenpflichtigen Hotline einzugeben. Die Alternativnummern werden von Verbrauchern selbst auf die Seite gestellt.

Service 0900

0900 1 …	Information
0900 3 …	Unterhaltung
0900 5 …	überwiegend Erwachsenenunterhaltung
0900 9 …	Interneteinwahlprogramme (Dialer)

Die Ablösung der 0190-Nummern durch die 0900-Nummern soll in Zukunft mehr Transparenz bringen. Die Vergabe der 0900-Nummern und die Registrierung der dazugehörigen Anbieter erfolgen über die Bundesnetzagentur. Bei den 0190-Nummern galt: je höher die Ziffer hinter der Null, desto höher die Gebühren. Anders ist es bei den 0900er-Rufnummern: An den ersten Ziffern nach der 0900 ist die Art des Dienstes erkennbar.

Angebote und Preise der 0900- und 0180-Dienste müssen in der Werbung deutlich lesbar angegeben und bei jedem Anruf kostenlos angesagt werden. Verbraucher können weiterhin einzelne Endziffern sperren lassen, um den Zugang zu bestimmten Angeboten zu verwehren.

9.2.5 Rechnung der Deutschen Telekom AG

Die anfallenden Beträge werden dem Telefoninhaber von der Telekom monatlich in Rechnung gestellt. Die Rechnung im A4-Format ist detailliert und enthält auch die durch die Nutzung anderer Anbieter entstandenen Kosten.

www.t-home.de/rechnung-online

Diese Rechnung weist die monatlichen **fixen Beträge** aus für

- den Telefonanschluss,
- den Kabelanschluss,
- Kosten der von der Telekom gemieteten Telefone und Zusatzeinrichtungen (TK-Anlagen, Anrufbeantworter, Faxgeräte usw.),

und die **variablen Beträge,** die aus den Wählverbindungen errechnet werden. Sie sind nach Orts- und Nahbereich, Fern- und Auslandsgesprächen aufgeschlüsselt. Die einzelnen Positionen sind mit einer **Leistungs-Nr.** versehen, die die Leistungsart kennzeichnet. Die aufgelisteten Beträge werden als Nettobetrag ausgewiesen, beim Gesamtbetrag wird die Umsatzsteuer hinzugerechnet.

9.2.6 Telefonapparate

Das Angebot von Telefonapparaten für das digitale ISDN und das analoge Netz ist groß. Die Tastenbelegung ist ähnlich wie beim Mobiltelefon. Die schnurlosen Geräte bestehen aus einer Basisstation und einem Mobilteil. Die Basisstation kann mit zusätzlichen Funktionstasten ausgestattet sein. Das Mobilteil ähnelt einem Handy.

Für den Schreibtisch sind die digitalen ISDN-Tischapparate geeignet. Die einzelnen Funktionen werden durch Tastencode über das Display aktiviert. Je nach Hersteller und Modell ist der Apparat mit fest programmierten Tasten (z. B. Verbinden, Makeln, Konferenz) ausgestattet.

ISDN-Tischapparat

Die wichtigsten Leistungsmerkmale: menügeführte Bedienung, Klangmelodie einstellbar, Telefonbuchfunktion, Interngespräche gleichzeitig, Freisprechen, Wahl bei aufliegendem Hörer, Anruferliste, Wahlwiederholungsliste, automatische Wahlwiederholung, Funktionstasten, Anschluss für Headset, Direktruf, Anklopfen, Anrufweiterschaltung, Anzeige der Rufnummer des Anrufers, Tarif-/Entgeltanzeige, MMS/SMS im Festnetz, Unterdrückung der eigenen Rufnummer, Dreierkonferenz, Rückfrage/Makeln, Rückruf bei Besetzt.

Mobiltelefon

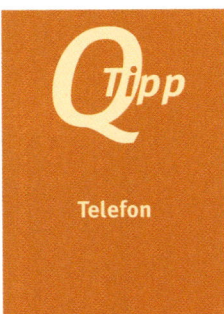

Bewegungsfreiheit durch ein Headset

Q Tipp — Telefon

Beim Telefonieren muss meistens noch die PC-Tastatur bedient oder es müssen Unterlagen herausgesucht werden. Mit einem schnurlosen Headset ist man im Büro uneingeschränkt mobil. Die meisten Headsets garantieren eine Sprechzeit von acht Stunden und bieten einen Aktionsradius von bis zu 100 m vom Schreibtisch entfernt. Die Rufannahme und -beendigung, Stummschaltung sowie die Lautstärkeregelung können am Headset selbst vorgenommen werden.

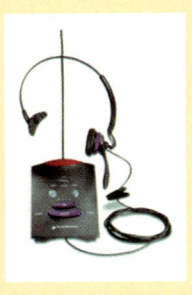

9.2.7 Telekommunikationsanlagen

Arbeitsblatt 3

Von verschiedenen Herstellern werden analoge oder auch ISDN-fähige TK-Anlagen angeboten. TK-Anlagen können an einen analogen oder digitalen Telefonanschluss angeschlossen werden.

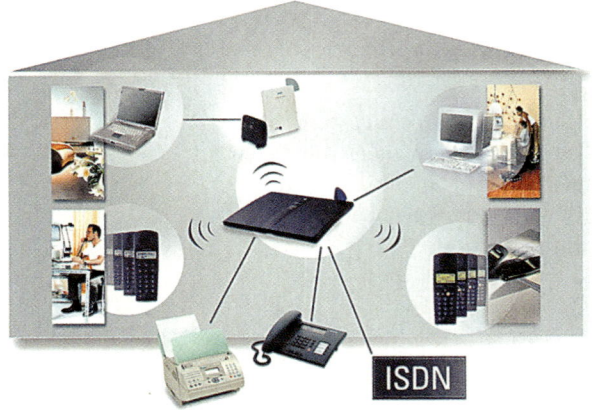

Mögliche Endgeräte einer TK-Anlage sind: Telefonapparate, Anrufbeantworter, Faxgeräte, Personal Computer, Türsprecheinrichtung. Je nach Ausführung können an die TK-Anlage zehn oder zwölf analoge Geräte oder je zur Hälfte digitale ISDN- und Analoggeräte an das ISDN-Netz angeschlossen werden.

Den mit der Anlage verbundenen Endgeräteanschluss (z. B. Telefon) bezeichnet man als **Nebenstelle**. Jede Nebenstelle verfügt über die Leistungsmerkmale der Telekommunikationsanlage. Darüber hinaus können die Nebenstellen kostenlos innerbetrieblich kommunizieren. Der Nutzungsgrad wird dadurch wesentlich gesteigert.

Nebenstellen werden über die entsprechende Durchwahlnummer direkt von außen angewählt.

Für Nebenstellen können unterschiedliche Sprechberechtigungen eingerichtet werden:

- **Voll berechtigte Nebenstelle.** Es können alle ankommenden und abgehenden Gespräche geführt werden.
- **Halb berechtigte Nebenstelle.** Ankommende Gespräche können entgegengenommen werden. Abgehende Gespräche sind häufig auf eine bestimmte Tarifzone beschränkt.
- **Nicht berechtigte Nebenstelle.** Es können weder ankommende noch abgehende Orts- und Ferngespräche geführt werden. Es sind nur Verbindungen zwischen den Nebenstellen möglich.

Die wichtigsten zusätzlichen Leistungsmerkmale einer Telekommunikationsanlage:

Neben den Leistungsmerkmalen, die im ISDN-Netz je nach Anschluss standardmäßig zur Verfügung stehen, können Telekommunikationsanlagen über folgende zusätzliche Leistungsmerkmale verfügen:

- **Anrufzuordnung**
  Mehrere Endgeräte der TK-Anlage werden bestimmten Telefonanschlüssen zugeordnet. So können über den ersten Telefonanschluss z. B. alle ankommenden Gespräche dem Endgerät für private Gespräche (oder geschäftlich, Faxe usw.) zugeleitet werden.
- **Aufschalten**
  Ein anderer Gesprächspartner kann sich in eine bestehende Gesprächsverbindung innerhalb der Nebenstellenanlage einblenden. Dies wird akustisch signalisiert.
- **Signaltaste**
  Bei Telefonen mit R-Taste kann man während eines Gesprächs Rückfragen tätigen oder eine Nebenstelle anrufen.
- **Anrufweiterschaltung von einzelnen Nebenstellen**
  Bei einem Komfortanschluss können Anrufweiterschaltungen zu externen Zielen für einzelne Nebenstellen eingerichtet werden.
- **„Apothekerschaltung"**
  Spezielle Verbindung zwischen einer TK-Anlage und einer Tür-Freisprech-Einrichtung.
- **Pickup-Funktion**
  Für mehrere Telefonapparate wird eine Benutzergruppe definiert. Jedes Mitglied dieser Gruppe kann ein eingehendes Gespräch auf seinen Telefonapparat schalten. So können z. B. mehrere Mitarbeiter für die Abteilung bestimmte Anrufe annehmen.

9.2.8 Leistungsmerkmale

Neben den gängigsten Leistungsmerkmalen bieten das **digitale** ISDN-/DSL-Netz und das **analoge** Netz sowie viele **Telefonapparate** noch zusätzliche Leistungsmerkmale und Funktionen.

Die wichtigsten Leistungsmerkmale im ISDN werden im Folgenden beschrieben.

9.2.8.1 Gleichzeitige, unabhängige Nutzung zweier Geräte

Im ISDN-Netz besteht die Möglichkeit der gleichzeitigen, unabhängigen Nutzung zweier Geräte durch zwei Leitungen.

BEISPIELE:

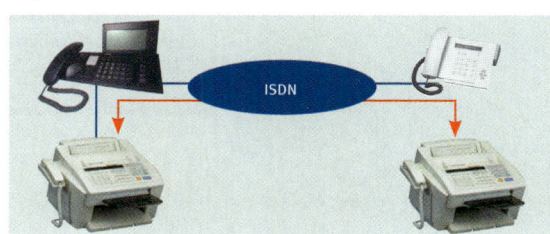

- Zwei Personen können gleichzeitig telefonieren.
- Während eines Telefongesprächs kann dem Gesprächspartner ein Fax gesendet werden.
- Während des Surfens im Internet ist man trotzdem telefonisch erreichbar.
- Eine Leitung kann geschäftlich, die andere privat genutzt werden.

9.2.8.2 Rufnummernübermittlung/-anzeige

Die Rufnummer, der Name und die Verbindungsart werden vom Anrufer zum Angerufenen auf das Telefon-Display übermittelt. Umgekehrt kann die Rufnummer des Angerufenen zurück zum Anrufer übertragen werden.

Vorteile:
- Der Angerufene kann entscheiden, ob er das Gespräch annehmen möchte.
- Man kann nach Abwesenheit auf Knopfdruck überprüfen, wer in der Zwischenzeit angerufen hat.

Der Anrufer kann die Übermittlung seiner Rufnummer aber auch unterdrücken.

BEISPIEL:

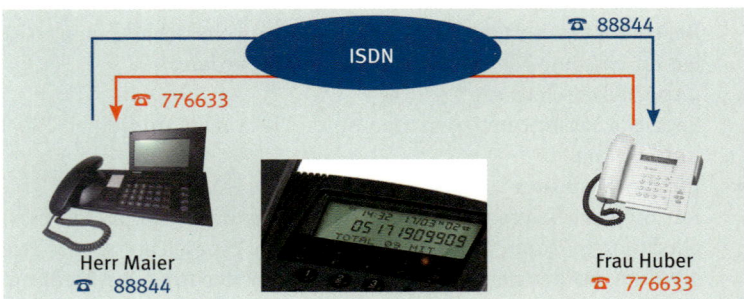

9.2.8.3 Rückruf bei Besetzt/Nichtmelden

Bei besetztem Anschluss muss nicht immer wieder neu gewählt werden. Dazu ist die Rückruf-Funktion zu aktivieren. Sobald der Anschluss frei geworden ist, kündigt dies ein Signalton an und der Anruf wird automatisch wiederholt.

Dieses Leistungsmerkmal funktioniert nicht bei den Servicenummern (z. B. 0180 oder 0900) oder wenn andere Anrufer beim Angerufenen „warten".

BEISPIEL:

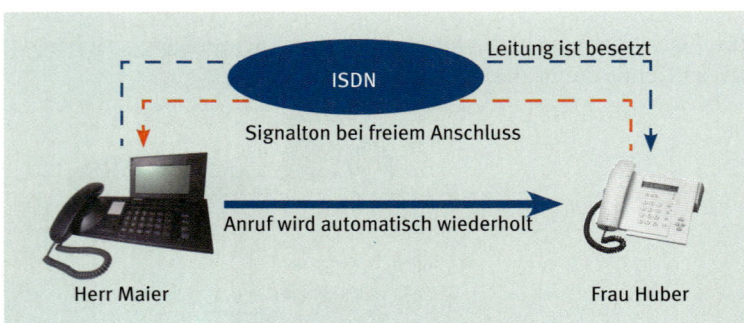

Meldet sich ein Teilnehmer nicht, kann man sich signalisieren lassen, wenn er wieder telefoniert. Sobald er sein Gespräch beendet hat, wird der Signalton gesendet.

9.2.8.4 SMS/MMS im Festnetz

Mit einem geeigneten Telefon können Sie ins Festnetz und in alle nationalen und internationalen Mobilfunknetze SMS oder MMS verschicken und empfangen.

Verfügt der Empfänger über kein entsprechendes Telefon, wird die Nachricht per Sprachcomputer vorgelesen oder er kann sie im Internet ansehen bzw. herunterladen.

9.2.8.5 Anrufweiterschaltung

Eine bekannte Situation: Man erwartet jeden Augenblick einen wichtigen Anruf, müsste aber schon längst ganz woanders sein. Die Lösung besteht in einem Umdirigieren des Anrufs an die andere Adresse. Am ISDN-Telefon können ankommende Anrufe zu jedem beliebigen Anschluss (D-Netz, E-Netz und analoger Telefonanschluss) weltweit weitergeleitet werden. Damit ist der Nutzer jederzeit erreichbar. Die Anrufweiterschaltung wird jeweils am eigenen Telefon eingeschaltet.

www.t-home.de/switchandprofit

Dabei unterscheidet man vier Arten der Anrufweiterschaltung:

- **Direkte Anrufweiterschaltung** – Anrufe werden sofort weitergeleitet.
- **Anrufweiterschaltung bei Nichtmelden** – Anrufe werden erst nach 15 Sekunden weitergeschaltet.
- **Anrufweiterschaltung bei besetztem Anschluss.**
- **Selektive Anrufweiterschaltung** – Durch Einspeichern der entsprechenden Rufnummern kann bestimmt werden, für wen man erreichbar sein möchte.

Die Verbindungskosten bis zum angerufenen Anschluss werden dem Anrufer berechnet. Die Kosten für den weitergeschalteten Verbindungsabschnitt trägt der Auftraggeber der Anrufweiterschaltung.

9.2.8.6 Dreierkonferenz

Die Telefonkonferenz ist eine Zusammenschaltung mehrerer Telefonanschlüsse. Jeder Teilnehmer kann hören, was der andere sagt, und sich selbst am Gespräch beteiligen. Im ISDN besteht die Möglichkeit, mit zwei externen Gesprächspartnern eine **Dreierkonferenz** zu führen. Die drei Teilnehmer können während des Telefongesprächs gleichzeitig miteinander sprechen. Auch Teilnehmer, die nicht über ISDN verfügen (analoges Telefonnetz oder Mobilfunknetz), können an eine Dreierkonferenz angeschlossen werden. Eine Dreierkonferenz kann jedoch nur von einem ISDN-Anschluss aus eingeleitet werden.

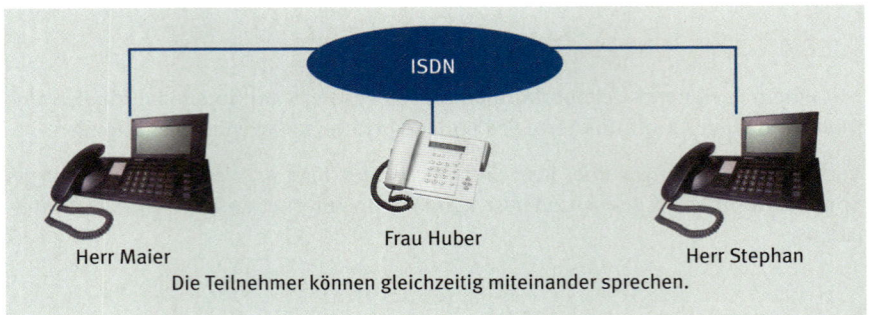

9.2.8.7 Makeln

Während eines Telefonats kann ein weiterer Anruf angenommen werden, wenn das erste Gespräch in den sogenannten Haltezustand gebracht wird. So kann man mit dem zweiten Anrufer kurz sprechen und danach die erste Verbindung wieder aktivieren. Zwischen beiden Verbindungen kann gemakelt werden. Beim Makeln können maximal zwei Gesprächspartner in der Leitung gehalten werden, wobei man abwechselnd mit den Teilnehmern sprechen kann.

BEISPIEL:

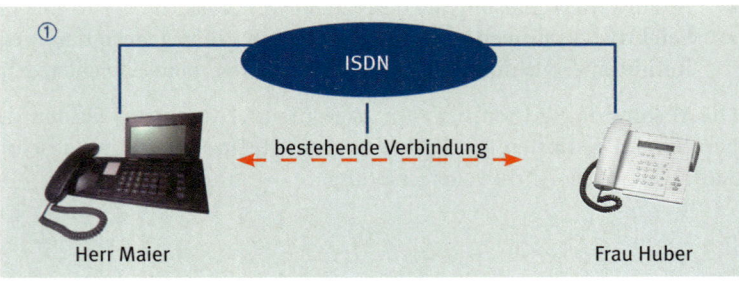

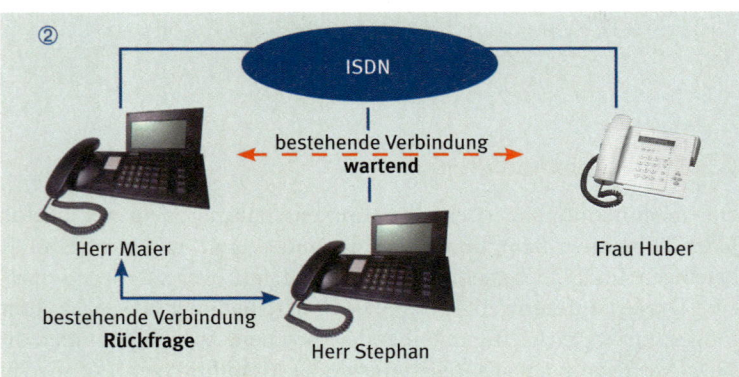

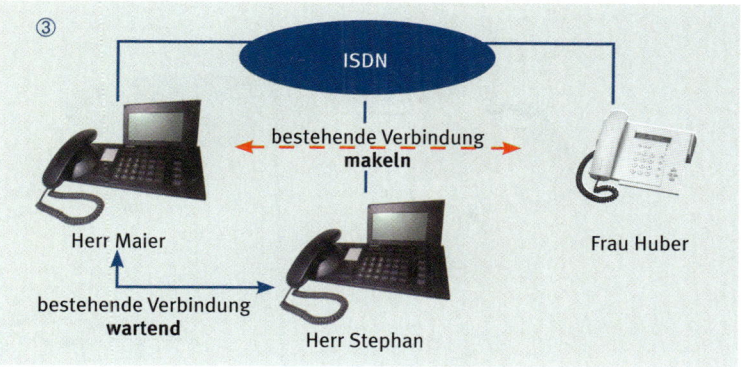

9.2.8.8 Anklopfen

Während eines Telefonats kann ein Verbindungswunsch eines Dritten am ISDN-Telefon optisch oder akustisch signalisiert werden. Der gerufene Teilnehmer kann sein Gespräch unterbrechen, Rücksprache mit dem Anklopfenden halten und anschließend das erste Gespräch fortsetzen.

BEISPIEL:

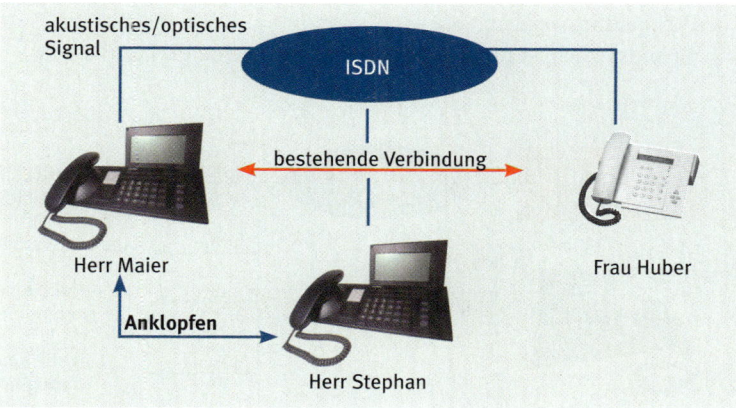

9.2.8.9 Verbindung parken und Endgeräte umstecken

Während einer bestehenden Verbindung kann am ISDN-Endgerät das Gespräch geparkt werden. Ohne dass die Verbindung unterbrochen wird, kann nun das ISDN-Endgerät aus der Steckdose gezogen und in eine andere Steckdose wieder eingesteckt werden. Nach dem Umstecken muss die bestehende Verbindung am ISDN-Endgerät wieder aktiviert werden.

BEISPIEL:

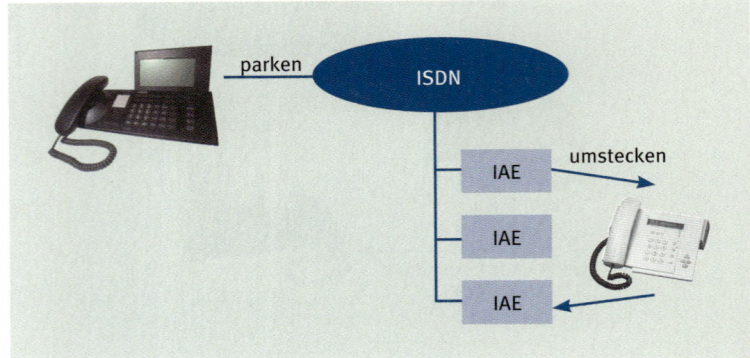

9.2.8.10 Anschlusssperre

Über die Anschlusssperre können abgehende Gespräche eingeschränkt werden. Dabei gibt es verschiedene Möglichkeiten:

- Alle abgehenden Gespräche außer Notrufe sind gesperrt.
- Außer den kostenpflichtigen Servicenummern (z. B. 0180-Nummern) sind alle abgehenden Gespräche möglich.
- Auslands- und Interkontinentalverbindungen können nur mit Eingabe einer PIN geführt werden.
- Grundsätzlich ist für abgehende Gespräche eine PIN notwendig.

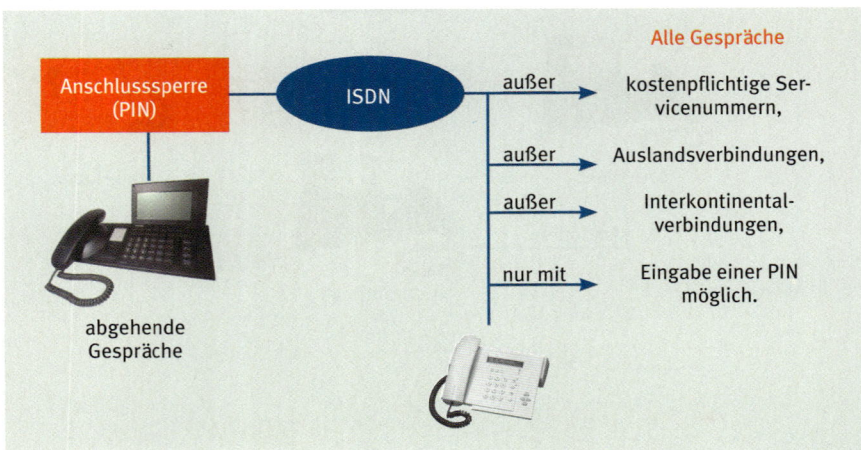

9.2.8.11 Rufnummernsperre

Durch die Rufnummernsperre kann gezielt verhindert werden, dass bestimmte Rufnummern/Rufnummergruppen angerufen werden. Die Aufhebung der Sperrung ist jederzeit möglich.

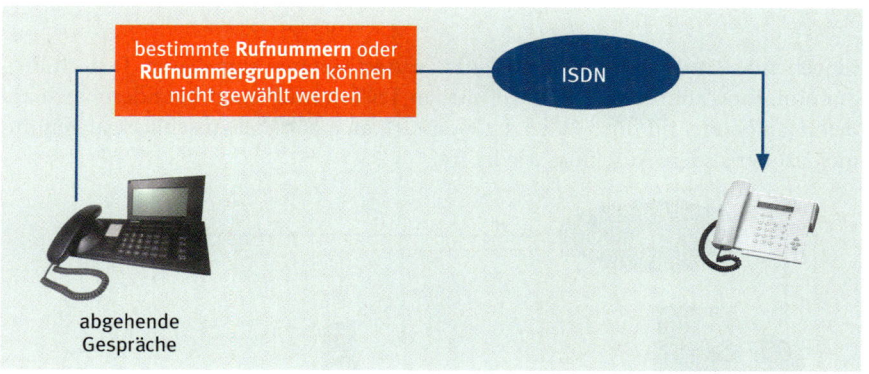

9.2.8.12 Abweisen unerwünschter Anrufe

Am Telefonapparat können bis zu 20 unerwünschte Rufnummern eingegeben werden. Das Abweisen erfolgt je nach Bedarf durch Ein- oder Ausschalten der Funktion am Gerät.

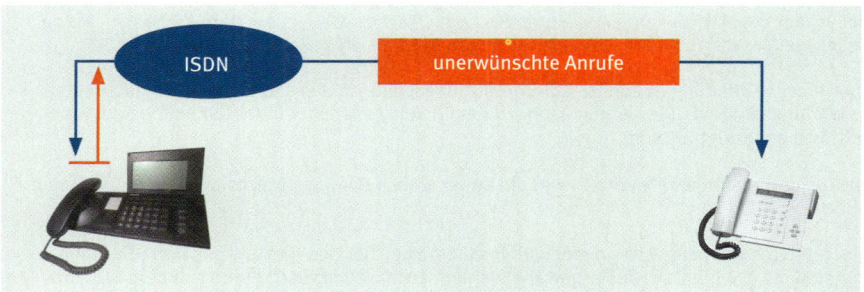

9.2.8.13 Annahme erwünschter Anrufe

Der Nutzer kann bis zu 30 Rufnummern festlegen, die er annehmen möchte. Ist die Funktion aktiviert, werden alle anderen Telefongespräche abgewiesen.

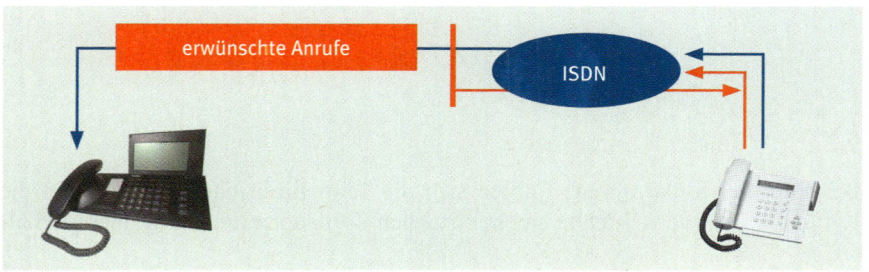

9.2.8.14 Parallelruf

Eingehende Anrufe werden gleichzeitig an zwei Geräten signalisiert. Je nach Programmierung klingelt es z. B. nicht nur am Telefon im Festnetz, sondern auch auf dem Handy oder im Büro. Wird das Gespräch an einem der Anschlüsse angenommen, ist der andere Anschluss wieder frei.

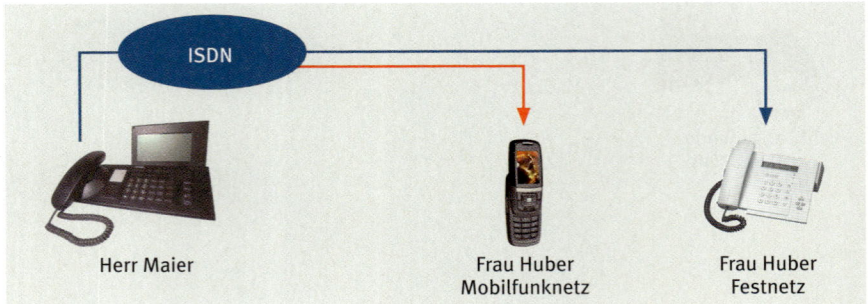

9.2.8.15 Weitere Leistungsmerkmale

Mehrfachrufnummern	Mit einem Mehrgeräteanschluss werden bereits drei Mehrfachnummern vergeben. Diese können den entsprechenden Endgeräten (Telefonen, Faxgeräten, ...) zugeordnet werden. Dadurch hat ein Anrufer die Möglichkeit, ein bestimmtes Endgerät anzuwählen. Auf Wunsch können bis zu sieben weitere Rufnummern je Anschluss gegen Aufpreis eingerichtet werden.
Entgeltanzeige nach der Verbindung	Nach einer Verbindung übermittelt die Vermittlungsstelle an das entsprechende Endgerät die Verbindungsentgelte. Die Gebühr kann auf dem Display entweder in Tarifeinheiten oder Euro-Beträgen angezeigt werden.
Rufdaueranzeige	Das Display bestimmter Telefone zeigt die Dauer eines Telefongesprächs in Minuten und Sekunden an.
Erweiterte Wahlwiederholung	Eine erfolglos gewählte Rufnummer wird in einem Speicher des Telefons gehalten. Sie kann später durch Knopfdruck wieder gewählt werden, auch wenn zwischendurch andere Rufnummern eingegeben wurden.
Menügeführte Bedienung	Komfortable Möglichkeit, Funktionen, Namen oder Rufnummern auf dem Display auszuwählen und zu aktivieren. Entsprechende Tasten erleichtern das Blättern im Funktionsmenü.
Paging	Bei schnurlosen Telefonen können – innerhalb der Reichweite – mit dieser Funktion verlegte Geräte gesucht werden. Dazu wird ein Signal von der Feststation zum Handgerät bzw. umgekehrt gesendet.
Simultan-Klingeln	Gleichzeitiges Klingeln am Telefon im Büro, zu Hause und am Handy.

www.telekom.de
www.premiereglobal.de
www.mvc.de
www.smartconference.de

9.2.9 Telefonkonferenzen

Bei einer Telefonkonferenz wählen sich die Teilnehmer nach und nach in die Konferenz ein und werden in einem virtuellen Konferenzraum zusammengeschaltet.

9.2 Telefonieren im analogen und digitalen Festnetz

Für Telefonkonferenzen können mehrere Medien genutzt werden:

Medium	Beschreibung	Merkmale	Einsatzmöglichkeiten
Telefonanlage	Über das Telefon eines Teilnehmers wird die Telefonkonferenz aufgebaut. Jeder Konferenzteilnehmer wird angerufen und zur Konferenz dazugeschaltet.	• Schnell einsetzbar. • Der Initiator trägt alle Kosten. • Maximal fünf bis zehn Teilnehmer.	• Ad-hoc-Telefonkonferenzen mit wenigen Teilnehmern • schnelle Klärung von Fragen
Dial-in-Konferenzsystem	• Jeder Teilnehmer bekommt eine Einladung und wählt sich selbst zum vereinbarten Termin in das System (Dienstleister für Telefonkonferenzen) ein. • Zur Sicherung der Vertraulichkeit erhält jeder Teilnehmer eine Einwahlnummer und eine persönliche Identifikationsnummer.	• Die Gesprächskosten werden in der Regel von jedem Teilnehmer selbst übernommen. • Große Teilnehmerzahl möglich. • Besonders für die Zuschaltung von Handys geeignet.	• Teambesprechungen • Problembesprechungen
Dial-out-Konferenzsysteme	• Die Telefonnummern der Konferenzteilnehmer werden dem Operator (Dienstleister) mitgeteilt. • Die Teilnehmer werden zum vereinbarten Termin vom Operator angerufen und zu einer Telefonkonferenz zusammengeschaltet.	• Die Kosten trägt der Einladende. • In der Regel eine moderierte Konferenz. • Die meisten Dienstleister bieten ihren Kunden einen Gesprächsmitschnitt in Form einer WAV-Datei oder eines Tonbandes an, sodass ein Protokoll von der Telefonkonferenz angefertigt werden kann.	• Ad-hoc-Telefonkonferenzen • Ergebnispräsentation für eine große Gruppe
Internet	• Mithilfe eines PCs/Notebooks mit Mikrofon und Lautsprecher findet die Telefonkonferenz statt. • Die Bildschirme der Teilnehmer können für andere freigeschaltet werden, um gemeinsame Tools zu nutzen, z. B. um Präsentationen zu zeigen.	• Geringe Kosten. • Teilnehmer wählen sich selbst ein oder können angewählt werden. • Visualisierung über den PC möglich.	• Projektgespräche, bei denen eine Visualisierung notwendig ist • Telefonkonferenzen, bei denen etwas gemeinsam erarbeitet wird

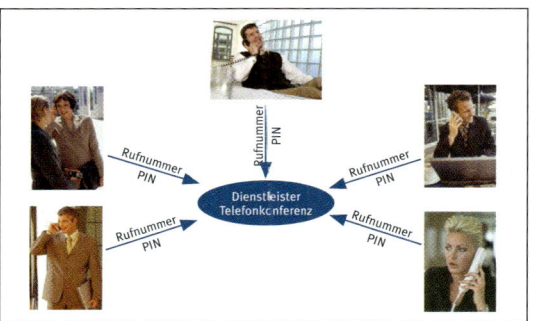

Dial-in-Konferenz

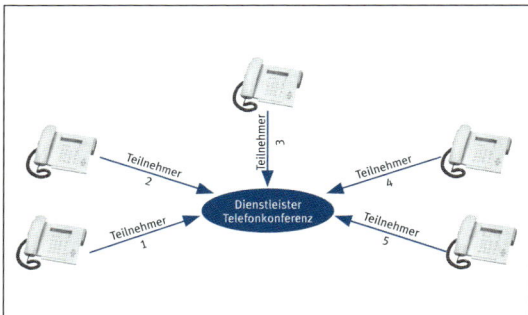

Dial-out-Konferenz

Bei der **Planung** und **Durchführung** einer Telefonkonferenz sollte Folgendes beachtet werden:

- Festlegung des **Teilnehmerkreises**,
- **Terminkoordination**,
- **Organisation** der Konferenz zum **vereinbarten Zeitpunkt**,
- Anmeldung der Telefonkonferenz beim **Dienstleister**,
- bei Beginn der Sitzung die **Vorstellung** der Teilnehmer untereinander,
- Feststellung der **Abwesenden**,
- eventuell benötigte **Tastaturcodes** bekannt geben.

9.2.10 Anrufbeantworter und Sprachbox

Ist ein Fernsprechteilnehmer nicht ständig erreichbar, können zeitweise keine Informationen ausgetauscht werden, Zeit geht verloren, manchmal sogar ein Auftrag. Diese Situation lässt sich durch einen **Anrufbeantworter** leicht vermeiden. Das Gerät schaltet sich ein, wenn nach einer Verzögerungszeit das Gespräch nicht angenommen wird.

Mit der Einstellung „**ohne Aufzeichnungsmöglichkeit**" kann der Anrufer keine Nachricht übermitteln.

BEISPIEL:

> *Ansagetext im geschäftlichen Bereich:*
> *Guten Tag! Hier ist der automatische Anrufbeantworter der Firma ABC. Am 6. Juli ist unser Büro von 14:00 bis 18:00 Uhr nicht besetzt. Wenn Sie eine Bestellung aufgeben wollen oder einen Rückruf wünschen, dann wählen Sie bitte die Nummer 07191 1090. Vielen Dank für Ihren Anruf!*
>
> *Ansagetext im privaten Bereich:*
> *Guten Tag! Es tut mir leid, aber ich bin heute Nachmittag unter meinem Anschluss nicht erreichbar. In dringenden Angelegenheiten erreichen Sie mich bei Herrn Georg Mayer, Telefon 887688. Auf Wiederhören!*

Mit der Einstellung „**mit Aufzeichnungsmöglichkeit**" kann dem Anrufer sowohl eine Nachricht hinterlassen als auch seine Nachricht aufgezeichnet werden. Nach einem Signalton spricht der Anrufer seine Nachricht. Wie viel Zeit soll dem Anrufer dafür gegeben werden? Eine, zwei, fünf Minuten oder „unbegrenzt"? Dies kann – abhängig vom Gerätetyp – eingestellt werden, wobei die Aufnahmezeit meist auf maximal 30 Minuten begrenzt ist. Vorsicht, manche Geräte schalten nach einer längeren Sprechpause automatisch ab.

BEISPIEL:

> *Ansagetext im geschäftlichen Bereich:*
> *Guten Tag! Hier ist der automatische Anrufbeantworter der Firma ABC. Unser Büro ist im Moment nicht besetzt. Falls Sie uns eine Nachricht hinterlassen wollen, sprechen Sie bitte ohne lange Pause nach dem Signalton. Sie haben dazu zwei Minuten Zeit. Wir bedanken uns für Ihren Anruf.*

Elektronischer Anrufbeantworter (Sprachbox)

Die meisten Netzbetreiber bieten ihren Kunden einen elektronischen Anrufbeantworter an. Die Sprachbox ist sowohl im Mobilfunk- als auch im Festnetz nutzbar.

Vorteile:

- Der Kunde benötigt kein zusätzliches Gerät.
- Einfache Bedienung.
- Während telefoniert wird, können Nachrichten gespeichert werden.
- Die Sprachbox kann weltweit von jedem beliebigen Telefon abgefragt werden.
- Ist die Sprachbox im Festnetz eingerichtet, kann der Nutzer über sein Handy über eingegangene Nachrichten informiert werden.
- Faxempfang möglich.
- Zugangssicherung durch Geheimnummer möglich.

Mögliche Leistungsmerkmale bei Anrufbeantwortern

- Display zur Kennzeichnung aller eingegangenen Nachrichten mit Datum und Uhrzeit.
- Mehrere Wiedergabegeschwindigkeiten, z. B. schnelles Abhören bei der Fernabfrage.
- Mitschneiden von Telefongesprächen.
- Digitale Sprachspeicherung.
- Selektives Abhören – man überspringt bestimmte Bandbereiche, um nur eine bestimmte Nachricht abzuhören.
- VIP-Funktion – nach Aktivierung dieser Funktion werden nur Gespräche mit der Geheimnummer akustisch signalisiert. Vor allen anderen Anrufern hat der Empfänger Ruhe.
- Mailboxfunktion – Möglichkeit, bei Abwesenheit Nachrichten auf den Anrufbeantworter zu „diktieren" und für bestimmte Personen zu hinterlassen.
- Weitermelden – der Benutzer wird über den Eingang von Nachrichten informiert. Dies erfolgt zu einer vorher eingegebenen Telefonnummer oder zu einem Funkrufgerät.

Garantieren Sie die ständige **Erreichbarkeit an Ihrem Arbeitsplatz**:

Aktivieren Sie bei Abwesenheit den **Anrufbeantworter** oder leiten Sie Ihre Gespräche ins **Sekretariat** oder auf Ihr **Mobiltelefon** um.

9.3 Mobilfunk

Die meisten Mitarbeiterinnen und Mitarbeiter der Mode|Idee GmbH haben ein Firmen-Mobiltelefon. Dies verursacht Kosten, die regelmäßig überprüft werden müssen. Die Nutzer erhalten monatlich die Abrechnungen und können so ihr Telefonverhalten steuern. Durch den passenden Tarif und eine bewusstere Nutzung lassen sich in vielen Fällen die Kosten erheblich reduzieren.

Vieltelefonierern gestattet das Unternehmen die Buchung einer Flatrate. Vorher müssen die Mitarbeiter aber genau überprüfen, ob sie tatsächlich so viel telefonieren, dass der Tarif auch zugunsten des Unternehmens ausgeschöpft wird. Außerdem ist zu

Fallbeispiel

Arbeitsblatt 4

beachten, für welche Netze eine Flatrate benötigt wird und ob die Flatrate die häufig gewählten Netze beinhaltet.

Der Besitzer eines Mobiltelefons ist überall und jederzeit erreichbar. Dies spielt in vielen Branchen eine wichtige Rolle.

9.3.1 Netzbetreiber

Das Mobilfunknetz wird von den Netzbetreibern unterhalten. Ihnen gehören die Funkantennen und die Vermittlungsstationen. Zum Verkauf ihrer Funkkapazität besitzen die Netzbetreiber eigene Tochterfirmen. Zusätzlich verkaufen die Anbieter aber auch Funkkapazitäten an Großhändler, die sogenannten Serviceprovider.

www.t-mobile.de
www.eplus.de
www.o2online.de
www.vodafone.de

D1-Netz T-Mobile	Netzvorwahl: 0170, 0171 0175, 0160	Gut ausgebautes zuverlässiges Netz. Hohe Grundgebühren bei T-D1-Laufverträgen für Privatkunden.
D2-Netz Vodafone	Netzvorwahl: 0172, 0173, 0174, 0162	Gut ausgebautes Mobilfunknetz. In Ballungsgebieten kann es jedoch zu Engpässen kommen. Die Verschickung von SMS in fremde Mobilfunknetze ist recht teuer.
E1-Netz E-Plus	Netzvorwahl: 0177, 0178, 0163	Gute Sprachqualität und schneller Datentransfer per HSCSD. Die Netzabdeckung auf dem Land ist meist lückenhaft.
E2-Netz O2	Netzvorwahl: 0176, 0179	Das Netz ist noch nicht flächendeckend ausgebaut. Durch eine Kooperation mit T-D1 jedoch flächendeckend verfügbar.

Viele Kunden wechseln den Anbieter und nehmen ihre Rufnummer mit. Deshalb lässt eine Vorwahl keine Rückschlüsse mehr zu, in welchem Netz der Nutzer angemeldet ist. Die Mobilfunkprovider bieten daher einen speziellen Service an, der die Netzzugehörigkeit einer Rufnummer herausfindet. Um den Service zu nutzen, wählen die Nutzer z. B. bei T-Mobile die 4387. Danach muss die Rufnummer mit Vorwahl eingegeben werden. Der Computer sagt dann wenig später, zu welchem Netz die Rufnummer gehört. Dies ist deshalb von Bedeutung, weil ein Telefongespräch in ein anderes Netz oft doppelt bis dreifach so teuer ist.

9.3.2 Serviceprovider

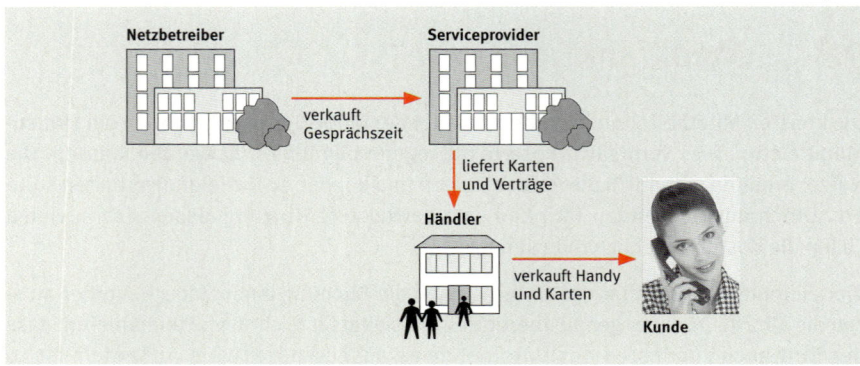

Serviceprovider sind Telefongesellschaften ohne eigenes Funknetz. Sie kaufen bei den Netzbetreibern Funkkapazitäten beziehungsweise Gesprächszeiten ein. Als Großhändler bieten sie die Karte nach eigenen Tarifmodellen an. Für bestimmte Zielgruppen wie z. B. Privatkunden, Geschäftskunden, Studenten und Familien gibt es häufig speziell zugeschnittene Tarife.

Serviceprovider in Deutschland sind z. B. mobilcom debitel, Talkline, E-Plus, Victorvox, Drillisch/Alphatel, TelePassport und Tangens.

www.alphatel.de
www.debitel.de
www.drillisch.de
www.hutchison.com.au
www.mobilcom.de
www.talkline.de
www.tangens.com

9.3.3 Mobiltelefon (Handy)

Seit Einführung der Mobilfunknetze boomt der Endgerätemarkt. Die Handys werden immer kleiner und leistungsfähiger. Sie erlauben nicht nur die sprachliche Kommunikation, sondern alles, was sich mit einem herkömmlichen Telefon oder Notebook auch erledigen lässt – aber drahtlos! Man kann Faxe empfangen und versenden, Daten übertragen, auf Netzwerke zugreifen, elektronische Post verschicken und empfangen, Termine planen, Fotos schießen und versenden, Musik (MP3) hören usw. Selbst Mess- und Regelsysteme lassen sich mit ihnen steuern. Mit der entsprechenden Ausstattung ist das mobile Büro kein Problem mehr.

9.3.3.1 SIM-Karte

Die Verbindung zwischen dem Mobilfunknetz und dem Handy wird durch die **SIM-Karte** (Subscriber Identity Module) hergestellt. Sie ist sozusagen der Ausweis für das Mobilfunknetz und das Gehirn des Handys. Der Chip enthält neben der Mobilfunknummer und dem Namen des Mobilfunkteilnehmers die 15-stellige **IMSI-Kennung** (International Mobile Subscriber Identity). Über diese Nummer ist der Mobilfunkteilnehmer in dem von ihm benutzten Mobilfunknetz jederzeit weltweit identifizierbar. Weiterhin sind auf der SIM-Karte zur Identifizierung des Teilnehmers dessen persönliche **4-stellige Identifikationsnummer** (**PIN** – **p**ersonal **i**dentification number) und die **8-stellige PUK-Nummer** (**P**ersonal **U**nblocking **K**ey) gespeichert. Die Mobilfunknummer ist nicht an das Handy des Teilnehmers, sondern an die SIM-Karte gebunden.

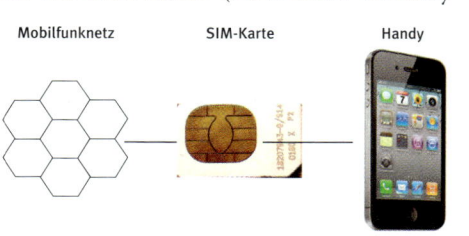

www.dekart.com

9.3.3.2 Bedienelemente

Die wichtigsten Bedienelemente eines Mobiltelefons:

Ein/Aus-Taste	Das Ein- und Ausschalten kann bei manchen Geräten über eine separate Taste erfolgen. In der Regel geschieht dies durch längeres Drücken der „Auflegen"-Taste.
Display	Anzeigefläche für multimediale Anwendungen wie z. B. Videos, Fotos oder längere E-Mails.
Softkeys	Spezielle Tasten, über die man zur Übersicht der momentanen Programme gelangt und deren Funktionen situativ angepasst werden können.
Anzeige des Netzbetreibers	Auf dem Display des eingeschalteten Handys erscheint der Name des Netzbetreibers oder Serviceproviders. Das ist vor allem im Ausland wichtig, wenn man die Wahl zwischen verschiedenen Anbietern hat.
Feldstärkenanzeige	Sie signalisiert, wie gut die Verbindung des Handys mit der nächsten Funkzelle ist. So kann man mit einem Blick sehen, wie gut der Empfang ist.
Uhrzeitanzeige	Die meisten Handys zeigen die aktuelle Uhrzeit an. Darüber hinaus besitzen manche Handys eine Wecker-Funktion, die bei Erreichen einer voreingestellten Zeit Alarm gibt.
Einlegen der SIM-Karte	Auf der Rückseite des Mobiltelefons befindet sich das Batteriefach. Um die SIM-Karte einzulegen, muss das Fach geöffnet und der Akku herausgenommen werden.
Buchstabentasten	Das Tastenfeld dient auch zur Eingabe von Buchstaben, etwa wenn ein Name ins Telefonbuch eingegeben oder eine Textnachricht geschrieben wird.
Pfeiltasten	Mit den Pfeiltasten – auch Scroll-Tasten genannt – können die einzelnen Menüpunkte aufgerufen werden. Auch längere SMS-Nachrichten können so Zeile für Zeile gelesen werden.
„No"-Taste	Mit der „No"-Taste kann das Handy ein- und ausgeschaltet werden. Aber auch ein laufendes Gespräch kann über diese Taste beendet werden. Befindet man sich gerade in einem Menü, kommt man über die „No"-Taste eine Ebene zurück.
Verbindungsanzeige	Das Hörer-Symbol zeigt an, dass eine Gesprächsverbindung besteht.
SMS-Anzeige	Mit dem Brief-Symbol signalisiert das Gerät, wenn eine Textnachricht eingegangen ist.
Akkuanzeige	Die Anzahl der Balken gibt die Restladung des Akkus an. So weiß man immer, wann es Zeit wird, das Gerät aufzuladen.

9.3.3.3 Leistungsmerkmale

Wesentliche Leistungsmerkmale eines Mobiltelefons sind z. B.:

- Gewicht
- Display mit einfacher Menüsteuerung
- Uhrzeit, Wecker, Kalenderfunktion
- Vibrationsalarm – diskretes Melden

- Mobile Speicherkarte
- Nummern- und Kurzspeicher
- Kurznummernspeicher
- Entgeltanzeige
- Gesprächsdaueranzeige
- Elektronisches Sperrschloss
- Freisprechbetrieb
- Wahlwiederholung
- Notizfunktion
- Time-out (automatisches Abschalten nach einer vorbestimmten Zeit)
- Stand-by-Betrieb (Bereitschaftszeit vom vollständig geladenen bis zum leeren Akku)
- Mailbox
- Rufumleitung
- Kamera mit Digitalzoom und Videokamera-Funktion
- Fax- und Datenoption
- Bluetooth-Schnittstelle
- MP3-Player
- UKW-Radio

Das Handy wird zum Alleskönner

Das Handy hat das moderne Leben verändert wie kaum ein anderes Gerät des täglichen Gebrauchs. Menschen sind immer und überall erreichbar geworden. Mit dem Handy kann man seinen Kontostand kontrollieren, Videokonferenzen abhalten, Online-Reisebuchungen vornehmen, das Taxi bezahlen, Stadtpläne lesen usw. Die Anwendungen werden bald nahezu unbegrenzt sein.

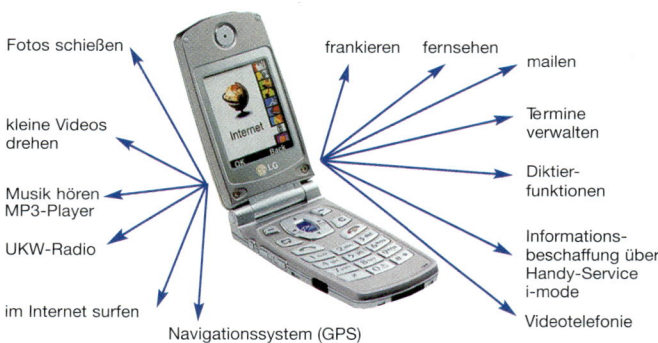

Mit dem heutigen Stand der Technik sind oben gezeigte Funktionen möglich.

9.3.3.4 SMS (Short Message Service)

Mit dem Kurznachrichtendienst „Short Message Service", kurz SMS, können schriftliche Botschaften bis zu einer Länge von 160 Zeichen ausgetauscht werden. Das funktioniert mit jedem Handy diskret und innerhalb von Sekunden.

SMS gilt als eine der erfolgreichsten Anwendungen von Mobiltelefonen. Der technisch bedingte Zwang zur Kürze wirkt sich auf das geschriebene Wort aus. Sprachwissenschaftler haben SMS-Botschaften untersucht und herausgefunden, dass beim **„Simsen"** überwiegend Kürzel wie zum Beispiel „Hdl!" (Habe dich lieb!) verwendet werden. Weitere Sparmöglichkeiten, wie z. B. das Verschmelzen von Verben und Artikeln, den Buchstaben „E" auslassen oder Kurzformen von Wörtern bilden, werden genutzt. Dies drückt sich selbstverständlich im Kommunikationsstil aus. Der Stil wird immer kürzer und kreativer, sodass Wortschöpfungen in Umlauf kommen, die in keinem Lexikon zu finden sind.

9.3.3.5 MMS (Multimedia Messaging Service)

Der **Multimedia Messaging Service** ist ein Mitteilungsdienst, der auf dem SMS-Kurzmitteilungsdienst aufbaut. Neben Texten können im Rahmen von MMS-Mitteilungen auch Fotos, Sprach- und Tonaufzeichnungen übertragen werden.

Um den MMS-Dienst nutzen zu können, müssen drei Voraussetzungen erfüllt sein:
- Der Netzbetreiber bzw. Serviceprovider muss den MMS-Dienst in seinem Netz zur Verfügung stellen.
- Das Mobiltelefon muss MMS-fähig sein, damit die Multimedia-Mitteilungen direkt vom Handy aus gesendet und empfangen werden können.
- Der MMS-Dienst muss vom Netzbetreiber freigeschaltet werden.

9.3.3.6 i-mode

E-Mail per i-mode

i-mode ist ein Handy-Service, der einen schnellen, unkomplizierten **Zugang ins Internet** ermöglicht. Zur **Information** werden im Internet von verschiedenen Anbietern **speziell aufbereitete Internetseiten im i-mode-Format** angeboten. Eine kleine ausgewählte Anzahl von Inhalte-Anbietern – darunter auch die Deutsche Bahn AG und etablierte Verlage – soll die Qualität des Angebotes garantieren. Der Kunde entscheidet selbst, welche Inhalte er kostenlos oder gegen eine monatliche Abo-Gebühr nutzen möchte.

9.3.3.7 Mit dem Handy Informationen über den QR-Code beschaffen

Multimedia per i-mode

www.mobil.welt.de/reader
www.activeprint.org
www.i-nigma.com

Der QR-Code (Abkürzung: **q**uick **r**esponse = schnelle Antwort) ist ein zweidimensionaler Matrixcode, über den Sie mithilfe eines Mobiltelefons mit integrierter Kamera zielgerichtet Informationen aus dem Internet beschaffen können. In vielen Zeitschriften, auf Verpackungen, Plakaten u. Ä. ist der QR-Code zu finden.

Um den QR-Code nutzen zu können, müssen Sie zunächst mit dem Mobiltelefon eine spezielle Reader-Software, die den Code übersetzt, herunterladen. Danach können Sie Ihr Mobiltelefon auf den Code richten und ihn fotografieren. Über den Code werden Sie dann beispielsweise direkt mit der Website verbunden.

9.3.3.8 E-Mail-Push-Dienst

Mit dem Push-Dienst können Nutzer, die häufig unterwegs sind, eingehende E-Mails automatisch empfangen und versenden. Der Anwender braucht ein geeignetes mobiles Endgerät: Handy, Smartphone oder Handheld. Die Software versorgt den Nutzer ständig mit seinen Mails; ähnlich wie bei SMS sind Netzeinwahl oder Download der Nachrichten nicht notwendig. Der Abhol-Dienst der E-Mail-Push-Zentrale fragt regelmäßig das Postfach des Nutzers im Unternehmen ab. Auch jede Änderung, die das Sekretariat im Terminkalender vornimmt, erscheint parallel im Endgerät. Da sich die Funkoption gesondert ausschalten lässt, kann der Nutzer auch im Flugzeug mit dem Gerät arbeiten und E-Mail-Anhänge lesen. Die Software entschlüsselt Word- oder Exceldateien. Alle großen Hersteller wie Siemens, Nokia oder Sony Ericsson sind Lizenznehmer und bieten den E-Mail-Push-Dienst an.

9.3.4 Mobilfunkgeräte

Auf dem Markt haben sich folgende Mobiltelefone etabliert:

Dualband-Handy	Mobilfunktelefon, das auf zwei verschiedenen Frequenzen sendet und empfängt. Es funktioniert in D- (900 MHz) und E-Netzen (1 800 MHz). Dadurch ist ein Netzwechsel möglich.
Triband-Handy	Ein Triband-Handy wird in manchen Teilen Europas, in Afrika, Asien oder Australien benötigt, weil man auf das nur dort genutzte dritte Frequenzband angewiesen ist.
Quadband-Handy	Mit der Quadband-Technologie ist nahezu weltweites Telefonieren möglich. Je nach Ausführung können beispielsweise Quadband-Geräte sowohl in europäische GSM-Netze mit 900 und 1 800 MHz funken als auch in amerikanische 850- und 1 900-MHz-Netze.
WAP-Handy	WAP (**W**ireless **A**pplication **P**rotocol) ist ein Übertragungsstandard, der den drahtlosen Internetzugang über WAP-Handys ermöglicht. Allerdings nur für Internetseiten, die im WAP-Format vorliegen oder über WAP-Gateways der jeweiligen Mobilfunkbetreiber, die in das WAP-Format umgewandelt worden sind.
HSCSD-Handy	Mit dem HSCSD-Standard (**H**igh **S**peed **C**ircuit **S**witched **D**ata) steht einem Handy eine schnelle Datenverbindung zum Internet zur Verfügung. Durch die Bündelung mehrerer Funkkanäle wird bei aufgebauter Verbindung eine Bandbreite von 38 400 Bit/s erreicht. E-Plus bietet diesen Dienst unter dem abweichenden Namen HSMD (**H**igh **S**peed **M**obile **D**ata) an.
GPRS-Handy	GPRS (**G**eneral **P**acket **R**adio **S**ervice) bezeichnet einen Übertragungsstandard für Handys, der die Daten in einzelnen Paketen übermittelt und damit die Ressourcen im Netz effizienter ausnutzt. Dadurch ist eine schnellere Datenübertragung und die permanente Verbindung zum Internet gewährleistet. Die zeitraubende Einwahl in einen Datendienst entfällt.
UMTS-Handy	GPRS- und HSCSD-Handys sind eine Zwischenlösung, bis das UMTS-Netz völlig ausgereift ist. Bei Downloads kann ein UMTS-Handy schon jetzt die 6-fache ISDN-Geschwindigkeit erreichen. Größere Displays, ausklappbare Tastaturen, Mikrofon und Hörmuschel für die Eingabe per Sprache komplettieren das Basisgerät zu einem mobilen Kleincomputer. UMTS-Handys – auch Multimedia-Handys genannt – können eine zentrale Fernsteuerung für viele Geräte sein. Neuerdings werden auch von manchen UMTS-Providern Kinofilme und Fernsehsendungen auf das UMTS-Handy übertragen.

www.megahandy.de
www.ericsson.de
www.alcatel-lucent.de
www.sony.de
www.siemens.de
www.philips.de
www.nokia.de
wwww.motorola.de
www.panasonic.de
www.blackberry.de
www.teltarif.de/mobilfunk

Arbeitsblatt 5

BlackBerry		(Deutsch: Brombeere) Das BlackBerry ist Handy und Taschencomputer in einem und ermöglicht das Senden und Empfangen von E-Mails über den Firmenserver oder jeden anderen privaten E-Mail-Account. Die Technologie ist aber nicht an ein Gerät gebunden, sondern wird in Lizenz von vielen Herstellern in unterschiedliche Handys, Smartphones bzw. Handhelds integriert.
iPhone		Neben den Telefon- und E-Mail-Funktionen verfügt das iPhone in der Regel über weitere Funktionen wie Sprachsteuerung, Videokamera, MMS mit Videos, Fotos und Audios versenden sowie Wörter und Bilder ausschneiden, kopieren und einsetzen. Kleine Programme, sogenannte Apps, für unterschiedliche Anwendungen können kostenlos oder kostenpflichtig auf das iPhone heruntergeladen werden.
Bluetooth-Handy		Durch die Funktechnik „**Bluetooth**" ist eine drahtlose Kommunikation grenzenlos. Geräte können automatisch untereinander Daten austauschen, ohne dass ihr Besitzer etwas tun muss. Damit unterscheidet sich „Bluetooth" von der **Infrarottechnik,** bei der die Geräte in Sichtweite liegen müssen und viele Knöpfe zu drücken sind, ehe die Daten fließen.
Smartphone/Handheld		Ein Smartphone ist ein Kombinationsgerät aus Organizer und Mobiltelefon. Je nach Hersteller handelt es sich entweder um einen Organizer, der mit Telefonfunktionen ausgestattet ist, oder um ein Mobiltelefon, das sämtliche Organizer-Funktionen erfüllt. Im Hintergrund läuft das PDA-Betriebssystem (z. B. Windows – Phone Edition). Kleinere Smartphones werden auch „**Handhelds**" genannt. Folgende Funktionen können integriert sein: Telefonieren, E-Mail-Zugriff, Kalender, Aufgabenkontrolle, Internet-Zugriff, SMS, Diktieren, Kamera.
Foto-/Video-Handy		Mit einer eingebauten Kamera (z. B. mit 8 Megapixeln, Autofokus, optischem Zoom und Kameralicht zum Aufnehmen) lassen sich mit dem Handy Fotos und Videosequenzen mit Ton aufnehmen, bearbeiten und versenden.
Fernseh-Handy		Durch die Einführung der Standards **TDMB** (**T**errestrial **D**igital **M**ultimedia **B**roadcasting) und **DVB-H** (**D**igital **V**ideo **B**roadcasting **H**andhelds) ist es möglich, mit dem Handy Rundfunk- und Fernsehprogramme zu empfangen. Die MFD (Mobiles Fernsehen Deutschland GmbH) baut das dafür nötige Netz auf.

www.all4living.com
www.asus.de
www.quereader.com
www.cooler-ebooks.com
www.benq.de
www.barnesandnoble.com/ebooks/

E-Reader (z. B. Amazon Kindle, Sony Reader)		Sie dienen vor allem zum Lesen und Herunterladen von E-Books und verfügen über ein Schwarz-Weiß-Display ohne Hintergrundbeleuchtung (gut bei Tageslicht lesbar), menügesteuerte Bedienung, Tasten zum Umblättern, Schreibfunktion mithilfe eines Stiftes (handschriftliche Notizen) oder einer virtuellen Tastatur, Handschrifterkennung (die Schreibschrift wird in Computerschrift umgewandelt), Notiz- und Memofunktion, Audiofunktion (Abspielen und Aufnehmen von Musik und Sprache) und eventuell eine integrierte Diktierfunktion für Gesprächsnotizen (als WAV-Datei).

Tablet-Rechner (z. B. Apple iPad, WeTab) Sie verfügen über nahezu alle Funktionen, die ein Laptop und ein E-Reader hat. Über die auf der Rückseite des Multimediageräts integrierte Kamera können beispielsweise geschossene Fotos direkt auf dem Display bearbeitet werden. Texte, Bücher, Bilder und Tafelanschriften lassen sich per Kamera digitalisieren und anschließend mit eigenen Notizen ergänzen. Internetzugang und Büroanwendungen wie Telefonieren über VoIP, Fax, SMS und Anrufbeantworter sind integriert. Tablet-Rechner sind deutlich teurer als E-Reader.

Apps für das Mobiltelefon

Um die Anwendungsvielfalt des Mobiltelefons ständig zu erweitern, stellen die meisten Handy-Anbieter regelmäßig im Internet kleine Programme zum Herunterladen zur Verfügung. Diese mobilen Anwendungen – kurz auch „Apps" genannt – bieten meist aktuelle Routenplaner, Wetterinfos, Spiele, Trinkgeldrechner oder Stadtführer an (z. B. Qype Radar).

> BEISPIEL:
> Apple: App Store; BlackBerry: App World; Google: Android Market; Nokia: Ovi Dienste und Apps; Sony Ericsson: PlayNow arena

Handy-Branding („Brand": engl. Begriff für eine Marke)

Ein „gebrandetes" Handy ist über Menü und Tastenbelegung auf seinen Mobilfunknetzbetreiber eingestellt. Mobilfunknetzbetreiber subventionieren die „gebrandeten" Handys und bestimmen auch die Gerätesoftware maßgeblich. Logos und Klingeltöne des Netzbetreibers werden fest installiert und einzelne Tasten so belegt, dass der Druck auf diese ohne jede Rückfrage ins Internet und dort auf das Portal des Anbieters führt. Durch die exklusive Platzierung passiert es häufiger, dass der Nutzer ungewollt die Taste drückt und eine Internetverbindung aufbaut. Die Fehlbedienung führt zu erheblichen ungewünschten Verbindungsgebühren. Manche „gebrandeten" Handys lassen sich umprogrammieren. Die Ausführung ist jedoch kompliziert, da das Menü neu konfiguriert werden muss.

Bei Handys, die sich nicht umprogrammieren lassen, kann die Anwendung blockiert werden. Eine weitere Möglichkeit, die Branding-Taste zu deaktivieren, ist die Sperrung des GPRS-Datentransports. Dadurch sind ebenfalls das Versenden und Empfangen von MMS, E-Mail und der Download von Klingeltönen gesperrt.

9.3.5 Mobilfunkvertrag

Bevor Sie einen Mobilfunkvertrag unterschreiben, sollten Sie einen Angebotsvergleich durchführen. Um aus der Angebotsvielfalt die günstigsten Varianten herauszufinden, sollten Sie Folgendes prüfen:

- **Anschlussgebühr**
  Wenn Sie einen neuen Mobilfunkvertrag abschließen, verlangt der Anbieter normalerweise einen einmaligen Anschlusspreis. Bei Sonderaktionen kann dieser oftmals entfallen.

www.getmobile.de
www.handytarife.de

- **Laufzeit**
  Die Vertragslaufzeit beträgt in der Regel 24 Monate. Manche Anbieter bieten alternativ sechs Monate, 12 Monate oder keine feste Laufzeit an. Wenn der Vertrag nicht rechtzeitig gekündigt wird, verlängert er sich um ein weiteres Jahr. Üblich ist eine Kündigungsfrist von drei Monaten.
- **Mindestumsatz**
  Bei einem Vertrag mit Mindestumsatz muss ein bestimmter Betrag pro Monat vertelefoniert werden. Ist das nicht der Fall, wird der vereinbarte Mindestumsatz trotzdem fällig.
- **Telefonzeiten**
  Je nachdem, zu welcher Tageszeit Sie telefonieren, werden Ihnen unterschiedlich hohe Gebühren in Rechnung gestellt. Die Mobilfunkanbieter unterscheiden in der Regel drei Tarifzeiten: Hauptzeit, Wochenende, Nebenzeit.
- **Wechselgebühren**
  Wird während der Vertragslaufzeit in einen günstigeren Tarif gewechselt, ist das meist mit einer Gebühr verbunden. Beim Wechsel ist unbedingt darauf zu achten, dass man keinen neuen Vertrag mit zweijähriger Laufzeit unterschreibt.
- **Einzelverbindungsnachweis**
  Der Einzelverbindungsnachweis bietet eine genaue Kostenkontrolle und muss laut Telekommunikations-Kundenschutzverordnung (TKV) kostenlos sein.
- **Einzugsermächtigung**
  Falls die Handy-Rechnung nicht durch Einzugsverfahren, sondern nach Rechnung bezahlt wird, kann das zusätzliche Kosten verursachen.
- **Taktung**
  Beispiele für unterschiedliche Takte: Die ersten zehn Sekunden zählen von Anfang an – das ist sinnvoll für Nutzer, die hauptsächlich kurze Mitteilungen verschicken. Der erste Takt mit 60 Sekunden und danach sekundengenau ist für längere Telefonate günstiger.
- **Gesprächskosten**
  In der Regel gilt: Eine niedrige monatliche Grundgebühr bedeutet entsprechend hohe Gesprächspreise. Bei einer hohen Monatsgebühr sind die Gesprächskosten günstiger.

Mobilfunkgerät mit festem Vertrag	Mobilfunkgerät mit Prepaid-Karte
Der Käufer geht mit dem Netzbetreiber oder dem Serviceprovider einen festen Vertrag ein und zahlt monatlich eine Grundgebühr. **Vorteile:** • geringer Anschaffungspreis für das Handy, • Zugriff zu allen Serviceleistungen, • günstigere Gebühren pro Einheit. **Nachteile:** • meist längere vertragliche Bindung, • Handys sind meistens durch einen SIM-Lock geschützt, • Netzwechsel nur nach Vertragsablauf und/oder mit Kosten möglich.	„Prepaid" bedeutet: erst zahlen, dann telefonieren. Die monatliche Grundgebühr entfällt, da kein Vertrag abgeschlossen wird. Der „Prepaid-Nutzer" kann nur so lange telefonieren, wie das vorausbezahlte Guthaben reicht. **Vorteile:** • monatliche Grundgebühr entfällt, • die Karte setzt ein Kostenlimit, • Erreichbarkeit auch ohne Einheitenguthaben (je nach Anbieter zeitlich begrenzt). **Nachteile:** • höhere Gebühren pro Einheit, • weniger Zugriff auf Serviceleistungen, • Kurznachrichten (SMS) sind oft teurer, • hoher Anschaffungspreis für das Handy.

- **Tarifmodelle**
 Die Mobilfunknetzbetreiber in Deutschland bieten zwei prinzipiell unterschiedliche Tarifmodelle an:
- **Homezone**
 Der Zu-Hause-Bereich ist jener Bereich, in dem mit dem Handy zu günstigen Konditionen fast wie im Festnetz telefoniert werden kann. Der Kunde nennt einen Ort (Wohnung, Arbeitsplatz) und in einem Umkreis von zwei Kilometern befindet sich dann sein „Zu-Hause-Bereich". Außerhalb dieser Zone werden die normalen Handy-Gebühren berechnet.
- **Handy-Flatrate**
 Den Pauschaltarif gibt es in verschiedenen Varianten:
 – Anrufe ins gleiche Handy-Netz sind kostenlos. Dafür sind meist Auslandstelefonate extrem teuer.
 – Nur in einem bestimmten Umkreis (z. B. im Umkreis der eigenen Wohnung) kann kostenlos telefoniert werden.
 – Das Telefonieren innerhalb Deutschlands ist kostenlos. Dafür gibt es bei diesem Tarif keine Festnetz-Telefonnummer.
- **Startguthaben und Aufladung von Prepaid-Karten**
 Bei den meisten Anbietern erhält man ein Startguthaben zwischen 10,00 und 15,00 EUR. Ist das Guthaben aufgebraucht, kann die Prepaid-Karte jederzeit wieder aufgeladen werden. Dabei gibt es folgende Möglichkeiten:
 – **Guthabenkarte**
 Sie kaufen eine Guthabenkarte mit einer Code-Nummer bei Ihrem Netzbetreiber. Über eine entsprechende Servicenummer geben Sie den Code ein, um das gekaufte Guthaben auf die Karte zu laden.

Automat zum Kauf von Prepaid-Karten

 – **Guthabenkonto**
 Sie überweisen den gewünschten Betrag Ihrem Netzbetreiber und bekommen das neue Gesprächsguthaben anschließend gutgeschrieben. Wenn Sie eine Einzugsermächtigung erteilen, können Sie über eine Servicenummer und einen PIN-Code jederzeit ein neues Guthaben auf Ihre Karte laden. Der dafür fällige Betrag wird als Lastschrift von Ihrem Konto eingezogen.
 – **Cash & Go**
 Neben den bisherigen Grundfunktionen des Geldautomaten einer Bank oder Sparkasse gibt es eine weitere Auswahlmöglichkeit „Handy aufladen". Nach Eingabe der Geheimzahl (Kreditkarte) müssen Sie den entsprechenden Anbieter (z. B. T-Mobile, Vodafone) auswählen. Danach muss die Handy-Nummer eingegeben und bestätigt werden. Die identische Handy-Nummer muss ein zweites Mal eingegeben werden. Danach erscheint die Auswahlmaske mit vorgegebenen Ladebeträgen. Nach der Bestätigung des ausgewählten Betrages informiert Sie das System über den erfolgreichen Ladevorgang.

- **Gültigkeit von Prepaid-Karten**
 Bisher haben die meisten Prepaid-Anbieter die Gültigkeitsdauer des Guthabens begrenzt. Das Startguthaben musste bei den meisten Anbietern innerhalb von 12 Monaten aufgebraucht werden, sonst verfiel der restliche Betrag. Das Gleiche galt für neu aufgeladene Beträge. Hier waren Fristen von sechs bis 24 Monaten üblich. Nach dem Musterurteil des Oberlandesgerichtes München

dürfen die Prepaid-Guthaben für Handys nicht mehr verfallen. Auch nicht verfallen darf ein bestehendes Restguthaben bei Beendigung des Vertrages.

Zeigt Ihr Handy kein Guthaben mehr an, bleiben Sie trotzdem noch erreichbar. Wie lange diese **Erreichbarkeitsfrist** dauert, ist je nach Anbieter unterschiedlich.

Fragen, die Sie sich vor der Wahl eines Tarifmodells stellen sollten:
- Wie viele Stunden im Monat wird telefoniert?
- Zu welcher Tageszeit wird hauptsächlich telefoniert?
- Wie viele Anrufe gehen ins Festnetz, ins Mobilfunknetz, zur Mailbox?
- Welche Netze werden am häufigsten angewählt?
- Wie viele SMS werden im Monat verschickt?
- Gibt es Rufnummern, die besonders häufig angerufen werden?
- An welchen Wochentagen wird hauptsächlich telefoniert?
- Werden E-Mails verschickt?
- Wird ein Internetzugang benötigt?

Tipps für den Kaufentscheid
- Prepaid-Karten sind immer dann empfehlenswert, wenn Sie überwiegend angerufen werden wollen. Möchten Sie dagegen selbst regelmäßig per Handy telefonieren, sollten Sie sich für einen Laufzeitvertrag mit monatlicher Grundgebühr entscheiden.
- Prüfen Sie Ihr Telefonverhalten. Gehören Sie zu den Wenig-, Normal- oder Vieltelefonierern? Die passenden Tarife und Vertragsbedingungen wechseln ständig. Informieren Sie sich deshalb durch seriöse unabhängige Quellen.
- Viele Funknetze funktionieren nicht überall. Vor allem in Gebieten mit Bergen sind die Funkschatten besonders tückisch. Testen Sie möglichst vorher, ob Sie in dem gewünschten Gebiet auch erreichbar sind. Innerhalb der Städte ist die Funkversorgung aller Netze relativ stabil.
- Ein Preisvergleich zwischen den verschiedenen Anbietern ist fast unmöglich. Seien Sie besonders wachsam, wenn es sich um Aktionspreise handelt. Oft sind versteckte Aufpreise Grund für hohe Nebenkosten.
- Vergleichen Sie den Abrechnungstakt der Provider. Ein langer Abrechnungstakt treibt den vermeintlich günstigen Minutenpreis hoch.
- Vergleichen Sie die Tarife der verschiedenen Anbieter für Telefonate von Handy zu Handy und vom Netz zum Handy.
- Mobiles Telefonieren ist teurer als das Telefonieren im Festnetz, fassen Sie sich deshalb kurz.

Arbeitsblatt 6

9.3.6 Das Handy im Auto

Dass ein Handy vom Straßenverkehr ablenkt und das Unfallrisiko erhöht, ist unter Verkehrsexperten unumstritten. In vielen Ländern Europas besteht ein Handy-Verbot, das mit sehr hohen Strafen geahndet wird. Auch in Deutschland wurde das „Handy-Verbot im Auto" zum 1. Januar 2001 in Kraft gesetzt.

Für fast alle Mobiltelefone gibt es das passende Freisprechsystem zu kaufen. Beim Kauf sollte auf folgende Punkte geachtet werden:

- **VDA-Schnittstelle.** Viele Neuwagen besitzen die standardisierte Schnittstelle, sodass eine Freisprecheinrichtung nur noch angesteckt werden muss.
- **Radiostummschaltung.** Kompatible Autoradios schalten sich ab, sobald ein Telefongespräch angenommen wird.
- **Abschaltautomatik.** Die Freisprechanlage wird einige Minuten nach dem Abschalten der Zündung automatisch vom Netz getrennt.
- **Aktive Halterung.** Handy-Halterung, über die gleichzeitig der Akku geladen wird.
- **Autoantenne.** Autoantennen erhöhen die Gesprächsqualität, verhindern Gesprächsabbrüche und schützen vor Elektrosmog.
- **Automatische Rufannahme.** Eingehende Gespräche werden automatisch angenommen und zur Freisprechanlage geschaltet.

9.3.7 Mobil ins Ausland telefonieren

Durch internationale Standards ist eine grenzenlose mobile Kommunikation zur Realität geworden. Je nach Netzbetreiber kann das Mobiltelefon auch in vielen anderen Ländern der Welt eingesetzt werden.

Das Zauberwort heißt **Roaming!** Der Begriff kommt vom Englischen „to roam" und bedeutet streunen. Sofern eine vertragliche Vereinbarung zwischen den Netzbetreibern besteht, kann der D- und E-Netz-Kunde auch in ausländischen Netzen desselben Typs telefonieren. Der Anrufer muss sich nicht darum kümmern, wo sich der Angerufene mit seinem Mobiltelefon befindet. Der Anruf kommt auf jeden Fall an. In welchen Ländern das internationale Roaming funktioniert, darüber informiert der jeweilige Netzbetreiber seine Kunden.

Was muss man beim mobilen Telefonieren ins Ausland beachten?

- Befindet man sich mit dem Mobiltelefon im Ausland, müssen eingehende **Anrufe** selbst bezahlt werden. Zwischen 0,58 EUR und 0,66 EUR verlangen die Netzbetreiber für in Europa und Nordamerika entgegengenommene Gespräche. Außerhalb dieser Regionen kann die Minute auch bis zu 1,79 EUR kosten.
- Wird die Anrufumleitung auf die Mailbox erst im Ausland umgeschaltet, müssen die **umgeleiteten Gespräche gezahlt** werden. Das kommt daher, dass der Anruf zunächst ins Ausland weitergeleitet und dann wie ein Auslandsgespräch in die Mailbox zu Hause zurückgesendet wird.
- Die **Mobilbox** ist im Ausland mit dem Handy nicht per Kurzwahl erreichbar. Die Netzbetreiber informieren ihre Kunden bei Nachfrage über die spezielle Zugangsnummer und Geheimzahl.
- **Einprogrammierung der im Ausland verfügbaren Netze:** Viele Mobiltelefone erledigen diese Aufgabe automatisch. Netzcodes und Bedienungsanleitung findet man meistens in der Gebrauchsanweisung des Mobiltelefons.
- **Internationale Gespräche** sind mit der Vorwahl „+" anzukündigen (z. B. nach Deutschland +49).
- Bei der **Einbuchung ins Auslandsnetz** entfällt die Auslandsvorwahl.
- Ausländische Mobilfunkbetreiber berechnen nur abgehende Gespräche plus einem **Bearbeitungszuschlag** von meist 25 %.

- In vielen Ländern ist es verboten, während der Fahrt mit einem Handy zu telefonieren. Die **Bußgelder** liegen umgerechnet zwischen 25,00 EUR und 100,00 EUR.
- Seit 1. Juli 2005 gibt es in Deutschland die **Notrufnummer 116 116**, unter der alle **elektronischen Medien** – unabhängig von der Zuständigkeit – **weltweit gesperrt** werden können.

9.3.8 Die Handy-Etikette

Handys sind aus dem öffentlichen Leben nicht mehr wegzudenken – entsprechend groß kann die Belästigung durch klingelnde Mobiltelefone sein. Ein gewisses Maß an Verantwortungsgefühl im Umgang mit dem Handy sollte jeder haben.

Für das Telefonieren im öffentlichen Raum sollten einige Regeln beachtet werden:

- Wählen Sie einen **unaufdringlichen Rufton.** Dann erschrickt niemand, wenn ein Anruf kommt.
- Benutzen Sie an belebten Orten nach Möglichkeit den **Vibrationsalarm.**
- Sprechen Sie in der Öffentlichkeit mit **normaler** oder **gedämpfter Lautstärke** in das Handy.
- In Kirchen, Konzertsälen, Theatern, Kinos, Wartezimmern usw. sollte das Handy ausgeschaltet bleiben.
- Auch in **Krankenhäusern** und im **Flugzeug** sollte man auf das Handy verzichten. Die elektromagnetischen Felder des Handys könnten elektronische Geräte stören.
- In **Besprechungen** und **Konferenzen** kann ein eingeschaltetes Handy störend wirken. Außerdem wird dadurch eine Geringschätzung gegenüber den Teilnehmern ausgedrückt. Das Gleiche gilt für **persönliche Gespräche.**
- Mögliche Gesprächspartner können vor einer Besprechung oder Konferenz informiert werden, dass man für diese Zeit nicht erreichbar ist. Jeder hat Verständnis, wenn man sich danach oder in einer Pause sofort meldet. Ist das Handy mit Vibrationsalarm ausgestattet, sollte man diskret den Raum verlassen, um den Anruf entgegenzunehmen.
- Haben Sie einmal vergessen, Ihr Handy auszuschalten, können Sie über die **Hörertaste** ein ankommendes Gespräch sofort abweisen. Der Anrufer hört dann das Besetztzeichen.
- Im **Straßenverkehr** sollte das Handy ausgeschaltet bleiben. Muss dennoch telefoniert werden, sollten Headsets oder Freisprechanlagen benutzt werden.
- Wer im **Restaurant** einen schönen Abend verbringen will, möchte nicht vom eigenen Handy oder dem anderer Gäste gestört werden. Will man trotzdem erreichbar sein, kann das Handy auf das Restauranttelefon umgeleitet werden. Bei unvermeidbaren Telefongesprächen sollte man den Raum verlassen.
- Durch die Aktivierung der **verzögerten Anrufweiterleitung** kann der Rufton abgekürzt werden. Nach 20 Sekunden geht der Anruf auf die Mailbox.
- Stellen Sie den Signalton für eingehende **SMS** kurz und leise ein.

9.4 Internettelefonie (VoIP)

Nicht nur Text und Bilder lassen sich im Internet übermitteln, sondern auch Sprache. Die Technik, mit der dies möglich ist, heißt **Voice over Internet Protocol** (Abk.: **VoIP**, zu Deutsch: Telefonieren über das Internet). Durch das Internetprotokoll werden die Sprachinformationen in Datenpakete aufgeteilt, deren Weg durchs Internet nicht festgelegt ist. Vermittlungsrechner, sogenannte Gateways, ermöglichen Verbindungen zu herkömmlichen Telefonnetzen.

www.skype.de
www.sipgate.de

ISDN reicht für Internettelefonie nicht. Voraussetzung ist ein DSL-Anschluss. DSL ist teurer als ISDN, transportiert aber auch mehr und rascher Daten zwischen den Nutzern.

Arbeitsblatt 7

In den Anfängen der Internettelefonie mussten die Teilnehmer eine spezielle **Software** auf den Rechner laden, **Kopfhörer** und **Mikrofon** anschließen, um bei **eingeschaltetem Rechner** mit anderen zu kommunizieren. Inzwischen gibt es einfach bedienbare Internet-Telefonapparate, die ganz ohne PC funktionieren. Es reicht ein Adapter, der an die Telefonbuchse angeschlossen wird und an dem das Telefon hängt.

Nachdem Sie sich bei einem Internetprovider (z. B. Indigo Networks, MeritPhone, T-Online, Freenet, Web.de, 1&1) angemeldet haben, brauchen Sie folgende technische Ausstattung:

- herkömmliches Telefon,
- Telefonleitung,
- Fritz-Box (Adapter und Router vereint),
- PC,
- DSL-Anschluss.

oder

- Internet-Telefon,
- Telefonleitung,
- DSL-Anschluss,
- Router, für die Umwandlung der Sprache in Datenpakete.

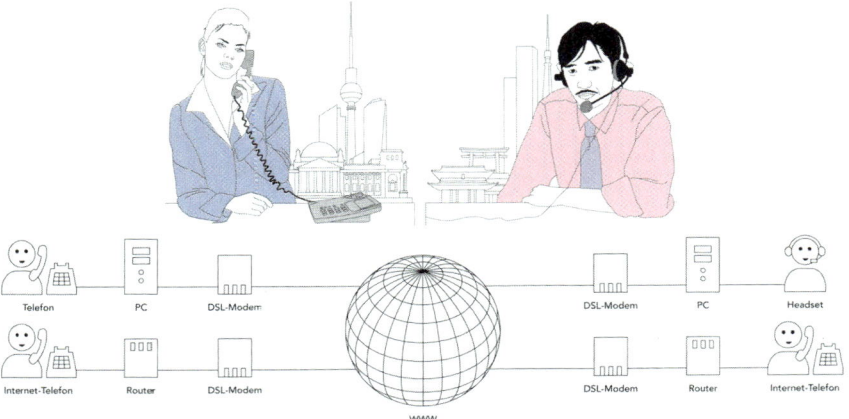

Der Nutzer zahlt zunächst nur einmal die Onlinegebühr. Wird das Gespräch in ein lokales Telefonnetz vermittelt, fallen Gesprächskosten an, die der Internetprovider an den Kunden weitergibt.

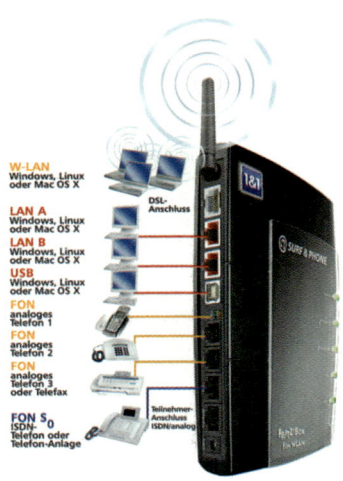

Trotzdem lassen sich bis zu 30 Prozent der Telefonkosten – vor allem bei Auslandsgesprächen – einsparen. Ist der Gesprächspartner beim gleichen Internetprovider, kostet das Gespräch nichts. Festnetzgespräche liegen je nach Anbieter im Durchschnitt bei zwei bis zwölf Cent pro Minute.

Die Sprachqualität ist noch verbesserungswürdig: Verzögerungen bei der Übertragung sind keine Seltenheit.

Internettelefonierer zahlen nach wie vor die Grundgebühr für das Festnetz/DSL-Anschluss. Dagegen haben viele Wettbewerber bei der Bundesnetzagentur Beschwerde erhoben.

Viele Anbieter locken mit günstigen Tarifen. Gratis sind dabei in vielen Fällen aber nur direkte Gespräche zwischen VoIP-Teilnehmern innerhalb desselben Netzes. Für Verbindungen zum Handy oder ins Festnetz hat jeder Anbieter seine eigenen Tarife.

Je nach Anbieter können die Internettelefonierer ihre Nummer behalten, oder sie bekommen eine zweite zusätzlich. Manchmal beginnt sie mit der eigenen Ortsvorwahl, es kann auch eine Servicenummer sein.

Ein neuer weltweiter Standard, der ENUM-Standard, soll es ermöglichen, dass bestehende und neue Telefonnummern direkt auch übers Internet erreichbar sind. ENUM bietet damit die Möglichkeit, Telefonate tariffrei zwischen Teilnehmern zu führen, auch wenn diese bei unterschiedlichen kostenpflichtigen Anbietern gebunden sind.

BEISPIELE *für Kommunikationslösungen:*

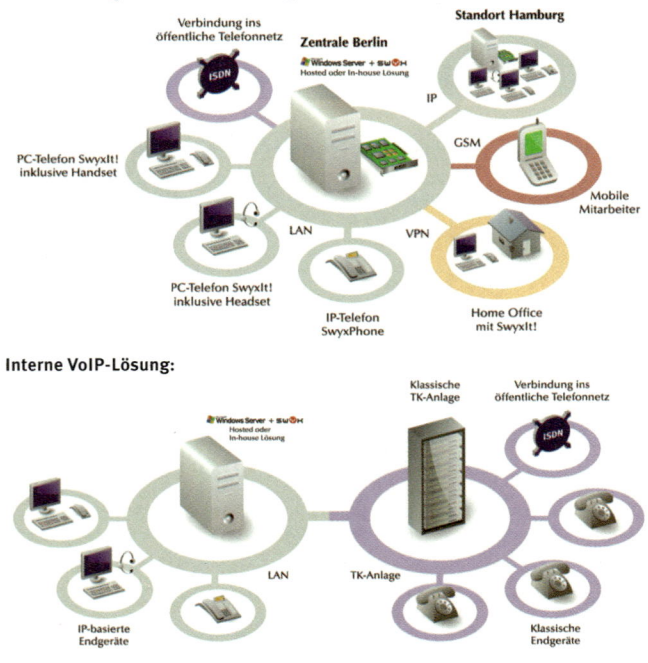

VoIP ist ein integriertes Sprach-Daten-Netzwerk, das viele Vorteile für ein Unternehmen bietet:

- **Günstige Telefongebühren.** Gespräche innerhalb eines Betriebes und zwischen den Niederlassungen sind in der Regel kostenfrei, da die bereits bestehende Netzwerkinfrastruktur (Intranet) genutzt werden kann.
- **Umzug ohne Ummelden.** Es spielt keine Rolle, wo sich der Arbeitsplatz im Unternehmen befindet. Die Anmeldung an das PC-Netz reicht aus, und es kann sofort die bisherige Durchwahlnummer genutzt werden.
- **Überall erreichbar.** Eingehende Anrufe und E-Mails werden während der Abwesenheit als Anhang per E-Mail dem Nutzer zugesandt. Auch die Anrufweiterschaltung kann bei Abwesenheit aktiviert werden. Das garantiert Erreichbarkeit und Informationen zu jeder Zeit an jedem Ort.
- **Kostensenkung.** Durch die Nutzung eines gemeinsamen Netzes für Datenaustausch und Telefonieren fallen weniger Installations- und Administrationskosten an.
- **Steigerung der Produktivität und Flexibilität.** Durch die Internettelefonie können die Mobilität, Kommunikation und Zusammenarbeit in einem Unternehmen optimiert werden. Jeder Mitarbeiter ist jederzeit erreichbar. Anhand von Signalisierung auf den Namenstasten kann darüber hinaus die An- und Abwesenheit von Mitarbeitern festgestellt werden. Das erspart vergebliche Verbindungsversuche.
- **Paralleler Einsatz.** In bestehende TK-Anlagen können einzelne VoIP-Komponenten integriert werden. Grundsätzlich können auch beide Telekommunikationssysteme parallel genutzt werden. Dies erleichtert die schrittweise Umstellung auf VoIP.

Auch für das **mobile Telefonieren** bieten einige Provider die Möglichkeit, mit einem geeigneten Handy über das Internet zu telefonieren. Steht ein WLAN-Zugang zur Verfügung, so verbindet sich das Gerät automatisch mit dem VoIP-Anbieter. Vorerst ist die Nutzung des Geräts hauptsächlich für das private WLAN oder das drahtlose Netz im Unternehmen gedacht. Das Telefonieren an öffentlichen Hotspots in Bahnhöfen oder Flughäfen funktioniert noch nicht.

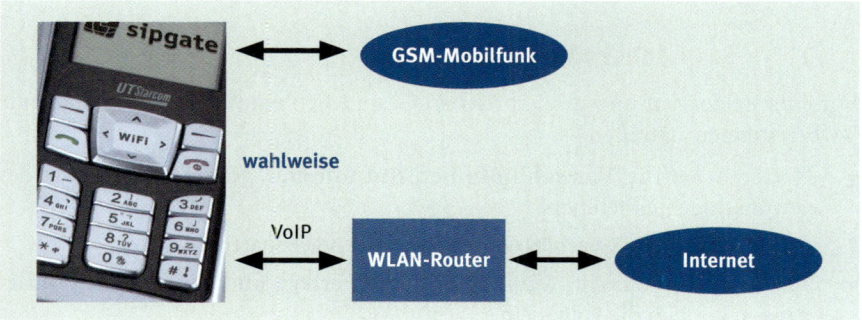

Das Handy ist eine Alternative zur schnurgebundenen Kombination aus Festnetztelefon und VoIP-Adapter.

9.5 Vorbereiten und Führen von Telefongesprächen

Fallbeispiel

Kathrin Müller ist heute allein im Büro und soll die Kundenanrufe entgegennehmen. Ihr ist ziemlich unwohl. Als das Telefon klingelt, fängt sie zu stottern an, was sich im weiteren Verlauf des Gesprächs fortsetzt. Nach dem Gespräch ärgert sich Kathrin über ihre Unsicherheit. Sicher hätte sie im Vorfeld einiges dafür tun können, um am Telefon souveräner zu wirken.

Arbeitsblatt 8

In Deutschland wird pro Jahr mehr als 30 Milliarden Mal zum Telefonhörer gegriffen. Dieser Griff ist gerade im Berufsalltag so selbstverständlich, dass man kaum noch darüber nachdenkt, wie man telefoniert. Dabei ist dies durchaus wichtig, denn gerade für das Telefonieren gilt: „Wie man in den Wald hineinruft, so hallt es zurück." Jeder weiß, welchen Schaden ein unbedacht ausgesprochenes Wort anrichten kann. Eine Vielzahl von Redewendungen macht auf diese Zusammenhänge aufmerksam:

> *„Ein Wort ist wie ein Pfeil, der, einmal von der Sehne geschnellt, nicht zurückgehalten werden kann."*
> (Aus dem Arabischen)
>
> *„Du bist Herr deiner Worte, aber einmal ausgesprochen, beherrschen sie dich."*
> (Schottisches Sprichwort)

Aus diesen Sprichwörtern wird deutlich, wie kompliziert und störanfällig die zwischenmenschliche Kommunikation ist; umso mehr kommt es auf eine gute Gesprächsvorbereitung an.

Kommunikation im Beruf — Ein Kunde am Telefon

Gerade im Geschäftsverkehr spielen die Umgangsformen am Telefon eine große Rolle. Durch das Verhalten können Rückschlüsse auf die Firma gezogen werden. So ist das Telefongespräch quasi die „Visitenkarte" eines Unternehmens.

Telefongespräche vorbereiten

9.5.1 Gesprächsvorbereitung

Vor entscheidenden und umfangreichen Gesprächen empfiehlt es sich, folgende Vorbereitungen zu treffen:

- Notieren Sie die **Vorwahlnummer, Rufnummer, Name bzw. Firma** des gewünschten Teilnehmers.
- Achten Sie auf die **Geschäftszeiten** Ihres Gesprächspartners.
- Telefonieren Sie nicht, wenn Sie innerlich erregt sind. **Unbedachte Äußerungen** können die Folge sein.
- Überlegen Sie, was Sie mit dem Gespräch erreichen wollen (**Gesprächsziel**).
- Schreiben Sie die zu **klärenden Fragen** auf.

- Vor wichtigen Gesprächen notieren Sie stichwortartig die Fakten, die Sie im Gespräch ansprechen werden. Machen Sie dazu einen kurzen Verlaufsplan: **Einleitung, Hauptteil, Schluss.** Das hilft Ihnen, den „roten Faden" nicht zu verlieren und sicher aufzutreten.
- Legen Sie **Unterlagen** (z. B. bisherige Korrespondenz) und **Schreibmaterial** bereit.
- Gegebenenfalls bereiten Sie auch Ihren Gesprächspartner auf das Telefonat vor, indem Sie ihm durch eine E-Mail die zu klärenden Fragen zuschicken.

Telefongespräch annehmen

Nr.	Teilprozess			Hilfsmittel	Bemerkung
1		Telefon klingelt			
2	Hintergrundgeräusche minimieren	maximal dreimal klingeln lassen		Standards	
3	Telefon ist links auf dem Schreibtisch positioniert	Telefonhörer mit der linken Hand abnehmen	Lächeln	Spiegel	
4		einheitliche Meldeformel authentisch vortragen		Standards	
5		Gesprächsverlauf und -steuerung	Notizen	Standards: Phasen der Gesprächsführung	Bürohandbuch: Vorlage
6		Telefonhörer auflegen			
7		Gespräch nachbereiten	Telefonnotiz	Standard: Telefonnotiz	

Arbeitsblatt 9

9.5.2 Gesprächsführung

- Melden Sie sich am Telefon zunächst mit einer Begrüßung (z. B. Guten Tag), mit Ihrem Vor- und Zunamen sowie dem Firmennamen. Nur der Firmenname oder ein einfaches „Ja" verunsichert den Anrufer.
- In welcher Reihenfolge Sie sich am Telefon melden, hängt von der Corporate Identity des jeweiligen Unternehmens ab.
  Die Meldeformel sollte
  – nicht zu lang sein,
  – in der Firma einheitlich verwendet,
  – authentisch vorgetragen und
  – nicht heruntergeleiert werden.

  BEISPIELE:
  1. Mode|Idee GmbH – Kathrin Müller – Guten Tag!
  2. Guten Tag! – Mode|Idee GmbH – Kathrin Müller.
  3. Kathrin Müller – Mode|Idee GmbH – Guten Tag!
  4. Mode|Idee GmbH – Kathrin Müller – den Anrufenden sprechen lassen – Guten Tag, Herr/Frau … den Anrufenden mit Namen ansprechen.

- Haben Sie den Namen Ihres Gesprächspartners nicht verstanden, dann bitten Sie ihn auf jeden Fall, seinen Namen zu wiederholen bzw. zu buchstabieren.
- Sprechen Sie Ihren Gesprächspartner während eines Telefonats öfter **mit Namen** an.
- Geben Sie Ihrem Gesprächspartner zu verstehen, **wie lange** das Telefonat dauern soll. Dies kann durch die Frage „Haben Sie etwa 15 Minuten Zeit für mich?" oder durch den Hinweis auf einen wichtigen Termin (falls man angerufen wurde) signalisiert werden.

Gesprächsverlauf und -steuerung am Telefon

- Bringen Sie Ihre **Sympathie für Gesprächspartner,** mit denen Sie gern sprechen, zum Ausdruck, wie z. B. „Ich freue mich, von Ihnen zu hören …". Das freut den anderen und stärkt die Beziehung.
- Setzen Sie Ihre **Körpersprache** ein. Experten haben herausgefunden, dass unsere Körpersprache am Telefon **hörbar** ist. **Lächeln** Sie beim Telefonieren. Setzen Sie sich aufrecht, wenn Sie energischer auftreten wollen.
- Achten Sie darauf, dass Sie beim Telefonieren **mehr Fragen stellen** und weniger Aussagen machen. Das hilft Ihnen, Ihr Gesprächsziel besser durchzusetzen.
- Machen Sie während eines Telefonats **strategische Pausen.** Sie veranlassen so Ihren Gesprächspartner zum Reden und verschaffen auch sich selbst Zeit zum Überlegen.

Arbeitsblatt 10

- Es ist sinnvoll, **Zahlen** (Artikelnummern, Telefonnummern, Kontonummern usw.) zu wiederholen.
- Sprechen Sie **langsam, deutlich** und **nicht zu laut.** Vermeiden Sie eine zu dialektgefärbte Sprache.
- Bleiben Sie **höflich, geduldig,** aber auch **bestimmt.**
- Führen Sie Ihre Telefongespräche zu einem Zeitpunkt, an dem die Wahrscheinlichkeit am größten ist, die gewünschte Person zu erreichen.
- Werden Sie **unvorbereitet** angerufen, bitten Sie Ihren Gesprächspartner um Verständnis und rufen Sie kurzfristig zurück.
- Im umgekehrten Fall können Sie Ihrem Gesprächspartner vorschlagen, ihn zu einem **passenderen Zeitpunkt** nochmals anzurufen.

Telefongespräch beenden

- Erledigen Sie während eines Telefongesprächs **keine anderen Arbeiten.**
- Handelt es sich um ein **wichtiges Gespräch,** dann machen Sie sich während des Telefonats **Notizen,** die Sie anschließend in einer **Telefonnotiz** zusammenfassen.
- Stellen Sie das Telefon auf die linke Seite Ihres Schreibtisches. Nehmen Sie den Hörer mit der linken Hand ab. Dann haben Sie die rechte Hand frei, um Notizen zu machen. Als Linkshänder verfahren Sie genau umgekehrt.
- Wenn Sie jemanden anrufen und von einem Dritten ausgerichtet wird, dass der gewünschte Gesprächspartner nicht erreichbar ist, so versuchen Sie in Erfahrung zu bringen:
    - Kann man ihn anderswo erreichen?
    - Kann der Gesuchte zurückrufen?
    - Kann ihm eine Nachricht übermittelt werden?
    - Wann ist er wieder zurück?
    - Wer vertritt ihn?
- Schwer verständliche Namen bzw. Sachbezeichnungen sollten buchstabiert werden. Man benutzt hier die **Amtliche Buchstabiertafel.**

Telefongespräch nachbereiten

Arbeitsblatt 11

Amtliche Buchstabiertafel

Inland	Ausland
A = Anton	A = Amsterdam
Ä = Ärger	B = Baltimore
B = Berta	C = Casablanca
C = Cäsar	D = Dänemark
Ch = Charlotte	E = Edison
D = Dora	F = Florida
E = Emil	G = Gallipoli
F = Friedrich	H = Havanna
G = Gustav	I = Italia
H = Heinrich	J = Jerusalem
I = Ida	K = Kilogramme
J = Julius	L = Liverpool
K = Kaufmann	M = Madagaskar
L = Ludwig	N = New York
M = Martha	O = Oslo
N = Nordpol	P = Paris
O = Otto	Q = Quebec
Ö = Ökonom	R = Roma
P = Paula	S = Santiago
Q = Quelle	T = Tripoli
R = Richard	U = Uppsala
S = Samuel	V = Valencia
Sch = Schule	W = Washington
ß = Eszett	X = Xanthippe
T = Theodor	Y = Yokohama
U = Ulrich	Z = Zürich
Ü = Übermut	
V = Viktor	
W = Wilhelm	
X = Xanthippe	
Y = Ypsilon	
Z = Zacharias	

9 Telekommunikation

Telefon

Zeitfresser „Telefon"

- Achten Sie beim Telefonieren auf die **Zeit**. Eine optische Hilfe (z. B. eine Uhr auf dem Schreibtisch) macht Ihnen bewusst, wie viel Zeit Sie für ein Telefonat brauchen.
- Beachten Sie die Standards Ihres Unternehmens für das Telefonverhalten. Zu den **Telefonstandards** gehören z. B.:
  - Eine einheitliche Meldeformel, die für den Wiedererkennungswert eines Unternehmens wichtig ist.
  - Eingehende Telefonanrufe rasch annehmen (maximal dreimal klingeln lassen).
  - Anrufer maximal einmal weiterverbinden.
  - Die telefonische Erreichbarkeit innerhalb der Geschäftszeiten muss gewährleistet sein. Wer nicht am Platz ist, schaltet auf den Anrufbeantworter um oder leitet die Anrufe auf das Mobiltelefon weiter.
- Prüfen Sie, ob ein Telefonanruf nötig ist oder ob eine E-Mail ausreicht.
- Fassen Sie Ihre Telefonate in Blöcke zusammen.

Fehler, die Sie beim Telefonieren vermeiden sollten:

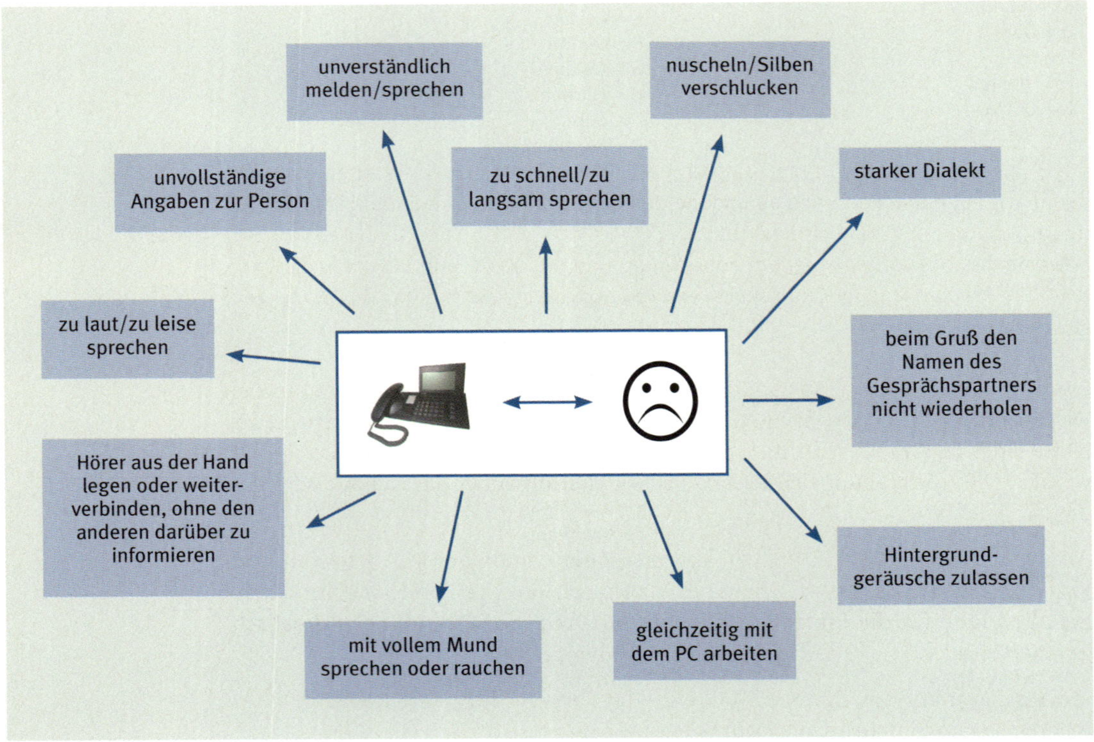

- unverständlich melden/sprechen
- nuscheln/Silben verschlucken
- unvollständige Angaben zur Person
- zu schnell/zu langsam sprechen
- starker Dialekt
- zu laut/zu leise sprechen
- beim Gruß den Namen des Gesprächspartners nicht wiederholen
- Hörer aus der Hand legen oder weiterverbinden, ohne den anderen darüber zu informieren
- Hintergrundgeräusche zulassen
- mit vollem Mund sprechen oder rauchen
- gleichzeitig mit dem PC arbeiten

9.5.3 Telefonnotiz

Handelt es sich um ein wichtiges Gespräch, dann machen Sie sich während des Telefonats Notizen, die Sie anschließend in einer Telefonnotiz zusammenfassen.

Eine Telefonnotiz beinhaltet folgende Punkte:

- Datum und Uhrzeit des Anrufs,
- Name des Gesprächspartners,
- Telefonnummer des Gesprächspartners,
- Erreichbarkeit des Gesprächpartners (wann und wo),
- kurze Inhaltsangabe über das Gespräch,
- Festhalten von Vereinbarungen und Ergebnissen,
- Erledigungsvermerk,
- Handzeichen des Bearbeitenden.

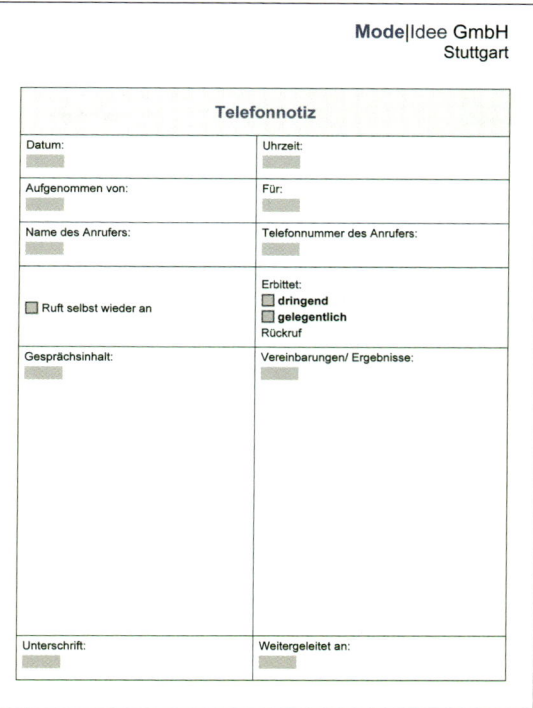

9.6 Telefax

Als ihr Telefon das nächste Mal klingelt, ist Kathrin viel besser vorbereitet. Sie hebt den Hörer mit der linken Hand ab und meldet sich freundlich. Ihre Chefin, Frau Schröder, ist am Apparat. Frau Schröder ruft von der Firma Konrad & Faller GmbH aus an. Sie ist dort in einer Besprechung, um neue Konditionen für Kaschmirpullover auszuhandeln. Sie braucht dringend die alten Verträge und bittet Kathrin, ihr die Unterlagen zuzufaxen.

Fallbeispiel

Das Wort „Telefax" entstand aus dem Lateinischen „fac simile", was übersetzt so viel wie „mach ein Gleiches" bedeutet. Mit Telefax können Text- und Bildvorlagen, die hand- oder maschinenschriftlich erstellt worden sind, originalgetreu übermittelt werden. Die Übertragung der Telefax-Nachricht erfolgt über das analoge oder das digitale Telefonnetz.

Als die Post im Januar 1979 den Telefaxdienst als Kombination von Telefon und Kopiergerät einführte, konnte man den revolutionären Erfolg nicht vorhersehen. Seit die Preise für die Endgeräte, das Zubehör und die Verbindungen drastisch gesunken sind, kam es zu einem ausgesprochenen Boom.

Trotz der Konkurrenz durch E-Mail wird das Faxgerät für den schnellen Dokumentenaustausch in den Unternehmen gerne eingesetzt.

9.6.1 Faxgeräte

Faxgeräte können bei der Telekom oder bei anderen Anbietern gekauft oder gemietet werden. Zum Senden und Empfangen benötigt man:

- einen Anschluss im **analogen** Telefonnetz mit **TAE-Steckdose** oder eine **IAE-Steckdose** bei **ISDN,**
- ein **Telefaxgerät** oder einen **PC mit Faxkarte.**

Arbeitsblatt 12

Gerätegruppen

Gruppe	Übermittlungszeit einer A4-Seite
2	3 Minuten (veraltet)
3	40 Sekunden bis 1 Minute (digitaler Standard für analoge Geräte)
4	3 bis 10 Sekunden (ISDN-Geräte)

Im Alltag werden Faxgeräte mit unterschiedlicher Leistungsfähigkeit verwendet. Geräte mit ähnlicher **Übermittlungsgeschwindigkeit** für eine Standardseite bilden eine Gerätegruppe.

Faxgeräte der gleichen Gruppe können immer miteinander kommunizieren. Abwärtskompatible Geräte können mit der nächstniedrigeren Gruppe zusammenarbeiten.

Moderne Faxgeräte arbeiten mit **High-Speed-Modems** und einer Übertragungsgeschwindigkeit von maximal 33 600 Bit/s. Ein Standardbrief kann damit innerhalb von drei Sekunden verschickt werden. Allerdings muss die Gegenstelle auch diese Transferrate bieten. Ansonsten müssen sich beide Faxgeräte auf die größte gemeinsame Geschwindigkeitsstufe verständigen.

Je nach Gerätetyp werden unterschiedliche Kopier- und Druckverfahren angewandt. Danach richten sich das Kopiermaterial und die Kopierqualität.

Faxgeräte können nach der verwendeten Drucktechnologie in drei Klassen eingeteilt werden:

Thermodruckverfahren	Die älteren und günstigeren Faxgeräte benötigen das teure, umweltbedenkliche und umständlich zu handhabende Thermopapier.
Tintenstrahldruckwerk	Beim Faxgerät mit Tintenstrahldruckwerk sind die Anschaffungskosten meist gering, die Materialkosten (Tintenpatronen) aber hoch. Tintenstrahler haben den Vorteil, dass auch farbige Faxe möglich sind. Dank eines einheitlichen Standards (ITU-T30E) können beim Faxen von farbigen Vorlagen Geräte unterschiedlicher Hersteller miteinander kommunizieren.
Laserdruckwerk	Moderne Laserfaxgeräte bringen es auf eine Auflösung von 600 dpi und ermöglichen damit hochwertige Ausdrucke. Integrierte Speicher können Nachrichten empfangen, während das Faxgerät noch andere Nachrichten empfängt oder sendet (wie z. B. beim Verschicken von Rundschreiben an mehrere Empfänger oder beim zeitversetzten Senden).

Multifunktionale Faxgeräte

Die Zukunft gehört den kompakten Laserfaxgeräten, die **übertragen, drucken, scannen, kopieren** und **mailen** können. Über eine zweite Schnittstelle kann das Faxgerät **mit dem PC gekoppelt und multifunktional** eingesetzt werden. Der Ausdruck erfolgt auf Normalpapier.

Überwiegend im **privaten** Bereich werden folgende multifunktionale Faxgeräte genutzt:

- Telefax mit integriertem Telefon,
- Telefax mit integriertem Telefon und Anrufbeantworter,
- Telefax mit Scanner, Drucker und Kopierer.

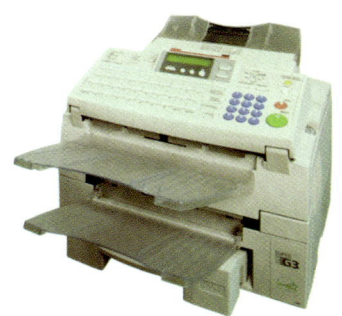

Checkliste für den Kauf eines Faxgerätes:
- Übertragungsgeschwindigkeit,
- Speicherkapazität,
- Bedienungsmöglichkeiten entsprechend den Anforderungen,
- Netzwerktauglichkeit,
- multifunktionale Nutzung.

9.6.2 PC-Fax

Mit einer Faxkarte und der dazugehörenden Software kann auch mit dem PC gefaxt werden. Die Fax-Software lässt sich über die Windows-Oberfläche einfach bedienen. Texte und Grafiken, die zuvor im entsprechenden Programm am PC erstellt worden sind, werden als Dokument in die Faxmaske einkopiert und über die Telefonleitung an die gewünschten Adressen verschickt. Damit erspart man den Umweg, die Vorlage auszudrucken.

9.6.3 Internet-Fax

Faxgeräte mit dem Leistungsmerkmal Internet-Faxen bieten den Vorteil, Faxdokumente in digitaler Form an ein anderes internetfaxkompatibles Gerät zu schicken bzw. von diesem zu empfangen. Dies kann die Kosten für die Versendung erheblich verringern, insbesondere dann, wenn die Dokumente zu sehr weit entfernten Empfängern gesendet werden.

Die Information kann auch über das Netz auf den PC gesendet werden. Man legt dazu das zu übermittelnde Dokument in das Fax ein und versendet dies als einen E-Mail-Anhang.

9.6.4 Arbeitsablauf und Funktionsweise

Zuerst wird die **Vorlage** (Text, Zeichnung usw.) in das Faxgerät eingelegt. Dann wird die **Telefaxnummer** des Empfängers eingegeben. Mit einem Druck auf die Senden-Taste stellt das Gerät die Verbindung her und leitet den Kopiervorgang ein.

Ein akustisches/optisches Signal meldet am Empfangsgerät den Eingang einer Nachricht. In der Regel wird die Kopie sofort ausgedruckt, d.h., niemand muss beim Empfang anwesend sein oder das Faxgerät bedienen.

Es können maschinenschriftliche, handschriftliche und grafische Darstellungen als Vorlage dienen.

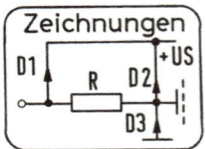

Damit jederzeit überprüfbar ist, an welchem Tag und zu welcher Uhrzeit welche Teilnehmernummer angewählt wurde, erstellt das **Absendergerät** – je nach Einstellung – sofort oder nach einer bestimmten Zahl von Kopiervorgängen automatisch ein **Journal**. In dieser Liste sind sämtliche Kopiervorgänge (abgesandte und eingegangene Kopien) mit der Identifikation (Telefonnummer), der Seitenzahl, der Übertragungsdauer, dem Datum und der Uhrzeit sowie der Kommentar OK oder der Fehlercode für die Übermittlung aufgelistet.

BEISPIELE:

Teilnehmerkennung (Informationszeile) am oberen Papierrand eines empfangenen Telefaxes:

```
*************** - JOURNAL - *************** DATUM 17. JAN. 20.. ** UHRZEIT 11:11
********

Nr.  KOMM.  SEITEN  DATEI  DAUER     S/E    IDENTIFIKATION   DATUM     UHRZEIT  DIAGNOSE

23   OK     001     010    00:00:53  EMPF   49 7541 7614     2.DEZ.    14:58    0150260AC0000
24   408*   001            00:00:54  SEND   ☏ E-0821701571   2.DEZ.    15:55    9840440CC2080
25   OK     001            00:00:55  SEND   ☏ E-0821701571   2.DEZ.    16:01    9840440CC2000
26   OK     001            00:00:45  SEND   ☏ E-54942        3.DEZ.    14:36    0840440CC2000
```

Muster eines Journalausdruckes
Teilnehmerkennung (Informationszeile) am oberen Papierrand eines empfangenen Telefaxes:

17. Mai	12:14	von MASCHINENBAU ULM	AN 700369	S.01
Datum	Uhrzeit	Absender	Empfänger	Seite

Das **Empfängergerät** druckt auf den oberen Papierrand eine **Informationszeile.** Auf diese Weise lässt sich überprüfen und sicherstellen, ob eine Unterlage an den richtigen Teilnehmer versandt wurde.

Diese Art der Übermittlung ist nicht beweisbar, da durch beliebiges Umprogrammieren (Uhrzeit, Datum, Absender) wichtige Daten vorsätzlich verändert werden können und somit nicht als Beweis vor Gericht gelten.

9.6.5 Leistungsmerkmale

Ziel- und Kurzwahl, Wahlwiederholung	Gleiche Funktionen wie beim Telefon.
Automatische Betriebsweise	Faxgeräte mit automatischer Betriebsweise können rund um die Uhr Nachrichten senden und empfangen.

Zeitversetztes Senden	Aus dem Speicher können Vorlagen selbstständig zu einer vorprogrammierten Zeit übertragen werden. So können kostengünstige Billigtarife bei nicht eiligen Nachrichten ausgenutzt werden.
Rundsenden oder Gruppenwahl	Durch das vorherige Eingeben von mehreren Fax-Empfängernummern können Dokumente aus dem Speicher an verschiedene Telefaxteilnehmer gesendet werden.
Fax-Polling	Eingelegte Vorlagen können vom Empfänger auf dessen Kosten abgerufen werden. Bei diesem sog. freien Polling kann jeder Teilnehmer auf abrufbereite Originale zugreifen. Beim geschützten Polling ist der Abruf nur über einen persönlichen Code möglich.
Fax-on-Demand	„Fax-on-Demand" heißt „Fax auf Abfrage". So wird der Faxabruf mit einer sprachgeführten Faxdatenbank genannt. Das Fax-on-Demand-System reagiert auf die Stimme oder auf die Tastenwahl des Telefons des Anrufers. Per Tastenwahl kann der Anrufer die Nummer des gewünschten Dokuments auswählen und an sein Faxgerät übermitteln lassen.
Expressmodus	Die Weißanteile eines Dokuments (z. B. Leerzeichen) werden mit einer extrem hohen Geschwindigkeit übersprungen. Damit verringern sich die Übertragungsdauer und die Kosten.
Graustufenübertragung	Sie ermöglicht die Wiedergabe von Vorlagen mit Grau- oder Halbtönen.
Fehlerkorrektur	Übertragungsfehler werden automatisch erkannt.
Automatischer Vorlageneinzug	Vorlagen werden in einen sogenannten Stapelanleger gegeben, aus dem das Faxgerät automatisch einzieht und überträgt.
Blockübertragung	Einzelne Abschnitte einer Vorlage können isoliert übertragen werden.
Vorlagenformat	Manche Faxgeräte nehmen auch B4-Vorlagen an und übertragen sie verkleinert an den Empfänger.

9.6.6 Kosten

Wird ein Faxgerät an einem vorhandenen Telefonanschluss genutzt, entstehen keine zusätzlichen Kosten. Es ist der monatliche Grundpreis für den Telefonanschluss zu entrichten. Die Übertragung wird nach den Preislisten des Anbieters berechnet, d.h., beim Faxen bezahlt man die gleichen Preise für die Übermittlungszeit wie beim Telefonieren.

9.6.7 Vorteile

Vorteile von Telefaxgeräten sind:
- Durch die direkte Verbindung zum Empfängergerät entfallen die herkömmlichen Arbeiten im Posteingang und Postausgang.
- Innerbetriebliche Verbindungen ersparen Botengänge.
- Das Faxgerät ist – bei geringer Seitenzahl – auch als einfaches Kopiergerät nutzbar.
- Ein Telefax ist sehr viel schneller als ein Eilbrief. Die Übermittlung einer A4-Seite dauert je nach Gerätetyp zwischen drei Sekunden und drei Minuten.
- Weltweite Übermittlung von originalgetreuen Texten, handschriftlichen Mitteilungen, Stempelabdrücken, Skizzen und Grafiken.
- Anschluss und Bedienung der Geräte sind sehr einfach.

- Automatisches Senden und Empfangen sind möglich.
- Die Versendung von Telefaxen ist kostengünstig.
- Bei entsprechenden Voraussetzungen ist der Betrieb über einen PC möglich.
- Möglichkeit, mobil zu faxen, durch tragbare Geräte in Verbindung mit einem Mobiltelefon.

Zusammenfassung

1. Unter Telekommunikation versteht man den **Austausch** von Nachrichten und Informationen auf elektronische Weise über größere Entfernungen.
2. Man unterscheidet das **analoge**, das **digitale Telefonnetz** und das **Mobilfunknetz**.
3. Beim ISDN unterscheidet man **Basis- und Primärmultiplexanschluss**.
4. Mit dem **Basisanschluss** können **zwei**, mit dem **Primärmultiplexanschluss** insgesamt **30 Verbindungen gleichzeitig** bestehen.
5. Über das **Internetportal** www.dastelefonbuch.de können Telefon- und Vorwahlnummern schnell gefunden werden.
6. Mit **Call-by-Call** und **Preselection** kann der Teilnehmer seinen Telekommunikations-Anbieter selbst auswählen.
7. Über **Call-back-Dienste** können Auslandsgespräche zu einem günstigen Tarif abgerechnet werden.
8. Mit der **Rechnung** der Deutschen Telekom AG werden auch Verbindungen, die über andere Anbieter (Provider) geführt wurden, abgerechnet.
9. Über **Freecall 0800** kann man kostenlos telefonieren.
10. **ISDN** bietet standardmäßig viele **Leistungsmerkmale**: Rufnummernübermittlung, Anrufweiterschaltung, Telefonkonferenz, Makeln, Anklopfen, Parken, Umstecken am Bus, gleichzeitige Nutzung zweier Geräte usw.
11. Für **Telefonkonferenzen** können mehrere Medien genutzt werden:
    - Telefon
    - Internet
    - Dial-in-Konferenz
    - Dial-out-Konferenz
12. An eine **TK-Anlage** können z. B. Telefone, Anrufbeantworter, Faxgeräte, Personal Computer oder eine Türsprecheinrichtung angeschlossen werden.
13. **Anrufbeantworter** gibt es ohne oder mit **Sprachaufzeichnung**. Letztere mit oder ohne **Fernabfrage**.
14. Ein **elektronischer Anrufbeantworter (Sprachbox)** ist im Mobilfunk- und im Festnetz nutzbar und kann von jedem beliebigen Telefon abgefragt werden.
15. In den Mobilfunknetzen **D1 (T-Mobile), D2 (Vodafone), E1 (E-Plus) und E2 (O_2)** wird der **GSM-Standard** zunehmend durch den **UMTS-Standard** abgelöst.
16. Mit dem **UMTS-Standard** können die Informationen 30-mal schneller als mit ISDN übermittelt werden. Übergangslösungen für multimediale Mobiltelefone sind die Standards **GPRS und HSCSD**.

> Zusammen-
> fassung

17 Die Verbindung zwischen dem Mobilfunknetz und dem Handy wird durch die **SIM-Karte** hergestellt.

18 **Serviceprovider** sind Telefongesellschaften ohne eigenes Funknetz. Sie kaufen bei den Netzbetreibern Funkkapazitäten bzw. Gesprächszeiten ein.

19 Auf dem Markt haben sich folgende Mobiltelefone etabliert: **Dualband-Handy, Triband-Handy, HSCSD-Handy, GPRS-Handy, UMTS-Handy, Smartphone, BlackBerry, Foto-Handy, Bluetooth-Handy, iPhone, Fernseh-Handy.**

20 **SMS** ist ein Kurznachrichtendienst, mit dem über Handy schriftliche Botschaften bis zu einer Länge von 160 Zeichen ausgetauscht werden können.

21 Mit **MMS** lassen sich digitale Fotos, Minifilme, kurze Sprachnotizen und Melodien versenden.

22 **i-mode** ist ein Handy-Service, über den Informationen verschiedener Anbieter kostenlos oder gegen eine monatliche Abo-Gebühr abgerufen werden können.

23 Mit dem **Push-Dienst** können Nutzer, die häufig unterwegs sind, eingehende E-Mails automatisch empfangen und versenden.

24 Der Käufer eines **Mobilfunkgeräts mit festem Vertrag** geht mit dem Serviceprovider einen festen Vertrag ein und zahlt monatlich eine Grundgebühr.

25 Der Käufer eines **Mobilfunkgeräts mit Prepaid-Karte** schließt mit dem Serviceprovider keinen Vertrag ab und zahlt keine Grundgebühr. Er kann so lange telefonieren, wie das vorausbezahlte Guthaben reicht.

26 Kostengünstiges Telefonieren ist über die **Internettelefonie** möglich. Diese Technik heißt **Voice over Internet Protocol** (Abk. **VoIP**).

27 Wichtige Gespräche sollten **vorbereitet** und die Ergebnisse in einer **Telefonnotiz festgehalten** werden.

28 **Richtiges Verhalten** beim Telefonieren vermeidet unnötigen Zeitaufwand sowie Ärger und hinterlässt beim Gesprächspartner einen guten Eindruck.

29 Mit einem **Telefaxgerät** kann man handschriftliche, maschinenschriftliche und bildhafte Darstellungen über die Telefonleitung an einen Partner übertragen.

30 Die **wichtigsten Fax-Gerätegruppen** sind:
- Gruppe 3 überträgt eine A4-Seite in 40 Sek. und darunter,
- Gruppe 4 überträgt eine A4-Seite in 10 Sek. und darunter.

31 Moderne Faxgeräte bieten dem Anwender besondere Leistungen wie **Fax-Polling, Fax-on-Demand, zeitversetztes Rundsenden** usw.

32 **Informationszeile** und **Sendejournal** ermöglichen dem Benutzer eine Überprüfung des einwandfreien Sendevorgangs bzw. der versandten und empfangenen Telefaxe.

33 Die besondere Bedeutung des Telefaxdienstes liegt darin, dass man nicht nur Texte, sondern alle schriftlichen Vorlagen (Zeichnungen, Pläne, handschriftliche Notizen usw.) schnell und vor allem sehr preiswert versenden kann.

Aufgaben

1. Mehr als 60 Telefongesellschaften werben um Kunden. Wie können Sie ohne großen Zeitaufwand den günstigsten Anbieter für jedes Telefonat herausfinden?
2. Nennen Sie fünf Telefonanbieter.
3. Unterscheiden Sie das Call-by-Call-Verfahren und Preselection.
4. Sie müssen zukünftig die Telefonkosten in Ihrer Firma senken und wollen sich über verschiedene Telefonanbieter informieren.
   a) Welche Medien eignen sich zur Informationsbeschaffung?
   b) Welche Schwierigkeiten treten beim Preisvergleich verschiedener Anbieter auf?
   c) Nennen und beschreiben Sie die Möglichkeiten, wie alternative Anbieter genutzt werden können.
   d) Wie werden die Telefonkosten alternativer Anbieter abgerechnet?
5. Sie sind der Meinung, dass Ihre Firma ihren Kunden den Service Freecall 0800 anbieten sollte. Mit welchen Argumenten versuchen Sie, Ihren Chef von der Notwendigkeit dieser Maßnahme zu überzeugen?
6. Erläutern Sie die Anschlussmöglichkeiten eines ISDN-Anschlusses.
7. Grenzen Sie die unterschiedlichen Sprechberechtigungen bei TK-Anlagen für Nebenstellenanlagen gegeneinander ab.
8. Was verstehen Sie unter einer Telefonkonferenz?
9. Entwerfen Sie den Text für einen Anrufbeantworter ohne Sprachaufzeichnung. Teilen Sie dem Anrufer mit, dass Ihr Büro (Firma Mode|Idee GmbH, Stuttgart) von 12:00 bis 14:00 Uhr geschlossen ist. In dringenden Fällen ist die Geschäftsstelle in der Kirchgasse, Tel. 307492, zu erreichen.
10. Kathrin Müller will sich von ihrem ersparten Geld ein Handy kaufen.
    a) Welche Möglichkeiten hat Kathrin, um sich aktuelle Informationen über Handys zu beschaffen?
    b) Auf dem Markt bieten Netzbetreiber oder Serviceprovider zwei Tarifmodelle für Handys an: „Handy mit festem Vertrag" und „Handy mit Prepaid-Karte". Kathrin sollte in dringenden Fällen erreichbar sein, selbst wird sie aber nicht regelmäßig per Handy telefonieren.
       – Welche Netzbetreiber in Deutschland kennen Sie?
       – Erklären Sie die beiden Tarifmodelle.
       – Welches Tarifmodell kommt für Kathrin infrage? Begründen Sie Ihre Antwort.
       – Welche Nachteile könnten gegen diese Entscheidung sprechen?
    c) In den Sommerferien fährt Kathrins Freund nach Italien. Auch dort möchte sie ihn per Handy erreichen und angerufen werden. Was muss Kathrin beim Telefonieren ins Ausland beachten?
    d) Kathrins Freund telefoniert nicht so gerne, dafür verschickt er lieber SMS- oder MMS-Nachrichten von seinem Handy. Was sind SMS und MMS?

Aufgaben

11 „Handys können mehr als nur telefonieren!" Erläutern Sie diese Aussage.

12 Erläutern Sie, wie Sie über das Handy zielgerichtet Informationen aus dem Internet beschaffen können.

13 Herr Dahlmann ist sehr viel unterwegs und manchmal ziemlich genervt: Langsame E-Mails, mühsam mit Steckern zwischen Notebook und Handy empfangen oder auf die Reise schicken – und wenn er Pech hat, kommt die Post zerstückelt an. Wie kann Herrn Dahlmann geholfen werden?

14 In der Mode|Idee GmbH setzt sich die VoIP-Technik (Internettelefonie) immer mehr durch. Bis zu 30 Prozent der Kosten ließen sich bisher dadurch einsparen. Auch Ihre Firma möchte einen Großteil der Telefongespräche über das Internet abwickeln. Welche Voraussetzungen sind dazu nötig?

15 Ihr Chef ist noch unschlüssig, ob sich die Internettelefonie für sein mittelständisches Unternehmen rechnet. Sie sind der Meinung, dass sich die Anschaffung lohnt und in kürzester Zeit amortisiert. Überzeugen Sie ihn mit guten Argumenten.

16 Beschreiben Sie, wie Sie sich auf ein wichtiges Telefongespräch vorbereiten.

17 Wie verhält man sich am Telefon richtig?

18 Buchstabieren Sie Ihren Vor- und Zunamen nach der „Amtlichen Buchstabiertafel" In- und Ausland.

19 Sie arbeiten in der Abteilung „Einkauf" der Mode|Idee GmbH. Heute, am 24. Mai, ist der Leiter der Abteilung, Herr Walter Koch, geschäftlich unterwegs. Gegen 10:00 Uhr ruft Frau Monica Frank von der Nordseeklinik Westerland (Tel. 04651 456609) an. Frau Frank möchte bis morgen Mittag eine verbindliche Zusage, ob Herr Koch am 2. Juli d. J. seinen Kuraufenthalt antreten wird. Außerdem möchte sie von Herrn Koch wissen, ob er allein oder in Begleitung seiner Frau kommt. Für die Anreise rät Frau Frank, die Bahn zu nutzen, da die Klinik den Patienten keine Parkplätze zur Verfügung stellen kann.
Schreiben Sie eine Telefonnotiz über diesen Vorgang.

20 Sie sind Mitarbeiter/-in von Herrn Raimund Heck in der Verkaufsabteilung der Mode|Idee GmbH. Da Herr Heck, Leiter der Abteilung, diese Woche im Urlaub ist, hat er Sie beauftragt, für eine zweitägige Tagung in Heidelberg das Hotel Waldeslust anzurufen und für zehn Mitarbeiter Zimmer zu reservieren und einen Konferenzraum zu bestellen.

Heute, am 10. Oktober, führten Sie mit der Geschäftsführerin des Hotels, Frau Sandra Becker, ein Telefongespräch und vereinbarten mit ihr, dass für unsere Mitarbeiter vom 25. auf den 26. November zehn Einzelzimmer zum Preis von je 61,00 EUR einschließlich Frühstück reserviert werden. Frau Becker wird uns außerdem für beide Tage das Konferenzzimmer 101 bereitstellen. Sie bat noch um Mitteilung darüber, wann die Mitarbeiter am 25. November anreisen, ob sie auch das Mittag-

Aufgaben

und Abendessen im Hause einnehmen wollen und ob für das Konferenzzimmer irgendwelche Geräte benötigt werden. Sie versprachen Frau Becker, dass Herr Heck nächste Woche deshalb zurückrufen werde (Tel. 06221 457822).
Erstellen Sie für Herrn Heck eine Telefonnotiz.

21 Für die Kaufentscheidung haben Sie sich mehrere Prospekte über Telefaxgeräte besorgt. In den Prospekten lesen Sie u. a. die Begriffe:
– zeitversetztes Senden, – Lokalkopie, – Journal,
– Fax-Polling, – Fax-on-Demand.
Was bedeuten diese Begriffe?

22 Die Zukunft gehört den „multifunktionalen Geräten" – den Alleskönnern. Erklären Sie – auf das Telefaxgerät bezogen –, was Sie darunter verstehen.

23 Sie möchten sich privat ein multifunktionales Faxgerät anschaffen. Welches Gerät kommt infrage?

HOT

Fragerunde

Methodenbeschreibung

Die Fragerunde ist eine Methode, die zur Wiederholung und Festigung des Unterrichtsstoffes dient. Der unterrichtliche Interaktionsprozess wird intensiviert und die Frage- und Antworttechnik verbessert.

Eine gut durchdachte Frage ist die Voraussetzung für eine gute Antwort. Die Fragen sollten so formuliert werden, dass sie rasch erfasst und konsequent beantwortet werden können. Das Formulieren von Fragen hilft, einen Lernstoff zu strukturieren und den Blick für die konträren Positionen, Erkenntnisse und Handlungswünsche zu öffnen.

Aus A4-Blättern werden Kärtchen im Format A6 vorbereitet. Zum Sammeln der Frage-/Antwort-Kärtchen sollte eine Moderationstafel bereitgestellt werden. Zum Aufbewahren der ausgewählten Frage-/Antwort-Kärtchen kann ein entsprechender Behälter (z. B. Schuhkarton) hergerichtet werden.

1. Phase
Zum ausgewählten Thema wird jeweils eine Frage überlegt, formuliert und auf einem Karteikärtchen notiert. Mithilfe der Arbeitsunterlagen wird eine Musterlösung ausgearbeitet und auf der Rückseite der Karteikarte notiert.

Tipp: Die Frage soll mit einem W-Fragewort beginnen, wie z. B. Wer? Wieso? Womit? Wofür? Wen? Wann? Weshalb? Wovon? usw.

2. Phase
Die Karteikarte wird im Uhrzeigersinn durch die Lerngruppe gereicht und beantwortet.

3. Phase
Die Lerngruppe sammelt sich im Plenum. Die Fragen werden vorgelesen, ausgewählt und in eine strukturierte Reihenfolge an der Moderationstafel gebracht. Dabei ist darauf zu achten, dass keine Frage doppelt vorhanden ist.

4. Phase
Die gesammelten Fragen werden in einem entsprechenden Behälter nach Themen geordnet und können zu einem späteren Zeitpunkt, z. B. zur Prüfungsvorbereitung, genutzt werden.

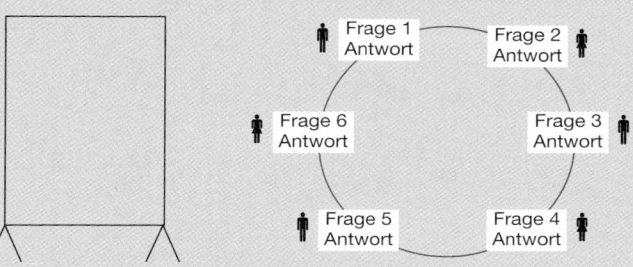

Variante: Es werden Gruppen gebildet, die sich mit bestimmten Themen beschäftigen.

Arbeitsaufträge

1. Bilden Sie folgende Lerngruppen:
   Gruppe 1: Günstig telefonieren und faxen
   Gruppe 2: Telefonieren im ISDN
   Gruppe 3: Mobil telefonieren
   Gruppe 4: Richtiges Verhalten am Telefon
2. Jede Gruppe arbeitet gemeinsam zu dem jeweiligen Thema Fragen aus, die innerhalb der Gruppe in Partner-Interviews abgearbeitet werden.
3. Anschließend werden die Fragen in der jeweiligen Lerngruppe ausgewertet und an der Moderationstafel strukturiert.
4. Die so entstandenen Frage-Sets werden zur Bearbeitung in andere Gruppen weitergegeben.

9.7 Internet

Fallbeispiel

Frau Schröder könnte sich die Büroorganisation ohne Internet gar nicht mehr vorstellen. Wofür sie früher mehrere Tage brauchte, kann sie heute bereits in wenigen Stunden erledigen. Zunehmend nutzt sie Onlineportale, auf die auch freigeschaltete Kolleginnen und Kollegen des Unternehmens zugreifen können – egal, wo sie sich gerade befinden. Dort arbeiten sie gleichzeitig an Texten und Tabellen, vereinbaren Termine, telefonieren, präsentieren oder halten Videokonferenzen ab.

Das Internet ist das größte Datennetz. Wie ein riesiges Nervensystem verbindet es heute weltweit Computer bzw. deren Benutzer. Ihre Zahl wird auf 1 Milliarde geschätzt – Tendenz steigend. Internet ist somit das Supernetz! Seinen Ursprung hat es im **ARPAnet.** Dieses Datennetz wurde für militärische (Forschungs-)Zwecke vom amerikanischen Verteidigungsministerium in den späten 60er-Jahren des vorigen Jahrhunderts entwickelt. Zwei Bedingungen musste das neuartige Netz erfüllen: Es sollte Rechner unterschiedlicher Bauart (beispielsweise Computer, Satellitensteuerungen und Funkanlagen) miteinander verbinden und sollte auch dann zuverlässig arbeiten, wenn einzelne Netzteile ausgefallen waren.

Arbeitsblatt 13

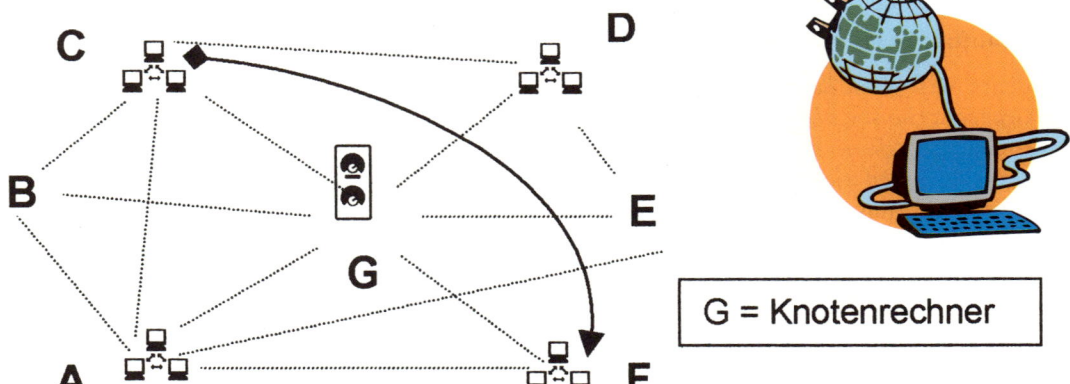

Dahinter steht eine neue Denkweise. Herrschte bisher die **Zentralisierung** vor, so wird jetzt **dezentralisiert:** Die Rechner werden durch das Netz mit sog. Knotenrechnern, die gleichzeitig mehrere Netzverbindungen haben, verbunden. Sie werden auch als Router bezeichnet. Router verbinden die lokalen Netze miteinander. Sollen Daten von C nach F übermittelt werden, so wird die Nachricht beim Absender in viele kleine Datenpakete zerlegt und jeweils mit einer Nummer und der Adresse des Empfängers versehen. Erreichen die Pakete einen Knotenrechner, entscheidet dieser, über welche Datenleitung jedes einzelne Paket geschickt wird. Bei Störungen wird eine andere Leitung angesteuert. Entscheidend ist, dass die Pakete alle beim Empfänger ankommen, wo sie der Nummernfolge entsprechend zusammengesetzt werden.

Arbeitsblatt 10

Internet-Router

Die neue Technik arbeitete so gut, dass 1973 die ersten internationalen Verbindungen nach Europa hergestellt wurden. 1983 war der Ansturm auf das Netz so groß, dass die

Militärs das ARPAnet in einen militärischen und einen öffentlichen Teil – das Internet – teilten. Jedes Netz, das zum Verbinden von Netzen dient, ist ein Internet. Umgangssprachlich wird das ganze weltweite Datennetz als Internet bezeichnet. Alle Informationen, die der Benutzer abrufen kann, liegen auf Millionen Rechnern verstreut abgelegt. Dies ist problematisch, da die Programm- und Dateistrukturen unübersichtlich sind und die gezielte Suche dadurch sehr erschwert wird.

Die Teilnehmer im Internet, die Dienste anbieten, nennt man **Server,** diejenigen, die das Angebot nutzen, **Klienten.** Typische Dienste im Internet sind die elektronische Post, Homebanking, Bestell- und Informationsdienste u. a.

Um ans Netz zu gehen, braucht man einen **Serviceprovider** oder **Onlinedienst.** Das sind Unternehmen, die die Zugangsberechtigung erteilen, eine Adresse für den elektronischen Briefkasten einrichten und über lokale Einwählpunkte den direkten Zugang zum Internet anbieten.

Damit jeder Computer mit dem anderen unabhängig vom Hardwaresystem kommunizieren kann, bedienen sie sich einer gemeinsamen Sprache. Eine solche Sprache nennt man Protokoll. Das **Protokoll** legt fest, auf welche Weise Daten übertragen werden und welche Operationen erlaubt sind. Dies sind:

- Befehlsausführung auf anderen Rechnern,
- Zugang zu anderen Rechnern,
- Konfiguration eines Netzes,
- Versand von Informationen,
- Zugriff auf entfernt stehende Drucker.

Mit den Jahren verlor das Internet rasch den Charakter einer Bühne für Forscher und Wissenschaftler. Unternehmen, Privatleute, Vereine und Freaks nutzen die grenzenlosen Möglichkeiten, eine weltweite Öffentlichkeit zu haben. Dadurch ist das Internet zu einem wilden, unkontrollierten Tummelplatz geworden.

9.7.1 Zugang und Kosten

9.7.1.1 Mögliche Internetzugänge

- **Normaler Telefonanschluss** mit Analogmodem (siehe Seite 307)
- **ISDN-Anschluss** mit **ISDN-Steckkarte** (siehe Seite 309)
- **DSL-** oder **ADSL2--Breitbandanschluss** (siehe Seite 312)
- Internetzugang über **Kabelfernsehanschluss** (siehe Seite 313)
- Internetzugang über das **Stromnetz**
- **Bluetooth** und **Handy**
- **Satellit**

Arbeitsblatt 14

Internetcafés

Interessierte, die in das Internet hineinschnuppern wollen, können in vielen Städten Internetcafés besuchen. Dort gibt es keinen Kaffee und Kuchen, sondern mehrere Internet-Rechner, die gegen eine geringe Stundengebühr genutzt werden können. Bei Problemen hilft geschultes Personal.

Internet-Telefonzelle

Dies ist eine multimediale Telefonzelle, die wahlweise mit Internet- oder ISDN-Anschluss funktioniert. Das mit Bildschirm versehene Terminal kann wie ein normaler Fernsprecher genutzt werden. Bei der Abwicklung über das Internet merkt der Nutzer keinen Unterschied: Er nimmt wie gewohnt den Hörer ab, tippt die Telefonnummer ein und wartet auf den Verbindungsaufbau. Gespräche über das Internet verursachen außer den Anschlusskosten keine weiteren Gesprächsgebühren. Bei ISDN-Verbindungen muss der Aufsteller der Telefonzellen die üblichen Gebühren entrichten. Internet-Telefonzellen werden von Firmen und Institutionen für ihre Mitarbeiter oder Kunden aufgestellt. Sie können z.B. im Foyer das Rufen eines Taxis erleichtern oder in einer Wartelounge das Surfen im Internet ermöglichen. Als Reservierungs- und Auskunftssystem für Hotels, Bahnhöfe oder Museen eignet sich das System ebenfalls.

9.7.1.2 Onlinedienste und Internet-Serviceprovider

Der Serviceprovider oder Onlinedienst stellt den Kontakt zwischen dem Computer des Benutzers und dem Internet her. Sobald der Benutzer ins Internet geht, wird über die Telefonleitung eine Verbindung mit dem Zentralcomputer des Providers aufgebaut. Die dazu benötigte Software wird – durchweg kostenlos – zur Verfügung gestellt.

Die Benutzer können zwischen **Onlinediensten** und **Internet-Serviceprovidern** wählen.

Onlinedienste	Internet-Serviceprovider
Sie stellen den Zugang zum Internet bereit und bieten außerdem zusätzliche Inhalte und Serviceleistungen (Informationsangebote wie Nachrichten und Suchmaschinen, E-Mail-Adresse, Speicherkapazität für eine eigene Homepage) an. Onlinedienste operieren in der Regel weltweit.	Internet-Serviceprovider ermöglichen ihren Kunden ausschließlich Zugang zum Internet. Zusatzdienste gibt es nicht. Sie sind regional oder deutschlandweit tätig.
T-Online ist der größte deutsche Onlinedienst, dessen Stärke vor allem im Bereich Homebanking liegt. AOL dagegen verfügt über eine große Zahl von Datenbanken.	Meistens haben sie günstigere Tarife als Onlinedienste und eine schnellere Datenübertragung.
Der Zugang zum Internet über einen Onlinedienst ist sicherlich der einfachste Weg. Im Monat muss mit einer Grundgebühr zwischen 4,09 und 9,20 EUR gerechnet werden.	Internet-Serviceprovider sind in der Lage, sich flexibel an die Bedürfnisse des Kunden anzupassen. Deshalb werden sie vor allem von Unternehmen geschätzt, die auf spezielle Dienstleistungen, wie z.B. Standleitungen, angewiesen sind.

Auf der Suche nach einem Onlineprovider sollte Folgendes geprüft werden:
- Wird nur der Zugang zum Internet benötigt oder werden auch die Angebote eines Onlinedienstes gebraucht?
- Kann man sich zum Ortstarif einwählen?
- Welche Datenübertragungsrate wird angeboten?
- Was kosten Grundgebühr und die Verbindungen mit dem Internet?
- Werden Freistunden gewährt?

9.7.1.3 Kosten

Kosten der Nutzung des Internets

- **Telefonkosten**

Für die Benutzung des analogen oder digitalen Festnetzes entstehen die gleichen Kosten wie beim Telefonieren.

- **Provider-Kosten**

Eine sorgfältige Auswahl des Providers trägt erheblich zur Kostensenkung bei. Die entsprechenden Kosten können über Fachzeitschriften, Werbebroschüren und das Internet ermittelt werden. Durch die große Konkurrenz ändern sich die Konditionen laufend. So kann der bisher günstigste Anbieter im nächsten Monat schon unterboten werden.

Die Kosten für den Provider setzen sich zusammen aus:

– Zugangskosten inkl. Software,
– monatlichen Kosten,
– Kosten/Stunde,
– Zusatzkosten Internet.

- **Flatrate**

Die Flatrate ist ein Tarifangebot, bei dem der Internetzugang zum Festpreis abgerechnet wird. Der Preis ist unabhängig davon, wie lange man surft. Onlinedienste und Serviceprovider bieten Flatrates zu unterschiedlichen Preisen an.

- **Kosten für Leistungen, die im Internet in Anspruch genommen werden**

Der Aufforderung: „Bitte wählen Sie Ihre Karte, Kartennummer und Gültigkeitszeitraum eingeben" ist man schnell gefolgt, für die Begleichung der eingegangenen Verbindlichkeiten braucht man oft lange. Überlegen Sie, ob Sie die Leistung wirklich benötigen.

Internet-by-Call

Internet-by-Call ist mit den Call-by-Call-Diensten von Telefonanbietern vergleichbar. Die Telekommunikationskonzerne bieten den Zugang zum Internet **ohne**

Tipp: Lassen Sie sich gut beraten, wenn Sie mit dem Arbeiten im Internet beginnen wollen. Nicht das erste Angebot ist das günstigste. Sehr billige Anbieter liefern teilweise nur mäßige Qualität. Achten Sie auf versteckte Kosten. Beobachten Sie die Entwicklung Ihrer Telefonrechnung!

Anmeldung, Grundgebühr und Mindestumsatz an. Bei jedem Einwählen ins Internet können Sie sich für einen anderen Anbieter entscheiden. Die Verbindung wird über Windows eingerichtet.

9.7.2 World Wide Web

Das **W**orld **W**ide **W**eb (**WWW**) ist der Dienst, der für den Boom des Internets verantwortlich ist. Das Web entstand 1990 in der Schweiz, wo es vor allem im Bereich der Forschung eingesetzt wurde. Man schätzte die große Flexibilität: Texte, Grafiken, Töne und Bilder oder Filme konnten versendet oder heruntergeladen werden. Diese **Multimedia-Fähigkeit** macht es bis heute sowohl für Firmen als auch für Privatpersonen interessant. Dazu lässt es sich mühelos bedienen. Die grafische Oberfläche bleibt immer gleich und durch seine einfache Menüsteuerung ermöglicht es auch Laien, durchs Internet zu surfen. Im WWW können weltweit Informationen zu den unterschiedlichsten Anwendungsbereichen abgerufen werden. Dabei ist es keine Seltenheit, dass der Text einer Seite aus Amerika und die Grafik dazu aus Europa geliefert wird. Der Nutzer merkt davon nichts.

Die Informationen sind auf Bildschirmseiten (sog. Websites) grafisch aufbereitet. Die erste Seite einer **Website** ist die **Homepage.** Auf einer Homepage stellt sich zum Beispiel eine Firma oder Privatperson vor und bietet Informationen an. Von hier verzweigt sich das Angebot des Anbieters durch sogenannte **Hyperlinks.** Dies sind markierte Textteile (Wörter, Wortgruppen) oder Grafiken, die auf andere Dokumente verweisen und die durch einen Mausklick zu den entsprechenden Dokumenten verzweigen. Auch das Windows-Hilfesystem ist ein solches Hypermediasystem, in dem man anhand von Stichworten durch erläuternde Dokumente „navigieren" kann.

Über **Internetportale** ist der Zugriff auf viele Dienstleistungen und Informationen auf einen Schlag möglich. Allgemein werden horizontale und vertikale Portale unterschieden. Horizontale Portale haben ein breites Angebot an unterschiedlichen Diensten und Informationen, vertikale Portale konzentrieren sich auf einzelne Bereiche.

Wer im WWW Dokumente bereitstellen möchte, muss die einheitliche Dokumentenbeschreibungssprache = **HTML** (**H**ypertext **M**arkup **L**anguage) beachten. Im Textverarbeitungsprogramm Word für Windows ab Office 97 ist es möglich, Word-Dateien im HTML-Standard zu speichern.

Damit der Empfänger-Computer die HTML-Dokumente entschlüsseln kann, benötigt er einen **Browser.** Die bekanntesten Browser sind der Microsoft „**Internet Explorer**" und „**Mozilla Firefox**". Browser erhält man über einen Onlinedienst oder kostenlos direkt von der Homepage des Anbieters bzw. beim Kauf von Windows.

Im Internet können Recherchen zu bestimmten Themen durchgeführt werden, im WWW gibt es aber kein Inhaltsverzeichnis. Um die gewünschten Informationen auf Millionen Rechnern finden zu können, bedient man sich spezieller elektronischer **Suchdienste**, sog. **Suchmaschinen** (z. B. **DINO** und **YAHOO**). Es sind hierarchisch gegliederte **Themen-Suchsysteme.** Suchmaschinen wie **Google** und **MSN** sind **Stichwort-Systeme.** Sie durchsuchen Tag und Nacht das Internet und sammeln den Inhalt von Webseiten in einer großen Datenbank.

9.7.2.1 Internetadresse

Jeder Computer hat im Internet eine eindeutige Adresse, die sogenannte **IP-Adresse**, die sich aus einer vierteiligen Nummernkombination (z. B. 248.98.848.199) zusammensetzt. Damit der Nutzer sich die Adressen leichter merken kann, werden sie als Domainnamen dargestellt (z. B. www.tagesschau.de). Sogenannte Domain-Name-Server beherbergen Datenbanken, in denen jedem Domainnamen eine IP-Adresse zugeordnet ist. Der ans Netz angeschlossene Computer übersetzt den Namen in eine Nummernfolge und findet so den Zielrechner.

Erreichbar ist jede Homepage über eine Adresse, die **URL** (Abk. für **U**niform **R**esource **L**ocator). Sie beginnt meist mit **http://www.** oder **https://www.**

Die einzelnen Teile der Adresse bedeuten:

http	= Hypertext Transfer Protocol. Ein Übertragungsprotokoll, mit dem HTML-Seiten vom Internetserver zum Klient übertragen werden.
https	= das „s" steht für sicher (safety). Bei „https" werden die Daten verschlüsselt und damit sicher übertragen.
www	= der Dienst, in dem im Netz nach der gewünschten Seite gesucht wird.
.	= der Punkt nach dem www ist wichtig. Wird er vergessen, kommt keine Verbindung zustande.
ARD.de	= die Internetadresse des Rechners, der diesen Dienst anbietet. Die Abkürzung „de" verrät, dass sich die Adresse in Deutschland befindet.
/tv/tagesschau	= der Verzeichnispfad, unter dem das Dokument auf dem Rechner zu finden ist.
wetter.html	= der genaue Name des Dokuments in diesem Verzeichnis.

In einem Namen können folgende Bereiche vorhanden sein:

BEISPIEL: *http://www.drucker.kyocera.de*
www = *Rechnername*   kyocera = *Domain*
drucker = *Sub-Domain*   de = *Top-Level-Domain*

9.7.2.2 Top-Level-Domains und ihre Bedeutung

Unternehmen und Organisationen	
com	kommerzielle Unternehmen
edu	Bildungseinrichtungen
gov	US-amerikanische Regierungseinrichtungen
mil	US-amerikanische Militäreinrichtungen
net	verwaltende Einrichtungen für Netzwerke oder Internetanbieter
org	private Organisationen
int	internationale Organisationen

www.wortfeld.de

Länderkennzeichnungen					
at	Österreich	de	Deutschland	nl	Niederlande
au	Australien	es	Spanien	no	Norwegen
be	Belgien	fr	Frankreich	tr	Türkei
ca	Kanada	fi	Finnland	uk	Großbritannien
ch	Schweiz	it	Italien	us	USA

www.denic.de

Die für die Zulassung von Top-Level-Domains zuständige Organisation Icann (Internet Corporation for Assigned Names and Numbers) erlaubt zukünftig auch Wunsch-Endungen, die Marken-, Städte- oder Eigennamen (z. B. .stuttgart, .adac) enthalten. Über die Internetadresse **www.denic.de** kann die Herkunft der Domains überprüft werden. Dies ist sinnvoll, wenn man wissen möchte, wer hinter den Internetangeboten steht und welche Interessen verfolgt werden.

9.7.3 Suchen und Finden im Internet

Im World Wide Web gibt es eine Vielzahl von Informationen, von denen niemand genau weiß, wo sie zu finden sind. Zum Glück gibt es im Internet Suchmaschinen, die möglichst viele Informationen in ihren Datenbanken sammeln und auf Anfrage Internetadressen zum gesuchten Stichwort herausgeben. Viele Internetnutzer besorgen sich regelmäßig Informationen über eine Suchmaschine und vertrauen auf die Suchergebnisse. Dabei sind Suchmaschinen **keine objektiven Informationsquellen.** Viele Daten sind veraltet, fehlerhaft oder schlicht Unsinn. Deshalb ist Skepsis angebracht. Außerdem stehen hinter vielen Internetangeboten handfeste Interessen. Deshalb ist es angebracht, die Herkunft der Domains zu überprüfen!

Arbeitsblatt 15

9.7.3.1 Suchprinzipien

Suchmaschinen arbeiten im Allgemeinen nach zwei Prinzipien: der Katalog- und der Volltextsuche. Die meisten Suchmaschinen bieten beide Recherchemöglichkeiten an.

Die Katalogsuche

Bei der Suche nach WWW-Seiten wird die Suchmaschine wie ein Schlagwortkatalog einer Bibliothek zum Auffinden von Büchern eingesetzt. Über ein Inhaltsverzeichnis gelangt man Schritt für Schritt zu Informationen des gewünschten Themenbereichs.

Die Informationen werden nicht automatisch wie bei einer Suchmaschine gesammelt, sondern durch eine Redaktion auf ihren Inhalt geprüft, sortiert und Rubriken zugeordnet. Die Katalogsuche eignet sich dann, wenn allgemeine Informationen zu einem bestimmten Gebiet gesucht werden.

Einige der bekanntesten Suchmaschinen, die nach diesem Prinzip arbeiten, sind die Suchmaschinen **www.aol.de**, **www.web.de** und **www.yahoo.de**.

Die Volltextsuche

Bei einer Volltextsuche wird der Suchbegriff in eine Eingabemaske eingegeben und anschließend auf „OK" oder „Suchen" geklickt. Die Suchmaschine durchsucht ihre Datenbank nach Webseiten, in denen der gewünschte Begriff vorkommt. Nach kurzer Zeit präsentiert die Suchmaschine ihre Treffererergebnisse.

9.7.3.2   Arbeiten mit Suchmaschinen

Suchmaschinen arbeiten mit „Suchrobotern", das sind Computerprogramme, die auf eigene Faust im Internet nach Informationen suchen und die Ergebnisse an eine zentrale Datenbank senden.

www.google.de
www.topxplorer.de
www.nettz.de
www.multimeta.com
www.allesklar.de
www.suchfibel.de
www.hurra.de
www.sharelook.de
www.at-web.de
www.witch.de
www.mirago.de
www.fastbot.de

Eine weitere Variante der Suchmaschinen sind die **Metasuchmaschinen** (z. B. **www.metager.de**). Die Suchroboter einer Metasuchmaschine suchen nicht im Internet nach Informationen, sondern fragen andere Suchmaschinen ab.

Die Suchmaschinen unterscheiden sich in der Bedienung meist nur geringfügig voneinander. Die Bedieneroberflächen sind übersichtlich gestaltet, sodass sich der Nutzer schnell zurechtfindet.

Unklar ist jedoch, was die Verantwortlichen mit den Daten machen, die sie von den Benutzern sammeln. Jeder Internetnutzer, der eine Suchmaschine aufruft, bekommt ohne sein Wissen eine Kundennummer zugeteilt, die als geheime Datei (Cookie) auf dem Computer abgespeichert wird. Mit der Kundennummer kann man verfolgen, was ein Nutzer auf den Seiten tut. Jeder Suchbegriff wird registriert und auf einem der Firmenrechner gespeichert. Manche Anbieter können sogar herausfinden, welche Daten auf den Rechnern der Nutzer liegen.

Die bekannteste und weltweit am meisten genutzte Suchmaschine ist Google. Selbst im Duden steht mittlerweile das Verb „googeln" (mit Google im Internet suchen). Allerdings steht man bei der Internetsuche häufig vor dem Problem der schier unüberblickbaren Datenflut.

Eine **spezialisierte Suchmaschine** für bestimmte Themen kann in **www.suchmaschinenindex.de** gefunden werden. Dort befinden sich Listen mit kurzen Beschreibungen zu allen Themen wie Bildung und Wissenschaft, Gesundheit und Medizin, Menschen, Soziales, Einkaufen, Nachschlagen, Musik, Wirtschaft usw. Über **www.suchmaschinentricks.de** kann man erfahren, wie Suchmaschinen arbeiten und Tipps und Ideen rund um die Websuche finden.

Suchmaschinen im Überblick

Suchmaschine	Beschreibung	Internetadresse
Google MSN Yahoo	Allgemeine Suchmaschinen mit hoher Trefferzahl.	www.google.de www.msn.de www.yahoo.de
MetaGer	Nationale Metasuchmaschinen, die selbst auf verschiedene Suchmaschinen zurückgreifen.	www.metager.de www.metager2.de

Suchmaschine	Beschreibung	Internetadresse
Google Images MSN Images Yahoo Images	Gezielte Suche nach Bildern, Fotos und Grafiken.	images.google.de www.live.com de.search.yahoo.com
Google Video Yahoo Video	Gezielte Suche nach Videos, Filmen und TV-Ausschnitten.	video.google.de de.search.yahoo.com/video
Google News MSN News Yahoo Nachrichten	Gezielte Suche nach Nachrichten und Pressefotos.	news.google.de news.de.msn.com de.search.yahoo.com/news
Wikipedia Wissen.de MSN Encarta	Gezielte Suche nach Fachwissen.	www.wikipedia.de www.wissen.de de.encarta.msn.com

9.7.3.3 Mit Suchoptionen gezielt recherchieren

Gezielter kann man über die Suchoptionen nach Informationen zu bestimmten Themen suchen. Die Eingabe von zwei oder drei Suchwörtern führt aber nicht unbedingt zum Ziel. Erst durch eine Verknüpfung der Suchwörter lässt sich die Ergebnisliste reduzieren.

www.suchlexikon.de
www.suchfibel.de
www.at-web.de

Die Suchmaschinen arbeiten unterschiedlich. Deshalb unterscheiden sie sich auch in der Anzahl der Suchoptionen, die sie anbieten.

Tipps – wie suche ich richtig?

1. Wenn die Internetadresse einer Institution, Firma oder eines Produkts unbekannt ist, können Sie es mit der Eingabe der Adresse nach dem Muster *www.firmenname.de* oder *.com* versuchen. In den meisten Fällen kommen Sie so rasch zum Ziel.
2. Haben Sie zu **bestimmten Themen** konkrete Fragen, dann suchen Sie am besten über die **Suchmaschinen.**
3. Wollen Sie sich zu einem **allgemeinen Thema** informieren, dann helfen Kataloge weiter. Die angebotenen Hyperlinks in Katalogen werden ständig durch eine Redaktion bewertet und eingeordnet.
4. Verwenden Sie **spezialisierte Suchmaschinen** wie z. B. *www.wlw.de* („Wer liefert was?" – Suchmaschine für Produkte und Dienstleistungen).

Die wichtigsten Suchoptionen:

- **UND-Verknüpfung**
  Die UND-Verknüpfung wird durch ein Plus-Zeichen (+) ausgedrückt. Das Plus-Zeichen ist ohne Leerzeichen vor die Wörter, die es verknüpft, zu setzen.

  BEISPIEL:
  Die Eingabe +Telekommunikation+Mobiltelefon sucht nach Dokumenten, in denen beide Begriffe zusammen vorkommen. Dokumente mit nur einem von beiden Suchwörtern werden ignoriert. Die Anzahl der Treffer wird dadurch stark verringert.

- **ODER-Verknüpfung**

  Um eine ODER-Verknüpfung auszulösen, müssen zwei oder mehrere Suchwörter, durch Leerzeichen getrennt, in das Textfeld eingegeben werden. Eine ODER-Verknüpfung erhöht die Anzahl der Treffer.

  BEISPIEL:
  Geben Sie als Suchbegriffe München • Theater ein, sucht die Suchmaschine zunächst alle Dokumente, in denen „München" und „Theater" zusammen vorkommen, und anschließend alle, in denen mindestens eines der Suchwörter steht.

- **Phrasensuche**

  Phrasen sind Wörter, die exakt in der **angegebenen Reihenfolge** vorkommen. Geben Sie die Suchwörter als Phrase ein, müssen sie in **Anführungszeichen** gesetzt werden.

  BEISPIEL:
  Die Eingabe „Bildungsverlag EINS" findet nur Dokumente, in denen der Name steht. Die Phrasensuche eignet sich besonders gut für die Recherche nach Personen- und Firmennamen.

Private Recherchen am Arbeitsplatz

Untersuchungen haben ergeben, dass mehr als 90 Prozent aller vernetzten Arbeitnehmer am Arbeitsplatz **privat** mailen und surfen. Dadurch entsteht der deutschen Wirtschaft ein Schaden in Höhe von rund 54 Milliarden EUR.

Grundsätzlich ist aber das private Surfen **ohne** die **ausdrückliche Erlaubnis** des Arbeitgebers **verboten.** Dennoch erlauben/dulden die meisten Firmen die private Nutzung des betrieblichen Internetanschlusses. Geschieht dies länger als ein halbes Jahr, kommt es einer Erlaubnis gleich.

Bei der privaten Internetnutzung am Arbeitsplatz darf der Arbeitgeber keine privaten Nachrichten protokollieren oder anderweitig aufzeichnen und kontrollieren. Selbst bei einem Verbot darf der Arbeitgeber nur bei gewichtigen Sicherheits- oder Verdachtsgründen kontrollieren, ansonsten verstößt er gegen das **Fernmeldegeheimnis.**

Safer-Surf-Tipps

1. Geben Sie keine persönlichen Informationen über sich und Dritte weiter! Sie können nicht mehr kontrollieren, wie diese genutzt werden.
2. Vorsicht bei unbekannten E-Mails und Anhängen – Virengefahr! Ist Ihr Virenschutz aktuell?
3. Meiden Sie verbotene Seiten! Verstärkte Virengefahr! Auch illegale Handlungen im Internet werden strafrechtlich verfolgt!
4. Wenn Sie im Netz etwas ängstigt, bedroht oder erschreckt: Hilfe finden Sie unter anderem bei: *www.fsm.de* und *www.jugendschutz.net*
5. Vorsicht, Sie hinterlassen Spuren beim Surfen! Es kann nachvollzogen werden, auf welchen Seiten Sie waren und was Sie gemacht haben.
6. Wehren Sie sich, wenn Sie beim Chatten oder durch E-Mails sexuell belästigt werden. Informieren Sie sich z. B. bei *www.frauennotrufe.de* (auch für Männer).

> 7. Auch im Internet gibt es Betrug und Fälschung! Vorsicht bei Auktionen und Geschäften!
> 8. Angst, Stress, Kummer? Im Netz finden Sie Hilfe und Kontakte! Z. B. bei: *www.loveline.de, www.pille.com, www.jugendline.de*

9.7.4 Google-Anwendungen

Arbeitsblatt 16

Google, bekannt durch seine Suchmaschine, ist ein Unternehmen, das sich immer mehr auch auf anderen Gebieten positioniert und nützliche Tools – meist kostenlos – anbietet. Die notwendige Software für die Nutzung einiger Anwendungen kann als **„Google Pack"** aus dem Internet heruntergeladen werden.

Hier die interessantesten Anwendungen für das Büro im Überblick:

Offline-Anwendungen

Google Desktop		Google Desktop ist eine Suchmaschine für den eigenen PC. Sie durchsucht Ihren PC nach E-Mails, Dokumenten und Bildern.
Google Toolbar		Google Toolbar ist eine weitere Symbolleiste, die sich nach der Installation in die Oberfläche des jeweiligen Browsers pflanzt. Ohne Umwege können viele nützliche Funktionen schnell abgerufen werden. Einige Browser haben die Symbolleiste bereits standardmäßig in ihre Oberfläche integriert.
Google Earth		Mit Google Earth können Sie die Welt von oben anschauen. Mit wenigen Mausklicks sind Sie in Städten wie Berlin oder New York. Neben der Kartenansicht bietet Google Earth die Möglichkeit, zusätzliche Funktionen einzublenden (z. B. Beiträge zu Städten oder bekannten Gebäuden, Routenplanung, 3-D-Modelle, Geschäfte, Restaurants).
	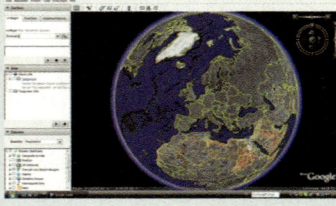 	
Google Picasa		Picasa ist eine kostenfreie Fotosoftware, mit der Sie Ihre Fotos in Alben organisieren, optimieren und zu einer Diashow zusammenstellen können. Die Alben können öffentlich oder passwortgeschützt ins Internet gestellt und über einen persönlichen Link von überall her betrachtet werden.

9.7 Internet

Google Alerts		Google Alerts informiert Sie regelmäßig über die Suchbegriffe, die Sie angegeben haben. Es ist praktisch eine Suchabfrage im Abonnement. Per E-Mail erhalten Sie eine Übersicht aller thematisch passenden Webseiten.
Google Groups		Mit Google Groups erhalten Sie Zugang zu Newsgroups (auch Usenet, User-Foren oder Communities genannt), die zu ganz unterschiedlichen Themen aktiv sind. In den Foren werden Tipps, Tricks und Erfahrungsberichte ausgetauscht. Jeder kann sich an dem virtuellen Treff beteiligen.
Google News		Mit Google News können Sie nach aktuellen Nachrichten suchen, indem Sie zu einem Thema einen oder mehrere Suchbegriffe eingeben. Über die Trefferliste werden die Artikel der Zeitungen oder Nachrichtenagenturen aufgelistet, die zu diesem Thema etwas veröffentlicht haben. Die Trefferliste kann nach Datum sortiert werden.
Google Kalender		Google Kalender ist ein Online-Kalender, über den sich sämtliche Ereignisse, Termine, Aktivitäten und Benachrichtigungen planen lassen. Sie haben die Möglichkeit, von überall auf Ihren Kalender zuzugreifen und ihn mit anderen Kalender-Benutzern abzugleichen. Über einen öffentlichen Terminkalender machen Sie Ihren Kalender für andere zugänglich. Zur Kalender-Funktion kommen Sie über *www.google.de – Mehr – Kalender*.
Google Maps		Über Google Maps können Sie nach Karten und Branchen suchen und Routen berechnen. Die Suchergebnisse werden links im Fenster angezeigt, die entsprechenden Standorte auf der Karte rechts daneben. Google Maps erreichen Sie über *www.google.de – Register: Maps*.
iGoogle		Mit iGoogle erstellen Sie sich selbst innerhalb von wenigen Sekunden eine Startseite. Über den Link „*Bitte melden Sie sich an, um Ihre Seite zu speichern*" gelangen Sie zum Fenster „*Eigene Startseite …*". Nehmen Sie dort Ihre individuellen Einstellungen vor und melden Sie sich an.

pack.google.de
desktop.google.de
toolbar.google.de
earth.google.de
picasa.google.de
groups.google.de
news.google.de
froogle.google.de

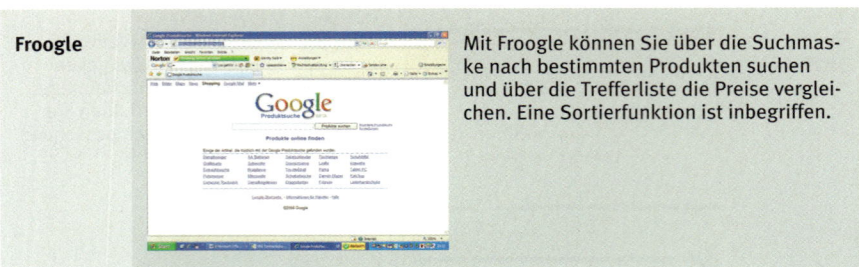

Froogle — Mit Froogle können Sie über die Suchmaske nach bestimmten Produkten suchen und über die Trefferliste die Preise vergleichen. Eine Sortierfunktion ist inbegriffen.

Arbeitsblatt 17

9.7.5 Informationsservice aus dem Internet

9.7.5.1 Elektronische Newsletter

Elektronische Newsletter informieren einen bestimmten Personenkreis regelmäßig per E-Mail über spezielle Themen. Das Öffnen und Weiterleiten kann registriert werden. Der Absender erhält dadurch Informationen über das Empfängerverhalten, die für weitere Newsletter genutzt werden können.

Merkmale eines Newsletters:
- Bündelung von thematisch zusammengehörenden Informationen.
- Versand zu festgesetzten Zeitpunkten (täglich, wöchentlich, monatlich u. Ä.).
- Erfordert keine unmittelbare Aktivität vom Empfänger.
- Die Empfänger können sich problemlos für den Verteiler an- und abmelden.

Vorteil	Nachteile
• Newsletter können auf dem Rechner gespeichert und auch noch später gelesen werden.	• An- und Abmeldung erforderlich • Regelmäßiger Zeitaufwand durch Lesen und Löschen der E-Mails.

9.7.5.2 RSS (Really Simple Syndication)

RSS ist ein kostenloses **Benachrichtigungssystem**, über das sich Interessierte automatisch mit aktuellen Nachrichten per Browser, Handy oder E-Mail „füttern lassen" können. Die Nachrichten werden auch **RSS-Feed** genannt. Mithilfe eines **RSS-Readers** erhält der Nutzer eine ständig aktualisierte Nachrichtenliste, ohne dass die Internetseiten des Nachrichtenanbieters aufgerufen werden müssen. Die Nachrichtenliste enthält sowohl Überschriften also auch kurze einführende Sätze und entsprechende Links zu ausführlichen Informationen.

BEISPIEL:

www.rss-verzeichnis.de
www.feedreader.com

RSS-Button

Vorteile	Nachteile
• Keine Anmeldung erforderlich, • keine Werbung, • der Nutzer kann jederzeit aus dem RSS-Reader gelöscht werden, • ständige Aktualisierung durch die Anbieter.	• Durch die ständige Aktualisierung müssen die Nachrichten zeitnah gelesen werden. • Nachrichten können nur online empfangen werden.

9.7.6 Internet zum Mitmachen

9.7.6.1 Communities und Newsgroups

Communities

Communities (deutsch: Gemeinschaften) sind **Onlinetreffpunkte**, zu denen sich jeder hinzugesellen kann. Im Internet gibt es eine ständig steigende Anzahl von Onlinegemeinschaften. Die Angebote sind unterschiedlich. Die Nutzer können z. B. Freundschaften im Netzwerk bilden und so Freunde von Freunden kennenlernen. Außerdem können sie sich zu speziellen Themen zusammenfinden und Nachrichten austauschen. Je nach Thema haben sich im Internet verschiedene Communities gebildet:

- Kontaktnetzwerke, z. B. XING,
- Sozialnetzwerke, z. B. MySpace,
- Fotocommunities, z. B. Flickr,
- Videoportale, z. B. YouTube.

Die speziellen Netzwerke für Geschäftsleute (z. B. www.xing.com), Schüler und Studenten (z. B. www.studivz.net), Familien (z. B. www.eltern.de) oder Nutzer mit bestimmten Interessen (z. B. www.buchpfade.de) sind sehr beliebt.

http://de-de.
facebook.com/
www.xing.com
www.myspace.com
www.unddu.de
www.flickr.de
www.fotocommu
nity.de

Wer Mitglied in einer Community werden möchte, muss sich anmelden. In einigen Communities ist dazu eine Einladung durch ein Mitglied notwendig.

Innerhalb der Community ist jedes Mitglied durch eine Visitenkarte (Profil) präsent. Welche persönlichen Daten Sie in Ihrem Profil preisgeben, bleibt Ihnen überlassen. Seien Sie aber vorsichtig und verraten Sie niemals zu viele persönliche Daten!

Wer seine Daten in einem sozialen Netzwerk veröffentlicht, muss sich darüber im Klaren sein, dass diese dort möglicherweise nie mehr gelöscht werden können. Deshalb sollten Sie genau darauf achten, was Sie veröffentlichen. Vorsicht bei allzu privaten Fotos, Mitteilungen, wann man nicht zu Hause ist, und Informationen über Arbeitgeber und Kunden.

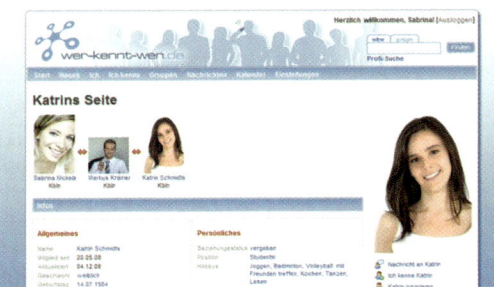

Die meisten Communities bieten ihren Mitgliedern folgende Möglichkeiten:

- Direkte Kommunikation zwischen den Mitgliedern,
- Personen mit gleichen Interessen finden,
- Anlegen einer kleinen Homepage innerhalb der Community,
- Blogbeiträge schreiben,
- Fotogalerien anlegen.

Kürzel	Thema
comp.	Rund um den Computer
news.	Über die Newsgroups
rec.	Hobbys, Freizeit und Erholung
sci.	Wissenschaft und Forschung
soc.	Gesellschaftliches und Soziales
talk.	Diskussionen
misc.	Vermischtes

Newsgroups

Die Newsgroups bilden im Gegensatz zu Communities eine Art Zeitung im Internet: Eine breit gefächerte Zeitschrift, die zu allen Themen ständig die neuesten Nachrichten bereithält, die aber auch Leserzuschriften abdruckt, die auf der ganzen Welt gelesen werden. Auf „Pinnwänden" oder „Schwarzen Brettern" kann jeder zu einem bestimmten Thema seine Meinung kundtun.

Die Newsgroups sind in unterschiedliche Bereiche gegliedert. Je nachdem, welchen Bereich man anwählen möchte, gibt man anstelle von www. ein Themenkürzel ein (siehe Tabelle).

9.7.6.2 Blogs

http://twitter.com/
blog.tagesschau.de

Blogs sind **Informationsportale**, die permanent über bestimmte Themen aus unterschiedlichen Bereichen berichten. Die Beiträge werden von Internetnutzern geschrieben. In der Fachsprache heißen die Blogbeiträge **Posts**, sie bestehen aus Texten, Bildern, Tondokumenten oder Videos. Innerhalb des Blogs werden die Blogbeiträge mehreren Kategorien zugeordnet, was das Suchen und Navigieren erheblich erleichtert. In der Regel verfügt ein Blog über eine Kommentarfunktion, über die Sie Ihre Meinung äußern oder ergänzende Informationen eintragen können.

9.7.6.3 Wikis

Der Begriff Wiki wurde von **Wikipedia**, dem bekanntesten Onlinelexikon, abgeleitet.

Wikipedia wurde im März 2001 gegründet, der Name setzt sich aus dem hawaiianischen Wort „Wiki" für „schnell" und „pedia" für „Enzyklopädie" zusammen.

Wikipedia ist eine **Online-Enzyklopädie,** die nicht von einer festen, bezahlten Redaktion, sondern von freiwilligen Autoren verfasst wird. Jeder Eintrag kann von jedem Internetnutzer weltweit verändert oder überarbeitet werden. Dafür bedarf es keinerlei technischer Kenntnisse, da die Eingabemaske im ganz normalen Internetbrowser erscheint. Insbesondere bei technischen oder naturwissenschaftlichen Begriffen bietet Wikipedia stets den aktuellsten Wissensstand.

Eine Zensur findet nicht statt. Man geht davon aus, dass falsche Einträge von der Community selbst geregelt werden. Bei Wikipedia kann man als anonymer Autor Artikel verfassen, die IP-Adressen, von denen aus die Artikel angelegt oder überarbeitet wurden, werden jedoch archiviert. Jeder einzelne Computer ist im Internet durch eine IP-Nummer oder IP-Adresse eindeutig identifizierbar.

Wikis arbeiten nach dem Grundprinzip von Wikipedia. Internetnutzer können Wikis – genau wie Beiträge in Wikipedia – selbst erstellen und im Internet veröffentlichen. Wikis zeichnen sich durch folgende Grundfunktionen aus:

- eine **Bearbeitungsfunktion**, über die jeder den bisherigen Inhalt ergänzen, korrigieren oder löschen kann,
- eine **Historie**, die alle Änderungen und Ergänzungen eines Beitrags aufführt,
- **Verlinkungen** zu anderen Wiki-Beiträgen,
- **Diskussionsmöglichkeit** zu jedem Beitrag.

9.7.6.4 Podcasts

Podcast ist ein Kunstwort, es setzt sich aus dem Namen des verbreiteten MP3-Players **„iPod"** und **„Broadcasting"** (**Rundfunk**) zusammen. Es bezeichnet eine Serie von Medienbeiträgen, die über das Internet bezogen werden können. Der Anwender muss die gewünschten TV- und Radiosendungen nicht erst mühevoll einzeln abrufen, sondern erhält die neuen Folgen über ein Abonnement automatisch. Dies geschieht in der Regel über einen **RSS-Feed**. Da die Nachrichten laufend aktuell ersetzt werden, muss der Nutzer die Informationen zeitnah lesen, wenn er nichts verpassen will.

Video-Podcasts sind Mini-Filmclips, die sich mit Digicam oder Webcam leicht anfertigen, am Computer bearbeiten und im Internet über passende Videoportale umsonst verbreiten lassen. Ob Halbprofi, Nachwuchskünstler oder Unternehmen, die Mini-Filme sind das günstigste und schnellste Format, um die eigene Botschaft zu verbreiten. Kurzfilme, Musikclips, Nachrichten oder Produktfilme sind als Video-Podcast problemlos und preisgünstig zu realisieren.

9.7.6.5 Eine Homepage einrichten

Für einen eigenen Internetauftritt brauchen Sie in der Regel
- eine **Domain**,
- eine **Software** zur Gestaltung von Webseiten,
- einen **Webspace** und
- eine **E-Mail-Funktion**.

Domain

Die Domain ist die Internetadresse (z. B. *www.kallmann-gmbh.com*). Sie ist weltweit einmalig. Die Anbieter von Domains prüfen auf Antrag, ob der gewünschte Name schon vergeben ist. Bestandteil des Namens ist neben dem „www" die Endung (z. B. .de, .com, .org). Man unterscheidet zwischen Länderkennungen oder informellen Kennungen.

Software zur Gestaltung von Webseiten

Grundsätzlich unterscheidet man zwei Arten von Anwendungen:
- **ein Programm** für den eigenen PC (z. B. Dreamweaver) oder
- **sogenannte Webbaukästen im Internet.**

Die Webbaukästen stellen viele Webhoster ihren Kunden kostenlos zur Verfügung. Sie arbeiten internetbasiert. Die Software wird nicht auf dem Computer des Nutzers installiert, sondern arbeitet auf dem Computer des Webhosters und wird durch den Internetbrowser gesteuert. Gute Webbaukästen enthalten vorgefertigte Seiten.

Webspace

Als Webspace bezeichnet man den Platz auf dem Server eines „Hosters", der benötigt wird, um die Webseiten ins Internet zu stellen. Das monatliche Entgelt hängt von der Speicherbelegung ab. Einfache Seiten, bestehend aus wenigen Bildern und Texten, benötigen nur ein paar Megabyte; viele Bilder und Videos entsprechend mehr.

E-Mail-Funktion

Die E-Mail-Funktion wird zur Kommunikation mit den Besuchern der Webseiten benötigt. Viele Unternehmen nutzen eine allgemeine Adresse. Die E-Mails gehen in der Poststelle ein und werden dort an die zuständigen Mitarbeiter verteilt.

9.7.6.6 Chatten

Das Wort „to chat" heißt „plaudern", „ein Schwätzchen halten" und ist eine textorientierte zeitgleiche Kommunikation mit einem oder mehreren Teilnehmern im Internet. Ein Chatter meldet sich nicht mit seinem richtigen Namen an. Er benutzt einen Alias-Namen (oder engl. Nickname). Wer chatten möchte, kann sich z. B. über *www.webchat.de* einen passenden Chatroom auswählen. Die aufgelisteten Kataloge sind thematisch geordnet und geben einen Überblick über deutschsprachige Chats.

Chatter bedienen sich meist eines eigenartigen Sprachstils. Es wird kaum Wert auf perfekt ausformulierte Sätze gelegt, sondern vielmehr auf die schnelle, unmittelbare Kommunikation. Man benutzt einen eigenen Slang, der die Kommunikation verknappt. Dazu gehören z. B. die **Emoticons,** mit deren Hilfe Empfindungen und Stimmungen mitgeteilt werden.

Beispiele für Emoticons:

:-)	glücklich
:-(	traurig, enttäuscht, schlecht drauf
:-x	Küsschen
:-p	Chatter streckt die Zunge raus
:,-)	Chatter weint vor Freude
:-]	Chatter lacht sarkastisch
cu	see you; bis später
lol	laughing out loud; lautes Lachen
:-l	„hmmm..."
:-ll	ärgerlich
:'-C	weinen
':-/	ich bin skeptisch
8-O	Oh Nein!!!

9.7.6.7 Instant Messaging (IM)

Instant Messaging heißt übersetzt „sofortige Nachrichtenübermittlung". Es handelt sich um eine **Kommunikationsplattform** für Computer-Netzwerke, mit der **Textnachrichten** in **Echtzeit** gesendet und empfangen werden können – ähnlich wie beim Chatten. IM wird überwiegend geschäftlich eingesetzt und unterstützt vor allem die Zusammenarbeit in Team- und Projektgruppen.

Will man IM nutzen, braucht man eine geeignete Software. Durch die Registrierung auf einem Server erhalten die Nutzer eine persönliche IM-Nummer (auch UIN genannt – Universale Internet-Nummer). Nach dem Einloggen können die Teilnehmer sehen, wer gerade online ist und ihre Nachrichten liest.

http://
de.messenger.
yahoo.com

9.8 E-Mail

Durch die **„elektronische Post"** können Daten, die im PC gespeichert sind, direkt über die Telefonleitung zu einem anderen PC weltweit verschickt werden, ohne dass ein **Medienbruch** entsteht. Die rein elektronische Kommunikation ist schneller, billiger und möglicherweise sogar umweltfreundlicher als der Versand von Briefen oder anderen Datenträgern im internationalen Postverkehr und ist deshalb der mit am meisten genutzte Dienst im Internet.

Arbeitsblatt 18

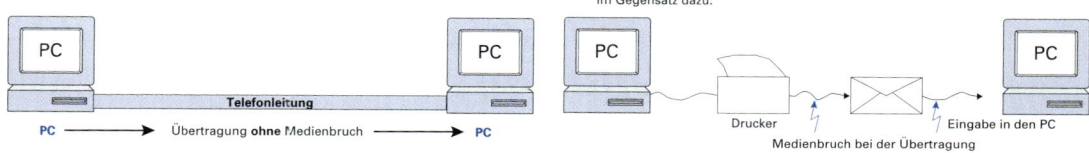

9.8.1 E-Mail-Adresse

Die E-Mail-Adresse im Internet setzt sich aus der Benutzerkennung des Teilnehmers und dem Namen des Mailservers zusammen. Umlaute und Sonderzeichen müssen ausgeschrieben werden (z. B. ä = ae, ß = ss).

E-Mail-Adressen suchen:
www.suchen.de
www.email-verzeichnis.de
www.people.yahoo.com
www.whowhere.lycos.com

Um die E-Mail-Funktion nutzen zu können, benötigt man eine entsprechende Software. Dieses Programm ist meistens im Browser oder der Decoder-Software integriert. Die bekanntesten E-Mail-Programme sind Microsoft Outlook und Netscape Messenger.

BEISPIEL:

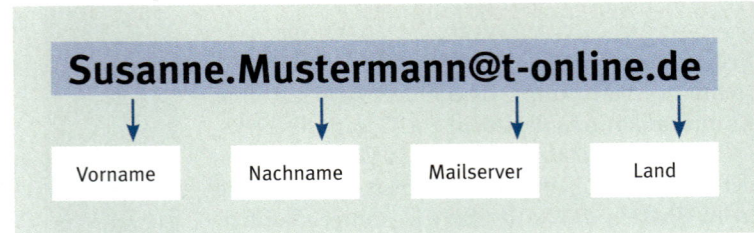

9.8.2 Mailboxen und Free-Mail-Anbieter

Mailboxen

Mailboxen sind **„elektronische Postfächer"**, in denen Nachrichten empfangen oder persönliche Nachrichten für andere Teilnehmer hinterlegt werden können. Wie bei einem Postfach nur der berechtigte Empfänger mit seinem Schlüssel seine Post abholen kann, so können bei der Mailbox nur befugte Personen über ein Passwort auf ihre Box zugreifen. Deshalb spricht man von einem **personenbezogenen Mailbox-System.** Es gibt auch Mailbox-Systeme, bei denen alle Mitteilungen für **jedermann** zugänglich sind. Sie dienen nicht mehr ausschließlich der Benachrichtigung; sie übernehmen die Funktion einer kleinen Datenbank und stellen Informationen zu den unterschiedlichsten Themen zur Verfügung.

Free-Mail-Anbieter

Die bekanntesten Free-Mail-Anbieter:
www.gmx.de
www.web.de
www.yahoo.de
www.google.de

Auf den Homepages vieler Suchmaschinen und Kataloge werden kostenlose Free-Mail-Dienste angeboten. Sie bieten dem Nutzer kostenlose E-Mail-Adressen und Postfächer mit dem zum Schreiben und Empfangen von E-Mails notwendigen Speicherplatz. Es ist kein besonderes E-Mail-Programm erforderlich und am Rechner sind keine Einstellungen vorzunehmen. Mit einem Free-Mail-Dienst kann man weltweit von jedem Rechner sofort E-Mails schreiben, verschicken und empfangen. Außerdem können Faxe und SMS-Nachrichten kostenlos verschickt werden. Die meisten Free-Mail-Anbieter stellen ihren Kunden zusätzliche Features zur Verfügung, die individuell angepasst werden können: Adressbücher, Terminplaner und Notizblöcke.

9.8.3 Der elektronische Brief

Der klassische Postbrief hat gegenüber der E-Mail einen großen Vorteil: Die Zustellung ist verbindlich und rechtssicher. Normale E-Mails sind weder vor Veränderungen geschützt, noch kann ihre Zustellung vor Gericht nachgewiesen werden. Außerdem können Absender und Empfänger nicht immer sicher sein, mit wem sie kommunizieren. Durch den **elektronischen Brief** soll die elektronische Kommunikation **sicher und rechtsverbindlich** werden.

Die Nutzer können bei einem der vier Anbieter – Deutsche Post, Telekom, GMX und WEB.DE – eine E-Brief-Adresse erhalten. Die herkömmlichen E-Mail-Programme können nicht genutzt werden. Jeder Anbieter stellt ein eigenes Programm zur Verfügung, mit dem der Nutzer seine elektronischen Briefe schreiben kann. Ein Nachrichtenaustausch zwischen E-Brief- und E-Mail-Adressen ist nicht möglich.

9.8.3.1 E-Postbrief

Seit dem 1. Juli 2010 bietet die Deutsche Post den E-Postbrief an. Er ist genauso einfach konzipiert wie eine E-Mail, besitzt aber die folgenden wesentlichen Eigenschaften eines Briefes:

- **Verbindlichkeit**
  Bei der Erstregistrierung wird die Identität des Nutzers über das Postident-Verfahren überprüft. Durch die kombinierte Eingabe von Passwort und Handy-TAN erfolgt ein eindeutiger Identifikationsnachweis.

- **Vertraulichkeit**
  Der E-Postbrief wird auf seinem Weg durch das Internet verschlüsselt übermittelt. Der Briefinhalt kann nicht mitgelesen oder gar verändert werden.

- **Verlässlichkeit**
  Die Deutsche Post garantiert die Zustellung des E-Postbriefs durch einen durchgängig protokollierten Transport innerhalb eines geschlossenen Systems. Die vom klassischen Brief bekannten Versendungsarten, wie z. B. das Einschreiben, können auch beim E-Postbrief genutzt werden.

Nach der Registrierung und gegen Vorlage des Personalausweises erhält der Nutzer eine E-Brief-Adresse mit seinem vollen Namen, die wie folgt aufgebaut ist:

Vorname.Nachname@epost.de

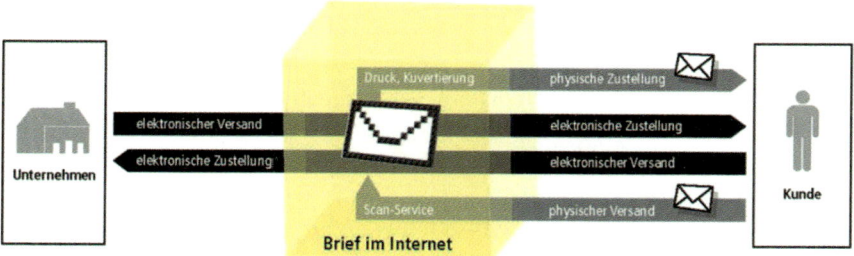

9.8.3.2 De-Mail

In Zusammenarbeit mit dem Bundesministerium des Innern (BMI) haben die Deutsche Telekom, GMX und WEB.DE die De-Mail entwickelt. Mit der De-Mail können Privatnutzer, Behörden und Unternehmen rechtsgültige elektronische Nachrichten und Dokumente **rechtsverbindlich, vertraulich sowie fälschungssicher** verschicken.

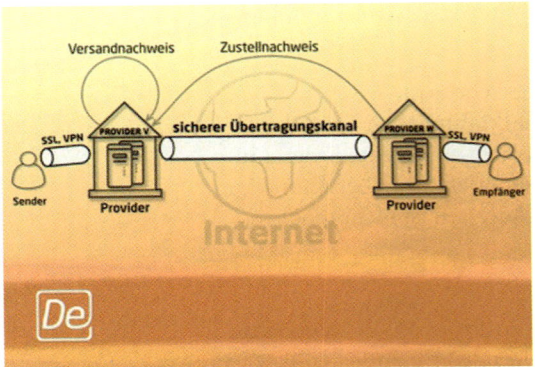

Voraussetzung für die Nutzung von De-Mail ist, dass sich Absender und Empfänger **eindeutig identifizieren**. Darüber hinaus bekommt der Versender einer De-Mail vom Provider eine **rechtsverbindliche Bestätigung**, dass die Information versendet wurde und beim Adressaten angekommen ist. Die über De-Mail verschickten Nachrichten und Dokumente werden verschlüsselt übermittelt und sind so vor Veränderungen geschützt. Auch die Identität von Absender und Empfänger ist eindeutig feststellbar.

De-Mail-Konto eröffnen

Die Anmeldung und Zertifizierung erfolgt bei einer autorisierten Stelle (z. B. Bürgerportal). Zur Eröffnung eines De-Mail-Kontos muss jeder Nutzer einen amtlichen Ausweis (elektronischer Personalausweis) vorlegen oder sich beispielsweise über das Postident-Verfahren anmelden.

Der Nutzer erhält bei der Anmeldung eine oder mehrere De-Mail-Adressen mit der speziellen Endung „de-mail.de". Die Adresse setzt sich wie folgt zusammen:

Vorname.Nachname@De-Mail-Provider.de-mail.de

BEISPIEL:

Personen-Adresse: kathrin.mueller@provider-XYZ.de-mail.de
Firmen-Adresse: mode-idee.de-mail.de

Durch diese Kennung erhält der Nutzer eine eindeutige Identität.

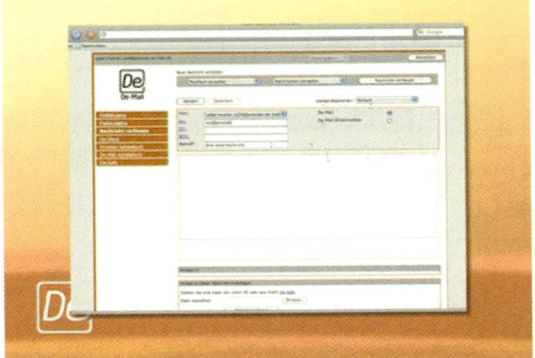

Unabhängig voneinander können folgende Versandarten genutzt werden:

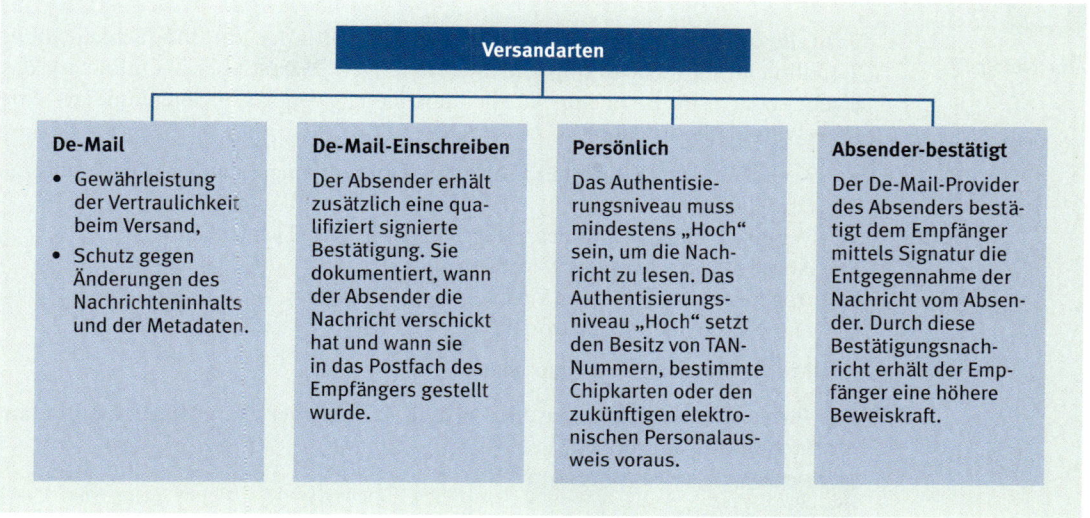

Vorteile:

- Nachrichten und Dokumente werden fälschungssicher und rechtsverbindlich wie ein Einschreiben per Brief verschickt.
- De-Mail ermöglicht eine schnelle Abwicklung durch vollelektronische Vorgangsbearbeitung ohne Medienbrüche.

    BEISPIEL:

    Ein Angebot wird am PC erstellt, dann ausgedruckt und per Post verschickt. Der Adressat scannt das Dokument ein und legt es elektronisch ab. Dieser ständige Wechsel zwischen Elektronik und Papier wird durch De-Mail reduziert.

- Durch die Vermeidung von Medienbrüchen werden Übertragungsfehler verhindert und gleichzeitig Zeit und Geld gespart.
- Geringe Kosten für die technologische Einbindung der De-Mail.

Anwendungsbereiche

Die De-Mail eignet sich zum Versand von

- Dokumenten in Geschäftsprozessen, wie z. B. Aufträgen, Kostenvoranschlägen, Mahnungen, Verträgen usw.,
- persönlichen Dokumenten, wie z. B. Gehaltsmitteilungen, Arbeitsverträgen, Vollmachten,
- Dokumenten, die sich an Behörden richten, wie z. B. Steuererklärungen, Visa-Anträgen,
- Dokumenten an Kammern und Verbände, wie z. B. Anträgen.

www.deutschepost.de
www.fn.de-mail.de
www.t-online.de-mail.de
www.t-systems.de-mail.de
www.t-city.de

9.9 Onlinebanking

Arbeitsblatt 19

Fast alle Banken und Sparkassen bieten ihren Kunden die Möglichkeit, über T-Online am Onlinebanking teilzunehmen. Der Zugang über T-Online auf das eigene Konto ermöglicht dem Nutzer – unabhängig von den Schalterstunden – eine Reihe von Bankgeschäften:

- Kontoführung (Kontostände abrufen, Überweisungen tätigen, Daueraufträge einrichten),
- Vergleich von Konditionen vieler Banken in ganz Deutschland,
- Angebote verschiedener Versicherungen,
- Angebote zum Kauf und Verkauf von Immobilien,
- aktuelle Börseninformationen.

Es ist nicht möglich, Geld abzuheben.

Die Banken und Sparkassen bieten dem Teilnehmer zwei Möglichkeiten an, Onlinebanking zu nutzen:

Offenes T-Online-System	Das offene T-Online-System kostet im Monat eine Gundgebühr und bietet den Zugang zu allen Angeboten einschließlich Onlinebanking.
Geschlossenes T-Online-System	Hier fällt keine monatliche Grundgebühr an. Es kann aber nur Onlinebanking genutzt werden, alle anderen Angebote sind nicht zugänglich.

Kosten

T-Online kostet ein monatliches Entgelt. Für die Nutzung von Informations- und Kommunikationsdiensten, E-Mail und Internet fallen noch zusätzliche Kosten an. Freistunden werden **keine** gewährt!

Sicherheit

Gegen Missbrauch sind mehrere Schutzmaßnahmen im System vorgesehen. Um die Sicherheit beim Homebanking zu gewährleisten, erhält man bei der Anmeldung eine sog. TAN-Liste mit 10 bis 100 Nummern – je nach Bank – und die Mitteilung, dass die persönliche PIN-Nummer zur Abholung bei der Bank bereitliegt.

- **PIN** = **P**ersönliche **I**dentifikations-**N**ummer. Dies ist eine Geheimnummer, die dem Nutzer den Zugang zu seinem Konto gibt.
- **TAN** = **T**rans**a**ktions-**N**ummer. Sie ist mit einer elektronischen Unterschrift des Nutzers in Form einer mehrstelligen Zahl vergleichbar.

Diese PIN muss bei der ersten Onlinebanking-Aktion gegen eine selbst gewählte PIN ausgetauscht werden. Diese Nummer kennt nur der Kunde! Nach mehrmaligem Versuch, mit einer unzutreffenden PIN die Verbindung aufzunehmen, wird der Anschluss gesperrt. Erst wenn Kontonummer und PIN korrekt eingegeben sind, gibt der Bank-Computer den Zugriff auf das Konto frei. Nach erfolgreichem Start bekommt der Teilnehmer automatisch mitgeteilt, wann er T-Online unter seiner PIN zuletzt genutzt hat. Zusätzlich wird jedes Geldgeschäft mit einer TAN abgesichert, die als Unterschriftenersatz dient und nur einmal verwendet werden darf. Ist die TAN-Liste verbraucht, gibt der Bank-Computer eine neue Liste aus, die dem Kunden zugeschickt wird.

Was der Einzelne zur Sicherheit beitragen kann:

- Keine leicht zu merkenden PINs wählen.
- Keine Geburtsdaten, Auto- oder Telefonnummern als PIN verwenden.
- Bestehen Zweifel, ob die PIN Dritten bekannt geworden ist, PIN sofort ändern.
- PIN und TAN-Liste sicher aufbewahren.
- Onlinebanking-Software durch zusätzliches Passwort schützen.
- Bei der Eingabe von PIN und TAN kann die Anzeige im Klartext abgeschaltet werden, kein Unbefugter kann „zufällig" die Nummern mitlesen.

9.10 E-Commerce

In einem virtuellen Kaufhaus zu shoppen und zu bezahlen ist mittlerweile mithilfe elektronischer Medien kein Problem mehr. Rund um die Uhr können Geschäfte abgewickelt werden. Egal, ob man eine CD, Elektroartikel, Bekleidung oder auch Lebensmittel kaufen will, es finden sich in allen Bereichen Anbieter, die Shop-Übersichten nach Branchen auflisten. Manche Unternehmen setzen bereits auf die nächste Stufe der Entwicklung, den elektronischen Handel über mobile Geräte wie etwa das Handy. Das Kürzel dafür lautet **M-Commerce**.

Arbeitsblatt 20

9.10.1 Kriterien für benutzerfreundliche Webshops und Shoppingportale

- **Navigation:** Ist der Aufbau der Webseiten **klar und selbsterklärend?** Wird **Hilfe durch Suchfunktionen** angeboten?
- **Design:** Sind die **Webseiten überschaubar** gestaltet? Gibt es unübersichtliche zeitraubende Multimediashows?
- **Geschwindigkeit:** Werden die Webseiten schnell aufgebaut? **Wartezeiten** werden nicht gerne in Kauf genommen.
- **Sicherheit:** Erklärt der Webshop, was er mit den **Kundendaten** macht?
- **Kommunikation:** Gibt es Antworten auf **kaufentscheidende Fragen?**
- **Interaktion:** Kann sich der Kunde mit dem Webshop **abstimmen?**
- **Belohnung:** Bietet der Webshop **Anreize** wie Verlosungen, Begrüßungsgeschenke, Prämien für die Werbung neuer Mitglieder usw.?
- **Service:** Bietet der Webshop **außergewöhnliche Angebote?**

9.10.2 Fernabsatzgesetz

Das am 1. Juli 2000 in Kraft getretene Fernabsatzgesetz wurde im Rahmen der Schuldrechtsmodernisierung zum 1. Januar 2002 in das BGB integriert. Hier einige wichtige Regelungen durch den Gesetzgeber:

- Kunden können die bestellte Ware bei **Nichtgefallen** innerhalb von **14 Tagen** an den Verkäufer **zurückgeben.**
- Bei einem Warenwert von mehr als 40,00 EUR muss der Händler das **Rückporto** übernehmen.

- **Verpackungs- und Versandkosten** müssen im Voraus mitgeteilt werden. Was später zusätzlich berechnet wird, muss der Kunde nicht zahlen.
- Bei Bezahlung mit **Kreditkarte** muss die Bank nachweisen, dass der Inhaber der Karte tatsächlich damit bezahlt hat.
- Im Falle eines **Missbrauchs der Kreditkarte** hat der Kunde das Recht, die Buchung rückgängig zu machen.

Mittlerweile gibt es Onlineshops mit Gütesiegel. Damit soll das Vertrauen der Kunden gewonnen werden. In Deutschland gibt es zurzeit zwei Gütesiegel: **„Trusted Shop"** und **„Geprüfter Onlineshop".** Hier die wichtigsten Kriterien, nach denen die Gütesiegel vergeben werden:

- Klare Darstellung der Allgemeinen Geschäftsbedingungen (AGB),
- Preistransparenz,
- Angabe von Lieferzeiten,
- Rückgaberegelungen mit Geld-zurück-Garantie,
- Datensicherheit – insbesondere der übermittelten Daten.

9.10.3 Zahlungsmöglichkeiten beim Onlineshopping

Ein sensibler Bereich beim Onlineshopping ist die Art der Bezahlung. Hier einige Möglichkeiten, die im Internet genutzt werden:

- **Bezahlung per Rechnung.** Die meisten Zahlungen im Business-to-Business-Bereich (B2B = Bezeichnung für sämtliche Internet-Geschäftsbeziehungen zwischen Unternehmen) werden per Rechnung abgewickelt. Das hat den Vorteil, dass sich das Verfahren problemlos in bestehende Geschäftsprozesse integrieren lässt.
- **Bezahlung per Nachnahme.** Dieses traditionelle Verfahren gewährt sowohl dem Käufer als auch dem Händler Sicherheit: Auf der einen Seite bekommt der Kunde die Ware erst nach der Bezahlung ausgehändigt, auf der anderen Seite zahlt der Kunde erst, wenn er die Ware bekommt. Nachteilig für den Kunden sind die hohen Nachnahmegebühren und die Ungewissheit, ob sich im bezahlten Paket auch wirklich die bestellte Ware befindet.
- **Bezahlung per Lastschrift.** Die Bezahlung per Lastschrift erfreut sich im B2B-Bereich großer Beliebtheit, obwohl Banken eine Lastschrift ohne physische Unterschrift eigentlich nicht akzeptieren dürften. Lastschriften lassen sich aber problemlos und kostenlos innerhalb von sechs Wochen ohne Begründung rückgängig machen.
- **Bezahlung per Kreditkarte/EC-Karte.** Die Bezahlung per Kreditkarte wird weltweit akzeptiert und ist dadurch ein beliebtes Zahlungsmittel im Internet geworden. Allerdings sollten die persönlichen Daten wie die Kreditkartennummer usw. nur seriösen Händlern mitgeteilt werden. Ein Missbrauch kann aber nur durch die Verwendung entsprechender Verschlüsselungsverfahren weitgehend ausgeschlossen werden.
  - **SET (Secure Electronic Transfer)** ist ein Zahlungsverfahren mit Kreditkarte, das beim Händler und Kunden einigen Aufwand voraussetzt. Der Kunde muss bei seiner Bank ein Zertifikat bestellen und eine spezielle Software installieren. Es fallen relativ hohe Anmelde- und Einrichtungskosten an.

- **EC-Karte.** Mittels eines Kartenlesegerätes kann die aufgeladene EC-Karte auch zum Online-Einkauf verwendet werden. Das Verfahren ist sicher, bedingt aber die Anschaffung eines Lesegerätes.
- **Bezahlung per Telefonrechnung.** Mit einer besonderen Software, die auf dem Rechner des Kunden installiert sein muss, können kostenpflichtige Angebote im Internet genutzt werden, ohne dass die Identität des Nutzers preisgegeben wird.
- **Bezahlung per Handy.** Wer mit dem Handy im Internet bezahlen will, kann bei Paybox (*www.paybox.de*) ein Konto eröffnen. Der Käufer gibt bei der Bezahlung seine Mobilfunknummer an und baut eine Verbindung zur Paybox auf. Der Abbuchungsauftrag wird mit der persönlichen Geheimzahl bestätigt und dem Händler gutgeschrieben. Paybox bucht den Betrag vom Konto des Kunden ab.

9.11 E-Learning

E-Learning ist eine beliebte Form der Aus- und Weiterbildung. Gerade Firmen bedienen sich dieser neuen Art des Lernens, um ihre Mitarbeiterinnen und Mitarbeiter kostengünstig fortzubilden.

www.wissensnetz.de

E-Learning ist mehr als das computerunterstützte Lernen über die CD-ROM (Computer-based Training, kurz: **CBT**). Im Internet werden eine Reihe von Lernportalen angeboten, die neben **statischen Inhalten** auch **interaktive Inhalte**, gekoppelt mit der Möglichkeit der **direkten Kommunikation,** anbieten. „Virtuelle Seminare" oder „virtuelle Klassenzimmer" finden „live" statt (Web-based Training, kurz: **WBT**). Mit einer entsprechenden multimedialen Ausstattung des PCs kann sich der Teilnehmer direkt mit dem Tutor oder anderen Teilnehmern austauschen. „Multitasking" heißt das Angebot: zuhören, zuschauen, sich mit anderen Seminarteilnehmern austauschen – und vieles davon gleichzeitig. Dies ist ein ganz wichtiger Aspekt, da diese Lernform eine hohe Motivation erfordert.

Arbeitsblatt 21

Beim **Vergleich der Anbieter** von Onlinekursen im Internet sollten folgende Fragen gestellt werden:

- Wie wird der Kurs in Bezug auf **Kommunikation und Betreuung** durchgeführt?
- Wie ist die **Qualität** und die **Nutzerfreundlichkeit** des **angebotenen Lernmaterials** oder **Lernraums**?
- Wie ist der **Internetauftritt** des Anbieters in Bezug auf **Benutzerfreundlichkeit** und **Auffindbarkeit der Informationen?**
- Gibt es ausreichende Informationen zum Anbieter und zu seinem **Konzept** sowie zum **Kurs?**
- Wird der konkrete Kursablauf über **Demoversionen** oder **Schnupperkurse** veranschaulicht?
- Gibt es Informationen zu den „**Allgemeinen Geschäftsbedingungen**" und **Vertragsbedingungen?**

Bei der **Auswahl des Kurses** ist auf Folgendes zu achten:

- Verfolgt der Kurs ein klares methodisches Konzept?

- Geht aus der Beschreibung des Kurses hervor, welche Lerninhalte vermittelt werden?
- In welcher Form erfolgt ein Feedback?
- Können Diskussionsforen oder Chats genutzt werden?
- Sind die Teilnahmevoraussetzungen eindeutig beschrieben?
- Wird eine aussagekräftige Teilnahmebescheinigung oder Ähnliches ausgestellt?

9.12 Sicherheit im Internet

9.12.1 Digitale Signatur

www.trustcenter.de
www.s-trust.de/
eLearning_DSV/

Mit dem **Signaturgesetz (SigG)** sollen Geschäfte im Internet sicherer werden. Verbraucherverbände und die Wirtschaft hatten auf das Gesetz gedrängt, da so die Vertrauenswürdigkeit und Sicherheit **elektronischer Geschäfte** gestärkt würden.

Mit der digitalen Signatur soll sichergestellt werden, dass

- die Identität der Kommunikationspartner stimmt,
- die Inhalte der übermittelten Dateien unverfälscht bei beiden Partnern ankommen,
- kein Dritter Einblick nehmen kann.

Arbeitsblatt 22

Die digitale Signatur ist eine Art Siegel für elektronische Daten. Sie ist nur rechtsverbindlich, wenn sie fälschungssicher ist und eine unbemerkte Datenmanipulation ausgeschlossen werden kann. Das Signaturgesetz regelt die Unterschriftenproblematik auf mathematische Weise. Die Methode der digitalen Signatur verknüpft jeden Text mit einem persönlichen, geheimen Schlüssel, ähnlich der PIN-Nummer auf Kreditkarten. Die Empfänger können damit die Unterschriften prüfen, die Echtheit des Absenders und die Unverfälschtheit der übertragenen Daten feststellen, sofern beide Partner an eine Zertifizierungsstelle (Trustcenter) angeschlossen sind.

Wer eine digitale Signatur verwenden möchte, muss diese bei einer sogenannten **Registrierungsstelle** beantragen. Die Registrierungsstelle leitet die Antragsdaten weiter an die Zertifizierungsstelle, die dann die digitale Signatur erstellt. Der Signaturschlüssel wird auf eine Chipkarte geladen, die zusammen mit einer PIN dem Antragsteller zugestellt wird. Die Chipkarte kann mit einem speziellen Kartenlesegerät – das in die Tastatur integriert oder als externes Gerät an den Computer angeschlossen ist – gelesen und zur Signierung und Verschlüsselung von Nachrichten oder zur Prüfung von erhaltenen elektronischen Dokumenten eingesetzt werden. Das Trustcenter übernimmt die Funktion eines „digitalen Notars": Es prüft die Identität des Antragstellers, verwaltet den digitalen Schlüssel und beglaubigt seine Echtheit.

9.12.2 Digitales Wasserzeichen

Digitale Wasserzeichen sind **Zusatzinformationen,** die in Ton-, Bild- oder Textdateien eingebracht, vom Hörer bzw. Leser jedoch nicht wahrgenommen werden. Mithilfe entsprechender Computersoftware kann man die Zusatzinformationen sichtbar machen. Das Wasserzeichen soll dabei **die Echtheit** und **Authentizität** von Dokumenten sowohl in digitaler als auch in Papierform gewährleisten und damit dem Schutz vor Manipulationen und von Urheberrechten dienen.

www.foebud.org
www.pgp.com
www.pgpi.org
www.steganos.de

9.12.3 Sicherheit in der E-Mail-Korrespondenz

Die E-Mail hat gegenüber dem verschlossenen Brief erhebliche Sicherheitsnachteile. Jedem Benutzer des Internets sollte bewusst sein, dass jeder eine abgeschickte Nachricht auf dem Weg durchs Internet abfangen, unbemerkt lesen und verändern kann. Ein weiteres Sicherheitsrisiko liegt in der eigenen Firma. Dort könnten vertraulich gesendete oder empfangene Informationen von unbefugten Mitarbeiterinnen und Mitarbeitern gelesen werden. Umgekehrt muss man auch damit rechnen, dass eine vertrauliche Nachricht beim Empfänger in unbefugte Hände kommt.

Einfache vorbeugende Maßnahmen können Sie selbst im Umgang mit E-Mails treffen:

- Schützen Sie den Zugang zu Ihrem PC durch ein **Passwort,** das nur Sie kennen.
- Versehen Sie den **Bildschirmschoner mit einem Passwort,** damit während kurzer Arbeitspausen niemand unbefugt an Ihre Daten kommt.
- Löschen Sie **vertrauliche** E-Mails nach dem Lesen bzw. Sichern sofort.

Professionell können Sie Ihre E-Mails durch eine Verschlüsselungssoftware sichern. Auf dem Markt hat sich das kostenlose Programm „Pretty Good Privacy" (englisch: „ziemlich gute Privatsphäre"), kurz **PGP** genannt, durchgesetzt. Mithilfe von PGP können Sie Ihre E-Mail-Korrespondenz vor unbefugten Blicken schützen. Die PGP-Software arbeitet mit folgenden Sicherungen:

- **Öffentlicher Schlüssel.** Alle, die Ihnen eine Nachricht senden, bekommen einen einheitlichen Schlüssel in Form eines Passbegriffes.

- **Privater Schlüssel.** Er wird von Ihnen selbst angelegt. Mit dem privaten Schlüssel können Sie die öffentlich codierten Informationen wieder lesbar machen. Eine Nachricht, die mit dem öffentlichen Verschlüsselungscode gesichert ist, kann beim jeweiligen Empfänger nur mit dem privaten Verschlüsselungscode geöffnet werden.
- **Signatur.** Eine fälschungssichere Signatur garantiert dem Empfänger, dass die E-Mail wirklich vom angegebenen Absender stammt. Deshalb wird diese Maßnahme auch als elektronische Unterschrift bezeichnet.
- **Asymmetrische Verschlüsselung.** Eine zusätzliche Sicherung kann durch eine asymmetrische Verschlüsselung – z. B. durch das Programm SMIME – eingebaut werden. Die Schlüsselfunktionen werden von einer Zertifizierungsstelle vergeben. In vielen E-Mail-Programmen ist SMIME enthalten.

9.12.4 Unverlangte Werbepost

Gegen unverlangte Werbepost könnte man sich wehren. Nach Aussage des Bundesministeriums für Verbraucherschutz untersagt das deutsche Recht, dass Unternehmen dem Verbraucher unaufgefordert Werbung schicken. Bisher gibt es aber keine staatliche Behörde, die dieses Recht durchsetzt oder kontrolliert. Der Empfang von E-Mails kostet Geld. Wer sie unaufgefordert erhält, könnte auf Unterlassung oder Schadensersatz klagen. Das Problem liegt nur darin, dass die Absender nicht zu identifizieren sind.

Unverlangt massenhaft verschickte Werbe-E-Mails heißen **Spams** oder **Junk-Mail**. Viele E-Mail-Programme bieten einen Posteingangsschutz durch einen **Spamfilter**. Dieser sorgt dafür, dass beispielsweise alle Mails, die einen bestimmten „Betreff" tragen oder an eine bestimmte Anzahl von Adressen gerichtet sind, nicht ankommen.

Nicht selten kommt es vor, dass die Spam-Mail einen Link bereithält, der, nachdem er angeklickt wurde, üble Internetseiten öffnet. Hier einige Beispiele für das, was passieren kann:

- Werbefenster füllen den Bildschirm und bringen das System nicht selten zum Absturz,
- abstruse bis perverse Inhalte werden angezeigt,
- aggressive Werbeseiten pflanzen sich in den Browser, auf dem Desktop befinden sich plötzlich Icons, die zu unseriösen Adressen führen.

9.12.5 Dialerschutz

www.dialerhilfe.de

Dialer sind Einwahlprogramme, die unbemerkt auf Ihrem Rechner installiert werden und hohe Gebühren verursachen. Die 0900-Webdialer sind häufig als Software-Updates oder als notwendige Plug-ins getarnt. Seriöse Dialer informieren ihre Kunden über die anfallenden Gebühren und den Abrechnungszeitraum.

So können Sie sich vor Dialern schützen:

- **PC-Einstellungen.** Wählen Sie das Menü **Extras – Internetoptionen – Stufe anpassen** und **deaktivieren** Sie die Einstellung **ActiveX.** Dies verhindert die

automatische Installation unerwünschter Dialer auf der Festplatte durch **ActiveX-Controls. Deaktivieren** Sie auch im gleichen Menü die Option **Download,** damit ActiveX-gesteuerte Downloads von Dialern unterbleiben.
- **Schutzmaßnahmen beim Downloaden.** Wenn Ihnen auf Webseiten oder per E-Mail ausführbare Dateien unbekannter Herkunft mit der Endung „.exe" angeboten werden, bestätigen Sie nicht mit „Ja", „OK" oder „Speichern". Das Gleiche gilt für **High-Speed-Zugänge, Plug-ins** oder **Chat-Programme**. Ein weiterer Trick unseriöser Anbieter ist der Hinweis auf ein kostenloses Update.
- **Schutzprogramme.** Programme zum Schutz vor 0900-Nummern überwachen die Verbindungen und lösen eine Warnung aus bzw. unterbinden die Installation auf der Festplatte.
- **0900-Nummern sperren.** Gegen eine einmalige Gebühr sperrt die Deutsche Telekom AG den Zugang zu allen Nummern, die mit 0900 beginnen.
- **Dialer finden und löschen.** Viele unseriöse Anbieter installieren ihr Einwählprogramm so auf dem betroffenen Rechner, dass eine Entdeckung oder Löschung ohne tiefere Eingriffe in die PC-Konfiguration kaum möglich ist.
- Wer eine eigene Webseite besitzt, sollte seine E-Mail-Adresse nicht im Textformat angeben. Ein kleines Textbild mit den Kommunikationsangaben im Gif-Format kann von Suchrobotern nicht gelesen werden.
- Wer öffentlich im Internetforum schreibt, sollte dafür eine gesonderte E-Mail-Adresse verwenden.

9.12.6 Virenschutz

Zurzeit gibt es weltweit etwa **150 000 Computerviren.** Jeden Monat kommen neue hinzu. Durch die stärkere Nutzung von Internet und E-Mail wird ihre Verbreitung begünstigt. Antivirenprogramme sollen den PC dauerhaft vor Viren schützen. Entscheidende Qualitätsmerkmale eines Virenprogramms sind die Art und Weise der Virensuche und die Erkennungsquote. Viele Hersteller von Antivirensoftware bieten auf ihrer Homepage kontinuierliche Updates an, die das installierte Virenschutzprogramm aktualisieren.

www.symantec.com
www.f-prot.com
www.free-av.de
www.safer-networking.org
www.bitdefender.de
www.f-secure.de
www.sophos.com

Grundsätzlich können folgende Virusarten unterschieden werden:

1. **Bootviren.** Bootviren befallen den Bootsektor von Disketten und Festplatten und ersetzen den ursprünglichen Programmcode durch eigene Befehle. Beim Starten des Computers wird der Virus geladen.

2. **Makroviren.** Sie verbreiten sich in Office-Programmen (Word, Excel, Power-Point, Access …), indem sie die Scriptsprache der jeweiligen Programme nutzen. Ein Script ist eine Textdatei, die eine Folge von Befehlen enthält, die durch den Script-Interpreter der Reihe nach abgearbeitet oder ausgeführt werden. Die meisten Makroviren werden durch ein automatisch startendes Makro aktiviert und breiten sich dann explosionsartig aus. Die automatisch ausgelösten Befehle über das Auto-Makro können z. B. die Dateien löschen oder die ganze Festplatte formatieren. Die meisten Makroviren werden per E-Mail eingeschleppt. Bekannte Makroviren sind z. B. „Melissa" und „ILOVEYOU".

3. **Dateiviren.** Diese Viren pflanzen sich in Dateien ein und überschreiben Teile des Programms, was eine Entfernung und Wiederherstellung des Programms kaum möglich macht. Bessere Chancen hat man bei einigen Viren, die sich an den Anfang oder ans Ende des Programms hängen.

4. **Mutierende Viren.** Eine besonders tückische Variante stellen die sogenannten polymorphen Viren dar. Diese Viren haben die Eigenschaft, ihre Befehle bei jeder Neuinfektion zu verändern und somit eine Identifikation durch ein Virenschutzprogramm zu erschweren oder unmöglich zu machen.

5. **Keylogger.** Dies sind Computerschädlinge, die alle Tastatureingaben protokollieren und auf diese Weise Kennwörter und Geheimnummern ausspähen.

6. **Trojanische Pferde.** Sie arbeiten wie ihr Vorbild in der griechischen Mythologie. Sie tarnen sich als nützliche Anwendung, schleppen aber eine schädliche Software ein.

7. **Hijacker.** Ein Hijacker im Internetbrowser ändert die Startadresse, um den arglosen Nutzer möglichst auf seine Internetseite zu bringen.

Regeln, wie Sie sich vor Viren schützen können:

- Seien Sie vorsichtig bei **Dateien** unbekannter Herkunft.
- Überprüfen Sie die **E-Mail-Anhänge** vor dem Öffnen auf Computerviren.
- Aktivieren Sie in den **Office-Programmen** über das Menü **Extras – Makro** den **Makrovirenschutz.**
- Nutzen Sie die Viewer von Microsoft, um sich Dokumente unbekannter Herkunft anzuschauen. Viewer sind Spezialprogramme, die keine Makros ausführen und den Inhalt einer Datei anzeigen. Sie können kostenlos von der Homepage *www.microsoft.de* heruntergeladen werden.
- Versehen Sie **Dokumentvorlagen** mit einem **Schreibschutz.**
- Seien Sie besonders vorsichtig bei **Dateien** mit der **Endung .exe.**
- Achten Sie auf das neueste **Update** Ihres Virenschutzprogrammes. Viele Programme erinnern Sie in regelmäßigen Abständen daran und führen das Update vollautomatisch über das Internet durch.
- **Sichern** Sie regelmäßig Ihre Datenbestände. Selbstverständlich sollten die **Sicherungskopien** virenfrei sein.

9.12.7 Phishing

Dieses Kunstwort wird aus „Password fishing" (deutsch: „Fischen nach dem Passwort") gebildet. Es bezeichnet den Trick, mit gefälschten Mails Geheimnummern und/oder Passwörter zu ergaunern.

Die Täter schicken dem Internetnutzer eine als seriöse Nachricht getarnte Mail. Sie fordern ihn z. B. auf, über einen Link die Website seiner Bank zu besuchen und eine neue Anwendung zu nutzen. In Wirklichkeit landet das Opfer aber auf einer gefälschten Website, die der echten Bankseite täuschend ähnlich sieht. Dort soll der Kunde seine geheimen Daten wie Kontonummer und Zahlenkombinationen von PIN und TAN aktualisieren. Mit diesen Daten überweisen die Betrüger in Windeseile Geld vom Konto ins Ausland und nutzen dabei oft auch noch den Dispositionskredit aus.

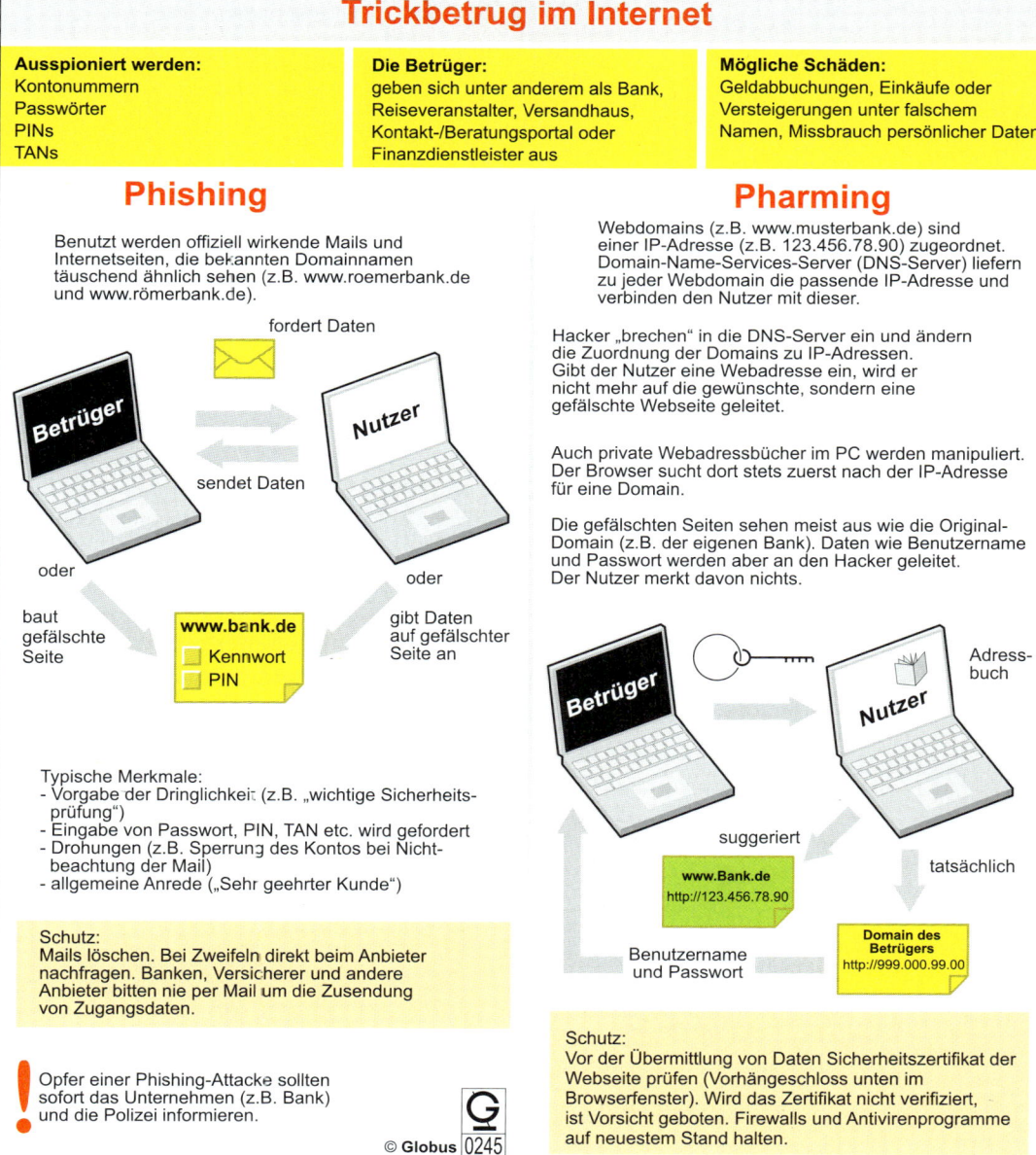

9.13 Multimedia

Meilensteine vom Buchdruck zu Multimedia

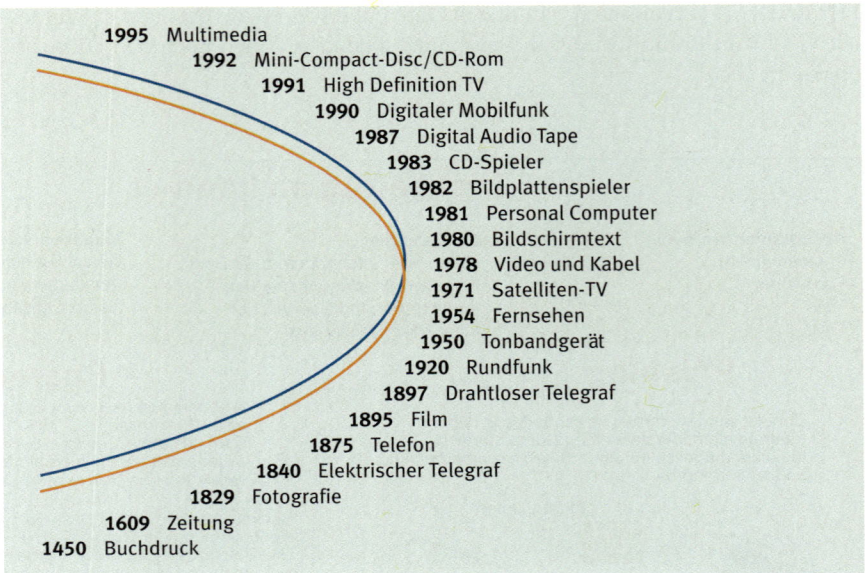

1995 Multimedia
1992 Mini-Compact-Disc/CD-Rom
1991 High Definition TV
1990 Digitaler Mobilfunk
1987 Digital Audio Tape
1983 CD-Spieler
1982 Bildplattenspieler
1981 Personal Computer
1980 Bildschirmtext
1978 Video und Kabel
1971 Satelliten-TV
1954 Fernsehen
1950 Tonbandgerät
1920 Rundfunk
1897 Drahtloser Telegraf
1895 Film
1875 Telefon
1840 Elektrischer Telegraf
1829 Fotografie
1609 Zeitung
1450 Buchdruck

In den 70er-Jahren des vorigen Jahrhunderts sprach man von einer Multimediashow, wenn bei einem Vortrag der Diaprojektor, die Musikkassette und der Filmprojektor eingesetzt wurden. Auch im Unterricht bedeutete Multimedia die Kombination von unterschiedlichen Medien: Bücher, Fotos, Filme, Dias oder Tonbänder neben dem gesprochenen Wort.

Heute heißt Multimedia: Am PC wird mit Texten, Bildern, Grafiken, Ton und Filmsequenzen interaktiv gearbeitet und mit dem PC über das Internet und dessen Datenautobahnen weltweit in Sekundenschnelle kommuniziert. Durch Multimedia werden Bereiche, die früher deutlich voneinander getrennt waren, miteinander verbunden.

Arbeitsblatt 23

Multimedia bedeutet auch:
- Mehrere Prozesse können gleichzeitig ablaufen (z. B. Datenfernübertragung während einer Videokonferenz),
- Medien können parallel präsentiert werden,
- Interaktion findet statt.

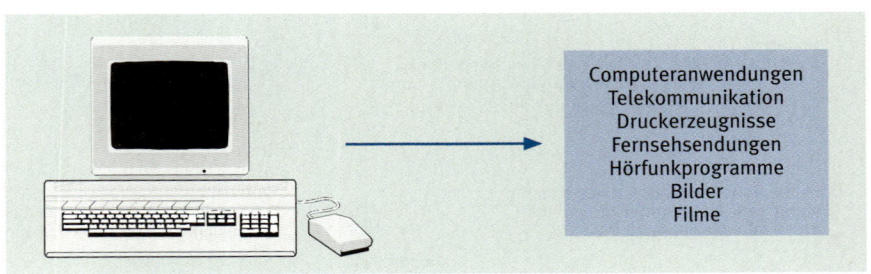

Computeranwendungen
Telekommunikation
Druckerzeugnisse
Fernsehsendungen
Hörfunkprogramme
Bilder
Filme

9.13.1 Gesetzliche Grundlagen

Das **Telekommunikationsgesetz (TKG)** ist die Grundlage für die Abschaffung der Monopole im Telekommunikationsbereich. Es stellt den chancengleichen Wettbewerb zwischen den Anbietern sicher und gewährleistet die flächendeckende Grundversorgung mit Telekommunikationsdienstleistungen. Das **Informations- und Kommunikationsdienste-Gesetz = Multimediagesetz** schafft die Rahmenbedingungen für die Entwicklung und Anwendung von Telediensten sowohl durch die Wirtschaft als auch durch Privatpersonen.

Bei der Nutzung von Multimedia ist es wichtig, dass der **Verbraucher-, Daten- und Jugendschutz** gewährleistet sind.

Verbraucherschutz	Datenschutz	Jugendschutz
Anbieter müssen • ihre Preise transparent gestalten, • den Nutzern mitteilen, wie die beanspruchten Leistungen protokolliert werden, • ihren Kunden Auskunft darüber geben, ob und welche personenbezogenen Daten gespeichert und verarbeitet werden.	Das Bundesdatenschutzgesetz enthält Regelungen zur Verarbeitung personenbezogener Daten. Laut Gesetz hat jeder das Recht • auf Einsichtnahme der zu seiner Person gespeicherten Daten, • auf die Korrektur fehlerhaft gespeicherter Daten, • auf die Sperrung von Daten, deren Richtigkeit ungeklärt ist, • auf die Löschung unzulässiger Daten.	Das Multimediagesetz gliedert sich zum Jugendschutz in drei Stufen: 1. Rechtswidrige und schwer jugendgefährdende Inhalte sind durch das Strafgesetz verboten. 2. Die Indizierung durch die Bundesprüfstelle für jugendgefährdende Schriften. 3. Die Bestellung von Jugendschutzbeauftragten, die Jugendliche und Erziehungsberechtigte beraten.

Neben den gesetzlichen Normen muss jeder Einzelne, der die Möglichkeiten von Multimedia nutzt, eigenverantwortlich handeln.

Der Verbraucher soll

- wachsam und kritisch mit den neuen Medien umgehen,
- solidarisch mit Gleichgesinnten Front machen gegen alle, die beleidigende, schädigende und unwahre Inhalte ins Internet einbringen,
- politischen Wirrköpfen durch Ablehnung des Angebots den Boden entziehen,
- nach moralischen und ethischen Grundsätzen im Netz aktiv sein.

9.13.2 Medienkompetenz

Was versteht man unter dem Begriff „Medienkompetenz"? Welche Fähigkeiten soll eine Person im Umgang mit den „Neuen Medien" erwerben?

Die Medienkompetenz lässt sich beschreiben als Fähigkeit,

- **Medienangebote** effektiv auszuwählen und zu nutzen,
- **eigene Medien** zu gestalten und zu verarbeiten,
- **Medien und Mediensysteme** zu verstehen und zu bewerten,
- **Medieneinflüsse** zu erkennen und aufzuarbeiten,
- Einfluss auf die **Entwicklung der Medienlandschaft** zu nehmen.

Zusammenfassung

1. Das **Internet,** das größte **Datennetz,** verbindet weltweit Millionen Computer bzw. deren Benutzer.

2. Den **Zugang zum Internet** bekommt man durch einen **Computer,** ein **Modem** oder eine **ISDN-Karte,** einen **Telefonanschluss,** einen **Provider** und die **Zugangs-Software.**

3. **Onlinedienste** und **Internet-Serviceprovider** stellen den Kontakt zwischen dem Computer des Benutzers und dem Internet her.

4. Im **WWW** (World Wide Web) können **weltweit Informationen** zu den unterschiedlichsten **Anwendungsbereichen** abgerufen werden.

5. Die erste Seite einer Website ist die **Homepage,** die zum Beispiel eine Firma oder Privatperson vorstellt und weitere Informationen durch sogenannte **Hyperlinks** anbietet.

6. Die Adresse im WWW beginnt meist mit **http://www.** oder **https://www.**

7. In einer **Internetadresse** können folgende Bereiche vorhanden sein: Rechnername, Sub-Domain, Domain, Top-Level-Domain.

8. **Browser** können HTML-Dokumente entschlüsseln.

9. Die bekanntesten **Internetbrowser** heißen „Mozilla Firefox" und „Internet Explorer".

10. **Suchmaschinen** helfen, im Internet Informationen zu bestimmten Themengebieten zu finden.

11. Suchmaschinen arbeiten im Allgemeinen nach zwei **Suchprinzipien:** der Katalogsuche und der Volltextsuche.

12. Bei der **Katalogsuche** gelangt man über ein Inhaltsverzeichnis Schritt für Schritt zu Informationen des gewünschten Themenkreises.

13. Bei einer **Volltextsuche** wird der Suchbegriff in eine Eingabemaske eingegeben. Die Suchmaschine durchsucht ihre Datenbank nach Webseiten, in denen der gewünschte Begriff vorkommt.

14. **Suchoptionen** helfen, gezielt im Internet nach Informationen zu suchen.

15. **Google** bietet neben der Suchmaschine viele nützliche Online- und Offline-Anwendungen, z. B. Google Groups, Google Maps, Google Earth, iGoogle, Froogle, Google Kalender.

16. **Newsletter** informieren einen bestimmten Personenkreis regelmäßig per E-Mail über spezielle Themen.

17. **RSS** (Really Simple Syndication) ist ein kostenloses Benachrichtigungssystem, über das sich Interessierte automatisch mit aktuellen Informationen „füttern lassen" können.

18. **Communities** sind Onlinetreffpunkte, zu denen sich jeder hinzugesellen kann.

19. **Blogs** sind Informationsportale, die permanent über bestimmte Themen aus unterschiedlichen Bereichen berichten.

Zusammenfassung

20 In **Newsgroups** kann jeder auf **„Pinnwänden"** oder **„Schwarzen Brettern"** zu bestimmten Themen seine Meinung kundtun.

21 **Wikipedia** ist eine **Online-Enzyklopädie**, die nicht von einer festen bezahlten Redaktion, sondern von freiwilligen Autoren verfasst wird.

22 **Wikis** arbeiten nach dem Grundprinzip von Wikipedia. Internetnutzer können Wikis – genau wie Beiträge in Wikipedia – selbst erstellen und im Internet veröffentlichen.

23 **Kontaktnetzwerke** im Internet gibt es mit **unterschiedlichen Angeboten**, z. B. Netzwerke für Geschäftsleute, Schüler und Studenten oder Familien.

24 **Instant Messaging (IM)** ist eine **Kommunikationsplattform** für Computer-Netzwerke, mit der Textnachrichten in Echtzeit gesendet und empfangen werden können.

25 **Chatten** ist eine Möglichkeit, im Internet textorientiert und zeitgleich mit einem oder mehreren Teilnehmern zu kommunizieren.

26 **Podcast** bezeichnet eine Serie von Medienbeiträgen, die über das Internet bezogen werden können.

27 Durch die **E-Mail** können Dateien **ohne Medienbruch** weltweit verschickt werden.

28 Auf der Homepage vieler Suchmaschinen, Kataloge, Firmen und Organisationen werden kostenlose Free-Mail-Dienste angeboten.

29 Durch eine lokale Vernetzung der Computer ist der Austausch von Nachrichten per E-Mail auch **innerbetrieblich** möglich.

30 **Mailboxen** sind **„elektronische Postfächer"**, in denen Nachrichten empfangen oder persönliche Nachrichten für andere Teilnehmer hinterlegt werden können.

31 Große **Mailbox-Systeme** sind über das Internet miteinander verbunden.

32 Über **De-Mail** hat man die Möglichkeit, zuverlässig und vertraulich elektronisch zu kommunizieren.

33 Für einen eigenen Internetauftritt braucht man in der Regel eine **Domain**, eine **Software** zur Gestaltung von Webseiten, einen **Webspace** und eine **E-Mail-Funktion**.

34 Wer im WWW Dokumente bereitstellen möchte, muss die einheitliche Dokumentensprache **HTML** (**H**ypertext **M**arkup **L**anguage) beachten.

35 **Onlinebanking** ermöglicht die **Kontoführung** von zu Hause aus.

36 Homebanking ist durch eine **TAN** und eine **PIN** besonders geschützt. Außerdem kann ein Passwortschutz für das Programm aktiviert werden.

37 In **Webshops** und **Shoppingportalen** können rund um die Uhr Geschäfte abgewickelt werden (E-Commerce).

38 Das **Fernabsatzgesetz** regelt die Rechte beim Onlinekauf.

39 **Zahlungsmöglichkeiten** beim **Onlineshopping** sind: Bezahlung per Rechnung, Nachnahme, Lastschrift, Kreditkarte/EC-Karte, Telefonrechnung und Handy.

Zusammenfassung

40 **E-Learning** ist eine beliebte Form der Aus- und Weiterbildung. Mit einer multimedialen Ausstattung des PCs kann sich der Teilnehmer im sogenannten „virtuellen Seminar" direkt mit dem Tutor oder anderen Teilnehmern austauschen.

41 Mit der **digitalen Signatur** sollen Geschäfte im Internet sicherer werden.

42 Unverlangte Werbepost kann durch **Spamfilter** verhindert werden.

43 **Dialer** sind Einwählprogramme, die unbemerkt auf dem Rechner installiert werden und hohe Gebühren verursachen.

44 **Antivirenprogramme** sollen den PC dauerhaft vor Viren schützen. Entscheidendes Qualitätsmerkmal eines Virenprogramms ist die Art und Weise der Virensuche und die Erkennungsquote.

45 **Phishing** bezeichnet den Trick, mit gefälschten E-Mails Geheimnummern und/oder Passwörter zu ergaunern.

46 Von Multimedia spricht man, wenn (am PC) mit **Texten, Bildern, Ton** und **bewegten Bildern** gearbeitet wird.

47 Multimedia bedeutet ferner, dass mehrere Prozesse aus ursprünglich unterschiedlichen Medien **gleichzeitig** (am PC) ablaufen.

48 Der Einsatz von Multimedia führt zu deutlichen **Veränderungen** in vielen Bereichen unserer Gesellschaft.

49 Bei der **Nutzung** von Multimedia ist es wichtig, dass der **Verbraucher-, Daten- und Jugendschutz** gewährleistet sind.

9 Aufgaben

1 Das Internet bietet viele Anwendungen, auf die heute im Büroalltag nicht mehr verzichtet werden kann. Erläutern Sie, welche Möglichkeiten es gibt, um Zugang zum Internet zu bekommen.

2 Wie nennt man die Teilnehmer im Internet, die
   a) Dienste anbieten,
   b) Angebote nutzen?

3 Ein Dienst des Internets war im Wesentlichen für den Boom verantwortlich.
   a) Welcher Dienst ist dies? Erläutern Sie, wie es dazu kam.
   b) Begründen Sie, warum das Internet sowohl für Firmen als auch für Privatpersonen gleichermaßen interessant ist.

4 Erklären Sie die Begriffe Website, Homepage und Hyperlink.

5 Nach den Nachrichten, Wirtschaftsmagazinen u. Ä. im Fernsehen, in Anzeigen von Tageszeitungen und Fachzeitschriften usw. werden Internetadressen angegeben, unter denen man sich weitere Informationen zu bestimmten Themen holen kann. Woran erkennt man eine Internetadresse?

Aufgaben

6 Pierre will in Zukunft im Internet Dokumente bereitstellen.
   a) Was muss er dabei beachten?
   b) Welche Voraussetzung muss beim Empfänger-Computer gegeben sein?

7 Freeware und kostenpflichtige Programme kann man in der Regel direkt aus dem Internet herunterladen.
   a) Über welchen Bereich des Internets ist dies möglich?
   b) Wie nennt man diesen Vorgang in der Fachsprache?
   c) Wie lassen sich die Websites anwählen?

8 Was verstehen Sie unter E-Mail und woran erkennen Sie eine E-Mail-Adresse?

9 Pierre möchte auch zu Hause Anschluss ans Netz haben. Computer, Modem und Telefonanschluss sind vorhanden! Was muss er tun?

10 Mit welchen Kosten muss Pierre rechnen?

11 Die ModellIdee GmbH will eine neue und komfortablere Telekommunikationsanlage anschaffen. Da Pierre sich sehr gut im Internet auskennt, beauftragt ihn sein Chef, im Internet Informationen zu Telekommunikationsanlagen zu beschaffen.
   a) Wie kann Pierre bei der Suche vorgehen?
   b) Welche Probleme können bei der Suche auftreten und wie können sie gelöst werden?
   c) Welche zusätzlichen Informationsquellen kann Pierre sich zunutze machen?

12 Kathrin bereitet ein Referat mit dem Thema „Mobil telefonieren" vor. Zur Informationsbeschaffung nutzt sie auch die Suchmaschinen im Internet.
   a) Suchen Sie nach unterschiedlichen Suchprinzipien und mithilfe von Suchoptionen.
   b) Vergleichen Sie die Ergebnisse verschiedener Suchmaschinen.
   c) Welche Aussage können Sie zu den Suchergebnissen machen?

13 Was verstehen Sie unter folgenden Begriffen?
   a) Communities,
   b) Blogs,
   c) Wikis,
   d) Podcast,
   e) RSS.

14 Welche Schutzmaßnahmen muss Frau Schröder einhalten, um möglichst große Sicherheit beim Onlinebanking zu haben?

15 Die persönlichen Daten von Frau Schröder werden beim Homebanking an eine Zentrale oder auch an andere Teilnehmer übermittelt. Frau Schröder will wissen, was mit ihren Daten passiert und wer sie gegen Missbrauch schützt. Sie fragt Herrn Sommer, der sich auf diesem Gebiet sehr gut auskennt. Welche Auskunft erhält sie von Herrn Sommer?

16 Was braucht man für einen eigenen Internetauftritt?

Aufgaben

17. Was versteht man unter „Medienbruch"?
18. Welche wichtigen Funktionen kennzeichnen eine gute Mailbox-Software?
19. Kathrin kauft gerne in Webshops. Am meisten nutzt sie diese Möglichkeit beim Bücherkauf. Sie zahlt per Nachnahme. Welchen Vorteil bietet diese Zahlungsweise?
20. Immer mehr Unternehmen erwarten von ihren Mitarbeiterinnen und Mitarbeitern, dass sie sich regelmäßig über CBT oder WBT fortbilden. Nennen Sie Gründe hierfür und Anforderungen für ein Gelingen solcher Maßnahmen.
21. Immer mehr Onlinegeschäfte werden mit der digitalen Signatur unterschrieben. Welche Sicherheiten werden dadurch geboten?
22. Was ist ein Dialer?
23. Der Begriff „Multimedia" ist fast täglich in den Medien zu finden. Was verstehen Sie darunter?
24. Nennen Sie mindestens vier Einsatzbereiche von Multimedia im täglichen Leben.
25. Welche Gesetze schaffen die rechtlichen Grundlagen für Multimedia?
26. Welche Gesetze müssen bei der Nutzung von Multimedia beachtet werden?
27. Was müssen Sie als Nutzer von Multimedia-Produkten bedenken, um diese **eigenverantwortlich** zu nutzen?

Öko-Tipps

- Geben Sie Ihre veralteten Endgeräte bei Ihrem Händler ab. Jährlich fallen in Deutschland ca. 6 000 Tonnen gebrauchte Endeinrichtungen an. Sie werden zerlegt und soweit wie möglich in den Produktionskreislauf zurückgegeben.

- Plastikkarten gehören nicht in den Müll! Geben Sie Ihre alten, abtelefonierten Telefonkarten in die dafür vorgesehenen Sammelbehälter. Um die Mülldeponie nicht auch noch mit Plastikkarten zu belasten, wurde ein Recyclingsystem aufgebaut. Die gesammelten Karten werden zu Folien u. Ä. verarbeitet.

- Fragen Sie bei der Telekom nach Telefonkarten aus Recyclat! Ihr Material besteht zu 80 % aus recyceltem Kunststoff.

- Achten Sie beim Kauf von Faxpapier auf Papiere, die mit dem „Blauen Engel" gekennzeichnet sind. Benötigt Ihr Faxgerät ein wärmeempfindliches Papier, so ist dieses – trotz Kennzeichnung mit dem „Blauen Engel" – zwangsweise mit Chemikalien behandelt. Besser ist, man achtet bei der Neuanschaffung eines Faxgerätes auf dessen Betrieb mit Normalpapier bzw. Recyclingpapier.

- Achten Sie bei der Neuanschaffung auf langlebige und nachrüstbare Geräte. Gehäuse mit Schnappverschlüssen werden häufiger demontiert und die Komponenten dem Recycling zugeführt als geschraubte Geräte (Lohnkosten).

- Die elektronische Post bietet die Möglichkeit, den wachsenden Papierberg etwas zu reduzieren. Mit der richtigen Software können Daten gespeichert, bearbeitet und bei Bedarf wieder elektronisch versandt werden. Der unökonomische und unökologische Medienbruch unterbleibt!

- Durch Multimedia und mit der Globalisierung beginnt sich auch eine weltweite Umweltpartnerschaft zu entwickeln.

- Auswirkungen von elektromagnetischen Strahlungen, wie sie am Bildschirm oder im Mobil- und Richtfunk entstehen, auf den menschlichen Organismus werden diskutiert. Uneinigkeit herrscht noch darüber, welche Auswirkungen diese auf die Gesundheit des Menschen haben. Zur Vorsorge: Halten Sie den jeweils empfohlenen Abstand zum Gerät ein!

- Träger von Herzschrittmachern sollten darauf achten, dass die eingeschalteten Handys nicht unmittelbar am Oberkörper getragen werden, da sonst Störungen auftreten können.

- Auch bei Hörgeräten können in der Nähe von Mobilfunkgeräten Störgeräusche auftreten. Träger von Hörgeräten sollten deshalb den empfohlenen Abstand einhalten.

Kurzreferat

Methodenbeschreibung

Das Wort Referat kommt aus dem Lateinischen und heißt so viel wie „er möge berichten". Ein Kurzreferat ist ein kurzer schriftlicher Bericht, der eine Beurteilung enthält.

Thema: Neue Medien – kontrovers betrachtet

Multimedia-Techniken wirken sich auf unser tägliches Leben aus: Homebanking, E-Commerce und Onlinewerbung. Multimediale Lerntechnologien halten Einzug in die Klassenzimmer und für die berufliche Weiterbildung haben CBT und WBT einen hohen Stellenwert. Alles Beispiele, hinter denen sich Multimedia verbirgt.

Die aufgezeigten Perspektiven im Bereich der Telekommunikation sind vor allem im Internet und auf dem Gebiet der Onlinedienste nicht unumstritten. Wirtschaftliche und politische Gegebenheiten werden in Zukunft darüber entscheiden, wie tief die neuen Technologien in unsere Arbeits- und Freizeitwelt eingreifen. Auch Sie

HOT

werden sich Gedanken machen. Um Ihnen die Meinungsbildung zu erleichtern, werden die folgenden Standpunkte und Überlegungen aufgeführt:

Kontra	Pro
Modische Trends – wie Multimedia und Internet – sollen nicht unterstützt werden.	Kritische **Distanz** ist notwendig, die neuen Medien müssen aber in den umfassenden Zusammenhang einer ganzheitlichen Ausbildung und Erziehung eingebunden werden.
Reizüberflutung, die die aktive persönliche Kommunikationsfähigkeit beeinträchtigt.	Diese These übersieht unsere Fähigkeit, uns gegenüber unliebsamen Reizen abzuschotten.
Verflachung des kulturellen Lebens. Fernsehen und Unterhaltungselektronik neigen dazu, das „niedrigste gemeinsame Vielfache" anzubieten, um besonders hohe Einschaltquoten und Verkaufszahlen zu erzielen.	Aus öffentlichen Mitteln finanzierte Sendeanstalten und Programme sollten mit ihrer hohen Qualität gegen die Verflachung konkurrieren. Der Bürger ist durchaus fähig, Qualität und Niveau zu erkennen und sie vorzuziehen.
Fremdbestimmung: Ein stärkerer Einsatz von elektronischer Datenverarbeitung, Textverarbeitung und Multimedia könnte zu stark veränderten Organisationsstrukturen führen, die die Eigenbestimmung am Arbeitsplatz negativ beeinflussen.	Das stimmt, die Möglichkeit ist durchaus gegeben. Aber die **Berufsverbände** und **Personalvertretungen** können sich durchaus in die Regelungen für die öffentlichen Netze und neuen Medien einschalten.
Vereinsamung des Einzelnen „vor der Glotze", auch vor dem Endgerät am Arbeitsplatz, weil man keinen Menschen, sondern nur noch Bildschirmen gegenübersitzt. Kollege und Chef sind als Menschen nicht mehr gegenwärtig, sondern der Bildschirm ist der „Partner".	Arbeit ist stets Kraftanstrengung. Man darf die Einsamkeit und Härte der Arbeit in der „vortelematischen" Industriewelt nicht unterschätzen. Für Alte, Kranke und Behinderte ist das Fernsehen ein **Fenster zum Leben**, dessen Unterhaltungs- und Informationswert schwer ersetzbar ist.
Teilung der Gesellschaft in eine Gruppe von Menschen, die die neuen Medien beherrscht, und in solche, die diese Fähigkeit nicht haben.	Der Zugang zu Informationen, speziell der über vernetzte Computer, hat grundlegende Bedeutung für eine **demokratische Gesellschaft**.
„Der gläserne Mensch" – der Einzelne als wehrloses Opfer aller Zugriffe, staatlicher, wirtschaftlicher oder krimineller Art, auf seine Persönlichkeitsrechte! Diese Gefahr könnten die neuen Medien in sich bergen.	Versklavung oder aber Freiheit und Unversehrtheit des Menschen ist eine politische, nicht eine technische Entscheidung. Die gleiche Technik kann dem einen wie dem anderen Zweck dienen. Die neuen Medien tendieren zu mehr Vielfalt.
Arbeitsplatzvernichtung durch die neuen Medien im weitesten Sinne sowie durch die mit ihnen eng verwandten Roboter und automatisierten Arbeitsverläufe. Unter unseren Augen werden Arbeitsplätze durch Rationalisierung vernichtet, vor allem dort, wo herkömmliche Technik durch Mikroelektronik ersetzt wird.	Es ist wahr, dass alle drei bisherigen technisch-industriellen Änderungen Arbeitsplätze vernichtet haben. Mikroelektronik und neue Medien machen aber völlig neue Produkte bzw. Arbeitsabläufe möglich, die mit der Sicherung bestehender und Schaffung neuer Arbeitsplätze zweifelsfrei verbunden sind.
Nationales Recht versagt im grenzenlosen Internet. Es gibt weder rechtliche noch technische Möglichkeiten, die Nutzer vor Kinderpornografie, Extremismus und rassistischem Gedankengut usw. sicher zu schützen.	Die verschiedenen Staaten haben unterschiedliches nationales Recht in vielen Bereichen. An weltweit übertragbaren **Standards** wird gearbeitet. Eine Initiative zur Missbrauchsbekämpfung ist die Selbstkontrolle der Dienste-Anbieter.

Vorgehensweise zur Erstellung des Kurzreferats

1. Schritt

- Lesen Sie den Text aufmerksam durch.
- Unterstreichen Sie wichtige Textstellen.
- Formulieren Sie Fragen zum Text.

2. Schritt

Entwickeln Sie eine genaue Themenformulierung und erstellen Sie eine Gliederung für Ihr Kurzreferat.

3. Schritt

Schreiben Sie das Kurzreferat mithilfe des PCs. Nutzen Sie die Textgestaltungsmöglichkeiten Ihres Textprogramms.

4. Schritt

Überarbeiten Sie Ihr Konzept nach inhaltlichen, sprachlichen und formalen Aspekten.

Arbeitsaufträge

1. *Beurteilen Sie die kritischen Äußerungen des Autors.*
2. *Beschreiben Sie Ihre Gedanken in einem Kurzreferat von maximal fünf Minuten.*

10 Veranstaltungen

Lernziele

- Unterschiedliche Arten von Veranstaltungen kennen.
- Veranstaltungen vorbereiten.
- Checklisten führen.
- Veranstaltungen durchführen.
- Abschlussarbeiten erledigen.

Fallbeispiel

Im Herbst nächsten Jahres plant die Mode|Idee GmbH eine größere Veranstaltung. Frau Sommer ist die Sekretärin des Werbeleiters und soll die Planung mit ihrem Chef federführend übernehmen. Kurz bevor ihr Chef eine Geschäftsreise antritt, bittet er Frau Sommer – eher beiläufig –, sich schon einmal über die Vorbereitung und Planung Gedanken zu machen. Was ist zu tun?

Frau Sommer stellt sich folgende Fragen:

- Um welche Art von Veranstaltung handelt es sich?
- Welchen Nutzen soll die Veranstaltung dem Unternehmen bringen?
- Welches Ziel soll erreicht werden?
- Welcher Ablauf eignet sich dazu optimal?
- Welche Mittel können aufgewendet werden?

10.1   Veranstaltungsarten

Man unterscheidet verschiedene Veranstaltungsarten, bei denen aber Teile der Planung, Vorbereitung und Durchführung sich ähneln oder gleich sind. Allgemein werden bei Besprechungen, Sitzungen und Tagungen zwischen den Teilnehmern Informationen ausgetauscht.

Arbeitsblatt 1

Zu den bekanntesten Veranstaltungen gehören:

Weitere Veranstaltungen sind:

Pressekonferenzen, Ausstellungen, Ergebnispräsentationen, Foren/Podiumsdiskussionen, Hauptversammlungen, Produktpräsentationen, Symposien, Workshops, Betriebsjubiläen, Geschäftsfeiern, Weihnachtsfeiern, Betriebsausflüge u. Ä.

10.1.1 Kongress

Handelt es sich bei der Veranstaltung um einen größeren nationalen oder internationalen Teilnehmerkreis, so spricht man von einem Kongress. Dieser erfordert besonders umfangreiche und fachgerechte Vorbereitungen. Veranstalter sind deutsche oder internationale Verbände eines bestimmten Fachgebiets oder Berufs, die durch ihre geistige Orientierung eng verbunden sind.

> BEISPIEL:
>
> *Kongress von Ärzten, die an einem international renommierten Konferenzort zusammenkommen mit dem Ziel, in ihrem speziellen medizinischen Bereich neue wissenschaftliche Forschungsergebnisse zu besprechen, neue Therapien zu erfahren oder die Wirkung neuer Medikamente zu erörtern.*

www.tagung
online24.de
www.intergerma.de
www.euro
meetings.de
www.tagungs
planer.de
www.sigel.de

Ein Kongress findet in regelmäßigen Zeitabständen (z. B. Turnus: 1–2 Jahre) statt. Die Einladung erfolgt stets schriftlich mit Antwortkarte, Informationsprospekt, eventuell mit Presseveröffentlichung. Nationale und internationale Kongresse dauern meist mehrere Tage. Zur Finanzierung werden Teilnehmergebühren erhoben oder auch öffentliche oder private Finanzmittel in Anspruch genommen. Bei internationalen Kongressen bedient man sich u. U. professioneller Tagungsplaner.

10.1.2 Seminar, Tagung, Lehrgang und Kommission

Seminar	Tagung	Lehrgang	Kommission
Ein Seminar muss mit unterschiedlichen Teilnehmerzahlen rechnen. Im Allgemeinen handelt es sich dabei um eine Schulung innerhalb des Betriebes oder eine offene Fortbildungsveranstaltung auch mit betriebsfremden Teilnehmern. Immer aber hat das Seminar **Schulungscharakter**.	Auf die Tagung treffen die gleichen Voraussetzungen wie beim Seminar zu. Allerdings wird allgemein der Teilnehmerkreis größer sein und damit entsprechende **technische, sachliche und organisatorische Vorbereitungen** erfordern. Die Teilnehmer sind meist Personen mit gemeinsamen, jedoch nicht gleichen Interessen.	Auch der Lehrgang dient in erster Linie einer Schulung; im Vordergrund stehen Vorträge, Referate und Gruppenarbeit. BEISPIEL: *Schiedsrichterlehrgang des Deutschen Fußballbundes, um die Unparteiischen mit den gestiegenen Anforderungen des Bundesliga-Alltags vertraut zu machen.*	Die Teilnehmer einer Kommission kommen in **bestimmten Zeitabständen** zusammen. Sie üben eine Tätigkeit aus, die sich über Monate oder auch Jahre hinzieht. Es werden bestimmte Sachfragen erörtert, ein abschließendes Ergebnis wird angestrebt.

10.1.3 Besprechung, Meeting und Sitzung

Besprechungen und Sitzungen sind die häufigsten Formen der Zusammenkunft im Geschäftsleben.

10.1 Veranstaltungsarten

Besprechung/Meeting

Unter einer Besprechung oder einem Meeting versteht man den Gedankenaustausch zwischen Kollegen. Eine Besprechung kann kurzfristig erforderlich sein. Meist findet sie im Hause statt.

BEISPIEL:

Mitarbeiterbesprechung
Es entfallen zeitaufwendige Formalitäten. Die Vorbereitungen sind gering. Die Einladung zu der Besprechung erfolgt im Allgemeinen mündlich oder telefonisch, seltener schriftlich. Die Besprechung im Hause hat den Vorteil, dass die Teilnehmer leicht zu erreichen sind. Die Mitarbeiter müssen nur so lange teilnehmen, wie ihre Anwesenheit erforderlich ist. Die Unterlagen können schnell beschafft werden. Die Kosten sind gering.

Sitzung

Eine Sitzung ist das Treffen eines kleinen Teilnehmerkreises unter einer bestimmten formalen Regelung, z. B. Einberufung, Tagesordnung.

BEISPIEL:

Vorstandssitzung eines Fördervereins
Die Teilnehmer sind Angehörige von Verbänden oder Körperschaften. Sie sind bei der Abwicklung ihrer Tagesordnung meist ihrer Satzung verpflichtet. Wenn keine eigene Tagungsstätte zur Verfügung steht, geht man gelegentlich ins Nebenzimmer eines öffentlichen Lokals. Die Einladung erfolgt satzungsgemäß meist schriftlich, selten mündlich.

Die Besprechungs- und Sitzungsvorbereitung sollte folgendermaßen aussehen:

- Erstellen Sie zu jeder Besprechung/Sitzung eine **Tagesordnung**.
- Formulieren Sie die Tagesordnungspunkte nicht als Diskussionsthemen, sondern in Form von **Besprechungszielen**. Dann wissen die Teilnehmer genau, welche Ziele in der Besprechung erreicht werden sollen.
- Legen Sie für jeden Tagesordnungspunkt einen **Zeitrahmen** fest und signalisieren Sie damit die Bedeutung der einzelnen Punkte.
- Planen Sie kurze **Pausen** ein.
- Verschicken Sie die Einladung mit Tagesordnung und evtl. Informationsmaterial rechtzeitig. Informieren Sie die Teilnehmer über **Anfangs- und Endzeiten**.
- Legen Sie die Tagesordnung oben auf die **Sitzungsmappe** und sortieren Sie die Unterlagen nach den Tagesordnungspunkten.
- Bereiten Sie eine **Anwesenheitsliste** vor.
- Stellen Sie bei längeren Besprechungen/Sitzungen **Getränke** und einen kleinen **Imbiss** bereit.
- Erstellen Sie **Namensschilder**, falls sich die Teilnehmer nicht kennen.
- Führen Sie für jede wiederkehrende Besprechung/Sitzung z. B. eine **Hängemappe**.
- **Terminieren** Sie die Besprechungs-/Sitzungsunterlagen ein bis zwei Tage vor der Zusammenkunft in der **Wiedervorlage**.

Präsentationsmappe

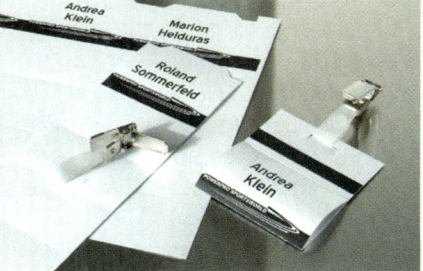

Namensschilder

Tischkarten

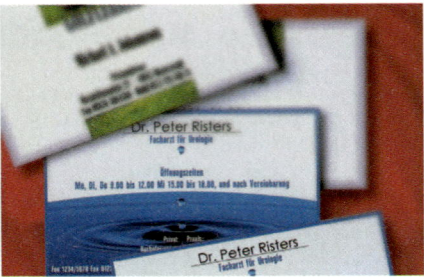
Visitenkarten

- Achten Sie während der Besprechung auf die **Einhaltung der Tagesordnung**.
- Vermerken Sie **Abweichungen** von der Tagesordnung.
- Erstellen Sie ein **Ergebnisprotokoll**. Das macht Arbeitsaufträge verbindlich und hat einen positiven Einfluss auf die Umsetzungsmoral.

BEISPIEL:

Anwesenheitsliste			
Titel der Veranstaltung			
Datum			
Nr.	Vor- und Zuname	Funktion	Unterschrift

Besprechungen und Sitzungen

- Kleine **Besprechungsinseln** mit Stehtischen ermöglichen ohne großen Aufwand **Kurzbesprechungen**. Der dynamische Arbeitsstil und die Kommunikation werden dadurch gefördert.
- Nutzen Sie **elektronische Raumbelegungspläne** (z. B. Funktion in Outlook). Alle Mitarbeiterinnen und Mitarbeiter haben dadurch die Möglichkeit, sich schnell zu informieren und zentral **Raumbuchungen** vorzunehmen.

Die meisten Besprechungen/Sitzungen dauern zu lange und das Ergebnis ist häufig nicht zufriedenstellend.

Verbessern Sie die Situation durch
- Festlegung der maximalen Dauer (eine Stunde),
- sorgfältige Wahl der Themen,
- Einladung von nur unmittelbar betroffenen Personen,
- pünktliches Erscheinen,
- Einhaltung der vereinbarten Redezeit,
- Erstellen eines Simultanprotokolls,
- gezielte Verteilung des Protokolls und
- Vereinbarung von Terminen, bis wann die vereinbarten Aufgaben von den entsprechenden Personen erledigt sein sollen.
- Schaffen Sie Verbindlichkeit!

10.1.4 Konferenz

Bei einer Konferenz handelt es sich um einen größeren Personenkreis. Teilnehmer können Politiker, Wissenschaftler, Angehörige von Interessenverbänden oder betriebliche Mitarbeiter sein. Die Konferenz hat eine spezifische Zielsetzung (Leitthema). Konferenzen können auch regelmäßige, interne Veranstaltungen sein.

> BEISPIELE:
> - Konferenz einer Werbeabteilung mit dem Ziel, neue Ideen zu entwickeln und zu konkretisieren.
> - Gesamtlehrerkonferenz (GLK).

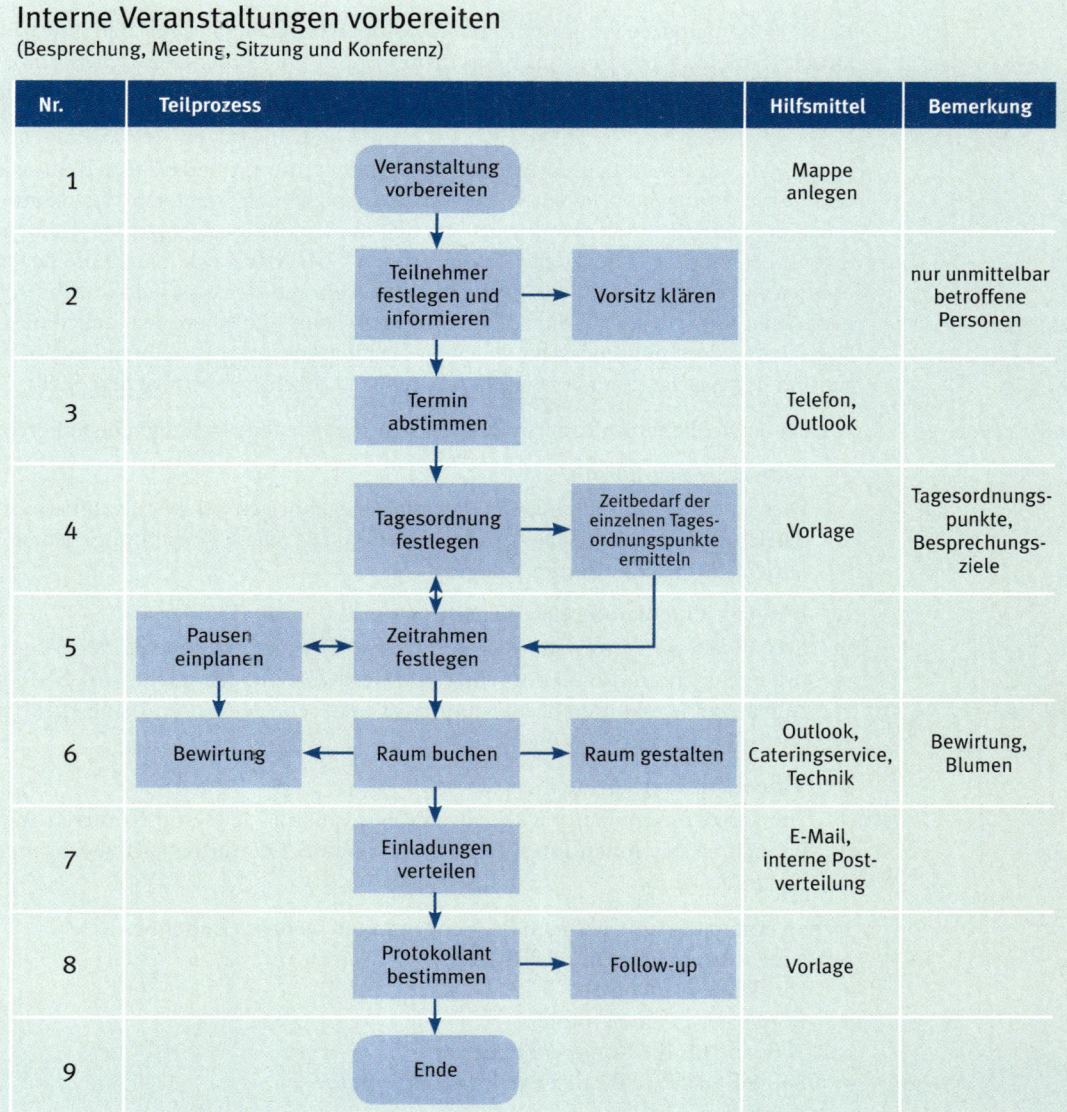

Für eine Konferenz sind meist umfangreiche Vorbereitungen notwendig. Es gibt dabei formelle Regelungen. Die Einladung erfolgt schriftlich mit Tagesordnung und geplanter Dauer.

10.1.5 Workshop

In einem Workshop arbeiten die Teilnehmer an einem gemeinsamen Thema, einer Aufgabe oder einem Problem. Meistens sind dies Themen, die ein Einzelner nicht alleine bewältigen kann und die die Kompetenz verschiedener Fachleute erfordern.

10.1.6 Videokonferenz

Bei Videokonferenzen kommunizieren die Gesprächspartner live mit Bild und Ton. Durch Kamera, Mikrofon und Bildschirm werden die Konferenzmitglieder hör- und sichtbar – was sonst nur in einem persönlichen Gespräch der Fall ist. Mit wenig Zeit- und Planungsaufwand können diese Konferenzen abgehalten werden.

Lange Zeit war das Abhalten von Videokonferenzen nur größeren Firmen mit elitären Einrichtungen vorbehalten. Die sehr kostspielig eingerichteten Videokonferenzräume konnten in der konferenzlosen Zeit nur bedingt genutzt werden. Heutzutage ist die Videokonferenz eine Zusammenkunft per Mausklick. Durch die neuen Medien haben sich Konferenzlösungen entwickelt, die sich von jedem technisch geeigneten Multimedia-PC direkt vom Schreibtisch aus – zu einem erstaunlich niedrigen Preis – durchführen lassen. Es genügt die Eingabe einiger Befehle auf der Tastatur und der visuelle Kontakt zu weit entfernten Gesprächspartnern ist hergestellt.

Arbeitsblatt 2

Je nach betrieblicher Anforderung lassen sich verschiedene Lösungen installieren:

- **Videokonferenzstudio**
  Dies ist ein fest installiertes Studio mit dazugehörigen Telekommunikationseinrichtungen (z. B. Telefaxgerät) in einem Raum. Diese Einrichtung dient zur Durchführung von Besprechungen.

- **Rollbare Videokonferenzeinrichtung**
  Das Videokonferenzsystem ist kompakt auf einem entsprechenden Wagen untergebracht und kann dort eingesetzt werden, wo es gebraucht wird. Mit der rollbaren Videokonferenzeinrichtung ist man sehr flexibel und eine effektive Nutzung der Geräte ist gewährleistet.

- **Videokommunikation über den PC**
  Die Videokommunikation über den PC wird auch als „Desktop-Conferencing" bezeichnet. Sie findet ihren Einsatz vor allem bei der arbeitsplatzbezogenen Kommunikation.

Neben einem leistungsfähigen PC benötigt man weiteres Zubehör:
- Video-/Audiokarte für den PC,
- Farbkamera,
- Kopfhörer und Mikrofon,
- Software für die Konferenzsteuerung,
- Spezial-Software für den Betrieb unter Windows,
- ISDN-Anschluss.

Die Vorteile der Videokommunikation sind:

- Verringerung von Reisekosten,
- Zeitgewinn durch Wegfall der Reisezeit,
- umweltfreundlich durch Vermeidung unnötigen Verkehrs,
- kurze Entscheidungsprozesse durch direkte Klärung und Abstimmung,
- schneller Informationsfluss,
- bessere Zusammenarbeit durch den engen persönlichen Kontakt.

- Der Moderator verschickt vorab wichtige Unterlagen und legt fest, in welcher Sprache die Konferenz abgehalten wird.
- Die Kleidung sollte wie bei einer herkömmlichen Konferenz gewählt werden.
- Alle Teilnehmer/-innen stellen Schilder mit ihrem Namen und ihrem Standort vor sich auf. Eine kurze Vorstellungsrunde beginnt.
- Der Moderator leitet das Gespräch. Eine weitere Person überwacht die Technik.
- Der Moderator hält nach jedem Tagesordnungspunkt Ziele und Vereinbarungen fest, damit die Ergebnisse verbindlich sind.

Videokonferenzen

10.1.7 Roadshow

Roadshow (Show auf Rädern) ist ein Begriff aus dem Eventmarketing. Ein Unternehmen zeigt mithilfe eines Präsentations- bzw. Veranstaltungskonzepts seine Produkte im Rahmen einer Tour nach einem vorher ausgesuchten Routenplan. Die Route wird so festgelegt, dass alle zu erreichenden Zielgruppen besucht werden können. Anlässlich der Roadshow werden z. B. neue Produkte präsentiert oder spezielle Produkte gepusht. Durch die Kombination von Präsentation, Informationsveranstaltung, Vorträgen und Attraktionen (z. B. Gewinnspiel) schafft man Anreize, an der Veranstaltung teilzunehmen.

Roadshows finden üblicherweise in den Veranstaltungsräumen von Hotels oder in Kongress- oder Stadthallen statt.

10.1.8 Messe

Eine Messe ist eine regionale, überregionale, nationale oder internationale Ausstellung eines oder mehrerer Wirtschaftszweige, die sich an Fachbesucher oder an Verbraucher richtet. Meistens finden Messen in einem bestimmten Turnus am gleichen Ort statt. Messen haben heute eine große wirtschaftliche Bedeutung: Im Gegensatz zu früher geht es heute statt um Kaufen und Verkaufen vielmehr um Informationen und Kontakte. Im Trend liegen sogenannte Kongressmessen, die dem Wissensaustausch dienen.

10.1.9 Hausmesse

Die Hausmesse ist eine regionale Messe, sie findet meistens im Gebäude des Unternehmens statt. Dort können sich Kunden und Interessierte über die neuesten Produkte und Entwicklungen informieren. Um neue Kunden anzulocken, wird häufig ein attraktives Rahmenprogramm geboten.

10.1.10 Tag der offenen Tür

Beim „Tag der offenen Tür" präsentieren Firmen, Institutionen, Verbände u. Ä. ihr Unternehmen in der Öffentlichkeit und nutzen die Möglichkeit, um auf ihre Produkte und Dienstleistungen aufmerksam zu machen. Häufig wird ein Motto gewählt, das der Veranstaltung einen inhaltlichen Rahmen gibt. Die Veranstaltung eignet sich insbesondere, um bestehende Kontakte zu pflegen und neue Kontakte zu knüpfen. Für die Mitarbeiter ist es eine gute Gelegenheit, ihre Erfolge nach außen zu tragen.

Die Übergänge zwischen den einzelnen Veranstaltungen sind fließend, sodass keine strenge Abgrenzung vorgenommen werden kann. Die Erläuterungen zur Vorbereitung, Durchführung und Nachbereitung, die Arbeitsschemata und die Checklisten müssen für die jeweilige Veranstaltungsart entsprechend angepasst werden.

10.2 Vorbereitung von Veranstaltungen

Die Vorbereitung einer Veranstaltung erfordert folgende Schritte:

- Themen und Inhalte auswählen,
- Aufstellung des Programms,
- Festlegung des Tagungsortes und der Zeit,
- Benennung des Teilnehmerkreises,
- Rahmenprogramm planen,
- Einladungsschreiben erstellen,
- technische Hilfsmittel festlegen,
- Bewirtung planen.

Es zeigt sich immer wieder: Die umsichtige und ruhige Planung ohne Zeitdruck ist die Voraussetzung für eine reibungslose Durchführung einer Veranstaltung. In der Praxis hat sich die Aufstellung einer Checkliste bewährt. Zunächst sammelt man möglichst alle Einflussfaktoren, ordnet sie und entwickelt daraus eine Checkliste. So behält man auch bei umfangreichen Vorbereitungen stets den Überblick und kann jederzeit eine Kontrolle vornehmen.

Checkliste für die Planungsphase einer Veranstaltung

- Themen und Inhalte
- Tagesordnungspunkte
- Zeitplan
- Tagungsort
- Bei **interner Tagung** Raumreservierung vornehmen.

- Bei **externer Tagung:**
  - Hotelreservierung
  - Größe und Anzahl der Räume erfragen
  - Preisangebote einholen, Nebenleistungen fixieren
  - Anreisemöglichkeiten
  - zur Verfügung stehende Parkplätze
  - Bereitstellung von technischen Hilfsmitteln
  - Zeitvorgabe für Reservierungstermin
- Referenten
  - Referent bzw. Gesprächsleiter auswählen
  - Themen vergeben bzw. mit dem Referenten vereinbaren
  - verfügbare bzw. erforderliche Zeit für die Referate festlegen
  - Honorare sowie Reise- und Hotelkosten festlegen (schriftliche Vereinbarung)
  - endgültige Zustimmung der Referenten einholen (schriftlich bestätigen lassen)
  - Abstimmung mit jedem Referenten
    Welche Geräte bzw. Hilfsmittel benötigt er?
    Welche Wünsche bestehen hinsichtlich des Raumes (Verdunkelung, Anschlüsse)?
    Welche Unterlagen sollen für die Teilnehmer kopiert und ausgeteilt werden?
    Wer kopiert die Unterlagen (Referent oder Veranstalter)?
    Wer trägt die Kosten für die zu verteilenden Unterlagen?
- Tagungsteilnehmer
  - Vorinformationen über die geplante Tagung
  - Einladungsschreiben verschicken
  - Zusagetermin vorgeben
  - Zusage der Teilnehmer (u. U. mit Antwortkarte)
  - Teilnehmerliste erstellen
  - Zimmerreservierung
  - Information und Einladung an die Presse weiterleiten
- Tagungsraum
  - Tisch- und Sitzordnung festlegen
  - Tagungsraum optisch ansprechend gestalten (Blumen, Bilder usw.)
  - Beleuchtung (Verdunkelung) überprüfen
  - Akustik (Mikrofon, Lautsprecher) kontrollieren
  - erforderliche Geräte und Hilfsmittel bereitstellen und auf ihre Funktionsfähigkeit überprüfen (Diaprojektor, Filmprojektor, Fernsehgerät, Videorekorder, Tageslichtprojektor, PC mit LCD-Anzeige, Zeigestock, Laserpointer, Flipchart mit Filzstiften, Moderationstafeln mit Wagen, Verlängerungskabel, Steckdosen)
  - Unterlagen für die Teilnehmer austeilen (kopierte Referate bzw. Arbeitsmaterial zu den Referaten, Tagungsprogramm, Teilnehmerliste, Prospekte, Papier und Schreibgeräte, Werbegeschenke usw.)

10.2.1 Termin und Teilnehmer

Bei großen Veranstaltungen wird schon Monate vorher ein Rundschreiben an den Teilnehmerkreis und die Medien verschickt oder in einer Fachzeitschrift auf den Veranstaltungstermin, Ort und Inhalt hingewiesen. Hiermit wird den späteren Teilnehmern die Möglichkeit gegeben, den Termin rechtzeitig in ihren Terminplan einzuordnen. Sind keine gesetzlichen oder satzungsbedingten Einladungsfristen zu berücksichtigen, kann man sich an der Faustregel orientieren:

Die Benachrichtigung soll erfolgen bei

- 20 Teilnehmern: wenigstens acht Wochen vorher,
- 40 Teilnehmern: wenigstens 12 Wochen vorher,
- 80 Teilnehmern: wenigstens 16 bis 24 Wochen vorher.

Bei Gästen aus dem Ausland sind diese Fristen angemessen zu erweitern.

Bei der **Festlegung des Termins** sind u. a. zu berücksichtigen:

- wichtige Veranstaltungen am Veranstaltungsort (Heimatfeste, Jubiläen usw.),
- regionale bzw. nationale Feiertage,
- Ferienordnung der einzelnen Bundesländer und evtl. des benachbarten Auslands,
- außergewöhnliche Veranstaltungen, die im Fernsehen übertragen werden (Fußball, Tennis usw.).

Bei einer einfachen Sitzung ist die **Teilnehmerzahl** leicht zu ermitteln. Bei größeren Veranstaltungen ist dafür ein hoher Zeitaufwand nötig. Manchmal müssen bestimmte Personen an einer Veranstaltung teilnehmen, andere sind nur erwünscht. Deshalb kann die endgültige Teilnehmerzahl nur grob geschätzt werden. Eine Hilfe ist die Antwortkarte, die mit der Einladung verschickt wird. Auf der Grundlage der zurückgesendeten **Antwortkarten** kann eine ungefähre Teilnehmerliste erstellt werden.

10.2.2 Einladungsschreiben

Eine gute Einladung informiert gleichzeitig. Besondere Beachtung gilt den Punkten:

- Beschreibung der Veranstaltung (Zweck),
- zeitlicher Ablauf (Datum, Beginn, voraussichtliche Dauer),
- Örtlichkeiten (genaue Adresse mit Telefonnummer, Bezeichnung von Gebäude und Tagungsraum, Parkmöglichkeiten),
- günstigste Anfahrt zum Tagungsort, Stadtkarte mit eingezeichnetem Fahrweg, ausländische Teilnehmer erhalten besondere Informationen,
- Hinweis auf Unterkunft, Kleidung,
- Klärung von Kostenübernahmen,
- Angabe, ob die Teilnahme der (Ehe-)Partner erwünscht wird,
- Bitte um Anmeldung und Teilnahme,
- Anmeldeschluss deutlich vermerken.

Aus der Checkliste können einige Punkte (Programmfolge, Referenten, Referate mit Zeitangaben) entfallen, wenn dem Einladungsschreiben das endgültige Veranstaltungsprogramm beigelegt wird.

Checkliste für Einladungsschreiben

- Anlass bzw. Thema der Veranstaltung
- Datum und Zeit der Veranstaltung (Beginn, Ende)
- Tagungsort (Straße, Stockwerk, Raum)
- Stadtplan bzw. Skizze über Zufahrtsmöglichkeiten für Pkw-Fahrer
- Parkmöglichkeiten
- Erreichbarkeit mit öffentlichen Verkehrsmitteln für Bahnreisende (S-Bahn, U-Bahn, Straßenbahn)
- Tagesordnung (Programm)
- Namen der Referenten
- Hinweis auf Unterlagen, die mitzubringen sind
- Hinweis auf Kleidung bei festlichen Anlässen
- Teilnahmegebühren (Zahlungsart, Bankverbindung)
- Anmeldeschluss (Antwortkarte beilegen)
- Übernahme von Fahrt- und Verpflegungskosten (Teilnehmer oder Veranstalter)
- Unterkunftsregelung, z. B.:
  - Die Teilnehmerin/der Teilnehmer übernachtet auf Kosten des Veranstalters (Angabe des Hotels mit Stadtplan).
  - Die Teilnehmerin/der Teilnehmer muss sich selbst um die Unterkunft kümmern (Hotelverzeichnis bzw. Karte des Verkehrsbüros beilegen).
  - Der Veranstalter übernimmt die Hotelreservierung auf Kosten des Teilnehmers (Antwortkarte mit Zimmerwunsch/Kategorie beilegen).
- Hinweis auf Rahmenprogramm (Abendveranstaltung, Stadtführung, Ausflüge usw.)

BEISPIEL:

Fachtagung für Organisationssachbearbeiter vom 15. bis 17. Mai 20..

Sehr geehrter Herr Bauer,

das Programm für die Fachtagung vom 15. bis 17. Mai 20.. steht. Wie Sie sehen, haben wir uns bemüht, Referenten zu gewinnen, die einen interessanten Verlauf der Tagung gewährleisten.

Wir freuen uns, Ihnen mitteilen zu können, dass die Tagungsgebühren und die Kosten für Unterkunft und Verpflegung auch in diesem Jahr in voller Höhe von uns übernommen werden.

Die Tagung findet im

**Waldhotel Stuttgart
Eichenallee 15 (Nähe Fernsehturm)**

statt.

Bitte teilen Sie uns mit beiliegender Antwortkarte bis spätestens **30. April 20..** mit, ob Sie an der Veranstaltung teilnehmen werden.

Mit freundlichen Grüßen   **Anlagen**
                                   1 Antwortkarte
                                   1 Tagungsprogramm

ppa. Ralling

BEISPIEL EINER ANTWORTKARTE:

Vorderseite:

Absender

Mode\Idee GmbH
Herrn Christian Bauer
Postfach 2 10 15
70172 Stuttgart

Haumann KG
Büroorganisation
Frau Finkbeiner
Postfach 33 44
70008 Stuttgart

Rückseite:

An der Fachtagung für Organisationssachbearbeiter vom 15. bis 17. Mai 20..

☐ *nehme ich teil.*
☐ *nehme ich mit . . . . . . weiteren Person(en) teil.*
☐ *nehme ich nicht teil.*

Ich wünsche eine Unterbringung im

☐ *Einzelzimmer*
☐ *Doppelzimmer*

_____   _____
Datum   *Unterschrift*

10.2.3 Programm

Bei der Erstellung eines Tagungsprogramms ist darauf zu achten, dass:

- das Programm mit dem Namen des Veranstalters beginnt.
- die Überschrift sich zusammensetzt aus:
  - dem Wort **Programm,**
  - dem Thema,
  - dem Veranstaltungsort (eventuell mit Straße und Raum),
  - dem Datum der Veranstaltung.

- das Programm gut lesbar und übersichtlich **gestaltet** ist.
- in der Programmfolge spaltenweise aufgeführt sind:
  - der Wochentag mit Datum bei mehrtägigen Veranstaltungen,
  - die Zeit der jeweiligen Veranstaltungsart (z. B. Referat),
  - der Referent/die Referentin.
- bei der Festlegung der Programmfolge
  - zwischen den Referaten Pausen berücksichtigt sind,
  - nach den Referaten Zeit für Diskussionen eingeplant ist,
  - zwischen Vormittag und Nachmittag ausreichend Zeit für das Mittagessen berücksichtigt ist.
- am Schluss des Programms das ungefähre Tagungsende angegeben ist.

BEISPIEL:

Haumann KG
Büroorganisation   15. April 20..

Programm

der Fachtagung für Organisationssachbearbeiter
im Waldhotel Stuttgart, Eichenallee 15

15. Mai 20..	10:00 Uhr	Begrüßung Direktor Dr. M. Meyer
	10:15 – 12:30 Uhr	Dipl.-Volkswirt Dr. Ruther „Textverarbeitung I"
	12:30 – 14:00 Uhr	Mittagessen
	14:00 – 16:00 Uhr	Dipl.-Volkswirt Dr. Ruther „Textverarbeitung II"
	16:00 – 16:30 Uhr	Kaffeepause
	16:30 – 17:30 Uhr	Diskussion
	19:00 Uhr	Abendessen
16. Mai 20..	08:00 – 10:30 Uhr	Dr. A. Ansel „Rationelle Textverarbeitung"
	10:30 – 11:00 Uhr	Pause
	11:00 – 12:00 Uhr	C. Drech „Praktische Übungen"

10.2.4 Rahmenprogramm

Ein aufmerksamer Gastgeber plant bei mehrtägigen Veranstaltungen sowohl für die Begleitpersonen als auch für die Tagungsteilnehmer ein Rahmenprogramm. Die Tagung wird dadurch aufgelockert, die Teilnehmer lernen sich besser kennen und sie bekommen Gelegenheit, Kontakte zu knüpfen. In der Einladung ist auf eine entsprechende Garderobe (festliche Kleidung, Wanderkleidung usw.) hinzuweisen.

www.hirschfeld.de

Vorschläge für ein Rahmenprogramm könnten sein:

- Besuch im Museum/einer historischen Stätte am Tagungsort,
- Abendessen in einem sehr guten oder ausgefallenen Restaurant,

www.webmuseen.de

- Straßenbahnfahrt im historischen Wagen,
- Wanderung/Nachtwanderung,
- Betriebsbesichtigung,
- Stadtrundfahrt,
- Weinseminar,
- Grillabend,
- Dichterlesung,
- Konzert-, Theaterbesuch.

10.2.5 Veranstaltungsraum

Kommunikation im Beruf
– Kommunikative Settings und Gesprächsdynamik
– Checklisten

Veranstaltungen finden sowohl im eigenen Betrieb als auch außerhalb statt. Stehen im Betrieb selbst keine geeigneten Räumlichkeiten zur Verfügung, können Tagungsräume und bei mehrtägigen Tagungen auch Übernachtungsmöglichkeiten in Kongresszentren, Hotels oder speziellen Tagungshäusern gemietet werden. Veranstaltungen außerhalb des Betriebs bieten eine entspannte, aufgelockerte Atmosphäre, die zum erfolgreichen Verlauf der Veranstaltung beiträgt. Das Gelingen einer Veranstaltung wird stark vom Tagungsraum (Sitzordnung, Bestuhlung, technische Ausstattung, Helligkeit, Belüftung, Verdunklung usw.) sowie von der Umgebung des Tagungsraums (Garderobe, Foyer, Gänge, Toiletten) beeinflusst.

Die benötigten Hilfsmittel und Geräte (siehe Checkliste) sind frühzeitig im Raum bereitzustellen und vor Veranstaltungsbeginn noch einmal auf ihre Funktionsbereitschaft zu überprüfen.

Die Frage der Sitzordnung muss der Veranstalter entscheiden. Eine gut durchdachte, verbindliche Sitzordnung kann dazu beitragen, dass sich bestimmte Teilnehmer schneller kennenlernen. Vorbereitete Namensschilder erleichtern das Ansprechen der Beteiligten. Bei einer internationalen Veranstaltung kann durch Farbsymbole angezeigt werden, welche Sprache der Betreffende spricht. Bei der Anordnung der Tische und Stühle ist darauf zu achten, dass jeder Teilnehmer eine gute Sicht zum Referenten und zu den Medien hat. Von der Zahl der Teilnehmer hängt auch die Art der Bestuhlung (runde Tische, U-Form, Blockform, Stuhlreihen) ab. Der Weg zum Tagungsraum ist gut auszuschildern.

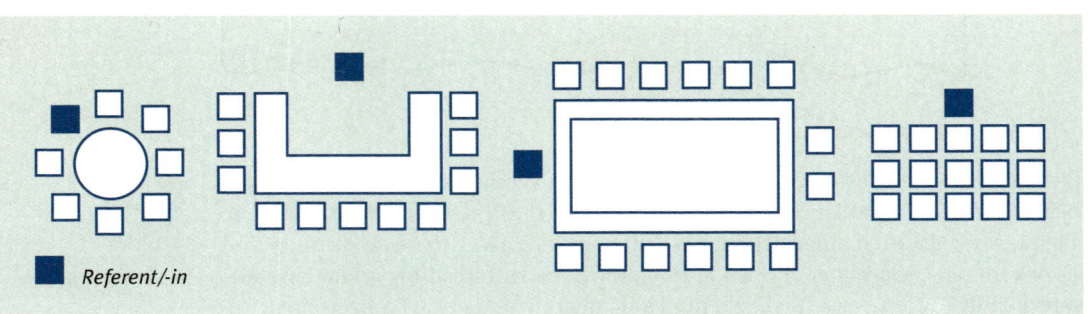

 Referent/-in

10.2.6 Geräteausstattung

Zur Visualisierung können eine Reihe von Geräten eingesetzt werden:

Beamer (Multimedia-Projektor)	Der **Beamer** kann an einen Computer angeschlossen werden. Der Bildschirm wird groß an die Wand projiziert.
Plasmadisplay	Diese **Großbildmonitore** kann man wie ein Bild an die Wand hängen. Sie haben eine Bilddiagonale von 42"; sie sind die idealen Präsentationsmittel in hellen Räumen für Schulungen in kleinen Gruppen.
Panaboard	Das Panaboard ist eine **elektronische Schreibtafel**. Die Zuhörer konzentrieren sich auf den Vortrag und erhalten vom Tafelanschrieb per Tastendruck eine handliche Kopie.
Smart-Board	Das Smart-Board ist die Verbindung eines Computers mit einer Schreibtafel. Auf das Smart-Board projizierte Bilder können handschriftlich ergänzt werden. Diese Notizen, Skizzen, Zeichnungen usw. werden vom PC übernommen, lassen sich speichern und über den Drucker ausgeben.
Overheadprojektoren	Sie dienen zur Projektion von Folienvorlagen oder leeren Folien, die während des Vortrags beschriftet werden.
Diaprojektoren	Diaprojektoren sind ein klassisches Präsentationsmittel. Dias werden an die Wand projiziert und kommentiert.
Mediensteuerung	Ein Mediensteuerungssystem ist etwas größer als eine Fernbedienung. Von ihm aus lässt sich z. B. die Beleuchtung dimmen, die Verdunklung aktivieren, die Leinwand senken, eine Audio-/Videoanlage starten und ihre Lautstärke regeln.
Laserpointer	Dieser **„elektronische Zeigestock"** erzeugt einen intensiven hellroten Lichtfleck auf der Projektionsfläche, der bei einem Abstand von 5 m einen ca. 8 mm großen Durchmesser hat. Die Aufmerksamkeit des Zuschauers wird auf wichtige Details gelenkt.
Flipchart	Das Flipchart besteht aus dem Ständer und einem Papierblock in der Größe 100 × 65 cm. Das Papier wird mit dicken, gut lesbaren Filzstiften beschriftet. Eine Darstellung auf Flipchart kann vorbereitet sein oder entwickelt werden. Einsatz in Kleingruppen.
Moderationstafel und Moderationskoffer oder -wagen	Diese Tafeln haben eine Größe von 150 × 120 cm und stehen auf Füßen. Als Zubehör benötigt man Packpapier in der Größe A0, Filzschreiber und Gestaltungselemente wie Wolken, Kreise, rechteckige Karten, Klebepunkte, ovale Karten, lange und kurze Streifen in verschiedenen Größen und Farben. Die Moderationsmethode findet ihren Einsatz vor allem bei Gruppenbesprechungen. Durch die Visualisierung der Problematik können die Gespräche in den Gruppen effektiver gestaltet werden. Die Moderationsmethode kann sowohl zur Erarbeitung eines bestimmten Themas als auch zur Problemlösung oder Präsentation eingesetzt werden.

10.3 Durchführung

Auch für die Durchführung einer Veranstaltung empfiehlt es sich, eine Checkliste zu erstellen, die immer wieder benutzt, ergänzt und geändert werden kann. Sie verhindert, dass ein wesentlicher Punkt der Veranstaltung vergessen wird.

Checkliste: Veranstaltungsverlauf

Eröffnung
- Zweck, Ziel der Tagung
- formale und organisatorische Hinweise
- evtl. Änderungen des mitgeteilten Programms
- Protokollführung

www.nitor.de
www.sanyo.de
www.kindermann.de
www.hebel-shop.de

Einführung der Referenten
- „Steckbrief", Thema

Abschluss
- Ergebnisse und Entscheidungen
- Folgerungen und weiteres Vorgehen
- Ausgabe von Informationsmaterial

Checkliste: Betreuung der Tagungsteilnehmer

Bei Beginn und während der Veranstaltung hat die Sekretärin häufig Repräsentationsaufgaben zu erfüllen. Sie muss unter anderem:

- Gäste begrüßen,
- dafür sorgen, dass die Gäste ihre Garderobe ablegen können,
- Plätze anweisen,
- Besucher miteinander bekannt machen,
- die Presse betreuen,
- Auskünfte erteilen,
- Wünsche entgegennehmen,
- Beschwerden anhören, Missstände abstellen,
- sich während der Pausen um die Erfrischungen kümmern, den Konferenzraum lüften usw.,
- für die Vorgesetzten erreichbar sein.

10.4 Nachbereitung

Eine Tagung erfordert eine gewissenhafte Nachbereitung, wenn die dort erzielten Ergebnisse beachtet, realisiert oder in die Planung einbezogen werden sollen. Weiter soll festgehalten werden, ob das Ziel erreicht wurde und die Veranstaltungskosten in einem vertretbaren Verhältnis zum Ergebnis stehen. Planungsfehler oder -schwächen sind genauso festzuhalten wie besonders gelungene Veranstaltungsteile. Teilnehmerkritik und -lob sind bei einer Reflexionsphase zu würdigen. Dafür ist ein gutes Protokoll ein unentbehrliches Hilfsmittel.

Die Nachbereitung umfasst die Tätigkeitsfelder:

- Protokoll,
- Dokumentation,
- Informationsmaterial,
- Abrechnung,
- Dankschreiben,
- Reflexion,
- Fazit.

Die sog. **Reflexionsphase** darf nicht als Generalabrechnung oder Schuldzuweisung missverstanden werden. In sachlicher Weise soll – wenige Tage nach der Veranstaltung – für alle an der Veranstaltung Beteiligten (Verantwortliche und Mitarbeiter) ein gemeinsames Forum geboten werden. Mit der Frage: „Was war gut – was kann nächstes Mal besser gemacht werden?" wird ein Schlussstrich unter diese Veranstaltung gezogen. Hierbei bietet sich den Vorgesetzten auch die Möglichkeit, Dank an die Beteiligten auszusprechen.

10.4 Nachbereitung

Checkliste: Abschlussarbeiten	
vor Ort	**im Betrieb**
• Aufräumen der Tagungsräume • Prüfen, Versorgen der Geräte, Hilfsmittel, Materialien • Bezahlen von Trinkgeldern (Kellner, Garderobenpersonal usw.) • Abtransport von Betriebseigentum organisieren/überwachen	• Kontrolle und Bezahlung der Rechnungen • Abrechnung der Referenten-Honorare • Verfassen von Dankesbriefen an Referenten, Gesprächsleiter u. a. • Schreiben, Vervielfältigen und Verschicken der Protokolle • Bestellung von Verschleiß- und Verbrauchsmaterialien für Medien/Hilfsmittel • Vorgesetzte an Erledigung von Konferenzbeschlüssen erinnern • Durchführung von Konferenzentscheidungen vorbereiten • Einladung zu einer Abschlussbesprechung

Zusammenfassung

1 Man unterscheidet verschiedene **Veranstaltungsarten:** Besprechung/Meeting, Sitzung, Konferenz, Kongress, Seminar, Tagung, Lehrgang und Kommission, Videokonferenz, Messe, Hausmesse, Tag der offenen Tür, Roadshow.

2 Die Grenzen der Veranstaltungsarten sind dabei fließend. Planung, Vorbereitung, Durchführung und Abschlussarbeiten sind zum Teil **gleich** oder **ähnlich.**

3 Eine **Checkliste** ist bei der Vorbereitung einer Veranstaltung ein wichtiges Hilfsmittel.

4 Der Erfolg einer Tagung hängt auch von einer gewissenhaften **Vorbereitung** ab. Vorweg müssen die Punkte Termin, Teilnehmerzahl, Teilnehmerkreis, Programm, Referenten geklärt sein.

5 Das **Einladungsschreiben** soll den Empfänger über alle für ihn wesentlichen Punkte informieren: zeitlicher Ablauf, Tagungsort, Tagungsraum, Unterkunft, Reiseroute, Parkmöglichkeit.

6 Dem Einladungsschreiben ist eine **Antwortkarte** für die Anmeldung beizufügen.

7 Das Aussehen und die Gestaltung des **Tagungsraums** sind für das Gelingen einer Veranstaltung entscheidend. Vor allem muss die einwandfreie Funktion aller Geräte gewährleistet sein.

8 Die **Nachbereitung** einer Veranstaltung stellt Erfolg und Kosten fest und zieht Bilanz, ob Ergebnis und Kosten in angemessenem Verhältnis zueinander stehen.

9 Aus den **Ergebnissen** der Tagung sind Folgerungen zu ziehen.

Aufgaben

1 Unterscheiden Sie die wichtigsten Veranstaltungsarten.

2 Die Geschäftsführung der ModeIIdee GmbH hat sich für die Einführung eines neuen Vertriebssystems im Unternehmen entschieden. Dieses soll den Filialleiterinnen und Filialleitern der Niederlassungen vorgestellt werden.

Erstellen Sie eine Checkliste, in der Sie stichwortartig alle Vorbereitungen aufführen, die Sie bis zum Beginn der eintägigen Veranstaltung durchführen müssen.

Aufgaben

3 Sie legen in Ihrem Unternehmen häufig Termine für Sitzungen und Tagungen fest. Auf was achten Sie dabei?

4 Sie arbeiten im Bürohaus Huber KG. Am Donnerstag, 14. Juni, findet in Ihrem Haus eine **Informationstagung** über **„Computerunterstützte Textverarbeitung"** statt. Beginn um 08:30 Uhr, Ende spätestens 17:00 Uhr. Das gemeinsame **Mittagessen** wird im benachbarten **Hotel Adler** eingenommen.

Nach der Begrüßung durch Herrn Huber sind Referate und Diskussionen vorgesehen. Nachmittags (ab 15:00 Uhr steht der PC-Schulungsraum zur Verfügung) wird bei der Firma INTERTEXT GmbH ein Textverarbeitungsprogramm vorgestellt. Für die Hin- und Rückfahrt zu INTERTEXT GmbH wird ein Bus eingesetzt.

Als Referenten sind vorgesehen:

- Herr Abele, Geschäftsführer des Softwarehauses DATA-UNION GmbH, „Textverarbeitung am PC" (60 Min.)
- Frau Scholl, Seminarleiterin in der Volkshochschule, „Einsatz von Windows-Programmen" (60 Min.)
- Herr Beck, Unternehmensberater, „Lokale Netze – LAN" (45 Min.)
- Frau Konrad aus der Firma INTERTEXT GmbH wird das Textverarbeitungsprogramm vorstellen

Entwerfen Sie für diese Veranstaltung ein Programm, das den Teilnehmern/Teilnehmerinnen zugesandt werden soll.

5 Am Tag nach der obigen Tagung (Aufgabe 4) bittet Sie Ihr Chef, mit ihm die erforderlichen Abschlussarbeiten zu erledigen. Welche Arbeiten kommen auf Sie zu?

6 Ihre Firma, die Mode|Idee GmbH, beabsichtigt eine zweitägige Vertretertagung durchzuführen. Sie sollen das Einladungsschreiben an die Vertreter entwerfen.

Zählen Sie stichwortartig die wichtigsten Punkte auf, die dieses Einladungsschreiben enthalten muss. Ein ausführliches Tagungsprogramm wird den Teilnehmern nach ihrer Anmeldung zugeschickt.

7 Für die Vertretertagung (Aufgabe 6) muss ein Tagungsraum ausgewählt und entsprechend vorbereitet werden. Welche Überlegungen sind bei der

- **Auswahl und**
- **Ausstattung**

des Tagungsraumes anzustellen?

8 Die Mode|Idee GmbH Stuttgart beabsichtigt, im Laufe des nächsten halben Jahres einen „Tag der offenen Tür" zu veranstalten. Sie wurden gebeten, bei den Vorbereitungen mitzuarbeiten.

a) Machen Sie Vorschläge, wie sich Ihre Firma den Besuchern vorstellen kann.
b) Erstellen Sie eine Checkliste für alle Maßnahmen, die in der Vorbereitungsphase nicht vergessen werden dürfen.

Öko-Tipps

- Für den Weg zum Veranstaltungsort können Fahrgemeinschaften gebildet oder öffentliche Verkehrsmittel genutzt werden.
- Setzen Sie wiederverwendbare Namensschilder ein (z. B. Hüllen aus Hartfolie mit Clip).
- Verzichten Sie bei der Bewirtung der Veranstaltungsteilnehmer auf Pappbecher, Plastikgeschirr usw.
- Achten Sie auf energiesparende Beleuchtungsanlagen.
- Prüfen Sie, ob in den Veranstaltungsräumen die für die Mülltrennung notwendigen Behälter aufgestellt sind.
- Verzichten Sie auf Repräsentationsmappen aus Plastik.
- Ordnen Sie anfallende Tagungsunterlagen in Hefter aus Recyclingmaterial ein. Beim Studieren der auf dem Markt angebotenen Varianten fällt auf, dass „Recycling" nicht gleichbedeutend mit „grau" oder „langweilig" ist. Ein auffallend gestalteter und von außen gut lesbarer Zusatz „Der Umwelt zuliebe ..." weckt beim Leser Interesse. Dies kommt dem Inhalt und dem Image der Firma zugute.
- Sitzungszimmer nicht überheizen, in den Pausen kurz und kräftig lüften (Stoßlüftung).
- Achten Sie bei der Unterbringung der Tagungsteilnehmer auf ökologisch geführte Hotels.
- Wenn es die verkehrstechnische Anbindung des Tagungsortes an den öffentlichen Verkehr zulässt, können Sie einen kleinen Fahrplan mit dem Zusatz „Der Umwelt zuliebe ..." beilegen.

Moderationsmethode

Methodenbeschreibung

Die Moderationsmethode ist eine Hilfe, die Kommunikation untereinander und das Lernen miteinander zu fördern und zu verbessern. Durch die Visualisierung der Problematik kommt man rascher zu Ergebnissen. Die Moderationsmethode kann sowohl zur **Erarbeitung** eines bestimmten Themas als auch zur **Problemlösung** oder **Präsentation** eingesetzt werden.

Zur Grundausstattung gehören Moderationstafeln, Packpapier Größe A0, Filzschreiber und Gestaltungselemente wie Wolken, Kreise, rechteckige Karten, Klebepunkte, ovale Karten, lange und kurze Streifen in verschiedenen Größen und Farben.

Frageformen der Moderationsmethode

- **Punktfrage**

Mit der Punktfrage können Meinungen erkundet oder Bewertungen vorgenommen werden. Auf dem Plakat an der Moderationstafel steht eine klar formulierte Aussage oder Auswahlmöglichkeit. Jeder Teilnehmer erhält einen oder mehrere

HOT

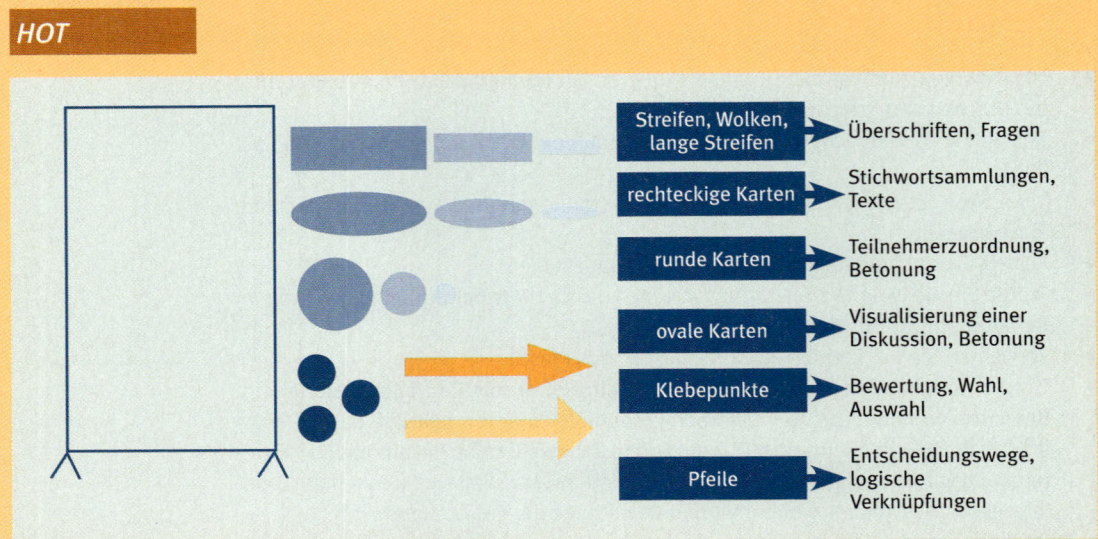

Klebepunkte, die an die Stelle gesetzt werden, die seiner persönlichen Meinung entspricht. Diese Meinungsäußerung sollte ohne Einblick durch den Moderator erfolgen, damit die Teilnehmer nicht beeinflusst werden.

- **Kartenfrage**

Die Teilnehmer schreiben die Antworten zu der an der Moderationstafel stehenden Frage auf eine oder mehrere Karten. Vom Moderator darf keine Antwort vorweggenommen oder unterdrückt werden. Anschließend werden die Karten vom Moderator eingesammelt und gemeinsam mit der Gruppe nach Themenbereichen sortiert.

- **Zuruffrage**

Auf einer leeren Moderationstafel steht eine Frage/Aussage/Problem. Die Gruppe ruft dem Moderator Antworten zu, die er direkt auf das Plakat der Moderationstafel schreibt. Die Gesprächsbeiträge müssen vom Moderator sinngemäß wiedergegeben werden. Alternativ können die Antworten auf Karten geschrieben werden, die dann von den Teilnehmern an die Moderationstafel gepinnt werden. Die gesammelten Antworten werden anschließend gemeinsam mit den Teilnehmern nach Themenbereichen geordnet.

Arbeitsauftrag

Ihre Klasse möchte sich anlässlich eines Schulinformationstages präsentieren. Die Besucher sollen ausreichend Informationen über die Schulart, Prüfungen usw. erhalten.

1. Bestimmen Sie aus Ihrer Gruppe eine/einen Moderator/-in.
2. Führen Sie eine Moderation zu folgenden Fragen durch:
   - Wie wollen wir uns präsentieren?
   - Welche Informationen sollen in welcher Form zur Verfügung gestellt werden?
3. Präsentieren Sie das Ergebnis an Moderationstafeln.

11 Geschäftsreisen

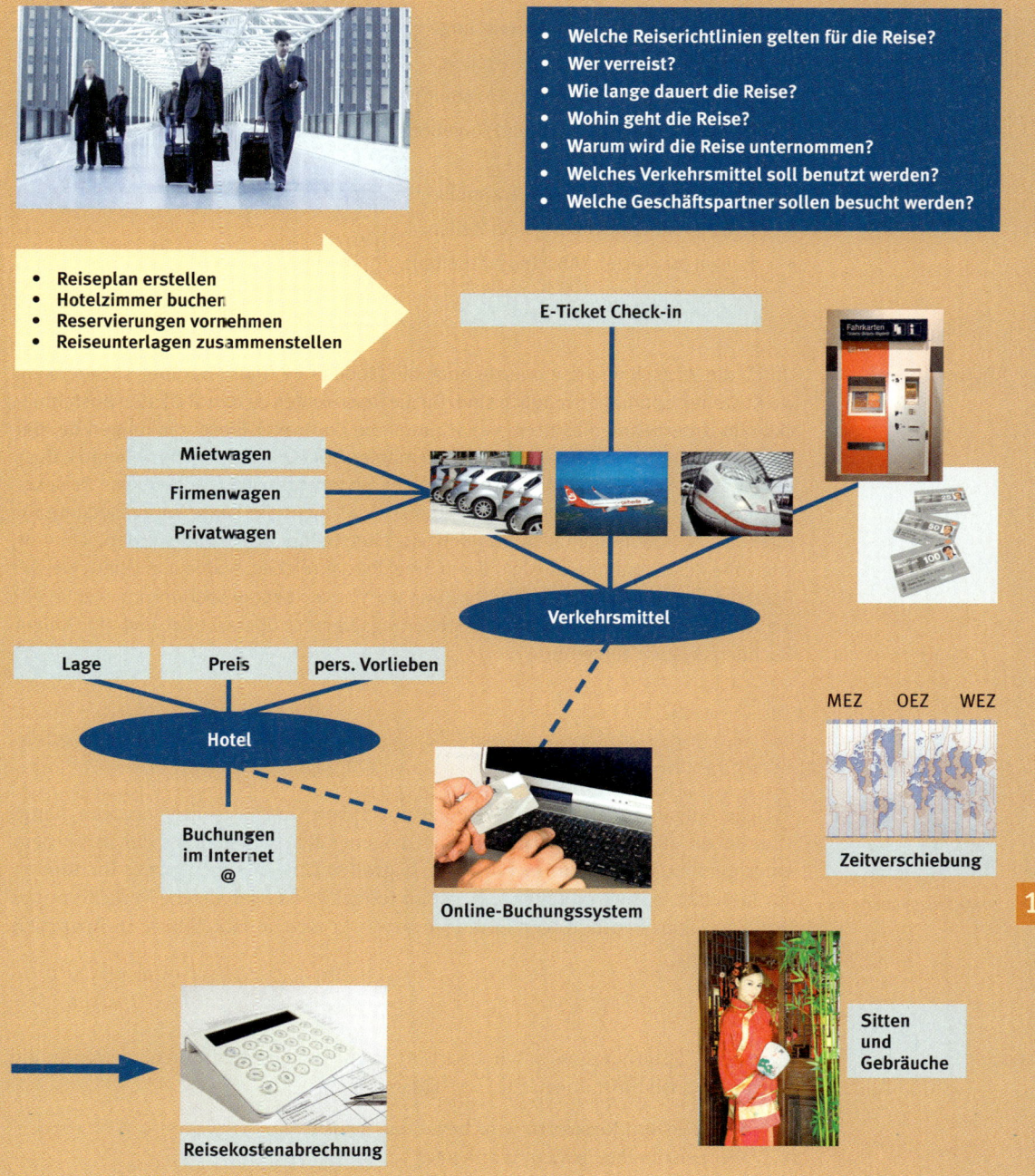

Lernziele

- In- und Auslandsreisen unter ökonomischen und ökologischen Gesichtspunkten vorbereiten.
- Reiseplan anfertigen.
- Hotelbuchungen und Reservierungen vornehmen.
- Reiseunterlagen zusammenstellen.
- Verkehrsmittel (Pkw, Bahn, Flugzeug) vergleichen.
- Zugarten unterscheiden und Angebote der Deutschen Bahn AG für Geschäftsreisende kennen.
- Über Besonderheiten bei Auslandsreisen Bescheid wissen.
- Reisekostenabrechnungen erstellen.
- Reisen auswerten (Abschlussarbeiten).

Fallbeispiel

Durch die Wirtschaftskrise musste auch die Mode I Idee GmbH darüber nachdenken, wo Kosteneinsparungen möglich sind. Da die Reisekosten zu den stärksten Kostenblöcken im Unternehmen zählten, verordneten die Controller Einschränkungen bei der Gestaltung von Geschäftsreisen. Nach geraumer Zeit stellte sich jedoch heraus, dass die Mitarbeiterinnen und Mitarbeiter weniger reisen oder durch unbequeme Reisebedingungen gestresst am Reiseziel ankamen, was nicht die beste Voraussetzung für effektive Verhandlungen war. Das Konzept musste neu überdacht werden. Um eine sinnvolle Kostenoptimierung in diesem Bereich zu erreichen, wurde analysiert, welche Posten den größten Anteil ausmachen und wo man am besten sparen kann. Als Ergebnis wurden die Reiserichtlinien als Steuerungselement überarbeitet und ein Online-Buchungssystem eingeführt.

11.1 Allgemeines zur Reiseplanung

www.reiseplanung.de

Welche Aufgaben sich bei den Vorbereitungen von Geschäftsreisen ergeben, hängt u. a. davon ab, ob der Betrieb ein „hauseigenes Reisebüro" hat oder mit einem externen Reisebüro zusammenarbeitet. In großen Unternehmen gibt es Richtlinien für Geschäftsreisen, in denen z. B. genau festgelegt ist, wer welche Verkehrsmittel unter welchen Bedingungen benutzen bzw. wer welche Hotelklasse in Anspruch nehmen darf.

Welche Reiserichtlinien gelten für die Reise?

In großen Unternehmen gelten jeweils individuelle Reiserichtlinien. Sie regeln die wichtigsten Bestimmungen für Geschäftsreisen:

- Mit welchem Reisebüro wird bevorzugt gearbeitet?
- Wer erhält eine Firmenkreditkarte?
- Welche Regeln gelten bei der Bewirtung von Geschäftspartnern?

- Welche Bestimmungen gelten für Flugreisen, Hotelbuchungen, Mietwagen oder Bahnreisen?
- Welcher Genehmigungsprozess ist einzuhalten?
- Was ist bei der Abrechnung von Reisekosten zu beachten?

Außerdem ist es in großen Unternehmen üblich, vor einer Reise einen **Reiseantrag** zu stellen. Dies hat den Vorteil, dass im Unternehmen bekannt ist, wann wer verreist und aus welchen Gründen jemand nicht am Arbeitsplatz ist.

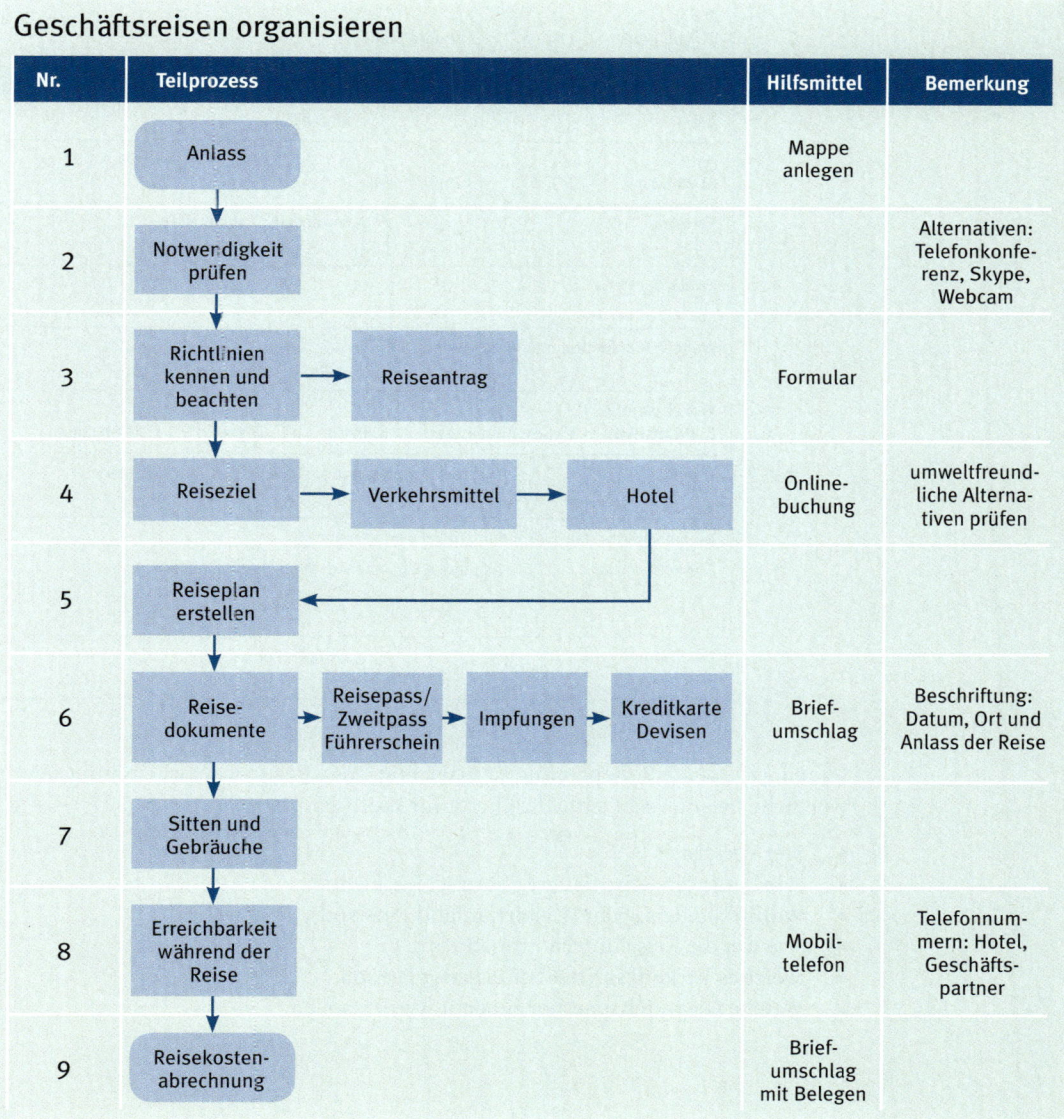

BEISPIEL FÜR EINEN REISEANTRAG:

Mode | Idee GmbH **Stuttgart**
Antrag auf Genehmigung einer Geschäfts- oder Fortbildungsreise
Name des/der Reisenden:
Beginn der Geschäftsreise
Tag: | Uhrzeit:
Ab: ☐ Wohnung   ☐ Firma   ☐ andere Stelle
Ende der Geschäftsreise
Tag: | Uhrzeit:
An: ☐ Wohnung   ☐ Firma   ☐ andere Stelle
Reiseziel: | Voraussichtliche Kosten:
Zweck der Reise:
Weitere Teilnehmerinnen/Teilnehmer:
Verkehrsmittel: ☐ Privat-Pkw   ☐ Geschäftswagen   ☐ Bahn   ☐ Flugzeug   ☐ Mietwagen
Datum: | Unterschrift der Antragstellerin/des Antragstellers:
Die Geschäfts- bzw. Fortbildungsreise wird genehmigt: ☐ wie beantragt   ☐ mit folgenden Einschränkungen:
Ort, Datum: | Vorgesetzter:

Für eine effiziente Reiseplanung ist es wichtig, dass die für die Vorbereitung verantwortliche Person rechtzeitig darüber informiert sein muss,

- **wer** verreist,
- **wie lange** die Reise dauert (Abreise, Rückkehr),
- **wohin** die Reise geht (Zielort, Inland, Ausland),
- **warum** die Reise unternommen wird,
- **welches Verkehrsmittel** benutzt werden soll,
- **welche Gesprächspartner** besucht werden sollen.

Wer verreist?

Da jeder Reisende andere **Gewohnheiten und Vorlieben** hat (bestimmte Verkehrsmittel, Hotelwünsche, Plätze im Zug, Raucher/Nichtraucher usw.), die bei der Reiseplanung berücksichtigt werden sollten, empfiehlt es sich, für Mitarbeiter/-innen, die oft verreisen, eine **Karteikarte (bzw. ein im PC gespeichertes Formular)** anzulegen, auf der alle diese persönlichen Wünsche eingetragen werden. Wenn mindestens zwei Personen zur gleichen Zeit das gleiche Ziel haben, sollte die Reise so organisiert werden, dass beide gemeinsam anreisen (Fahrgemeinschaften). Die Deutsche Bahn AG gewährt **günstigere Tarife,** wenn zwei oder mehrere Personen gemeinsam fahren.

Wie lange dauert die Reise?

Um eine Reise exakt planen zu können und entsprechende Buchungen und Reservierungen (Fahrkarte, Flugticket, Mietwagen, Hotel usw.) vornehmen zu können, muss zuerst der genaue Zeitpunkt der Abreise festgelegt werden. Bei der Festlegung der Reisezeit ist auch darauf zu achten, ob zur gleichen Zeit im Betrieb **wichtige Termine** festliegen.

Wohin geht die Reise?

Damit sich der Reisende unterwegs problemlos zurechtfindet, ist ihm bei Bahn- und Flugreisen ein Plan mitzugeben, aus dem hervorgeht, wo er den Zug bzw. das Flugzeug wechseln muss (Umsteigeorte). Bei Pkw-Reisen ist – falls kein Navigationssystem zur Verfügung steht – eine Skizze der Reiseroute (z. B. mit Autobahnnummern) hilfreich. Wenn Mitarbeiter oft mit dem Auto verreisen, lohnt es sich, ein **PC-Reiseplanungsprogramm** zu nutzen, das die schnellste und kürzeste Reiseroute am Bildschirm anzeigt und ausdruckt. Im Internet können auch kostenlose Routenplaner genutzt werden.

Warum wird verreist (Reisezweck)?

Um Termine vorbereiten und vor allem alle benötigten Unterlagen rechtzeitig heraussuchen und besorgen zu können, muss der Reisezweck bekannt sein. Das Zusammenstellen der benötigten Reiseunterlagen hängt also davon ab, ob der Reisende eine Messe bzw. Kunden besucht oder ob er an einem Seminar oder einer Fortbildungsveranstaltung teilnimmt. Wichtig ist auch die Frage, ob der Reisende nur Teilnehmer einer Veranstaltung ist oder als Leiter bzw. Referent eingeplant wurde.

Da Reisen viel Zeit und Geld kosten, empfiehlt es sich, bei jeder Reiseplanung zu überlegen, ob die **Reise vermeidbar** wäre. Reisen lassen sich eventuell vermeiden, wenn anstelle einer Reise auch ein Telefonat geführt werden kann oder eine Videokonferenz anberaumt wird. Vielleicht ist es auch möglich, dass anstelle des Chefs ein Mitarbeiter die Reise übernimmt oder der Geschäftspartner in den Betrieb kommt. Wenn sich die Reise nicht vermeiden lässt, sollte überlegt werden, ob sie mit anderen Kundenbesuchen oder einem Messebesuch gekoppelt werden könnte.

Sind alle Fragen geklärt, müssen

- Reisepläne angefertigt,
- Reisepapiere besorgt,
- Hotelzimmer gebucht,
- Reservierungen vorgenommen und
- Reiseunterlagen zusammengestellt werden.

11.1.1 Reiseplan

Viele Geschäftsreisende schätzen es, wenn sie einen ausführlichen Reiseplan, aus dem alle Verkehrsverbindungen und Termine ersichtlich sind, mitnehmen können. Ein Reiseplan sollte folgende Informationen enthalten:

- Name des Reisenden,
- Ziel und eventuell Zweck der Reise,
- Abfahrts- und Ankunftszeiten von Bahn oder Flugzeug,
- Umsteigestationen,
- Zugnamen bzw. Zugnummern/Flugnummern,
- wahrzunehmende Termine,
- Anschriften der Gesprächspartner, Tagungsstätten, Hotels,
- Vermerke über Unterlagen (Reservierungen, Korrespondenz usw.).

BEISPIEL:

Reiseplan für Herrn Kaufmann nach Leipzig vom 10. bis 12. März					
Datum	**Uhrzeit**	**Anschrift**	**Vermerke**	**Unterlagen**
10. März	12:51	ab Ulm	ICE 594	Platzreservierung
	16:14	an Fulda	Umsteigen	
	16:19	ab Fulda	EC 57	Platzreservierung
	18:57	an Leipzig Hotel Bauer Schillerstr. 5 Tel. 483090 Fax 483091		Hotelbestätigung
11. März	09:00	IHK Römerplatz 1 Tel. 8902140 IHK@t-online.de	Fachtagung AG-Verband Sachsen	Einladungs-schreiben Programm
12. März	07:40	ab Leipzig	ICE 794	Platzreservierung
	13:11	an Augsburg		
	14:00	Hotel am Park Ulmer Str. 40 Tel. 352912 Fax 353010	Besprechung mit Dr. Beck Metallbau AG	Rote Mappe
	17:00		Arbeitsessen mit Frau Roth-Schneider	Blaue Mappe Vertragsunter-lagen
	19:23	ab Augsburg	IC 762	Platzreservierung
	20:03	an Ulm		

11.1.2 Hotelbuchung

Ist bei Geschäftsreisen eine Übernachtung erforderlich, muss das Hotel so früh wie möglich gebucht werden. Die Buchung kann über ein Reisebüro, über die Reisestelle des Betriebs oder über das Internet vorgenommen werden. Wichtig ist, dass Sie sich die Reservierung auf jeden Fall schriftlich bestätigen lassen.

www.hotel.de
www.hrs.de
www.ehotel.de
www.hotelstandby.de
www.hotellerie.de
www.klassifizierung.de
www.vdr-service.de

Bei der Hotelreservierung sind folgende Auswahlkriterien zu beachten:

- **Persönliche Vorlieben des Reisenden**
  - kleines Hotel oder große Hotelanlage
  - älteres oder modernes Hotel
  - Dusche und/oder Bad
  - Balkon
- **Lage des Hotels**
  - Entfernung zum Besprechungsort
  - im Zentrum oder am Stadtrand gelegen
  - Erreichbarkeit bei Ankunft mit Pkw, Bahn oder Flugzeug
- **Preis**
  - Preis-Leistungs-Verhältnis
  - Sonderkonditionen

Bei der Reservierung sind folgende Informationen anzugeben:

- Name des Gastes (möglichst mit Firmennamen, Telefon- bzw. Faxnummer),
- Zimmerart,
- Tag der Anreise (bei späterer Ankunft, nach 18:00 Uhr, unbedingt Uhrzeit angeben),
- Tag der Abreise,
- Bitte um schriftliche Bestätigung.

Außerdem kann der ausgehandelte Zimmerpreis genannt und um die Zusendung eines Prospekts und/oder einer Wegbeschreibung gebeten werden.

Die meisten Hotels bieten günstige Tarife an:

- **Long Term Rate** = Langzeittarif (Aufenthalt länger als 14 Tage)
- **Group Rate** = Gruppentarif
- **Weekend Rate** = Wochenendtarif
- **Special Programmes** = Spezialarrangements (z. B. Vielbucher)
- **Corporate Rate** = Firmentarif

11.1.3 Reiseunterlagen

Unterlagen, die während der Reise und vor allem bei Besprechungen und Tagungen benötigt werden, sind übersichtlich geordnet in Heftern, Mappen oder Sichthüllen zusammenzustellen.

Je nach Reisezweck handelt es sich dabei um

- Besprechungsunterlagen (bisherige Korrespondenz, Vertragsentwürfe, Angebote, Prospekte, Preislisten usw.),

- Tagungsprogramme,
- Terminvereinbarungen (Reiseplan),
- Kundenanschriften,
- Hotelbestätigungen,
- Reservierungsunterlagen für ein Mietauto,
- Werbegeschenke,
- Handdiktiergerät,
- Autokarten, Stadtpläne,
- Formulare für Reisekostenabrechnung,
- private Unterlagen (Ausweispapiere, Führerschein, Kreditkarten, Visitenkarten usw.),
- Büromaterialien (Schreibgeräte, Schreibpapier, Briefumschläge, Briefmarken, Klarsichthüllen usw.),
- Adressen und Telefonnummern,
- Notebook und Handy.

Ist der Chef oder eine Mitarbeiterin/ein Mitarbeiter längere Zeit verreist, so sollten für die Zeit der Abwesenheit u. a. folgende Fragen geklärt werden:

- Wer vertritt den Verreisenden während seiner Abwesenheit?
- Wie wird die Eingangspost behandelt (liegen lassen, beantworten, nachschicken)?
- Was muss vor der Abreise noch erledigt werden?
- Welche Termine oder Besuche müssen verschoben bzw. ab- oder umbestellt werden?
- Wer unterschreibt bereits diktierte Briefe?
- Wann und wie ist der Verreisende in dringenden Fällen zu erreichen?
- An wen sollen die E-Mails umgeleitet werden?
- Wurde eine Abwesenheitsinformation in der Mailbox aktiviert?

11.1.4 Wahl des geeigneten Verkehrsmittels

Bei der Wahl des günstigsten Verkehrsmittels sind folgende Punkte zu berücksichtigen:

www.travelcity.com

Arbeitsblatt 1
Arbeitsblatt 2

- Reiseziel,
- Reisezeit (Witterungseinflüsse, Straßenzustand),
- Personenzahl,
- Pünktlichkeit, Schnelligkeit und Zuverlässigkeit des Verkehrsmittels,
- Dringlichkeit der Reise (Terminzwang),
- stressfreies Reisen (Gesundheitszustand),
- Mitnahme umfangreichen Gepäcks,
- Kosten,
- ökologische Gesichtspunkte.

Vergleicht man aufgrund dieser Kriterien Pkw-, Bahn- und Flugreisen, so ergeben sich folgende Vor- und Nachteile:

11.1 Allgemeines zur Reiseplanung

Verkehrsmittel	Vorteile	Nachteile
Pkw (eigener Pkw oder Firmenwagen)	• sehr flexibel (beliebige Wahl der Abfahrtszeiten, des Abfahrtortes, kein Mietauto, Flexibilität vor Ort) • problemlose Gepäckbeförderung • mit Chauffeur: Besprechungen, Telefonate sowie Arbeiten oder Diktieren während der Fahrt • kostengünstig bei Inanspruchnahme eines Firmenwagens und bei Fahrten mit mehreren Personen	• Autofahrten sind ermüdend und können Stress hervorrufen • erhöhte Unfallgefahr • zeitliche Unsicherheit (Verkehrsbehinderungen) • Arbeiten während der Fahrt nicht möglich, falls der Reisende ohne Chauffeur fährt
Bahn	• auf langen Strecken weniger ermüdend (bei Nachtfahrten Liege- oder Schlafwagen) • geringe Unfallgefahr • Arbeiten während der Fahrt möglich • relativ termingerechtes und planbares Reisen • keine Parkprobleme • Speisewagen • bei Inanspruchnahme von Sonderangeboten kostengünstig • umweltfreundlich	• an feste Abfahrtszeiten gebunden • eingeschränkte Gepäckbeförderung • vor Ort auf andere Verkehrsmittel (Taxi, Mietauto, öffentliche Verkehrsmittel) angewiesen • eingeschränkte Besprechungsmöglichkeiten während der Fahrt
Flugzeug	• schnellstes Transportmittel für lange Strecken (Auslandsreisen) • Arbeiten während des Flugs eingeschränkt möglich • Essen und Trinken an Bord	• oft lange Anfahrtswege zu den Flughäfen • meist hohe Parkplatzgebühren am Abflughafen • vor Ort auf andere Verkehrsmittel angewiesen • Gepäckmitnahme begrenzt • nicht umweltfreundlich

Bei der Überlegung, ob bei Pkw-Reisen der eigene Pkw, ein Firmenwagen oder ein **Mietauto** gewählt werden soll, ist der Kostenaspekt ausschlaggebend. Während die Nachteile bei der Benutzung eines Mietautos mit denen des eigenen Pkws oder eines Firmenwagens identisch sind, kann unter Umständen die Benutzung eines Mietautos kostengünstiger ausfallen.

www.avis.de
www.holiday-autos.de
www.europcar.de
www.sixt.de
www.hertz.de

Die bekanntesten **Autovermieter** sind:

- Europcar,
- Hertz,
- AVIS,
- Sixt.

11.1.5 Online-Buchungssysteme (Online Booking Engine = OEG)

Geschäftsreisen im Internet buchen spart Zeit und Geld. Deshalb setzen vor allem die größeren Unternehmen zur Reiseplanung und -buchung Online-Buchungssysteme ein, um Prozesse zu beschleunigen und Kostentransparenz zu erreichen. Doch bevor man sich für ein Online-Buchungssystem entscheidet, muss geprüft werden, welches für die unternehmenseigenen Bedürfnisse am besten geeignet ist.

www.opodo-corporate.de
www.egencia.de

Online-Buchungssysteme bieten in der Regel:
- die komplette Reisebuchung aus einer Hand,
- spezielle Firmenzugänge,

- Ansprechpartner bei komplizierten Buchungen per Telefon, E-Mail oder Fax,
- Reporting (= Rechnungslegung und Auswertung),
- direkte Flug-Zug-Vergleiche sowie
- Hinweise auf besondere Angebote.

Geschäftsreise-Dienstleister für Online-Buchungssysteme sind z. B. große Reisebüros wie BCD Travel, Carlson Wagonlit Travel, FCm DER Travel Solutions, FIRST Business Travel oder HRG.

Online-Buchungssysteme	
Vorteile	Nachteile
• Zugang zu ermäßigten Raten der Geschäftsreise-Dienstleister • zeit- und kostenintensive Vergleiche bei mehreren Anbietern entfallen • Reiserichtlinien, Firmenraten und bevorzugte Partner lassen sich in das System einpflegen • Integration ins firmeneigene Intranet möglich • Echtzeit-Online-Reporting ermöglicht tagesaktuelle Statistikübersichten	• Umbuchungen sind meist nicht möglich • Langstreckenflüge sind teuer • keine Wartelisten für ausgebuchte Flüge • fast unmöglich, Sitzplätze für mehrere Reisende nebeneinander zu buchen

Q Tipp — Geschäftsreisen

Reisekosten reduzieren durch Einführung eines Online-Buchungssystems

Über ein Online-Buchungssystem können Mitarbeiter/-innen eines Unternehmens direkt online Flüge, Hotels, Mietwagen usw. buchen und dabei bis zu zehn Prozent der Kosten einsparen.

Voraussetzungen:

- Erstellen von firmeninternen Reiserichtlinien.
- Durchführen von Marketing- und Kommunikationskampagnen, die den Mitarbeiterinnen und Mitarbeitern das Online-Buchungssystem bekannt machen.
- Regelmäßige, firmeninterne Schulungsmaßnahmen sichern den richtigen Umgang mit der Software und damit auch die Akzeptanz. Neue Mitarbeiter werden dadurch automatisch in die Schulungsmaßnahmen integriert.
- Das Online-Buchungssystem muss von allen Mitarbeiterinnen und Mitarbeitern akzeptiert und genutzt werden.

11.2 Reisen mit dem Pkw

Damit bei einer Pkw-Reise nichts vergessen wird, sind Checklisten sehr hilfreich!

Einige Tage vor dem Reisetermin:
- Kundendienstinspektion
- Reiseplan erstellen (Besuchstermine)
- Reiseunterlagen zusammenstellen
- Chauffeur verständigen
- Fuhrpark informieren (bei Benutzung eines firmeneigenen Pkws)
- Hotelbuchung (bei mehrtägiger Abwesenheit)
- Abwesenheitsregelung

Kurz vor Antritt der Reise:
- Personalausweis
- Führerschein
- Kfz-Schein
- Grüne Versicherungskarte
- Verzeichnis der Reparaturwerkstätten
- Straßenkarten (Autoatlas)
- Stadtpläne
- Hotelführer
- Reservekanister, Ersatzschlüssel, Warndreieck, Schneeketten, Abschleppseil, Verbandskasten, Taschenlampe, Ersatzteile
- Bargeld, Schecks, Kreditkarte, Vorschuss

Eine große Hilfe bei der Reiseplanung sind Stadtpläne mit Straßenverzeichnissen, Routenprogramme zur Berechnung der schnellsten und kürzesten Strecke von A nach B, Autopilot, PDA mit integriertem Navigator, Hotelführer sowie das Internet.

Automobilklubs bieten ihren Mitgliedern gegen eine entsprechende Jahresgebühr umfangreiche Hilfeleistungen:

- Pannenhilfe (Abschleppdienst),
- Schutzbrief mit vielen Klubleistungen wie z. B.
  - Tourenberatung,
  - Unfallhilfe,
  - Rücktransport.

Bekannte deutsche Automobilklubs sind z. B.
- ADAC (Allgemeiner Deutscher Automobil-Club),
- AvD (Automobilclub von Deutschland),
- DTC (Deutscher Touring Club),
- ARCD (Auto- und Reiseclub Deutschland).

www.map24.de
www.falk.de
www.routenplaner.de
www.bmvbw.de
www.staumelder.de

11.3 Reisen mit der Bahn

1835 fuhr zwischen Nürnberg und Fürth die erste deutsche Eisenbahn. Nach dem Zweiten Weltkrieg wurden in der damaligen Bundesrepublik Deutschland die Deutsche Bundesbahn, in der damaligen DDR die Deutsche Reichsbahn als staatseigene Betriebe gegründet. In einer Bahnreform wurden zum 1. Januar 1994 beide Institutionen in die privatrechtlich organisierte **Deutsche Bahn AG** umgewandelt.

11.3.1 Zugarten

www.bahn.de
www.bahnhof.de

Züge im Fernverkehr	Züge im Nahverkehr
• Intercity-Express (ICE) • ICE Sprinter • Intercity (IC) • Eurocity (EC)	• Regional-Express (RE) • Regionalbahn (RB) • S-Bahn

DB-Nachtzüge	Verbindungsnetz	Internet-Information
„City Night Line"	29 Verbindungen in 9 europäische Länder	www.citynightline.de
„D-Nacht"	Angebot verschiedener Partnerbahnen mit Verbindungen in 12 Ländern	www.nachtzugreise.de
„EuroNight"	Angebot der Partnerbahnen aus Österreich, Italien, Ungarn, Polen und Rumänien	www.nachtzugreise.de
DB „Nachtzug"	Dichtes Streckennetz innerhalb von Deutschland, Belgien, Frankreich, Italien, Tschechien und der Schweiz	www.nachtzugreise.de

11.3.2 Besondere Angebote

Park & Ride

Für Nahverkehrskunden (Pendler und Schüler), die aus dem Umland regelmäßig in die Stadt fahren, gibt es an über 1 000 kleineren Bahnhöfen Parkplätze, die meist kostenlos benutzt werden können.

Park & Rail

Reisende, die weiter als 100 km reisen, können ihr Auto an vielen Bahnhöfen zu ermäßigten Preisen abstellen.

Bahn & Auto (Mietwagenstationen)

Wenn Reisende am Zielbahnhof ein Auto benötigen, können sie es vor der Abreise an den Mietwagenstationen in Bahnhöfen, in Reisebüros oder über die Hotline der Mietwagenfirma (z. B. AVIS, Europcar, Hertz oder Sixt) buchen.

Rail & Fly

Wer einen Flug gebucht hat und sein Auto zu Hause lassen will, kann unter Vorlage seines Flugtickets eine Rail & Fly-Fahrkarte lösen. Mit dieser preiswerten Rückfahrkarte kann man von jedem Bahnhof alle großen deutschen Flughäfen bequem und ausgeruht erreichen.

Kuriergepäck

Bei diesem Service wird das Reisegepäck (Koffer, Taschen, Fahrrad, Skier) zu Hause abgeholt und an die Zieladresse zugestellt. Die Zustellung im Inland erfolgt in der Regel nach zwei Werktagen. Die Gewichtsbegrenzung liegt bei 30 kg. Reisegepäck bis 20 kg kann auch bei allen Postfilialen aufgegeben werden.

IC-Kurierdienst

Wichtige Dokumente, dringend benötigte Ersatzteile oder Druckunterlagen (bis 20 kg) erreichen mit allen ICE-, IC- und EC-Zügen noch am gleichen Tag (Beförderungszeit: Fahrzeit + 45 Minuten) den Empfänger.

11.3.3 Reservierungen

Bei Reisen mit Fernverkehrszügen (ICE, ICE Sprinter, IC, EC) ist eine Sitzplatzreservierung empfehlenswert. Beim City Night Line ist die Reservierung im Pauschalpreis eingeschlossen.

Ein Parkplatz am Abfahrtsbahnhof bzw. ein Mietwagen für den Zielbahnhof kann vor Reiseantritt reserviert werden.

Alle Reservierungen können am Bahnhof, telefonisch oder über Onlineverbindungen am PC vorgenommen werden.

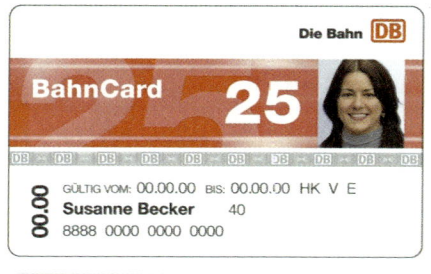

11.3.4 Vergünstigungen

BahnCard

Für Geschäfts- wie Privatreisende, die oft mit der Bahn fahren, bietet die **BahnCard 25** eine Ermäßigung von 25 % und die **BahnCard 50** eine Ermäßigung von 50 % auf den normalen Fahrpreis. Die **Mobility BahnCard 100** ermöglicht beliebig viele Fahrten in fast allen Zügen der Bahn und auf ausgewählten Buslinien und Bahnen vieler Verkehrsunternehmen.

Die Karten gelten für ein Jahr auf dem gesamten Streckennetz der Deutschen Bahn AG, bei den meisten regionalen

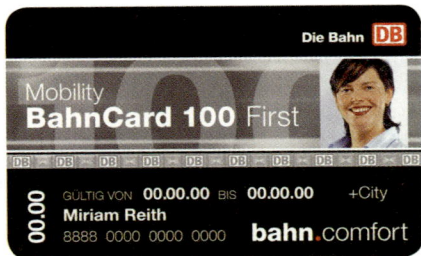

Omnibusgesellschaften der DB sowie auf vielen Strecken der nicht bundeseigenen Eisenbahnen.

Die BahnCard ist auf den Inhaber ausgestellt, mit Lichtbild versehen und nicht übertragbar. Die BahnCard 25 eignet sich für Gelegenheitsfahrer und Familien, die BahnCard 50 für spontane Vielfahrer und die BahnCard 100 für Personen, die regelmäßig längere Strecken fahren.

11.3.5 Online-Ticket

Die Deutsche Bahn AG bietet ihren Kunden die Möglichkeit, über das Internet die Tickets selbst auszudrucken. Sobald eine Fahrt zum Kauf ausgewählt wird, finden Reservierungen und Verfügbarkeitsanfragen online statt. Die Bezahlung erfolgt mit der Kreditkarte. Nach der Bezahlung erzeugt das System ein Online-Ticket im PDF-Format. Mit dem Online-Ticket können Fahrkarten missbrauchsicher per E-Mail im HTML- oder PDF-Format an den Endverbraucher übergeben werden. Der Missbrauchsschutz basiert auf einem Verschlüsselungsverfahren sowie der Bindung an eine Kreditkarte.

DB-Automat für den Nah- und Fernverkehr

11.3.6 Bahnticket per Handy

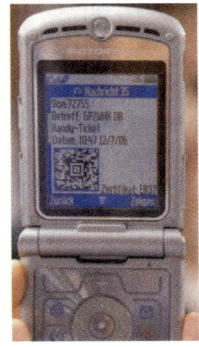

Mit dem Handy können Fahrkarten auch noch zehn Minuten vor der Zugabfahrt gekauft werden. Nachdem sich der Kunde mit einem internetfähigen Handy für den Service bei der Bahn angemeldet hat, kann er über das Mobiltelefon Verbindungen suchen, den Platz reservieren und per Kreditkarte zahlen. Nach der Bestätigung bekommt er das Ticket per MMS direkt auf das Display des Handys. Der Zugbegleiter kontrolliert das Display.

11.3.7 eTicketing-System „Touch&Travel" für das Handy

Die Bahn und Vodafone haben ein eTicketing-System für das Handy entwickelt, das zurzeit in vielen Regionen Deutschlands getestet wird.

So funktioniert es:

- **Abfahrt**
  Einchecken mit dem Handy per Tastendruck am Touchpoint.

- **Unterwegs**
  Ohne Fahrkartenkauf kann der Reisende unterwegs umsteigen, die Verkehrsmittel wechseln und so bequem beispielsweise Straßenbahn und ICE kombinieren. Statt einer Fahrkarte aus Papier zeigt der Reisende unterwegs sein Handy vor. Der mobile Terminal des Kontrolleurs hinterlässt auf dem Mobiltelefon des Reisenden einen sogenannten elektronischen Zangenabdruck. Damit der korrekte Tarif berechnet werden kann, wird mit dem elektronischen Zangenabdruck registriert, mit welchem Verkehrsmittel der Reisende unterwegs ist.

- **Ankunft**
  Auschecken mit dem Handy per Tastendruck am Touchpoint.

- **Abrechnung**
  Ende des Monats erhält der Bahnkunde eine Rechnung.

Vorteile:

- Beliebiges Umsteigen,
- Verkehrsmittel können beliebig gewechselt werden,
- Kostenoptimierung durch Zusammenfassung der Fahrten.

11.3.8 Buchungsmöglichkeiten für Geschäftskunden

Für Geschäftskunden bietet die Bahn vielfältige Buchungsmöglichkeiten:

bahn.corporate SMART	bahn.corporate CLASSIC	Online Business Travel – OBT
Buchungsportal für kleine Unternehmen	Buchungsportal für mittelständische Unternehmen	Online-Buchungssystem für kleine und mittelständische Unternehmen der Bahn

11.4 Reisen mit dem Flugzeug

Die Benutzung eines **Flugzeugs** bietet vor allem bei großen Entfernungen (auch im Inland) einen eindeutigen Zeitvorteil im Vergleich zu Bahn und Pkw. Nachteilig wirken sich allerdings die oft lange Anfahrt zum Flughafen, die verhältnismäßig langen Abfertigungszeiten und die teilweise ungenügenden Verbindungen zum gewünschten Zielort bei der Ankunft am Flughafen aus. Dafür aber bietet das Fliegen heute meistens sehr viel Komfort und Bequemlichkeit.

Flugscheine (Tickets)

Das Flugticket in Papierform hat ausgedient. Seit dem 1. Juni 2008 gibt es auch in Deutschland nur noch das elektronische Flugticket. Das sogenannte E-Ticket besteht lediglich aus

Foto: Udo Kröner/Lufthansa

Flughäfen in Deutschland:
www.flughafen.de
www.airlines.de
www.dortmund-airport.de
www.duesseldorf-international.de
www.frankfurt-airport.de
www.airport.de
www.hannover-airport.de
www.airport-cgn.de
www.leipzig-halle-airport.de
www.munich-airport.de
www.tuifly.com
www.germanwings.de
http://de.finance.yahoo.com/waehrungsrechner
www.airlinemeals.net

- **Namen des Reisenden** und
- **Buchungsnummer.**

Die Buchung erfolgt über Internet, Telefon oder über ein Reisebüro.

Als Nachweis reicht der Personalausweis oder die Bankkarte. Hat der Passagier seine Buchungsnummer vergessen, genügt auch der Personalausweis.

Am Flughafen kann der Passagier das Einchecken am Automaten der jeweiligen Fluggesellschaft selbst übernehmen. Der Computer fügt dann Namen und Flugbuchung zusammen und druckt die Platzkarte in Papierform aus.

Der **Transfer zum Flughafen** erfolgt entweder mit dem eigenen Pkw (bzw. Firmenwagen), mit einem Taxi oder mit öffentlichen Verkehrsmitteln. Große Flughäfen bieten gegen eine bestimmte Tagesgebühr überdachte bzw. nicht überdachte Stellplätze an. Flughäfen in der Nähe von Großstädten (Frankfurt, Stuttgart, München) haben S-Bahn-Anschluss oder sind an das ICE- bzw. IC-Netz der Bahn angeschlossen und damit in kurzer Zeit vom jeweiligen Hauptbahnhof aus zu erreichen. Manche Fluggesellschaften (z. B. Lufthansa) bringen ihre Fluggäste mit Airport-Bussen von einer Stadt zum Flughafen.

Fluggäste können sich am Zielflughafen ein Mietauto reservieren lassen oder für die Fahrt zur nahe liegenden Stadt ein Taxi bzw. öffentliche Verkehrsmittel benutzen. Geschäftsreisende werden meist von ihren Geschäftspartnern am Flughafen abgeholt.

Alle Flüge finden nach den Flugplänen der einzelnen Luftverkehrsgesellschaften statt. **Charterfluggesellschaften** befördern vorwiegend Touristen und legen die Flugzeiten nach Bedarf fest.

Die meisten Luftverkehrsgesellschaften (Airlines) sind in der **IATA** (International Air Transport Association) vertreten. Dieser internationale Luftverkehrsverband kümmert sich um eine wirtschaftliche, sichere und standardisierte Durchführung (z. B. Vereinheitlichung der Tarife, Preise, Flugbedingungen) des internationalen Luftverkehrs.

11.5 Auslandsreisen

Bei der Vorbereitung von Auslandsreisen sind folgende Gesichtspunkte zu berücksichtigen:

- **Personalausweis** bzw. **Pass** auf Gültigkeit überprüfen,
- rechtzeitig ein **Visum** beantragen (welche Länder ein Einreisevisum verlangen, erfährt man im Reisebüro),
- bei der **Krankenversicherung** und Unfallversicherung nachfragen, ob sie auch im Ausland gültig ist (gegebenenfalls eine Zusatzversicherung abschließen),
- **Diebstahlversicherung** bzw. **Gepäckversicherung** abschließen,
- manche Länder verlangen eine Impfbescheinigung (beim Reisebüro oder beim Gesundheitsamt nachfragen),

- bei Pkw-Fahrten ins oder im Ausland benötigt man in einigen Ländern einen internationalen Führerschein,
- bei Pkw-Fahrten empfiehlt es sich außerdem, ein Verzeichnis der ausländischen **Kundendienststellen,** einen **Auslandsschutzbrief** (von einem Automobilklub) und die grüne Versicherungskarte mitzunehmen,
- ein Verzeichnis der **Fernwählverbindungen** aus dem Ausland,
- ein Verzeichnis der deutschen **Botschaften bzw. Konsulate** (bei Notlagen im Ausland wichtige Anlaufstellen),
- **Devisen** (ausländische Zahlungsmittel) besorgen.

www.visum-centrale.de
www.expressvisa.de
www.fit-for-travel.de

Ein **Visum** (Sichtvermerk im Reisepass) kann bei einem Reisebüro oder direkt bei der Botschaft (bzw. Konsulat) des Einreiselandes beantragt werden. Da die Bearbeitung manchmal mehrere Wochen dauern kann, empfiehlt es sich, den Visumsantrag rechtzeitig einzureichen.

Vor dem Kauf ausländischer Zahlungsmittel ist zweckmäßigerweise zu überprüfen, ob der Umtausch in Deutschland oder im Ausland günstiger ist. Auf jeden Fall empfiehlt es sich, nicht zu viel Bargeld mitzunehmen, sondern im Ausland mit auf Dollars ausgestellten Reiseschecks (Travellerschecks) oder mit Kreditkarte zu zahlen.

In einigen Ländern ist die Einfuhr von Zahlungsmitteln in der Landeswährung begrenzt oder verboten. Daher sollte man sich vor Reiseantritt über die gültigen **Devisenvorschriften** bei der Bank, beim Reisebüro oder bei der IHK erkundigen.

Zeitverschiebung

Bei Auslandsreisen oder bei der Telekommunikation mit ausländischen Geschäftspartnern (z. B. Telefon) muss die Zeitverschiebung beachtet werden. In Europa gibt es drei Zeiten:

- MEZ = Mitteleuropäische Zeit   (z. B. in Frankfurt)
- OEZ = Osteuropäische Zeit   (z. B. in Moskau)
- WEZ = Westeuropäische Zeit   (z. B. in London)

Wenn es in Frankfurt 12:00 Uhr ist, so ist es in Moskau bereits 13:00 Uhr, in London dagegen erst 11:00 Uhr. Die osteuropäische Zeit ist gegenüber unserer Zeit immer eine Stunde weiter, die westeuropäische Zeit dagegen immer eine Stunde zurück.

Die WEZ wird als **Weltzeit** (GMT = Greenwich Mean Time) bezeichnet. Im Gegensatz dazu spricht man von der jeweiligen **Ortszeit** (LT = Local Time).

Die Zeitunterschiede der verschiedenen Zeitzonen auf der ganzen Welt gegenüber unserer Lokalzeit sind aus der Zeittabelle auf Seite 321 zu entnehmen. Bei Reisen in ferne Länder (z. B. von Europa nach Amerika oder Asien) kann wegen der Zeitverschiebung die „innere Uhr" des Menschen aus dem Takt kommen.

Sitten und Gebräuche

Bei Reisen in andere Länder sollte man sich mit den jeweils landestypischen Sitten und Gebräuchen vertraut machen. Sonst kann man durch unbedachtes Verhalten in eine Situation geraten, in der man Gefühle und Empfindungen der einheimischen Bevölkerung ungewollt verletzt. Es gibt überall „Spielregeln", die man beachten sollte. Wie man sich in einem anderen Land verhält, wirft zunächst ein gutes oder schlechtes Licht auf einen selbst, wirkt sich aber auch immer – positiv wie negativ – auf das Ansehen des Landes aus, aus dem man kommt.

Die folgenden Beispiele sollen lediglich eine kleine Auswahl landestypischer Sitten und Gebräuche sein.

BEISPIELE:
- *Auf angemessene Kleidung und peinlich korrektes Verhalten im Umgang mit dem anderen Geschlecht wird überall im Nahen Osten großer Wert gelegt.*
- *Vor allem beim Besuch religiöser Stätten (Moscheen, Tempel, Kirchen) muss auf die landesübliche Sitte Rücksicht genommen werden (z. B. keine Shorts, Kopfbedeckung, Schuhe ausziehen).*
- *Pünktlichkeit gilt in fast allen Ländern als Zeichen von Respekt und Höflichkeit. Vereinbarte Termine sollte man also möglichst exakt einhalten (Südeuropäer und viele Afrikaner nehmen es mit der Pünktlichkeit nicht immer sehr genau).*
- *In den südlichen Ländern sind die meisten Büros und Geschäfte während der Mittagszeit geschlossen.*
- *In islamischen Staaten ist der Freitag ein Feiertag, d. h., die Arbeitswoche geht von Samstag bis Donnerstag. In Israel gilt der Sabbat (Samstag) als Tag der Ruhe.*
- *In den meisten Ländern ist der Handschlag als Begrüßung üblich. Mit Küssen auf die Wange und/oder Umarmungen werden vor allem in südlichen Ländern gute Bekannte begrüßt.*
- *In China und vor allem in Japan ist die Verbeugung (also kein Handschlag) eine durchaus übliche Begrüßungsform.*
- *Wenn man den Gesprächspartner kennt, sollte man ihn mit dem Namen begrüßen. In den USA und Australien wird man häufig mit dem Vornamen angesprochen.*
- *Die Frage „How do you do?" wird in England als plumpe Vertraulichkeit aufgefasst, gehört in den USA dagegen zu den Standardformeln der Gesprächseröffnung.*
- *In einigen Ländern erwartet der Gastgeber, dass er mit dem Titel begrüßt wird (Österreich, China).*
- *Bei Einladungen kann man fast überall der Frau des Hauses Blumen mitbringen (Vorsicht mit Chrysanthemen und roten Rosen).*
- *Bei einer Einladung in ein arabisches Haus kann es sein, dass sich die Ehefrau des Hausherrn gar nicht zeigt (obwohl sie in der Küche das Essen zubereitet). Es wäre dann nicht höflich, sich nach ihr zu erkundigen.*
- *Es wäre sehr unhöflich, eine Speise oder ein Getränk abzulehnen, weil man es nicht kennt.*
- *Geschenke, Visitenkarten sollte man im Nahen Osten und in Afrika nie mit der linken Hand überreichen, in Japan und China sollte man sie immer mit beiden Händen überreichen.*
- *Für einen Japaner kann ein Lächeln ein in Höflichkeit eingehülltes „Nein" sein.*
- *In den USA haben einige Bundesstaaten das Rauchen in der Öffentlichkeit stark eingeschränkt. In Gesellschaft sollte man immer zuerst fragen, ob man mit dem Rauchen jemanden stört.*

Eine Geste gibt es überall auf der Welt, in jedem Land, in jedem Kulturkreis – ein Lächeln. Es wird von allen Menschen verstanden, es ist ein universelles Signal. Mit Lächeln gewinnt man Freunde, lächeln hilft auch in schwierigen Situationen weiter.

11.6 Reisekostenabrechnung

Für die Abrechnung der Reisekosten ist das aktuelle Einkommen- und Lohnsteuerrecht zu beachten. Außerdem gibt es für diese Abrechnung in vielen Betrieben hausinterne Anweisungen, die mit berücksichtigt werden müssen.

Abzugsfähige Reisekosten sind:

- Fahrtkosten,
- Verpflegungskosten (Verpflegungsmehraufwendungen),
- Übernachtungskosten,
- Nebenkosten.

Fahrtkosten

Diese Aufwendungen sind durch Vorlage von Fahrkarten, Flugtickets, Tankstellenquittungen (bei Benutzung des firmeneigenen Autos) bzw. eines Fahrtenbuchs glaubhaft nachzuweisen. Das Fahrtenbuch stellt einen belegmäßigen Nachweis der geschäftlich bzw. dienstlich veranlassten Fahrtkosten dar und muss folgende Angaben enthalten:

- Datum,
- Reiseziel,
- Zweck der Reise,
- Kilometerstand zu Beginn und am Ende der Reise,
- Anzahl der gefahrenen Kilometer je Reise,
- Tacho-Kilometerstände am Jahresanfang und Jahresende.

Bei Fahrten wird eine Pauschale pro gefahrenen Kilometer von 0,30 EUR (Kilometerpauschale) vergütet. Wurde für die Geschäftsreise ein Firmenwagen genommen, kann die Kilometerpauschale nicht abgerechnet werden.

Ob ein Reisender die erste oder zweite Wagenklasse benutzen und abrechnen darf, muss firmenintern geregelt werden und hängt in der Regel von der Position des Reisenden in der Firma ab.

Arbeitsblatt 3

Verpflegungsmehraufwendungen

Diese Aufwendungen können nur noch pauschal und nicht mehr mit Einzelbelegen abgerechnet werden.

Bei der pauschalen Abrechnung müssen keine Einzelbelege vorgelegt werden. Die Höhe der Vergütung ist davon abhängig, ob es sich um eine In- oder Auslandsreise handelt. Die bisherige Unterscheidung zwischen ein- und mehrtägigen Reisen entfällt. Ebenso entfällt die bisherige Unterscheidung zwischen Dienstgang und Dienstreise.

Der jeweilige Tagessatz richtet sich wie bisher nach der Dauer der Abwesenheit. Bei **Auslandsreisen** richtet sich die Höhe des Pauschbetrages nach dem Land, in dem sich der Reisende aufhält. Diese Sätze werden in regelmäßigen Abständen neu festgelegt, um die Währungs- und Kaufkraftentwicklung des jeweiligen Landes berücksichtigen zu können.

Lädt der Reisende einen Geschäftspartner zum Essen ein, kann er diese Aufwendungen in seiner Reisekostenabrechnung nicht mehr geltend machen. Sie müssen vom Reisenden getrennt von der Reisekostenabrechnung mit seiner Firma abgerechnet werden. Dabei ist es wichtig, dass der Reisende eine maschinell erstellte Restaurantrechnung mit Steuernummer (Speisen und Getränke müssen einzeln aufgelistet sein) für die **Bewirtungskosten** vorweisen kann. Auf dieser Rechnung müssen auch die bewirteten Personen und der Anlass der Bewirtung aufgeführt werden.

Übernachtungskosten

Für die Übernachtungskosten muss grundsätzlich eine Hotelrechnung vorgelegt werden.

Nebenkosten

Neben den Fahrtkosten, den Kosten für Verpflegung und Übernachtung kann der Reisende auch Kosten abrechnen, die ihm aus geschäftlichen Zwecken entstanden sind. Diese Nebenkosten müssen durch Belege nachgewiesen werden.

Folgende Nebenkosten können geltend gemacht werden:
- Gepäckbeförderung und -aufbewahrung,
- dienstliche Kosten für Telefon und Telefax,
- Gebühren für Parkplatz, Garage und Straßenbenutzung,
- Schadenersatzleistung infolge eines Verkehrsunfalls,
- Repräsentationskosten (Trinkgelder, Eintrittskarten u. Ä.).

Nebenkosten, für die der Reisende keinen Beleg erhält (Parken, Telefonieren u. a.), können durch einen selbst erstellten Beleg (Eigenbeleg) nachgewiesen werden.

Reisekostenabrechnungen können am **PC** mithilfe spezieller Software schnell und fehlerlos erstellt werden. In diesem Fall müssen nur die entsprechenden Daten eingegeben werden. Das Programm wählt dann automatisch die günstigste Abrechnungsart (Einzelnachweis oder pauschal).

11.7 Abschlussarbeiten

Nachdem der Chef oder ein Mitarbeiter von einer Geschäftsreise zurückgekommen ist, können u. a. folgende Abschlussarbeiten anfallen:
- Information des Chefs (Mitarbeiters) über Geschäftsvorfälle, die sich während der Abwesenheit ereignet haben (Besuch, Anrufe, innerbetriebliche Ereignisse),
- von der Reise mitgebrachte Unterlagen (Bestellungen, Verträge, Aktennotizen, Reklamationen usw.) auf Terminvereinbarungen überprüfen und nach Bearbeitung ablegen,

- Anweisungen des Chefs (Mitarbeiters) weiterleiten und ihre Durchführung gegebenenfalls kontrollieren,
- Reiseberichte und Protokolle schreiben,
- Dankschreiben an besuchte Firmen bzw. Geschäftsfreunde verschicken,
- Hotelverzeichnis, Checkliste und andere Unterlagen ergänzen bzw. aktualisieren,
- Reisekostenabrechnung erstellen.

Zusammenfassung

1. In großen Unternehmen gelten **Reiserichtlinien**, die die wichtigsten Bestimmungen für Geschäftsreisen enthalten.

2. Zur **Vorbereitung einer Geschäftsreise** sind folgende Informationen notwendig: Reiseziel, Reisedauer, Verkehrsmittel, Reisezweck und Besuchstermine.

3. **Online-Buchungssysteme** ermöglichen eine effiziente Geschäftsreiseplanung und -buchung aus einer Hand.

4. Anhand der vorliegenden Informationen wird ein **Reiseplan** erstellt, die erforderlichen **Reisepapiere** werden besorgt, das **Hotelzimmer** gebucht, die **Reiseunterlagen** zusammengestellt und alle Fragen, die in Zusammenhang mit der **Abwesenheit** des Reisenden auftreten können, geklärt.

5. Kosten, Zeit, Pünktlichkeit, Zuverlässigkeit, stressfreies Reisen und ökologische Gesichtspunkte sind Kriterien, die bei der Wahl des **geeigneten Verkehrsmittels** entscheidend sein können.

6. Im Vergleich der drei wichtigsten Verkehrsmittel ergeben sich u. a. folgende Merkmale:
   - **Flugzeug:** Zeitvorteil bei langen Strecken
   - **Pkw:** Sehr flexibel, doch relativ teuer
   - **Bahn:** Kostengünstig, für mittlere Entfernungen geeignet und umweltfreundlich

7. **BahnCard 25, BahnCard 50 und Mobility BahnCard 100** sind Vergünstigungen der Bahn für Geschäftsreisende.

8. Eine schnelle und bequeme Verbindung zwischen vielen Städten der Bundesrepublik Deutschland ermöglichen die **Intercity-Züge** (IC).

9. Während der **Eurocity (EC)** die wichtigsten Großstädte Europas miteinander verbindet, dienen **Regional-Express** und andere Regionalbahnen vorwiegend als Zubringerzüge zu ICE-, IC- und EC-Bahnhöfen.

10. Mit „Park & Rail", „Park & Ride", „Bahn & Auto" (Mietwagen) und „Rail & Fly" bietet die Bahn dem Auto- und Flugreisenden bequeme Übergänge zur Bahnfahrt.

11. **Nachtreisezüge** mit Bettabteilen, Liegewagen oder bequemen Ruhesesseln bringen die Reisenden über Nacht ausgeruht an ihr Ziel in Deutschland und Europa.

Zusammenfassung

12. Beim Buchen einer Flugreise kann man sich für eine bestimmte **Fluggesellschaft** entscheiden. Das **E-Ticket (elektronisches Flugticket)** wird im Internet, telefonisch oder im Reisebüro gebucht.

13. Mit dem **eTicketing-System „Touch&Travel"** kann man mit dem Mobiltelefon über den sogenannten „Touchpoint" grenzenlos mit der Bahn und den angeschlossenen Verkehrsbetrieben ohne lästigen Fahrscheinkauf reisen.

14. Bei **Auslandsreisen** müssen u. U. eine Reihe wichtiger Dokumente und Unterlagen (z. B. Pass, Visum, Schutzbrief, Versicherungen, Devisen) besorgt werden.

15. Um bei Geschäftsreisen nichts zu vergessen, ist das Anlegen einer **Checkliste** zu empfehlen, die ständig zu ergänzen bzw. zu aktualisieren ist.

16. In der **Reisekostenabrechnung** werden alle Aufwendungen einer Geschäftsreise wie Fahrt-, Verpflegungs-, Übernachtungs- und Nebenkosten zusammengestellt.

17. Mithilfe des **Personal Computers** und spezieller **Programme** können Reisen schnell und sicher geplant, vorbereitet und abgerechnet werden. Entsprechende Software gibt es für:
    - die Reiseplanung (Reiseplanungsprogramme),
    - die Reiseroute mit dem Pkw (Reiseroutenprogramme),
    - Bahnauskünfte (Zugverbindungen, Fahrkartenkauf, Reservierungen usw.),
    - Flugbuchungen (Reservierungssysteme),
    - die Reisekostenabrechnung.

Aufgaben

1. Sie sind mit den Vorbereitungen einer Geschäftsreise beauftragt. Worüber müssen Sie informiert sein?

2. Informieren Sie sich über die Reiserichtlinien in Ihrem Unternehmen. Fassen Sie die wichtigsten Bestimmungen zusammen und präsentieren Sie sie.

3. Welche Informationen sollte ein Reiseplan enthalten?

4. Was müssen Sie bei einer Hotelzimmerbuchung berücksichtigen?

5. Was verstehen Sie unter einem Online-Buchungssystem?

6. Ihr Chef fährt mit der Bahn zu Vertragsverhandlungen für drei Tage nach Hamburg.
    a) Welche Reiseunterlagen müssen Sie zusammenstellen?
    b) Welche Reisevorbereitungen haben Sie noch zu erledigen?
    c) Welche Fragen sind wegen der Abwesenheit Ihres Chefs zu klären?

7. Welche Reiseunterlagen sind bei Auslandsreisen u. U. zusätzlich erforderlich?

8. Ihre Chefin besucht einen Geschäftspartner in Italien. Sie will mit einem Chauffeur fahren und den Firmenwagen benutzen. Sie sollen die entsprechenden Vorbereitungen treffen. An was müssen Sie denken,
    a) da es sich um eine Geschäftsreise handelt?

    b) weil sie mit einem Pkw fahren will?
    c) da das Reiseziel Italien ist?
    d) wenn die Pkw-Reise in den Winter fällt?

9 Welche Informationsmöglichkeiten sollten Sie zur Verfügung haben, wenn Sie häufig Reisen vorbereiten müssen?

10 Sie sollen für jede Geschäftsreise das am besten geeignete Verkehrsmittel berücksichtigen. Welche Überlegungen spielen dabei eine Rolle?

11 Unterscheiden Sie Vor- und Nachteile der Pkw- bzw. Bahnfahrt.

12 Welche Zugarten werden im Fernverkehr der Deutschen Bahn AG eingesetzt?

13 Vergleichen Sie IC mit EC.

14 Zwei Mitarbeiter der Außendienststellen planen eine Geschäftsreise und möchten den jeweiligen Zielort mit einem Nachtreisezug erreichen. Ein Mitarbeiter fährt von Dortmund nach Wien, der andere von Hamburg nach Zürich. Welcher Zug kommt jeweils infrage?

15 Für Autofahrer und Flugreisende gibt es bei der Deutschen Bahn AG spezielle Serviceleistungen. Beschreiben Sie die jeweiligen Angebote.

16 Bei einer Reiseplanung finden Sie folgende Symbole und Angaben. Was sagen sie Ihnen?
    a) ✗
    b) †
    c) 🚲

17 Die Deutsche Bahn AG bietet die Möglichkeit, verschiedene Dienstleistungen im Voraus reservieren zu lassen.
    a) Um welche Dienstleistungen handelt es sich?
    b) Wie können Sie diese Reservierungen vornehmen?

18 Welche Vergünstigungen bietet die Deutsche Bahn AG den Geschäftsreisenden?

19 Erklären Sie die Funktionsweise des eTicketing-Systems „Touch&Travel".

20 Für die Planung von Bahnreisen benötigen Sie immer wieder die exakten Zugverbindungen. Unter welchen Auskunftssystemen können Sie wählen?

21 Immer mehr wird sich die elektronische Bahnauskunft durchsetzen. Erklären Sie die drei Alternativen.

22 Welche Besonderheiten weist das elektronische Flugticket (E-Ticket) auf?

23 Als Fluggast haben Sie die Wahl zwischen verschiedenen
    a) Reservierungsklassen,   b) Zahlungsarten,
    c) Fluggesellschaften.
Nennen Sie jeweils einige Beispiele mit kurzer Erklärung.

Aufgaben

24 Wie heißen die Flughäfen von
  a) Frankfurt,
  b) Berlin,
  c) München,
  d) Stuttgart?
  e) Welche Informationsquelle kann Ihnen Auskunft geben?

25 Nennen Sie je eine Fluggesellschaft der folgenden Länder: Bundesrepublik Deutschland, Schweiz, Frankreich, USA, Großbritannien. Welche Informationsquelle kann Ihnen Auskunft geben?

26 Welche Flughäfen in Deutschland sind direkt mit einer S-Bahn zu erreichen?

27 Suchen Sie folgende Verbindungen (möglichst nur ICE-, IC- oder EC-Verbindungen):
  a) Am Montag von Stuttgart nach München, Abfahrt zwischen 07:00 und 08:00 Uhr, Rückkehr nach Stuttgart nicht nach 22:00 Uhr.
  b) Am Mittwoch von Freiburg nach Hannover, Ankunft in Hannover spätestens um 13:00 Uhr, Rückfahrt am Freitag nicht vor 14:00 Uhr.
  c) Am Samstag von Mannheim nach Köln, Ankunft in Köln vor 11:00 Uhr, Weiterfahrt von Köln nach Dortmund ab 18:00 Uhr, Rückfahrt von Dortmund nach Mannheim am Sonntag, Ankunft in Mannheim spätestens um 21:00 Uhr.
  d) Am Dienstag von Frankfurt nach Berlin, Abfahrt zwischen 07:00 und 08:00 Uhr, Rückfahrt am Mittwoch über Hannover, Ankunft in Hannover zwischen 11:00 und 12:00 Uhr. Weiterfahrt nach Frankfurt mit der letzten Verbindung.

28 Sie sind Mitarbeiter/-in von Frau Schröder, Geschäftsführerin der ModeIIdee GmbH, Stuttgart. Ihre Chefin nennt Ihnen folgende Reiseziele und -daten und bittet Sie, einen Reiseplan zu erstellen.

Frau Schröder besucht am 14. und 15. Juni die Internationale Modemesse in Düsseldorf. Sie haben für sie rechtzeitig schriftlich ein Zimmer im Hotel „Excellent", Kiepe-Platz, gebucht. Da sie am 13. Juni um 19:30 Uhr eine Verabredung zum Abendessen im Hotelrestaurant „Hanse-Stube" hat, will sie spätestens um 18:30 Uhr im Hotel sein. (Den Tisch für drei Personen haben Sie bereits reserviert.) Ihre Chefin trifft sich mit Madame und Monsieur Dupont, Großhändler aus Frankreich. Madame Dupont erhält als kleine Aufmerksamkeit einen Bildband von Stuttgart.
(Unterlagen für Düsseldorf – Reisepapiere und Hotelreservierung – in grüner Jurismappe.)

Die Internationale Modemesse beginnt am 14. Juni um 09:00 Uhr. Vorher möchte Frau Schröder noch ein Telefongespräch mit dem Einkäufer Ihrer Firma, Herrn Widmer, führen. Veranlassen Sie, dass Ihre Chefin um 08:00 Uhr mit Herrn Widmer verbunden wird.
(Messeunterlagen in roter Jurismappe.)

Am 15. Juni, 20:00 Uhr, besucht Frau Schröder in Hamburg im „TUI Operettenhaus" das Musical „Ich war noch niemals in New York". Sie haben einen Platz reserviert, die Eintrittskarte legen Sie zu ihren Unterlagen. Frau Schröder möchte zwischen 17:00 und 18:00 Uhr im Hotel „Sher" sein. Hier haben Sie ein EZ mit Bad gebucht.
(Reisepapiere, Hotelbuchung, Eintrittskarte in blauer Jurismappe.)

Am 16. Juni ist Frau Schröder um 10:00 Uhr bei der Firma „Modegroßhandlung Van Look", Hamburg, Jungfernstieg, Tel. 56327389, mit den Herren Hofer und Heimann verabredet.
(Besprechungsunterlagen in gelber Jurismappe.)

Frau Schröder muss am 16. Juni spätestens um 20:00 Uhr wieder in Stuttgart ankommen, da sie als 1. Vorsitzende an der Jahreshauptversammlung eines Sportvereins teilnehmen muss.
(Reisepapiere und Unterlagen zur Vorbereitung der Jahreshauptversammlung in orangefarbener Jurismappe.)

Ihr Chauffeur soll sie am Hauptbahnhof Stuttgart abholen und sie zur Jahreshauptversammlung fahren.

29 Sie sollen in Ihrer Firma in Zukunft Reisekostenabrechnungen erstellen.
  a) Welche Angaben zur Person müssen Sie eintragen?
  b) Bei der Abrechnung unterscheidet man vier Kostenarten. Welche?

30 Erstellen Sie eine Reisekostenabrechnung für folgende Personen. Beginn der Reise ist Ihr Wohnort. Reiseziel, Reisezweck und die anderen Angaben im Vordruck können Sie selbst bestimmen.
  a) Frau Bayer ist am 3. April in der Zeit von 07:00 bis 19:30 Uhr unterwegs. Sie bringt folgende Belege mit: Fahrkarte 36,81 EUR, Zuschläge 5,11 EUR.
  b) Herr Käfer ist vom 5. April 15:30 Uhr bis 6. April 18:00 Uhr unterwegs. Er legt mit dem eigenen Pkw 520 km zurück. Er bringt folgende Belege mit: Hotelrechnung einschließlich Frühstück 56,24 EUR, Parkplatz 5,11 EUR, Telefongebühren 2,30 EUR.
  c) Frau Raichle ist vom 10. April 07:20 Uhr bis zum 12. April 15:00 Uhr unterwegs. Sie benutzt einen firmeneigenen Pkw und bringt folgende Belege mit: Benzinrechnung 74,13 EUR, Parkgebühren 4,24 EUR.

31 Welche Probleme können Sie bei der Vorbereitung von Geschäftsreisen mit einer geeigneten Software lösen?

32 Bei der Planung und Durchführung von Geschäftsreisen sollten Sie auch ökologische Gesichtspunkte beachten. Welche Überlegungen würden Sie berücksichtigen?

Öko-Tipps

Geschäftsreisen sollten nicht nur unter ökonomischen, sondern auch unter ökologischen Gesichtspunkten geplant werden. Deshalb sind folgende Punkte zu überlegen:
- Muss die geplante Geschäftsreise überhaupt durchgeführt werden oder lässt sie sich durch den Einsatz von moderner Kommunikationssoftware wie Skype und Webcam vermeiden?
- Ist ein Treffen mit dem Geschäftspartner auf halber Strecke möglich?

Öko-Tipps

- Kann ein Treffen mit Geschäftsfreunden zusammengelegt (auf einer Reise werden mehrere Kunden besucht) oder mit einem Messebesuch gekoppelt werden?
- Können Fahrgemeinschaften gebildet werden, wenn mehrere Personen zur gleichen Zeit das gleiche Reiseziel haben?
- Kann statt mit dem Auto mit der umweltfreundlicheren Bahn gefahren werden?

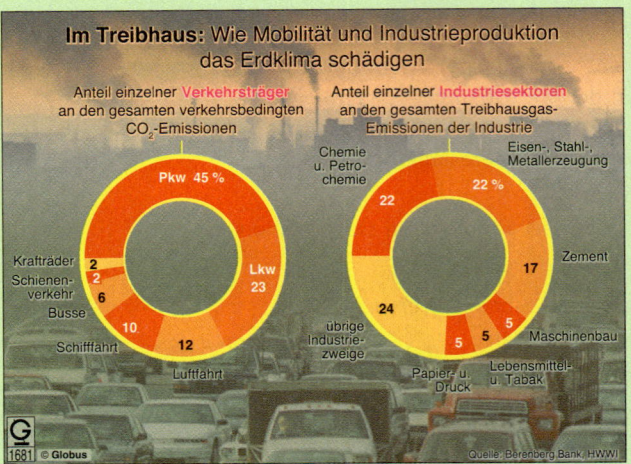

Durch den Verbrauch der sauberen Energie „Strom" leistet die Eisenbahn einen wertvollen Beitrag zur Reinerhaltung der Luft. Der Ausstoß von Schadstoffen wie Kohlenmonoxid (CO), Kohlenwasserstoff (CH) und Stickstoffoxid (NO) ist im Verhältnis zu den anderen Verkehrsträgern sehr gering, wie nachstehende Tabelle zeigt:

Ausstoß von Kohlenmonoxid (CO) je 100 Personen-km (Maximalfaktoren im Verhältnis zum Zug), Quelle: Deutsche Bahn AG

Zug	Reisebus	Pkw	Flugzeug
1	45	1 000	1 000

- Buchen Sie bevorzugt Direktflüge, das senkt den CO_2-Ausstoß.
- Fliegen Sie Economy- statt Businessclass. Durch die höhere Kabinenausnutzung verursachen Economy-Passagiere weniger CO_2-Ausstoß als Business-Passagiere.
- Mieten Sie ein Auto mit Erdgasantrieb statt Benzin oder Diesel.

HOT — Netzwerk

Methodenbeschreibung

Zu einem Thema werden zentrale Begriffe gesucht und auf Kärtchen geschrieben. Zur Auswertung werden die Kärtchen an eine Moderationstafel geheftet. Doppelt genannte Begriffe sind wegzunehmen. Anschließend werden die Kärtchen abgenommen und mit der Beschriftung nach unten auf die Mitte eines Tisches gelegt. Die Lerngruppe sitzt um den Tisch und jeder bekommt die gleiche Anzahl von Kärtchen. Die entsprechenden Teilnehmer überlegen sich, ob sie zu den Begriffen etwas sagen können. Wenn nicht, haben sie die Möglichkeit, mit einem anderen Teilnehmer die Begriffe zu tauschen.

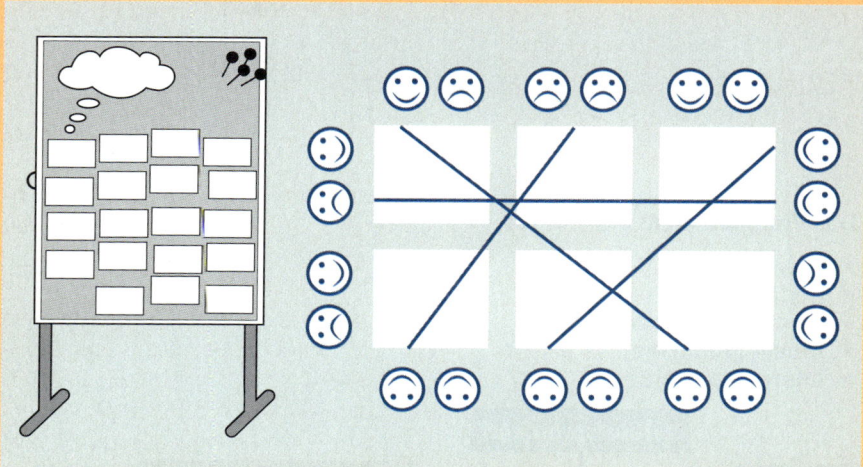

1. Überlegen Sie sich Begriffe zum gestellten Thema und notieren Sie diese auf je ein Kärtchen.
2. Heften Sie die gefundenen Begriffe an die Moderationstafel.
3. Werten Sie die Begriffe im Plenum aus.
4. Die ausgewählten Begriffe werden auf den Tisch gelegt (Schrift nach unten) und gemischt. Jeder Teilnehmer bekommt die gleiche Anzahl von Kärtchen.
5. Überlegen Sie, ob Sie zu den Begriffen auf Ihren Kärtchen etwas sagen können. Wenn nicht, dann haben Sie die Möglichkeit, mit jemand anderem in der Gruppe zu tauschen.
6. Ist jeder Teilnehmer im Besitz von Kärtchen mit Begriffen, zu denen er etwas sagen kann, beginnt einer in der Lerngruppe mit der Klärung eines Begriffes, der anschließend an die Moderationstafel gepinnt wird.
7. Die anderen Teilnehmer überprüfen, ob einer ihrer Begriffe dazu passt, und fahren dann mit diesem fort.
8. Das Verfahren wird so lange fortgeführt, bis alle Begriffe geklärt sind und an der Moderationstafel in eine **Struktur** gebracht wurden.

Arbeitsauftrag

*Suchen Sie zum Thema **Geschäftsreisen** Begriffe und führen Sie die Klärung der Begriffe in einem Netzwerk durch.*

12 Protokolle

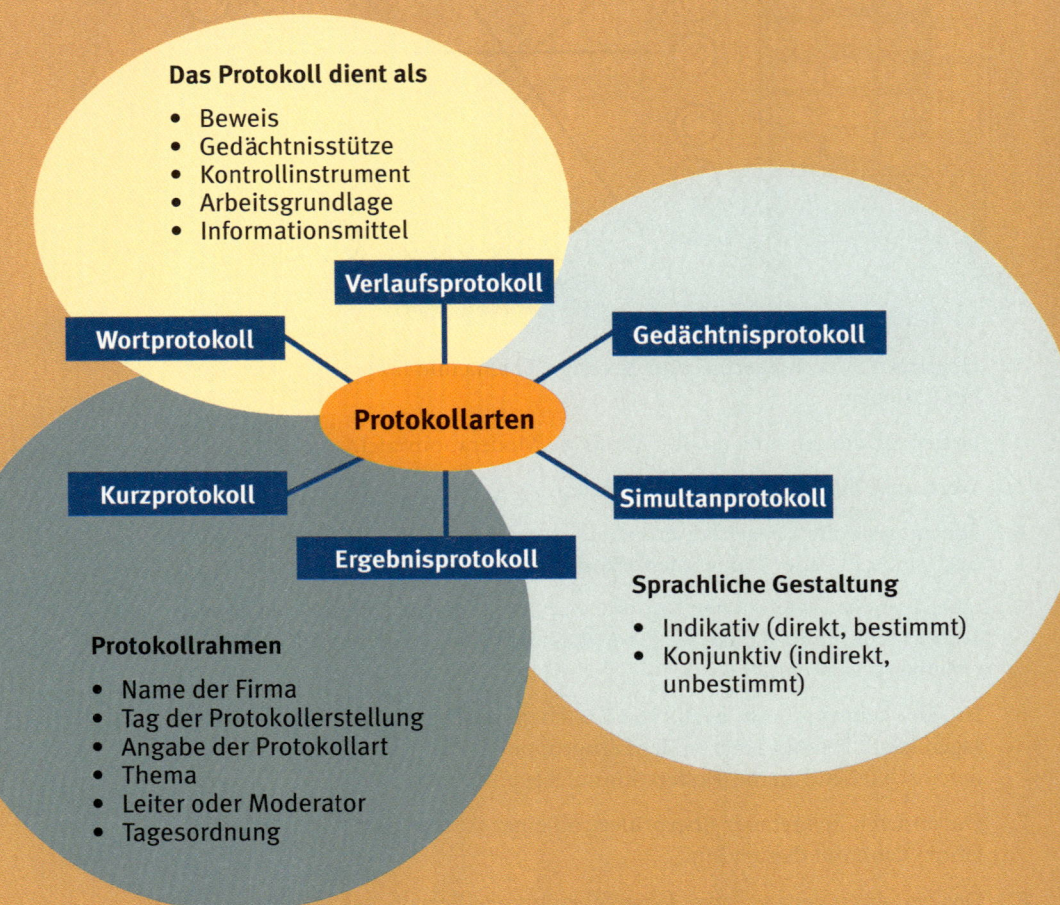

12 Protokolle

- Aktennotizen anfertigen.
- Protokollarten unterscheiden.
- Einen Protokollrahmen gestalten.
- Aufnahmetechnik und stilistische Besonderheiten eines Protokolls anwenden.
- Ein unterschriftsreifes Verlaufs- und Ergebnisprotokoll erstellen.
- Protokolle auswerten.

Lernziele

Frau Konrad, Leiterin der Werbeabteilung, hat zu einer kurzen Besprechung gebeten. Die Werbekampagnen für die neu ins Programm aufgenommenen Modeartikel müssen geplant werden. Die Besprechung ist schon zur Hälfte erfolgt, als plötzlich Herr Heck fragt: „Wer hält eigentlich die Ergebnisse fest?" Alle schauen sich mit betretenen Mienen fragend an. Als Kathrin sich meldet und mitteilt, dass sie mitgeschrieben habe und gerne eine Aktennotiz über die Inhalte erstellen würde, sind alle erleichtert.

Fallbeispiel

12.1 Aktennotizen

Auch wenn die Bezeichnung „Aktennotiz" irgendwie altmodisch klingt, erfüllt sie nach wie vor eine wichtige Aufgabe im Geschäftsleben. Eine Aktennotiz wird in der Regel nach einer kurzen telefonischen oder persönlichen Besprechung verfasst, damit Vereinbarungen oder Fakten nicht vergessen werden. Damit bildet sie auch eine wichtige Grundlage für folgende Besprechungen.

Arbeitsblatt 1

BEISPIEL:

> **Mode|Idee GmbH**
> Stuttgart
>
> ## Aktennotiz
>
> | Abteilung: | Ort und Tag des Ereignisses: |
> |---|---|
> | Werbeabteilung | Stuttgart, 29. Juli 20.. |
>
> **Gesprächspartner:**
> Frau Sarah Konrad, Leiterin der Werbeabteilung
> Herr Walter Koch, Leiter der Abteilung „Verkauf"
> Frau Rita Schuster, Sachbearbeiterin
> Frau Kathrin Müller, Auszubildende
>
> **Betreff:**
> Werbekampagnen für die im Programm neu aufgenommenen Artikel
>
> **Inhalt:**
> Durchführung
>
> Die Werbekampagnen werden für die folgenden Produkte durchgeführt:
> - Cashmere-Pullover der Firma Allamara und
> - Trench-Coats der Firma Burriton
>
> **Termine und Zeiten:**
> 1. September 20.. – 31. Dezember 20.. Werbekampagne für die Allamara-Cashmere-Pullover
> 2. Februar 20.. – 31. Mai 20.. Werbekampagne für die Burriton-Trench-Coats
>
> **Inhalt:**
> In gleicher Form wie für die Cashmere-Mäntel Artikel-Nr. 20100
>
> **Vereinbarung:**
> Herr Koch ist für die Planung und Durchführung verantwortlich.
> Frau Schuster und Frau Müller unterstützen Herrn Koch von September 20.. bis Mai 20..
>
> | Ort, Datum: | Unterschrift: |
> |---|---|
> | Stuttgart, 29. Juli 20.. | gez. Kathrin Müller |
>
> | Verteiler: | Bearbeitungsvermerk: |
> |---|---|
> | Sarah Konrad, Leiterin der Werbeabteilung
Walter Koch, Leiter der Abteilung „Verkauf"
Rita Schuster, Sachbearbeiterin
Kathrin Müller, Auszubildende | |

Aktennotizen sind Kurztexte, die beispielsweise nach einem Gedankenaustausch, einem Kundenbesuch, während einer Geschäftsreise oder eines Messebesuchs sowie nach einer besuchten Veranstaltung oder einem Seminar erstellt werden können.

Protokolle erstellen

12.2 Grundsätzliches zum Protokoll

Ein Protokoll ist ein übersichtlich gegliederter, je nach seinem Zweck kürzerer oder längerer Bericht über eine Besprechung, Sitzung, Tagung oder Verhandlung. Es soll über den Verlauf bzw. das Ergebnis dieser Veranstaltung informieren und dient bei Unklarheiten und Meinungsverschiedenheiten als Beweismittel.

Das Protokoll kann folgenden Zwecken dienen:

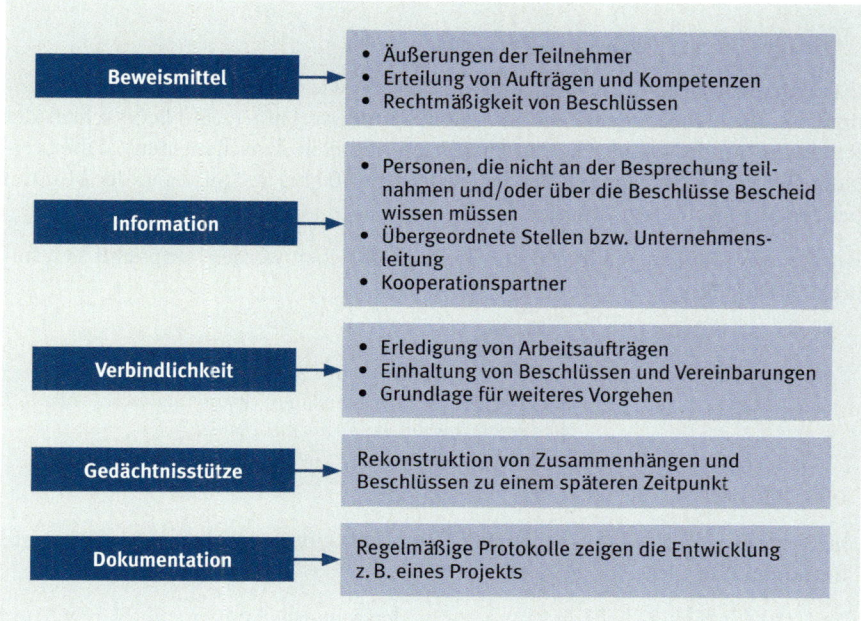

Protokolle sind in erster Linie am Sachverhalt orientiert und verlangen daher eine den Tatsachen entsprechende folgerichtige und nach Themen gegliederte, genaue und richtige Wiedergabe des Geschehens.

Bei der Erstellung des Protokolls muss der Protokollant darauf achten,

- dass es **inhaltlich richtig** ist,
- dass er sich nur auf das **Wesentliche** (mit Ausnahme des wörtlichen Protokolls) beschränkt,
- dass er nur **Tatsachen** (nicht Gefühle, Stimmungen, Vermutungen) darlegt,
- dass er in leicht verständlichen, knappen und klaren Sätzen schreibt.

Das Protokoll

- dient als **Beweis** für gefasste Beschlüsse,
- ist eine **Gedächtnisstütze** für die Sitzungsteilnehmer,
- dient als **Kontrollinstrument** für die Ausführung von Arbeiten, die innerhalb einer festgelegten Zeit erledigt sein müssen,
- bildet **Arbeitsunterlagen** für die Sitzungsteilnehmer,
- dokumentiert **Sachverhalte,**
- informiert Personen, die nicht an der Sitzung teilgenommen haben.

12.3 Protokollarten

Wortprotokoll

Das **Wortprotokoll** (auch Wortlautprotokoll) ist, wie der Name sagt, eine vollständige, wörtliche Wiedergabe des gesamten Sitzungsverlaufs (z. B. Niederschrift der Reden im Bundestag oder in den Landtagen mit allen Zwischenrufen), daher verlangt es von den Stenografen Höchstleistungen (400 bis 500 Silben in der Minute) bei der stenografischen Mitschrift.

Bei Wortprotokollen, die in **direkter Rede** geschrieben werden, empfiehlt sich folgende Darstellung:

BEISPIEL:

Herr Dahlmann: „Leider muss ich Ihnen mitteilen, dass Herr Walter Koch, unser langjähriger Leiter der Abteilung „Verkauf", zum 31. März d. J. altershalber aus unserer Firma ausscheidet."

Verlaufsprotokoll

Das **Verlaufsprotokoll (ausführliches Protokoll)** gibt den Ablauf einer Sitzung in chronologischer Reihenfolge wieder.

Der Grad der Ausführlichkeit kann verschieden sein. Alle Redner (mit Namen) und Diskussionsbeiträge werden festgehalten. Aus dem Protokoll muss deutlich hervorgehen, wie und warum es zu den Ergebnissen und Beschlüssen gekommen ist. Beschlüsse und Aufgabenverteilungen sollten mit Namen und Zeitangabe erfolgen. Anträge, die gestellt werden, sind wörtlich wiederzugeben. Bei Abstimmungen muss das Ergebnis mit Ja- und Nein-Stimmen sowie Enthaltungen dokumentiert werden.

BEISPIEL:

Herr Dahlmann teilt mit, dass der langjährige Leiter der Abteilung „Verkauf", Herr Walter Koch, zum 31. März d. J. altershalber aus der Firma ausscheide. Auf Stellenausschreibungen in mehreren Tages- und Fachzeitungen seien sieben Bewerbungen eingegangen. Drei Bewerber stünden in der engeren Wahl. Er bittet Herrn Sommer, die Anwesenden über die fachlichen und persönlichen Qualifikationen der Bewerber zu informieren.

Herr Sommer berichtet, dass alle Bewerber qualifizierte Wirtschaftsingenieure mit Abschluss der Fachhochschule Reutlingen seien. Als jüngsten Bewerber stellt er Herrn Wachinger vor. Er sei 30 Jahre alt, unverheiratet und arbeite seit drei Jahren als Stellvertreter des Leiters der Verkaufsabteilung bei der Firma Münzer in Tübingen. Zweiter Bewerber sei Herr Wagner. Er wohne in Augsburg, sei 50 Jahre alt, verheiratet und habe vier Kinder. Er sei schon seit zehn Jahren als Wirtschaftsingenieur bei der Firma Wöhner in Augsburg beschäftigt. Dritter Bewerber sei Herr Braun ...

Beim **Verlaufsprotokoll** wird grundsätzlich die **indirekte Rede im Indikativ** (Redebericht) und **Konjunktiv** angewandt:

> BEISPIEL:
>
> **Indikativ:** *Herr Dahlmann teilt mit ...*
> **Konjunktiv:** *... es seien sieben Bewerbungen eingegangen.*

Kurzprotokoll

Im **Kurzprotokoll** werden die wesentlichen Teile einer Besprechung festgehalten. Es wird berichtet, wie es zu den Ergebnissen gekommen ist. Die Beiträge der Anwesenden werden in den wichtigsten Punkten wiedergegeben.

> BEISPIEL:
>
> *Der Leiter der Abteilung „Verkauf", Herr Koch, wird zum 31. März d. J. altershalber ausscheiden. Um einen geeigneten Nachfolger auszuwählen, informiert Herr Sommer die Anwesenden über die drei Bewerber, die in der engeren Wahl sind:*
> - *Herr Wachinger, 30 Jahre alt, unverheiratet, Stellvertreter des Leiters der Abteilung „Verkauf" der Firma Münzer in Tübingen.*
> - *Herr Wagner, 50 Jahre alt, verheiratet, vier Kinder, Wirtschaftsingenieur bei der Firma Wöhner in Augsburg.*
> - *Herr Braun ...*

Ergebnisprotokoll

Das **Ergebnisprotokoll** ist die kürzeste Protokollart, die in der **indirekten Rede im Indikativ** geschrieben wird.

> BEISPIEL:
>
> *Herr Sommer informiert die Anwesenden ...*

Es werden nur die Ergebnisse und Beschlüsse einer Sitzung ohne Einzelheiten festgehalten. Entscheidend ist bei diesem Protokoll nicht, wie es zu einem Ergebnis oder Beschluss gekommen ist. Bei diesem Protokoll muss der Protokollant schnell entscheiden, welche Informationen wichtig sind und festgehalten werden müssen und welche Aussagen der Sitzungsteilnehmer nicht wichtig sind und nicht mitgeschrieben bzw. im Protokoll weggelassen werden.

> BEISPIEL:
>
> *Herr Sommer informiert die Anwesenden über das Ausscheiden von Herrn Koch zum 31. März d. J. und über drei Bewerber, die in der engeren Wahl sind.*
>
> *Nach Abwägung der sachlichen und menschlichen Gesichtspunkte stimmen alle Anwesenden der Einstellung des 50 Jahre alten, verheirateten Herrn Wagner zu. Herr Wagner wird ...*

Gedächtnisprotokoll

Das **Gedächtnisprotokoll** ist ein nicht während der Sitzung mitgeschriebenes, sondern zu einem späteren Zeitpunkt aus der Erinnerung erstelltes Protokoll.

Simultanprotokoll

Das **Simultanprotokoll (oder Sofortprotokoll)** wird während einer Moderation mithilfe eines Notebooks erstellt. Die Ergebnisse, Beschlüsse und Arbeitsaufträge werden während der Besprechung mitgeschrieben und über Beamer visualisiert. Moderator/Moderatorin und Protokollant/Protokollantin unterstützen sich gegenseitig. Gemeinsam mit den Teilnehmern kann z. B. ein Maßnahmenkatalog erstellt und zeitnah kontrolliert, korrigiert sowie festgehalten werden. Das Simultanprotokoll unterstützt den zügigen Ablauf einer Besprechung.

Protokollarten	Vorteile	Nachteile	Anwendung	Stilmittel
Wortprotokoll	höchste Beweiskraft	höchstes kurzschriftliches Können erforderlich, sehr hoher Zeitaufwand, unübersichtlich, keine schnelle Information möglich	in den Parlamenten, bei Gericht	direkte Rede
Verlaufsprotokoll personenbezogene, gekürzte Beiträge, chronologischer Verlauf	hohe Beweiskraft, übersichtlicher als Wortprotokoll	hohes kurzschriftliches Können erforderlich, hoher Zeitaufwand	bei sehr wichtigen Anlässen	indirekte Rede, Präsens, Indikativ und Konjunktiv
Kurzprotokoll enthält Ergebnisse, Aufträge und Gründe für das Zustandekommen von Ergebnissen	in der Regel ausreichende Beweiskraft, wenig Zeitaufwand, schnelle Information, kurzschriftliche Kenntnisse nicht unbedingt erforderlich	kaum Nachteile, jedoch nicht geeignet, wenn der Anspruch der „höchsten Beweiskraft" gestellt wird	Besprechungen aller Art	indirekte Rede, Präsens, Indikativ, ab und zu Konjunktiv
Ergebnisprotokoll enthält Ergebnisse, Aufträge	kurzschriftliches Können nicht Voraussetzung, wenig Zeitaufwand, schnelle Information	bietet keine Information über das Zustandekommen von Ergebnissen	bei partnerschaftlichen Besprechungen, bei denen es nur auf das Ergebnis ankommt	indirekte Rede, Präsens, Indikativ
Gedächtnisprotokoll	kann nachträglich erstellt werden	die Genauigkeit hängt von der Erinnerungsfähigkeit des Protokollanten ab	Besprechungen aller Art	indirekte Rede, Präsens, Indikativ
Simultanprotokoll	am Ende der Besprechung liegt das Protokoll vor	Bereitstellung von Notebook und Beamer erforderlich	Besprechungen aller Art	indirekte Rede, Präsens, Indikativ

12.4 Aufnahme- und Arbeitstechnik

Vor der Sitzung sollte sich der Protokollant die Teilnehmerliste besorgen, damit er sich die Namen der Personen einprägen kann, die an der Sitzung teilnehmen. Für jeden Namen legt er eine unverwechselbare Abkürzung fest, die er beim Protokollieren verwendet (Vorsicht bei Personennamen mit gleichen Anfangsbuchstaben!). Außerdem ist es wichtig, dass er weiß, in welcher Funktion die Personen an der Sitzung teilnehmen (dass z. B. Herr Fuchs Außendienstmitarbeiter in Berlin, Herr Schneider Leiter der Niederlassung in Wien ist). Auch die Tagesordnung sollte sich der Protokollant vor der Sitzung beschaffen. Wenn er beim Durchlesen der Tagesordnung feststellt, dass Themen zur Besprechung anstehen, unter denen er sich wenig oder gar nichts vorstellen kann, muss er sich rechtzeitig informieren. Er sollte feststellen, was sich hinter einem bestimmten Tagesordnungspunkt bzw. hinter entsprechenden Fachausdrücken verbirgt. Für nicht bekannte Fachausdrücke kann er sich geeignete Abkürzungen ausdenken.

Je besser der Protokollführer inhaltlich der Diskussion folgen kann, desto leichter fällt es ihm, zu entscheiden, was er mitschreiben muss, d.h., was wichtig ist oder was er weglassen kann. Das Mitschreiben ist natürlich rationeller, wenn er stenografieren kann. Allerdings machen viele den Fehler, dass sie zu viel und Unwesentliches mitschreiben und daher den Überblick über die Sitzung verlieren. Empfehlenswert ist auch, dass man bereits beim Mitschreiben den Text gliedert und wichtige Informationen (Beschlüsse, Anträge, Termine usw.) optisch durch Unterstreichen, Einrücken oder Markierungen am Rand hervorhebt. Werden bei einer Sitzung mehrere Tagesordnungspunkte besprochen, sollte der Protokollführer bei jedem Tagesordnungspunkt eine neue Seite beginnen. Audio-Aufnahmen anstelle einer Stenogrammaufnahme sind sehr problematisch, da bei der Abfassung des Protokolls die Sitzungsteilnehmer an ihrer Stimme erkannt werden müssen. Außerdem muss die komplette Aufzeichnung angehört werden, was bei mehrstündigen Besprechungen sehr zeitaufwendig ist. Deshalb sollten Audio-Aufnahmen nur als zusätzliche Sicherheit bei gleichzeitiger Stenogrammaufnahme eingesetzt werden.

Es ist ratsam, das Protokoll möglichst bald nach der Sitzung zu erstellen, da die Eindrücke und das Erinnerungsvermögen noch genügend frisch sind. Beim Durchlesen und Bearbeiten des mitgeschriebenen Textes kann man mit verschiedenen Farbstiften oder einem Textmarker Meinungen, Beschlüsse, Termine usw. unterscheiden. In die freie rechte Spalte wird das Wesentliche (Beschlüsse, Ergebnisse usw.) eingetragen. Beim anschließenden Schreiben des Protokolls ist zunächst nach den Tagesordnungspunkten und innerhalb derer nach sachlichen Gesichtspunkten übersichtlich zu gliedern. Wichtige Beschlüsse und Anträge sollten optisch hervorgehoben und vor allem wortwörtlich wiedergegeben werden.

Unstimmigkeiten sind am besten sofort nach dem Redebeitrag bzw. unmittelbar nach der Sitzung mit dem betreffenden Teilnehmer zu klären.

12.5 Protokollrahmen

Unter dem Protokollrahmen versteht man die Gestaltung des Kopfes und des Schlusses eines Protokolls. Aus ihm muss Folgendes ersichtlich sein:
- Name des Veranstalters (Firmennamen, Behörde, Verein),
- Tag der Protokollerstellung,
- Angabe der Protokollart (Verlaufs- oder Ergebnisprotokoll) und Protokollnummer bei z.B. Besprechungsserien,
- Thema,

- Die anwesenden Personen in folgender Reihenfolge:
    - Leiter oder Moderator,
    - Teilnehmer – Aufführung nach Alphabet oder nach Rang bzw. Funktion,
    - Protokollführer.
- Tagesordnung,
- Ort (Straße, Raum),
- Datum,
- Zeit (Dauer von ... bis ...).

An erster Stelle wird in der Regel der/die Vorsitzende genannt. Ob die übrigen Anwesenden alphabetisch oder nach der Rangfolge, ob mit oder ohne Bezeichnung der Position aufgeführt werden, wird von Fall zu Fall entschieden. Sind es mehr als etwa zehn Anwesende, wird eine Teilnehmerliste erstellt und dem Protokoll beigefügt. Bei verhinderten und entschuldigten Eingeladenen kann hinter den Namen ein entsprechender Vermerk angefügt werden.

Das Protokoll schließt mit der Unterschrift des Protokollführers und dem Genehmigungsvermerk des Vorsitzenden. Die Namen sind maschinenschriftlich zu wiederholen. Falls außer den Sitzungsteilnehmern noch andere Personen das Protokoll erhalten sollen, sind sie im Verteilvermerk aufzuführen. Werden Anlagen beigefügt, sollten sie am Ende des Protokolls einzeln erwähnt werden.

BEISPIELE:

Mode|Idee GmbH
Stuttgart

Ergebnisprotokoll

Thema:	Neubesetzung der offenen Stelle des Verkaufsleiters
Ort:	Zentrale, Besprechungsraum 104
Datum:	19. März 20..
Zeit:	10:15 – 10:45 Uhr
Teilnehmer:	Herr Marc Dahlmann – Geschäftsführer Frau Maria Roth – Vorsitzende der Personalvertretung Herr Walter Sommer – Leiter der Personalabteilung Frau Kathrin Müller - Protokollantin

Herr Dahlmann informiert die Anwesenden über das Ausscheiden von Herrn Koch zum 31. März d. J. und über drei Bewerber, die in der engeren Wahl sind.

Nach Abwägung der sachlichen und menschlichen Gesichtspunkte stimmen alle Anwesenden der Einstellung des 50 Jahre alten, verheirateten Herrn Jens Wagner zu. Herr Wagner wird ein Monatsgehalt von 6.250,00 € brutto erhalten. Die Mode|Idee GmbH ist bereit, Herrn Wagner bei der Suche nach einem geeigneten Haus zu helfen.

Herr Sommer wird beauftragt, sich mit Herrn Wagner in Verbindung zu setzen und einen Vertrag vorzubereiten.

Ort, Datum:	**Unterschrift:**
20. März 2010	*Kathrin Müller* Protokollantin
Gelesen und anerkannt:	**Unterschrift:**
25. März 2010	*Marc Dahlmann* Geschäftsführer

Mode|Idee GmbH
Stuttgart

Verlaufsprotokoll

Thema:	Abteilungsleiterbesprechung
Ort:	Zentrale, Konferenzraum B 100
Datum:	10. Juli 20..
Zeit:	09:10 – 10:00 Uhr
Teilnehmer:	Herr Marc Dahlmann – Geschäftsführer Herr Jens Wagner – Leiter der Verkaufsabteilung (TOP 2) Herr Raimund Heck – Leiter der Einkaufsabteilung Frau Sarah Konrad – Leiterin der Werbeabteilung (bis 09:30 Uhr) Herr Walter Sommer – Leiter der Personalabteilung Herr Frank Heckhausen – Leiter des Rechnungswesens Frau Kathrin Müller – Protokollantin
Tagesordnung:	TOP 1: Eröffnung und Begrüßung TOP 2: Probleme der Verkaufsabteilung TOP 3: Probleme der Einkaufsabteilung TOP 4: Verschiedenes
TOP 1	**Eröffnung und Begrüßung**
Herr Dahlmann	Eröffnet die Sitzung und begrüßt die Anwesenden.
TOP 2	**Probleme der Verkaufsabteilung**
Herr Wagner	gibt einen Überblick über die Abteilung. Er weist insbesondere darauf hin, dass der Umsatz um 4,8 % gestiegen ist. Das habe zur Folge, dass er mit dem derzeitigen Personalstand nicht mehr auskomme. Es sei dringend nötig, zwei zusätzliche Mitarbeiterinnen oder Mitarbeiter einzustellen.
Herr Schulz	bekundet Verständnis für diesen Wunsch. Er schränkt aber ein, dass die hohen Personalkosten nur eine weitere Kraft zuließen.
TOP 3	**Probleme der Einkaufsabteilung**
Herr Heck	berichtet über seine Abteilung. Er freut sich über die leicht zurückgegangen Kosten. Sorgen bereiten ihm dagegen das aus allen Nähten platzende Lager. Er beantragt deshalb eine Erweiterung um 150 qm.
Herr Heckhausen	unterstützt diese Bitte. Es entstünden zwar zunächst hohe Baukosten, dafür wären aber die Lagerabläufe rationeller und schneller.

12.6 Sprachliche Gestaltung

Das Protokoll ist in der **Gegenwart** (im Präsens) zu schreiben. Der Leser soll den Eindruck haben, dass die Sitzung im Augenblick des Lesens stattfindet. Die Sprache des Protokolls soll verständlich, sachlich, knapp und stilistisch einwandfrei sein. Stilgefühl, Beherrschung der Grammatik, Rechtschreibung und Zeichensetzung sind wesentliche Anforderungen an einen Protokollanten. Der **Modus** (die Darstellungsart) des Protokolls ist die direkte Rede im Indikativ (auch Redebericht genannt) und die indirekte Rede mit Konjunktiv. Die folgende Übersicht zeigt die Anwendung der Modi:

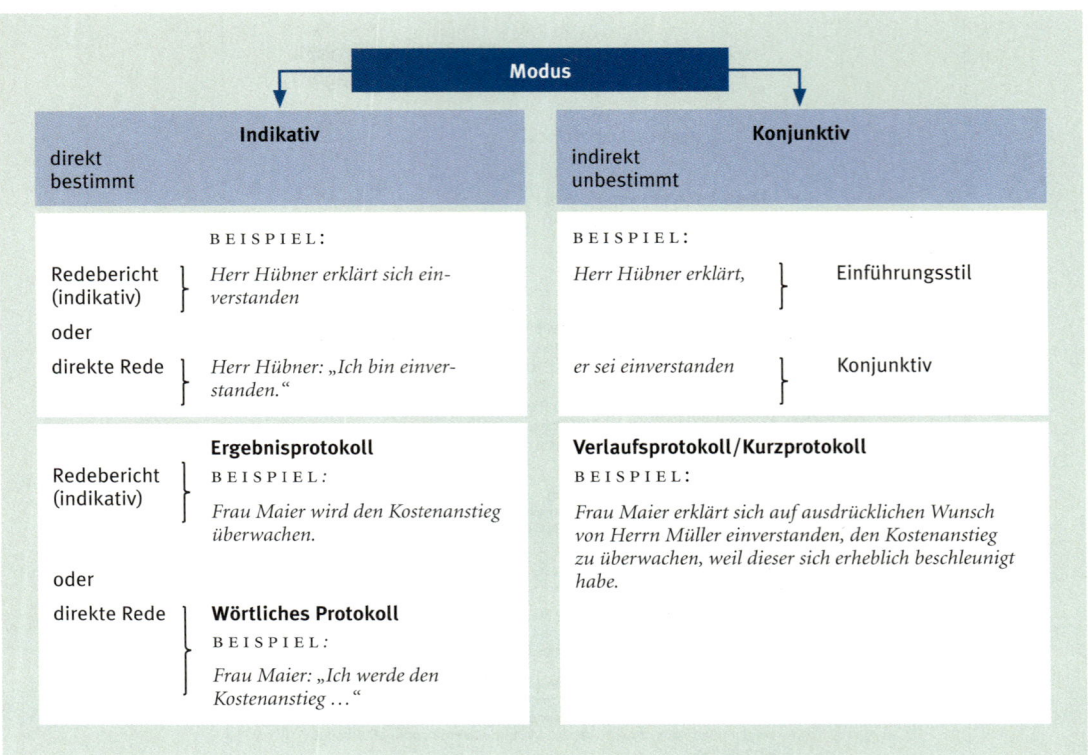

Was der Protokollant selbst als feststehende Tatsache für den Gang der Verhandlung oder als Ergebnis oder Vorschlag (Formulierung von Anträgen und Beschlüssen) wahrnimmt, muss er grundsätzlich im Indikativ formulieren.

BEISPIELE:

- **Herr Baier stimmt** dem Vorschlag zu.
- Frau Koch **berichtet** …
- Die Versammlung **einigt** sich darauf, dass …
- Frau Reichle **bedankt** sich bei …

Die Aussage eines Sitzungsteilnehmers gibt der Protokollant in der **indirekten Rede** wieder. In diesem Fall ist in der Regel der **Konjunktiv** zu verwenden.

BEISPIELE:

- *Herr Fuchs sagt, er **sei** dagegen, dass …*
- *Frau Weber betont, sie **müsse** diesen Antrag ablehnen.*
- *Herr Alber bedauert, er **könne** den Wunsch nicht erfüllen.*
- *Frau Winter bittet, man **möge** ihr den Bericht zuschicken.*
- *Herr Dr. Schmid führt aus, er **habe** sich schon immer dafür eingesetzt.*

Wie die Beispiele zeigen, folgen den Namen der Sitzungsteilnehmer Verben des sprachlichen Handelns (sagt, betont, erklärt usw.). Mit diesen wird die Art der Äußerung bezeichnet, d. h. die damit verbundene Stimmung oder Absicht des Sprechers.

Der Protokollant darf den Charakter einer Aussage nicht verfälschen, weshalb er darauf achten sollte, aus möglichen Verben zutreffend auszuwählen und Wiederholungen zu vermeiden.

BEISPIELE:

Herr Fischer	begrüßt	Frau Herter	bemerkt
	bezweifelt		schildert
	betont		erwähnt
	bittet		weist darauf hin
	fragt		macht geltend
	beklagt sich		gibt zu verstehen
	versichert		spricht die Erwartung aus
	stellt klar		wendet sich gegen
	fasst zusammen		erwidert
	erklärt		stellt fest
	schlägt vor		führt aus

12.7 Nachbereitung des Protokolls

Es ist der Sinn eines Protokolls, den Verlauf einer Besprechung, Sitzung, Tagung oder Verhandlung in zweifelsfreier, von den Teilnehmern anerkannter, objektiver Form so festzuhalten, dass es später als Beweis angeführt und auch allgemein anerkannt wird.

Um aber als Beweis anerkannt zu werden, hat das Protokoll verschiedene Voraussetzungen zu erfüllen. Es muss vom Vorsitzenden oder einer beauftragten Person (z. B. dem Geschäftsführer) **und** vom Protokollführer **unterschrieben werden**. Außerdem müssen die Teilnehmer das Protokoll bestätigen. Es wird ihnen entweder zugesandt oder bei der nächsten Sitzung ausgehändigt. Erhebt niemand Widerspruch, so gilt das Protokoll als angenommen. Durch die Unterschriften und die Genehmigung der Beteiligten erhält das Protokoll sozusagen den Charakter einer Urkunde, d. h., es darf vom Protokollführer nachträglich nicht verändert werden.

Der Protokollführer muss dafür sorgen, dass das Protokoll möglichst schnell verteilt wird. Der **Verteiler** kann durch die Situation vorgegeben sein: Bei einer Mitgliederversammlung bekommen alle Mitglieder das Protokoll, bei einer Gesellschafterversammlung alle Gesellschafter. Häufig richtet sich die Verteilung nach einem im Protokoll festgelegten Verteilerschlüssel. Es ist üblich, ein Protokoll an folgende Personen zu verschicken:

- an alle Teilnehmer,
- an alle Personen, die an einer Teilnahme verhindert waren,
- an Personen, die zwar nicht eingeladen waren, deren Unterrichtung jedoch zwingend ist.

Alle drei Gruppen werden im Verteiler, d. h. am Ende des Protokolls, aufgeführt.

BEISPIEL: **Verteiler**
Herrn Kübler, Exportabteilung
Frau Teufel wegen des Mietwagens

Häufig ergeben sich aus dem Protokoll Termine, die der Protokollführer zu verfolgen hat, z. B. Termine für die nächste Sitzung, für das Einreichen von Unterlagen usw. Deshalb ist es zweckmäßig, dass der Protokollführer die Termine in seinen Terminkalender einträgt.

Teilnehmer an Sitzungen müssen die Möglichkeit haben, dem Protokoll zu widersprechen. Es könnte ja sein, dass ein Beschluss missverständlich oder sogar falsch niedergeschrieben, dass ein Diskussionsbeitrag entstellt wiedergegeben oder dass etwas Wichtiges vergessen wurde. Für solche Widersprüche sehen die Satzungen oder Geschäftsordnungen im Allgemeinen bestimmte Fristen vor. Wenn ein Einspruch vorliegt, muss der Protokollführer dafür sorgen, dass über die Änderungen im Protokoll u. U. abgestimmt wird.

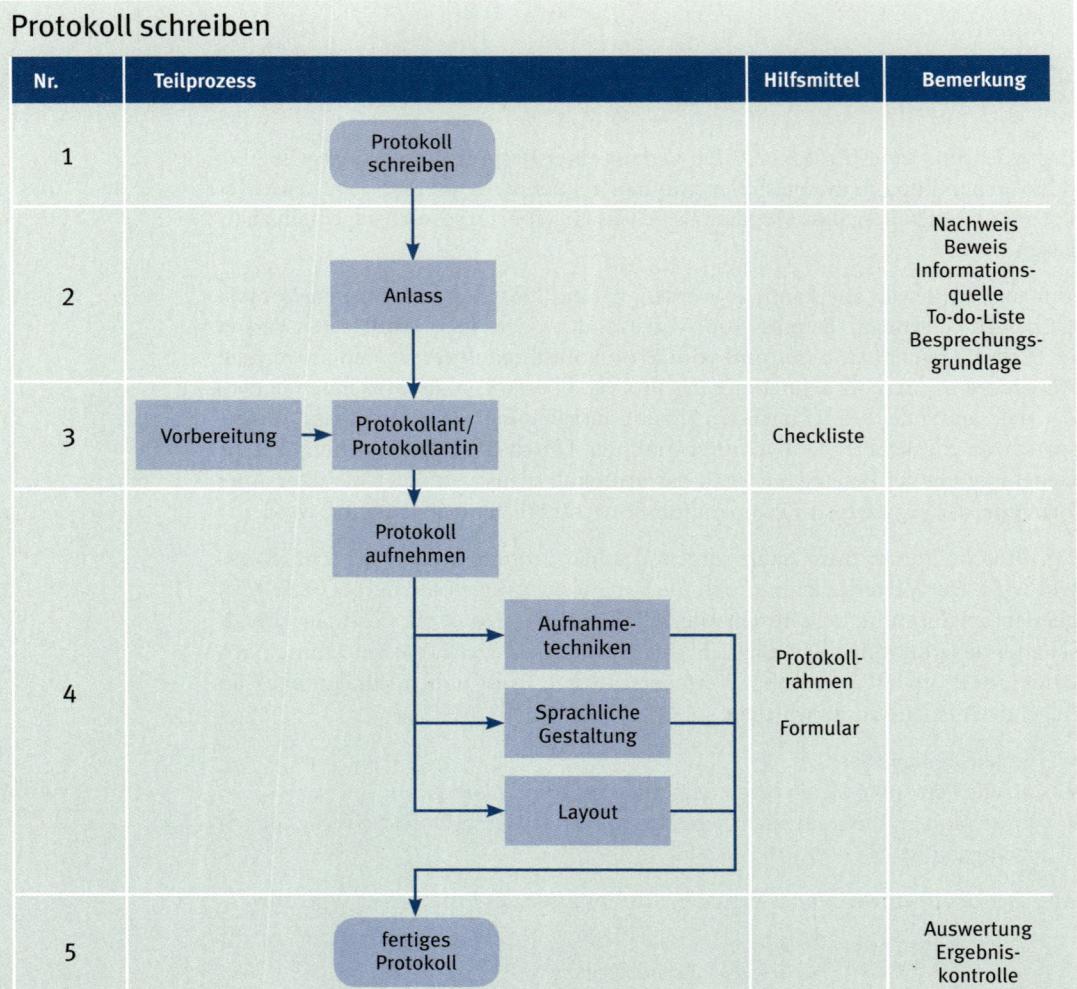

Zusammenfassung

1. Ein Protokoll gibt den **Verlauf** einer Tagung, einer Sitzung oder einer Besprechung wieder und hält die gefassten **Beschlüsse** fest.

2. Das Protokoll kann folgenden Zwecken dienen
   - Beweismittel,
   - Information,
   - Verbindlichkeit,
   - Gedächtnisstütze,
   - Dokumentation.

3. Je nach Ausführlichkeit unterscheidet man das
   - wörtliche Protokoll,
   - Verlaufsprotokoll,
   - Kurzprotokoll,
   - Ergebnisprotokoll,
   - Gedächtnisprotokoll,
   - Simultanprotokoll.

4. Bei der Aufnahme des Protokolls ist es besonders wichtig, dass der Protokollführer gut zuhört und nur das Wesentliche mitschreibt.

5. Bei der Niederschrift des Protokolls muss auf die Einhaltung des **Protokollrahmens** geachtet werden. Die Darstellungszeit ist die **Gegenwart (Präsens)**.

6. Um dem Protokoll den Charakter einer Urkunde zu verleihen, muss es vom Protokollführer und vom Vorsitzenden **unterschrieben** werden.

Aufgaben

1. Wozu dient eine Aktennotiz?
2. Nennen und beschreiben Sie die Protokollarten.
3. Was versteht man unter einem Protokollrahmen?
4. Was müssen Sie bei der sprachlichen Gestaltung eines Protokolls beachten?
5. Welche Arbeiten gehören zur Nachbearbeitung eines Protokolls?

Bildquellenverzeichnis

Umschlagfoto: Mit freundlicher Genehmigung der Firma König+Neurath AG, Karben

1&1 Internet AG, Montabaur, S. 350, 368, 382
ADAC e. V., München, S. 440
Aeris Impulsmöbel GmbH & Co. KG, Haar bei München, S. 31
Air Berlin PLC & Co. Luftverkehrs KG, Berlin, S. 431
Apple Inc., Cupertino, CA, USA, S. 337, 342, 343
Arcor AG & Co. KG, Eschborn, S. 369
AVERY DENNISON ZWECKFORM Office Products Europe GmbH, Holzkirchen, S. 413
AVM Computersysteme Vertriebs GmbH, Berlin, S. 303, 315
Beiersdorf AG, Hamburg, S. 164
Bergmoser & Höller Verlag AG, Aachen, S. 53
Beuth Verlag, S. 172
bio-med GmbH & Co. KG, Waldershof, S. 32
BITCOM Bundesverband Informationswirtschaft Telekommunikation und neue Medien e. V., Berlin, S. 14, 33, 313, 337
BMA Ergonomics deutschland GmbH, Kempten, S. 36
Brother International GmbH, Bad Vilbel, S. 216
buero-forum im bso Verband Büro,- Sitz- und Objektmöbel e. V., Wiesbaden, S. 29
Bundesministerium des Inneren, Berlin, S. 388
Büro- und Lagersysteme Hänel GmbH und Co. KG, Bad Friedrichshall, S. 281, 282
Canon Deutschland GmbH, Krefeld, S. 213, 216, 227, 228, 292
conference-tv GmbH & Co. KG, Hamburg, S. 417
Daimler AG/Mercedes Car Group, Stuttgart, S. 164
Deutsche Gesetzliche Unfallversicherung e. V. (DGUV), Berlin, S. 69, 72
DHL Vertriebs GmbH & Co. OHG, Bonn, S. 137, 138, 139, 140
Dell GmbH, Frankfurt a. M., S. 157
Deutsche Bahn AG, Berlin, S. 431, 443, 444
Deutsche Lufthansa AG, Frankfurt/Main, S. 446
Deutsche Post AG, Bonn, S. 106, 110, 124, 125, 130, 133, 134, 141, 142, 143, 164, 387, 395
Deutsche Telekom AG, Bonn, S. 154, 308, 312, 323
dpa-infografik GmbH, Hamburg, S. 287, 399, 456
dpa picture alliance GmbH, Frankfurt, S. 50, 445
EASY SOFTWARE AG, Mülheim a. d. Ruhr, S. 296
edding International GmbH, Ahrensburg, S. 85
Egon Heimann GmbH, Classei-Büroorganisation, Marquartstein, S. 272, 279
EICHNER Organisation GmbH & Co. KG, Coburg, S. 291

Elisabeth Galas, Bad Breisig, S. 27, 28, 29, 38, 61, 85, 86, 87, 88, 219, 268, 353, 354
EPSON Deutschland GmbH, Meerbusch, S. 212
Esselte Leitz GmbH & Co. KG, Stuttgart, S. 85
Fotolia Deutschland GmbH, Berlin:
   Aloysius Patrimonio, S. 177
   chinatiger, S. 431
   Dino Ablakovic, S. 149
   DWP, S. 431
   gutlicht, S. 267
   Henne-Design, S. 94
   Jakob Kjerumgaard, S. 85
   Jürgen Effner, S. 431
   Kzenon, S. 410
   leiana, S. 410
   Matthias Geipel, S. 80
   M.W., S. 149
   Pavel Losevsky, S. 410
   Pelz, S. 157
   Peter 38, S. 267
   Peter Hansen, S. 267
   rook76, S. 240
   victor zastol'skiy, S. 14
   Visionär, S. 431
   Vlad Kochelaevskiy, S. 303
   Webgalerist, S. 303
Frithjof Stephan, Backnang, S. 23
G3 Worldwide Mail (Germany) GmbH/ Spring Global Mail, Emmerich, S. 106, 130
GfK GeoMarketing GmbH, Waghäusel, S. 116
Google Inc., Mountain View, USA, S. 247, 378, 379, 380
HAG GmbH, Neuss, S. 31
Haider Bioswing GmbH, Pullenreuth, S. 31
Hewlett-Packard GmbH, Böblingen, S. 37, 215, 221
Hund Büromöbel GmbH, Biberach/Baden, S. 35
IBM Deutschland GmbH, Stuttgart, S. 290
IDEAL Krug & Priester GmbH & Co. KG, Balingen, S. 118
Igepa group GmbH & Co. KG, Hamburg, S. 233
IMATION Europe B.V., Schiphol-Rijk, Niederlande, S. 289
Indigo Networks GmbH, Düsseldorf, S. 351
Initiative Pro Recyclingpapier, Berlin, S. 229, 233
Interstuhl Büromöbel GmbH & Co. KG, Meßstetten-Tieringen, S. 31
Klöber GmbH, Owingen, S. 31
Kodak GmbH, Stuttgart, S. 106, 111
König+Neurath AG, Karben, S. 14, 26, 32, 48
KYOCERA Fineceramics GmbH, Esslingen, S. 227, 230
Leuwico Büromöbel GmbH, Wiesenfeld, S. 36
Mail Boxes Etc. MBE Deutschland GmbH, Berlin, S. 110

Bildquellenverzeichnis

MEDION AG, Essen, S. 231, 290

MEV Verlag, Augsburg, S. 14, 46, 54, 58, 69, 106, 261, 290, 303, 318, 319, 326, 328, 329, 330, 331, 332, 333, 356, 411, 431

Motorola Inc., Schaumburg, USA, S. 444

Neopost GmbH & Co. KG, Olching, S. 106, 111, 113, 114, 117, 118, 119, 121, 122, 125

NetCologne Gesellschaft für Telekommunikation mbH, Köln, S. 315

Nokia GmbH, Bochum, S. 337, 339, 341, 342

Océ Deutschland GmbH, Mülheim a. d. Ruhr, S. 228

Olympus Europa Holding GmbH, Hamburg, S. 201, 202, 203, 231

Philips GmbH, Hamburg, S. 202, 204

PIN Group AG, Leudelange, Luxembourg, S. 106, 130

PostCon Deutschland AG, Berlin, S. 130

primeMail GmbH, Hamburg, S. 106, 130

Project Photos GmbH & Co. KG, Augsburg, S. 240, 250

Redaktion POSTMASTER, Wuppertal, S. 130

Rosconi-Metallwarenfabrik GmbH, Weilburg/Lahn, S. 24

Samsung Electronics GmbH, Schwalbach, S. 342

Sanford GmbH, Hamburg, S. 112, 115

Sedus Stoll AG, Waldshut, S. 34, 49

Siemens AG, München, S. 150, 323

Sigel GmbH, Mertingen, S. 221

Sixt Aktiengesellschaft, Pullach, S. 439

Sony Deutschland GmbH, Köln, S. 231

Sony Ericsson Mobile Communications International AB, München, S. 342

Spiegel Online GmbH, Hamburg, S. 380, 383

Supra Foto Elektronik Vertriebs GmbH, Kaiserslautern, S. 231

Swiss Post International Germany GmbH & Co. KG, Troisdorf, S. 130

Swyx Solutions AG, Dortmund, S. 350

TNT Post Holding GmbH, Ratingen, S. 106, 130

T-Mobile Deutschland GmbH, Bonn, S. 316

TOPSTAR GmbH, Langenneufnach, S. 31

Toshiba Europe GmbH, Neuss, S. 101

Trusted Shops GmbH, Köln, S. 392

UPM-Kymmene Papier GmbH & Co. KG, Augsburg, S. 216, 234

Verbatim GmbH, Eschborn, S. 298

Vodafone D2 GmbH, Düsseldorf, S. 85, 342

Wer-kennt-Wen.de GmbH, Köln, S. 381

Wikimedia Foundation Inc., San Francisco, USA, S. 383

Wilko Hartz, Düsseldorf, S. 340

WINI Büromöbel, Georg Schmidt GmbH & Co. KG, Coppenbrügge, S. 29

Fremdwörter und Fachbezeichnungen

Adapter	Zwischenstück, um eine Verbindung zwischen Systemen, die über unterschiedliche Anschlussmöglichkeiten verfügen, herzustellen.
Aerogramm	Luftpostleichtbrief
Airtime	Gesprächszeit der Kunden in der Mobiltelefonie
Akronyme	Kurzwörter, die z.B. beim Erstellen von E-Mails Zeit sparen sollen.
analog	Bei der analogen Übertragung entsprechen die Schwingungen des Stroms den akustischen Schwingungen des Schalls (analog = ähnlich, gleichartig).
Anthropometrie	Lehre von den Maßverhältnissen des menschlichen Körpers
Anwendersoftware	Programme, mit denen der Benutzer bestimmte Probleme lösen kann (Textverarbeitungsprogramme, Kalkulationsprogramme u. a.).
Apps	Programme für Mobiltelefone. Vorreiter ist der US-Konzern Apple, der einen App-Store für sein iPhone startete.
Arbeitsplatzanalyse	Jeder Arbeitgeber ist verpflichtet, für jeden Bildschirmarbeitsplatz eine Arbeitsplatzanalyse durchzuführen und sie zu dokumentieren, um mögliche Gefährdungen und Belastungen frühzeitig zu erkennen.
Arbeitsschutzgesetz (ArbSchG)	Gesetz über die Durchführung von Maßnahmen des Arbeitsschutzes zur Verbesserung der Sicherheit und des Gesundheitsschutzes der Beschäftigten bei der Arbeit.
Arbeitssicherheitsgesetz (ASiG)	Die gesetzliche Grundlage in Verbindung mit den Unfallverhütungsvorschriften der Berufsgenossenschaften.
Arbeitsspeicher	Hauptspeicher eines Computers mit sehr kurzer Zugriffszeit. Wird auch als interner Speicher bezeichnet.
Audiocontroller	Bauteil im PC, das für die Tonverarbeitung zuständig ist.
Autorenkorrektur	Nachträgliche Korrektur eines Textes
ArbStättV	Arbeitsstättenverordnung
ASR	Arbeitsstättenrichtlinien
Basisprodukte	Sendungsarten für Briefe (Standard-, Kompakt-, Groß- und Maxibriefe)
Bench-Büroarbeitsplatz	Gemeinschaftsarbeitstisch für mehrere Mitarbeiter im Büro.
Betriebssystem	Software, die den Ablauf der Programme überwacht und die Handhabung der peripheren Geräte (Tastatur, Drucker, Bildschirm) steuert.
Bildschirmarbeitsverordnung (BildscharbV)	Verordnung über Sicherheit und Gesundheitsschutz bei der Arbeit an Bildschirmgeräten
Bildwiederholfrequenz	Bildwiederholung pro Sekunde auf dem Monitor
binär	Umwandlung aller in den Computer eingegebenen Informationen in Dualzahlen (0 und 1)
Bit	Kleinste in einem Computer verfügbare Informationseinheit (0 oder 1). Die Zentraleinheit eines Computers wird nach der Anzahl der Bits (**Bi**nary digi**t**), die gleichzeitig verarbeitet werden können, klassifiziert (z.B. 32-Bit-Rechner).
BlackBerry	Das BlackBerry ist Handy und Taschencomputer in einem und ermöglicht das Senden und Empfangen von E-Mails über den Firmenserver oder jeden anderen privaten E-Mail-Account.
Blocksatz	Rechts- und linksbündige Darstellung von Texten

Blogs	Blogs sind Internetportale, die permanent über bestimmte Themen aus unterschiedlichen Bereichen berichten.
Bluetooth	Kurzstreckenfunktechnik, entwickelt vom Handy-Hersteller Ericsson, die Geräte ohne Kabel verbindet. Benannt nach dem Wikingerkönig Harald Blatand, genannt „Blauzahn".
Breitband-ISDN	Beim Breitband-ISDN wird zur Übertragung von Nachrichten und Daten die Glasfasertechnik angewandt.
Browser	Durch einen Browser (Explorer, Navigator) können die HTML-Dokumente beim Empfänger-Computer entschlüsselt werden.
Business-Center	Dienstleistungsunternehmen, die auf Zeit Büroraum und Dienstleistungen mit der dazugehörigen Infrastruktur anbieten.
Businesskleidung	Businesskleidung schließt alles aus, was unter Freizeitmode fällt.
Byte	Speicherstelle für 1 Zeichen (1 Byte = 8 Bits). Die Speicherkapazität des Hauptspeichers, der Festplatte bzw. einer Diskette wird in KB (Kilobyte), MB (Megabyte) bzw. GB (Gigabyte) angegeben.
Cache	Speicherbausteine mit sehr schnellem Zugriff. Hier legt der Prozessor Daten ab, auf die er schnell zugreifen muss.
Call-back-Dienste	Ausländische Telefongesellschaften können über den Call-back-Service genutzt werden.
Call-by-Call-Selection	Jeder Nutzer kann bei jedem Telefongespräch selbst entscheiden, in welches Netz er sich einwählen möchte.
Callcenter	Anruf- oder Telefonzentrale, die Anrufe entgegennimmt bzw. weiterleitet.
CCITT	Weltweiter beratender Ausschuss für das Fernmeldewesen, der Standards festlegt (CCITT = **C**omité **C**onsultatif **I**nternational **T**élégraphique et **T**éléphonique).
CD-R	CDs, die vom Benutzer „beschrieben" und gelöscht bzw. geändert werden können.
CD-ROM	Optischer Datenträger mit sehr hoher Speicherkapazität. Die auf diesem Datenträger gespeicherten Informationen können aber nur gelesen werden (CD-ROM = **C**ompact **D**isc **R**ead **O**nly **M**emory).
CD-RW	CDs, die vom Benutzer „beschrieben" und gelöscht bzw. geändert werden können (CD-RW = **C**ompact **D**isc **R**ewritable).
Chatten	Das Wort „to chat" heißt „plaudern", „ein Schwätzchen halten" und ist eine textorientierte zeitgleiche Kommunikation mit einem oder mehreren Teilnehmern im Internet.
Chip	Bauelement eines Computers, auf dem eine Vielzahl von Schaltungen untergebracht ist.
CNL	Ein nachts verkehrender Doppelstock-Hotelzug (**C**ity**N**ight**L**ine), der deutsche Großstädte (Berlin, Dortmund und Hamburg) mit der Schweiz (Zürich) und Österreich (Wien) verbindet.
Code	Mittel zur Umwandlung von Informationen in eine maschinenlesbare Sprache (EBCDI-, ASCII- oder ANSI-Code).
COLD-Verfahren	**C**omputer **O**utput on **L**aser **D**isc. Mit diesem Verfahren können große Datenmengen automatisch erfasst, indiziert und archiviert werden, um sie revisionssicher zu lagern und jederzeit suchen zu können.
COM-Port	Anschluss an der PC-Rückseite, z. B. für PDAs, Handscanner und andere serielle Geräte.
Communities	(Deutsch: Gemeinschaften) sind Onlinetreffpunkte, zu denen sich jeder hinzugesellen kann.
CompactFlash-Card	Daten-Speicherkarte, z. B. bei Digitalkameras
Corporate Behaviour	Arbeitsweise und Verhalten eines Unternehmens nach innen und außen.

Corporate Communications	Zusammenfassung aller Kommunikationsbereiche. Mithilfe der Kommunikationsstrategie werden Inhalte von Identität, Kultur, Sprache und Design gebündelt und aufeinander abgestimmt.
Corporate Culture	Unternehmenskultur, die Art der internen und externen Kommunikation
Corporate Design	Das visuelle Erscheinungsbild eines Unternehmens.
Corporate Identity	Eigenbild eines Unternehmens und die Selbstdarstellung nach außen und innen.
Corporate Wording	Einheitliches schriftliches Auftreten eines Unternehmens nach außen.
CTV	Computerunterstützte **T**extverarbeitung
Cursor	Anzeigemarke zur Kennzeichnung der jeweiligen Schreibposition auf dem Bildschirm.
Datei	Sammlung inhaltlich zusammengehöriger Informationen (z. B. Personaldatei) bzw. ein auf einer Diskette oder Festplatte abgespeicherter Text (z. B. Brief).
Datenmaske	Dient bei Textprogrammen und Datenbanken der Speicherung von Daten, die immer wieder benötigt werden (z. B. Adressen).
Datenträger	Mittel zur Speicherung von Daten: Magnetische (Diskette, Festplatte) und optische Datenträger (CD-ROM).
dB	Maß für den Schalldruck (dB = **De**zi**b**el)
Desksharing	Raumsparendes Bürokonzept, bei dem sich mehrere Personen einen Arbeitsplatz teilen.
Desktop-Publishing	Programm, mit dessen Hilfe am Bildschirm eines Personal Computers Texte, Grafiken und Bilder gemischt werden können.
Dialer	Einwahlprogramme, die unbemerkt beim Surfen im Internet auf einem PC installiert werden und hohe Gebühren verursachen.
digital	Übertragung bzw. Darstellung von Daten mittels Umwandlung in Binärzeichen.
DIN	Kurzbezeichnung für **D**eutsches **I**nstitut für **N**ormung.
DIN EN	Die Norm entspricht der Euro-Norm.
Diskette	Magnetisch beschichtete Kunststofffolie zum Speichern von Daten.
Display	Optische Anzeige von Daten (z. B. Funktelefon, Telefaxgerät).
Distress	Negativ empfundener Stress.
DMS	Dokumentenmanagementsysteme ermöglichen eine gemeinsame Verwaltung unterschiedlicher Dateien und vermeiden dadurch Medienbrüche.
Dolby Digital	Verfahren zur Ver- bzw. Entschlüsselung von Audio-Daten. Es können Raumklangeffekte, die auch in Kinos verwandt werden, erzielt werden. Mit sechs getrennten Tonkanälen und entsprechend platzierten Lautsprechern kann der Eindruck erweckt werden, mitten im Geschehen zu sitzen.
Domain	Die Domain ist die Internetadresse (www.xxxx-xxx.com). Sie ist weltweit einmalig. Bestandteil des Namens ist neben „www" die Endung (z. B. .de, .com, .org). Man unterscheidet zwischen Länderkennungen und informellen Kennungen.
DOS	Bezeichnung für ein Betriebssystem, das bei Personal Computern verwendet wird (DOS = **D**isc **O**perating **S**ystem).
Downloaden	Über das Internet kann man von bestimmten Computerherstellern die neuesten Programme, Bilder, Filme und Treiberdateien auf den eigenen Rechner herunterladen.
dpi	Englische Maßeinheit, **d**ots **p**er **i**nch – Punkte pro Zoll; ein Zoll = 2,54 cm

DSS-Format	**D**igital **S**peech **S**tandard. Speicherformat für Sprachdateien, um diese schneller per E-Mail versenden zu können.
Dualsystem	Zahlensystem, in dem nur die Ziffern 0 und 1 verwendet werden (Dualsystem = Binärsystem).
DVD	**D**igital **V**ersatile **D**isc = digitale vielseitige Scheibe. Sie speichert bis zu 26-mal so viel Daten wie eine CD-ROM (ca. 17 GB).
dynamischer Arbeitsstil	Bewusstes Wechseln zwischen sitzender und stehender Tätigkeit.
EC	**E**uro-**C**ity; Züge, die zwischen Großstädten Europas verkehren.
EDV	**E**lektronische **D**atenverarbeitung
E-Mail	Weltweite Übertragung von Daten von PC zu PC über das Telefonnetz.
Ergonomie	Wissenschaft von der Optimierung der Arbeitsbedingungen mit dem Ziel, die Belastung des arbeitenden Menschen so gering wie möglich zu halten.
EU-Richtlinie	Richtlinie über Mindestvorschriften bezüglich der Sicherheit und des Gesundheitsschutzes bei der Arbeit an Bildschirmgeräten.
E-Ticket	Als E-Ticket bezeichnet man das elektronische Flugticket. Es besteht aus Namen des Reisenden und Buchungsnummer. Die Buchung erfolgt über Internet, Telefon oder über ein Reisebüro. Der Passagier kann sich selbst am Automaten oder an einem Check-in-Schalter einchecken.
Eustress	Positiv empfundener Stress.
externe Speicher	Speicher außerhalb der Zentraleinheit (Festplatte, Diskette, CD-ROM).
Fachkompetenz	Besitz von Fachkenntnissen des speziellen Berufsfeldes.
Feng-Shui	Asiatische Lehre (Wind und Wasser), in deren Mittelpunkt die Balance im Leben steht, findet zunehmend bei der Planung von Büroräumen Berücksichtigung.
Festplatte	Staubfrei und luftdicht abgeschlossene Magnetplatte im Personal Computer zum Speichern großer Datenmengen.
File Transfer Protocol	Mit dem **F**ile **T**ransfer **P**rotocol (FTP) kann man von bestimmten Computerherstellern die neuesten Programme, Bilder, Filme und Treiberdateien auf den eigenen Rechner herunterladen.
Firewire	Mit dem Firewire-Anschluss erreicht man eine sehr schnelle Übertragung von großen Datenmengen zwischen dem PC und anderen Multimedia-Produkten, wie z. B. Notebook, digitaler Camcorder usw. Er wird je nach Hersteller „IEEE-1394" oder „i-Link-Anschluss" genannt.
Flatrate	heißt übersetzt „flacher Tarif" und beinhaltet eine Pauschalgebühr für zeitlich unbegrenztes Surfen im Internet. Telefongebühren sind inklusive.
Frankit	Digitale Frankierung der Deutschen Post AG.
Freecall	Kostenlose Servicenummer
Funktelefon	Dialogfähiger Mobilfunk mit fest installiertem Autotelefon oder einem tragbaren Handtelefon (Handy).
Funktionstaste	Taste auf der Tastatur eines Personal Computers, mit deren Hilfe eine spezifische Funktion ausgelöst wird (z. B. Entf.-Taste).
GB	Angabe der Speicherkapazität (1 GB = 1 **G**iga**b**yte = 1 024 Megabytes = rund 1 Milliarde Speicherplätze)
Gelbe Seiten	Branchenfernsprechbuch
Glasfasertechnik	Technologie zur schnellen Übertragung von Sprache, Text und Bewegtbildern auf optisch durchlässigen Leitungen.
GPRS	(**G**eneral **P**acket **R**adio **S**ervice) Standard, der Übertragungsraten von bis zu 115 KB/s erlaubt – macht Handys internetfähig.
GPS	Satelliten-Navigationssystem. Kommt in immer mehr Handys zum Einsatz. Sie können den Aufenthaltsort erkennen und den Nutzer ans Ziel lotsen.
GSG	**G**eräte**s**icherheits**g**esetz

GSM	(**G**lobal **S**ystem for **M**obile Communication) Aktueller Mobilfunkstandard in Europa und Asien mit Datentransferraten bis zu 9,6 Kilobit pro Sekunde.
GS-Zeichen	Kennzeichnet sicherheitstechnisch und ergonomisch einwandfreie Arbeitsmittel.
Handlungskompetenz	Fach-, Methoden- und Sozialkompetenz ergänzen und bedingen sich zu umfassender Handlungskompetenz.
Handy	Kleines tragbares Funktelefon
Hardware	Bezeichnung für alle maschinellen Bestandteile eines Computers (z. B. Zentraleinheit, Tastatur, Bildschirm, Drucker).
Hauptspeicher	Siehe „Arbeitsspeicher"
Homepage	Ist die erste Seite einer Website.
Homezone	Das Handy wird innerhalb eines bestimmten Umkreises zur Wohnung auch zum Festnetztelefon mit entsprechenden Gebühren; nur eine Nummer.
HSCSD	(**H**igh **S**peed **C**ircuit **S**witched **D**ata) Leitungsvermittelter GSM-Datenmodus mit Kanalbündelung. Ist die Verbindung aufgebaut, steht die Bandbreite von 38 400 Bit/s voll zur Verfügung.
HTML	(**H**ypertext **M**arkup **L**anguage) Sprache, in der Dokumente für das Internet erstellt werden.
Hybridpost	Mischung zwischen digitalem und physischem Briefversand.
Hyperlinks	Dies sind markierte Textteile oder Grafiken in Internetseiten, die auf andere Dokumente verweisen und die durch einen Mausklick zu den entsprechenden Dokumenten verzweigen.
Hypermedia	Informationsdarstellung und -nutzung zwischen einzelnen Informationselementen, die das schnelle Auffinden von Informationen erleichtert.
IAE	ISDN-Anschluss-Einheit aus Stecker und Steckdose zum Anschluss von ISDN-Einrichtungen.
IATA	Internationaler Luftverkehrsverband
ICE/IC	Komfortable und schnelle Züge, die im 1- bis 2-Stunden-Takt zwischen vielen Städten Deutschlands verkehren (ICE = **I**nter**C**ity**E**xpress, IC = **I**nter**C**ity).
Icons	Symbole bei Programmen mit menügesteuerten Benutzeroberflächen (z. B. Windows).
IDN	Integriertes Text- und Datennetz für Telex und Daten-Dienste (IDN = **I**ntegrated **D**igital **N**etwork).
i-mode	i-mode ist ein Handy-Service, der alle Nachteile, die der WAP-Dienst hat, vermeiden soll. Eine kleine Auswahl von Inhalte-Anbietern soll die Qualität des Angebots garantieren.
Impact-Drucker	Drucker mit mechanischem Anschlag (Typenrad, Matrixdrucker)
Indizieren	Im DMS erfasste Dokumente werden mit Merkmalen versehen.
Infobrief	Kleinere Mengen inhaltsgleicher Nachrichten, die preisgünstiger als gewöhnliche Briefe versandt werden können.
Infopost	Große Mengen inhaltsgleicher, vervielfältigter schriftlicher Nachrichten (z. B. Werbebriefe), die mit einer Entgeltermäßigung versandt werden, wenn festgelegte Mindestmengen eingehalten werden.
Inhouse-Netz	Leitungsverbindung für innerbetrieblichen Nachrichtenaustausch
Ink-Jet-Drucker	Drucker mit einem Tintenstrahldruckwerk
Input	Dateneingabe

Instant Messaging (IM)	Instant Messaging heißt übersetzt „sofortige Nachrichtenübermittlung". Es handelt sich um eine Kommunikationsplattform für Computer-Netzwerke, mit der Textnachrichten in Echtzeit gesendet und empfangen werden können – ähnlich wie beim chatten.
Interaktion	Am Bildschirm kann in den Ablauf des Geschehens eingegriffen werden (z. B. Lernprogramme, Computerspiele).
Interface	Verbindungsstelle (Schnittstelle) zwischen einem Computer und einem Peripheriegerät (z. B. Drucker)
Internet	Weltweit größtes Datennetz
Internetcafé	Interessierte, die in das Internet hineinschnuppern wollen, können – gegen eine geringe Gebühr – in vielen Städten Internetcafés besuchen.
iPhone	Das iPhone ist eine Mischung aus Handy und dem Musikspieler iPod.
ISDN	Dienste integrierendes digitales Fernmeldenetz zur Übertragung von Sprache, Text, Daten und Bewegtbildern (ISDN = **I**ntegrated **S**ervices **D**igital **N**etwork).
ISDN-Karte	Hardware-Voraussetzung für den Anschluss eines Personal Computers an das ISDN-Netz.
ISO	Internationales Normungsgremium zur weltweiten Festlegung gültiger Normen (ISO = **I**nternational **O**rganization for **S**tandardization).
Jacket	Klarsichthülle, in die zugeschnittene Mikrofilme eingelegt werden.
Jobsharing	Zwei Arbeitnehmer teilen sich eigenverantwortlich einen Arbeitsplatz.
JPEG	Von der **J**oint **P**hotographic **E**xpert **G**roup entwickeltes Komprimierungsverfahren für Bilder. Ein großer Anteil der im Web verwendeten Bilder liegt im JPEG-Format vor.
Jukebox	Elektronische Archivierungssysteme besitzen die Möglichkeit, große Informationsmengen in sogenannten Jukeboxen zu verwalten. Eine Jukebox ist ein Plattenwechselautomat für optische Speichermedien. Dies ermöglicht einen Datenzugriff auf nahezu unbegrenzte Datenmengen.
Kapazität	Fassungsvermögen, z. B. im Zusammenhang mit Speicherplatz.
KB (K)	Angabe der Speicherkapazität (1 KB = 1 **K**ilo**b**yte = 1 024 Bytes)
KEP-Markt	Anbieter für Kurier-, Express- und Postdienste
Klienten	Teilnehmer im Internet, die Angebote von Servern nutzen.
Kompatibilität	Austauschbarkeit: Geräte verschiedener Hersteller sind kompatibel, wenn sie ohne Zusätze miteinander arbeiten können.
Konfiguration	Zusammenstellung verschiedener Geräte zu einem System (z. B. bei der Poststraße oder EDV-Anlage).
Konstanten	Beim Phonodiktat anzugebende Benennungen (Satzzeichen, Absatz usw.).
Kuvertiermaschine	Eine Postausgangsmaschine, die das maschinelle Einlegen von Schriftstücken in Briefhüllen durchführt.
LAN	Lokales Netzwerk (LAN = **L**ocal **A**rea **N**etwork)
Laptop	Personal Computer mit hohem Leistungsstandard, der in einer Tragetasche bequem transportiert werden kann.
Laserdrucker	Hochleistungsdrucker, die eine hohe Ausgabegeschwindigkeit haben, geräuscharm sind und ein gestochen scharfes Schriftbild ermöglichen.
Layout	Skizze für Text- und Bildgestaltung
LTE	Der Nachfolgestandard für UMTS. LTE (Long Term Evolution) soll erheblich höhere Datenübertragung erlauben.
Lux	Einheit für Beleuchtungsstärke (Lux = lat. Licht)
Mailbox	Elektronische Briefübermittlung (elektronischer Briefkasten) mit Passwortschutz

Maske	Übertragung der Beschriftungspositionen eines Vordrucks (z. B. Briefvordruck) auf den Bildschirm und Markierung dieser Positionen durch Stoppcodes oder Platzhalter (siehe auch „Vorlage").
Matrixdrucker	Nadeldrucker, bei dem die Zeichen aus einzelnen Punkten zusammengesetzt werden.
Maus	Spezielles Eingabegerät, das den Mauszeiger (Cursor) auf dem Bildschirm steuert.
MB (M)	Angabe der Speicherkapazität (1 MB = 1 **M**ega**b**yte = rund 1 Million Speicherplätze)
Menü	Wahlmöglichkeiten, die dem Benutzer durch ein Programm auf dem Bildschirm zur Auswahl angeboten werden.
Methodenkompetenz	Fähigkeiten wie selbstständiges Lernen, selbstständiges Planen und Beherrschung von Methoden zur Problemlösung u. a. m.
MEZ	**M**ittel**e**uropäische **Z**eit
Mikrofiche	Postkartengroße Aufbewahrungsform (Planfilm) für mikroverfilmte Schriftstücke.
Mikroprozessor	Teil der Zentraleinheit, der für Steuerungs- und Rechenaufgaben im Computer zuständig ist.
MMS	**M**ultimedia **M**essaging **S**ervice. Mit dem MMS-Standard lassen sich über das Handy digitale Fotos, Minifilme, kurze Sprachnotizen und Melodien versenden.
Mobbing	Negative Handlungen, um einem Mitarbeiter bzw. einer Mitarbeiterin zu schaden.
Mobilfunk	Öffentliche Funktelefonnetze (C-, D1-, D2- und E-Netz) für drahtloses Telefonieren mit tragbaren (Handy) oder fest installierten (Autotelefon) Geräten.
Modem	Gerät, das bei der Datenübertragung die zu übertragenden Daten umwandelt (Modem = **mo**dulieren und **dem**odulieren).
Monitor	Bildschirm, Datensichtgerät
Multifunktionale Kommunikation	Über ein am Arbeitsplatz befindliches Terminal können Sprache, Text, Daten und Bilder empfangen bzw. übermittelt werden.
Multimedia	Der Teilnehmer kann am Personal Computer mit Texten, Bildern, Grafiken, Tönen und bewegten Bildern interaktiv arbeiten.
Nadeldrucker	Siehe Matrixdrucker
Netiquette	Kunstwort für Verhaltensregeln, die für eine reibungslose elektronische Kommunikation sorgen sollen.
Netzwerk	Zusammenschluss (Vernetzung) dezentral aufgestellter Geräte zu einem gemeinsamen Computersystem.
Newsgroups	Newsgroups bilden im Gegensatz zu Communities eine Art Zeitung im Internet: Eine breit gefächerte Zeitschrift, die zu allen Themen ständig die neuesten Nachrichten bereithält, die aber auch Leserzuschriften abdruckt, die auf der ganzen Welt gelesen werden.
Newsletter	Elektronische Newsletter informieren einen bestimmten Personenkreis regelmäßig per E-Mail über spezielle Themen.
Non-Impact-Drucker	Die Farbübertragung auf den Druckträger (Papier) erfolgt ohne mechanischen Anschlag (Laserdrucker, Ink-Jet-Drucker).
Notebook	Tragbarer PC, der sich mehrere Stunden netzunabhängig betreiben lässt.
OCR-Programm	**O**ptical **C**haracter **R**ecognition – Texterkennungsprogramm, mit dem problemlos eingescannte Texte in einem Textverarbeitungsprogramm geändert und weiterverarbeitet werden können.
Offline-Geräte	Geräte, die nicht mit einem Personal Computer verbunden sind (z. B. Datenerfassungsgeräte).

Ökologie	Lehre von den Beziehungen der Lebewesen zur Umwelt.
Ökonomie	Lehre von der Wirtschaft (sparsames Haushalten).
OLE-Prinzip	Bei der Gestaltung von Vordrucken ist der Leittext (Name, Wohnort usw.) in die **o**bere **l**inke **E**cke des entsprechenden Datenfeldes zu setzen.
Onlinebanking	Am Personal Computer von zu Hause aus Bankgeschäfte (Kontostand abfragen, Geldbeträge überweisen) erledigen.
Onlinedienste	Informationen können aus Datenbanksystemen beschafft und über Kommunikationssysteme ausgetauscht werden.
Online-Geräte	Geräte, die über ein Kabel mit einem Personal Computer verbunden sind (Peripheriegeräte).
Online-Ticket	Der Kauf des Tickets (z. B. Fahrkarten der Deutschen Bahn AG) erfolgt über das Internet und die Bezahlung mit Kreditkarte. Die Übergabe erfolgt per E-Mail im HTML- oder PDF-Format.
Organizer	Kleine tragbare Rechner, die Termine, Listen und Adressen speichern.
Output	Datenausgabe auf Datenträger oder Papier.
Outsourcing	Leistungen, die in einer Firma bisher selbst erbracht wurden, werden an externe Auftragnehmer vergeben.
Parallel Port	Die „parallele Schnittstelle" (beim PC: LPT 1, LPT 2) ist ein 25-poliger Anschluss, über die ein Computer ein Zubehörgerät (z. B. Drucker) ansteuern kann. Dabei können jeweils 8 Bit gleichzeitig (parallel) übertragen werden.
Park & Rail	Reisende, die mit dem Auto zum Bahnhof fahren, können an vielen Bahnhöfen einen bestimmten Parkplatz benutzen.
PC-Diktat	Sprachkommunikation über den Personal Computer.
PDA	(**P**ersonal **D**igital **A**ssistant) Mikrocomputer, der vom Nutzer in einer Hand gehalten werden kann. Neben E-Mail, Termin- und Adressverwaltung bieten PDAs klassische Office-Funktionen für unterwegs.
PDF-Format	Das PDF-Format (Portable Document Format) ist ein sicheres Format für die Datenweitergabe und den Datenaustausch.
Pentium	Heute führende Prozessortypen mit hohen Taktfrequenzen.
Peripheriegeräte	Sammelbegriff für alle Geräte einer EDV-Anlage, die an die Zentraleinheit angeschlossen sind (z. B. Drucker, Diskettenstation, Bildschirm).
Personal Computer (PC)	Tischcomputer, der dem Mitarbeiter am Arbeitsplatz zur Verfügung steht (PC = persönlicher Computer).
Phishing	Dieses Kunstwort wird aus „Password fishing" (deutsch: Fischen nach dem Passwort") gebildet. Es bezeichnet den Trick, mit gefälschten Mails Geheimnummern und/oder Passwörter zu ergaunern.
PIN	**P**ersönliche **I**dentifikations**n**ummer (z. B. beim Homebanking).
Pixel	Anzahl der „Bildpunkte", aus denen ein Bild am Bildschirm oder ein Zeichen beim Matrixdrucker zusammengesetzt ist.
Podcasts	Podcast ist ein Kunstwort, es setzt sich aus dem Namen des verbreiteten MP3-Players „iPod" und „Broadcasting" (Rundfunk) zusammen. Es bezeichnet eine Serie von Medienbeiträgen, die über das Internet bezogen werden können.
Positiv-Darstellung	Darstellung von dunklen Zeichen vor hellem Untergrund auf dem Bildschirm.
Posts	In der Fachsprache heißen Blogbeiträge Posts, sie bestehen aus Texten, Bildern, Tondokumenten oder Videos.
Postzustellungsauftrag	Förmliche Zustellung amtlicher Schriftstücke nach den Vorgaben der Zivilprozessordnung (ZPO).
Prepaid-Karte	Der Mobilfunkkunde schließt mit dem Anbieter keinen Vertrag ab, sondern zahlt einen bestimmten Betrag im Voraus.

Preselection	Der Nutzer geht mit dem jeweiligen Telefonnetz-Anbieter eine vertragliche Bindung ein.
Programm	Eine logische Folge von Befehlen, die der Computer zur Verarbeitung von Daten benötigt.
Programmiersprache	Künstliche Sprache, die der Programmierer zur Erstellung von Programmen benötigt (z. B. Basic).
Provider	Unternehmen, die die Zugangsberechtigung ins Internet erteilen.
PS	Bei dieser Schrift ist die Breite der einzelnen Zeichen unterschiedlich (PS = **P**roportional**s**chrift).
QR-Code	Der QR-Code (quick reponse = schnelle Antwort) ist ein zweidimensionaler Matrixcode, über den man mit dem Mobiltelefon Informationen beschaffen kann.
Rail & Fly	Inhaber eines Flugtickets erhalten eine Fahrpreisermäßigung für Bahnfahrten zu deutschen Flughäfen.
RAM	Teil des Arbeitsspeichers mit wahlfreiem Zugriff (RAM = **R**andom **A**ccess **M**emory).
Recycling	Wiederverwendung von Abfällen für die Herstellung neuer Produkte.
Redress-Management	Ist eine Sendung nicht zustellbar, handelt es sich um eine sogenannte Redresse. Das Redress-Management beschreibt die Erfassung, Prüfung, Bearbeitung, Auswertung und Weitergabe von Redressen.
Reprografie	Vervielfältigungsverfahren
RSS (Really Simple Syndication)	RSS ist ein kostenloses Benachrichtigungssystem im Internet, über das sich Interessierte automatisch mit aktuellen Informationen zu bestimmten Themen per Browser, Handy oder E-Mail „füttern lassen" können.
Roaming	Nutzung anderer (ausländischer) Mobilfunknetze.
ROM	Teil des Arbeitsspeichers, dessen Inhalt nicht verändert werden kann (ROM = **R**ead **O**nly **M**emory).
Router	Knotenrechner z. B. im Internet, die lokale Netze miteinander verbinden
RSI-Krankheit	**R**epetitive-**S**train-**I**njury-Krankheit, die sich durch Schmerzen in der Hand und im Schulter- oder Nackenbereich bemerkbar macht.
Sabbatical	Kurzfristiges Ausscheiden aus dem Erwerbsleben.
SAR	**S**pezifische **A**bsorptions**r**ate = eine durch den thermischen Effekt der Funkwellen im Körper erzeugte Wärme.
Satellitenbüro	Zweigstelle eines Unternehmens – Telearbeitsplatz –, die mit der entsprechenden Informations- und Kommunikationstechnik ausgestattet ist.
Scanner	Gerät, das Texte, Zeichnungen, Bilder und genormte Strichcodierungen (EAN-Code) in den Personal Computer eingeben kann.
Schnittstelle	Verbindungsstelle zwischen zwei Bereichen eines Systems (z. B. zwischen Computer und Drucker).
Schreibauftrag	Schriftliche Anweisung in Form eines Vordrucks zum Aufrufen und Erstellen von Serienbriefen bzw. Textbausteinen.
Schrittweite	Angabe der Anzahl der Zeichen pro Zoll (z. B. 10 Zeichen/Zoll).
Selektionsnummer	Adresse, unter der ein Textbaustein oder ein Serienbrief gespeichert ist.
Serienbrief	Abgespeicherter Ganzbrief, in den mithilfe eines Textprogramms Variablen manuell eingesetzt bzw. automatisch eingemischt werden.
Seriendruck	Die in einer Datenmaske gespeicherten Daten werden automatisch in Serienbriefe oder Listen gemischt bzw. auf Briefumschläge oder Etiketten ausgedruckt.
Server	Computer in einem Netz, der Speicher- und Verarbeitungsaufgaben für andere Netzteilnehmer zur Verfügung stellt.
Serviceprovider	Anbieter, der seinen Kunden Einwahlknoten zu Daten- und Funknetzen zur Verfügung stellt.

Shift-Taste	Umschalttaste bei Personal Computern
Sick-Building-Syndrom	Kopfschmerzen, Übelkeit, Reizungen der Schleimhäute und chronische Müdigkeit bei gesundheitsschädigendem Raumklima.
SIM-Karte	(**S**ubscriber **I**dentity **M**odule) Chipkarte mit Prozessor und Speicher für GSM-Telefone, auf der die vom Netzbetreiber vergebene Teilnehmernummer gespeichert ist.
Simultanprotokoll	Das Simultanprotokoll (oder Sofortprotokoll) wird während einer Moderation mithilfe eines Notebooks geschrieben und über Beamer visualisiert. Ergebnisse werden zeitnah kontrolliert, korrigiert und festgehalten.
Smart-Media-Karte	Auswechselbare standardisierte Speicherkarte, auf der Sprache, Videos, digitale Bilder usw. abgespeichert und weitergegeben werden können.
SMS	(**S**hort **M**essage **S**ervice) Möglichkeit, bis zu 160 Zeichen lange Textnachrichten über das Handy zu verschicken.
Software	Sammelbegriff für alle Programme, die beim Einsatz eines Computers verwendet werden.
Software-Ergonomie	Darunter versteht man die Anpassung eines Programms an die Fähigkeiten und Fertigkeiten des Menschen.
Soundkarte	Mit ihrer Hilfe ist es möglich, Sprache, Klang und Musik am PC wiederzugeben.
Sozialkompetenz	In einer Gruppe arbeiten, sich einordnen können, Anerkennung der Leistung anderer u. Ä.
Speicherkapazität	Angabe des Fassungsvermögens von in- und externen Speichern in Kilo-, Mega- oder Gigabytes.
Sprachbox	Elektronisches Postfach für gesprochene Nachrichten
Stellenbeschreibung	Sie beschreibt genau die Aufgaben, die von einem Stelleninhaber zu erledigen sind.
Stoppcode	„Haltepunkt" für das Einfügen von Variablen bei Serienbriefen und Textbausteinen.
Stressoren	Belastungen, die Stress auslösen.
S-Video	Über den S-Video-Anschluss werden Farb- und Helligkeitsinformationen eines Bildes getrennt voneinander übertragen, sodass sie sich nicht gegenseitig stören. Dadurch ist die Bildqualität besser als beim normalen Videosignal, das die Informationen zusammen übermittelt.
TAE-Steckdose	Anschlusssteckdose, die das Telefon mit dem Fernmeldenetz verbindet (TAE = **T**elekommunikations-**A**nschluss-**E**inheit).
Taktfrequenz	Bestimmt die Verarbeitungsgeschwindigkeit (in Megahertz) eines Personal Computers.
TAN	TAN = **T**rans**a**ktions-**N**ummer. Sie ist mit einer elektronischen Unterschrift des Nutzers in Form einer mehrstelligen Zahl vergleichbar.
TB	Angabe der Speicherkapazität, 1 TB = 1 Tera**b**yte = 1 024 Gigabytes = rund 1 Billion Speicherplätze.
Telearbeitsplatz	Durch den Einsatz modernster Computer- und Kommunikationstechniken können auch Arbeiten zu Hause ausgeführt werden, die bisher nur im Büro zu erledigen waren.
Telefondienste	Bieten die Möglichkeit, sich unter den Servicenummern 0800, 0180, 0900 u. a. am Telefon kostenlos oder gegen Gebühr zu informieren bzw. unterhalten zu lassen.
Terminal	Kombiniertes Ein- und Ausgabegerät (z. B. Tastatur mit Bildschirm) für den Datenaustausch zwischen Benutzer und Zentraleinheit (Datenendstation).

Textbaustein	Formulierter Textabschnitt, der bei der Textverarbeitung zur Erstellung von Schriftstücken verwendet wird.
Textbearbeitung	Nachträgliche Veränderung eines Textes.
Texthandbuch	Verzeichnis von Textbausteinen, die mit einem Selektionsbegriff versehen sind.
Textkonserven	Texte, die immer wieder benötigt werden (Serienbriefe, Textbausteine, Daten in Datenmasken).
Textverarbeitung	Überbegriff für alle Arbeiten, die vom Entstehen eines Textes bis zu seiner endgültigen Form anfallen.
TFT	**T**hin **f**ilm **t**ransistor „Dünnfilm-Transistor". Diese Bildschirmtechnik arbeitet mit Flüssigkristallen, nicht mit einer Bildröhre (z. B. in Flachbildschirmen). TFT-Bildschirme bauen das Bild schneller auf als herkömmliche Geräte, stellen Farben besonders brillant dar und sind im Vergleich zu Röhrenmonitoren besonders flach.
Ticket	Flugschein
T-ISDN	Das T-ISDN ist ein digitales Hochleistungsnetz der Deutschen Telekom AG zum Anschluss digitaler Endgeräte.
TK-Anlage	**T**ele**k**ommunikationsanlage
TKG	**T**ele**k**ommunikations**g**esetz
T-Net-Box	Sprachbox der Deutschen Telekom AG, die die Aufgaben eines Anrufbeantworters übernimmt.
T-Online	Onlinedienst der Deutschen Telekom AG
Touchscreen	Befehlseingabe auf einem Bildschirm, d. h. durch Antippen eines bestimmten Feldes auf dem Bildschirm mit der Fingerspitze wird eine Information bzw. ein Befehl an das Programm erteilt.
Trackball	Spezielles Eingabegerät mit Funktionen einer Maus.
Trustcenter	Übernimmt die Funktion eines „digitalen Notars". Es prüft die Identität des Antragstellers, verwaltet den digitalen Schlüssel und beglaubigt seine Echtheit.
UMTS	(**U**niversal **M**obile **T**elecommunication **S**ystem) Mobilfunk-Standard, der GSM ablösen wird und Übertragungsraten von bis zu 2 Megabit/s zulässt.
Unified Messaging	Dienste, die Anrufe, Faxe, E-Mails und Briefe über das Internet zugänglich machen.
USB	**U**niversal **S**erial **B**us ist eine Anschlussnorm, die den Anschluss von externen Geräten wie Tastatur, Drucker, Maus, Scanner, Videokamera, Diktiergerät usw. erleichtert.
UVV	**U**nfall**v**erhütungs**v**orschrift
Variablen	Einfügungen (Adresse, Anrede, Beträge) in Schemabriefe oder Textbausteine.
Videokarte	a) Grafikkarte: Karte im PC, um die Anzeige auf dem Monitor zu ermöglichen, oder b) Karte im PC zum Digitalisieren von Videodaten.
Videokonferenz	Verbindet Gesprächspartner an unterschiedlichen Orten durch Bild und Ton.
Vorlage	Bei der Textverarbeitung werden mithilfe einer Vorlage, auch Druckformatvorlage oder Maske genannt, die Beschriftungspositionen und das äußere Erscheinungsbild (Randeinstellung, Zeilenabstand, Schriftart usw.) eines Vordrucks (z. B. Geschäftsbriefvordruck, Vordruck für den Privatbrief) festgelegt.
V.90	Ein Übertragungsstandard für Modems. Mit einem V.90-Modem können bei einer Verbindung ins Internet bis zu 5 600 Zeichen pro Sekunde empfangen und bis zu 4 800 Zeichen pro Sekunde gesendet werden.

WAP	(**W**ireless **A**pplication **P**rotocol) ist eine Sprache (Protokoll), in der Daten an kleine Kommunikationsgeräte übertragen werden können. Es ist eine vereinfachte Form des WWW-Protokolls.
Wave-Dateien	„Wellen"-Datei = unkomprimierte, digitale Audiodatei
Website	Grafisch aufbereitete Informationen aus dem Internet auf einer Bildschirmseite.
Webspace	Als Webspace bezeichnet man den Platz auf dem Server eines „Hosters", der benötigt wird, um Webseiten ins Internet zu stellen.
Wikipedia	Wikipedia ist ein Onlinelexikon, das nicht von einer festen, bezahlten Redaktion, sondern von freiwilligen Autoren verfasst wird. Jeder Beitrag kann von jedem Internetbenutzer weltweit verändert oder überarbeitet werden.
Wikis	Wikis arbeiten nach dem Grundprinzip von Wikipedia. Internetbenutzer können Wikis – genau wie Beiträge in Wikipedia – selbst erstellen und im Internet veröffentlichen.
Windows	Grafische Benutzeroberfläche
World Wide Web	Teil des Internets. Im WWW können weltweit Informationen zu den unterschiedlichsten Anwendungsbereichen abgerufen werden.
Xerografie	Indirektes elektrostatisches Kopieren auf Normalpapier.
Zentraleinheit	Zentrale Funktionseinheit eines Personal Computers (CPU = **c**entral **p**rocessing **u**nit), bestehend aus dem Mikroprozessor, dem Hauptspeicher und dem Ein- und Ausgabewerk.
ZIP-Diskette	ZIP-Disketten gibt es mit einer Speicherkapazität von 100 MB oder 250 MB. Dazu muss das entsprechende ZIP-Laufwerk (100 MB/250 MB) im PC vorhanden sein.
Zoom-Technik	Möglichkeit, Vorlagen beim Kopieren zu verkleinern bzw. zu vergrößern.

Sachwortverzeichnis

A
ABC-Analyse 89
Abfallbehandlung 77
Ablageart 277
Ablageschale 273
Abrufarbeit 53
Abteilungsablage 281, 282
Abteilungskopierer 227
Abwesenheitsnotiz 180
Abwesenheitstafel 36
Adressbuch 99
Adressieren 115
ADSL2+ 312
Akronyme 180
Aktei 279
Akteien 272
Aktenführung 278, 279
Aktennotiz 459, 460
Aktenplan 273, 274
Aktenvernichtung 283, 301
ALPEN-Methode 90
Alphabetische Ordnung 254
Alphanumerische Ordnung 260
Altablage 282
amtliche Buchstabiertafel 355
analoges Netz 307
A-Netz 313
Animation 252
anklopfen 329
Anlagenkontrolle 112
Anrufbeantworter 334
Anrufweiterschaltung 325, 327
Anrufzuordnung 325
Ansagedienst 321
Anschlusssperre 330
Anschriftzone 116
Anthropometrie 25
Antwortkarte 420
Anweisungen 196
Apothekerschaltung 325
Apps 343
Arbeitsfläche 27
Arbeitslosigkeit 57
Arbeitsplatz 281, 282
Arbeitsplatzanalyse 25, 26
Arbeitsplatzbeleuchtung 40
Arbeitsplatzkopierer 227
Arbeitsplatzorganisation 268
Arbeitsschutzgesetz (ArbSchG) 25
Arbeitsschutzrahmenrichtlinie 25
Arbeitssicherheitsgesetz (ASiG) 26
Arbeitsspeicher 214
Arbeitsstättenrichtlinien (ASR) 26
Arbeitsstättenverordnung (ArbStättV) 26

Arbeitstisch 35
Arbeitsumgebung 39
Arbeitszeit 52, 53, 57
Arbeitszeitmodell 52
Archiv 281, 283, 298
Archivierung 111, 295, 297
A-Reihe 161, 163
ARPAnet 368
Attachments 179
Aufschalten 325
Auftragsdienst 322
Augengymnastik 62
Ausfüllanweisungen 167
Ausgabegeräte 156
Auskunftsdienst 322
Auskunftsrecht 244
Auslandsbriefe 131
Auslandsgespräch 321
Auslandsreise 446
Auslandsrufnummer 320
Auswahlantworten 167
Automobilklub 441

B
Bahn & Auto 439, 442
BahnCard 443
Bahnticket per Handy 444
Balans Stuhl 31
Barcode 122, 123, 296
Barcode-Label 141
Basisanschluss 310
Basisgruppen 133
Baumstruktur 242
Bausteinbrief 187
Bausteinverarbeitung 187
Bau- und Gewerbeordnung 26
BCC (Blind Carbon Copy) 179
Beamer 425
Bedienerführung 181
Begrüßung 20, 21
Behördenheftung 261
Bekanntmachung 20
Belastung 54, 70
Belüftungssystem 40
Benachrichtigungsrecht 245
Bench-Büroarbeitsplatz 49
Bereichsablage 282
Berichtigungsrecht 245
Besprechung 412, 414
Besprechungsinsel 414
Besprechungsziel 413
Bestandsüberwachung 234
Betreff oder Subjekt 179
Betriebssicherheitsverordnung (BetrSichV) 26

Betriebssystem 153
Bewegungsfläche 27
Bewirtung 22
Bezugszeichenzeile 171
BG-Zeichen 72
Bildretusche 221
Bildschirm 37
Bildschirmarbeitsplatz 27
Bildschirmarbeitsverordnung (BildscharbV) 26
Bildschirmpräsentationsfolien 252
Bildschirmrichtlinie 26
Bildverschiebung 225
Bildwiederholfrequenz 37
BlackBerry 342
Blauer Engel 72, 238
Blickkontakt 22, 252
Blindensendung 131, 135
Blog 382
Bluetooth 201
Bluetooth-Handy 342
Blu-ray-Brenner 154
B-Netz 313
Bootvirus 397
Botendienst 113
Brainstorming 104
Branchen-Telefonbuch 317
B-Reihe 163
Breitbandkabel 307
Brennpunkte 251
Briefbeförderung 130
Briefe 129
Briefhülle C5 119
Briefhülle C6 119
Briefhülle C6 mit Fenster 119
Briefhülle DL 119
Briefhüllen 162
Briefindex 204
Brief-Kommunikation 169
Brieföffner 111
Briefschließmaschine 118
Broschürenerstellung 227
Browser 372
Bubblejet-Verfahren 214
Büchersendung 135
Buchscanner 220
Buchstabenfolge 254
Bundesdatenschutzgesetz 244
Bundesnetzagentur (BNetzA) 306
Büroarbeitsplatz 25
Büroausstattung 30
Bürodrehstuhl 33
Büroförderanlagen 113
Bürogerät 70
Bürolandschaft 28

Sachwortverzeichnis

Büromaterial 70, 73, 234
Büroraumform 27
Bürosaal 28
Bürostuhl 31, 32
Büro- und Handdiktiergeräte 200
Business-Center 49
Business Club 27, 29, 30
Businesskleidung 24
Bytes 152

C

Call-by-Call-Gespräch 319
Call-by-Call-Selection 318
Call-by-Call-Verfahren 320
Callcenter 50
Cash & Go 345
CC (Carbon Copy) 179
CD-Brenner 154
CD-R 288
CD-ROM 243, 288
CD-ROM-Laufwerk 154
CD-RW 289
centerbasierte Telearbeit 45
CE-Zeichen 72
chatten 384
Chlorfrei gebleichte Papiere 233
Chronologische Ordnung 261
C-Netz 313
COLD-Verfahren 299
Communitie 381
CompactFlash (CF) 289
Computer-based Training (CBT) 393
Computernetzwerk 157
Computer-Recycling 76
Confidential Job Printing 218
Copyright 245
Corporate Behaviour 16
Corporate Communications 16
Corporate Culture 15
Corporate Design 16, 163, 164
Corporate Identity 15
C-Reihe 163

D

D1-Netz 313, 336
D2-Netz 313, 336
Dateivirus 398
Datenaustausch 249
Datensätze 184
Datenschutz 244, 283, 401
Datenschutzbeauftragter 245
Datensicherheit 225, 244, 245, 300
Datenübernahme 246
Datenweitergabe 248
Dauerwert 276
Dekadische Ordnung 258
De-Mail 387
Demodulation 309
Desksharing 48
Deutsches Portobuch 130
Dialerschutz 396
Dial-in-Konferenz 333
Dial-out-Konferenz 333

Diaprojektor 425
digitale Diktiergeräte 201
Digitale Medien 243
digitale Signatur 394
digitales Wasserzeichen 395
Digitalmarke 120
Diktatablauf 197
Diktatbegleitzettel 199
Diktatmappe 199
Diktatsprache 196
Diktierfunktionen 205
Diktiergeräte 200
DIN 160
DIN 476 161
DIN 5007 254
DIN 5007-1 254
DIN 5007-2 254
DIN 5008 116, 170, 178
DIN 5009 196, 197
DIN 32757 283
DIN EN 26
DIN EN 527 35
DIN EN 1335 32
DIN EN 2137-2 38
DIN-Norm 26
DIN-Norm 5009 196
DIN-Norm 19309 233
Direktbeleuchtung 41
direkte Arbeitsplatzbeleuchtung 41
Diskette 287
Distanzzone 22
Distress 58
Dokumentenmanagementsystem 294
Dokumentenscanner 221
Dokumentenserver 223
Domain 384
Doppelablage 301
dpi 218
Dreierkonferenz 327
Drei-Zonen-Arbeitsplatz 36
Drucker 76, 213
Druckerkauf 219
Drucker-Lexikon 218
Druckertreiber 218
Druckkosten 217
Druckmodul 223
Druckoptionen 219
Druckpapier 232
Druckpatrone 217
DSL/ADSL 305
DSL (Digital Subscriber Line) 312
DSL-/ISDN-Karte 154
DSL-Modem 312
DSS-
  Format (Digital Speech Standard)
  202
DSSPro 202
Dualband-Handy 341
Duplex-Drucker 218
Duplexfunktion 226
Durchlichteinheit 222
Durchschreibeverfahren 234
DVD 243, 289

DVD-Brenner 154
DVD-Laufwerk 154
DV-Frankierung 123, 134
dynamische Daten 276, 286
dynamischer Arbeitsstil 34
dynamisches Sitzen 32, 34

E

E1-Netz 336
E2-Netz 336
ECO-Kreis 72
ECO-Kreis 99 72
E-Commerce 391
EDV-Anlage 150
Effekte 252
EHUG 160
Eigenhändig 140
Einfachfaltung 119
Eingabegeräte 156
Einladungsschreiben 420, 421
Einsatzart 200
Einschreiben 140
E-Invoicing 238
Einzelakte 278
Einzugscanner 220
Eisenhower-Prinzip 91
E-Learning 393
elektromagnetisches Feld 80
elektronische Medien 242
elektronische Wiedervorlage 272
Elektrosmog 80
E-Mail 176, 178, 385
E-Mail-Adresse 385
E-Mail-Anhänge 179, 180
E-Mail-Bearbeitung 181
E-Mail-Fax 208
E-Mail-Kommunikation 176
E-Mail-Push-Dienst 340
E-Mails 208
Emission 74
Emoticon 385
Empfang 20
Empfängeranschrift 116
Endziffern 260
Energiesparlampe 80
Energiespartaste 75
Energieverbrauch 70
Energy-Star 73
E-Netz 313
Entgeltanzeige 332
Entwicklungseinheit 75
E-Postbrief 387
E-Reader 342
Ergebnisprotokoll 414, 463, 464, 466
Ergonomie 25, 62
Ergonomie geprüft 72
Erledigungstermin 94
Ernährung 59
Erscheinungsbild 20
eTicketing-System 444
Etiketten 186
EU-Datenschutzrichtlinie 244
Europäische Umweltblume 73

Sachwortverzeichnis

Eustress 58
Express-Dienst 139
Extranet 305

F

Fachkompetenz 17
Fahrtkosten 449
Falten 118
Falzarten 118
Falzmaschinen 118
Falz- und Kuvertiermaschinen 118
Farbcodes 251
Farbe 164
Farbeinsatz 251
Farben und Symbole 261
Farbgestaltung 42
Farbkopierer 229
Farblaserdrucker 215
Faxgerät 358
Fax-Karte 154
Fax-Kommunikation 174
Faxmitteilung 174
Fax-Modul 224
Fax-on-Demand 361
Fax-Polling 361
Feldnamen 184
Feng-Shui 43
Fensterbriefhüllen 162
Fernabsatzgesetz 391
Fernmeldegeheimnis 377
Fernseh-Handy 342
Fernsehkabel 313
Fernwertvorgabesystem mit Telefon 122
Fernwertvorgabesystem über Modem/ISDN 122
fester Termin 94
Festplatte 288
Film 248
Firewire 155
Firmenlogo 164
Flachablage 279, 280
Flachbettscanner 220
Flachbildschirme 208
Flatrate 371
flexible Arbeits- und Raumformen 44
flexibler (beweglicher) Termin 94
Flipchart 425
Flugschein 445
Flugzeug 439, 445
Formulararten 165
Formulargestaltung 165, 167
Formularhandbuch 187
Fotopapier 234
Foto-/Video-Handy 342
Fragerunde 366
Frankieren 120
Frankiermaschine 121, 134
Frankierservice 125, 134
Frankit 122
Freecall 0800 322
Free-Mail-Anbieter 386
Freisprechanlage 347

Freisprechsystem 346
Froogle 380
Funketikett 279
Funknetz 314
Funktionstasten 156
Funkvermittlungsstelle 314
Funkzelle 80
Fußstütze 36

G

GAN 305
Gebräuche 447
Gedächtnisprotokoll 463, 464
geheftete Ablage 277
Gerätegruppe 358
Geräte- und Produktsicherheitsgesetz (GPSG) 26
Geräuschemission 75
Geschäftsangaben 159
Geschäftsbrief 110, 169, 170
Geschäftspost 110
Gesetzeswert 276
gesetzlich vorgeschriebener Termin 94
Gespräch 22
Gesprächsführung 150, 354
Gestaltungsgrundsätze 166
Gestaltungsregeln 251
Gestaltungsrichtlinien 164, 165
Gestik 23, 252
Gesundheitstipp 81
Gesundheitsvorsorge 59
Gigabytes (GB) 152
Glasfaserkabel 307
Gleitmechanik 32
Gleitzeit 53
Google Alerts 379
Google-Anwendung 378
Google Desktop 378
Google Earth 378
Google Groups 379
Google Kalender 379
Google Maps 379
Google News 379
Google Picasa 378
Google Toolbar 378
GPRS-Handy 341
Grafikformate 247
Grafikkarte 155
Großbrief 133
Großformat-Plotter 228
Großkunde 116
Großraum 28
Großraumbüro 27, 28, 30
Grüner Punkt 72
Gruppen 258
Gruppenbüro 27, 28, 30
Gruppenpuzzle 209
GSM 313
GS-Zeichen 72
Gymnastikübung 61

H

Hadernpapier 232

halbdekadisches System 259
Haltung 252
Handheld-Computer 100
Handlungskompetenz 17
Handmikrofon 201
Handover 314
Handscanner 220
Handy-Branding 343
Handy-Etikette 348
Handy-Flatrate 345
Handy mit Organizer-Funktion 100
Handy-Rekorder 203
Hängeregistratur 271, 280, 281
Hard Skills 17
Hardware 150
Hauptgruppen 258
Hausadresse 116
Hausdruckerei 228
Hausmesse 417
Haus-zu-Haus-Service 136
Headset 324
heimbasierte Telearbeit 45
Helikopter 44
Hijacker 398
Höflichkeit 24
holzfrei 232
holzhaltig 232
Homepage 372, 384
Homezone 345
Hot Desk 44
Hotelbuchung 437
Hotspot 315
HSCSD-Handy 341
HSDPA 314
HTML (Hypertext Markup Language) 372
Hybridpost 132
Hyperlink 372

I

IAE (ISDN-Anschluss-Einheit) 310
IC-Kurierdienst 443
Identcode 138
Identitätsprüfungen 131
Identsendungen 131
IDN 305
IEEE 802.11.n-Standard 315
iGoogle 379
i-mode 340
Impact-Drucker 212, 213
Imprinter 222
IMSI-Kennung (International Mobile Subscriber Identity) 337
Index 295, 296
Indexe 202
Indexmaske 297
Indexsuche 298
Indirektbeleuchtung 41
indirektes Raumlicht 41
Indizieren 297
Indizierung 296
Infobrief 134
Infopost 133

Infopost-Manager 135
Informationsbeschaffung 241
Informationsblock 171
Informationsquellen 241, 243, 244
Informationsstrukturplan 273, 274
Informationsstrukturplan/Aktenplan 260
Informations- und Kommunikationsdienste-Gesetz 401
Informationszeile 360
Infothek 262
Infrarot 201
Inhaltsverzeichnis 242
Inlandsbriefe 133
Innenvollmacht 110
Instant Messaging (IM) 385
Institutionen 256
Integriertes Kartenlesegerät 155
interne Mobilität 48
Internet 243, 368
Internetadresse 373
Internet-by-Call 371
Internetcafé 370
Internet-Fax 359
Internetportal 372
Internet-Serviceprovider 370
Internettelefonie (VoIP) 349
Intranet 305
iPhone 342
Irrläufer 110
ISDN 305, 309
ISDN-Anlagenanschluss 310
ISDN-Basiskanal 309
ISDN (Dienste integrierendes digitales Netz) 307
ISDN-Leistungsmerkmal 311
ISDN-Netz 325
ISDN-Tischapparat 323
ISO 26, 160, 161
ISO-Symbol 73

J

Jacket 291
Jahreskalender 96
Jahresplaner 95
Job Reprint 218
Jobsharing 52
Job Storage 218
Job Verification 218
Journal 360
Joystick 156
Jugendschutz 401
Jukebox 298
Junk-Mail 396
juristische Personen 256

K

Kalenderdaten 171
Kalenderfunktion 99
Kamera 156, 231
Kanbankarte 234
Katalogsuche 374
kaufmännischen Heftung 261

KEP-Markt 128
Kernzeit 53
Keylogger 398
Kilobytes (KB) 152
„Kiosk"-Präsentationen 252
Klartext 121
Klassen 258
Klassifizierung 296
Klient 369
Kombibüro 27, 29, 30
Kommission 412
Kommunikation 150
Kommunikationsmodell 306
Kommunikationszeile 171
Kompaktbrief 133
Konferenz 415
Konferenzaufnahme 204
Konfiguration 151
Kongress 412
Konsolidierung 132
Konstanten 197
Kontrolltermin 94
Kopiergerät 74, 223
Kopierpapier 75
Körperpflege und -hygiene 20, 25
Körpersprache 23, 252
Korrespondenz 159
Kreuzfaltung 119
Kreuzworträtsel 238
Kurier-, Express- und Postdienste 128
Kuriergepäck 443
Kurz-Infos 230
Kurzmitteilung 169
Kurzprotokoll 463, 464
Kurzreferat 407
Kurztext 187
Kuvertiermaschinen 118

L

Label 142
LAN 305
Landesdatenschutzgesetz 244
Landes- und Bundesdatenschutzbeauftragter 245
Laptop 157, 208
Lärm 41
Lärmemission 75
Laserdrucker 77, 213, 214, 216, 237
Laserpointer 425
LCD-Anzeige (Display) 204
Lebensrhythmus 87
Lebenszyklus eines Produktes 79
Leerkontrolle 112
Lehrgang 412
Leistungsfähigkeit 60
Leistungskurve 60
Leitcode 138
Leittext 167
Lernzirkel 302
Lesegerät 292
Lesetechnik 246
Lettershop-Leistungen 132
Lichtemission 75

Lizenzen 129
Logo 164
Löschungsrecht 245
Loseblatt-Ablage 277
LTE (Long Term Evolution) 314
Luftfeuchtigkeit 40

M

Magnetband 288
Magnetspeicher 287
Mailbox 335, 386
MAILING MANAGER 141
Makeln 328
Makrovirus 397
MAN 305
Massenpost 114, 115
Massensendungen 131
Materialverbrauch 70
Matrixcode 121, 123
Matrixdrucker 217
Maus 156
Maxibrief 133
Medienbruch 294
Medienkompetenz 401
Mediensteuerung 425
Meeting 412
Meeting Point 44
Megabytes (MB) 152
Mehrfachablage 275, 301
Mehrfachnutzen 225
Mehrfachnutzung 79
Mehrfachrufnummer 332
Mehrgeräteanschluss 310
Mehrwertdienste 132
Meldeformel 354, 356
Messe 417
Methode 6-3-5 147
Methodenkompetenz 17
Mikrofiche 292
Mikrofilm 291
Mikrofilmscanner 221
Mikrofon 156
Mikrofon und Lautsprecher 155
Mikroprozessor 151
Mimik 23, 252
Mindmapping 67
MMS (Multimedia Messaging Service) 339
Mobbing 55, 56
Möbelfunktionsfläche 27
mobile Telearbeit 45
Mobilfunk 80, 335
Mobilfunknetz 305, 313
Mobilfunkvertrag 343
Mobiltelefon 323
Modem 153, 309
Moderationskoffer 425
Moderationsmethode 429
Moderationstafel 425
Moderationswagen 425
Modulation 309
Monatswiedervorlage 271
MPR-II 71

489

Sachwortverzeichnis

Mülltrennung 78
Multibild 225
Multifunktionale Geräte 229
multifunktionales Faxgerät 358
Multifunktionalität 223
Multimedia 400
Multimedia-Card (MMC) 290
Multimediagesetz 401
mutierender Virus 398

N

Nachnahme 140, 142
Nachschlagewerk 244
Nadel- bzw. Matrixdrucker 76, 212, 213, 237
Namensschild 413
Namenszusätze 255
Navigationsschalter 203
Nebenkosten 450
Nebenstelle 324
Netbooks 157
Netiquette 179
Netzbetreiber 336, 344
Netzwerk 456
Netzwerkdrucker 215
Netzwerker 44
Newsgroup 381, 382
Newsletter 380
Nicht sprechende Nummern 258
Nomade 44
Non-Impact-Drucker 212, 213
Non-territorial-Office 44
Nordic Swan 73
„No"-Taste 338
Notebook 99, 157, 180
Notizbuchfunktion 99
Notrufnummer 116 116 348
NTBA (Network Termination of Basic Access) 310, 312
Numerische Ordnung 257
Nummerierung 258
Nummernverzeichnisse 258

O

OCR (Optical Character Recognition) 221
OCR-Software 296
ODER-Verknüpfung 377
Offline-Formulare 166, 169
ökologische Kette 70
OLE-Prinzip 167
Onlinebanking 390
Online-Buchungssystem (Online Booking Engine = OEG) 439, 440
Onlinedienst 369, 370
Online-Enzyklopädie 382
Online-Formulare 166, 169
Online-Frankierung 138
Onlineprovider 371
Onlineshopping 392
Online-Ticket 444
On-Site-Telearbeit 45
Open-Space-Büro 28

optimale Anforderung 55
Optimierungsprogramm 120
optischer Speicher 288
Ordnerregistratur 279, 280
Ordnungsmerkmale 253
Ordnungssystem 253
Organizer 100
Orts- und Staatennamen 257
Overheadprojektor 425
Ozonemission 75
Ozon-Katalysator 75

P

Päckchen 131, 136, 137, 138
Packprogramm 179, 249
Packstation 139
Paging 332
Paket 136, 137, 138
Paketbox 139
Paketmarken 138
Panaboard 425
PAN (Personal Area Network) 305, 315
Papier 233, 287
Papierformate 161, 163
Papiergewicht 232
Papiernormung 160
Papiersorte 233
Parallelruf 332
Pareto-Prinzip 88
parken 329
Park & Rail 442
Park & Ride 442
Paternoster-Regal 281
Pause 87, 413
Pausengestaltung 60
PC-Diktat 204
PC-Drucker 212
PC-Fax 359
PC-Frankierung 134
PC- oder DV-Frankierung 141
PC-Reiseplanungsprogramm 435
PDA 99, 100
PDF-Dateien 248
Pen 156
Pendelmechanik 32
Pendelregistratur 280, 281
Pendelstuhl 31
Pending-System 33
Personennamen 255
Pflichtangaben 159, 160, 177
Pharming 399
Phishing 398
Phonoansage 198
Phrasensuche 377
Pickup-Funktion 325
Piezo-Verfahren 214
PIN (personal identification number) 337, 390
Pishing 399
Pkw 439, 441
Planungstafel 97
Plasmadisplay 425
Plusbrief 125

Pocket-PC 100
Podcast 383
Portoberechnung 140
Portowaagen und -computer 120
Post 382
Postanfall 115
Postausgang 114
Postbearbeitung 107
Postdienstleister 129, 130, 137
Postdienstleistungen 131
Posteingang 109
Posteingangsbuch 113
Posteingangsroutine 269
Posteingangssystem 111, 114
Posteingangs- und -ausgangskorb 269
Postfach 109
Postfachadresse 116
Postfachanbieter 110
Postfachnummer 116
Postgesetz (PostG) 128
PostKIT 141
Postleitzahlen 116
Postscript 218
Poststelle 107, 108
Poststellen-Management 132
Poststraße 125
Post-Universaldienstleistungsverordnung (PUDLV) 128
Postversand 128
Post-Versandsoftware 141
Postvollmacht 109
Postwurfsendung 135
Postzustellungsauftrag (PZA) 131, 142
Präsentationserfolg 249
Präsentationsformen 249
PREMIUMADRESS 143
Prepaid-Karte 344, 345
Preselection 319
Primärmultiplexanschluss 311
Printmedien 242
Priorität 86
Prioritätsindex 204
Privatbrief 110
Privatpost 110
Problemmüll 77
Produktionskreislauf 406
Produktsicherheitsrichtlinie 26
Programm 422
Projektarbeit 100
Projektmethode 83
Protokoll 369, 460
Protokollart 462
Protokollrahmen 465
Prozessor 152
Prüfsiegel 71
Prüfwert 276
Prüfzeichen 71
Pufferzeit 90, 97
PUK (Personal Unblocking Key) 337
Punkt-zu-Mehrpunkt-Verbindung 310
Punkt-zu-Punkt-Verbindung 310

Q

QR-Code 340
Quadband-Handy 341
Qualitätszeichen 71
Quellenprotokoll 266

R

Rahmenprogramm 423
Rail & Fly 443
RAM-Speicher 151
Raumbelegungsplan 414
Raum-in-Raum-System 28
Raumluft und -klima 39
Recycling 232
Recyclingpapier 208, 233, 237
Redress-Management 132
Reflexionsphase 426
Registerblätter 225
Registratur 268
Registraturform 279
Registraturkosten 284
Reiseantrag 434
Reisekosten 449
Reisekostenabrechnung 449
Reiseplan 436
Reiseplanung 432
Reiserichtlinie 432
Reiseunterlagen 437
Reisezweck 435
Reproduziergerät 292
Reservierung 443
Retouren 139
Reversibles Büro 27, 30
Rhetorik 253
richtiges Sitzen 33
Roadshow 417
Roaming 347
Rohrpost 113
Rohrpostsystem 113
Rollcontainer 48
Rollfilm 291
ROM-Speicher 151
RSI-(Repetitive Strain Injury)-Krankheit 54
RSS (Really Simple Syndication) 380, 383
Rückruf bei Besetzt/Nichtmelden 326
Rückschein 140
Rücksendeangabe 117
Rufnummernanzeige 326
Rufnummernsperre 330
Rufnummernübermittlung 326

S

Sachwortverzeichnis 242
Safer-Surf-Tipp 377
Sägeblatteffekt 88
Sammelakte 278
SAP-Schnittstelle 299
Satellitentechnik 305, 316
Sattelstuhl 31
Scangeschwindigkeit 221
Scanner 156, 220
Scanner-Modul 224
Scannerstationen 111
Scan-to-PDF 222
Schadstoffbelastung 70
Schemabriefe 181
Schema- und Serienbriefe 190
Schienenförderanlagen 113
Schlagwortkatalog 242
Schreibauftrag 187
Schreibtext 167
Schriftart und -größe 251
Schriftgutablage 275
Schriftordner 270
SecureDigital (SD) 290
Sehgewohnheiten 251
Seitendrucker 213, 214
Selbstdurchschreibende Papiere 235
Selbstmanagement 86
Selektionsbegriff 187
Selektionsnummern 187
selektives Abhören 335
Seminar 412
Sendestatus 141
Sendungsnummern 142
Sendungsverfolgung 132
Serienbriefe 183
Seriendruck 183
Server 369
Service 0180 322
Service 0900 322
Serviceprovider 336, 344, 369
Servicezeit 53
Shoppingportal 391
Sicherheitsmodus 225
Siedlerin 44
Signaltaste 325
SIM-Karte 337
Simsen 339
Simultan-Klingeln 332
Simultanprotokoll 414, 463, 464
Sitten 447
Sitzball 31
Sitzkonzept 31
Sitzordnung 424
Sitz-Steh-Arbeit 35
Sitz-Steh-Konzept 35
Sitzuhr 31
Sitz- und Steharbeitsfläche 35
Sitzung 412, 414
Sitzungsmappe 413
Small Talk 23
Smart-Board 425
Smart-Media-Karte 203, 290
Smartphone 100
Smartphone/Handheld 342
SMS/MMS im Festnetz 327
SMS (Short Message Service) 339
Social Responsibility 15
Softkey 338
Soft Skills 17, 44
Software 150, 153
Sonderbriefdienste 131
Sondermüll 77
Sortierfächer 226
Sound 248
Soundkarte 154
Sozialkompetenz 17
Spam 396
Spamfilter 178
Speicherkarte 201, 289
Speichermedium 286
Speicherpfad 295
Sperrgut 137
Sperrtermin 99
Sperrungsrecht 245
Spezialindex 204
spezifische Absorptionsrate (SAR) 81
Splitter 312
Sprachaufzeichnung (Phonodiktat) 196
Sprachbox 334
Spracherkennungssysteme 205
Sprachsteuerung 205
Sprechberechtigung 324
Sprechende Nummer 258
Standardbrief 133
Stand-by 75
Stand-by-Funktionen 208
statische Daten 276, 286
Staubemission 75
Stehsammlerregistratur 280
Stellenanzeige 18
Stellenbeschreibung 19
Stellfläche 27
Steuerkanal 309, 311
Stichwörter 261
Stille Stunde 88
Stoppcodes 181, 184, 187
Störung 88
Strahlung 43
Stress 54, 57, 58
Stressbekämpfung 59
Stressbewältigung 57
Stressor 57
Stromsparfunktion 238
Stromverbrauch 208
Suchdienst 372
Suchmaschine 372, 375
Suchmerkmal 295
Suchoption 376
Suchprinzip 374
Suchverzeichnisse 258
Swopper 31
Symbole (Piktogramme, Icons) 261
Synchronmechanik 32

T

Tablet-Rechner 343
Tag der offenen Tür 418
Tagesordnung 413
Tagesplan 87
Tagespost 114
Tageswert 276
Tageswiedervorlage 271
Tagung 412, 419
Taktfrequenz 152

491

Sachwortverzeichnis

TAN 390
Tarifmanager 319
Tastatur 38, 39, 156
TCO 07 71
Teamarbeit 100
Teilnehmer 420
Telearbeit 45
Telearbeitsform 45
Telearbeitsplatz 46
Telefax 357
Telefonapparat 323
Telefonbuch 316
Telefonflatrate 320
Telefongespräch 353
Telefonkonferenz 332, 333
Telefonnotiz 357
Telekommunikationsanlage 324
Telekommunikationsgesetz (TKG) 401
Telekommunikationsnetz 305, 307
Terabytes (TB) 152
Termin 420
Terminabfrage 93
Terminart 94
Terminfindungs-Tool 93
Terminkalender 94
Terminmappe 96
Terminplanung 92, 98
Terminüberschneidung 98
Terminüberschneidungsprüfung 99
Terminüberwachung 94, 98, 99
Terminzustellungen 136
Textanalyse 187
Textaufnahme 196
Textbausteine 187, 190
Texthandbuch 187
Textwiederholautomatik 204
TFT-Flachbildschirm 37
Thermo-Direkt-Drucker 213, 217
Thermosublimationsdrucker 216, 217
Think Tank 44
Ticket 445
Tiefenschärfe 221
Time-out 339
Timer 238
Tinte 217
Tintenstrahldrucker 76, 213, 216, 233, 237
Tischkarte 186
Toner 75, 217
Tonträger 203
Top-Level-Domain 373
Touchpoint 445
Touchscreen 156
Trackball 156
Triband-Handy 341
Trojanisches Pferd 398
Trommelscanner 221
Trusted Shop 392
TV-Karte 155
Typische Farben 164
Typografie 164

U

Überforderung 55
Übernachtungskosten 450
Uhrenfunktion 99
Umgangsform 20
Umlaufwagen 113
Umlaut 255
UMTS-Handy 341
UMTS-Standard 313
Umweltschutzbestimmung 26
UND-Verknüpfung 376
Unfallverhütungsvorschrift (VBG 104) 26
Unterforderung 55
Untergruppen 259
Unternehmensidentität 15
Urheberrecht 245
Urheberrechtsgesetz 235
USB 218
USB-Stick 243, 290

V

Variablen 181, 184, 187
VDSL 312
Verabschiedung 20, 22
Veranstaltungsart 411
Veranstaltungsraum 424
Verbraucherschutz 401
Verkehrs- und Durchgangswege 27
Verlaufsprotokoll 462, 464, 467
Verpflegungsmehraufwendung 449
Verschlagwortung 297
Verschlüsselungssoftware 395
Verteiler 469
Vertrauensarbeitszeit 53
Videoclips 248
Videokarte 155
Videokommunikation 416, 417
Videokonferenz 416
VIP-Funktion 335
Virenschutz 397
Visitenkartenscanner 221
Visum 447
VoIP-Adapter 351
Volltextsuche 297, 298, 375
Vorlage 181, 185, 186
Vorlageneinzug 221
Vorlagen-Format 221
Vorlagenhalter 39
Vorlagenzuführung 226
Vorordner 270
Vorsatzwörter 256

W

Wahlwiederholung 332
WAN 305
WAP-Handy 341
Warensendung 136
Web-based Training (WBT) 393
Webspace 384
Werbeantwort 136
Werbeklischee 122
Werthaltungen 150

Wertschätzung 150
Wertsendungen 131
Wertstoffsammlung 77
Wertstufe 275
Wickelfaltung 119
Widerspruchsrecht 245
Wiedervorlage 268, 270, 271, 413
Wikipedia 382, 383
Wireless LAN 305
WLAN-Router 312, 315
WLAN-Steckkarte 315
WLAN-USB-Stick 315
WLAN (Wireless Local Area Network) 315
Workflow-Schnittstelle 299
Workshop 416
World Wide Web 372
Wortprotokoll 462, 464

X

xD-Picture (xD) 290

Z

Zehnerstaffel 258
Zeilendrucker 213
Zeitfalle 87
Zeitfenster 91
Zeitmanagement 86
Zeitplanbuch 87
Zeitrahmen 413
Zeitverschiebung 447
Zeitzone 321
Zellenbüro 27, 30
Zentraleinheit 151
Zentralregistratur 281
Zickzackfaltung (Leporellofaltung) 119
Ziel 86
Zielvereinbarung 20
ZIP-Diskette 287
Zivilprozessordnung (ZPO) 142
Zusammentragmaschinen 117
Zusatzleistungen 110, 142
Zusatzreihen B und C 162
Zusatz- und Vermerkzone 116
Zweikomponentenlicht 41
Zwischenlageverfahren 235